现代数学基础丛书 168

有限 p 群构造

（上 册）

张勤海 安立坚 著

科 学 出 版 社

北 京

内 容 简 介

本书系统介绍自华罗庚和段学复发表第一篇 p 群论文起至今，我国学者在 p 群领域的主要研究成果. 全书分上、下册出版. 上册介绍有限 p 群的基本理论和方法、我国学者在 p 群领域的早期工作、p 群的计数以及几类重要 p 群的分类. 下册介绍交换性较强和正规性较强的 p 群的结构、临界 p 群以及 p 群其他方面的成果.

本书可供高等院校数学专业群论方向的研究生及有关研究人员阅读，也可供数学史研究人员参考.

图书在版编目（CIP）数据

有限 p 群构造(上册)/张勤海，安立坚著. —北京：科学出版社，2017.5
(现代数学基础丛书；168)
ISBN 978-7-03-052682-3

Ⅰ. ①有… Ⅱ. ①张… ②安… Ⅲ. ①有限群 Ⅳ. ①O152.1

中国版本图书馆 CIP 数据核字 (2017) 第 096451 号

责任编辑：李静科／责任校对：彭 涛
责任印制：吴兆东／封面设计：陈 敬

科学出版社 出版
北京东黄城根北街 16 号
邮政编码：100717
http://www.sciencep.com
北京凌奇印刷有限责任公司 印刷
科学出版社发行 各地新华书店经销
*
2017 年 5 月第 一 版 开本：720×1000 1/16
2024 年 1 月第三次印刷 印张：21 3/4
字数：411 000
定价：128.00 元
(如有印装质量问题，我社负责调换)

《现代数学基础丛书》序

对于数学研究与培养青年数学人才而言, 书籍与期刊起着特殊重要的作用. 许多成就卓越的数学家在青年时代都曾钻研或参考过一些优秀书籍, 从中汲取营养, 获得教益.

20 世纪 70 年代后期, 我国的数学研究与数学书刊的出版由于“文化大革命”的浩劫已经破坏与中断了 10 余年, 而在这期间国际上数学研究却在迅猛地发展着. 1978 年以后, 我国青年学子重新获得了学习、钻研与深造的机会. 当时他们的参考书籍大多还是 50 年代甚至更早期的著述. 据此, 科学出版社陆续推出了多套数学丛书, 其中《纯粹数学与应用数学专著》丛书与《现代数学基础丛书》更为突出, 前者出版约 40 卷, 后者则逾 80 卷. 它们质量甚高, 影响颇大, 对我国数学研究、交流与人才培养发挥了显著效用.

《现代数学基础丛书》的宗旨是面向大学数学专业的高年级学生、研究生以及青年学者, 针对一些重要的数学领域与研究方向, 作较系统的介绍. 既注意该领域的基础知识, 又反映其新发展, 力求深入浅出, 简明扼要, 注重创新.

近年来, 数学在各门科学、高新技术、经济、管理等方面取得了更加广泛与深入的应用, 还形成了一些交叉学科. 我们希望这套丛书的内容由基础数学拓展到应用数学、计算数学以及数学交叉学科的各个领域.

这套丛书得到了许多数学家长期的大力支持, 编辑人员也为其付出了艰辛的劳动. 它获得了广大读者的喜爱. 我们诚挚地希望大家更加关心与支持它的发展, 使它越办越好, 为我国数学研究与教育水平的进一步提高做出贡献.

杨　乐

2003 年 8 月

前　言

素数幂阶的群通常称为有限 p 群, 也简称为 p 群. 从群论诞生起, p 群就受到群论学者的关注. 这是因为它不仅是有限群领域的一个重要研究对象, 而且由著名的 Sylow 定理可知, p 群的结构从根本上影响着有限群的结构, 特别地, 有限非交换单群的结构几乎被它的 Sylow 2 子群的结构所决定. 正是基于此重要性, 2003 年, 随着拟薄单群分类的最终解决, 在有限单群分类最终宣告彻底完成后, p 群研究异常活跃. 研究单群的世界级大师和领军人物 Janko 转为全力研究 p 群, 对 p 群作出了新的重要贡献. 多年来一直研究 p 群的国际领头人, 如 Blackburn、Newman、Mann、Shalev 等也成果频出. p 群专著也先后问世, 2003 年, Leedham-Green 与 McKan 合作出版了 p 群专著. 2008 年与 2011 年, 先是 Berkovich, 之后他与 Janko 合作, 出版了三卷大部头的 p 群专著, 2016 年, 他们又出版了该著的第四、五卷. 由此足见 p 群近年来的活跃程度.

我国在 p 群领域的研究过去是有基础的. 早在 20 世纪三四十年代, 我国著名数学家华罗庚和段学复就做出了引人瞩目的工作, 他们推广了 Kulakoff 定理, 得到了若干新的 p 群计数定理, 特别是段学复对于有交换极大子群的 p 群给出的一个结果被国内外 p 群学者广泛应用. 20 世纪 40 年代末 50 年代初, 叶彦谦给出了交换 p 群的计数公式, 刘声烈研究了导群循环的类为 2 的 p 群. 之后十余年, 国内无 p 群成果问世. 直到 1964 年, 徐明曜在他的本科毕业论文中, 深入研究了正则 p 群, 得到了多项成果, 很多是先于国外的. 比如，该论文第 2 节中得到了正则 p 群的第一个真正意义上的充要条件, 在国外被 Brisley 和 MacDonald 于 1969 年首先发表. 该论文第 4 节第一次给出了一类重要的 p 群, 即奇阶亚循环 p 群的分类. 在国外分别被 King 和 Miech 在 1973 年和 1975 年发表. 由于 "文化大革命"("文革"), 他的论文未能及时发表, 实属遗憾. 之后 p 群研究又停滞了十余年. 1979 年, 徐明曜在他的研究生毕业论文中, 继续研究 p 群, 在 p 群的幂结构和换位子结构上又取得了若干成果. 后来他改做群与图和置换群, 一做就是二十年. 自 2003 年起，徐明曜被山西师范大学聘为特聘教授, 全职在该校工作并和张勤海教授合作重新开始 p 群研究. 自 2003 年以来, 山西师范大学 p 群团队开始系统地做 p 群研究工作, 在十余年里, 发表 p 群论文 70 余篇. 解决了 p 群中某些老问题, 在 p 群的计数问题和分类问题上获得了丰富的成果, 比如, 给出了华段猜想不成立的反例, 系统研究了内交换 p 群的中心扩张和循环扩张, 分类了 $\mathcal{A}_3$ 群、亚 Hamilton 群、内类 2 群、真子群二元生成的 p 群等重要群类. 其成果被 Berkovich 和 Janko 在其 p 群专著中专辟一节给予介绍.

另外, 20 世纪 80 年代, 陈重穆对内交换 p 群的刻画以及对某些正则 p 群的幂零类的上界、俞曙霞对 p 群的自同构群的阶、白述伟对具有二极大循环子群的 2 群的分类、王汝楫对 p 群的幂结构、樊恽对初等交换 p 群计数刻画等问题上获得了一些成果, 各自发表了一两篇论文. 进入 20 世纪 90 年代, 俞曙霞、班桂宁、李世荣在 p 群的自同构群等问题上做了大量工作. 21 世纪以来, p 群研究在我国出现了全新的局面. 除了山西师范大学 p 群团队之外, 张继平、刘合国和他们的博士生王玉雷、徐行忠、廖军等在 p 群的自同构群等问题上获得了丰富的成果. 郭秀云和他的博士生王俊新、张小红、赵立博、王娇等, 陈贵云、吕恒和他们的团队成员周伟、曹洪平、徐海静、刘建军等分别在 p 群的刻画及分类等问题上做了大量工作, 获得了许多成果. 此外, 李世荣、王燕鸣、钱国华、黎先华、马玉杰、杜少飞、冀有虎、曾吉文、李天则、郝成功、杨重生、陈顺民、陈彦恒、余大鹏、李金宝、李立莉、张丽华等也先后在 p 群方面做了一些工作.

应该看到的是, 我们的工作与目前的国际先进水平相比还有很大的差距, 国内 p 群研究力量仍很薄弱. 为了尽快赶上国际先进水平, 加快这个方向的研究生培养, 根据 p 群研究和发展的需要, 徐明曜和曲海鹏于 2010 年出版了我国第一部 p 群教材, 这对我国 p 群研究起了很大推动作用. 而本书的编写就是系统介绍自华罗庚与段学复发表第一篇 p 群论文起至今, 我国学者在 p 群领域的主要研究成果, 旨在为 p 群学者提供学习和研究上的便利, 促进 p 群研究的发展. 因而本书既是 p 群研究的专著, 又为 p 群在我国发展历史的研究提供了丰富的素材.

全书分上、下两册. 上册包含前 9 章的内容. 第 1 章先介绍本书经常用到的 p 群中 "特有" 的基本概念, 例如, 幂零类、极小生成元个数、中心积、p 交换、幂群列等. 虽然这里介绍的某些概念在一般有限群中也出现, 但它在 p 群研究中更具有基本性和独特性. 之后介绍 p 群中三个经典的分类定理: 一是具有极大循环子群的 p 群的分类, 二是内交换 p 群的分类, 三是 Hamilton p 群的分类. 本书的大多数工作是沿着这三个定理展开的. 由于 p 群的计数在 p 群研究中的重要性及本书所述的内容, 我们也介绍了几个经典的计数定理. 本章的最后, 介绍了三类重要的 p 群及 p 群的三类重要结构, 旨在使读者对 p 群研究的梗概有大致的了解.

第 2 章和第 3 章主要介绍研究 p 群结构的基本方法. 我们知道, 扩张理论在有限群中占有重要地位, 其重要性有两个: 其一借它可由两个群去构造一个新的群, 其二因有限群存在合成群列, 故知研究有限群的根本问题是确定有限单群与探索扩张理论. 对于 p 群来说, 由于它的合成因子与主因子都是 p 阶循环群, 所以理论上只用循环扩张就可以得到所有的 p 群. 又因为 p 群的中心总是非平凡的, 只用中心扩张也可以得到所有的 p 群. 因而这两种方法是研究 p 群结构的基本方法. 第 2 章详细介绍了 p 群的中心扩张和循环扩张的方法. 为了使读者熟悉和掌握这两种方法, 我们运用这两种方法重新分类了 p^4 阶群. 另外, 在分类具有某种性质的 p 群时, 判定两个群是否同构的问题是重要的, 有时也是困难的、复杂的, 第 3 章我们介绍判定两个群是否同构的某些基本技巧和方法, 希望能起到抛砖引玉的作用.

我们特别强调, 前 3 章是研究 p 群的最基本的知识和最基本的技巧, 包括使用的某些符号, 它们在本书中起着举足轻重的作用, 是学习和理解本书的内容须臾不可少的. 读者需特别熟悉之.

对于 20 世纪 80 年代以前中国学者在 p 群领域的成果, 就我们收集到的资料, 一是华罗庚和段学复发表的 5 篇论文, 二是叶彦谦、刘声烈的论文各 1 篇, 三是徐明曜在北京大学就读期间的本科与研究生毕业论文, 他的成果发表于 1976~1984 年的国内杂志上. 第 4 章介绍了他们的成果.

从第 5 章起, 每章有一个主题. 第 5 章介绍在华罗庚和段学复、叶彦谦之后, 我国学者在 p 群计数方面取得的成果. 首先介绍曲海鹏和张勤海在华罗庚和段学复早年的一个猜想及其相关问题上所做的工作. 接着介绍樊恽对子群个数最多的 p 群给出的刻画, 这个刻画被 Berkovich 在其 p 群著作中称为 "a nice result". 曲海鹏给出了子群个数次多的 p 群的刻画, 得到了一个被认为是出人意料的结果. 最后介绍了 p 群的一些其他计数结果.

从第 6 章起, 本书的大部分内容介绍子群具有某种特定性质的 p 群的同构分类问题. 在本书中, 子群具有某种特定性质主要围绕子群的交换性和正规性这两个基本性质展开. 由于交换 p 群的结构是清楚的, 因此我们研究的 p 群一般是非交换 p 群. 而最接近交换群的非交换 p 群自然是内交换 p 群, 也称为 $\mathcal{A}_1$ 群, 它可看作交换性 "最好" 或 "最强" 的非交换 p 群. 从 $\mathcal{A}_1$ 群的性质和分类出发, 研究比 $\mathcal{A}_1$ 群更大群类的问题被国内外许多群论学者关注, 形成了 p 群分类问题的一个重要方向. 这类问题我们认为是研究交换性 "较强" 的 p 群问题. 另一方面, 每个子群均正规的非交换 p 群 (即 Hamilton p 群) 可看作是正规性 "最好" 或 "最强" 的非交换 p 群. 把条件 "每个" 削弱为 "部分", 或降低 "正规" 到更弱的条件, 研究比 Hamilton p 群更广的 p 群类的问题也是国内外群论学者研究的热点问题之一. 这类问题我们认为是研究正规性 "较强" 的 p 群问题. 本书的第 6 章至第 13 章的内容可看作是对这两类问题的研究结果介绍.

在本书中我们将看到: 一是换位子运算技巧在 p 群研究中是何等的重要; 二是正像 Janko 在其 p 群专著的序言中指出的, 初等方法在 p 群研究中仍然有很大的潜力, 初等方法仍然是 p 群研究的主要方法; 三是内交换子群在研究 p 群结构中起着基本的作用. 我们也会看到前 3 章的知识和方法如何被充分而有效的使用.

现在我们继续介绍以下各章的主要内容. 第 6 章介绍内交换 p 群的中心扩张. 具体来说, 确定了当 F 为内交换 p 群, N 分别为循环群和初等交换 p 群时 G 的结构. 该结果由曲海鹏等的 4 篇系列论文完成. 而第 7 章则介绍内交换 p 群的循环扩张. 具体来说, 给出了有内交换极大子群的 p 群的同构分类. 这类群是比 $\mathcal{A}_2$ 群大得多的一类 p 群. 该结果由安立坚、曲海鹏等的长达 100 余页的 5 篇系列论文完成. 第 8 章则是对非交换真子群均二元生成的 p 群的同构分类. 该结果由徐明曜等完成, 这是一类重要的 p 群. Redei、Blackburn、King、Janko 和 Berkovich 等曾先后研究过此类群的特殊情形. 例如, $\mathcal{A}_1$ 群、$\mathcal{A}_2$ 群、亚循环 p 群、真子群都是二元生成的 p 群, 非交换真子群都亚循环的 p 群等都是该类群的特例.

第 9 章首先介绍了 Burnside 一个经典分类结果的推广, 即分类具有指数为 p^i 的循环子群的 p 群. Burnside 分类的是 $i = 1$ 的情形, 华罗庚和段学复分类的是 $i = 2$ 且 $p \neq 2$ 的情形, 张勤海和李璞金则分类 $i = 3$ 且 $p \neq 2$ 的情形. 然后介绍了 $\mathcal{A}_2$ 群和 $\mathcal{A}_3$ 群的分类及其应用, 其中 $\mathcal{A}_3$ 群的分类在 p 群中被称为一个 "old problem". 该问题由张勤海和他的学生以近百页的论文篇幅完成. 需要说明的是, 第 7 章和第 8 章的分类结果在 $\mathcal{A}_3$ 群分类的证明中起了关键作用. 由于篇幅所限, 本章只给出了 $\mathcal{A}_3$ 群的分类框架及分类结果, 而略去了其证明. 第 6 章至第 9 章的内容均可看作是研究交换性 "较强" 的 p 群.

本书是为具有 p 群初等知识的读者编写的, 在 p 群知识上力图做到自包含. 另外, 对于不以英文发表的文献或不易找到的文献, 都列出了其在 MathSciNet 中的编号, 以方便读者查阅该文的摘要. 再者, 在引用前述结果时, 都按章节统一编号. 例如, 命题 1.1.3 指的是第 1 章第 1 节的第 3 个命题.

最后需要说明的是, 虽然本书主要介绍我国学者在 p 群领域的研究成果, 但也列出了与此相关的国外学者在该领域所做工作的简单介绍及相关文献. 另外, 鉴于本书现有的篇幅已过于庞大, 关于 p 群自同构群的成果基本未做涉及和介绍. 我们试图收集我国学者至今为止在 p 群领域所有的论文文献, 如有遗漏, 敬请谅解.

本书的完成有太多的人需要感谢, 有太多感谢的话要说. 首先要感谢的是徐明曜教授, 是他把我们引入 p 群研究领域, 在他的带领下, 山西师范大学的 p 群研究开始起步并得到了蓬勃发展, 获得了丰富成果, 形成了一支专门研究 p 群的队伍, 为 p 群研究作出了贡献. 另外, 他提供了我国数学家早期 p 群研究工作的文献. 本书初稿完成后, 他又仔细地阅读了全书, 提出了宝贵的修改意见. 毫不夸张地讲, 没有他, 这本书的问世是不可能的. 感谢曲海鹏教授, 他在 p 群团队中发挥了重要作用, 在本书写作过程中, 提出了许多建设性的意见, 使本书增色良多. 感谢山西师范大学 p 群团队的王丽芳、宋蔷薇、张军强、李璞金博士, 他们在文献资料上提供了诸多帮助, 并十分认真地、仔细地阅读了全书的初稿, 提出了大量修改意见, 为本书的完成作出了贡献. 感谢上海大学的郭秀云教授及他的博士张小红、赵立博、王娇, 西南大学的陈贵云、吕恒教授, 山西大学靳平教授, 广西大学的俞曙霞、班桂宁教授, 岭南师范学院的李立莉博士, 他们提供了本书所需的有关资料. 感谢国家自然科学基金十年来的持续资助. 最后, 感谢科学出版社的责任编辑李静科为本书出版所做的辛勤工作.

由于作者水平有限, 不足之处在所难免, 热忱欢迎读者批评指正.

张勤海 安立坚
2016 年 9 月于山西师范大学

目　录

第 1 章　有限 p 群的基本概念和结果

在本书中, 我们总假设 p 是素数, 而 p 群指的是素数幂阶的群. 一般来说, 非 p 群研究群的宏观性质和结构, 例如, 判断群的可解性、超可解性、p 幂零性、单性等. 而 p 群则可看作研究群的微观性质和更精细的结构. 因而 p 群有其自身特有的概念、方法和性质, 也有其特有的研究内容. 虽然这里介绍的某些概念在一般有限群中也出现, 但它在有限 p 群研究中更具有基本性和独特性. 本章介绍本书经常用到的有限 p 群 "特有" 的基本概念和结果. 读者若需要更多的群论知识, 可参看 [189], [191] 或 [195]. 若需要更多的 p 群知识, 可参看 [194]. 另外需要说明的是, 本书使用的概念和符号与 [194] 一致. 另外, 如无特别说明, 本书讨论的群均指有限 p 群.

1.1　换位子及换位子公式

描述 p 群结构的主要方式之一是确定它的生成元及定义关系. 因而描述元素之间关系的换位子及它的计算公式, 对于 p 群研究者来说是须臾不可缺少的. 本节介绍本书常用的某些基本公式.

定义 1.1.1　设 G 是群. 对于 $n \geqslant 2$, 定义 G 的元素 $a_1, a_2, \cdots, a_n$ 的**换位子**如下:

若 $n=2$, 则 $[a_1, a_2]=a_1^{-1}a_2^{-1}a_1a_2$.

若 $n>2$, 则 $[a_1, a_2, \cdots, a_n]=[[a_1, a_2, \cdots, a_{n-1}], a_n]$.

定义 1.1.2　设 G 是群, A, B 是 G 的子群. 规定 A, B 的**换位子群**

$$[A, B]=\langle [a, b] \mid a \in A, b \in B\rangle.$$

若 $A_1, A_2, \cdots, A_n$ 都是 G 的子群, $n>2$, 同样规定

$$[A_1, A_2, \cdots, A_n]=\langle [a_1, a_2, \cdots, a_n] \mid a_i \in A_i\rangle.$$

特别地, 当 $A_1=A_2=\cdots=A_n=G$ 时, 规定 $G_n=[\underbrace{G, G, \cdots, G}_{n个}]$.

命题 1.1.3　设 G 是群, $a, b, c \in G$. 则

(1) $a^b=a[a, b]$;

(2) $[a, b]^c=[a^c, b^c]$;

(3) $[a, b]^{-1}=[b, a]=[a, b^{-1}]^b=[a^{-1}, b]^a$;

(4) $[ab,c]=[a,c]^b[b,c]=[a,c][a,c,b][b,c]$;

(5) $[a,bc]=[a,c][a,b]^c=[a,c][a,b][a,b,c]$;

(6) (Witt 公式) $[a,b^{-1},c]^b[b,c^{-1},a]^c[c,a^{-1},b]^a=1$;

(7) $[a,b,c^a][c,a,b^c][b,c,a^b]=1$.

证明　(1)—(3) 由定义直接验证.

(4)
$$\begin{aligned}[ab,c]&=(ab)^{-1}c^{-1}abc=(c^{-1})^{ab}c=(a^{-1}c^{-1}a)^bc^b(c^{-1})^bc\\&=(a^{-1}c^{-1}ac)^b[b,c]=[a,c]^b[b,c]\\&=[a,c][a,c,b][b,c].\end{aligned}$$

(5) $[a,bc]=[bc,a]^{-1}=([b,a]^c[c,a])^{-1}=[a,c][a,b]^c=[a,c][a,b][a,b,c]$.

(6) 令 $u=aca^{-1}ba$. 轮换 a,b,c 三字母, 又令 $v=bab^{-1}cb$, $w=cbc^{-1}ac$. 则有

$$\begin{aligned}[a,b^{-1},c]^b&=b^{-1}[a,b^{-1}]^{-1}c^{-1}[a,b^{-1}]cb\\&=b^{-1}ba^{-1}b^{-1}ac^{-1}a^{-1}bab^{-1}cb\\&=(aca^{-1}ba)^{-1}(bab^{-1}cb)=u^{-1}v.\end{aligned}$$

同理有

$$[b,c^{-1},a]^c=v^{-1}w,\qquad [c,a^{-1},b]^a=w^{-1}u.$$

于是

$$[a,b^{-1},c]^b[b,c^{-1},a]^c[c,a^{-1},b]^a=u^{-1}vv^{-1}ww^{-1}u=1.$$

(7) 首先有

$$[a,b^{-1},c]^b=[[a,b^{-1}]^b,c^b]=[b,a,c^b].$$

同理又有

$$[b,c^{-1},a]^c=[c,b,a^c],\qquad [c,a^{-1},b]^a=[a,c,b^a],$$

于是由 Witt 公式有

$$[b,a,c^b][c,b,a^c][a,c,b^a]=1.$$

再互换 a,b 两个字母即得 (7) 式. □

命题 1.1.4　设 G 是群, $A,B\leqslant G$. 则

(1) $[A,B]=[B,A]$;

(2) $[A,B]\trianglelefteq\langle A,B\rangle$;

(3) 若 $A_1 \leqslant A$, $B_1 \leqslant B$, 则 $[A_1, B_1] \leqslant [A, B]$;

(4) $[A, B]^\mu = [A^\mu, B^\mu]$, 其中 $\mu \in \mathrm{End}(G)$;

(5) $[A, B] \leqslant A \iff B \leqslant N_G(A)$;

(6) 若 A, B 都是 G 的正规(或特征, 或全不变)子群, 则 $[A, B]$ 亦然, 并且 $[A, B] \leqslant A \cap B$.

证明 (1) 设 $a \in A, b \in B$. 因为 $[a, b] = [b, a]^{-1} \in [B, A]$, 得 $[A, B] \leqslant [B, A]$. 类似地有 $[B, A] \leqslant [A, B]$. 于是得 $[A, B] = [B, A]$.

(2) 设 $a, a_1 \in A, b, b_1 \in B$. 则由命题 1.1.3 (4), (5) 两式有

$$[a, b]^{b_1} = [a, b_1]^{-1}[a, bb_1] \in [A, B],$$
$$[a, b]^{a_1} = [aa_1, b][a_1, b]^{-1} \in [A, B],$$

于是得 $[A, B] \trianglelefteq \langle A, B \rangle$.

(3) 显然.

(4) 由 $[a, b]^\mu = [a^\mu, b^\mu]$, $\mu \in \mathrm{End}(G)$, 立得结论.

(5) 由

$$[a, b] = a^{-1}b^{-1}ab \in A \iff b^{-1}ab \in A$$

立得

$$[A, B] \leqslant A \iff b^{-1}Ab \subseteq A, \ \forall\ b \in B \iff B \leqslant N_G(A).$$

(6) 由 (4) 立得前一结论; 而由 (5), 因 A, B 正规, 即得 $[A, B] \leqslant A \cap B$. □

命题 1.1.5 设 G 是群, $G = \langle M \rangle$, 则

(1) $G_n = \langle [x_1, \cdots, x_n]^g \mid x_i \in M, g \in G \rangle$;

(2) $G_n = \langle [x_1, \cdots, x_n], G_{n+1} \mid x_i \in M \rangle$;

特别地, 若 $G = \langle a, b \rangle$, 则

(3) $G_2 = G' = \langle [a, b]^g \mid g \in G \rangle$;

(4) $G_2 = G' = \langle [a, b], G_3 \rangle$, 于是 G'/G_3 循环.

证明 (1) 显然有 $[x_1, \cdots, x_n] \in G_n$. 若 $n = 1$, 有 $G_1 = G = \langle M \rangle$, 结论成立. 设 $n > 1$, 用对 n 的归纳法, 可假设

$$G_{n-1} = \langle [x_1, \cdots, x_{n-1}]^g \mid x_i \in M, g \in G \rangle.$$

令

$$H = \langle [x_1, \cdots, x_n]^g \mid x_i \in M, g \in G \rangle.$$

显然 $H \trianglelefteq G$. 又因为对任意的 $g \in G$, 也有 $G = \langle M^g \rangle$, 于是由

$$[[x_1, \cdots, x_{n-1}]^g, x_n^g] = [x_1, \cdots, x_n]^g \in H$$

知 G_{n-1} 的任一生成元 $[x_1, \cdots, x_{n-1}]^g$ 与 G 的每个生成元的换位子都在 H 中, 于是 $G_n = [G_{n-1}, G] \leqslant H$. 而 $H \leqslant G_n$ 是明显的.

(2) 注意到

$$[x_1, \cdots, x_n]^g = [x_1, \cdots, x_n][x_1, \cdots, x_n, g],$$

由 (1) 立得 (2).

(3) 取 $M = \{a, b\}$, 注意到 $[b, a] = [a, b]^{-1}$, 由 (1) 得 (3).

(4) 因 $[a, b]^g = [a, b][a, b, g]$, 由 (3) 得 (4). □

对某些特殊的 p 群类有更精细的换位子公式. 例如, 类 2 的群、亚交换群等.

命题 1.1.6　设 G 是幂零类为 2 的群, $x, y, z \in G$. 则

(1) $[xy, z] = [x, z][y, z]$, $[x, yz] = [x, y][x, z]$;

(2) $[x^n, y] = [x, y]^n = [x, y^n]$;

(3) $(xy)^n = x^n y^n [y, x]^{\binom{n}{2}}$.

证明　注意到 $G' \leqslant Z(G)$. 直接验证即得 (1). 对 n 作归纳可得 (2) 和 (3). $n = 1$, 结论显然. 设结论小于 n 时成立. 则

$$\begin{aligned}[x, y]^n &= [x, y][x, y]^{n-1} = [x, y][x^{n-1}, y] \\ &= [x, y]x^{1-n}y^{-1}x^{n-1}y = x^{1-n}[x, y]y^{-1}x^{n-1}y \\ &= x^{1-n}x^{-1}y^{-1}xyy^{-1}x^{n-1}y = x^{-n}y^{-1}x^n y = [x^n, y].\end{aligned}$$

同理, $[x^n, y] = [x, y^n]$.

$$\begin{aligned}(xy)^n &= (xy)(xy)^{n-1} = (xy)x^{n-1}y^{n-1}[y, x]^{\frac{(n-1)(n-2)}{2}} \\ &= xx^{n-1}y[y, x^{n-1}]y^{n-1}[y, x]^{\frac{(n-1)(n-2)}{2}} \\ &= x^n y^n [y, x]^{n-1}[y, x]^{\frac{(n-1)(n-2)}{2}} \\ &= x^n y^n [y, x]^{\frac{n(n-1)}{2}}.\end{aligned}$$

□

为叙述下面的命题, 我们引进下述记号: 设 N 是群 G 的正规子群, 我们以 $a \equiv b (\bmod N)$ 表示 a, b 属于 N 的同一陪集, 即 $aN = bN$.

命题 1.1.7　设 G 是任意群, n 是正整数. 又设 $a_1, \cdots, a_i, \cdots, a_n, b_i \in G$, $1 \leqslant i \leqslant n$. 则

(1) $[a_1, \cdots, a_i b_i, \cdots, a_n] \equiv [a_1, \cdots, a_i, \cdots, a_n][a_1, \cdots, b_i, \cdots, a_n] \pmod{G_{n+1}}$;

(2) $[a_1, \cdots, a_i^{-1}, \cdots, a_n] \equiv [a_1, \cdots, a_i, \cdots, a_n]^{-1} \pmod{G_{n+1}}$;

(3) 设 $i_1, i_2, \cdots, i_n$ 是任意整数, 则有

$$[a_1^{i_1}, \cdots, a_n^{i_n}] \equiv [a_1, \cdots, a_n]^{i_1 \cdots i_n} \pmod{G_{n+1}}.$$

证明 (1) 由命题 1.1.3 中的换位子公式易得.

(i) 若 $a, b \in G_i, d \in G$, 则

$$[ab, d] \equiv [a, d][b, d] \pmod{G_{i+2}}.$$

(ii) 若 $a, b \in G, d \in G_i$, 则

$$[d, ab] \equiv [d, a][d, b] \pmod{G_{i+2}}.$$

(iii) 若 $a \equiv b \pmod{G_{i+1}}$, $d \in G$, 则

$$[a, d] \equiv [b, d] \pmod{G_{i+2}}.$$

应用 (i)—(iii), 对 n 作归纳即得所需的结论, 细节略.

(2) 由 (1) 有

$$\begin{aligned}1 &= [a_1, \cdots, a_i a_i^{-1}, \cdots, a_n] \\ &\equiv [a_1, \cdots, a_i, \cdots, a_n][a_1, \cdots, a_i^{-1}, \cdots, a_n] \pmod{G_{n+1}},\end{aligned}$$

由此立得所需之结论.

(3) 由 (2) 可设 $i_1, \cdots, i_n$ 均系正整数. 用对 $i_1 + \cdots + i_n$ 的归纳法及 (1) 易得所需之结论, 细节略. □

下面介绍亚交换群的换位子公式. 称群 G 为**亚交换的**, 如果 $G'' = 1$. 这时导群 G' 是交换群.

命题 1.1.8 设 G 是亚交换群, $x, y, z \in G$.

(1) 如果 $z \in G'$, 则 $[z, x]^{-1} = [z^{-1}, x]$;

(2) 如果 $y \in G'$, 则 $[xy, z] = [x, z][y, z]$, $[z, xy] = [z, x][z, y]$;

(3) 对任意的 $x, y, z \in G$, 有 $[x, y^{-1}, z]^y = [y, x, z]$;

(4) 对任意的 $x, y, z \in G$, 有 $[x, y, z][y, z, x][z, x, y] = 1$;

(5) 如果 $z \in G'$, 则 $[z, x, y] = [z, y, x]$.

证明 (1) 由命题 1.1.3(3) 及 G' 的交换性得

$$[z, x]^{-1} = [z^{-1}, x]^z = [z^{-1}, x].$$

(2) 由命题 1.1.3 (4) 和 (5) 及 G' 的交换性立得.

(3) 应用命题 1.1.3 中的诸换位子公式, 得

$$\begin{aligned}[x,y^{-1},z]^y &= [[x,y^{-1}]^y,z^y] = [[y,x],z[z,y]] \\ &= [y,x,z][[y,x],[z,y]] = [y,x,z].\end{aligned}$$

(4) 由 (3) 及 Witt 公式 (命题 1.1.3(6)) 立得.

(5) 由 $z \in G'$ 及 (4) 得 $[y,z,x][z,x,y]=1$, 即 $[z,x,y]=[y,z,x]^{-1}$. 由 (1),

$$[y,z,x]^{-1} = [[y,z]^{-1},x] = [z,y,x].$$

于是得 $[z,x,y]=[z,y,x]$. □

由命题 1.1.8(5) 用归纳法可得: 若 $z \in G'$, $x_1,\cdots,x_n \in G$, 而 σ 是集合 $\{1,2,\cdots,n\}$ 的任一置换, 则有

$$[z,x_1,\cdots,x_n] = [z,x_{1^\sigma},\cdots,x_{n^\sigma}].$$

特别地, 仅由 a,b 二元素作成的任意权的简单换位子中, 除掉前两项, 从第三项往后的诸项间次序可以任意调换, 于是总可将其化成

$$[a,b,a,\cdots,a,b,\cdots,b]$$

或

$$[b,a,\cdots,a,b,\cdots,b]$$

的形式. 设在上述换位子中一共出现了 i 个 a, j 个 b, 其中 i, j 是正整数. 则为简便计, 我们约定

$$[ia,jb] = [a,b,\underbrace{a,\cdots,a}_{i-1\text{个}},\underbrace{b,\cdots,b}_{j-1\text{个}}].$$

下面两个亚交换群中的公式是十分重要的, 它是由徐明曜在 [186] 中给出的, 在本书中反复用到.

命题 1.1.9 (徐公式)　设 G 是亚交换群, $a,b \in G$. 又设 m,n 为正整数, 则有

$$[a^m,b^n] = \prod_{i=1}^{m}\prod_{j=1}^{n}[ia,jb]^{\binom{m}{i}\binom{n}{j}}.$$

证明　对 $m+n$ 用归纳法. 若 $m+n=2$, 公式显然成立. 下面设 $m+n>2$, 这时 m, n 中至少有一个大于 1.

若 $n>1$, 则

$$[a^m,b^n] = [a^m,b][a^m,b^{n-1}]^b.$$

据归纳假设得

$$\begin{aligned}[a^m,b^n] &= \prod_{i=1}^{m}[ia,b]^{\binom{m}{i}}\left(\prod_{i=1}^{m}\prod_{j=1}^{n-1}[ia,jb]^{\binom{m}{i}\binom{n-1}{j}}\right)^b \\ &= \prod_{i=1}^{m}[ia,b]^{\binom{m}{i}}\cdot\prod_{i=1}^{m}\prod_{j=1}^{n-1}([ia,jb][ia,(j+1)b])^{\binom{m}{i}\binom{n-1}{j}} \\ &= \prod_{i=1}^{m}\left([ia,b]^{\binom{m}{i}}[ia,b]^{\binom{m}{i}\binom{n-1}{1}}[ia,nb]^{\binom{m}{i}}\right. \\ &\qquad \left.\cdot\prod_{j=2}^{n-1}[ia,jb]^{\binom{m}{i}\binom{n-1}{j}+\binom{m}{i}\binom{n-1}{j-1}}\right) \\ &= \prod_{i=1}^{m}\left([ia,b]^{\binom{m}{i}\binom{n}{1}}[ia,nb]^{\binom{m}{i}\binom{n}{n}}\prod_{j=2}^{n-1}[ia,jb]^{\binom{m}{i}\binom{n}{j}}\right) \\ &= \prod_{i=1}^{m}\prod_{j=1}^{n}[ia,jb]^{\binom{m}{i}\binom{n}{j}}.\end{aligned}$$

而若 $n=1$, 则 $m>1$. 这时有

$$[a^m,b]=[a^{m-1},b]^a[a,b].$$

应用归纳假设得

$$\begin{aligned}[a^m,b] &= \left(\prod_{i=1}^{m-1}[ia,b]^{\binom{m-1}{i}}\right)^a[a,b] \\ &= \prod_{i=1}^{m-1}[ia,b]^{\binom{m-1}{i}}\prod_{i=1}^{m-1}[(i+1)a,b]^{\binom{m-1}{i}}\cdot[a,b] \\ &= [a,b][a,b]^{\binom{m-1}{1}}\prod_{i=2}^{m-1}[ia,b]^{\binom{m-1}{i}}\prod_{i=2}^{m}[ia,b]^{\binom{m-1}{i-1}} \\ &= [a,b]^{\binom{m}{1}}\left(\prod_{i=2}^{m-1}[ia,b]^{\binom{m}{i}}\right)[ma,b]^{\binom{m}{m}} \\ &= \prod_{i=1}^{m}[ia,b]^{\binom{m}{i}}.\end{aligned}$$

□

命题 1.1.10 (徐公式) 设 G 是亚交换群, $a,b\in G$, $m\geqslant 2$. 则

$$(ab^{-1})^m=a^m\left(\prod_{i+j\leqslant m}[ia,jb]^{\binom{m}{i+j}}\right)b^{-m}.$$

证明　对 m 用归纳法. 当 $m=2$ 时,

$$(ab^{-1})^2 = ab^{-1}ab^{-1} = a^2b^{-1}[b^{-1},a]bb^{-2} = a^2[a,b]b^{-2},$$

结论成立. 现在设 $m>2$, 由归纳假设有

$$\begin{aligned}(ab^{-1})^m &= (ab^{-1})^{m-1}ab^{-1}\\ &= a^{m-1}\prod_{i+j\leqslant m-1}[ia,jb]^{\binom{m-1}{i+j}}b^{-m+1}ab^{-1}\\ &= a^{m-1}\prod_{i+j\leqslant m-1}[ia,jb]^{\binom{m-1}{i+j}}a[a,b^{m-1}]b^{-m}\\ &= a^{m}\prod_{i+j\leqslant m-1}[ia,jb]^{\binom{m-1}{i+j}}\\ &\quad\cdot\left(\prod_{i+j\leqslant m-1}[(i+1)a,jb]^{\binom{m-1}{i+j}}\right)[a,b^{m-1}]b^{-m}.\end{aligned}$$

应用命题 1.1.9,

$$[a,b^{m-1}] = \prod_{j=1}^{m-1}[a,jb]^{\binom{m-1}{j}},$$

代入上式得

$$\begin{aligned}(ab^{-1})^m &= a^m\prod_{j=1}^{m-2}[a,jb]^{\binom{m-1}{j+1}}\prod_{\substack{i+j\leqslant m-1\\ i>1}}[ia,jb]^{\binom{m-1}{i+j}}\\ &\quad\cdot\prod_{\substack{i+j\leqslant m\\ i>1}}[ia,jb]^{\binom{m-1}{i+j-1}}\prod_{j=1}^{m-1}[a,jb]^{\binom{m-1}{j}}b^{-m}\\ &= a^m\prod_{j=1}^{m-2}[a,jb]^{\binom{m}{j+1}}[a,(m-1)b]\prod_{\substack{i+j\leqslant m-1\\ i>1}}[ia,jb]^{\binom{m}{i+j}}\\ &\quad\cdot\prod_{\substack{i+j=m\\ i>1}}[ia,jb]\cdot b^{-m}\\ &= a^m\prod_{j=1}^{m-1}[a,jb]^{\binom{m}{j+1}}\prod_{\substack{i+j\leqslant m\\ i>1}}[ia,jb]^{\binom{m}{i+j}}b^{-m}\end{aligned}$$

$$=a^m \prod_{i+j\leqslant m} [ia, jb]^{\binom{m}{i+j}} b^{-m}.$$ □

1.2 幂 零 类

幂零类是有限群的一个重要概念. 对于有限 p 群来说, 它是一个重要的算术不变量. 在很大程度上, 它影响着 p 群的结构.

定义 1.2.1 称群列

$$G = K_1 \geqslant K_2 \geqslant \cdots \geqslant K_{s+1} = 1$$

为 G 的**中心群列**, 如果 $[K_i, G] \leqslant K_{i+1}$, $i = 1, 2, \cdots, s$. 这时称 s 为这个中心群列的长度. 存在中心群列的群叫做**幂零群**. 一个等价的定义是: 群列的任一项 $K_i \trianglelefteq G$ 且 $K_i/K_{i+1} \leqslant Z(G/K_{i+1})$.

定义 1.2.2 设 G 是群.

(1) 称群列

$$1 = Z_0(G) \leqslant Z_1(G) = Z(G) \leqslant \cdots \leqslant Z_n(G) \leqslant \cdots$$

为 G 的**上中心群列**, 如果对任意的 n, $Z_n(G)/Z_{n-1}(G)$ 是 $G/Z_{n-1}(G)$ 的中心.

(2) 称群列

$$G = G_1 \geqslant G_2 = G' \geqslant \cdots \geqslant G_n \geqslant \cdots$$

为 G 的**下中心群列**, 如果对任意的 $n \geqslant 2$, 规定 $G_n = [\underbrace{G, G, \cdots, G}_{n\text{个}}]$.

注 有的书也用 $K_i(G)$ 或 $\gamma_i(G)$ 表示下中心群列的第 i 项, 其中 $K_2(G) = \gamma_2(G) = G_2 = G' = [G, G]$, 以此类推. 在本书中有时不加区别地使用.

引理 1.2.3 设 G 是幂零群, $G = K_1 \geqslant K_2 \geqslant \cdots \geqslant K_{s+1} = 1$ 是 G 的一个中心群列. 则

(1) $K_i \geqslant G_i$, $i = 1, \cdots, s+1$;

(2) $K_{s+1-j} \leqslant Z_j(G)$, $j = 0, \cdots, s$.

证明 (1) 用对 i 的归纳法. 当 $i = 1$ 时, $K_1 = G = G_1$, 结论成立. 下面设 $i > 1$, 且 $K_{i-1} \geqslant G_{i-1}$. 因为 $G_i = [G_{i-1}, G] \leqslant [K_{i-1}, G]$, 而 $K_{i-1}/K_i \leqslant Z(G/K_i)$, 有 $[K_{i-1}, G] \leqslant K_i$, 得证.

(2) 用对 j 的归纳法. 当 $j = 0$ 时, $K_{s+1} = 1 = Z_0(G)$, 结论成立. 下面设 $j > 0$, 且 $K_{s+1-(j-1)} \leqslant Z_{j-1}(G)$, 要证明 $K_{s+1-j} \leqslant Z_j(G)$. 这等价于 $[K_{s+1-j}, G] \leqslant Z_{j-1}(G)$. 由 $[K_{s+1-j}, G] \leqslant K_{s+1-(j-1)}$ 即得所需结果. □

定理 1.2.4　设 G 是幂零群, 则 G 的下中心群列终止于 1, 上中心群列终止于 G, 且它们都是定义 1.2.1 意义下的中心群列, 并且二者的长度相同, 记作 $c = c(G)$, 叫做 G 的**幂零类**. G 中不存在长度小于 c 的中心群列.

证明　因为 G 幂零, 存在中心群列

$$G = K_1 \geqslant K_2 \geqslant \cdots \geqslant K_{s+1} = 1.$$

由引理 1.2.3 有 $K_i \geqslant G_i$, $K_{s+1-j} \leqslant Z_j(G)$. 取 $i = s+1$, $j = s$ 就推出 $G_{s+1} = 1$, $Z_s(G) = G$. 这说明下中心群列终止于 1, 上中心群列终止于 G, 并且二者的长度都不大于 s. 由 $[G_i, G] = G_{i+1}$, $i = 1, 2, \cdots$ 推知下中心群列是中心群列; 又由定义, 上中心群列显然也是中心群列.

最后由引理 1.2.3, 因为上、下中心群列都是 G 的最短的中心群列, 它们的长度必然相等. □

显然, 幂零类为 1 的幂零群就是交换群. 故对 p^n 阶的非交换 p 群来说, 幂零类至少为 2, 最多为 $n-1$. 幂零类为 $n-1$ 的 p^n 阶群称为**极大类群**. 这是 p 群的两个极端情形. 这两类群也是 p 群研究的主要内容之一.

1.3　Burnside 基定理

本节介绍有限 p 群的另一个重要的算术不变量: 最小生成元个数. 它也是研究有限 p 群须臾不可缺少的概念.

关于有限 p 群 G 的 Frattini 子群 $\Phi(G)$ 有以下基本的结论.

(1) $\Phi(G)$ 由 G 的所有非生成元组成且 $\Phi(G) = G'\mho_1(G)$.

(2) 若 $N \lhd G$, 则 G/N 是初等交换 p 群当且仅当 $\Phi(G) \leqslant N$. 特别地, $G/\Phi(G)$ 是初等交换 p 群. 以下用 E_{p^n} 表示 p^n 阶初等交换 p 群. 某些文献也用 C_p^n 示之. 本书有时不加区别地使用.

定理 1.3.1 (Burnside 基定理)　设 G 是有限 p 群, $|G/\Phi(G)| = p^d$. 则 G 的每个最小生成系恰含 d 个元素, 并且每个 $G \setminus \Phi(G)$ 中的元素 x 都至少属于一个最小生成系.

证明　由 $\Phi(G)$ 的性质有

$$G = \langle x_i \mid i \in I \rangle \iff G/\Phi(G) = \langle x_i\Phi(G) \mid i \in I \rangle.$$

因为 $G/\Phi(G)$ 是初等交换的, 故 $G/\Phi(G)$ 可看成 p 元域 F_p 上的 d 维向量空间, 故其最小生成系恰含 d 个元素, 于是对 G 也有同样的结论.

设 $x \in G \setminus \Phi(G)$. 则 $x\Phi(G)$ 在线性空间 $G/\Phi(G)$ 中不是零向量, 于是可扩充成 $G/\Phi(G)$ 的一组基

$$x\Phi(G) = x_1\Phi(G),\ x_2\Phi(G),\ \cdots,\ x_d\Phi(G).$$

这时 $\{x_1, \cdots, x_d\}$ 就是 G 的一组最小生成系. □

由这个定理可知, $d := d(G)$ 是有限 p 群的一个算术不变量, 称为 p 群 G 的**生成元个数**. 令

$$p^{\omega(G)} = |G/\mho_1(G)|.$$

由 $\Phi(G) = G'\mho_1(G)$ 有 $d(G) \leqslant \omega(G)$. $\omega(G)$ 也是 G 的一个算术不变量.

注 1.3.2 若 G 不是 p 群, 则 $d(G)$ 不是不变量. 例如, 对称群 S_n 的最小生成系所含的生成元个数不一定相同. 事实上, 若 $n \geqslant 4$, 则 $\{(12), (12\cdots n)\}$ 和 $\{(12), (13), \cdots, (1n)\}$ 均是 S_n 的最小生成系.

1.4 上幂群列与下幂群列

本节介绍 p 群中两类重要的特征子群, 它们在 p 群研究中发挥着重要作用.

设 $\exp(G) = p^e$, 称 $e = e(G)$ 为群 G 的**幂指数**. 对于任意的 s, 其中 $0 \leqslant s \leqslant e$, 我们规定

$$\Omega_{\{s\}}(G) = \{a \in G \mid a^{p^s} = 1\}, \qquad \mho_{\{s\}}(G) = \{a^{p^s} \mid a \in G\}.$$

并且规定

$$\Omega_s(G) = \langle a \in G \mid a^{p^s} = 1\rangle, \qquad \mho_s(G) = \langle a^{p^s} \mid a \in G\rangle.$$

于是得到群列

$$1 = \Omega_0(G) \leqslant \Omega_1(G) \leqslant \cdots \leqslant \Omega_e(G) = G \tag{1.1}$$

和

$$G = \mho_0(G) \geqslant \mho_1(G) \geqslant \cdots \geqslant \mho_e(G) = 1 \tag{1.2}$$

分别称其为群 G 的**上幂群列** (或 Ω **群列**) 和**下幂群列** (或 $\mho$ **群列**).

与幂群列相联系的, 我们可以定义 p 群的幂映射.

设 G 是有限 p 群, $\exp(G) = p^e$. 对于满足 $0 \leqslant s \leqslant e = e(G)$ 的每个整数 s, 定义 G 到 G 内的 s 次幂映射 π_s 如下:

$$\pi_s:\ a \mapsto a^{p^s}, \quad \forall\ a \in G.$$

容易看出 π_s 的核和像集合分别为

$$\operatorname{Ker}\pi_s = \Omega_{\{s\}}(G), \quad \operatorname{Im}\pi_s = \mho_{\{s\}}(G).$$

显然, 对于 $0 \leqslant s \leqslant n$, $\Omega_s(G)$ 和 $\mho_s(G)$ 是 G 的特征子群. 所谓 p 群的幂结构, 简单地说, 就是 p 群这两个幂群列及幂映射的性质. 比如, 问 p 阶元素乘 p 阶元素是否仍为 p 阶元素就等价于问是否 $\Omega_{\{1\}}(G) = \Omega_1(G)$; 问元素的 p 次幂乘 p 次幂是否仍为元素的 p 次幂就等价于问是否 $\mho_{\{1\}}(G) = \mho_1(G)$, 等等. 研究 p 群的幂结构是 p 群的主要内容之一.

1.5 中 心 积

在有限群中, 我们经常使用子群的直积、半直积、乘积描述群的结构. 对于 p 群而言, 由于其中心恒不为 1, 我们经常也使用中心积描述 p 群的结构.

定义 1.5.1 设 G 是群, A, B 是 G 的子群, $K = A \cap B$. 称 G 为 A 和 B 的关联 K 的**中心积**, 记作 $G = A *_K B$, 如果 $G = AB$ 且换位子群 $[A, B] = 1$.

由此定义, 如果 $G = A *_K B$, 显然 A 和 B 均为 G 的正规子群, 且 $K \leqslant Z(G)$. 特别地, 如果 $K = 1$, 则 G 是 A 和 B 的直积. 我们约定, 如果 $K = Z(A)$ 或 $Z(B)$, 简记 $G = A *_K B$ 为 $G = A * B$.

中心积在分类超特殊 p 群时是非常重要的工具, 而超特殊 p 群在有限单群的研究中十分有用 (超特殊 p 群是满足 $\Phi(G) = G' = Z(G)$ 是 p 阶循环群的有限非交换 p 群 G). 下面证明在分类超特殊 p 群时要用到的两个结果. 同时也让大家对中心积有一个直观的理解.

引理 1.5.2 $\mathrm{Q}_8 * \mathrm{Q}_8 \cong \mathrm{D}_8 * \mathrm{D}_8$.

证明 设 $G = \langle a_1, b_1 \rangle * \langle a_2, b_2 \rangle \cong \mathrm{Q}_8 * \mathrm{Q}_8$. 则易验证 b_1a_2 和 a_1b_2 均为 2 阶元且 $G = \langle a_1, b_1a_2 \rangle \langle a_2, a_1b_2 \rangle$. 又易验证

$$[a_1, a_2] = [a_1, a_1b_2] = [b_1a_2, a_2] = [b_1a_2, a_1b_2] = 1,$$

故 $G = \langle a_1, b_1a_2 \rangle * \langle a_2, a_1b_2 \rangle$. 但 $[a_1, b_1a_2] \neq 1$, $[a_2, a_1b_2] \neq 1$, 于是子群 $\langle a_1, b_1a_2 \rangle$ 和 $\langle a_2, a_1b_2 \rangle$ 均同构于 D_8. □

引理 1.5.3 $M * M \cong M * N$, 其中 M 和 N 分别表示方次数为 p^2 和 p 的 p^3 阶非交换群, $p > 2$.

证明 设 $G = \langle a_1, b_1 \rangle * \langle a_2, b_2 \rangle \cong M * M$, 其中

$$o(a_i) = p^2, \quad o(b_i) = p, \quad a_i^{b_i} = a_i^{1+p}, \quad i = 1, 2.$$

于是有 $a_1^p \in Z(G)$, $a_2^p \in Z(G)$. 用 a_2 的适当方幂代替 a_2, 可令 $a_1^p = a_2^p$. 令 $x_2 = a_2a_1^{-1}$. 则 $x_2^p = (a_2a_1^{-1})^p = 1$. 易验证 $H := \langle b_2, x_2\rangle \cong N$, 且 $G = \langle a_1, b_1\rangle * H \cong M * N$. □

1.6 p 群的中心与其他基本性质

本节介绍 p 群的中心的"特有"性质及其他性质. 由此可看出, 有限 p 群有"太多"正规子群, 进而有"太多"子群. 这导致对于给定阶的 p 群, 它有极多的不同构的类型. 例如, 由 [39] 可知, 2^{10} 阶群有 49487365422 个不同构的类型. 因而由人工给出有限 p 群的同构分类是不可能的.

定理 1.6.1 设 G 为有限非平凡 p 群, 则

(1) $Z(G) \neq 1$. 进一步地, 若 G 非交换, 则 $|G/Z(G)| \neq p$;

(2) 若 $1 \neq N \trianglelefteq G$, 则 $N \cap Z(G) \neq 1$.

证明 (1) 假设 $Z(G) = 1$. 设 $K_1 = \{1\}, K_2, \cdots, K_r$ 为 G 的共轭元素类. 若存在 i 使得 $K_i = \{x\}$. 则 $\forall\, g \in G$ 有 $gxg^{-1} = x$. 故 $x \in Z(G) = 1$. 矛盾. 从而对 $1 < i \leqslant r$ 均有 $|K_i| > 1$. 对于 $x_i \in K_i$, 我们知道, $|K_i| = |G : C_G(x_i)|$. 于是 $|K_i| \mid |G|$. 由 G 为 p 群可知, 对每个 $1 < i \leqslant r$ 均有 $p \mid |K_i|$. 由类方程即得

$$|G| = 1 + |K_2| + \cdots + |K_r| \equiv 1 \pmod p.$$

这与 G 为 p 群相矛盾. 因此, $Z(G) > 1$.

若 G 非交换且 $|G/Z(G)| = p$, 则 $G/Z(G)$ 循环. 设 $G/Z(G) = \langle xZ(G)\rangle$. 则 G 由集合 $S = Z(G) \cup \{x\}$ 生成. 从而 G 交换. 矛盾.

(2) 设 $1 \neq N \trianglelefteq G$. 因为 $G = K_1 \cup K_2 \cup \cdots \cup K_r$, 故

$$\begin{aligned} N &= N \cap G = N \cap (K_1 \cup K_2 \cup \cdots \cup K_r) \\ &= (N \cap K_1) \cup (N \cap K_2) \cup \cdots \cup (N \cap K_r). \end{aligned}$$

若 $K_i \cap N \neq \varnothing$, 设 $x \in K_i \cap N$. 任取 $y \in K_i$, 则存在 $g \in G$ 使得 $y = x^g \subseteq N^g$. 因为 $N \trianglelefteq G$, 故 $K_i \subseteq N$. 于是 N 是若干个 K_i 的并. 若 $N \cap Z(G) = 1$, 同上讨论可得 $|N| \equiv 1 \pmod p$, 矛盾. 故 $N \cap Z(G) \neq 1$. □

注 1.6.2 对于 p^n 阶群 G 而言, $p \leqslant |Z(G)| \leqslant p^{n-2}$. $|Z(G)| = p^{n-2}$ 的 p 群结构已经确定. 而 $|Z(G)| = p$ 的 p 群结构很不清楚.

定理 1.6.3 若 G 是 p 群, 其阶为 p^n. 则

(1) 对 G 的任意真子群 H 均有 $N_G(H) > H$;

(2) G 的每个极大子群均在 G 中正规且它在 G 中的指数为 p;

(3) G 的每个子群均在 G 中次正规;

(4) 对每个 $0 \leqslant a \leqslant n$, G 至少有一个 p^a 阶正规子群 N_a, 且可适当选择使得当 $a \leqslant b$ 时, $N_a \leqslant N_b$.

证明 (1) 设 $H < G$ 且 $G = G_0 \geqslant G_1 \geqslant \cdots \geqslant G_r = 1$ 是 G 的中心群列. 则存在正整数 k 使得 $G_{k+1} \leqslant H$ 但 $G_k \nleqslant H$. 显然 $[G_k, H] \leqslant [G_k, G]$. 取 $x \in G_k$, $y \in G$, 由于 $G_k/G_{k+1} \leqslant Z(G/G_{k+1})$, 故 $[x, y] \in G_{k+1}$. 因而 $[G_k, G] \leqslant G_{k+1}$, 从而有 $[G_k, H] \leqslant H$. 这就推得 $G_k \leqslant N_G(H)$. 但 $G_k \nleqslant H$, 故有 $H < N_G(H)$.

(2) 设 M 是 G 的极大子群. 由 (1) 得 $M \lhd G$. 考虑 $\overline{G} = G/M$. 由 M 的极大性, $\overline{G}$ 没有非平凡子群. 故 M 在 G 中的指数为 p.

(3) 设 $H \leqslant G$, $|G : H| = p^s$. 对 s 作归纳. 若 $s = 1$, 则 $H \trianglelefteq G$, 定理成立. 假定 $s > 1$, 并设定理对小于 s 的情形已经成立. 因为 $H < G$, 有 $H < N_G(H) = H_1$. 这时有 $H \trianglelefteq H_1$, $|G : H_1| < p^s$, 由归纳假设, H_1 是 G 的次正规子群. 再由次正规性可传递, 有 H 是 G 的次正规子群.

(4) 对 n 作归纳. 当 $n = 1$ 时, 结论显然成立. 假定 $n > 1$, 并设定理对小于 n 的情形已经成立. 考虑商群 $G/Z(G)$. 因为 $Z(G) > 1$, 由归纳假设, 定理对 $G/Z(G)$ 成立. 由对应定理及含在 $Z(G)$ 里的子群均是 G 的正规子群推出定理成立. □

1.7 内交换 p 群的分类及在 p 群构造中的地位

一个非交换群称为**内交换群**, 若它的每个真子群是交换的. 作为这个概念的延伸, 一个非交换 p 群称为 $\mathcal{A}_t$**群**, 若它至少有一个指数为 p^{t-1} 的非交换子群, 但它的所有指数为 p^t 的子群都交换. 显然, 内交换 p 群恰是 $\mathcal{A}_1$ 群. 内交换群可看作交换性最好且应是结构最简单的非交换群. 事实上, 早在 1903 年, Miller 和 Moreno[123] 就研究并分类了内交换群. 而内交换 p 群首先由 Rédei[141] 于 1947 年给出分类. 另外, 我们注意到, 每个非交换群至少含有一个内交换子群. 本节进一步证明: 任何一个非交换 p 群可由它的内交换子群生成. 因而内交换子群是非交换 p 群的基本元素. Berkovich 和 Janko 的 p 群巨著 [33]—[35], [37], [38] 表明, 内交换子群基本上影响着 p 群的结构. 故内交换子群在研究非交换 p 群的结构中扮演着重要的角色, 占有十分重要的地位. 本书相当大的篇幅与内交换子群有关.

引理 1.7.1 设 G 是有限非交换 p 群. 则 G 的交换极大子群的个数为 $0, 1$ 或 $1 + p$.

证明 设 G 至少有两个不同的交换极大子群. 下证 G 的交换极大子群的个数是 $1 + p$.

设 M_1 和 M_2 是 G 的两个不同的交换极大子群. 由此可得

$$G = M_1M_2 \quad \text{且} \quad Z(G) = M_1 \cap M_2.$$

因为 $G/M_1 \cong M_2/M_1 \cap M_2 = M_2/Z(G)$, 故 $|G : Z(G)| = p^2$. 因为 G 非交换, 故 $\overline{G} = G/Z(G) \cong \mathrm{C}_p \times \mathrm{C}_p$. 在此情形下可证: $\overline{M}$ 是 $\overline{G}$ 的极大子群当且仅当 M 是 G 的交换极大子群. (事实上, 因为 G 的交换极大子群都包含中心, 由对应定理可知, G 的极大子群个数与 $G/Z(G)$ 的极大子群个数相同. 又 $|M : Z(G)| = p$, 故 M 交换.) 容易看出, $\overline{G}$ 有 $1+p$ 个极大子群. 因此 G 的交换极大子群的个数是 $1+p$. □

引理 1.7.2　*若有限 p 群 G 有非交换极大子群, 则 G 的非交换极大子群个数至少为 p.*

证明　设 G 是 d 元生成的. 则 $d(G) \geqslant 2$ 且 $|G/\Phi(G)| = p^d$. 故 $G/\Phi(G)$ 可看成 F_p 上 d 维向量空间. G 的极大子群的个数即为 $G/\Phi(G)$ 的 $d-1$ 维子空间的个数. 容易计算 $d-1$ 维子空间的个数为

$$\frac{p^d-1}{p-1} = 1+p+p^2+\cdots+p^{d-1}.$$

因为 G 非交换, 所以 G 的极大子群的个数至少是 $1+p$. 由引理 1.7.1 即得. □

定理 1.7.3　*任何一个非交换 p 群可由它的内交换子群生成.*

证明　对 $|G|$ 进行归纳. 若 G 不存在非交换极大子群, 则 G 是内交换的. 结论显然成立. 若 G 存在非交换极大子群, 由引理 1.7.2 可知 G 的非交换极大子群的个数至少是 p. 取 G 的两个不同的非交换极大子群 M_1 和 M_2, 由归纳假设可知, M_1 和 M_2 分别可由它们的内交换子群生成. 显然, M_1 和 M_2 的内交换子群也是 G 的内交换子群. 又 $G = \langle M_1, M_2\rangle$. 因此 G 可以由它的所有内交换子群生成. □

注 1.7.4　*若 G 不是 p 群, 则非交换群 G 不一定由它的内交换子群生成. 例如, 设 $G = \langle a, b, c \mid a^4 = 1, b^2 = a^2, [a, b] = a^2, c^3 = 1, a^c = b, b^c = ba^{-1}\rangle$. 则 G 不能由其内交换子群生成.*

证明　容易看出: $G \cong \mathrm{Q}_8 \rtimes \mathrm{C}_3$ 且 $|G| = 2^3 \cdot 3 = 24$. 下证 G 只有唯一的内交换子群且它同构于 Q_8.

设 H 是 G 的内交换子群. 由拉格朗日定理可知 $|H|$ 可能为 $8, 6, 12$. 若 $|H| = 6$ 或 12, 则 $H = K \rtimes \langle c_1\rangle$, 其中 $K \leqslant \langle a, b\rangle$ 且 $|K| = 2$ 或 4, $o(c_1) = 3$. 因为 $\langle a, b\rangle \cong \mathrm{Q}_8$ 的 2 阶子群和 4 阶子群都循环, 而 2 阶和 4 阶循环群没有 3 阶自同构, 所以 $H = K \times \langle c_1\rangle$ 交换, 矛盾. 故 $|H| = 8$. 则 H 为 G 的 Sylow 2 子群. 而 G 的 Sylow 2 子群唯一. 于是 G 不能由其内交换子群生成. □

下面我们准备分类内交换 p 群. 先介绍两个定理. 它们本身具有独立的意义. 同时在有限 p 群研究中经常用到.

第一个定理由段学复 1950 年在 [156] 中给出.

定理 1.7.5　设有限非交换群 G 有交换正规子群 A 且 $G/A=\langle xA\rangle$ 循环. 则

(1) 映射 $\phi: a \longrightarrow [a,x]$ 是 A 到 G' 的满同态;

(2) $G' \cong A/A\cap Z(G)$.

证明　若 $a,b\in A$, 则

$$\phi(ab)=[ab,x]=[a,b]^b[b,x]=[a,x][b,x]=\phi(a)\phi(b).$$

故 ϕ 是同态. 又 $G=\langle x,A\rangle$ 是非交换的, 则

$$\mathrm{Ker}(\phi)=\{a\in A\mid [a,x]=1\}=C_A(G)=A\cap Z(G).$$

令 $K=\mathrm{Im}(\phi)$. 则 $K\leqslant G'<A$. 因为 A 是交换的且 $[a,x]^x=[a^x,x]\in K\cap A$, 故 $K\lhd G$. 又 $a^x=a[a,x]\in aK$, 故 x 中心化 A/K. 从而 G/K 交换且 $K=G'$. 由同态基本定理即得. □

下面的定理是定理 1.7.5 的直接推论, 它在有限 p 群研究中经常被用到. 读者需熟知.

定理 1.7.6　设有限非交换 p 群 G 有交换极大子群. 则 $|G|=p|G'||Z(G)|$.

第二个定理是陈重穆 1988 年在 [54] 中的定理 2.2 中给出的一个 p 群是内交换的等价条件. 它在本书中也反复被使用, 读者也需熟知.

定理 1.7.7　设 G 是有限 p 群. 则下列命题等价:

(1) G 是内交换群;

(2) $d(G)=2$ 且 $|G'|=p$;

(3) $d(G)=2$ 且 $Z(G)=\Phi(G)$.

证明　(1) ⇒ (2): 取 $a,b\in G$ 使 $[a,b]\neq 1$. 则 $H=\langle a,b\rangle$ 非交换, 并因而 $H=G$. 因此 $d(G)=2$. 取 G 的两个不同的极大子群 A 和 B. 由假设它们交换. 又由 A,B 的极大性得 $G=AB$. 因此 $A\cap B=Z(G)$. 再由同构定理, $AB/A\cong B/A\cap B$. 从而 $|G:A\cap B|=p^2$. 由定理 1.7.6, $|G|=p|G'||Z(G)|$, 于是 $|G'|=p$, (2) 成立.

(2) ⇒ (3): 因为 $|G'|=p$, 有 $G'\leqslant Z(G)$. 则 G 为类 2 群. 由命题 1.1.6 得 $[x^p,y]=[x,y]^p=1$, 其中 $x,y\in G$. 于是 $\mho_1(G)\leqslant Z(G)$. 因此又有 $\Phi(G)\leqslant Z(G)$. 如果 $\Phi(G)<Z(G)$, 则由 $d(G)=2$ 推出 $|G/Z(G)|\leqslant p$, 于是 G 交换, 矛盾. 故 (3) 成立.

(3) ⇒ (1): 因为每个极大子群 $M\geqslant\Phi(G)=Z(G)$, 且 $d(G)=2$, 故 M 交换, 即 (1) 成立. □

注 1.7.8　若 G 不是 p 群, 则定理 1.7.7 不一定成立. 例如, 交代群 A_4 是内交换的. 但其中心是平凡的, 导群是 p^2 阶的.

为方便, 我们引进两个符号, 它们在本书中使用频率极高. 读者需尽早熟悉之.

$$\mathrm{M}_p(n,m):=\langle a,b\mid a^{p^n}=b^{p^m}=1, a^b=a^{1+p^{n-1}}\rangle,\quad n\geqslant 2, m\geqslant 1.\quad (亚循环)$$

$$\mathrm{M}_p(n,m,1) := \langle a,b,c \mid a^{p^n} = b^{p^m} = c^p = 1, [a,b] = c, [c,a] = [c,b] = 1\rangle,$$
$$n \geqslant m \geqslant 1. \quad (\text{非亚循环})$$

p^3 阶非交换群是阶最小的内交换 p 群. 它的分类在标准的群论教科书上都能找到. 其证明略去. 读者也可参看本书的第 2 章, 在那里为介绍 p 群方法, 给出了 p^3 阶群分类的另一个证明.

定理 1.7.9 设 G 是 p^3 阶非交换群. 则 G 是下列互不同构的群之一.

(1) $p=2$,

(Ⅰ) $\langle a,b \mid a^4 = b^2 = 1, b^{-1}ab = a^3\rangle \cong \mathrm{D}_8 \cong \mathrm{M}_2(2,1) \cong \mathrm{M}_2(1,1,1)$;

(Ⅱ) $\langle a,b \mid a^4 = 1, b^2 = a^2, b^{-1}ab = a^3\rangle \cong \mathrm{Q}_8$.

(2) $p \neq 2$,

(Ⅰ) $\langle a,b \mid a^{p^2} = b^p = 1, b^{-1}ab = a^{1+p}\rangle \cong \mathrm{M}_p(2,1)$;

(Ⅱ) $\langle a,b,c \mid a^p = b^p = c^p = 1, [a,b] = c, [a,c] = [b,c] = 1\rangle \cong \mathrm{M}_p(1,1,1)$.

下面是 Rédei 于 1947 年在 [141] 中给出的内交换 p 群的分类. 这里的证明是由曲海鹏给出的, 它完全不同于 Rédei 的原始证明.

定理 1.7.10 G 是内交换 p 群当且仅当 G 是下列互不同构的群之一.

(i) Q_8;

(ii) $\mathrm{M}_p(n,m)$;

(iii) $\mathrm{M}_p(n,m,1)$.

一个例外是, 参数 $p=2$, $m=1$, $n=2$ 的(ii)型群和有参数 $p=2$, $m=n=1$ 的(iii)型群同构, 它们都给出 8 阶二面体群 D_8.

证明 $\Longleftarrow$: 对于群 (i), 由 p^2 阶群均交换即得. 对于群 (ii), 令 $\overline{G} = G/\langle a^{p^{n-1}}\rangle$. 则 $\bar{a}^{\bar{b}} = \bar{a}$. 即 $\overline{G}$ 是交换的. 故 $G' \leqslant \langle a^{p^{n-1}}\rangle$. 对于群 (iii), 令 $\overline{G} = G/\langle c\rangle$. 类似可证, $G' \leqslant \langle c\rangle$. 在任何情形下, 由于 $G' \neq 1$ 即得 $|G'| = p$. 又 $d(G) = 2$. 由定理 1.7.7 即得结论.

$\Longrightarrow$: p^3 阶非交换群均为内交换群, 它们是 Q_8, $\mathrm{D}_8 \cong \mathrm{M}_2(2,1) \cong \mathrm{M}_2(1,1,1)$ (对 $p=2$), 以及 $\mathrm{M}_p(2,1)$, $\mathrm{M}_p(1,1,1)$ (对 $p>2$). 故下面可设 $|G| > p^3$. 由定理 1.7.7, $d(G) = 2$, $|G'| = p$. 取 $a,b \in G$ 使得 $[a,b] \neq 1$ 且 $\bar{a} = aG', \bar{b} = bG'$ 是 $\overline{G} = G/G'$ 的基, 即 $\overline{G} = \langle \bar{a}\rangle \times \langle \bar{b}\rangle$, 并且使 $o(a)o(b)$ 最小. 设 $o(a) = p^n$, $o(b) = p^m$ 且 $n \geqslant m$.

首先断言: $\langle a\rangle \cap \langle b\rangle = 1$.

若否, 因为 $\bar{a} \cap \bar{b} = \bar{1}$, 也即 $\overline{\langle a\rangle \cap \langle b\rangle} = \bar{1}$. (此结论在 $G/G' = \overline{G} = \langle \bar{a}\rangle \times \langle \bar{b}\rangle$ 的条件下成立. 一般不成立!) 从而 $1 \neq \langle a\rangle \cap \langle b\rangle \leqslant G'$. 则 $\langle a\rangle \cap \langle b\rangle = G'$. 设 $G' = \langle d\rangle$. 则 $o(d) = p$. 进一步可设 $d = a^s = b^t$. 则 $d^p = a^{sp} = b^{tp} = 1$. 于是 $p^n \mid sp$, $p^m \mid tp$. 设 $s = p^{n-1}s_1$, $t = p^{m-1}t_1$. 因为 $o(d) = p$, 故 $(s,p) = (t,p) = 1$. 从而 $(s_1,p) = (t_1,p) = 1$. 令 $a_1 = a^{s_1}$, $b_1 = b^{t_1}$. 则 $d = a_1^{p^{n-1}}$, $d = b_1^{p^{m-1}}$. 不妨设

$a^{p^{n-1}}=d$, $b^{p^{m-1}}=d$. 于是 $a^{p^{n-1}}=b^{p^{m-1}}$. (注意: 要保证 a_1,b_1 仍然满足 a,b 的条件!)

因为 $G'\leqslant Z(G)$, 故 G 是类 2 的. 由命题 1.1.6, 对任意的 $x,y\in G$, 有

$$\begin{cases}(xy)^p=x^py^p, & p>2,\\ (xy)^2=x^2y^2[y,x], & p=2.\end{cases}\tag{1.3}$$

若 $p>2$, 由 (1.3) 式及 $a^{p^{n-1}}=b^{p^{m-1}}$ 推出

$$(a^{p^{n-m}}b^{-1})^{p^{m-1}}=(a^{p^{n-m}})^{p^{m-1}}(b^{-1})^{p^{m-1}}=a^{p^{n-1}}b^{-p^{m-1}}=b^{p^{m-1}}b^{-p^{m-1}}=1.$$

令 $b'=a^{p^{n-m}}b^{-1}$, 则 $o(b')\leqslant p^{m-1}<o(b)$. 又 $o(\langle\bar{b}'\rangle)\leqslant o(b')\leqslant p^{m-1}\leqslant o(\bar{b})$. 另一方面, $\overline{G}=\langle\bar{a}\rangle\langle\bar{b}'\rangle$. 于是 $|\overline{G}|=|\langle\bar{a}\rangle\langle\bar{b}\rangle|=|\langle\bar{a}\rangle\langle\bar{b}'\rangle|$. 由此可得

$$\frac{|\langle\bar{b}\rangle|}{|\langle\bar{a}\rangle\cap\langle\bar{b}\rangle|}=\frac{|\langle\bar{b}'\rangle|}{|\langle\bar{a}\rangle\cap\langle\bar{b}'\rangle|}.$$

因为 $\langle\bar{a}\rangle\cap\langle\bar{b}\rangle=\bar{1}$ 及 $o(\langle\bar{b}'\rangle)\leqslant o(\bar{b})$, 推出 $\langle\bar{a}\rangle\cap\langle\bar{b}'\rangle=\bar{1}$. 故 b' 和 $a \pmod{G'}$ 仍然是 $\overline{G}$ 的基底, 但 $o(a)o(b')<o(a)o(b)$, 矛盾于 a,b 的选取.

若 $p=2$, $m\geqslant 3$ 或 $n>m$, 则仍有 $(a^{p^{n-m}}b^{-1})^{p^{m-1}}=1$. 同上可得矛盾. 于是 $n\leqslant m\leqslant 2$. 又由假设 $n\geqslant m$, 故有 $n=m=2$. 因为 $a^{p^{n-1}}=b^{p^{m-1}}=d\in G'$, 故

$$|\overline{G}|=|\langle\bar{a}\rangle\times\langle\bar{b}\rangle|\leqslant 2^{n-1}2^{m-1}.$$

从而 $|G|=|\overline{G}||G'|\leqslant 8$. 与假设 $|G|>p^3$ 矛盾. 事实上, $|G|=8$ 且 $G\cong Q_8$.

这就证明了 $\langle a\rangle\cap\langle b\rangle=1$. 并因此 $|G|\geqslant p^{n+m}$.

令 $[a,b]=c$. 则 $G'=\langle c\rangle$. 分两种情况讨论:

(1) G' 既不是 $\langle a\rangle$ 也不是 $\langle b\rangle$ 的子群.

此时因为 $|G'|=p$, 有 $\langle a\rangle\cap G'=1$, $\langle b\rangle\cap G'=1$. 于是

$$\bar{a}^k=\bar{1}\Longleftrightarrow a^k\in\langle a\rangle\cap G'=1.$$

由此可得 $o(\bar{a})=o(a)$. 同理, $o(\bar{b})=o(b)$. 又 $G/G'=\overline{G}=\langle\bar{a}\rangle\times\langle\bar{b}\rangle$. 故

$$|\overline{G}|=|\langle\bar{a}\rangle||\langle\bar{b}\rangle|=p^np^m=p^{n+m}.$$

则 $|G|=|\overline{G}||G'|=p^{n+m+1}$. 因为 $G'\leqslant Z(G)$, $n\geqslant m$, 此时有

$$a^{p^n}=b^{p^m}=c^p=1,\quad [a,b]=c,\quad [c,a]=[c,b]=1,$$

且 $\exp G = p^n$. 其中 $n \geqslant m \geqslant 1$. 我们得到定理中的群 (iii). 由 $|G| = p^{n+m+1}$ 且 $\exp G = p^n$ 可知, n 和 m 都是 G 的不变量. 特别地, (iii) 型群中的不同参数的群互不同构.

(2) G' 恰好是 $\langle a\rangle$ 和 $\langle b\rangle$ 中一个的子群.

如果我们去掉前面的假设 $n \geqslant m$, 则不妨设 $G' \leqslant \langle a\rangle$. 这时 $\langle a\rangle$ 是 G 的循环正规子群. 因为 $G/G' = \overline{G} = \langle\bar{a}\rangle \times \langle\bar{b}\rangle$, 故 $G = \langle a, b, G'\rangle = \langle a, b\rangle = \langle a\rangle\langle b\rangle$. 从而 G 是亚循环群. 因为 $G' \leqslant \langle a\rangle$, 故 $n \geqslant 2$. (否则, $G' = \langle a\rangle$). 设 $[a, b] = a^i$. 由定理 1.7.7 知 $Z(G) = \Phi(G) = \mho_1(G)G'$. 故 $b^p \in Z(G)$. 从而 $[a, b^p] = 1$. 因为 $G' \leqslant Z(G)$, 故 G 是类 2 的. 由命题 1.1.6 推出 $a^{ip} = [a, b]^p = [a, b^p] = 1$. 故可设 $i = sp^{n-1}$, $p \nmid s$. 设 t 满足 $st \equiv 1 (\mathrm{mod}\ p)$. 以 b^t 代替 b, 有 $o(b) = o(b^t)$, $G = \langle a, b\rangle = \langle a, b^t\rangle$. 因为 G 是类 2 的, 由命题 1.1.6 可得

$$[a, b^t] = [a, b]^t = (a^i)^t = (a^{sp^{n-1}})^t = a^{stp^{n-1}} = a^{(1+pt_1)p^{n-1}} = a^{p^{n-1}}.$$

不妨设 $b = b^t$. 则得到群的表现 (ii).

下面要证明 (ii) 型群中不同的参数值对应于不同构的群. 由 (1.3) 式和 $n \geqslant 2$ 可知, $\forall a, b \in G$, $(a^ib^j)^{p^{\max\{m,n\}}} = 1$. 故 $\exp(G) \leqslant p^{\max\{m,n\}}$. 又 $|G| = p^{n+m}$, 故 $\exp G = p^{\max\{m,n\}}$. 如果有与表现 (ii) 的群同构但参数不同的群, 它必有如下表现:

(ii$'$) $G = \langle a, b \mid a^{p^m} = b^{p^n} = 1, a^b = a^{1+p^{m-1}}\rangle$,

并且 $n \neq m$. 在表现 (ii) 和 (ii$'$) 的两个群中, 均有 $G' \leqslant \langle a\rangle$. 若 G 为表现 (ii) 的群, 下证 $G/G' \cong \mathrm{C}_{p^{n-1}} \times \mathrm{C}_{p^m}$. 首先, $G' = \langle [a, b]^g \mid g \in G\rangle = \langle a^{p^{n-1}}\rangle$. 故 $o(\bar{a}) = p^{n-1}$. 另一方面, $G = \langle a\rangle\langle b\rangle$. 从而 $G/G' = \overline{G} = \langle\bar{a}\rangle\langle\bar{b}\rangle$. 因为

$$|G| = |\langle a\rangle\langle b\rangle| = \frac{|\langle a\rangle||\langle b\rangle|}{|\langle a\rangle \cap \langle b\rangle|} = |\langle a\rangle||\langle b\rangle|,$$

故 $\langle a\rangle \cap \langle b\rangle = 1$. 由此得 $\langle\bar{a}\rangle \cap \langle\bar{b}\rangle = \bar{1}$. 从而 $G/G' = \overline{G} = \langle\bar{a}\rangle \times \langle\bar{b}\rangle$. 再一次由 $\langle a\rangle \cap \langle b\rangle = 1$ 得 $1 \neq b^{p^{m-1}} \notin G'$. 故 $o(\bar{b}) = o(b) = p^m$. 这就是说, $G/G' \cong \mathrm{C}_{p^{n-1}} \times \mathrm{C}_{p^m}$. 若 G 为表现 (ii$'$) 的群, 同理可证, $G/G' \cong \mathrm{C}_{p^{m-1}} \times \mathrm{C}_{p^n}$. 此时, 一个 G/G' 有一个阶为 $\exp(G)$ 的循环正规子群, 而另一个没有. 显然这是一个矛盾.

最后证明 (ii) 型群和 (iii) 型群不同构. 注意到满足 $a, b \in G$ 使 $\bar{a} = aG', \bar{b} = bG'$ 是 $\overline{G} = G/G'$ 的基的所有 a, b 中 $o(a)o(b)$ 的最小值显然也是 G 的一个不变量, 记其为 $m(G)$. 从证明中看出, (ii) 型群中 $|G|/m(G) = 1$, (iii) 型群中 $|G|/m(G) = p$. □

推论 1.7.11 设 G 是有限 p 群. 若 G 的每个真子群是初等交换群但 G 本身不是, 即 G 为内初等交换 p 群, 则 G 为方次数为 p 的 p^3 阶非交换群, 或 p^2 阶循

环群.

证明 若 G 非交换, 则 G 为内交换群. 因为 G 为内初等交换 p 群, 故 $\exp(G) = p$. 由定理 1.7.10 可知, $G \cong \mathrm{M}_p(1,1,1)$. 若 G 交换, 因为 G 为内初等交换 p 群, 故 $\exp(G) \geqslant p^2$. 取 $a \in G$ 使得 $o(a) = p^2$. 则 $G = \langle a \rangle$. □

1.8 有限 Hamilton p 群的分类

称群 G 为 **Dedekind 群**, 如果它的所有子群均在 G 中正规. Dedekind[56] 给出了有限 Dedekind 群的分类, 而 Baer[8] 则分类了无限 Dedekind 群. 他们证明, Dedekind 群或为交换群, 或为四元数群与无 4 阶元素的交换周期群的直积. (所谓周期群, 指的是没有无限阶元素的群.) 这个结果的证明可见 [66] 中的定理 12.5.4. 非交换的 Dedekind 群又称为**Hamilton 群**. Dedekind p 群的分类是有限 p 群的一个经典分类定理. 在此之后, 与此有关的 p 群被研究和分类. 本书的许多内容与此相关. 下面的定理给出了有限 Dedekind p 群的分类. 该证明由曲海鹏给出. 由于使用了内交换 p 群的分类, 证明十分简洁.

定理 1.8.1 设 G 是有限 Dedekind p 群. 则

(1) G 交换;

(2) $p = 2$ 并且 $G \cong \mathrm{Q}_8 \times \mathrm{C}_2^n$, 其中 n 是非负整数.

证明 若 G 非交换. 取 G 的一个内交换子群 H. 则 H 亦为 Dedekind 群. 由定理 1.7.10 知, $H \cong \mathrm{Q}_8$. 令 $H = \langle a, b \rangle$. 则

$$o(a) = o(b) = 4, \quad a^2 = b^2, \quad [a,b] = a^2.$$

令 $C = C_G(H)$. 则 $C = C_G(\langle a \rangle) \cap C_G(\langle b \rangle)$. 由 N/C 定理得

$$|G : C_G(\langle a \rangle)| = 2, \quad |G : C_G(\langle b \rangle)| = 2.$$

于是 $|G : C| \leqslant 4$. 又, $C \cap H = Z(H) = \langle a^2 \rangle$. 比较阶得 $HC = G$. 下面证 $\exp(C) = 2$. 若否, 则 $c \in C$ 使得 $o(c) = 4$. 因 G 中 2 阶子群皆正规, 故 2 阶元属于中心. 而因 $ac \notin Z(G)$, 这推出 $o(ac) = 4$. 又因 $[ac, b] = [a, b] = a^2$, $\langle ac \rangle \trianglelefteq G$, 有 $a^2 \in \langle ac \rangle$. 于是得 $a^2 = (ac)^2 = a^2c^2$, $c^2 = 1$. 与 $o(c) = 4$ 矛盾. 这就证明了 C 是初等交换 2 群. 取 $\langle a^2 \rangle$ 在 C 中的补为 D. 则 $G = H \times D$. □

1.9 具有一个循环极大子群的 p 群的分类

Burnside 在 [50] 中对具有循环极大子群的有限 p 群进行了分类, 这是一个经典的结果. 它对于 p 群的进一步研究是十分有用的. 因为从理论上讲, 每个有限 p 群都可以由此经过一系列循环扩张得到.

定理 1.9.1 设 p^n 阶群 G 有 p^{n-1} 阶循环子群 $\langle a\rangle$, 则 G 只有下述七种类型.

(Ⅰ) p^n 阶循环群: $G=\langle a\rangle$, $a^{p^n}=1$, $n\geqslant 1$;

(Ⅱ) (p^{n-1},p) 型交换群: $G=\langle a,b\rangle$ $a^{p^{n-1}}=b^p=1$, $[a,b]=1$, $n\geqslant 2$;

(Ⅲ) $p\neq 2$, $n\geqslant 3$, $G=\langle a,b\rangle$, 有定义关系

$$a^{p^{n-1}}=1,\quad b^p=1,\quad b^{-1}ab=a^{1+p^{n-2}};$$

(Ⅳ) 广义四元数群: $p=2$, $n\geqslant 3$, $G=\langle a,b\rangle$, 有定义关系

$$a^{2^{n-1}}=1,\quad b^2=a^{2^{n-2}},\quad b^{-1}ab=a^{-1};$$

(Ⅴ) 二面体群: $p=2$, $n\geqslant 3$, $G=\langle a,b\rangle$, 有定义关系

$$a^{2^{n-1}}=1,\quad b^2=1,\quad b^{-1}ab=a^{-1};$$

(Ⅵ) $p=2$, $n\geqslant 4$, $G=\langle a,b\rangle$, 有定义关系

$$a^{2^{n-1}}=1,\quad b^2=1,\quad b^{-1}ab=a^{1+2^{n-2}};$$

(Ⅶ) 半二面体群: $p=2$, $n\geqslant 4$, $G=\langle a,b\rangle$, 有定义关系

$$a^{2^{n-1}}=1,\quad b^2=1,\quad b^{-1}ab=a^{-1+2^{n-2}}.$$

证明 除去交换的情形, 有 $n\geqslant 3$. 我们先假定 $p>2$. 设 $\langle a\rangle$ 是 G 的循环极大子群, 当然有 $\langle a\rangle\trianglelefteq G$. 任取 $b_1\notin\langle a\rangle$, 有 $b_1^p\in\langle a\rangle$. 设 $b_1^{-1}ab_1=a^r$, 由 G 非交换, 有 $r\not\equiv 1 \pmod{p^{n-1}}$. 又由 $b_1^p\in\langle a\rangle$, 有 $b_1^{-p}ab_1^p=a^{r^p}=a$, 于是 $r^p\equiv 1\pmod{p^{n-1}}$. 即 r 在模 p^{n-1} 的简化剩余系的乘法群中是 p 阶元素, 由此易推出, $r\equiv 1\pmod{p^{n-2}}$. 于是可令 $r=1+kp^{n-2}$. 因 $r\not\equiv 1\pmod{p^{n-1}}$, 有 $k\not\equiv 0\pmod p$, 取整数 j 使 $jk\equiv 1\pmod p$. 再令 $b_2=b_1^j$, 有

$$b_2^{-1}ab_2=b_1^{-j}ab_1^j=a^{r^j}=a^{(1+kp^{n-2})^j}=a^{1+p^{n-2}}.$$

又因 $b_2^p\in\langle a\rangle$, 而 $o(b_2)\leqslant p^{n-1}$, 可令 $b_2^p=a^{sp}$, s 是整数, 我们要证明 $(b_2a^{-s})^p=1$. 这因为 $\langle a^{p^{n-2}}\rangle$ char $\langle a\rangle$, 得到 $\langle a^{p^{n-2}}\rangle\trianglelefteq G$, 于是 $\langle a^{p^{n-2}}\rangle\leqslant Z(G)$. 又 $[a,b_2]=a^{p^{n-2}}$,

所以 $[a,b_2]^g = a^{p^{n-2}}$, 对任意的 $g \in G$. 由命题 1.1.5(3) 有 $G' = \langle a^{p^{n-2}} \rangle$, 于是 $G' \leqslant Z(G)$, $c(G) = 2$. 据命题 1.1.6(3), 有

$$(xy)^p = x^p y^p [y,x]^{\binom{p}{2}} = x^p y^p, \quad \forall\ x,y \in G.$$

于是由 $b_2^p = a^{sp}$ 可得 $(b_2a^{-s})^p = b_2^p a^{-sp} = 1$. 令 $b = b_2a^{-s}$, 即可得 G 有定义关系 (III).

下面设 $p = 2$. 同样设 $\langle a \rangle$ 是 G 的循环极大子群, 而 $b \notin \langle a \rangle$. 则 $b^2 \in \langle a \rangle$, 且 $b^{-1}ab = a^r$, 其中 $r \not\equiv 1 \pmod{2^{n-1}}$, 但 $r^2 \equiv 1 \pmod{2^{n-1}}$. 由此推出 r 模 2^{n-1} 只有三种可能: $r = -1$, $1 + 2^{n-2}$ 和 $-1 + 2^{n-2}$. 又由 $b^2 \in \langle a \rangle$, 可令 $b^2 = a^s$. 因 $b^{-1}(b^2)b = b^2$, 即 $b^{-1}a^sb = a^s$, 有 $a^{sr} = a^s$, 故 $sr \equiv s \pmod{2^{n-1}}$. 若 $r = -1$, 则 $s \equiv -s \pmod{2^{n-1}}$, 推出 $a^s = 1$ 或 $a^{2^{n-2}}$, 这分别给出广义四元数群 (IV) 和二面体群 (V). 当 $n = 3$ 时, 定理 1.7.9 已经给出了 2^3 阶非交换群, 只有上述两种类型. 而对于 $n \geqslant 4$, 还要讨论 $r = \pm 1 + 2^{n-2}$ 的情况. 若 $r = 1 + 2^{n-2}$, 条件 $sr \equiv s \pmod{2^{n-1}}$ 等价于 s 是偶数. 令 $s = 2t$, 由同余式 $j(1 + 2^{n-3}) + t \equiv 0 \pmod{2^{n-2}}$ 能决定 j. 设 $b_1 = ba^j$, 则

$$b_1^2 = b^2(b^{-1}a^jb)a^j = b^2a^{j(2+2^{n-2})} = a^{2[j(1+2^{n-3})+t]} = 1,$$

而 $b_1^{-1}ab_1 = a^{1+2^{n-2}}$, 对 b_1 和 a 来说就满足定义关系 (IV). 若 $r = -1 + 2^{n-2}$, 条件 $sr \equiv s \pmod{2^{n-1}}$ 变成 $(-2 + 2^{n-2})s \equiv 0 \pmod{2^{n-1}}$, 即

$$(-1 + 2^{n-3})s \equiv 0 \pmod{2^{n-2}}.$$

于是得到 $s \equiv 0 \pmod{2^{n-2}}$, 这样 $b^2 = 1$ 或 $a^{2^{n-2}}$. 而若 $b^2 = a^{2^{n-2}}$, 令 $b_1 = ba$, 则

$$b_1^2 = (ba)^2 = b^2(b^{-1}ab)a = b^2a^{-1+2^{n-2}}a = a^{2^{n-2}}a^{2^{n-2}} = 1,$$

因此 a 和 b 或者 a 和 b_1 满足定义关系 (VII).

最后要说明上述七种类型的群彼此互不同构. 对于 $n = 3$, 由定理 1.7.9 可知结论成立. 故可设 $n \geqslant 4$. 区别交换和不交换以及 $p > 2$ 和 $p = 2$ 的情形, 只需说明 (IV) 到 (VII) 之间互不同构即可. 由定义关系可看出, 对这四种情况都有 $G' = \langle [a,b] \rangle$. 计算 $[a,b]$ 得

$$[a,b] = a^{-1}b^{-1}ab = \begin{cases} a^{-2}, & \text{对于 (IV), (V)}, \\ a^{2^{n-2}}, & \text{对于 (VI)}, \\ a^{-2+2^{n-2}}, & \text{对于 (VII)}. \end{cases}$$

于是对于 (VI), 有 $|G'|=2$, 而对其余情形, 有 $|G'|=2^{n-2}$, 故 (VI) 不与其余三种情形同构. 再计算 $\langle a\rangle$ 外一般元素 ba^i 的平方, 得

$$(ba^i)^2=b^2(b^{-1}a^ib)a^i=\begin{cases}a^{2^{n-2}}, & \text{对于 (IV)},\\ 1, & \text{对于 (V)},\\ a^{i2^{n-2}}, & \text{对于 (VII)}.\end{cases}$$

这首先说明 G 中 2^{n-1} 阶循环子群是唯一的. 其次, $\langle a\rangle$ 外的元素对于 (IV), 全是 4 阶的; 对于 (V), 全是 2 阶的; 而对于 (VII), 既有 2 阶的也有 4 阶的. 由此看出 (IV), (V), (VII) 之间互不同构. □

定理 1.9.1 的一个直接结果是以下推论.

推论 1.9.2 设 N 是有限 p 群 G 的非循环正规子群. 则

(1) 若 $p>2$, 则存在 G 的 (p,p) 型交换正规子群 $K\leqslant N$;

(2) 若 $p=2$, 且 G 没有 (p,p) 型交换正规子群 $\leqslant N$, 则 N 是定理 1.9.1中(IV), (V)或(VII)型群.

证明 先设 N 有循环极大子群. 则由定理 1.9.1, 或者 (2) 成立, 或者 N 是定理 1.9.1 中的 (II), (III) 或 (VI) 型群. 对于这三种群, $\Omega_1(N)$ 是 N 的 (p,p) 型特征子群, 因而是 G 的正规子群, (1) 成立.

再设 N 没有循环极大子群, 并且 (1) 和 (2) 都不成立. 任取 G 的包含在 N 中的极大交换正规子群 A, 则 $|A|\geqslant p^2$, 且 A 循环. 于是不妨设 $|N:A|\geqslant p^2$. 取 $K\leqslant A$, 满足 $|K|=p^2$. 则因 A 循环, $K\trianglelefteq G$. 由 N/C 定理, $|N/C_N(K)|\leqslant p$. 因为 $|N:A|\geqslant p^2$, $C_N(K)>A$. 又, $C_N(K)=N\cap C_G(K)\trianglelefteq G$, 可取 $M\trianglelefteq G$ 满足 $A<M\leqslant C_N(K)$ 以及 $|M:A|=p$. 则 M 非交换, 且 $Z(M)\geqslant K$. 因为 M 包含循环极大子群 A, 由定理 1.9.1, 并注意到 M 非交换且中心的阶大于等于 p^2, M 是 (III) 型或 (VI) 型群. 但对于这两种群, 都有 (p,p) 型特征子群, 于是 G 有 (p,p) 型交换正规子群小于等于 N, 矛盾. □

1.10 p 群计数定理

所谓 p 群的计数定理是指关于有限 p 群各种类型的子群、元素或子集个数的结果. 反过来, 由 p 群子群个数的条件推出 p 群本身的性质或结构也是 p 群计数问题的课题. p 群计数是 p 群研究的一个重要领域. 本节介绍几个重要的经典结果, 由此可看出 p 群的子群个数的条件对 p 群结构的影响.

设 G 是 p^n 阶群. 对于 $k=0,1,\cdots,n$, 以 $s_k(G)$ 表示 G 中 p^k 阶子群的个数, 以 $c_k(G)$ 表示 G 中 p^k 阶循环子群的个数.

定理 1.10.1 设 $|G|=p^n$, 若 $s_1(G)=1$, 则

(1) 对 $p>2$, G 是循环群;

(2) 对 $p=2$, G 是循环群或广义四元数群.

证明　设 $p>2$, 且 G 非循环. 根据推论 1.9.2, G 中存在 (p,p) 型正规子群. 与 G 只有一个 p 阶子群矛盾. 而对 $p=2$, G 非循环, 推论 1.9.2 给出 G 只可能是定理 1.9.1 中 (IV), (V) 或 (VII) 型群. 但除了广义四元数群外, 都有 $s_1(G)\geqslant 2$. 故定理得证. □

定理 1.10.2　设 G 为 p^n 阶群. 对满足 $1<m<n$ 的某个 m, 若 $s_m(G)=1$, 则 G 循环.

证明　设 H 是 G 的唯一的 p^m 阶子群. 任取 G 的 p^{m+1} 阶子群 $H_1>H$, 由 H 是 H_1 的唯一的极大子群, 知 $H=\Phi(H_1)$, 又由 $|H_1/\Phi(H_1)|=p$ 知 H_1 循环, 于是 H 也是循环群. 这又推出只要 $i\leqslant m$, 都有 $s_i(G)=1$. 特别地, 有 $s_1(G)=1$. 据定理 1.10.1, 得 G 循环或为广义四元数群. 但对后者有 $s_2(G)>1$, 与假设矛盾, 于是 G 不能为广义四元数群, 即 G 必为循环群. □

定理 1.10.3　设 G 为 p^n 阶群. 对满足 $1<m<n$ 的每个 m, 若 $s_m(G)=c_m(G)$, 则 G 循环, 或当 $p^m=4$ 时 G 可能为广义四元数群.

证明　因 $m\geqslant 2$, 所有 p^2 阶子群循环 (因每个 p^2 阶子群至少含于一个 p^m 阶子群), 于是必有 $s_1(G)=1$.(若否, 我们可找到两个不同的 p 阶子群 C_1, C_2, 并可设其中之一含于 $Z(G)$, 于是 $\langle C_1,C_2\rangle=C_1\times C_2$ 是 (p,p) 型群, 矛盾.) 应用定理 1.10.1, G 为循环群或广义四元数群. 但对后者, 如果 $m\geqslant 3$, G 中存在非循环的 p^m 阶子群 $\langle a^{2^{n-m}},b\rangle$, 与假设矛盾. □

为了进一步研究 p 群的计数定理, 我们给出初等交换 p 群子群个数的公式. 证明留给读者.

引理 1.10.4　设 G 是 p^n 阶初等交换群, $0\leqslant m\leqslant n$. 则 G 中 p^m 阶子群的个数为

$$\begin{bmatrix} n \\ m \end{bmatrix}_p=\begin{cases} \dfrac{(p^n-1)(p^{n-1}-1)\cdots(p^{n-m+1}-1)}{(p^m-1)(p^{m-1}-1)\cdots(p-1)}, & m>0, \\ 1, & m=0. \end{cases}$$

樊恽在 [62] 中证明了, 初等交换 p 群是各阶子群个数最多的 p 群. 曲海鹏在 [138] 中证明了, 除了初等交换 p 群以外, 各阶子群个数最多的 p^n 阶群是 $\mathrm{M}_p(1,1,1)\times \mathrm{E}_{p^{n-3}}$. 进一步地, 他证明了, 对于 $p>2$, $1\leqslant m\leqslant n$, 其 p^m 阶子群的个数为

$$\begin{bmatrix} n \\ m \end{bmatrix}_p=\begin{bmatrix} n-2 \\ m \end{bmatrix}_p+\begin{bmatrix} n-2 \\ m-1 \end{bmatrix}_p\frac{p^n-p^{n-2}}{p^m-p^{m-1}}+\begin{bmatrix} n-3 \\ m-3 \end{bmatrix}_p\frac{(p^n-p^{n-2})(p^n-p^{n-1})}{(p^m-p^{m-2})(p^m-p^{m-1})}.$$

为了方便, 我们规定: 若 $n<m$, 则 $\begin{bmatrix} n \\ m \end{bmatrix}_p=0$. 于是对任意的非负整数 n,m, 都规定了一个非负整数 $\begin{bmatrix} n \\ m \end{bmatrix}_p$. 又若我们的问题只涉及一个素数 p, 常把 $\begin{bmatrix} n \\ m \end{bmatrix}_p$ 的

下标 p 省略, 而简记 $\begin{bmatrix} n \\ m \end{bmatrix}$. 下面是关于数 $\begin{bmatrix} n \\ m \end{bmatrix}_p$ 的一些主要性质.

引理 1.10.5 (1) 若 $n \geqslant m$, 则 $\begin{bmatrix} n \\ m \end{bmatrix} = \begin{bmatrix} n \\ n-m \end{bmatrix}$;

(2) 对任意的 n, m, $\begin{bmatrix} n+1 \\ m \end{bmatrix} = \begin{bmatrix} n \\ m \end{bmatrix} + p^{n-m+1}\begin{bmatrix} n \\ m-1 \end{bmatrix}$;

(3) 若 $n \geqslant m$, 则 $\begin{bmatrix} n \\ m \end{bmatrix} \equiv 1 \pmod p$;

(4) 若 $n > m > 0$, 则 $\begin{bmatrix} n \\ m \end{bmatrix} \equiv 1 + p \pmod{p^2}$;

(5) $(x-1)(x-p)\cdots(x-p^{n-1}) = \sum_{i=0}^{n}(-1)^i p^{\binom{i}{2}} \begin{bmatrix} n \\ i \end{bmatrix} x^{n-i}$;

(6) $\sum_{i=0}^{n}(-1)^i p^{\binom{i}{2}} \begin{bmatrix} n \\ i \end{bmatrix} = 0$.

证明 (1), (2) 可直接用公式验证.

(3), (4): 利用 (2) 式可得

$$\begin{bmatrix} n \\ m \end{bmatrix} \equiv \begin{bmatrix} n-1 \\ m \end{bmatrix} \equiv \cdots \equiv \begin{bmatrix} m \\ m \end{bmatrix} \equiv 1 \pmod p$$

和

$$\begin{aligned} \begin{bmatrix} n \\ m \end{bmatrix} \equiv \begin{bmatrix} n-1 \\ m \end{bmatrix} &\equiv \cdots \equiv \begin{bmatrix} m+1 \\ m \end{bmatrix} \\ &= \begin{bmatrix} m+1 \\ 1 \end{bmatrix} \equiv 1 + p \pmod{p^2}. \end{aligned}$$

(5) 用对 n 的归纳法, 细节略.

(6) 在 (5) 中令 $x = 1$ 即得所需结果. □

在 p 群的子群计数中, Hall 在 [67] 中给出了计算子群个数的一般公式. 通常称为 Hall 计数原则. 为了介绍这个公式, 我们需介绍以下概念和符号.

设 G 是有限 p 群, $\Phi(G)$ 为 G 的 Frattini 子群. 称 G 的包含 $\Phi(G)$ 的子群为 G 的**大子群** (major subgroup). 对于 $i = 0, 1, \cdots, d = d(G)$, 令 $\mathcal{S}_i$ 表示 G 的指数为 p^i 的大子群的集合. 又令 $\mathfrak{S}$ 是一个由 G 的真子群组成的任意集合, 以 $s(M)$ 表示 $\mathfrak{S}$ 中含于 M 的子群个数.

定理 1.10.6 (Hall 计数原则)

$$s(G) - \sum_{M \in \mathcal{S}_1} s(M) + p \sum_{M \in \mathcal{S}_2} s(M) - \cdots + (-1)^d p^{\binom{d}{2}} s(\Phi(G)) = 0. \tag{1.4}$$

证明 设 H 是 $\mathfrak{S}$ 中任一子群. 考虑 G 的所有包含 H 的大子群的交 N, 当然 N 也是 G 的大子群. 设 $N \in \mathcal{S}_i$, 则必有 $i \geqslant 1$. (因 G 的真子群 H 至少属于 G 的

一个极大子群.) 于是, 每个包含 N 的大子群都包含 H. 对于 $1 \leqslant j \leqslant i$, $\mathcal{S}_j$ 中包含 N 的大子群个数应为 $\begin{bmatrix} i \\ j \end{bmatrix}$, 于是 H 在 (1.4) 式左端出现的重数为

$$m(H)=1-\begin{bmatrix} i \\ 1 \end{bmatrix}+p\begin{bmatrix} i \\ 2 \end{bmatrix}-\cdots+(-1)^i p^{\binom{i}{2}}\begin{bmatrix} i \\ i \end{bmatrix}.$$

由引理 1.10.5(6), $m(H)=0$. 当 H 取遍 $\mathfrak{S}$ 中所有子群, 并求和便得 (1.4) 式左端 $=\sum_{H\in\mathfrak{S}} m(H)=0$. □

下面证明两个经典的计数定理.

定理 1.10.7　设 $|G|=p^n$, $0\leqslant k\leqslant n$. 则 $s_k(G)\equiv 1 \pmod p$.

证明　当 $k=0$ 和 n 时, 定理显然成立. 现在设 $0<k<n$, 用对 n 的归纳法. 设 M 是 G 的任一极大子群, 由归纳假设, $s_k(M)\equiv 1 \pmod p$. 令 $\mathfrak{S}$ 为 G 的所有 p^k 阶子群的集合, 应用 Hall 计数原则, 得到

$$s_k(G)\equiv\sum_{M\in\mathcal{S}_1} s_k(M)\equiv\sum_{M\in\mathcal{S}_1} 1=\begin{bmatrix} d \\ d-1 \end{bmatrix}\equiv 1 \pmod p.$$

□

定理 1.10.8 (Kulakoff [83])　*设 G 是 p^n 阶的非循环群且 $p>2$, $1\leqslant k\leqslant n-1$. 则 $s_k(G)\equiv 1+p \pmod{p^2}$.*

为证明此定理, 先证明下面的引理.

引理 1.10.9　*设 G 是 p^n 阶的非循环群且 $p>2$, $n\geqslant 3$, 若 G 有循环极大子群, 则 G 恰有 p 个循环极大子群和一个非循环极大子群.*

证明　由引理条件, G 应为定理 1.9.1 中 (II) 或 (III) 型群. 由定义关系易看出 $d(G)=2$, $c(G)\leqslant 2$. 据命题 1.1.6(3), 在 G 中 $(xy)^p=x^py^p$ 成立, 对任意的 $x,y\in G$. 这样, 对 $i=0,1,\cdots,p-1$, 有

$$(b^ia)^p=b^{ip}a^p=a^p,$$

即 b^ia 是 p^{n-1} 阶元素, 这就找到了 p 个循环极大子群 $\langle b^ia\rangle$. 又, 易验证 $\langle a^p,b\rangle$ 是 G 的 (p^{n-2},p) 型交换极大子群, 自然非循环. 再据 $d(G)=2$, G 中恰有 $1+p$ 个极大子群, 引理得证. □

定理 1.10.8 的证明　当 $n=2$, G 是 (p,p) 型交换群. G 有 $1+p$ 个 p 阶子群, 定理显然成立. 设 $n>2$. 对 n 作归纳. 当 $k=n-1$ 时, 因 $d=d(G)\geqslant 2$, 有

$$s_{n-1}(G)=\begin{bmatrix} d \\ d-1 \end{bmatrix}=\begin{bmatrix} d \\ 1 \end{bmatrix}\equiv 1+p \pmod{p^2}.$$

而当 $k\leqslant n-2$ 时, 用 Hall 计数原则, 有

$$s_k(G)\equiv\sum_{M\in\mathcal{S}_1} s_k(M)-p\sum_{M\in\mathcal{S}_2} s_k(M) \pmod{p^2}.$$

对 $M \in \mathcal{S}_2$, 由定理 1.10.7, $s_k(M) \equiv 1 \pmod p$, 有

$$p \sum_{M \in \mathcal{S}_2} s_k(M) \equiv p \sum_{M \in \mathcal{S}_2} 1 = p \begin{bmatrix} d \\ d-2 \end{bmatrix} \equiv p \pmod{p^2}.$$

而对 $M \in \mathcal{S}_1$, 若每个 M 都非循环, 应用归纳假设, 有 $s_k(M) \equiv 1+p \pmod{p^2}$. 于是

$$s_k(G) \equiv (1+p) \begin{bmatrix} d \\ d-1 \end{bmatrix} - p \equiv (1+p)^2 - p \equiv 1+p \pmod{p^2}.$$

又, 若有循环子群 $M \in \mathcal{S}_1$, 则由引理 1.10.9, $\mathcal{S}_1$ 中恰有 p 个循环极大子群和一个非循环极大子群, 于是

$$s_k(G) \equiv p \cdot 1 + (1+p) - p \equiv 1+p \pmod{p^2}. \qquad \square$$

我国数学家华罗庚、段学复在 20 世纪 30 年代继续 Kulakoff 的工作, 研究 p 群 G 中的子群个数模 p^3 的情况. 得到了不少结果, 见 [155]. 他们猜想, 如果 $|G| = p^n$, 对于 $0 \leqslant k \leqslant n$, $s_k(G)$ 模 p^3 必与 1, $1+p$, $1+p+p^2$ 或 $1+p+2p^2$ 之一同余. Berkovich[27]、张勤海和曲海鹏 [210, 211] 在这个猜想上做了许多工作. 遗憾的是, 该猜想有一个否定的回答.

1.11　三类重要 p 群与 p 群的三类重要结构

为使读者对 p 群研究的概貌有所了解, 本节简单介绍三类重要的 p 群与 p 群的三类重要结构. 它们构成了有限 p 群研究的主体. 读者欲了解更多的内容, 可参看这方面的专著 [33]—[35], [37], [38], [92], [194].

第一个重要的 p 群类, 即正则 p 群 (regular p-groups), 是由 Hall 于 20 世纪 30 年代引进并发起研究的. 他的三篇奠基性论文 [67]—[69] 构成了现代 p 群研究的基础. 其中文献 [67] 创建了正则 p 群理论. 文献 [68] 发展了这个理论, 他证明了非正则 p 群的许多深刻性质, 建立了一系列正则 p 群的判别条件. 而他的第三篇论文 [69] 则是近代有限 p 群分类问题研究的基础. 在此之后, 又有许多学者对这个理论做了不少有价值的工作, 特别是 Mann 的出色工作 [108]—[112] 使正则 p 群形成了 p 群理论中一个重要的研究方向.

首先引进更一般的 p^s 正则群的概念. 这个概念是由徐明曜和 Bannuscher 几乎同时独立提出的, 见徐明曜的研究生毕业论文 [181] 和 Bannuscher 的论文 [21]—[23].

定义 1.11.1　*有限 p 群 G 称为*__正则__*的, 如果对任意的 $a, b \in G$, 对每个正整数 s, 有*

$$(ab)^{p^s} = a^{p^s} b^{p^s} c_3^{p^s} \cdots c_m^{p^s},$$

其中 $c_i \in \langle a,b\rangle', i=3,4,\cdots,m$, $\langle a,b\rangle'$ 是 $\langle a,b\rangle$ 的导群, 而 m 依赖于 a,b 的选择. 特别地, 若 $(ab)^p=a^pb^p$, 则称 G 是 p **交换群**.

应用上述定义, Hall 关于正则 p 群的原始定义可以叙述如下.

定义 1.11.2 有限 p 群 G 称为**正则的**, 如果对每个正整数 s, G 是 p^s 正则的.

在目前关于正则 p 群的文献中, 通常都使用下述定义. 它与 Hall 给出的定义等价. 历史上, 它最早是由 Kemhadze[80] 给出的.

定义 1.11.3 有限 p 群叫做**正则的**, 如果对任意的 $a,b\in G$,

$$(ab)^p=a^pb^pc_3^p\cdots c_m^p,\quad c_i\in\langle a,b\rangle'.$$

在某种意义上说, 正则 p 群是 p 群中比较大的子类. 这是因为, 对于任意给定的整数 n, 只有有限个素数 p 使得 p^n 阶群是非正则的. 显然, 交换 p 群是正则的. 可以证明: 幂零类为 2 的 p 群, 奇数阶亚循环 p 群等都是正则的. 另一方面, 正则 2 群是交换的. 对 $p\neq 2$, 类似于交换 p 群, 正则 p 群也有基底、型不变量的概念及相应性质等. 再者, 正则 p 群的子群、商群也是正则的. 因而从某种意义上讲, 正则 p 群是 “接近” 交换 p 群的一个比较大的且性质较好的群类.

下面介绍正则性的某些经典结果.

定理 1.11.4 设 G 是有限 p 群.

(1) 若 $c(G)<p$, 则 G 正则.

(2) 若 $|G|\leqslant p^p$, 则 G 正则.

(3) 若 $p>2$ 且 G' 循环, 则 G 正则. 特别地, 亚循环 p 群正则.

(4) 若 $\exp(G)=p$, 则 G 正则.

(5) 若 G_{p-1} 循环, 则 G 正则.

定理 1.11.5 设 G 是有限正则 p 群, s 为正整数. 则.

(1) $G_{p+1}\leqslant\Phi(G')$;

(2) $|G/\Omega_s(G)|=|\mho_s(G)|$;

(3) $\mho_s(G)=\mho_{\{s\}}(G)$;

(4) 对于任意的 $a,b\in G$, $a^{p^s}=b^{p^s}$ 当且仅当 $(a^{-1}b)^{p^s}=1$, 由此有

$$\Omega_s(G)=\Omega_{\{s\}}(G);$$

(5) 对于任意的 $a,b\in G$, $[a^{p^s},b^{p^t}]=1\Longleftrightarrow[a,b]^{p^{s+t}}=1$.

定理 1.11.6 设 G 是有限 p 群, $\exp(G)=p^e$. 则 G 正则当且仅当 $G\times C$ 的每个方次数为 p^2 的截段正则, 其中 $C\cong \mathrm{C}_{p^e}$.

第二个重要的 p 群类, 即极大类 p 群 (p-groups of maximal class). 继 Hall 之后, Blackburn 于 20 世纪五六十年代在他的两篇重要论文 [42], [43] 中系统地研究了极

大类 p 群. 得到了大量基础性的重要结果. 自 Blackburn 之后, 极大类 p 群得到众多研究者的重视. Miech 做了大量的工作, 特别值得提出的是, 他对亚交换极大类 p 群进行了分类. 他的主要文章有 [116]—[118], [120], [121]. Leedham-Green 和 McKay 的系列文章 [88]—[91] 也对极大类 p 群作了十分系统的研究. 进入 20 世纪 90 年代以后, 以 Vera-López 和 Fernández-Alcober 为代表的西班牙数学家做了大量的工作. 他们对于极大类 p 群的共轭类数、幂结构和换位子结构、交换度的下界等作了系统的研究, 得到了很多有价值的结果. 他们的代表性文章可见 [63], [160]—[169]. Janko[75] 分类了任意两个非交换元生成极大类 2 群. 还有不少文章研究极大类 p 群的自同构群、表示, 特别是模表示, 以及 Sylow p 子群是极大类 p 群的有限群的性质等.

首先我们回顾一下极大类 p 群的定义.

定义 1.11.7 设 G 为 p^n 阶群, $n \geqslant 3$. 我们称群 G 为**极大类 p 群**, 如果 G 的幂零类 $c(G) = n-1$.

对于极大类 p 群 G, 它的最基本的性质是如下定理.

定理 1.11.8 设 G 为 p^n 阶极大类群. 则

(1) $|G/G'| = p^2$, $G' = \Phi(G)$ 且 $d(G) = 2$;

(2) $|G_i/G_{i+1}| = p$, $i = 2, 3, \cdots, n-1$;

(3) 对 $i \geqslant 2$, G_i 是 G 中唯一的 p^{n-i} 阶正规子群;

(4) 若 $N \trianglelefteq G$, $|G/N| \geqslant p^2$, 则 G/N 亦为极大类 p 群;

(5) 对于 $0 \leqslant i \leqslant n-1$, 有 $Z_i(G) = G_{n-i}$.

(6) 设 $p > 2$, $n > 3$. 则 G 中不存在 p^2 阶循环正规子群.

(7) 若 $n \leqslant p+1$, 则 $\Phi(G)$ 和 $G/Z(G)$ 均为方次数为 p 的群.

由此可见, 极大类 p 群最明显的两个特征是: 导群最大, 正规子群最少. 从某种意义上讲, 极大类 p 群是 "远离" 交换 p 群的一个比较大的群类. 另一方面, 它在 p 群中的地位类似于单群在有限群中的地位.

极大类 p 群的一个经典结果是如下定理.

定理 1.11.9 (1) 有限 2 群 G 是极大类的当且仅当 $|G : G'| = 4$.

(2) 设 G 是奇数阶非交换 p 群且 G 有交换极大子群. 则 G 是极大类 p 群当且仅当 $|G : G'| = p^2$.

极大类 2 群已被分类. 它们分别是二面体群 D_{2^n}、广义四元数群 Q_{2^n}、半二面体群 SD_{2^n}. 为了进一步研究奇数阶的极大类 p 群, 我们给出极大类 p 群的进一步的性质.

假定 $n \geqslant 4$. 令

$$G > G' = G_2 > G_3 > \cdots > G_n = 1$$

为 G 的下中心群列. 对于 $i=2,3,\cdots,n-2$, 称 $C_G(G_i/G_{i+2})$ 为 G 的**二步中心化子群**.

定理 1.11.10　设 G 为 p^n 阶极大类群, $n\geqslant 4$. 则 G 的二步中心化子群 $C_G(G_i/G_{i+2})$ 是 G 的极大子群, 并且都是 G 的特征子群.

在二步中心化子群中, $G_1=C_G(G_2/G_4)$ 起着重要的作用. 我们称其为极大类 p 群 G 的**基本子群**. 基本子群为交换群的极大类 p 群被 Blackburn 在 [42] 中分类.

定理 1.11.11　设 p 是奇素数, G 是阶为 p^n(其中 $n\geqslant 4$) 的有交换极大子群的极大类 p 群. 则 G 为下列三类群之一.

(1) $G=\langle s_1,s_2,\cdots,s_{p-1},b\mid b^p=1,s_1^{p^e}=s_2^{p^e}=\cdots=s_r^{p^e}=s_{r+1}^{p^{e-1}}=\cdots=s_{p-1}^{p^{e-1}}=1,[s_i,s_j]=1,\ \forall i\neq j,s_1^b=s_1s_2,s_2^b=s_2s_3,\cdots,s_{p-2}^b=s_{p-2}s_{p-1},s_{p-1}^b=s_{p-1}^{1-p}s_1{}^{-p}s_2{}^{-\binom{p}{2}}\cdots s_{p-2}{}^{-\binom{p}{p-2}}\rangle$. 记 $A=\langle s_1,s_2,\cdots,s_{p-1}\rangle$, 则 $G=A\rtimes\langle b\rangle$. $Z(G)=\langle s_r^{p^{e-1}}\rangle$.

(2) $G=\langle s_1,s_2,\cdots,s_{p-1},b\mid b^p=s_r^{p^{e-1}},s_1^{p^e}=s_2^{p^e}=\cdots=s_r^{p^e}=s_{r+1}^{p^{e-1}}=\cdots=s_{p-1}^{p^{e-1}}=1,[s_i,s_j]=1,\ \forall i\neq j,s_1^b=s_1s_2,s_2^b=s_2s_3,\cdots,s_{p-2}^b=s_{p-2}s_{p-1},s_{p-1}^b=s_{p-1}^{1-p}s_1{}^{-p}s_2{}^{-\binom{p}{2}}\cdots s_{p-2}{}^{-\binom{p}{p-2}}\rangle$.

记 $A=\langle s_1,s_2,\cdots,s_{p-1}\rangle$, 则 G 为 A 的 p 阶循环扩张. $Z(G)=\langle s_r^{p^{e-1}}\rangle$.

(3) $G=\langle s_1,s_2,\cdots,s_{p-1},b,a\mid b^p=1,s_1^{p^e}=s_2^{p^e}=\cdots=s_r^{p^e}=s_{r+1}^{p^{e-1}}=\cdots=s_{p-1}^{p^{e-1}}=1,[s_i,s_j]=1,\ \forall i\neq j,s_1^b=s_1s_2,s_2^b=s_2s_3,\cdots,s_{p-2}^b=s_{p-2}s_{p-1},s_{p-1}^b=s_{p-1}^{1-p}s_1{}^{-p}s_2{}^{-\binom{p}{2}}\cdots s_{p-2}{}^{-\binom{p}{p-2}},a^p=s_1{}^{-\binom{p}{2}}s_2{}^{-\binom{p}{3}}\cdots s_{p-1}^{-1}s_r^{\delta p^{e-1}},b^a=bs_1^{-1},s_1^a=s_1\rangle$. 其中 $1\leqslant\delta\leqslant p-1$, 不同的参数 $\bar\delta$ 和 δ 对应的群同构当且仅当存在 ξ 使 $\bar\delta\xi^r$ 模 p 与 δ 同余. 因为 $n-2=(p-1)(e-1)+r$, 故这类群共有 $(n-2,p-1)=(r,p-1)$ 个互不同构的类型.

极大类 p 群的基本子群有如下性质.

定理 1.11.12 ([74] 中的第 III 章定理 14.6(b) 和 14.22)　设 G 是极大类 p 群. $|G|=p^n$, 其中 $n\geqslant p+2$. 则 $|G_1:\mho_1(G_1)|=p^{p-1}$, 并且除 G_1 外, G 的其他极大子群都是极大类的.

由以上定理可知, G_1 是极大类 3 群 G 的唯一的二步中心化子群, $|G_1:\mho_1(G_1)|=3^2$. 再由 [41] 中的定理 2.6 可知, G_1 是亚循环群, 从而 G_1' 为 G 的循环正规子群. 最后, 由定理 1.11.8 可知 $|G_1'|=3$. 因此, G_1 是交换群或者是内交换群. G_1 交换的情形已由定理 1.11.11 给出. 为方便起见, 我们再把它们具体写出来.

定理 1.11.13　设 G 为极大类 3 群. 若 G_1 交换, 则 G 为以下互不同构的群之一.

(1) $|G|=3^{2e+1}$, 其中 $e\geqslant 2$.

(1a) $\langle s_1,s_2,\beta\mid {s_1}^{3^e}={s_2}^{3^e}=\beta^3=1,[s_1,\beta]=s_2,[s_2,\beta]={s_2}^{-3}{s_1}^{-3},[s_1,s_2]=1\rangle$. 此时 $G_1=\langle s_1,s_2\rangle$, 对于 $g\in G\backslash G_1$ 有 $g^3=1$.

(1b) $\langle s_1, s_2, \beta \mid {s_1}^{3^e} = {s_2}^{3^e} = 1, \beta^3 = s_2^{3^{e-1}}, [s_1, \beta] = s_2, [s_2, \beta] = {s_2}^{-3}{s_1}^{-3}, [s_1, s_2] = 1\rangle$. 此时 $G_1 = \langle s_1, s_2\rangle$, 对于 $g \in G\backslash G_1$ 有 $\langle g^3\rangle = \langle s_2^{3^{e-1}}\rangle$.

(1c) $\langle s_1, s_2, \beta, \alpha \mid {s_1}^{3^e} = {s_2}^{3^{e-1}} = \beta^3 = 1, \alpha^3 = {s_1}^{-3}{s_2}^{-1}{s_1}^{3^{e-1}}, [\alpha, \beta] = s_1, [s_1, \beta] = s_2, [s_2, \beta] = {s_2}^{-3}{s_1}^{-3}, [s_1, \alpha] = [s_1, s_2] = 1\rangle$. 此时 $G_1 = \langle \alpha, s_1\rangle$.

(2) $|G| = 3^{2e}$, 其中 $e \geqslant 2$.

(2a) $\langle s_1, s_2, \beta \mid {s_1}^{3^e} = {s_2}^{3^{e-1}} = \beta^3 = 1, [s_1, \beta] = s_2, [s_2, \beta] = {s_2}^{-3}{s_1}^{-3}, [s_1, s_2] = 1\rangle$. 此时 $G_1 = \langle s_1, s_2\rangle$, 对于 $g \in G\backslash G_1$ 有 $g^3 = 1$.

(2b) $\langle s_1, s_2, \beta \mid {s_1}^{3^e} = {s_2}^{3^{e-1}} = 1, \beta^3 = s_1^{3^{e-1}}, [s_1, \beta] = s_2, [s_2, \beta] = {s_2}^{-3}{s_1}^{-3}, [s_1, s_2] = 1\rangle$. 此时 $G_1 = \langle s_1, s_2\rangle$, 对于 $g \in G\backslash G_1$ 有 $\langle g^3\rangle = \langle s_1^{3^{e-1}}\rangle$.

(2c) $\langle s_1, s_2, \beta, \alpha \mid {s_1}^{3^{e-1}} = {s_2}^{3^{e-1}} = \beta^3 = 1, \alpha^3 = {s_1}^{-3}{s_2}^{-1}{s_2}^{\nu 3^{e-2}}, [\alpha, \beta] = s_1, [s_1, \beta] = s_2, [s_2, \beta] = {s_2}^{-3}{s_1}^{-3}, [s_1, \alpha] = [s_1, s_2] = 1\rangle$ 其中 $\nu = 1, 2$. 此时 $G_1 = \langle \alpha, s_1, s_2\rangle$. 若 $e > 2$ 或 $\nu = 2$, 则 $G_1 = \langle \alpha, s_1\rangle$.

二步中心化子群 G_1 不交换的极大类 3 群的分类定理如下.

定理 1.11.14 设 G 是阶为 3^n (其中 $n \geqslant 5$) 的极大类 3 群, 并设 G_1 不交换. 则 G 为以下互不同构的群之一.

(1) n 为偶数 $2e$ 时, $G = \langle s, s_1, s_2 \mid s_1^{3^e} = s_2^{3^{e-1}} = 1, s^3 = s_1^{\delta 3^{e-1}}, [s_1, s] = s_2, [s_2, s] = s_1^{-3}s_2^{-3}, [s_2, s_1] = s_1^{3^{e-1}}\rangle$, 其中 $\delta = 0, 1, 2$;

(2) n 为奇数 $2e+1$ 时, $G = \langle s, s_1, s_2 \mid s_1^{3^e} = s_2^{3^e} = 1, s^3 = s_2^{\delta 3^{e-1}}, [s_1, s] = s_2, [s_2, s] = s_1^{-3}s_2^{-3}, [s_2, s_1] = s_2^{3^{e-1}}\rangle$, 其中 $\delta = 0, 1, 2$.

并且, 当 δ 取不同值时, 所给的群互不同构.

继正则 p 群和极大类 p 群之后, Lubotzky 和 Mann 于 1987 年在 [107] 中首先定名并系统研究幂导 p 群 (powerful p-groups). 由于它在有限 p 群和解析付 p 群 (analytic pro-p-groups) 的应用价值而得到了广泛的关注. 这方面的结果可参考 [1], [57], [64], [70], [92], [114], [144], [177], [178].

定义 1.11.15 称有限 p 群 G 为**幂导** p **群**, 如果 $G' \leqslant \mho_1(G)$ 对 $p > 2$; $G' \leqslant \mho_2(G)$ 对 $p = 2$.

以下是幂导 p 群的某些基本结果.

定理 1.11.16 设 G 为 d 元生成的奇数阶 p 群. 则 G 幂导当且仅当 G 是 d 个循环子群的乘积.

定理 1.11.17 设 G 为 d 元生成的 2 群. 若 G 幂导, 则 G 是 d 个循环子群的乘积. 其逆不真. 例如, $\mathrm{M}_2(2, 1, 1)$ 可以表成二循环子群的乘积, 但它不幂导.

定理 1.11.18 设 G 是二元生成的 p 群. 若 $p > 2$, 则 G 是幂导 p 群当且仅当 G' 是亚循环 p 群. 若 $p = 2$, 则 G 是幂导 2 群当且仅当 G 是通常亚循环 p 群.

定理 1.11.19 若 G 是幂导 p 群, 则下列结论成立.

(1) $\mho_i(\mho_j(G)) = \mho_{i+j}(G)$, $\Omega_i(G) = \Omega_{\{i\}}(G)$;

(2) $[\mho_i(G), \mho_j(G)] = \mho_{i+j}(G')$;

(3) 若 $p > 2$, 则对每个 $i \geqslant 0$, $|\Omega_i(G)| = |G : \mho_i(G)|$;

(4) 若 $\exp(G) = p^{e(G)}$, 则 $c(G) \leqslant e(G)$;

(5) 若 $H \leqslant G$, 则 $d(H) \leqslant d(G)$.

类似于 Caley 定理, 下面的定理说明幂导 p 群在 p 群理论中的重要性.

定理 1.11.20　*任一有限 p 群都同构于某个幂导 p 群的截段.*

上面我们介绍的三类 p 群, 即正则 p 群、极大类 p 群和幂导 p 群, 是近代有限 p 群的主要研究对象. 而其主要研究内容是它们的幂结构、算术结构和正规结构 (或换位子结构). 其他方面的内容还有 p 群的自同构、特征标及表示等. 简单来说: 有限 p 群 G 的幂结构, 一般就是研究 G 的上、下幂群列中诸项之间的关系以及幂映射的性质等. 例如, 若 G 是有限正则 p 群, 则 $\mho_s(G) = \mho_{\{s\}}(G)$, $\Omega_s(G) = \Omega_{\{s\}}(G)$. 这方面的主要成果可参看 [45], [110], [113], [171], [182], [185], [188] 等. 这方面的专著可参看徐明曜和曲海鹏合著的有限 p 群 [194] 中的第九章以及 [92].

有限 p 群 G 的算术结构, 一般来说, 就是研究 G 的算术不变量之间的关系、计数问题等. 例如, 段学复 [156] 给出的一个经典结果是: 若有限 p 群 G 有一个交换极大子群, 则 $|G| = p|G'||Z(G)|$. 这方面的主要成果可参看 [2], [28]–[31], [62], [67], [118], [138], [142], [155], [210], [211], [213] 等.

有限 p 群 G 的正规结构, 一般来说, 就是由 G 的子群的某些性质, 如交换性、正规性以及与幂零类、生成元相关的性质研究 G 的性质和分类等问题. 两个经典的结果是: 内交换 p 群的分类和具有一个循环极大子群的 p 群的分类. 这方面的结果非常丰富, 在此不再赘述. 读者可参看这方面的专著 [33]–[35], [37], [38], [194].

我国数学家早期曾在 p 群的幂结构、算术结构和正规结构方面均做过研究工作并取得了很好的结果. 近年来, 我国数学家对有限 p 群的研究主要集中在有限 p 群的正规结构和算术结构以及自同构方面. 在 p 群幂结构方面的工作几乎停滞了. 本书主要介绍我国数学家在有限 p 群的正规结构和算术结构等方面的主要成果.

最后要说明的是, 我国数学家在 p 群的自同构领域也作出了丰富的成果. 自 20 世纪 80 年代开始, 对 p 群的自同构群开展研究的主要是俞曙霞、李世荣、班桂宁、陈贵云等学者, 见文献 [10]—[20], [52], [87], [95], [172], [199]—[203]. 21 世纪以来, 张继平、刘合国、马玉杰及他们的学生王玉雷、徐行忠、廖军、周芳等对自同构群作了深入的研究, 见文献 [96]—[105], [173]—[175], [196], [197], [216]. 近年来, 安立坚等开始研究有限 p 群的 Chermak-Delgado 格, 也取得了一些成果, 见 [4], [5]. 由于本书内容所限, 他们的成果未作介绍.

第 2 章　有限 p 群的循环扩张和中心扩张

群扩张是由较小的群构造较大的群的一种方法. 对于有限 p 群来说, 由于它的合成因子与主因子都是 p 阶循环群, 所以理论上只用循环扩张就可以得到所有的有限 p 群. 又因为有限 p 群的中心总是非平凡的, 只用中心扩张也可以得到所有的有限 p 群. 因而这两种方法是研究有限 p 群构造的基本方法. 本章详细介绍有限 p 群的循环扩张和中心扩张. 为了使读者熟悉和掌握这两种方法, 我们运用这两种方法重新分类了 p^4 阶群.

2.1　循环扩张理论

本节主要介绍循环扩张的基本理论. 所得结论不仅仅限于有限 p 群, 对有限群也是成立的.

定义 2.1.1　*称群 G 为群 N 被群 F* **的扩张**, *如果 N 是 G 的正规子群, 并且 $G/N \cong F$. 若 F 是一个 m 阶循环群, 则这时的扩张叫做 N* **的 m 次循环扩张**. *若 $N \leqslant Z(G)$, 则这时的扩张叫做***中心扩张**.

设 G 是 N 的 m 次循环扩张. 因为 G/N 是 m 阶群, 所以有 $b^m \in N$, 其中 $G/N = \langle bN\rangle$. 又因为 $N \trianglelefteq G$, 所以 b 诱导出 N 的一个自同构 τ. 由于 $b^m \in N$, 存在 $a \in N$ 使得 $b^m = a$. 显然, $b^{-1}ab = a$. 所以有

$$a^{\tau} = a, \quad \tau^m = \varphi(a), \tag{2.1}$$

其中 $\varphi(a)$ 表示由 a 诱导的 N 的内自同构. 反过来, 假定存在 $a \in N$ 和 $\tau \in \mathrm{Aut}(G)$ 满足 (2.1) 式, 则令 $G = \{(g^i, n) \mid 0 \leqslant i \leqslant m-1, n \in N\}$ (只看成符号的集合). 如下规定 G 的乘法:

$$(g^i, n)\cdot(g^j, n') = \begin{cases} (g^{i+j}, n^{\tau^j}n'), & i+j < m, \\ (g^{i+j-m}, an^{\tau^j}n'), & i+j \geqslant m. \end{cases} \tag{2.2}$$

则 G 对上述乘法组成一个群, 有正规子群 $\overline{N} = \{(g^0, n) \mid n \in N\} \cong N$, 并且 $G/\overline{N} \cong \mathrm{C}_m$ (验证均从略). 我们把上面叙述的事实写成一个定理.

定理 2.1.2　*设 N 是群, $F = \langle g\rangle$ 是 m 阶循环群. 又设 $a \in N$, $\tau \in \mathrm{Aut}(N)$, a 与 τ 满足 (2.1) 式. 则集合 $G = \{(g^i, n) \mid 0 \leqslant i \leqslant m-1, n \in N\}$ 对于由 (2.2) 式定义的乘法组成一个群. G 是 N 被循环群 $F \cong \mathrm{C}_m$ 的扩张.*

对于 N 是有限群的情形, 为了使用方便, 经常将定理 2.1.2 中的群 G 用生成元和定义关系组写出来, 即我们有下面的定理.

定理 2.1.3 设 N 是有限群, $N=\langle n_1,n_2,\cdots,n_r\rangle$ 且

$$V=\{f_i(n_1,n_2,\cdots,n_r)=1\mid i\in I\}$$

为 N 的一个定义关系组. 若 $a\in N$, $\tau\in \mathrm{Aut}(N)$, a 与 τ 满足 (2.1) 式, 则

$$G=\langle n_1,n_2,\cdots,n_r,b\rangle$$

是 N 的 m 次循环扩张, 其中 G 的定义关系组为

$$V\cup\{b^{-1}n_ib=n_i^{\tau},b^m=a\mid i\in I\}.$$

定理 2.1.2 给出了决定群 N 的所有循环扩张的方法. 但对于不同的 a,τ 确定的扩张何时同构的问题并没有回答. 下面的命题说明由与 τ 共轭的 N 的自同构 $\sigma^{-1}\tau\sigma$ 和元素 a^{σ} 得到的循环扩张与由 a,τ 确定的扩张是同构的.

命题 2.1.4 如定理 2.1.2, 设 G 是 N 的 m 次循环扩张, 由满足 (2.1) 式的 $a\in N$ 和 $\tau\in\mathrm{Aut}(N)$ 得到. 再设 $\tau_1=\sigma^{-1}\tau\sigma$ 是 $\mathrm{Aut}(N)$ 中与 τ 共轭的自同构, 则 $a_1=a^{\sigma}$ 与 τ_1 满足 (2.1) 式, 并且由 a_1 和 τ_1 得到的 N 的 m 次循环扩张 G_1 与 G 同构.

证明 作为集合也有 $G_1=\{(g^i,n)\mid 0\leqslant i\leqslant m-1,n\in N\}$, 其乘法定义为

$$(g^i,n)\cdot(g^j,n')=\begin{cases}(g^{i+j},n^{\tau_1^j}n'), & i+j<m,\\(g^{i+j-m},a_1n^{\tau_1^j}n'), & i+j\geqslant m,\end{cases}\tag{2.3}$$

规定映射 $f:G\to G_1$: $(g^i,n)\mapsto(g^i,n^{\sigma})$. 则 f 是 G 到 G_1 的同构. 只需验证 f 保持乘法运算. 因为对 $i+j<m$ 有

$$(g^i,n^{\sigma})\cdot(g^j,n'^{\sigma})=(g^{i+j},n^{\sigma\tau_1^j}n'^{\sigma})=(g^{i+j},n^{\tau^j\sigma}n'^{\sigma})=(g^{i+j},(n^{\tau^j}n')^{\sigma}),$$

而对 $i+j\geqslant m$, 有

$$(g^i,n^{\sigma})\cdot(g^j,n'^{\sigma})=(g^{i+j-m},a^{\sigma}n^{\sigma\tau_1^j}n'^{\sigma})=(g^{i+j-m},(an^{\tau^j}n')^{\sigma}),$$

结合 (2.2) 式, 可以看出 f 保持运算. □

循环群被循环群的扩张是特殊的循环扩张. 我们引入亚循环群的概念.

定义 2.1.5 称 G 为**亚循环群**, 如果 G 有循环正规子群 N, 使商群 G/N 也是循环群, 即亚循环群为循环群被循环群的扩张.

下面的 Hölder 定理确定了有限亚循环群的构造.

定理 2.1.6 设 $n, m \geqslant 2$ 为正整数, G 是 n 阶循环群 N 被 m 阶循环群 F 的扩张. 则 G 有如下定义关系

$$G = \langle x, y \rangle, \quad x^n = 1, \quad y^m = x^t, \quad y^{-1}xy = x^r, \tag{2.4}$$

其中参数 n, m, t, r 满足关系式

$$r^m \equiv 1 \pmod{n}, \quad t(r-1) \equiv 0 \pmod{n}. \tag{2.5}$$

反之, 对每组满足 (2.5) 式的参数 n, m, t, r, (2.4) 式都确定一个 n 阶循环群被 m 阶循环群的扩张.

证明 设 G 是一个这样的扩张, $N = \langle x \rangle$, 其中 $x^n = 1$. 则存在 $a \in N$ 和 $\tau \in \mathrm{Aut}(G)$ 满足 (2.1) 式. 令

$$a = x^t, \quad \tau : x \mapsto x^r.$$

由 $\tau^m = \varphi(a)$ 可得 $r^m \equiv 1 \pmod{n}$. 由 $x^\tau = x$ 可推出 $t(r-1) \equiv 0 \pmod{n}$. 故 (2.5) 式成立. 由定理 2.1.3 可得 G 的定义关系 (2.4) 式. □

下面举例说明如何利用循环扩张理论来解决比较简单的群的分类问题.

例 2.1.7 列出所有的 8 阶群.

解 首先, 由交换群分解定理, 8 阶交换群只有三种类型, 即 C_8, $\mathrm{C}_4 \times \mathrm{C}_2$ 和 $\mathrm{C}_2 \times \mathrm{C}_2 \times \mathrm{C}_2$. 故以下可假定群 G 非交换. 如果 G 中所有非单位元都是 2 阶的, 则 G 是交换群. 于是 G 中存在 4 阶元. 又, 如果 G 有 8 阶元, 则 G 循环, 亦交换, 故 G 没有 8 阶元.

任取 G 的一个 4 阶元 a. 它生成的子群 A 是 G 的极大子群, 由定理 1.6.3 (2), $A \trianglelefteq G$, 且商群 G/A 是 2 阶循环群, 于是 G 是亚循环群. 由定理 2.1.6,

$$G = \langle a, b \mid a^4 = 1, b^2 = x^t, b^{-1}ab = a^r \rangle,$$

其中参数 t, r 满足关系式

$$r^2 \equiv 1 \pmod{4}, \quad t(r-1) \equiv 0 \pmod{4}. \tag{2.6}$$

因为只考虑非交换群, 所以 $r = -1$. 由 (2.6) 可得 $2 \mid t$. 当 $t = 0$ 时, G 有定义关系:

$$G = \langle a, b \mid a^4 = b^2 = 1, b^{-1}ab = a^{-1} \rangle.$$

这时 G 是 8 阶二面体群. 当 $t = 2$ 时, G 有定义关系:

$$G = \langle a, b \mid a^4 = 1, b^2 = a^2, b^{-1}ab = a^{-1} \rangle.$$

这时 G 是 8 阶四元数群. □

2.2　p 群的循环扩张

由定理 2.1.2 和命题 2.1.4 可知, 对 N 作循环扩张时, 需要考虑 N 的自同构群的共轭类. 但是在实际中, 我们作循环扩张时往往是从确定定理 2.1.3 中的定义关系组入手. 对于有限 p 群的循环扩张尤其是这样. 由定理 2.1.3 可知, 要确定 N 的 m 次循环扩张 $G=\langle N,b\rangle$, 只需要确定 $b^{-1}n_ib$ 和 b^m 的值, 其中 $N=\langle n_1,n_2,\cdots,n_r\rangle$. 而确定 $b^{-1}n_ib$ 的值等价于确定 $[n_i,b]=n_i^{-1}b^{-1}n_ib$ 的值. 进行有限 p 群的循环扩张时, 下面的简单定理发挥着重要的作用, 可以有效地帮助我们判断 $[n_i,b]$ 的取值范围.

定理 2.2.1　设 G 是有限 p 群, M 和 N 都是 G 的正规子群且 $|M:N|=p$. 则对于任意的 $g\in G$ 和 $m\in M$, 有 $[m,g]\in N$.

证明　由对应定理可知 M/N 是 G/N 的 p 阶正规子群. 由定理 1.6.1(2) 可知, $M/N\leqslant Z(G/N)$. 故对于任意的 $g\in G$ 和 $m\in M$ 有 $[mN,gN]=N$. 所以 $[m,g]\in N$. □

若 G 是 N 的循环扩张, 则 N 的特征子群一定是 G 的正规子群. 在进行有限 p 群的循环扩张时, 我们应当尽可能多地寻找到 N 的特征子群. 这样就可以尽量多地应用定理 2.2.1 来确定所需换位子的取值范围. 以下举例说明.

例 2.2.2　设 G 是 D_8 的 2 次循环扩张. 则 G 是下列群之一.

(1) 二面体群: $G=\langle a,b\mid a^8=1,\ b^2=1,\ [a,b]=a^{-2}\rangle$;

(2) 半二面体群: $G=\langle a,b\mid a^8=1,\ b^2=1,\ [a,b]=a^{2}\rangle$;

(3) $G\cong \mathrm{D}_8\times \mathrm{C}_2$;

(4) $G=\langle a,b,c\mid a^4=b^2=1,c^2=a^2,[a,b]=a^2,[a,c]=[b,c]=1\rangle(\cong \mathrm{D}_8*\mathrm{C}_4\cong \mathrm{Q}_8*\mathrm{C}_4)$.

解　设 $G=\langle N,x\rangle$ 是 N 的 2 次循环扩张, 其中

$$N=\langle a,b\mid a^4=b^2=1,[a,b]=a^2\rangle\cong \mathrm{D}_8.$$

由于 $N'=\langle a^2\rangle\ \mathrm{char}\ N$, 故 $N'\trianglelefteq G$. 由于 $A=\langle a\rangle$ 是 N 的唯一的循环极大子群, 所以 $A\ \mathrm{char}\ N$. 进一步也有 $A\trianglelefteq G$. 现在得到一个 G 的主群列:

$$G>N>A>N'>1.$$

由定理 2.2.1, 有 $[b,x]\in A$, $[a,x]\in N'$ 和 $[a^2,x]=1$. 从而可以设

$$[a,x]=a^{2i},\quad [b,x]=a^j.$$

计算可得 $[a,x^2]=[a,x]^2[a,x,x]=1$, 所以可设 $x^2=a^k$.

若 $[a,x]=a^2$, 则 $[a,xb]=1$. 所以不妨设 $[a,x]=1$ (必要时用 xb 来替换 x, 为什么?). 此时, 我们可用两种方法来计算 $[b,x^2]$. 一种方法是

$$[b,x^2]=[b,x]^2[b,x,x]=a^{2j}. \tag{2.7}$$

另一种方法是

$$[b,x^2]=[b,a^k]=a^{2k}. \tag{2.8}$$

由 (2.7) 和 (2.8) 式可得 $j\equiv k \pmod 2$.

若 j,k 均为奇数, 不妨设 $x^2=a$(若 $x^2=a^3$, 则用 xa 替换 x 或者用 a^3 代替 a). 若 $[b,x]=a$, 则

$$G=\langle x,b \mid x^8=b^2=1,[x,b]=x^{-2}\rangle.$$

此时 G 是本定理中的 (1) 型群. 若 $[b,x]=a^3$, 则

$$G=\langle x,b \mid x^8=b^2=1,[x,b]=x^{2}\rangle.$$

此时 G 是本定理中的 (2) 型群.

若 j,k 均为偶数, 不妨设 $[b,x]=1$(若 $[b,x]=a^2$, 则用 xa 替换 x). 若 $x^2=1$, 则 $G=\langle a,b\rangle\times\langle x\rangle$ 是本定理中的 (3) 型群. 若 $x^2=a^2$, 则 $G=\langle a,b\rangle*\langle x\rangle$. G 是本定理中的 (4) 型群. □

2.3 p 群的中心扩张

本节我们介绍利用中心扩张来构造有限 p 群的方法. 由于 p 群的中心非平凡, 所以中心扩张在有限 p 群的研究中是常见的并且是重要的. 由中心扩张的定义, 下面的定理是显然的.

定理 2.3.1 设 G,N,F 是群, 其中

$$N=\langle n_1,n_2,\cdots,n_s \mid n_j^{\alpha_j}=1,\ [n_j,n_k]=1,\ 1\leqslant j\leqslant s,\ 1\leqslant j<k\leqslant s\rangle,$$

$$F=\langle x_1,x_2,\cdots,x_r \mid f_i(x_1,x_2,\cdots,x_r)=1,\ 1\leqslant i\leqslant m\rangle.$$

若存在 $N_1\leqslant Z(G)$ 使得 $N_1\cong N$ 且 $G/N_1\cong F$, 则存在数组 β_{ij}, 其中

$$1\leqslant i\leqslant m,\quad 1\leqslant j\leqslant s,\quad 1\leqslant \beta_{ij}\leqslant\alpha_j$$

使得

$$G=G(\beta_{ij})=\langle a_1,a_2,\cdots,a_r,b_1,b_2,\cdots,b_s\rangle$$

具有以下定义关系:

$$f_i(a_1,a_2,\cdots,a_r)=b_1^{\beta_{i1}}b_2^{\beta_{i2}}\cdots b_s^{\beta_{is}},\quad 1\leqslant i\leqslant m,$$

$$b_j^{\alpha_j}=1,\quad [b_j,b_k]=1,\quad 1\leqslant j\leqslant s,\quad 1\leqslant j<k\leqslant s,$$

$$[a_l,b_j]=1,\quad 1\leqslant j\leqslant s,\quad 1\leqslant l\leqslant r.$$

其中 $N_1=\langle b_1,b_2,\cdots,b_s\rangle$.

定理2.3.1的逆是不对的. 任意给定一个数组 β_{ij}, 定理中 N_1 不一定与 N 同构. 例如, 当 $F=\langle x_1,x_2\rangle\cong \mathrm{Q}_8$ 且 $N=\langle n\rangle\cong \mathrm{C}_2$ 时, 令 $G=\langle a_1,a_2,n\rangle$ 满足如下定义关系组:

$$n^2=1,\quad [n,a_1]=[n,a_2]=1,\quad a_1^4=n,\quad a_2^2=a_1^2,\quad [a_1,a_2]=a_1^2.$$

则 G 仍然与 Q_8 同构. (为什么 ?)

下面我们仍然是用例子来说明中心扩张的方法.

例 2.3.2 确定所有的 p^3 阶群, 其中 p 为奇素数.

解 首先, 由交换群分解定理, p^3 阶交换群只有三种类型, 即 C_{p^3}, $\mathrm{C}_{p^2}\times\mathrm{C}_p$ 和 $\mathrm{C}_p\times\mathrm{C}_p\times\mathrm{C}_p$. 故以下可假定该群 G 非交换.

任取 p 阶正规子群 N, 则因 $|G/N|=p^2$, G/N 是交换群, 得 $N\geqslant G'$. 但 $G'\neq 1$, 则必有 $N=G'$, 并且 $G'\leqslant Z(G)$. 若 G/N 循环, 可设 $G/N=\langle aN\rangle$. 此时 $G=\langle a,N\rangle=\langle a\rangle$, 与 G 非交换矛盾. 从而 G/N 为 p^2 阶初等交换群. 设 $G/N=\langle aN,bN\rangle$. 则 $a^pN=N$ 且 $b^pN=N$. 再设 $N=\langle x\rangle$, 则 $G=\langle a,b\rangle$ 满足以下关系:

$$x^p=1,\quad a^p=x^i,\quad b^p=x^j,\quad [a,b]=x^k,\quad [x,a]=[x,b]=1.$$

由于 G 非交换, 所以 $(k,p)=1$. 通过适当的替换, 不妨设 $[a,b]=x$.

以下分为两种情形讨论.

情形 1 G 中有 p^2 阶元素.

此时 $(i,p)=1$ 或 $(j,p)=1$.

不妨设 $(i,p)=1$. 用 b^i 替换 b 可得 $[a,b]=a^p$ 和 $b^p=a^{jp}$. 再用 ba^{-j} 替换 b 得

$$G=\langle a,b\mid a^{p^2}=b^p=1,[a,b]=a^p\rangle.\tag{2.9}$$

情形 2 G 中无 p^2 阶元素.

此时 $i\mid p$ 且 $j\mid p$. 于是

$$G=\langle a,b\mid a^p=b^p=x^p=1,[a,b]=x,[x,a]=[x,b]=1\rangle.\tag{2.10}$$

下面验证由 (2.9) 式和 (2.10) 式给出的群是 p^3 阶群.

在 (2.9) 式中, 取 $N=\langle a \mid a^{p^2}=1\rangle$ 和 $\tau: a\mapsto a^{1+p}$. 则 $\tau^p=\varphi(1)$. 由定理 2.1.3 可知, G 是 N 的 p 次循环扩张. 从而 G 为 p^3 阶群.

在 (2.10) 式中, 取 $N=\langle a,x \mid a^p=x^p=1,[a,x]=1\rangle$ 和 $\tau: a\mapsto ax, x\mapsto x$. 则 $\tau^p=\varphi(1)$. 由定理 2.1.3 可知, G 是 N 的 p 次循环扩张. 从而 G 为 p^3 阶群.

由于这两个群的方次数不同, 所以它们显然是互不同构的. □

注 2.3.3 在例 2.3.2 中, (2.10) 式中保留了关系 $[x,a]=[x,b]=1$. 而 (2.9) 式中则去掉了关系 $[a^p,b]=1$. 这说明做中心扩张时, 最终也需要利用循环扩张理论来判断最终的结果是否正确. 但是, 中心扩张确实可以起到简化运算的作用.

下面我们来决定 $\mathrm{M}_p(1,1,1)$ 的 p 次中心扩张.

定理 2.3.4 设 $p>2$. 若有限 p 群 G 存在 p 阶正规子群 N 使得 $G/N\cong \mathrm{M}_p(1,1,1)$. 则 G 是下列群之一.

(1) $\mathrm{M}_p(2,1,1)$;

(2) $\mathrm{M}_p(1,1,1)\times \mathrm{C}_p$;

(3) $\langle a,b \mid a^{p^2}=b^p=c^p=1,[a,b]=c,[c,a]=1,[c,b]=a^p\rangle$;

(4) $\langle a,b \mid a^{p^2}=b^p=c^p=1,[a,b]=c,[c,a]=1,[c,b]=a^{\nu p}\rangle$, 其中 ν 为模 p 平方非剩余;

(5) $\langle a,b \mid a^{p^2}=b^p=c^p=1,[a,b]=c,[c,a]=a^p,[c,b]=1\rangle$;

(6) $\langle a,b \mid a^9=c^3=1,b^3=a^3,[a,b]=c,[c,a]=1,[c,b]=a^{-3}\rangle$;

(6′) $\langle a,b \mid a^p=b^p=c^p=d^p=1,[a,b]=c,[c,a]=1,[c,b]=d\rangle$, 其中 $p>3$.

证明 设 $N=\langle x\rangle$, $G/N=\langle \bar{a},\bar{b},\bar{c}\rangle\cong \mathrm{M}_p(1,1,1)$ 其中 $[\bar{a},\bar{b}]=\bar{c}$. 则 $G=\langle a,b,c,x\rangle$ 满足以下关系:

$$x^p=1,a^p=x^i,b^p=x^j,c^p=x^k,[a,b]=cx^r,[c,a]=x^s,[c,b]=x^t,[x,a]=[x,b]=1.$$

由徐公式计算可得

$$[a^p,b]=[a,b]^p[a,b,a]^{\binom{p}{2}}=c^p.$$

由于 $a^p=x^i\in Z(G)$, 所以 $c^p=1$. 用 cx^r 替换 c, 我们可得 $[a,b]=c$. 以下分两种情况考虑.

情形 1 $[c,a]=[c,b]=1$.

此时 $|G'|=p$. 若 $a^p\neq 1$ 或 $b^p\neq 1$, 则 $x\in\Phi(G)$. 从而 $G=\langle a,b\rangle$. 由定理 1.7.7 可知, G 是内交换群. 再由定理 1.7.10 可知 G 是本定理中的 (1) 型群. 若 $a^p=b^p=1$, 则 $G=\langle a,b\rangle\times\langle x\rangle$ 是本定理中的 (2) 型群.

情形 2 $[c,a]\neq 1$ 或 $[c,b]\neq 1$.

此时 G 是极大类 p 群, $G' = \langle c, x\rangle$, $Z(G) = G_3 = \langle x\rangle$. 由 N/C 定理可知 $A = C_G(G')$ 是 G 的极大子群.

(1) A 不是初等交换的且 $G \setminus A$ 中存在 p 阶元.

令 $A = \langle a, c, x\rangle$, a 为 A 中的 p^2 阶元, b 为 $G \setminus A$ 中的 p 阶元. 则 $G = \langle a, b\rangle$. 此时不妨设 $x = a^p$. 从而 G 有如下关系

$$a^{p^2} = b^p = c^p = 1, \quad [a, b] = c, \quad [c, a] = 1, \quad [c, b] = a^{tp}.$$

令 $b' = b^v$, 其中 $p \nmid v$. 再令 $c' = [a, b']$, 得到 $G = \langle a, b', c'\rangle$, 此时 G 具有关系

$$b'^p = c'^p = 1, \quad [c', a] = 1, \quad [c', b'] = a^{tv^2 p}.$$

于是 G 同构于本定理中的 (3) 或 (4) 型群.

(2) A 不是初等交换的且 $G \setminus A$ 中不存在 p 阶元.

令 $A = \langle a, c, x\rangle$, a 为 A 中的 p^2 阶元, b 为 $G \setminus A$ 中的元. 则 $G = \langle a, b\rangle$. 此时不妨设 $x = a^p$. 从而 G 有如下关系

$$a^{p^2} = c^p = 1, \quad b^p = a^{jp}, \quad [a, b] = c, \quad [c, a] = 1, \quad [c, b] = a^{tp}.$$

若 $p > 3$, 则 ba^{-j} 为 $G \setminus A$ 中的 p 阶元, 矛盾. 所以此时有 $p = 3$. 不妨设 $b^3 = a^3$. 若 $[c, b] = a^3$, 则 $(ab)^3 = 1$, 矛盾. 所以此时有 $[c, b] = a^{-3}$. 于是 G 同构于本定理中的 (6) 型群.

(3) A 是初等交换 p 群且 G 中无 p^2 阶元.

此时 G 同构于本定理中的 (6′) 型群. 若 $p = 3$, 则 ab 和 ab^{-1} 都是 9 阶元, 矛盾. 从而 $p > 3$.

(4) A 是初等交换 p 群且 G 中有 p^2 阶元.

令 $A = \langle b, c, x\rangle$, a 为 G 中的 p^2 阶元. 则 $G = \langle a, b\rangle$. 此时不妨设 $x = a^p$. 从而 G 有如下关系

$$a^{p^2} = b^p = c^p = 1, \quad [a, b] = c, \quad [c, a] = a^{sp}, \quad [c, b] = 1.$$

分别用 $b^{s'}$ 和 $[a, b^{s'}]$ 替换 b 和 c, 我们可得 $[c, a] = a^{ss'p}$. 取适当的 s' 便得到本定理中的 (5) 型群. □

最后, 我们举一个例子来说明某些时候中心扩张得不到所要求的群.

定理 2.3.5　*不存在这样的有限 p 群 G, 它的一个极大商群为 Q_8 且 $|G'| = 4$.*

证明　假设存在这样的 G. 它有 p 阶正规子群 N 使得 $G/N \cong Q_8$. 设

$$N = \langle x\rangle, \quad G/N = \langle \bar{a}, \bar{b} \mid \bar{a}^4 = 1, \bar{b}^2 = \bar{a}^2, [\bar{a}, \bar{b}] = \bar{a}^2\rangle.$$

因为 $(G/N)' = G'N/N \cong G'/(G'\cap N)$ 为 2 阶群, 由 $|G'| = 4$ 可知 $|G'\cap N| = 2$. 从而 $N \leqslant G'$. 所以 $G = \langle a, b\rangle$. 由 $b^2 = a^2x^i$ 可知 $a^2 \in Z(G)$. 又由 $a^2 \notin N$ 以及 $N \leqslant Z(G)$ 可得 $|Z(G)| \geqslant 4$. 又 $|G| = 2^4$, 于是 $|Z(G)| = 4$ 且 $Z(G) = \Phi(G)$. 再由定理 1.7.7 得 $|G'| = 2$, 矛盾. □

2.4 p^4 阶群的分类

p^4 阶群的分类早已被人们熟知. 本节我们综合运用循环扩张和中心扩张的方法重新分类 p^4 阶群. 旨在使初学者熟练掌握这些方法.

定理 2.4.1 设 G 是 2^4 阶群. 则 G 是下列互不同构的群之一.

(A) 型不变量分别为 (2^4), $(2^3, 2)$, $(2^2, 2^2)$, $(2^2, 2, 2)$ 和 $(2, 2, 2, 2)$ 的交换群.

(B) 内交换群:

(6) $\mathrm{M}_2(3,1) = \langle a, b \mid a^8 = 1,\ b^2 = 1,\ b^{-1}ab = a^{1+4}\rangle$ (亚循环内交换群);

(7) $\mathrm{M}_2(2,2) = \langle a, b \mid a^4 = b^4 = 1, b^{-1}ab = a^{-1}\rangle$ (亚循环内交换群);

(8) $\mathrm{M}_2(2,1,1) = \langle a, b, c \mid a^4 = b^2 = c^2 = 1, [a,b] = c, [a,c] = [b,c] = 1\rangle$ (非亚循环内交换群).

(C) D_8 或者 Q_8 的 2 次循环扩张:

(9) 二面体群: $\langle a, b \mid a^8 = 1,\ b^2 = 1,\ [a,b] = a^{-2}\rangle$;

(10) 半二面体群: $\langle a, b \mid a^8 = 1,\ b^2 = 1,\ [a,b] = a^2\rangle$;

(11) 广义四元数群: $\langle a, b \mid a^8 = 1,\ b^2 = a^4,\ b^{-1}ab = a^{-1}\rangle$;

(12) $\mathrm{D}_8 \times \mathrm{C}_2$;

(13) $\mathrm{Q}_8 \times \mathrm{C}_2$;

(14) $\langle a, b, c \mid a^4 = b^2 = c^2 = 1, [a,b] = a^2, [a,c] = [b,c] = 1\rangle (\cong \mathrm{D}_8 * \mathrm{C}_4 \cong \mathrm{Q}_8 * \mathrm{C}_4)$.

注 群(9)—(14)是 $\mathcal{A}_2$ 群.

证明 设 G 是 2^4 阶群. 由有限交换 p 群的分类, 得到 (A). 若 G 是内交换群, 由定理 1.7.10 可得 (B). 以下可设 G 有一个真子群是非交换的. 则 G 是 D_8 或者 Q_8 的 2 次循环扩张. 若 G 是 D_8 的 2 次循环扩张, 则由例 2.2.2 可知, G 是 (C) 中的 (9), (10), (12) 或者 (14) 型群. 以下我们可设 G 是 Q_8 的 2 次循环扩张.

设 $G = \langle N, x\rangle$ 是 N 的 2 次循环扩张, 其中

$$N = \langle a, b \mid a^4 = 1, b^2 = [a,b] = a^2\rangle \cong \mathrm{Q}_8.$$

由于 $N' = \langle a^2\rangle$ char N, 故 $N' \trianglelefteq G$. 由定理 1.6.3, N 的某个极大子群是 G 的正规子群. 由于 a, b 以及 ab 有着相同的性质, 不妨设 $A = \langle a\rangle$ 是 G 的正规子群. 现在我们得到一个 G 的主群列:

$$G > N > A > N' > 1.$$

由定理 2.2.1, 有 $[b,x] \in A$, $[a,x] \in N'$ 和 $[a^2,x]=1$. 从而我们可以设

$$[a,x]=a^{2i}, \quad [b,x]=a^j.$$

计算可得 $[a,x^2]=[a,x]^2[a,x,x]=1$, 所以可设 $x^2=a^k$.

若 $[a,x]=a^2$, 则 $[a,xb]=1$. 不妨设 $[a,x]=1$ (必要时用 xb 来替换 x). 此时, 我们可用两种方法来计算 $[b,x^2]$. 一种方法是

$$[b,x^2]=[b,x]^2[b,x,x]=a^{2j}. \tag{2.11}$$

另一种方法是

$$[b,x^2]=[b,a^k]=a^{2k}. \tag{2.12}$$

由 (2.11) 和 (2.12) 式可得 $j \equiv k \pmod 2$.

若 j,k 均为奇数, 不妨设 $x^2=a$(若 $x^2=a^3$, 则用 xa 替换 x). 此时, 若 $[b,x]=a$, 则

$$G=\langle x,b \mid x^8=1, b^2=x^4, [x,b]=x^{-2}\rangle.$$

此时 G 是本定理中的 (11) 型群. 若 $[b,x]=a^3$, 则

$$G=\langle x,b \mid x^8=1, b^2=x^4, [x,b]=x^2\rangle.$$

计算可得 $(bx)^2=1$. 从而 G 与本定理中的 (10) 型群同构.

若 j,k 均为偶数, 不妨设 $[b,x]=1$(若 $[b,x]=a^2$, 则用 xa 替换 x). 此时, 若 $x^2=1$, 则 $G=\langle a,b\rangle \times \langle x\rangle$ 是本定理中的 (13) 型群. 若 $x^2=a^2$, 则 $G=\langle a,b\rangle * \langle x\rangle$. 此时 G 是本定理中的 (14) 型群.

定理中的群是互不同构的, 其证明可参看例 3.1.1. □

下面考虑 $p>2$ 的情况. 我们有下面的定理.

定理 2.4.2 设 p 是奇素数, G 是 p^4 阶群. 则 G 是下列互不同构的群之一.

(A) 型不变量分别为 (p^4), (p^3,p), (p^2,p^2), (p^2,p,p) 和 (p,p,p,p) 的交换群.

(B) 内交换群:

(6) $\mathrm{M}_p(3,1)=\langle a,b \mid a^{p^3}=1,\ b^p=1,\ b^{-1}ab=a^{1+p^2}\rangle$;

(7) $\mathrm{M}_p(2,2)=\langle a,b \mid a^{p^2}=b^{p^2}=1, b^{-1}ab=a^{1+p}\rangle$;

(8) $\mathrm{M}_p(2,1,1)=\langle a,b;c \mid a^{p^2}=b^p=c^p=1, [a,b]=c, [a,c]=[b,c]=1\rangle$.

(C) $\mathcal{A}_2$ 群:

(9) $\mathrm{M}_p(2,1)\times \mathrm{C}_p$;

(10) $\mathrm{M}_p(1,1,1)\times \mathrm{C}_p$;

(11) $\mathrm{M}_p(1,1,1)*\mathrm{C}_{p^2}\cong \mathrm{M}_p(2,1)*\mathrm{C}_{p^2}$;

(12) $\langle a,b;c \mid a^{p^2}=b^p=c^p=1,[a,b]=c,[c,a]=1,[c,b]=a^p\rangle$;

(13) $\langle a,b;c \mid a^{p^2}=b^p=c^p=1,[a,b]=c,[c,a]=1,[c,b]=a^{\nu p}\rangle$, 其中 ν 为某固定的模 p 平方非剩余;

(14) $\langle a,b;c \mid a^{p^2}=b^p=c^p=1,[a,b]=c,[c,a]=a^p,[c,b]=1\rangle$;

(15) $p=3$, $\langle a,b;c \mid a^9=c^3=1,b^3=a^3,[a,b]=c,[c,a]=1,[c,b]=a^{-3}\rangle$, 或

(15′) $p>3$, $\langle a,b;c,d \mid a^p=b^p=c^p=d^p=1,[a,b]=c,[c,a]=1,[c,b]=d,[d,a]=[d,b]=1\rangle$.

证明 由交换群分解定理得到 (A) 中的五个群. 以下设 G 是非交换的. 由定理 1.6.3 (4), G' 中存在 G 的 p 阶正规子群 N. 以下对 G/N 分情况考虑.

情形 1 G/N 为 (p^2,p) 型交换群.

此时, $G'=N$ 且 $d(G)=2$. 由定理 1.7.7 可知 G 为内交换群. 由定理 1.7.10 可得 (B) 中的三个群.

情形 2 G/N 为 (p,p,p) 型交换群.

此时 $G'=N$ 且 $d(G)=3$. 因为 G 不是内交换的, 所以 G 是 $\mathrm{M}_p(2,1)$ 或者 $\mathrm{M}_p(1,1,1)$ 的 p 次循环扩张.

(1) G 是 $\mathrm{M}_p(2,1)$ 的 p 次循环扩张.

设 $G=\langle M,x\rangle$ 是 M 的 p 次循环扩张, 其中

$$M=\langle a,b \mid a^{p^2}=b^p=1,[a,b]=a^p\rangle\cong \mathrm{M}_p(2,1).$$

此时, $N=G'=M'=\langle a^p\rangle$. 我们有 $[a,x]\in N$, $[b,x]\in N$ 和 $x^p\in N$. 从而可设

$$[a,x]=a^{jp},\quad [b,x]=a^{kp}.$$

令 $x'=a^kb^{-j}x$, 则有 $[a,x']=b^i$ 和 $[b,x']=1$. 用 x' 替换 x, 可得

$$[a,x]=1,\quad [b,x]=1.$$

若 $x^p=1$, 则 $G=M\times\langle x\rangle$ 是本定理中的 (9) 型群. 若 $x^p\neq 1$, 可设 $x^p=a^{sp}$. 此时, 令 $a'=a^sx^{-1}$. 则

$$G=\langle x,a',b \mid x^{p^2}=a'^p=b^p=1,[a',b]=x^p,[x,a']=[x,b]=1\rangle$$

是本定理中的 (11) 型群.

(2) G 是 $\mathrm{M}_p(1,1,1)$ 的 p 次循环扩张.

设 $G=\langle M,x\rangle$ 是 M 的 p 次循环扩张, 其中

$$M=\langle a,b,c \mid a^p=b^p=c^p=1,[a,b]=c\rangle\cong \mathrm{M}_p(1,1,1).$$

此时, $N=G'=M'=\langle c\rangle$. 我们有 $[a,x]\in N$, $[b,x]\in N$ 和 $x^p\in N$. 从而可设

$$[a,x]=c^j,\quad [b,x]=c^k.$$

令 $x'=a^kb^{-j}x$, 则有 $[a,x']=1$ 和 $[b,x']=1$. 用 x' 替换 x, 可得

$$[a,x]=1,\quad [b,x]=1.$$

若 $x^p=1$, 则 $G=M\times\langle x\rangle$ 是本定理中的 (10) 型群. 若 $x^p\neq 1$, 则 $G=M*\langle x\rangle$ 是本定理中的 (11) 型群.

情形 3 $G/N\cong \mathrm{M}_p(2,1)$.

设 $N=\langle x\rangle$, $G/N=\langle\bar{a},\bar{b}\rangle\cong \mathrm{M}_p(2,1)$, 其中 $[\bar{a},\bar{b}]=\bar{a}^p$. 则 $G=\langle a,b,x\rangle$ 满足以下关系:

$$x^p=1,\quad a^{p^2}=x^i,\quad b^p=x^j,\quad [a,b]=a^px^r,\quad [x,a]=[x,b]=1.$$

计算可得

$$[a^p,b]=[a,b]^p=a^{p^2},\quad [a,b^p]=[a,b]^p[a,b,b]^{\binom{p}{2}}=a^{p^2}.$$

由于 $b^p=x^j\in Z(G)$, 所以 $a^{p^2}=1$. 进而 $[a^p,b]=1$. 此时, $|G'|=p$. 这与 $N\leqslant G'$ 矛盾.

情形 4 $G/N\cong \mathrm{M}_p(1,1,1)$.

由 $N\leqslant G'$ 可知, $|G'|=p^2$. 由定理 2.3.4 我们得到本定理中的 (12)—(15) 型群.

定理中的群是互不同构的, 其证明可参看例 3.1.2 和例 3.2.1. □

2.5 满足某种性质的 p 群的一般分类方法

我们以 $\mathcal{P}$ 表示任一群性质, 比如可解、交换、循环等. 称群 G 为 $\mathcal{P}$ 群, 如果 G 具有性质 $\mathcal{P}$.

定义 2.5.1 设 $\mathcal{P}$ 是任一群性质, 称 $\mathcal{P}$ 是**弱子群遗传的**, 如果由任一群 G 是 $\mathcal{P}$ 群可推出存在 G 的一个极大子群 H 也是 $\mathcal{P}$ 群; 而称 $\mathcal{P}$ 是**弱商群遗传的**, 如果由任一群 G 是 $\mathcal{P}$ 群可推出存在 G 的一个极大商群 G/N 也是 $\mathcal{P}$ 群.

若有限 p 群的性质 $\mathcal{P}$ 是弱子群遗传的, 我们可以给出分类 $\mathcal{P}$ 群的一般程序.

第一步: 猜测所有 $\mathcal{P}$ 群的集合 $\mathcal{S}$. 这一步可以利用软件包 Magma 来实现, 也可先从一个 $\mathcal{S}$ 的子集合 $\mathcal{S}_0$ 开始, 将可由 $\mathcal{S}_0$ 中的群经过 p 次循环扩张得到的群添入 $\mathcal{S}_0$ 得到 $\mathcal{S}_1$. 再每次都将可由 $\mathcal{S}_i$ 中的群经过 p 次循环扩张得到的群添入 $\mathcal{S}_i$ 得到 $\mathcal{S}_{i+1}$. 当 $\mathcal{S}_n=\mathcal{S}_{n+1}$ 时, 我们就得到 $\mathcal{S}=\mathcal{S}_n$.

第二步: 用归纳法证明 $\mathcal{P}$ 群的集合是 $\mathcal{S}$. 设 G 是 $\mathcal{P}$ 群. 由于性质 $\mathcal{P}$ 是弱子群遗传的, 存在 G 的极大子群 H 也是 $\mathcal{P}$ 群. 由归纳假设, $H \in \mathcal{S}$. 从而 G 是 $\mathcal{S}$ 中某个群的 p 次循环扩张. 所以我们只需证明 $\mathcal{S}$ 中每个群的 p 次循环扩张得到的 $\mathcal{P}$ 群都在 $\mathcal{S}$ 中即可.

若有限 p 群的性质 $\mathcal{P}$ 是子群遗传的, 则可用以上程序分类 $\mathcal{P}$ 群. 在第二步证明时, 充分利用好子群遗传的性质可使证明过程更简单. 现以定理 2.5.2 为例说明.

定理 2.5.2 设 G 是有限 Dedekind p 群. 则

(1) G 交换;

或者

(2) $p=2$ 并且 $G \cong \mathrm{Q}_8 \times \mathrm{E}_{2^n}$, 其中 n 是非负整数.

证明 在这里我们令性质 $\mathcal{P}$ 为 "所有子群都正规". 我们要证明 $\mathcal{P}$ 群的集合 $\mathcal{S}$ 中只有本定理所给出的两种类型的群.

设 G 是 $\mathcal{P}$ 群. 我们用归纳法证明 G 是本定理所给出的两种类型的群之一. 由于性质 $\mathcal{P}$ 是子群遗传的, G 的每个极大子群都是 $\mathcal{P}$ 群. 由归纳假设, G 的每个极大子群是本定理所给出的两种类型的群之一. 以下我们分两种情形讨论.

情形 1 G 的每个极大子群是本定理中的 (1) 型群.

此时, G 的极大子群都是交换群, 从而 G 是交换群或者内交换群. 若 G 是交换群, 则 G 就是本定理中的 (1) 型群. 以下设 G 是内交换群. 由定理 1.7.10, G 是下列群之一.

(i) Q_8;

(ii) $\mathrm{M}_p(n,m) := \langle a,b \mid a^{p^n} = b^{p^m} = 1, a^b = a^{1+p^{n-1}} \rangle$, $n \geqslant 2$, $m \geqslant 1$ (亚循环);

(iii) $\mathrm{M}_p(n,m,1) := \langle a,b,c \mid a^{p^n} = b^{p^m} = c^p = 1, [a,b]=c, [c,a]=[c,b]=1 \rangle$, $n \geqslant m \geqslant 1$ (非亚循环).

显然, 在群 (ii) 和 (iii) 中, $\langle b \rangle$ 都是非正规子群. 故 $G \cong \mathrm{Q}_8$ 是本定理中的 (2) 型群.

情形 2 存在 G 的一个极大子群是本定理中的 (2) 型群.

此时, $p=2$. 设 $H = \langle a,b \rangle \cong \mathrm{Q}_8$, $A \cong \mathrm{C}_2^n$ 和 $M = H \times A$ 是 G 的一个极大子群. 任取 $x \in G \setminus M$, 则 $G = \langle M, x \rangle$. 因为 G 的所有子群都正规, 所以 $G > \langle a \rangle > \langle a^2 \rangle > 1$ 是 G 的一个正规群列. 由定理 2.2.1 可知 $[a,x] \in \langle a^2 \rangle$ 和 $[a^2,x]=1$. 同理可知 $[b,x] \in \langle a^2 \rangle$. 设 $[a,x]=a^{2i}$ 和 $[b,x]=a^{2j}$. 用 xa^jb^i 替换 x 可得 $[a,x]=[b,x]=1$. 因 G 中 2 阶子群皆正规, 故 2 阶元属于中心. 从而 $[A,x]=1$. 由于 $x \in Z(M)$ 而 $Z(M) \cong \mathrm{C}_2^{n+1}$, 故 $x^4=1$. 由于 $xa \notin Z(G)$, 故 $x^2a^2 \neq 1$. 因为 $G > \langle xa \rangle > \langle x^2a^2 \rangle > 1$ 是 G 的一个正规群列, 由定理 2.2.1 可知 $[ax,b] \in \langle x^2a^2 \rangle$. 事实上, $[ax,b]=a^2$. 这说明 $x^2=1$. 此时 $G = H \times A \times \langle x \rangle$ 是本定理中的 (2) 型群. □

类似地, 若有限 p 群的性质 $\mathcal{P}$ 是弱商群遗传的, 也可利用中心扩张给出分类 $\mathcal{P}$ 群的一般程序. 下述定理的证明就是应用这个方法的一个明证.

定理 2.5.3 (Blackburn)　有限 p 群 G 亚循环当且仅当 $G/\Phi(G')G_3$ 亚循环.

证明　只需证充分性. 在这里令性质 $\mathcal{P}$ 为 "$G/\Phi(G')G_3$ 亚循环". 要证明 $\mathcal{P}$ 群的集合 $\mathcal{S}$ 就是亚循环群的集合.

设 G 是 $\mathcal{P}$ 群. 用归纳法证明 G 是亚循环群. 若 $\Phi(G')G_3=1$, 则结论显然成立. 以下可设 $\Phi(G')G_3\neq 1$. 取 $K\leqslant \Phi(G')G_3$ 满足 $|K|=p$, $K\trianglelefteq G$. 则 G/K 也满足性质 $\mathcal{P}$. 由归纳假设可知 G/K 亚循环. 由定理 2.1.6, $G/K=\langle xK, yK\rangle$ 有下列表现:

$$\langle \bar{x},\bar{y}\mid \bar{x}^{p^n}=1,\ \bar{y}^{p^m}=\bar{x}^{p^k},\ \bar{x}^{\bar{y}}=\bar{x}^{1+ip^l}\rangle, \tag{2.13}$$

其中 n,m,k,l,i 是正整数, $k\leqslant n$, $l\leqslant n$, $p\nmid i$, $k+l\geqslant n$ 并且 $(1+ip^l)^{p^m}\equiv 1(\mathrm{mod}\ p^n)$. 再设 $K=\langle z\rangle$, 则 $G=\langle x,y,z\rangle$ 满足以下关系:

$$z^p=1,\quad x^{p^n}=z^s,\quad y^{p^m}=x^{p^k}z^t,\quad x^y=x^{1+ip^l}z^r,\quad [z,x]=[z,y]=1.$$

因为 $z\in\Phi(G')G_3$, 所以 $G'=\langle x^{p^l},z\rangle$. 计算可得

$$[x,y,x]=[x^{ip^l}z^r,x]=1,$$

$$[x,y,y]=[x^{ip^l}z^r,y]=[x,y]^{ip^l}=x^{i^2p^{2l}}\in\Phi(G').$$

所以有 $G_3\leqslant\Phi(G')$. 从而 $z\in\Phi(G')G_3=\Phi(G')$. 这进一步得到 $G'=\langle x^{p^l},z\rangle=\langle x^{p^l}\rangle$. 此时 G 是 $\langle x\rangle$ 被 $\langle y\rangle$ 的循环扩张, 即 G 也是亚循环群. □

注 2.5.4　如果我们要分类的群有明显的子群(商群)遗传的性质, 那么我们会自然地想到使用循环(中心)扩张来解决问题. 除此以外, 一般来说, 中心扩张会比循环扩张容易一些. 中心扩张的复杂程度主要与需要处理的定义关系的个数有关. 由于生成元个数的增多会引起定义关系的增多, 故当生成元个数较多时, 我们应当考虑一下是否用循环扩张会更简单. 例如, 在定理 2.4.2的情形 2 中, 我们最后就选择了循环扩张而不是用最初讨论的中心扩张.

第 3 章　有限 p 群的同构判定

在分类具有某种性质的有限 p 群时, 判定两个群是否同构的问题是重要的, 有时也是困难的、复杂的. 本章我们介绍判定两个群是否同构的某些基本技巧和方法, 希望能起到一个抛砖引玉的作用. 由于同构的群有相同的群不变量, 所以不变量不同的两个群一定互不同构. 利用群不变量来区分不同构的两个群是我们的首选方法. 将在 3.1 节讨论这种方法. 如果上述方法不能奏效, 就需要用同构的定义来证明. 此时, 要说明两个群同构, 只需要找到一个同构映射即可. 而要说明两个群不同构, 则需要证明不存在两个群之间的同构映射. 利用同构映射的存在性来判断两个群是否同构的方法将在 3.2 节讨论. 另外, 我们将举例说明在特殊情况下, 群的同构关系与矩阵的某些等价关系的相互转化.

3.1　利用群的不变量区分互不同构的 p 群

利用群的不变量是区分互不同构的有限 p 群的非常有效的方法. 掌握好这种方法的关键是选择好适当的不变量. 常用的有限 p 群的不变量有:

(1) 群 G 的阶 $|G|$、生成元的个数 $d(G)$、幂零类 $c(G)$、方次数 $\exp(G)$、p^k 阶元的个数、内交换子群的最小 (大) 指数等.

(2) 将 (1) 中的 G 替换为 G 的子群 $\Omega_k(G)$, $\mho_k(G)$, $Z(G)$, G', $\Phi(G)=G'\mho_1(G)$, $C_G(G')$ 等.

(3) 群 (1) 中的 G 替换为商群 G/N, 其中 N 为 (2) 中列出的 G 的那些子群.

下面通过例子来说明利用群的不变量区分互不同构的有限 p 群的方法.

例 3.1.1　利用群的不变量说明下列 16 阶非交换群是互不同构的.

(1) $G=\langle a,b\mid a^8=1,\ b^2=1,\ b^{-1}ab=a^{1+4}\rangle$;

(2) $G=\langle a,b\mid a^4=b^4=1,b^{-1}ab=a^{-1}\rangle$.

(3) $G=\langle a,b,c\mid a^4=b^2=c^2=1,[a,b]=c,[a,c]=[b,c]=1\rangle$;

(4) $G=\langle a,b\mid a^8=1,\ b^2=1,\ [a,b]=a^{-2}\rangle$;

(5) $G=\langle a,b\mid a^8=1,\ b^2=1,\ [a,b]=a^2\rangle$;

(6) $G=\langle a,b\mid a^8=1,\ b^2=a^4,\ b^{-1}ab=a^{-1}\rangle$;

(7) $G\cong \mathrm{D}_8\times \mathrm{C}_2$;

(8) $G\cong \mathrm{Q}_8\times \mathrm{C}_2$;

(9) $G=\langle a,b,c\mid a^4=b^2=c^2=1,[b,c]=a^2,[a,b]=[a,c]=1\rangle$.

解　先利用不变量 $d(G)$ 和 $|G'|$ 将本定理中的群分为互不同构的三组: 第一组是群 (1)—(3), 满足 $d(G)=2$, $|G'|=2$. 第二组是群 (4)—(6), 满足 $d(G)=2$, $|G'|=4$. 第三组是群 (7)—(9), 满足 $d(G)=3$, $|G'|=2$.

可以用 $G/\Omega_1(G)$ 来区分第一组的三个群. 对于群 (1), 因为 $\Omega_1(G)=\langle a^4,b\rangle$, 所以 $G/\Omega_1(G)\cong \mathrm{C}_4$. 对于群 (2), 因为 $\Omega_1(G)=\langle a^2,b^2\rangle$, 所以 $G/\Omega_1(G)\cong \mathrm{E}_4$. 对于群 (3), 因为 $\Omega_1(G)=\langle a^2,b,c\rangle$, 所以 $G/\Omega_1(G)\cong \mathrm{C}_2$.

可以用 2 阶元的个数来区分第二组的三个群. 计算可知, 群 (4) 有 9 个 2 阶元, 群 (5) 有 5 个 2 阶元, 而群 (6) 只有 1 个 2 阶元.

可以用 2 阶元的个数来区分第三组的三个群. 计算可知, 群 (7) 有 11 个 2 阶元, 群 (8) 有 3 个 2 阶元, 而群 (9) 有 7 个 2 阶元. □

例 3.1.2　利用群的不变量说明下列 p^4 阶非交换群($p>2$)是互不同构的.

(1) $G=\langle a,b \mid a^{p^3}=1,\ b^p=1,\ b^{-1}ab=a^{1+p^2}\rangle$;

(2) $G=\langle a,b \mid a^{p^2}=b^{p^2}=1, b^{-1}ab=a^{1+p}\rangle$;

(3) $G=\langle a,b,c \mid a^{p^2}=b^p=c^p=1,[a,b]=c,[a,c]=[b,c]=1\rangle$;

(4) $G\cong M\times \mathrm{C}_p$, 其中 $M=\mathrm{M}_p(2,1)$;

(5) $G\cong N\times \mathrm{C}_p$, 其中 $N=\mathrm{M}_p(1,1,1)$;

(6) $G=\langle a,b,c \mid a^{p^2}=b^p=c^p=1,[b,c]=a^p,[a,b]=[a,c]=1\rangle$;

(7) $G=\langle a,b \mid a^{p^2}=b^p=c^p=1,[a,b]=c,[c,a]=1,[c,b]=a^p\rangle$;

(8) $G=\langle a,b \mid a^{p^2}=b^p=c^p=1,[a,b]=c,[c,a]=a^p,[c,b]=1\rangle$;

(9) $p=3$, $G=\langle a,b \mid a^9=c^3=1,b^3=a^3,[a,b]=c,[c,a]=1,[c,b]=a^{-3}\rangle$, 或

(9′) $p>3$, $G=\langle a,b \mid a^p=b^p=c^p=d^p=1,[a,b]=c,[c,a]=1,[c,b]=d,[d,a]=[d,b]=1\rangle$.

解　利用不变量 $d(G)$ 和 $|G'|$ 将本定理中的群分为互不同构的三组: 第一组是群 (1)—(3), 满足 $d(G)=2$, $|G'|=p$. 第二组是群 (4)—(6), 满足 $d(G)=3$, $|G'|=p$. 第三组是群 (7)—(9), 满足 $d(G)=2$, $|G'|=p^2$.

用 $\mho_1(G)$ 来区分第一组的三个群. 对于群 (1), $\mho_1(G)=\langle a^p\rangle\cong \mathrm{C}_{p^2}$. 对于群 (2), $\mho_1(G)=\langle a^p,b^p\rangle\cong \mathrm{E}_{p^2}$. 对于群 (3), $\mho_1(G)=\langle a^p\rangle\cong \mathrm{C}_p$.

用 $\exp(G)$ 和 $\exp(Z(G))$ 来区分第二组的三个群. 对于群 (4), $\exp(G)=p^2$, $\exp(Z(G))=p$. 对于群 (5), $\exp(G)=\exp(Z(G))=p$. 对于群 (6), $\exp(G)=\exp(Z(G))=p^2$.

如果 $p>3$, 用 $\exp(G)$ 和 $\exp(C_G(G'))$ 来区分第三组群. 对于群 (7), 有 $\exp(G)=\exp(C_G(G'))=p^2$. 对于群 (8), 有 $\exp(G)=p^2$ 和 $\exp(C_G(G'))=p$. 对于群 (9′), 有 $\exp(G)=\exp(C_G(G'))=p$.

因为对于群 (9) 有 $\exp(G)=\exp(C_G(G'))=9$, 所以群 (8) 和群 (9) 互不同构. 最后再考虑 $\Omega_1(G)$, 对于群 (9) 有 $\Omega_1(G)=G'$. 对于群 (7) 有 $G'<\Omega_1(G)$. 所以群

(7) 和群 (9) 互不同构. □

对于复杂的情形, 解决同构问题时, 会同时用到群的多个不变量.

例 3.1.3 设 p 为奇素数, r,s,t,u 为非负整数, 且满足 $r\geqslant 1, u\leqslant r$. 则

$$\langle a,b \mid a^{p^{r+s+u}}=1, b^{p^{r+s+t}}=a^{p^{r+s}}, b^{-1}ab=a^{1+p^r}\rangle \tag{3.1}$$

是亚循环群, 且对于参数 r,s,t,u 的不同取值, 对应的亚循环群互不同构.

解 由定理 2.1.6 可以看出 (3.1) 式确实给出一个 p^{r+s+u} 阶的循环群被 p^{r+s+t} 阶循环群的扩张. 令这个群为 G. 由于 $|G'|=p^{s+u}$, 所以 $s+u$ 是 G 的不变量. 由于 G/G' 的型不变量为 (p^{r+s+t},p^r), 所以 r 和 $r+s+t$ 也是 G 的不变量. 因为 $\exp(G)=p^{r+s+t+u}=o(b)$, 所以 $r+s+t+u$ 也是 G 的不变量. 于是 r, s, t 和 u 都是 G 的不变量. 因此, 参数 r, s, t, u 的不同取值对应于不同构的亚循环群. □

由于内交换子群在本书中的重要性, 下面专门讨论有限 p 群的内交换子群的最大指数这一不变量. 事实上, 有限 p 群 G 的内交换子群的最大指数为 p^{t-1} 与 G 为 $\mathcal{A}_t$ 群是等价的说法. 让我们回顾一下 $\mathcal{A}_t$ 群的定义: 一个非交换 p 群称为 $\mathcal{A}_t$ 群, 若它至少有一个指数为 p^{t-1} 的非交换子群, 但它的所有指数为 p^t 的子群都交换. 显然, $\mathcal{A}_1$ 群恰是内交换 p 群. 有时用 $G\in\mathcal{A}_t$ 表示 G 是一个 $\mathcal{A}_t$ 群.

引理 3.1.4 设 $G=M*A$, 其中 M 为 $\mathcal{A}_t$ 群, A 是阶为 p^{k+s} 的交换群, 并且 $|M\cap A|=p^s$. 如果对 G 的任何一个 $\mathcal{A}_1$ 子群 H 都有 $|H\cap A|\geqslant p^s$, 则 G 是一个 $\mathcal{A}_{t+k}$ 群.

证明 设 H 是 G 的 $\mathcal{A}_1$ 子群. 令 $L=HA$. 由子群的模律,

$$L=L\cap G=L\cap MA=(L\cap M)A=(L\cap M)*A.$$

因为 L 非交换, 所以 $L\cap M$ 也非交换. 因为 M 是 $\mathcal{A}_t$ 群, 所以 $|M:L\cap M|\leqslant p^{t-1}$. 因而

$$|L|=|(L\cap M)A|=\frac{|L\cap M||A|}{|(L\cap M)\cap A|}\geqslant\frac{|M||A|}{p^{t-1}|M\cap A|}=\frac{|G|}{p^{t-1}}.$$

因此

$$|G:H|=|G:L||L:H|\leqslant p^{t-1}|L:H|=p^{t-1}|HA:H|=p^{t-1}|A:H\cap A|\leqslant p^{t+k-1}.$$

这说明 G 的指数为 p^{t+k} 的子群是交换的. 另一方面, M 的指数为 p^{t-1} 的 $\mathcal{A}_1$ 子群是 G 的指数为 p^{t+k-1} 的 $\mathcal{A}_1$ 子群. 因此 G 是 $\mathcal{A}_{t+k}$ 群. □

推论 3.1.5 (1) 设 M 是 $\mathcal{A}_t$ 群, A 是 p^k 阶交换群. 则 $G=M\times A$ 是 $\mathcal{A}_{t+k}$ 群.

(2) 设 M 是导群 p 阶的 $\mathcal{A}_t$ 群, $G=M*A$, 其中 A 为 p^{k+1} 阶交换群且 $M\cap A=M'$. 则 G 是 $\mathcal{A}_{t+k}$ 群.

证明　(1) 由引理 3.1.4 立得.

(2) 设 H 是 G 的 $\mathcal{A}_1$ 子群. 因为 $H' = G' = M'$, 所以 $|H \cap A| \geqslant p = |M \cap A|$. 由引理 3.1.4, 结论成立. □

在本节的最后, 我们给出三元生成导群 p 阶的有限 p 群的一个同构分类.

定理 3.1.6　*设 G 是三元生成导群 p 阶的有限 p 群. 则 G 是以下互不同构的 $\mathcal{A}_{k+1}$ 群.*

(1) $\langle a,b,c \mid a^4 = c^{2^k} = 1,\ b^2 = a^2 = [a,b],\ [c,a] = [c,b] = 1\rangle \cong \mathrm{Q}_8 \times \mathrm{C}_{2^k}$;

(2) $\langle a,b,c \mid a^{p^{n+1}} = b^{p^m} = c^{p^k} = 1,\ [a,b] = a^{p^n},\ [c,a] = [c,b] = 1\rangle \cong \mathrm{M}_p(n+1,m) \times \mathrm{C}_{p^k}$;

(3) $\langle a,b,c,d \mid a^{p^n} = b^{p^m} = c^{p^k} = d^p = 1,\ [a,b] = d,\ [c,a] = [c,b] = 1\rangle \cong \mathrm{M}_p(n,m,1) \times \mathrm{C}_{p^k}$, 其中 $n \geqslant m$, 当 $p=2$ 时 $n \geqslant 2$;

(4) $\langle a,b,c \mid a^4 = 1,\ b^2 = c^{2^k} = a^2 = [a,b],\ [c,a] = [c,b] = 1\rangle$;

(5) $\langle a,b,c \mid a^{p^n} = b^{p^m} = c^{p^{k+1}} = 1,\ [a,b] = c^{p^k},\ [c,a] = [c,b] = 1\rangle$, 其中 $n \geqslant m$, 当 $p=2$ 时 $n \geqslant 2$.

证明　设 G/G' 的型不变量为 $(p^{m_1}, p^{m_2}, p^{m_3})$, 其中 $m_1 \geqslant m_2 \geqslant m_3$. 再设

$$G/G' = \langle a_1G'\rangle \times \langle a_2G'\rangle \times \langle a_3G'\rangle,$$

其中 $o(a_iG') = p^{m_i}$, $i=1,2,3$. 则 $G = \langle a_1,a_2,a_3\rangle$.

当 $\langle [a_2,a_3]\rangle = G'$ 时, 可设

$$[a_1,a_2] = [a_2,a_3]^i, \quad [a_1,a_3] = [a_2,a_3]^j.$$

用 $a_1a_2^{-j}a_3^i$ 替换 a_1, 可得 $[a_1,a_2] = [a_1,a_3] = 1$.

当 $\langle [a_2,a_3]\rangle = 1$ 且 $\langle [a_1,a_3]\rangle = G'$ 时, 可设 $[a_1,a_2] = [a_1,a_3]^i$. 用 $a_2a_3^{-i}$ 替换 a_2, 可得 $[a_1,a_2] = 1$.

当 $[a_2,a_3] = [a_1,a_3] = 1$ 时, $G' = \langle [a_1,a_2]\rangle$.

综上所述, 有 $G = \langle a_s,a_t\rangle * \langle a_r\rangle$, 其中 $s,t,r \in \{1,2,3\}$, $\langle a_s,a_t\rangle \cap \langle a_r\rangle \leqslant G'$. 由定理 1.7.7 可知 $\langle a_s,a_t\rangle \in \mathcal{A}_1$.

当 $\langle a_s,a_t\rangle \cap \langle a_r\rangle = 1$ 即 $a_r^{p^{m_r}} = 1$ 时, $G = \langle a_s,a_t\rangle \times \langle a_r\rangle$. 此时 G 为 (1)—(3) 型群之一. 以下设 $a_r^{p^{m_r}} \neq 1$.

当 $\langle a_s,a_t\rangle \cong \mathrm{Q}_8$ 时, G 为 (4) 型群. 当 $\langle a_s,a_t\rangle \cong \mathrm{M}_p(n,m,1)$, G 为 (5) 型群. 当 $\langle a_s,a_t\rangle \cong \mathrm{M}_p(n+1,m)$ 时, 可设

$$G = \langle a,b,c \mid a^{p^{n+1}} = b^{p^m} = 1, c^{p^{m_r}} = a^{p^n} = [a,b], [a,c] = [b,c] = 1\rangle.$$

此时, 若 $m_r < n$, 令 $c' = ca^{-p^{n-m_r}}$, 则 $G = \langle a, b\rangle \times \langle c'\rangle$ 为 (2) 型群. 若 $m_r \geqslant n$, 用 $ac^{-p^{m_r-n}}$ 替换 a 可得

$$G = \langle a, b, c \mid a^{p^n} = b^{p^m} = c^{p^{m_r+1}} = 1, c^{p^{m_r}} = [a, b], [a, c] = [b, c] = 1\rangle.$$

当 $p > 2$ 或 $n \geqslant 2$ 时, 则 G 是 (5) 型群. 当 $p = 2$ 且 $m = n = 1$ 时, 分别用 $ac^{2^{m_r-1}}$ 和 $bc^{2^{m_r-1}}$ 替换 a 和 b 可得

$$G = \langle a, b, c \mid c^{2^{m_r+1}} = 1, a^2 = b^2 = c^{2^{m_r}} = [a, b], [a, c] = [b, c] = 1\rangle.$$

此时 G 为 (4) 型群.

由推论 3.1.5 可知定理中的群都是 $\mathcal{A}_{k+1}$ 群. 这说明不同的参数 k 给出的群互不同构. 下面我们再证明不同的参数 n, m 给出的群互不同构. 由于 (1) 型群和 (4) 型群只含参数 k, 所以我们只需对 (2), (3) 和 (5) 型群进行说明.

对于 (3) 型群和 (5) 型群 G, G/G' 的型不变量为 (p^n, p^m, p^k), 其中 $n \geqslant m$. 因此不同的参数 n, m 给出互不同构的群.

对于 (2) 型群, 我们用反证法来证明不同的参数 (n, m) 给出互不同构的群. 设 G_1 和 G_2 是两个同构的 (2) 型群, 具有不同的参数 (n_1, m_1) 和 (n_2, m_2). 因为 G_1/G_1' 和 G_2/G_2' 的型不变量分别为 (p^{n_1}, p^{m_1}, p^k) 和 (p^{n_2}, p^{m_2}, p^k), 所以我们有 $n_1 = m_2$ 和 $n_2 = m_1$. 因为 $Z(G_1)$ 和 $Z(G_2)$ 分别有型不变量 $(p^{n_1}, p^{m_1-1}, p^k)$ 和 $(p^{m_1}, p^{n_1-1}, p^k)$, 进一步我们有 $n_1 = m_1 = n_2 = m_2$. 这与假设矛盾.

最后证明定理中不同类型的群互不同构.

对于 (4) 型群, 有 $|G| = 2^{k+3}$ 和 $Z(G) \cong \mathrm{C}_{2^{k+1}}$. 另一方面, 对于 (2) 型群 ($n + m \geqslant 3$ 时)、(3) 型群和 (5) 型群, 有 $|G| \geqslant 2^{k+4}$, 对于 (2) 型群 ($n = m = 1$ 时), 有 $Z(G) \cong \mathrm{C}_2 \times \mathrm{C}_{2^k}$. 因此 (4) 型群与其他类型的群不同构.

对于 (1) 型群, 有 $|G| = 2^{k+3}$ 和 $\Omega_1(G) \cong \mathrm{C}_2 \times \mathrm{C}_2$. 另一方面, 对于 (2) 型群, 当 $n = m = 1$ 时有 $\Omega_1(G) \cong \mathrm{D}_8 \times \mathrm{C}_2$, 对于 (2) 型群, 当 $n + m \geqslant 3$ 时有 $|G| \geqslant 2^{k+4}$, 对于 (3) 型群和 (5) 型群也有 $|G| \geqslant 2^{k+4}$. 因此 (1) 型群与其他类型的群不同构.

对于 (3) 型群, $Z(G)$ 的型不变量为 $(p^{n-1}, p^{m-1}, p^k, p)$. 而对于 (2) 型群, $Z(G)$ 的型不变量为 (p^n, p^{m-1}, p^k), 对于 (5) 型群, $Z(G)$ 的型不变量为 $(p^{n-1}, p^{m-1}, p^{k+1})$. 因此 (3) 型群也不与 (2) 型群或 (5) 型群同构.

最后用反证法来证明 (2) 型群与 (5) 型群互不同构. 若否, 则存在群 G 既是一个 (2) 型群又是一个 (5) 型群. 设 G 表示为 (2) 型群时的参数为 n_2, m_2, k_2, 表示为 (5) 型群时的参数为 n_5, m_5, k_5. 则 $k := k_2 = k_5$. 设 λ 是满足 $G' \leqslant \mho_\lambda(G)$ 的最大的非负整数. 由 (2) 型群的表示可得 $\lambda = n_2$. 由 (5) 型群的表示可得 $\lambda = k$. 因而 $n_2 = k$. 再由 (2) 型群的表示可得 $Z(G) \cong \mathrm{C}_{p^k} \times \mathrm{C}_{p^k} \times \mathrm{C}_{p^{m_2-1}}$. 同时, 由 (5) 型群的表示可得 $Z(G) \cong \mathrm{C}_{p^{k+1}} \times \mathrm{C}_{p^{n_5-1}} \times \mathrm{C}_p^{m_5-1}$. 因而 $n_5 - 1 = m_5 - 1 = k$ 且 $m_2 = k + 2$.

最后, 由 (2) 型群的表示有 $\exp(G) = p^{k+2}$, 而由 (5) 型群的表示有 $\exp(G) = p^{k+1}$. 推出矛盾. 因而 (2) 型群与 (5) 型群也互不同构. □

3.2　利用同构映射的存在性判定 p 群的同构

利用同构映射的存在性判断同构问题的步骤一般是先假设两个群之间的同构映射是存在的, 然后再分析同构映射应满足的条件. 如果推出了矛盾, 就说明给定的两个群是不同构的. 如果没有推出矛盾, 就要根据分析出的条件构造出相应的同构映射. 在分析同构映射应满足的条件时, 分析清楚特征子群也是重要的. 这是因为特征子群在自同构作用下保持不变. 通过以上分析可知, 在判断有限 p 群的同构问题时, 我们首先是找到尽量多的特征子群, 利用这些特征子群和它们的商群的不变量来区分互不同构的有限 p 群. 如果找到的特征子群和它们的商群的不变量都相同, 则只能利用同构映射的存在性判断是否同构.

例 3.2.1　说明下列 p^4 阶非交换群 $(p > 2)$ 是互不同构的.

(1) $G = \langle a, b \mid a^{p^2} = b^p = c^p = 1, [a, b] = c, [c, a] = 1, [c, b] = a^p\rangle$;

(2) $G = \langle a, b \mid a^{p^2} = b^p = c^p = 1, [a, b] = c, [c, a] = 1, [c, b] = a^{\nu p}\rangle$, 其中 ν 为某固定的模 p 平方非剩余.

解　首先会试图利用群的不变量来区分这两个群. 为此考察三个特征子群 $C_G(G')$, G' 和 G_3. 对于这两个群, 这三个特征子群都满足 $C_G(G') = \langle a, c\rangle$, $G' = \langle c, a^p\rangle$ 和 $G_3 = \langle a^p\rangle$, 它们以及它们所对应的商群都有相同的不变量. 所以需要利用同构映射的存在性判断这两个群是否同构.

先假设这两个群是同构的. 为方便起见, 用 $\widetilde{G} = \langle \tilde{a}, \tilde{b}; \tilde{c}\rangle$ 来表示第二个群. 设 θ 是从 $\widetilde{G}$ 到 G 的同构映射. 则 $C_{\widetilde{G}}(\widetilde{G}')^\theta = C_G(G')$ 且 $(\widetilde{G}')^\theta = G'$. 因此可设

$$\tilde{b}^\theta = b^i c^j a^{kp}, \quad \tilde{a}^\theta = a^r b^s c^t,$$

其中 $p \nmid ir$. 计算可知 $\tilde{c}^\theta = [\tilde{a}, \tilde{b}]^\theta \equiv c^{ir} \pmod{G_3}$. 因为 $[\tilde{c}, \tilde{b}] = \tilde{a}^{\nu p}$, 所以 $[\tilde{c}, \tilde{b}]^\theta = (\tilde{a}^{\nu p})^\theta$. 从而 $a^{ri^2p}[c^{ir}, b^i] = a^{r\nu p}$. 这迫使 $i^2 \equiv \nu \pmod{p}$. 这与 ν 为模 p 的平方非剩余矛盾. 所以本例中的两个群是不同构的. □

利用同构映射的存在性判断同构问题最后基本是将问题转化为数论问题. 有些情况下, 同构映射应满足的条件往往可以用矩阵来表示.

定理 3.2.2　设 l 和 m 都是正整数. $G(s,t,v,w) = \langle a, b, c \mid a^{p^l} = b^{p^{m+1}} = c^{p^{m+1}} = 1, [b, c] = 1, [c, a] = b^{sp^m} c^{tp^m}, [a, b] = b^{vp^m} c^{wp^m}\rangle$, 其中 $\begin{pmatrix} s & t \\ v & w \end{pmatrix}$ 是 p 个元素的有限域 F_p 上的可逆矩阵.

(1) 若 $G = G(s,t,v,w)$, 则 $|G| = p^{l+2m+2}$, $\Phi(G) = Z(G)$, $G' \cong \mathrm{C}_p^2$, 且 $\langle a^p, b, c\rangle$

是 G 的唯一的交换极大子群;

(2) $G(s,t,v,w)\cong G(s',t',v',w')$ 当且仅当存在 F_p 上的可逆矩阵 Y 和 $\lambda\in \mathrm{F}_p^*$ 使得 $\begin{pmatrix} s' & t' \\ v' & w' \end{pmatrix}=\lambda Y^{\mathrm{T}}\begin{pmatrix} s & t \\ v & w \end{pmatrix}Y$, 其中 Y^{T} 表示 Y 的转置.

证明 (1) 令 $M=\langle b\rangle\times\langle c\rangle\times\langle d\rangle$ 其中 $\langle b\rangle\cong\langle c\rangle\cong \mathrm{C}_{p^{m+1}}$, $\langle d\rangle\cong \mathrm{C}_{p^{l-1}}$. 定义 M 的自同构 β 如下:

$$b^\beta=bb^{-vp^m}c^{-wp^m},\quad c^\beta=cb^{sp^m}c^{tp^m},\quad d^\beta=d.$$

则 $(b^p)^\beta=b^p,(c^p)^\beta=c^p$, $o(\beta)=p$. 由定理 2.1.3 可知 $G=\langle M,a\rangle$ 是 M 的 p 次循环扩张. 因此 $|G|=p^{l+2m+2}$. 容易验证 $\Phi(G)=Z(G)$, $G'\cong \mathrm{C}_p^2$ 以及 M 为 G 的唯一的交换极大子群.

(2) 为方便起见, 设

$$G=\langle a,b,c\rangle\cong G(s,t,v,w),\quad \overline{G}=\langle \bar a,\bar b,\bar c\rangle\cong G(s',t',v',w'),$$

θ 为 $\overline{G}$ 到 G 的同构映射. 因为 $M=\langle b,c,a^p\rangle$, $Z(G)$ 和 $\overline{M}=\langle\bar b,\bar c,\bar a^p\rangle$, $Z(\overline{G})$ 分别是 G 和 $\overline{G}$ 的特征子群, 故 $Z(\overline{G})^\theta=Z(G)$ 和 $\overline{M}^\theta=M$. 因此可设

$$\bar a^\theta=a^{x_{11}}x,\quad \bar b^\theta=b^{x_{22}}c^{x_{23}}y,\quad \bar c^\theta=b^{x_{32}}c^{x_{33}}z,$$

其中 $x\in M$, $y,z\in Z(G)\cap\Omega_m(G)$. 令 $X=\begin{pmatrix} x_{22} & x_{23} \\ x_{32} & x_{33} \end{pmatrix}$. 则 $\det(X)\neq 0$. 再令 $Y=\begin{pmatrix} x_{33} & -x_{23} \\ -x_{32} & x_{22} \end{pmatrix}$ 是 X 的伴随矩阵.

因为

$$[\bar c^\theta,\bar a^\theta]=[\bar c,\bar a]^\theta=(\bar b^{s'p^m}\bar c^{t'p^m})^\theta,$$

有

$$[b^{x_{32}}c^{x_{33}},a^{x_{11}}]=(b^{x_{22}}c^{x_{23}})^{s'p^m}(b^{x_{32}}c^{x_{33}})^{t'p^m}.$$

上式的左边为 $(b^{sp^m}c^{tp^m})^{x_{33}x_{11}}(b^{vp^m}c^{wp^m})^{-x_{32}x_{11}}$. 比较两边 b^{p^m} 和 c^{p^m} 的指数就有

$$x_{11}(x_{33},-x_{32})\begin{pmatrix} s & t \\ v & w \end{pmatrix}=(s',t')\begin{pmatrix} x_{22} & x_{23} \\ x_{32} & x_{33} \end{pmatrix}.\tag{3.2}$$

类似地, 由 $[\bar a^\theta,\bar b^\theta]=[\bar a,\bar b]^\theta=(\bar b^{v'p^m}\bar c^{w'p^m})^\theta$ 可得

$$x_{11}(-x_{23},x_{22})\begin{pmatrix} s & t \\ v & w \end{pmatrix}=(v',w')\begin{pmatrix} x_{22} & x_{23} \\ x_{32} & x_{33} \end{pmatrix}.\tag{3.3}$$

由 (3.2) 式和 (3.3) 式可得

$$x_{11}\begin{pmatrix} x_{33} & -x_{32} \\ -x_{23} & x_{22} \end{pmatrix}\begin{pmatrix} s & t \\ v & w \end{pmatrix}=\begin{pmatrix} s' & t' \\ v' & w' \end{pmatrix}\begin{pmatrix} x_{22} & x_{23} \\ x_{32} & x_{33} \end{pmatrix}.$$

在上式两边同时右乘 $\det(X)^{-1}Y$ 可得

$$\begin{pmatrix} s' & t' \\ v' & w' \end{pmatrix}=\lambda Y^{\mathrm{T}}\begin{pmatrix} s & t \\ v & w \end{pmatrix}Y,$$

其中 $\lambda=x_{11}\det(X)^{-1}$.

另一方面, 如果存在 F_p 上的可逆矩阵 Y 和 $\lambda\in\mathrm{F}_p^*$ 满足

$$\begin{pmatrix} s' & t' \\ v' & w' \end{pmatrix}=\lambda Y^{\mathrm{T}}\begin{pmatrix} s & t \\ v & w \end{pmatrix}Y,$$

那么, 令 $Y=\begin{pmatrix} x_{33} & -x_{23} \\ -x_{32} & x_{22} \end{pmatrix}$ 和

$$\theta:\ \ \bar{a}\to a^{\lambda\det(Y)},\ \bar{b}\to b^{x_{22}}c^{x_{23}},\ \bar{c}\to b^{x_{32}}c^{x_{33}}.$$

则 θ 是从 $\overline{G}$ 到 G 的一个同构映射. □

回忆一下, 两个域 F 上的矩阵 A 和 B**合同**是指存在 F 上的可逆矩阵 P 使得 $P^{\mathrm{T}}AP=B$. 为了方便起见, 称两个域 F 上的矩阵 A 和 B 是**次合同**的, 若存在 F 上的可逆元 λ 和可逆矩阵 P 使得 $\lambda P^{\mathrm{T}}AP=B$. 定理 3.2.2 告诉我们, 判断一类群的同构问题可以转化为判断矩阵是否次合同的问题. 显然合同与次合同都是矩阵的等价关系, 由这个等价关系所确定的等价类我们分别称为**合同类**和**次合同类**. 下面研究域 F_p 上的矩阵的合同类与次合同类.

定理 3.2.3 设 p 是奇素数, $\{1,\eta\}$ 是 $(\mathrm{F}_p^*)^2$ 在 F_p^* 中的一组陪集代表元. 下面的矩阵是域 F_p 上的 2 阶可逆矩阵的合同类的一组代表元.

$$(1)\begin{pmatrix} 0 & 1 \\ -1 & 0 \end{pmatrix},\quad (2)\begin{pmatrix} \nu & 1 \\ -1 & 0 \end{pmatrix},\quad (3)\begin{pmatrix} 1 & t \\ -t & \nu \end{pmatrix},$$

其中 $\nu=1$ 或 η, $t\in\left\{0,1,\cdots,\dfrac{p-1}{2}\right\}$ 满足 $t^2\neq-\nu$. 将 (2) 中的 ν 取为 1, 则上述矩阵给出域 F_p 上的 2 阶可逆矩阵的次合同类的一组代表元.

证明 设 M 是域 F_p 上的 2 阶可逆矩阵. 令 $M_1=2^{-1}(M+M^{\mathrm{T}}), M_2=2^{-1}(M-M^{\mathrm{T}})$. 则 M_1 为对称矩阵, M_2 为反对称矩阵. 我们称 M_1 为 M 的对称部分, M_2 为 M 的反对称部分.

首先证明本定理中的矩阵是互不合同 (次合同) 的. 若否, 设两个不同的矩阵 M 和 N 是合同 (次合同) 的. 则 M 和 N 的对称部分和反对称部分也是分别合同

(次合同) 的. 因为对于这三种类型的矩阵, 它们对称部分的秩分别为 0, 1, 2, 所以不同类型的矩阵之间是互不合同 (次合同) 的. 因此 M 和 N 只能同时为类型 (2) 或者同时为类型 (3).

如果 M 和 N 为类型 (2) 的矩阵, 其中 ν 分别等于 η 和 1, 则存在可逆矩阵 $Y=\begin{pmatrix} x & z \\ y & w \end{pmatrix}$ 使得

$$\begin{pmatrix} 1 & 1 \\ -1 & 0 \end{pmatrix}=\begin{pmatrix} x & z \\ y & w \end{pmatrix}\begin{pmatrix} \eta & 1 \\ -1 & 0 \end{pmatrix}\begin{pmatrix} x & y \\ z & w \end{pmatrix}.$$

比较第一行第一列的元素, 有 $x^2\eta=1$, 这与 $\eta\notin(\mathrm{F}_p^*)^2$ 矛盾.

如果 M 和 N 都是类型 (3) 的矩阵, 设它们的参数分别为 (ν,t) 和 (ν',t'). 分别比较 N 和 $\lambda Y^{\mathrm{T}}MY$ 的对称部分和反对称部分的行列式可得

$$\begin{cases} \nu'=\lambda^2\det(Y)^2\nu, & (3.4) \\ (t')^2=\lambda^2\det(Y)^2t^2, & (3.5) \end{cases}$$

由 (3.4) 式可得 $\nu'=\nu$ 且 $\lambda^2\det(Y)^2=1$. 又由 (3.5) 式可知 $(t')^2=t^2$. 因为 $t',t\in\left\{0,1,\cdots,\dfrac{p-1}{2}\right\}$, 故 $t'=t$. 此时 $M=N$, 与假设矛盾.

因为

$$\eta^{-1}\begin{pmatrix} 1 & 0 \\ 0 & \eta \end{pmatrix}\begin{pmatrix} \eta & 1 \\ -1 & 0 \end{pmatrix}\begin{pmatrix} 1 & 0 \\ 0 & \eta \end{pmatrix}=\begin{pmatrix} 1 & 1 \\ -1 & 0 \end{pmatrix},$$

所以类型 (2) 的矩阵当 $\nu=\eta$ 时与当 $\nu=1$ 时是次合同的.

最后证明任何一个域 F_p 上的 2 阶可逆矩阵都与本定理某个矩阵是合同的. 由特征不为 2 的域上的对称矩阵的初等性质, M 的对称部分 M_1 合同于一个对角矩阵. 设这个对角矩阵是 $P^{\mathrm{T}}M_1P$. 显然 $P^{\mathrm{T}}M_2P$ 也是反对称的. 因此 $P^{\mathrm{T}}MP$ 是一个对角矩阵与一个反对称矩阵的和. 即 M 合同于一个对称部分为对角矩阵. 不妨设 M 的对称部分是对角矩阵.

情形 1　M 的对称部分为零矩阵.

此时 $M=\begin{pmatrix} 0 & t \\ -t & 0 \end{pmatrix}$, 其中 $t\neq 0$. 令 $Y=\begin{pmatrix} 1 & 0 \\ 0 & t^{-1} \end{pmatrix}$. 则

$$Y^{\mathrm{T}}\begin{pmatrix} 0 & t \\ -t & 0 \end{pmatrix}Y=\begin{pmatrix} 0 & 1 \\ -1 & 0 \end{pmatrix}.$$

因此 M 与 (1) 型矩阵合同.

情形 2　M 的对称部分的秩为 1.

此时 $M=\begin{pmatrix} i & t \\ -t & 0 \end{pmatrix}$, 其中 $it\neq 0$. 因为 M 为可逆矩阵, 所以 $t\neq 0$. 令 $i=x^2\nu$, 其中 $\nu=1$ 或 η, $Y=\begin{pmatrix} x^{-1} & 0 \\ 0 & xt^{-1} \end{pmatrix}$. 则 $Y^{\mathrm{T}}\begin{pmatrix} i & t \\ -t & 0 \end{pmatrix}Y=\begin{pmatrix} \nu & 1 \\ -1 & 0 \end{pmatrix}$. 因此 M 与 (2) 型矩阵合同.

情形 3 M 的对称部分的秩为 2.

此时 $M=\begin{pmatrix} i & j \\ -j & s \end{pmatrix}$, 其中 $is\neq 0$.

子情形 3a $i=x^2$.

令 $s=y^2\nu$, 其中 $\nu=1$ 或 η, 并且 $Y=\begin{pmatrix} \sigma x^{-1} & 0 \\ 0 & y^{-1} \end{pmatrix}$, 其中 $\sigma^2=1$ 满足

$$t=jx^{-1}y^{-1}\sigma\in\left\{0,1,\cdots,\frac{p-1}{2}\right\}.$$

则

$$Y^{\mathrm{T}}\begin{pmatrix} i & j \\ -j & s \end{pmatrix}Y=\begin{pmatrix} 1 & jx^{-1}y^{-1}\sigma \\ -jx^{-1}y^{-1}\sigma & \nu \end{pmatrix}=\begin{pmatrix} 1 & t \\ -t & \nu \end{pmatrix}.$$

因此 M 与 (3) 型矩阵合同.

子情形 3b $s=x^2$.

令 $Y=\begin{pmatrix} 0 & 1 \\ -1 & 0 \end{pmatrix}$. 则 $Y^{\mathrm{T}}\begin{pmatrix} i & j \\ -j & s \end{pmatrix}Y=\begin{pmatrix} s & j \\ -j & i \end{pmatrix}$. 这转化为子情形 3a.

子情形 3c $i,s\notin(\mathrm{F}_p^*)^2$.

令 $\tau\notin(\mathrm{F}_p^*)^2$ 满足 $\tau-1=z^2\in(\mathrm{F}_p^*)^2$, $i\tau=x^2, s\tau=y^2$ 和 $Y=\begin{pmatrix} x^{-1}z & x^{-1} \\ -y^{-1} & y^{-1}z \end{pmatrix}$.

则

$$Y^{\mathrm{T}}\begin{pmatrix} i & j \\ -j & s \end{pmatrix}Y=\begin{pmatrix} 1 & jx^{-1}y^{-1}\tau \\ -jx^{-1}y^{-1}\tau & 1 \end{pmatrix}.$$

这也转化为子情形 3a. □

定理 3.2.4 下面的矩阵是域 F_2 上的 2 阶矩阵的合同类的一组代表元.

(1) $\begin{pmatrix} 1 & 0 \\ 0 & 1 \end{pmatrix}$, (2) $\begin{pmatrix} 0 & 1 \\ 1 & 0 \end{pmatrix}$, (3) $\begin{pmatrix} 1 & 0 \\ 1 & 1 \end{pmatrix}$.

证明 如果 $\begin{pmatrix} x & z \\ y & w \end{pmatrix}$ 是可逆的, 则

$$\begin{pmatrix} x & z \\ y & w \end{pmatrix}\begin{pmatrix} 0 & 1 \\ 1 & 0 \end{pmatrix}\begin{pmatrix} x & y \\ z & w \end{pmatrix}=\begin{pmatrix} 0 & 1 \\ 1 & 0 \end{pmatrix}.$$

因此 (2) 型矩阵与 (1) 型矩阵和 (3) 型矩阵都不合同. 因为 (1) 型矩阵是对称的, (1) 型矩阵与 (3) 型矩阵不合同. 易验证域 F_2 上的每个 2 阶可逆矩阵都合同于 (1)—(3) 型矩阵之一. □

定理 3.2.5 设 p 为素数 ($p=2$ 是可能的). 对于奇素数 p, $\{1,\eta\}$ 是 $(\mathrm{F}_p^*)^2$ 在 F_p^* 中的一组陪集代表元. 下面的矩阵是域 F_p 上的 2 阶非可逆矩阵的合同类的一组代表元. 其中 $\nu=1$ 或 η.

$$(1)\begin{pmatrix}0&1\\0&0\end{pmatrix},\quad(2)\begin{pmatrix}0&0\\0&\nu\end{pmatrix},\quad(3)\begin{pmatrix}0&0\\0&0\end{pmatrix}.$$

证明 设 $A\neq 0$ 为域 F_p 上的 2 阶不可逆矩阵, 则 A 的秩为 1. 令

$$A=\begin{pmatrix}a_{11}&a_{12}\\a_{21}&a_{22}\end{pmatrix},\quad P_1=\begin{pmatrix}0&1\\1&0\end{pmatrix}.$$

则 $P_1^{\mathrm{T}}AP_1=\begin{pmatrix}a_{22}&a_{21}\\a_{12}&a_{11}\end{pmatrix}$. 不妨设 $\begin{pmatrix}a_{12}\\a_{22}\end{pmatrix}\neq\begin{pmatrix}0\\0\end{pmatrix}$. 因此有

$$A=\begin{pmatrix}ka_{12}&a_{12}\\ka_{22}&a_{22}\end{pmatrix}.$$

令 $P_2=\begin{pmatrix}1&0\\-k&1\end{pmatrix}$, 则 $P_2^{\mathrm{T}}AP_2=\begin{pmatrix}0&a_{12}-ka_{22}\\0&a_{22}\end{pmatrix}$. 以下用 $P_2^{\mathrm{T}}AP_2$ 替换 A 并记 $a_{12}-ka_{22}$ 为 b.

若 $b\neq 0$, 令 $P_3=\begin{pmatrix}b^{-1}&-b^{-1}a_{22}\\0&1\end{pmatrix}$, 则 $P_3^{\mathrm{T}}AP_3=\begin{pmatrix}0&1\\0&0\end{pmatrix}$. 因此得到 (1) 型矩阵.

若 $b=0$, 令 $P_4=\begin{pmatrix}1&0\\0&x\end{pmatrix}$, 则 $P_4^{\mathrm{T}}AP_4=\begin{pmatrix}0&0\\0&a_{22}x^2\end{pmatrix}$. 选择适当的 x 可使 $a_{22}x^2=1$ 或者 η. 因此得到 (2) 型矩阵.

令 $P=\begin{pmatrix}x_{11}&x_{12}\\x_{21}&x_{22}\end{pmatrix}$. 计算可得, $P^{\mathrm{T}}\mathrm{diag}(0,\nu)P$ 的第二行第二列的元素为 νx_{22}^2. 因此不同的 ν 给出不合同的 (2) 型矩阵. 因为 (1) 型矩阵不是对称矩阵而 (2) 型矩阵是对称矩阵, 所以不同类型的矩阵是互不合同的. □

由定理 3.2.3 和定理 3.2.4 的结论可得, 定理 3.2.2 中的群为以下互不同构的群之一.

(1) $\langle a,b,c\mid a^{p^l}=b^{p^{m+1}}=c^{p^{m+1}}=1,[b,c]=1,[c,a]=c^{p^m},[a,b]=b^{-p^m}\rangle$, 其中 p 为奇素数;

(2) $\langle a,b,c\mid a^{p^l}=b^{p^{m+1}}=c^{p^{m+1}}=1,[b,c]=1,[c,a]=b^{p^m}c^{p^m},[a,b]=b^{-p^m}\rangle$, 其中 p 为奇素数;

(3) $\langle a,b,c \mid a^{p^l}=b^{p^{m+1}}=c^{p^{m+1}}=1,[b,c]=1,[c,a]=b^{p^m}c^{tp^m},[a,b]=b^{-tp^m}c^{\nu p^m}\rangle$, 其中 p 为奇素数, $\nu=1$ 或是一个固定的模 p 的平方非剩余, $t\in\left\{0,1,\cdots,\dfrac{p-1}{2}\right\}$ 满足 $t^2\neq-\nu$;

(4) $\langle a,b,c \mid a^{2^l}=b^{2^{m+1}}=c^{2^{m+1}}=1,[b,c]=1,[c,a]=b^{2^m},[a,b]=c^{2^m}\rangle$;

(5) $\langle a,b,c \mid a^{2^l}=b^{2^{m+1}}=c^{2^{m+1}}=1,[b,c]=1,[c,a]=c^{2^m},[a,b]=b^{2^m}\rangle$;

(6) $\langle a,b,c \mid a^{2^l}=b^{2^{m+1}}=c^{2^{m+1}}=1,[b,c]=1,[c,a]=b^{2^m},[a,b]=b^{2^m}c^{2^m}\rangle$.

第 4 章　中国学者在有限 p 群领域的早期工作

我国对于有限 p 群的研究, 开始于华罗庚和段学复 20 世纪 30 年代在清华大学组织的 p 群讨论班. 他们对于 p 群的算术结构和正规结构做了深入的研究, 获得了深刻的结果. 20 世纪 40 年代末 50 年代初, 叶彦谦、刘声烈也分别对 p 群的算术结构和正规结构做了研究. 徐明曜从 20 世纪 60 年代开始, 对于正则 p 群及其 p 群的幂结构做了较为系统的研究. 20 世纪 80 年代之后, 由于有限单群分类的基本完成, p 群研究逐渐变得活跃. 不少国内学者在 p 群的各个方面做了许多工作. 特别是山西师范大学的学者及其研究生在徐明曜教授的带动下, 开始对 p 群进行专题研究, 获得了丰富的结果. 本章主要介绍 20 世纪 80 年代以前中国学者在有限 p 群领域的工作.

4.1　华罗庚与段学复等中国学者在 p 群领域的工作

中国有限 p 群的研究可以说始自华罗庚和段学复. 从 1938 年秋起, 华罗庚在清华大学开办了一个有限 p 群讨论班, 开始了有限 p 群及其有限群论的研究. 当时参加讨论班的有段学复、孙本旺、樊畿和徐贤修等. 据文献[157]记载, 华罗庚在段学复和徐贤修的帮助下写了一些《p 群专论》的材料, 大部分的稿子都是段学复工笔手写的, 还有小部分由段学复刻写油印. 在这段时间, 华罗庚和段学复在 p 群这一领域开始了合作研究. 首先, 他们研究了含有指数为 $p^2(p>2)$ 的循环子群的有限 p 群, 并对这类群做了完全的分类, 他们也给出了有关的计数定理, 见文献 [71], [72]. 后来, 由于段学复赴加拿大、美国留学, 中断了与华罗庚的合作研究. 华罗庚则在他们合作成果的基础上, 于 1940 年得到了更深刻的计数定理. 由于抗日战争的原因, 这一结果直到 1947 年才发表, 见 [73]. 在此基础上, 段学复在 [155] 中通过精细的分析计算, 对 p 群 $(p>2)$ 中子群个数的 Kulakoff 定理进行了推广. 这方面后来有很多外国尤其是苏联数学家进行研究, 至今仍然吸引着研究者的注意. 在 [155] 中段学复还对华罗庚在文献 [73] 中的伪基底定理给出了一个更加简明的证明.

华罗庚和段学复还研究了 Frattini 子群循环的有限 p 群的结构和计数定理, 见文献 [159]. 但是这些结果当时没有发表. 四十年后, 段学复指导其研究生唐守文继续这一问题的研究. 唐守文在 1981 年完成的硕士学位论文中, 完成了这类群的完全分类, 给出了它们明确的定义关系, 见文献 [154].

在有限 p 群的研究中, 定理 1.7.6 是一个简单而有用的结果. 这个结果首先是由段学复的导师 Brauer 用群的诱导特征标的理论得到的. 后来, 段学复在文献 [156] 中给出了一个初等证明. 值得一提的是, Berkovich 在他的 p 群专著 [33] 中, 把该定理作为他的书中第一节的第一个引理, 并称该定理在他和 Janko 合著的 p 群系列专著 [33]—[35], [37], [38] 中被数百次地引用.

据 [158] 中的《段学复传略》一文记载, Brauer 与段学复还有一些未发表的关于 p 群的工作.

下面我们先介绍华罗庚和段学复在 p 群计数方面的工作. 他们首先引进了 p 群的余次数的概念 (他们称之为 “秩”). 称 p^n 阶群 G 的**余次数**为 α, 如果 $\exp(G) = p^{n-\alpha}$. 用余次数的概念, Miller 在文献 [124] 中的主要结果可以作如下重述.

定理 4.1.1　设 $p \geqslant 3$, G 是一个余次数不小于 1 的 p^n 阶群. 则 G 的余次数为 0 的 $p^m(1 < m < n)$ 阶子群的个数为 p 的倍数.

华罗庚和段学复在此基础上作了进一步的研究, 在文献 [71] 中得到了更为精细的结果.

定理 4.1.2　设 $p \geqslant 3$, G 是一个余次数不小于 2 的 p^n 阶群. 则

(1) G 的余次数为 0 的 $p^m(2 < m < n-1)$ 阶子群的个数为 p^2 的倍数;

(2) G 的余次数为 1 的 $p^m(3 < m < n)$ 阶子群的个数为 p 的倍数.

在文献 [73] 中, 华罗庚推广了上述工作, 得到了以下漂亮的结果.

定理 4.1.3　设 $p \geqslant 3$, G 是一个余次数为 α 的 p^n 阶群.

(1) 对于 $\beta \leqslant \alpha$ 和 $\beta < m \leqslant n$, G 的余次数为 0 的 p^m 阶子群的个数为 p^β 的倍数;

(2) 对于 $\beta < \alpha$ 和 $2\beta + 1 < m \leqslant n$, G 的余次数为 β 的 p^m 阶子群的个数为 p 的倍数.

华罗庚之所以能得到上述漂亮的结果, 是他深刻地洞察到了余次数较小的有限 p 群具有良好的性质. 这些性质体现在下面的定理中. 这个定理至今在有限 p 群的研究中仍发挥着重要的作用.

定理 4.1.4　设 $p \geqslant 3$, $n \geqslant 2\alpha + 1$, G 是一个余次数为 α 的 p^n 阶群. 则以下结论成立:

(1) G 存在一组伪基底, 即存在 G 的有序元素组 $(b, b_1, b_2, \cdots, b_\alpha)$, 其诸元素的阶 $o(b) = p^{n-\alpha}$,$o(b_i) \leqslant p^i$ $(i = 1, 2, \cdots, \alpha)$, 对任意的 $g \in G$, g 均可唯一表成下列形式

$$g = b_\alpha^{m_\alpha} \cdots b_1^{m_1} b^m, \quad 1 \leqslant m \leqslant p^{n-\alpha}, \quad 1 \leqslant m_i \leqslant p, \quad i = 1, 2, \cdots, \alpha;$$

(2) 对任意的 $g_1, g_2 \in G$, 有 $(g_1 g_2)^{p^\alpha} = g_1^{p^\alpha} g_2^{p^\alpha}$;

(3) 对任意的 $g_1, g_2, g_3 \in G$, 有 $o([g_1, g_2]) \leqslant p^\alpha$, $o([g_1, g_2, g_3]) \leqslant p^{\alpha-1}$;

(4) $b^{p^\alpha} \in Z(G)$.

证明 对 α 用数学归纳法来证明结论成立. 当 $\alpha = 0$ 时, G 为循环群, 结论显然成立. 当 $\alpha = 1$ 时, G 有循环的极大子群, 由定理 1.9.1 易知结论成立. 以下可设 $\alpha > 1$ 并且结论对余次数为 $\alpha - 1$ 的群成立. 由余次数的定义可知 G 有一个余次数为 $\alpha - 1$ 的极大子群 M. 因为 $n - 1 \geqslant 2\alpha > 2(\alpha - 1) + 1$ 满足定理条件, 所以

(1′) M 存在一组伪基底, 即存在 M 的有序元素组 $(b, b_1, b_2, \cdots, b_{\alpha-1})$, 其诸元素的阶 $o(b) = p^{n-\alpha}, o(b_i) \leqslant p^i$ $(i = 1, 2, \cdots, \alpha - 1)$, 对任意的 $g \in M$, g 均可唯一表成下列形式

$$g = b_{\alpha-1}^{m_{\alpha-1}} \cdots b_1^{m_1} b^m, \quad 1 \leqslant m \leqslant p^{n-\alpha}, \quad 1 \leqslant m_i \leqslant p, \quad i = 1, 2, \cdots, \alpha - 1;$$

(2′) 对任意的 $g_1, g_2 \in M$, 有 $(g_1 g_2)^{p^{\alpha-1}} = g_1^{p^{\alpha-1}} g_2^{p^{\alpha-1}}$;

(3′) 对任意的 $g_1, g_2, g_3 \in M$, 有 $o([g_1, g_2]) \leqslant p^{\alpha-1}$, $o([g_1, g_2, g_3]) \leqslant p^{\alpha-2}$;

(4′) $b^{p^{\alpha-1}} \in Z(M)$.

任取 $d \in G \setminus M$ 并且记 $e = [b, d]$. 则 $e \in M$ 且 $be = d^{-1}bd$. 由 (2′) 可得

$$b^{p^{\alpha-1}} e^{p^{\alpha-1}} = d^{-1} b^{p^{\alpha-1}} d.$$

从而 $[b^{p^{\alpha-1}}, d] = e^{p^{\alpha-1}}$. 由 $\langle b, e\rangle$ 的阶不超过 $n - 1$ 可知 $e^{p^{\alpha-1}} \in \langle b\rangle$. 于是可设 $[b^{p^{\alpha-1}}, d] = b^{tp^{\alpha-1+k}}$, 其中 $(t, p) = 1$ 且 $k \geqslant 1$. 以下断言

$$k + \alpha - 1 \geqslant n - \alpha - 1.$$

若否, 则有 $n - \alpha - k - 2 \geqslant \alpha - 1$. 此时 $[b^{p^{n-\alpha-k-2}}, d] = b^{tp^{n-\alpha-2}}$. 计算可得

$$[b^{p^{n-\alpha-k-2}}, d^p] = b^{tp^{n-\alpha-1}} \neq 1.$$

由于 $d^p \in M$, 这与 (4′) 矛盾. 由以上计算易知 $[b^{p^\alpha}, d] = 1$, 从而 (4) 成立.

任取 $g \in M$, 由 (1′) 可设 $g = b_{\alpha-1}^{m_{\alpha-1}} \cdots b_1^{m_1} b^m$. 由 (2′) 得 $g^{p^{\alpha-1}} = b^{mp^{\alpha-1}}$. 从而

$$[d, g]^{p^{\alpha-1}} = (d^{-1}g^{-1}dg)^{p^{\alpha-1}} = d^{-1}g^{-p^{\alpha-1}}dg^{p^{\alpha-1}} = [d, b^{mp^{\alpha-1}}] = b^{-mtp^{\alpha-1+k}},$$

其中 $k + \alpha - 1 \geqslant n - \alpha - 1$. 此时 $[d, g]^{p^\alpha} = 1$. 由 $n \geqslant 2\alpha + 1$ 可知 $k + \alpha - 1 \geqslant \alpha$. 从而 $[d, g]^{p^{\alpha-1}} \in Z(G)$.

对于任意的 $g_1, g_2, g_3 \in G$, 若 g_1, g_2 全在 M 中, 由 (3′) 可得

$$o([g_1, g_2]) \leqslant p^{\alpha-1} < p^\alpha.$$

此时

$$[g_1, g_2, g_3]^{p^{\alpha-1}} = ([g_1, g_2]^{-1} g_3^{-1} [g_1, g_2] g_3)^{p^{\alpha-1}} = 1.$$

若 g_1, g_2 不全在 M 中, 不妨设 $g_1 = d \notin M$ 和 $g_2 = d^\lambda g$, 其中 $g \in M$. 此时

$$[g_1, g_2] = [d, d^\lambda g] = [d, g].$$

从而 $o([g_1, g_2]) \leqslant p^\alpha$. 由于 $[g_1, g_2]^{p^{\alpha-1}} \in Z(G)$, 所以亦有

$$[g_1, g_2, g_3]^{p^{\alpha-1}} = ([g_1, g_2]^{-1} g_3^{-1} [g_1, g_2] g_3)^{p^{\alpha-1}} = [[g_1, g_2]^{p^{\alpha-1}}, g_3] = 1.$$

从而证明了 (3) 成立.

由 (3) 和 (2′) 可知 $\exp(G_3) \leqslant p^{\alpha-1}$. 对于任意的 $g_1, g_2 \in G$, 由类 2 群的换位子计算可得

$$(g_1 g_2)^p = g_1^p g_2^p [g_1, g_2]^{\binom{p}{2}} c,$$

其中 $c \in G_3$. 再由 (2′) 和 (3′) 可得

$$(g_1 g_2)^{p^\alpha} = (g_1^p g_2^p [g_1, g_2]^{\binom{p}{2}} c)^{p^{\alpha-1}} = g_1^{p^\alpha} g_2^{p^\alpha}.$$

从而 (2) 成立.

若 $o(d) \leqslant p^\alpha$, 则取 $d = b_\alpha$ 就满足 (1) 的条件. 以下不妨设 $o(d) > p^\alpha$. 由 (1′) 可设

$$d^p = b_{\alpha-1}^{m_{\alpha-1}} \cdots b_1^{m_1} b^m.$$

因为 $o(d) \leqslant o(b)$, 所以 $p \mid m$. 设 $m = np$. 此时取 $b_\alpha = d^{-1} b^n$, 则 $o(b_\alpha) \leqslant p^\alpha$ 满足条件 (1). □

在定理 4.1.4 的基础上, 应用数学归纳法, 文献 [73] 得到了大量的计数结果. 具体计数过程从略.

定理 4.1.5 设 $p \geqslant 3$, $n \geqslant 2\alpha + 1$, G 是一个余次数为 α 的 p^n 阶群.

(1) 对于 $\alpha \leqslant m \leqslant n - \alpha$, G 的阶不超过 p^m 的元素的个数为 $p^{m+\alpha}$.

(2) 对于 $\alpha < m < n - \alpha + 1$, G 的 p^m 阶的循环子群的个数为 p^α.

(3) 对于 $2\alpha \leqslant m \leqslant n$, G 有且只有一个余次数为 α 的 p^m 阶群.

(4) 设 M 为(3)中余次数为 α 的 p^{n-1} 阶子群. 对于 $1 \leqslant \beta \leqslant d(G)$, 设 H 是 G 的指数为 p^β 的大子群. 若 $H \leqslant M$, 则 H 的余次数为 $\alpha - \beta + 1$, 这样的子群 $d(H) \geqslant d(G) - \beta + 1$, 个数为 $\begin{bmatrix} d(G)-1 \\ \beta-1 \end{bmatrix}$. 若 $H \nleqslant M$, 则 H 的余次数为 $\alpha - \beta$, 这样的子群 $d(H) \geqslant d(G) - \beta$, 个数为 $p^\beta \begin{bmatrix} d(G)-1 \\ \beta \end{bmatrix}$.

(5) $d(G) \leqslant \alpha + 1$ 且 $\Phi(G)$ 的余次数为 $\alpha - d(G) + 1$. 特别地, 若 $\Phi(G)$ 循环, 则 $d(G) = \alpha + 1$.

(6) 若 $\Phi(G)$ 循环, 则 G 有且只有一个极大子群 M 满足 $d(M) = d(G)$.

(7) 对于 $\beta \leqslant d(G)$, 满足余次数为 $\alpha-\beta$ 的 $p^m(2\alpha-\beta<m<n-\beta+1)$ 阶子群的个数 $\equiv p^\beta \begin{bmatrix} d(G)-1 \\ \beta \end{bmatrix} \pmod{p^{d(G)-\beta+1}}$.

(8) 设 $\Phi(G)$ 循环, 则对于 $\beta \leqslant d(G)$, 满足方次数为 $\alpha-\beta$ 的 $p^m(2\alpha-\beta<m<n-\beta+1)$ 阶子群的个数等于 $p^\beta \begin{bmatrix} d(G)-1 \\ \beta \end{bmatrix}$.

由上面的计数结果还可以推出下面的结论.

定理 4.1.6 设 $p \geqslant 3$, G 是一个 p^n 阶群.

(1) 对于一个固定的 $m(m \leqslant n)$, 若 G 有且仅有一个方次数为 β $(m>2\beta+1)$ 的 p^m 阶子群, 则 G 的方次数也为 β;

(2) 对于一个固定的 $m(m \leqslant n)$, 若 G 恰有 p^β 个 p^m 阶循环子群, 则 G 的余次数为 β.

当 $\beta=1$ 时, 定理 4.1.6 (2) 的结论是 Miller 在文献 [125] 的另一个经典结果.

需要指出的是, 华罗庚在文献 [73] 中犯了一个非常隐蔽的小错误, 得到了一个错误的推论. 这个推论在文献 [73] 中是无足轻重的. 但是, 由于段学复在文献 [155] 中使用了这个推论, 导致文献 [155] 的主要结果也发生了错误. 下面是文献 [73] 中的错误推论和文献 [155] 中的主要结果.

文献 [73] 中的推论 13.2 设 $p \geqslant 3$, $n \geqslant 2\alpha+1$, G 是一个余次数为 α 的 p^n 阶群. 对于 $\beta \leqslant \alpha$, 满足余次数为 $\alpha-\beta$ 的 $p^m(2\alpha-\beta<m<n-\beta+1)$ 阶子群的个数 $\equiv p^\beta \pmod{p^{\beta+1}}$.

文献 [155] 中的主要结果 设 $p \geqslant 3$, $n \geqslant 2\alpha+1$, G 是一个余次数为 α 的 p^n 阶群, 则对于 $2\alpha+1 \leqslant m \leqslant n$,

$$s_m(G) \equiv 1, 1+p, 1+p+p^2 \text{ 或 } 1+p+2p^2 \pmod{p^3}.$$

事实上, 文献 [155] 中的主要结果的证明中, 只在 $d(G) \leqslant 3$ 时用到了文献 [73] 中的推论 13.2. 因而, 对于 $d(G) \geqslant 4$ 的情形, 文献 [155] 中的主要结果仍然是正确的.

在上述定理的基础上, 华罗庚和段学复提出了以下猜想.

猜想 4.1.7① 设 $p \geqslant 3$, G 为 p^n 阶群. 则对于 $0 \leqslant i \leqslant n$, 有

$$s_m(G) \equiv 1,\ 1+p,\ 1+p+p^2 \text{ 或 } 1+p+2p^2 \pmod{p^3}.$$

段学复在文献 [156] 中的结果可以写成以下更一般的形式.

定理 4.1.8 设 A 是非交换群 G 的交换正规子群, 且其商群 $G/A=\langle xA\rangle$ 是循环群. 则

①本猜想已被张勤海和曲海鹏所否定, 见 5.1 节.

(1) 映射 $a \mapsto [a,x] (a \in A)$ 是 A 到 G' 上的满同态;

(2) $G' \cong A/A \cap Z(G)$.

下面是文献 [156] 中对定理 1.7.6 的更一般的推广.

定理 4.1.9　设 G 是幂零类为 c 的有限非交换 p 群, 且 G 有一个指数为 p 交换子群 A. 则对于 $1 \leqslant i \leqslant c-1$ 有 $A/Z_i(G) \cong G_{i+1}$.

继 Burnside 对具有一个指数为 p 的循环子群的 p 群分类之后, 华罗庚和段学复在文献 [72] 分类了具有一个指数为 p^2 的循环子群的奇阶 p 群, 分类结果如下.

定理 4.1.10　设 G 是 p^{n+2} 阶群, $\exp(G) = p^n$, 其中 $p \geqslant 3$, $n \geqslant 4$, 则 G 是下列互不同构的群之一.

(H_1) $\langle a,b,c \mid a^{p^n}=1, b^p=1, c^p=1, [a,b]=[a,c]=[b,c]=1\rangle$;

(H_2) $\langle a,b \mid a^{p^n}=1, b^{p^2}=1, [a,b]=1\rangle$;

(H_3) $\langle a,b,c \mid a^{p^n}=1, b^p=1, c^p=1, [a,b]=a^{p^{n-1}}, [a,c]=[b,c]=1\rangle$;

(H_4) $\langle a,b,c \mid a^{p^n}=1, b^p=1, c^p=1, [b,c]=a^{p^{n-1}}, [a,b]=[a,c]=1\rangle$;

(H_5) $\langle a,b,c \mid a^{p^n}=1, b^p=1, [a,b]=c, c^p=1, [a,c]=[b,c]=1\rangle$;

(H_6) $\langle a,b,c \mid a^{p^n}=1, b^p=1, [a,b]=c, c^p=1, [a,c]=a^{p^{n-1}}, [b,c]=1\rangle$;

(H_7) $\langle a,b,c \mid a^{p^n}=1, b^p=1, [a,b]=c, c^p=1, [b,c]=a^{p^{n-1}}, [a,c]=1\rangle$;

(H_8) $\langle a,b,c \mid a^{p^n}=1, b^p=1, [a,b]=c, c^p=1, [b,c]=a^{\nu p^{n-1}}, [a,c]=1\rangle$, 其中 ν 是模 p 的平方非剩余;

(H_9) $\langle a,b \mid a^{p^n}=1, b^{p^2}=1, [a,b]=a^{p^{n-1}}\rangle$;

(H_{10}) $\langle a,b \mid a^{p^n}=1, b^{p^2}=1, [a,b]=a^{p^{n-2}}\rangle$;

(H_{11}) $\langle a,b \mid a^{p^n}=1, b^{p^2}=1, [a,b]=b^p\rangle$;

(H_{12}) $\langle a,b \mid a^{p^n}=b^{p^2}=1, [a,b]=a^{p^{n-2}}b^p, [a,b^p]=a^{p^{n-1}}\rangle$.

证明　设 $N \lessdot M \lessdot G$, 其中 N 是 p^n 阶循环群. 由定理 1.9.1 可设

$$M = \langle a,b \mid a^{p^n}=b^p=1, [a,b]=a^{p^{n-1+\delta}}\rangle,$$

其中 $\delta=0$ 或 1. 因为 $M' \leqslant \langle a^p\rangle \leqslant Z(M)$, 故 $\forall g_1,g_2 \in M$ 及 $e_1,e_2,k \in \mathbf{Z}$ 都有

$$[g_1^{e_1}, g_2^{e_2}] = [g_1,g_2]^{e_1e_2}, \quad (g_1^{e_1}g_2^{e_2})^k = g_1^{e_1k}g_2^{e_2k}[g_1,g_2]^{-e_1e_2\frac{1}{2}k(k-1)}.$$

特别地, $(a^{e_1}b^{e_2})^p = a^{e_1p}$.

设 $c \in G\backslash M$. 显然 $c^p \in M$ 且 $G=\langle M,c\rangle = \langle a,b,c\rangle$. 假设

$$c^p = a^{m_1}b^{m_2}, \quad a^c = a^{m_{11}}b^{m_{12}}, \quad b^c = a^{m_{21}}b^{m_{22}}.$$

因为 $o(c) \leqslant p^n$, 故可设 $c^p = a^{m_1'p}b^{m_2}$. 由 $a^c = a^{m_{11}}b^{m_{12}}$ 可知 $(a^p)^c = a^{m_{11}p}$. 再由 $c^p \in M, a^p \in Z(M)$ 可知 $(a^p)^{c^p} = a^p$. 因此 $a^p = a^{m_{11}^p p}$. 则 $m_{11}^p \equiv 1 (\mathrm{mod}\ p^{n-1})$.

从而 $m_{11}\equiv 1(\mathrm{mod}\ p^{n-2})$. 令 $m_{11}=1+m'_{11}p^{n-2}$. 则

$$[a,c]=a^{m'_{11}p^{n-2}}b^{m_{12}},\quad [a^p,c]=a^{m'_{11}p^{n-1}},\quad [a^{p^2},c]=1.$$

由 $o(b^c)=p$ 知 $m_{21}\equiv 0(\mathrm{mod}\ p^{n-1})$. 令 $m_{21}=k_2p^{n-1}$. 则

$$b^{c^p}=a^{k_2p^{n-1}(1+m_{22}+\cdots+m_{22}^p)}b^{m_{22}^p}.$$

又 $[b,c^p]=[b,a^{m'_1p}b^{m_2}]=1$. 则 $m_{22}\equiv 1(\mathrm{mod}\ p)$. 因此 $[b,c]=a^{k_2p^{n-1}}$.

$\forall e\in\mathbf{N}^+$ 都有

$$a^{c^e}=a^{(1+m'_{11}p^{n-2})^e+\frac{e(e-1)}{2}m_{12}k_2p^{n-1}}b^{em_{12}}.$$

特别地, $[a,c^p]=a^{m'_{11}p^{n-1}}$. 又

$$[a,c^p]=[a,a^{m'_1p}b^{m_2}]=[a,b^{m_2}]=[a,b]^{m_2}=a^{m_2p^{n-1+\delta}}.$$

因此, $m'_{11}p^{n-1}\equiv m_2p^{n-1}+\delta(\mathrm{mod}\ p^n)$. 故可设 $m'_{11}=m_2p^\delta+k_1p$. 因此

$$[a,c]=a^{m_2p^{n-2+\delta}+k'_1p^{n-1}}b^{m_{12}},\quad [a^p,c]=a^{m_2p^{n-1+\delta}},\quad [a^{p^2},c]=1,$$

其中当 $\delta=1$ 时, 可用 k_1p^{n-1} 替换 $m_2p^{n-2+\delta}+k'_1p^{n-1}$.

此时从上述关系式可知

$$G_3\leqslant\langle a^{n-1}\rangle\leqslant Z(G).$$

利用数学归纳法可得, $\forall g_1,g_2\in G$, $e_1,e_2\in\mathbf{N}^+$ 都有

$$[g_1^{e_1},g_2^{e_2}]=[g_1,g_2]^{e_1e_2}[[g_1,g_2],g_1]^{e_2\frac{1}{2}e_1(e_1-1)}[[g_1,g_2],g_2]^{e_1\frac{1}{2}e_2(e_2-1)}.$$

特别地, 对 $e>0$, $e\equiv e_1(\mathrm{mod}\ p)$ 都有

$$[a,c^e]=a^{m'_{11}e_1p^{n-2}}b^{e_2}.$$

对 $e>0$, 利用数学归纳法可得

$$(ca)^e=c^ea^ea^{m'_{11}a(e)p^{n-2}}b^{b(e)},$$

其中 $a(e)\equiv\dfrac{1}{2}e(e-1)$.

特别地,

$$(ca)^p=c^pa^pa^{tp^{n-1}}b^p,\quad (ca)^{p^2}=c^{p^2}a^{p^2}.$$

因此

$$(cb)^p = c^p b^p [b,c]^{\frac{1}{2}p(p-1)} = b^p, \quad (c^r a^s b^t)^{p^2} = c^{rp^2} a^{sp^2}.$$

这样我们可以选择一个阶不大于 p^2 的 c. 这是因为若 $p^2 < o(c) = p^m \leqslant p^n$, 则用 c 替换 $ca^{-m_1 p^{n-m}}$, 即得 $c^{p^2} = 1$ 且 $c^p = a^{m_1 p^{n-1}} b^{m_2}$.

综合以上讨论可知, $G = \langle a, b, c \rangle$ 具有如下定义关系

$$a^{p^n} = b^p = 1, \quad [a,b] = a^{p^{n-1+\delta}}, \quad c^p = a^{m_1 p^{n-1}} b^{m_2},$$

$$[a,c] = a^{m_2 p^{n-2+\delta} + k_1' p^{n-1}} b^{m_{12}}, \quad [b,c] = a^{k_2 p^{n-1}}.$$

此时根据 $G \backslash M$ 中是否存在 p 阶元分两种情形讨论.

情形 1　$G \backslash M$ 中存在 p 阶元.

此时可设 $G = \langle a, b, c \rangle$, 具有如下定义关系

$$a^{p^n} = b^p = 1, \quad [a,b] = a^{p^{n-1+\delta}}, \quad c^p = 1, \quad [a,c] = a^{k_1 p^{n-1}} b^{m_{12}}, \quad [b,c] = a^{k_2 p^{n-1}}.$$

并且对每个 $g \in G$, g 可以唯一表示为 $g = a^{e_1} b^{e_2} c^{e_3}$, 其中

$$e_1 = 1, \cdots, p^n; \quad e_2 = 1, \cdots, p; \quad e_3 = 1, \cdots, p.$$

因此对于 $k \geqslant 2$ 都有 $g^{p^k} = (a^{e_1} b^{e_2} c^{e_3})^{p^k} = a^{e_1 p^k i}$ 且 G 和交换群 $\mathrm{C}_{p^n} \times \mathrm{C}_p \times \mathrm{C}_p$ 的各阶元素个数相同. 此时根据 $d(G) = 2$ 或 $d(G) = 3$ 分两种情形讨论.

子情形 1.1　$d(G) = 3$.

此时 $m_{12} = 0$ 且 $G' \leqslant Z(G)$. 总是可以假设 $[a,c] = 1$. 若否, $k_1 \not\equiv 0 (\mathrm{mod}\ p)$ 且 $\delta = 0$. 存在 e 满足 $ek \equiv 1 (\mathrm{mod}\ p)$. 用 c 替换 c^e 可得 $[a,c] = a^{p^{n-1}}$. 再用 c 替换 $b^{-1}c$ 可得 $[a,c] = 1$.

若 G 交换, 则得到定理中的群 (H_1). 以下假设 G 不交换. 若 G 的所有 p 阶元都交换, 则得到定理中的群 (H_3). 若否, 总可以假设 $k_2 \not\equiv 0 (\mathrm{mod}\ p)$. 此时存在 e 满足 $ek_2 \equiv 1 (\mathrm{mod}\ p)$. 用 c 替换 c^e 可得 $[b,c] = a^{p^{n-1}}$. 若 $\delta = 1$, 则得到定理中的群 (H_4). 若 $\delta = 0$, 用 a 替换 ac 也得到定理中的群 (H_4).

子情形 1.2　$d(G) = 2$.

此时 $m_{12} \not\equiv 0 (\mathrm{mod}\ p)$. 存在 e 满足 $em_{12} \equiv 1 (\mathrm{mod}\ p)$. 用 c 替换 c^e 可得 $m_{12} = 1$. 若 G 的所有 p 阶元都交换, 则 $[b,c] = 1$. 此时若 $\delta = 1$, 则得到定理中的群 (H_5). 若 $\delta = 0$, 则得到定理中的群 (H_6). 以下总是假设 $[b,c] \neq 1$. 若 $\delta = 0$, 则存在 e 满足 $ek_2 \equiv 1 (\mathrm{mod}\ p)$. 用 a 替换 ac^e 可得 $\delta = 1$. 因此总是有 $[a,b] = 1$. 用 b 替换 c, c 替换 $a^{k_1 p^{n-1}} b$, 得到

$$[a,b] = c, \quad [a,c] = 1, \quad [b,c] = a^{k_2 p^{n-1}}.$$

若 $x^2k_2 \equiv 1 (\mathrm{mod}\ p)$ 可解, 则用 b 替换 b^x 得到定理中的群 (H_7). 若 $x^2k_2 \equiv 1 (\mathrm{mod}\ p)$ 不可解, 设 ν 是一个模 p 的平方非剩余且 $x^2k_2 \equiv \nu (\mathrm{mod}\ p)$ 可解. 则用 b 替换 b^x 得到定理中的群 (H_8).

下证 (H_8) 和 (H_7) 不同构. 若否, 则存在同构映射把 (H_7) 中的 $g_1 = a^{e_1}b^{e_2}c^{e_3}$ 对应到 (H_8) 中 a, 把 (H_7) 中的 $g_2 = a^{f_1}b^{f_2}c^{f_3}$ 对应到 (H_8) 中 b. 显然 $o(g_2) = p$ 且 $o(g_1) = p^n$. 因此 $p^{n-1} \mid f_1$ 且 $p \nmid e_1$. 但是

$$[g_2, [g_1, g_2]] = [g_2, c^{e_1f_2}] = [b^{f_2}, c^{e_1f_2}] = [b, c]^{e_1f_2{}^2} = g_1^{f_2{}^2p^{n-1}} \neq g_1^{\nu p^{n-1}}.$$

情形 2 $G\backslash M$ 中不存在 p 阶元.

用 c 替换 $ca^{-m_1p^{n-2}}$ 可得 $c^p = b^{m_2}$ 且 $c^{p^2} = 1$. 则 $m_2 \not\equiv 0 (\mathrm{mod}\ p)$ 且 $g \in G$ 可以唯一表示为 $g = a^{e_1}c^{e_2}$, 其中

$$e_1 = 1, \cdots, p^n; \quad e_2 = 1, \cdots, p^2.$$

再用 b 替换 c, b^{m_2} 替换 c^p, 整理原有关系式可得, $G = \langle a, b\rangle$, 具有如下定义关系

$$a^{p^n} = b^{p^2} = 1, \quad [a, b] = a^{k_1p^{n-2}}b^{k_2p}, \quad [a, b^p] = [a^p, b] = a^{k_1p^{n-1}}, \quad [a^{p^2}, b] = [a^p, b^p] = 1.$$

因此对于 $k \geqslant 2$ 都有 $g^{p^k} = (a^{e_1}b^{e_2})^{p^k} = a^{e_1p^ki}$ 且 G 和交换群 $\mathrm{C}_{p^n} \times \mathrm{C}_{p^2}$ 的各阶元素个数相同.

由 $[[a, b], a] = [b^{k_2p}, a] = a^{-k_1k_2p^{n-1}}$, $[[a, b], b] = [a^{k_1p^{n-2}}, b]^{b^{k_2p}} = a^{k_1^2p^{2n-4}}$ 可得

$$[a^{e_1}, b^{e_2}] = [a, b]^{e_1e_2}[[a, b], a]^{e_2\frac{1}{2}e_1(e_1-1)}[[a, b], b]^{e_1\frac{1}{2}e_2(e_2-1)} = (a^{e_1})^{\lambda_1p^{n-2}}(b^{e_2})^{\lambda_2p},$$

其中

$$\lambda_1 \equiv k_1\left(e_2 - k_2e_2\frac{1}{2}(e_1-1)p + k_1\frac{1}{2}(e_2-1)e_2p^{n-2}\right) (\mathrm{mod}\ p^2), \quad \lambda_2 \equiv k_2e_1 (\mathrm{mod}\ p),$$

且 $\dfrac{1}{2}$ 是 $2x \equiv 1 (\mathrm{mod}\ p)$ 的解. 此时可选择 e_1, e_2 满足

$$\lambda_1 = 0, 1, p, \quad \lambda_2 = 0, 1.$$

因此用 a 替换 a^{e_1}, b 替换 b^{e_2}, 可得 6 个群. 它们分别是定理中的群 (H_2), (H_9)—(H_{12}) 以及

$$G = \langle a, b \mid a^{p^n} = b^{p^2} = 1, [a, b] = a^{p^{n-1}}b^p\rangle.$$

对于最后一个群, 用 b 替换 $a^{n-2}b$ 可知它同构于群 (H_{11}).

下证 (H_2), (H_9)—(H_{12}) 互不同构. 其中只有 (H_2) 交换. (H_9) 与 (H_{11}) 的导群是 p 阶的, (H_{10}) 与 (H_{12}) 的导群是 p^2 阶的. (H_9) 与 (H_{10}) 存在正规循环的二极大子群, 而 (H_{11}) 与 (H_{12}) 没有.

综上所述, 定理中的群就是所有满足定理中条件的群且互不同构. □

除了华罗庚和段学复之外, 在 20 世纪 40 年代末 50 年代初, 我国较早开展有限 p 群研究的学者还有叶彦谦与刘声烈. 他们见诸于文献的工作是 [106] 和 [198]. 刘声烈在文献 [106] 中研究了导群循环的类 2 的有限 p 群. 叶彦谦在文献 [198] 中给出了交换 p 群中任意类型的子群个数的计算公式. 下面对他们的工作分别予以介绍.

定理 4.1.11　设 G 是型不变量为 $(p^{k_1}, p^{k_2}, \cdots, p^{k_n})$ 的交换 p 群, 其中 $k_1 \leqslant k_2 \leqslant \cdots \leqslant k_n$. 再设 $h_1, h_2, \cdots, h_m$ 是 $m(\leqslant n)$ 个不超过 k_n 的正整数, 满足

$$h_1 = h_2 = \cdots = h_{m_1} > h_{m_1+1} = h_{m_1+2} = \cdots = h_{m_1+m_2} > \cdots$$
$$> h_{m_1+m_2+\cdots+m_{r-1}+1} = \cdots = h_{m_1+m_2+\cdots+m_r},$$

其中 $m_1 + m_2 + \cdots + m_r = m$, $k_{\nu_i} < h_i \leqslant k_{\nu_i+1} (i = 1, 2, \cdots, m; k_0 = 0)$. 则 G 的型不变量为 $(p^{h_1}, p^{h_2}, \cdots, p^{h_m})$ 的子群个数为

$$p^t \prod_{i=1}^{m} (p^{n-\nu_i-i+1} - 1) \Big/ \prod_{\mu=1}^{r} \prod_{\nu=1}^{m_\mu} (p^\nu - 1),$$

其中

$$t = \sum_{i=1}^{m} (n - \nu_i + 1 - 2i)(h_i - 1) + \frac{1}{2}(m_1^2 + m_2^2 + \cdots + m_r^2 - m^2) + \sum_{i=1}^{m} \sum_{\mu=0}^{\nu_i} k_\mu.$$

证明　在证明之前, 先引入一个概念. 设 S_1 和 S_2 是两个 p^h 阶循环群, 若 $S_1 \cap S_2 \neq 1$, 则我们称 S_1 和 S_2 是相关的, 否则称 S_1 和 S_2 是不相关的. 易知相关关系是等价关系, 称对应的等价类为相关类. 若 $S_2 = \langle g_2 \rangle$ 与 $S_1 = \langle g_1 \rangle$ 相关, 则可设它们的交为 $\langle g_2^{p^k} \rangle = \langle g_1^{p^k} \rangle$, 其中 $k < h$. 再设 $g_2^{p^k} = g_1^{lp^k}$, 则 $g_2 g_1^{-l} \in \Omega_k(G) \leqslant \Omega_{h-1}(G)$. 这说明 $S_2 \leqslant S_1 \Omega_{h-1}(G)$. 反之, $S_1 \Omega_{h-1}$ 中的 p^h 阶循环群也一定与 S_1 相关. 从而, 与 S_1 相关的 p^h 阶子群的个数即 $S_1 \Omega_{h-1}(G)$ 中的 p^h 阶循环群的个数. 设 $k_\nu < h \leqslant k_{\nu+1}$, 则 $\Omega_{h-1}(G)$ 的型不变量为

$$(p^{k_1}, p^{k_2}, \cdots, p^{k_\nu}, p^{h-1}, \cdots, p^{h-1}),$$

所以 $|\Omega_{h-1}(G)| = p^{\sum\limits_{\mu=0}^{\nu} k_\mu} p^{(n-\nu)(h-1)}$. 计算可得, $S_1 \Omega_{h-1}(G)$ 中的 p^h 阶循环群的个数为

$$(|S_1 \Omega_{h-1}(G)| - |\Omega_{h-1}(G)|)/(p^h - p^{h-1}) = p^{\sum\limits_{\mu=0}^{\nu} k_\mu} p^{(n-\nu-1)(h-1)}.$$

上述个数也是与 S_1 相关的 p^h 阶子群的个数.

首先证明结论对 $m = 1$ 成立. 此时需证明 G 的 p^{h_1} 阶循环群的个数为

$$p^t (p^{n-\nu_1} - 1)/(p - 1),$$

其中 $t=(n-\nu_1-1)(h_1-1)+\sum_{\mu=0}^{\nu_1}k_\mu$. 通过与上面相似的计算可得

$$|\Omega_{h_1}(G)|=p^{\sum_{\mu=0}^{\nu_1}k_\mu}p^{(n-\nu_1)h_1}=p^tp^{n-\nu_1+h_1-1},$$

$$|\Omega_{h_1-1}(G)|=p^{\sum_{\mu=0}^{\nu_1}k_\mu}p^{(n-\nu_1)(h_1-1)}=p^tp^{h_1-1}.$$

从而 p^{h_1} 阶循环群的个数为

$$(|\Omega_{h_1}|-|\Omega_{h_1-1}|)/(p^{h_1}-p^{h_1-1})=p^t(p^{n-\nu_1}-1)/(p-1).$$

结论对 $m=1$ 成立.

以下假设结论对正整数 m 成立, 由此推出结论对 $m+1$ 也成立. 设 H 是一个型不变量为 $(p^{h_1},p^{h_2},\cdots,p^{h_m})$ 的子群, S 是一个 $p^{h_{m+1}}$ 阶的循环子群. 则子群 HS 的型不变量为 $(p^{h_1},p^{h_2},\cdots,p^{h_m},p^{h_{m+1}})$ 当且仅当 S 与 H 中的任何 $p^{h_{m+1}}$ 阶循环子群都不相关.

记 $n_{HS}(G)$ 为使 HS 的型不变量为 $(p^{h_1},p^{h_2},\cdots,p^{h_m},p^{h_{m+1}})$ 的 (H,S) 对的个数, $n_m(G)$ 为 G 中型不变量为 $(p^{h_1},p^{h_2},\cdots,p^{h_m})$ 的子群的个数, $c_{m+1}(G)$ 为 G 中 $p^{h_{m+1}}$ 阶循环子群的个数, $c_{m+1}(G,H)$ 为与 H 中的 $p^{h_{m+1}}$ 阶循环子群相关的 $p^{h_{m+1}}$ 阶循环子群的个数.

易知 $c_{m+1}(G,H)$ 只与 H 的型不变量有关, 并有下面的公式

$$n_{HS}(G)=n_m(G)\times(c_{m+1}(G)-c_{m+1}(G,H)).$$

另外, 设 K 为型为 $(p^{h_1},p^{h_2},\cdots,p^{h_m},p^{h_{m+1}})$ 的子群. 也可以用上面的公式求得 $n_{HS}(K)$. 两数相除就得到了 G 中型为 $(p^{h_1},p^{h_2},\cdots,p^{h_m},p^{h_{m+1}})$ 的子群的个数. 即

$$n_{m+1}(G)=\frac{n_{HS}(G)}{n_{HS}(K)}.$$

由 $m=1$ 的证明可知, G 的 $p^{h_{m+1}}$ 阶循环子群的个数为

$$c_{m+1}(G)=p^w(p^{n-\nu_{m+1}}-1)/(p-1),$$

其中 $w=(n-\nu_{m+1}-1)(h_{m+1}-1)+\sum_{\mu=0}^{\nu_{m+1}}k_\mu$. 由于与一个 $p^{h_{m+1}}$ 阶循环子群相关的循环子群的个数为 p^w, 所以 G 中共有 $(p^{n-\nu_{m+1}}-1)/(p-1)$ 个 $p^{h_{m+1}}$ 阶循环子群的相关类. 设 H 是 G 的一个型不变量为 $(p^{h_1},p^{h_2},\cdots,p^{h_m})$ 的子群. 同理可得 H 中共有 $(p^m-1)/(p-1)=\beta$ 个 $p^{h_{m+1}}$ 阶循环子群的相关类. 所以 $c_{m+1}(G,H)=\beta p^w=p^w(p^m-1)/(p-1)$. 计算可得

$$n_{HS}(G)=n_m(G)p^{w+m}(p^{n-\nu_{m+1}-m}-1)/(p-1).$$

同理对于 K 有

$$c_{m+1}(K)=p^{m(h_{m+1}-1)}(p^{m+1}-1)/(p-1).$$

由于 K 中与一个 $p^{h_{m+1}}$ 阶循环子群相关的循环子群的个数为 $p^{m(h_{m+1}-1)}$, 所以

$$c_{m+1}(K,H)=\beta p^{m(h_{m+1}-1)}=p^{m(h_{m+1}-1)}(p^{m}-1)/(p-1).$$

计算可得 $n_{HS}(K)=p^{mh_{m+1}}n_m(K)$.

下面利用归纳假设来计算 $n_m(K)$. 此时, 当 $i\leqslant m_1$ 时, $\nu_i=m+1-m_1$; 当 $m_1<i\leqslant m_1+m_2$ 时, $\nu_i=m+1-(m_1+m_2)$; $\cdots$; 当 $m_1+m_2+\cdots+m_{r-2}<i\leqslant m_1+m_2+\cdots+m_{r-1}$ 时, $\nu_i=m+1-(m_1+m_2+\cdots+m_{r-1})$. 最后, 当 $i>m_1+m_2+\cdots+m_{r-1}$ 时, $\nu_i=1$ (对于 $h_{m+1}<h_m$) 或者 $\nu_i=0$ (对于 $h_{m+1}=h_m$).

首先看 $h_{m+1}<h_m$ 的情形. 此时,

$$\begin{aligned}
t=&\sum_{i=1}^{m}(m-\nu_i+2-2i)(h_i-1)\\
&+\frac{1}{2}(m_1^2+m_2^2+\cdots+m_r^2-m^2)+\sum_{i=1}^{m}\sum_{\mu=0}^{\nu_i}h_{m+2-\mu}\\
=&\sum_{i=1}^{m_1}(m_1+1-2i)(h_{m_1}-1)+\sum_{i=m_1+1}^{m_1+m_2}(m_1+m_2+1-2i)(h_{m_1+m_2}-1)\\
&+\cdots+\sum_{i=m-m_r}^{m}(m+1-2i)(h_m-1)+\frac{1}{2}(m_1^2+m_2^2+\cdots+m_r^2-m^2)\\
&+\sum_{\mu=1}^{r}m_\mu(m_{\mu+1}h_{m_1+\cdots+m_{\mu+1}}+m_{\mu+2}h_{m_1+\cdots+m_{\mu+2}}+\cdots+m_rh_m+h_{m+1})\\
=&-m_1m_2(h_{m_1+m_2}-1)-m_3(m_1+m_2)(h_{m_1+m_2+m_3}-1)-\cdots\\
&-m_r(m-m_r)(h_m-1)+\frac{1}{2}(m_1^2+m_2^2+\cdots+m_r^2-m^2)+mh_{m+1}\\
&+\sum_{\mu=1}^{r-1}m_\mu(m_{\mu+1}h_{m_1+\cdots+m_{\mu+1}}+\cdots+m_rh_m)\\
=&mh_{m+1}+\frac{1}{2}(m_1+m_2+\cdots+m_r)^2-\frac{1}{2}m^2\\
=&mh_{m+1}.
\end{aligned}$$

此时还有

$$\prod_{i=1}^{m}(p^{m-\nu_i-i+2}-1)\Big/\prod_{\mu=1}^{r}\prod_{\nu=1}^{m_\mu}(p^{\nu}-1)=1.$$

因此 $n_m(K)=p^{mh_{m+1}}$. 计算可得

$$\begin{aligned}n_{m+1}(G)&=n_m(G)\frac{p^{w+m}(p^{n-\nu_m-m}-1)}{p^{2mh_{m+1}}(p-1)}\\&=n_m(G)\frac{p^{(n-\nu_{m+1}-1)(h_{m+1}-1)+\sum\limits_{\mu=0}^{\nu_{m+1}}k_\mu+m}(p^{n-\nu_m-m}-1)}{p^{2mh_{m+1}}(p-1)}\\&=n_m(G)\frac{p^{n-\nu_m-m}-1}{p-1}p^{(n-\nu_{m+1}-1-2m)(h_{m+1}-1)-m+\sum\limits_{\mu=0}^{\nu_{m+1}}k_\mu},\end{aligned}$$

将 $n_m(G)$ 代入上式后可知对于 $m+1$ 结论也成立.

若 $h_{m+1}=h_m$, 则同理可算出 $t=mh_{m+1}-m_r$ 以及

$$\prod_{i=1}^{m}(p^{m-\nu_i-i+2}-1)\Big/\prod_{\mu=1}^{r}\prod_{\nu=1}^{m_\mu}(p^\nu-1)=\frac{p^{m_r+1}-1}{p-1}.$$

因此 $n_m(K)=p^{mh_{m+1}-m_r}\dfrac{p^{m_r+1}-1}{p-1}$. 计算可得

$$\begin{aligned}n_{m+1}(G)&=n_m(G)\frac{p^{w+m}(p^{n-\nu_m-m}-1)}{p^{2mh_{m+1}-m_r)}(p^{m_r+1}-1)}\\&=n_m(G)\frac{p^{(n-\nu_{m+1}-1)(h_{m+1}-1)+\sum\limits_{\mu=0}^{\nu_{m+1}}k_\mu+m}(p^{n-\nu_m-m}-1)}{p^{2mh_{m+1}-m_r}(p^{m_r+1}-1)}\\&=n_m(G)\frac{p^{n-\nu_m-m}-1}{p^{m_r+1}-1}p^{(n-\nu_{m+1}-1-2m)(h_{m+1}-1)-(m-m_r)+\sum\limits_{\mu=0}^{\nu_{m+1}}k_\mu}.\end{aligned}$$

将 $n_m(G)$ 代入上式后可知对于 $m+1$ 结论也成立. □

刘声烈在文献 [106] 中研究了导群循环的类 2 的有限 p 群, 获得了以下结果.

定理 4.1.12 设 G 是导群循环的类 2 的有限 p 群. 若 $|G'|=p^m$, 则存在正整数 $m=m_1\geqslant m_2\geqslant\cdots\geqslant m_r$ 使得 $G/Z(G)$ 为型不变量为

$$(p^{m_1},p^{m_1},p^{m_2},p^{m_2},\cdots,p^{m_r},p^{m_r})$$

的交换群. 进一步, 存在 G 的 r 个包含 $Z(G)$ 的正规子群 $G_1,G_2,\cdots,G_r$ 满足

(1) $G=G_1G_2\cdots G_r$;

(2) $\forall i\neq j$, $G_i\cap G_j=Z(G)$ 且 $[G_i,G_j]=1$;

(3) $G_i/Z(G)$ 的型不变量为 (p^{m_i},p^{m_i}), 其中 $1\leqslant i\leqslant r$;

(4) $|G_i'|=p^{m_i}$;

(5) 存在 $g_1,\tilde{g}_1\in G_1$ 使得 $G_1'=G'=\langle[g_1,\tilde{g}_1]\rangle$;

(6) 存在 $g_i,\tilde{g}_i\in G_i$ 使得 $[g_i,\tilde{g}_i]=[g_1,\tilde{g}_1]^{p^{m-m_i}}$, 其中 $1<i\leqslant r$.

证明　设 $[g_1,\tilde{g}_1]\notin \mho_1(G')$, 则由 G' 循环可知 $G'=\langle[g_1,\tilde{g}_1]\rangle$. 令

$$G_1=\langle g_1,\tilde{g}_1,Z(G)\rangle.$$

则 $G_1'=G'$. 由 $c(G)=2$ 可知, $[g_1^x,\tilde{g}_1]=[g_1,\tilde{g}_1^x]=[g_1,\tilde{g}_1]^x$. 从而

$$o(g_1Z(G_1))=o(\tilde{g}_1Z(G_1))=p^m.$$

所以 $G_1/Z(G_1)$ 的型不变量为 (p^m,p^m), 其中 $Z(G_1)=\langle g_1^{p^m},\tilde{g}_1^{p^m}\rangle$. 由 $|G'|=p^m$ 且 $c(G)=2$, 易知 $g_1^{p^m}\in Z(G)$ 和 $\tilde{g}_1^{p^m}\in Z(G)$. 从而 $Z(G_1)=Z(G)$. 此时, $G_1/Z(G)$ 的型不变量为 (p^m,p^m).

任取 $y\in G$. 若 $y\notin C_G(g_1)$, 则可设 $[g_1,y]=[g_1,\tilde{g}_1]^\alpha$. 此时, $y\tilde{g}_1^{-\alpha}\in C_G(g_1)$. 这说明 $G=C_G(g_1)\langle\tilde{g}_1\rangle$. 同理, $G=C_G(\tilde{g}_1)\langle g_1\rangle$. 由此可知

$$C_G(g_1)=(C_G(g_1)\cap C_G(\tilde{g}_1))\langle g_1\rangle.$$

令

$$H=C_G(G_1)=C_G(g_1)\cap C_G(\tilde{g}_1).$$

则上式可写作 $C_G(g_1)=H\langle g_1\rangle$. 从而

$$G=C_G(g_1)\langle\tilde{g}_1\rangle=(H\langle g_1\rangle)\langle\tilde{g}_1\rangle=H*G_1.$$

由于 $Z(H)\leqslant H\cap G_1=Z(G_1)=Z(G)$, 所以有 $Z(H)=Z(G)$. 若 H 交换, 则 $G=G_1$. 若 H 不交换, 可设 $|H'|=p^{m_2}$. 由数学归纳法可设 $H=G_2\cdots G_r$ 满足定理条件, 从而定理得证. □

由定理 4.1.12 可以得到下面的定理.

定理 4.1.13　*设 G 是导群循环的类 2 的有限 p 群. $g_1,\tilde{g}_1,g_2,\tilde{g}_2,\cdots,g_r,\tilde{g}_r$ 如定理 4.1.12 所设, 则 G 的元素可唯一地表示为*

$$g_1^{x_1}\tilde{g}_1^{y_1}\cdots g_r^{x_r}\tilde{g}_r^{y_r}z,$$

其中 $0\leqslant x_i<p^{m_i}$, $0\leqslant y_i<p^{m_i}$, $i=1,2,\cdots,r$, $z\in Z(G)$.

设 G 是导群循环的类 2 的有限 p 群. 刘声烈在文献 [106] 中称定理 4.1.12 中的 $g_1,\tilde{g}_1,\cdots,g_r,\tilde{g}_r$ 为群 G 的一组底. 若 $h_1,\tilde{h}_1,\cdots,h_r,\tilde{h}_r$ 为群 G 的另一组底, 则由定理 4.1.13, 存在 $2r\times 2r$ 矩阵

$$T=\begin{pmatrix} a_{11} & b_{11} & \cdots & a_{1r} & b_{1r}\\ c_{11} & d_{11} & \cdots & c_{1r} & d_{1r}\\ \vdots & \vdots & & \vdots & \vdots\\ a_{r1} & b_{r1} & \cdots & a_{rr} & b_{rr}\\ c_{r1} & d_{r1} & \cdots & c_{rr} & d_{rr}\end{pmatrix}$$

使得

$$h_s = g_1^{a_{s1}}\tilde{g}_1^{b_{s1}}\cdots g_r^{a_{sr}}\tilde{g}_r^{b_{sr}}z_s, \quad \tilde{h}_s = g_1^{c_{s1}}\tilde{g}_1^{d_{s1}}\cdots g_r^{c_{sr}}\tilde{g}_r^{d_{sr}}\tilde{z}_s.$$

其中

$$z_s, \tilde{z}_s \in Z(G), \quad 0 \leqslant a_{si}, b_{si}, c_{si}, d_{si} < p^{m_i}, \quad i, s = 1, 2, \cdots, r.$$

文献 [106] 称这个矩阵为底的变换矩阵. 文献 [106] 中给出了矩阵 T 为底的变换矩阵的充分必要条件.

定理 4.1.14 设 G 是导群循环的类 2 的有限 p 群. 矩阵 T 如前所设, 则 T 为底的变换矩阵的充分必要条件为 $TPT^{\theta} \equiv P \pmod{p^m}$, 其中

$$P = \mathrm{diag}(p^{m-m_1}, p^{m-m_1}, p^{m-m_2}, p^{m-m_2}, \cdots, p^{m-m_r}, p^{m-m_r}),$$

$$T^{\theta} = \begin{pmatrix} d_{11} & -c_{11} & \cdots & d_{1r} & -c_{1r} \\ -b_{11} & a_{11} & \cdots & -b_{1r} & a_{1r} \\ \vdots & \vdots & & \vdots & \vdots \\ d_{r1} & -c_{r1} & \cdots & d_{rr} & -c_{rr} \\ -b_{r1} & a_{r1} & \cdots & -b_{rr} & a_{rr} \end{pmatrix}.$$

证明 因为 $G/Z(G)$ 为交换群, 所以可将 $G/Z(G)$ 的运算用加法来表示. 我们定义一个从 $G \times G$ 到 Z_{p^m} 的双线性映射 f 满足:

$$f(x, y) = k, \quad 若 \quad [x, y] = t^k.$$

对于向量 $X = (x_1, x_2, \cdots, x_n)^{\mathrm{T}}$, 我们定义 $XX^{\mathrm{T}} = (f(x_i, x_j))$. 由于 $g_1, \tilde{g}_1, \cdots, g_r, \tilde{g}_r$ 为群 G 的一组底. 取 $X = (g_1, \tilde{g}_1, \cdots, g_r, \tilde{g}_r)^{\mathrm{T}}$, 计算可得 $XX^{\mathrm{T}} = P\mathrm{diag}(C, C, \cdots, C)$, 其中

$$C = \begin{pmatrix} 0 & 1 \\ -1 & 0 \end{pmatrix}.$$

同理, 取 $Y = (h_1, \tilde{h}_1, \cdots, h_r, \tilde{h}_r)^{\mathrm{T}}$, 计算可得 $YY^{\mathrm{T}} = P\mathrm{diag}(C, C, \cdots, C)$. 若 T 为从 $g_1, \tilde{g}_1, \cdots, g_r, \tilde{g}_r$ 到 $h_1, \tilde{h}_1, \cdots, h_r, \tilde{h}_r$ 的变换矩阵, 则有 $Y = TX$. 由于 f 为双线性映射, 故 $YY^{\mathrm{T}} = TXX^{\mathrm{T}}T^{\mathrm{T}}$, 即

$$P\mathrm{diag}(C, C, \cdots, C) = TP\mathrm{diag}(C, C, \cdots, C)T^{\mathrm{T}}.$$

容易验证

$$\mathrm{diag}(C, C, \cdots, C)T^{\mathrm{T}}\mathrm{diag}(C^{-1}, C^{-1}, \cdots, C^{-1}) = T^{\theta}.$$

从而定理中的条件成立.

反之, 若 T 满足 $TPT^{\theta} \equiv P \pmod{p^m}$, 由以上证明易知 T 为底的变换矩阵. □

4.2　徐明曜在 p 群领域的早期工作

早在 20 世纪 60 年代, 徐明曜就在他的本科毕业论文 [179] 中对正则 p 群做了较为系统的研究. 由于历史原因, 这些结果大部分直到 20 世纪 80 年代以后才陆续被整理发表. “文化大革命” 后, 徐明曜又在他的研究生毕业论文 [181] 中对 p 群的幂结构进行了深入研究. 后来, 他改变了主要研究方向, 在 80 年代中期开创了 “群与图” 的研究领域. 他于北京大学退休后, 2003 年被山西师范大学聘为特聘教授, 因看到国际上 p 群研究又趋活跃, 遂重新进入有限 p 群的研究领域, 并在山西师范大学带出了一个有限 p 群的研究团队. 本节主要介绍他的本科毕业论文 [179] 和硕士毕业论文 [181] 中的工作.

首先介绍他的本科毕业论文 [179] 的工作. 这篇论文共 5 节. 第 1 节讨论了 p 群的正则性, 并给出了正则性的一个纯粹的幂结构的刻画. 第 2 节讨论了有限亚交换 p 群的正则条件, 特别是二元生成的情形, 给出了它的一个真正意义下的充要条件. 第 3 节至第 5 节讨论正则 p 群的构造. 其中第 3 节对正则 p 群的唯一性基底定理给出了一个构造性的证明. 第 4 节讨论了二元生成导群循环的有限 p 群. 第 5 节则分类了型不变量分别为 $(e,1,1)$ 和 $(1,1,1,1)$ 的正则 p 群并在此基础上给出了 $p^4(p>3)$ 阶群的一个分类.

下面介绍他在第 1 节得到的主要结果. 这些结果 “文化大革命” 后发表在国内的数学学报上, 见文献 [180]. 下面要介绍的拟正则群的概念在他的本科毕业论文 [179] 中仅仅作为一个性质提出, 在 [180] 中被称作 “ 半 p 交换 p 群”.

定义 4.2.1　称有限 p 群 G 为**拟正则群**, 若对任意的 $a,b\in G$,

$$(ab)^p=1 \Longleftrightarrow a^pb^p=1.$$

由定理 1.11.5 (4) 可知, 正则 p 群一定是拟正则群. 反之不一定成立.

例 4.2.2　令 $G=G_1\times G_2$, 其中 $G_1=\langle a,b \mid a^{3^3}=b^{3^3}=1,[a,b]=a^3\rangle$, $G_2=\langle x,y \mid x^{3^2}=y^{3^2}=z^{3^2}=1,[x,y]=z,[z,x]=[z,y]=1\rangle$. 则 G 是拟正则群但不是正则群.

证明　取二元生成子群 $H=\{ax,by\}$. 计算可得, $[ax,by]=[a,b][x,y]=a^3z$. 因为 $(by)^{-1}a^3z(by)=(b^{-1}a^3b)(y^{-1}zy)=a^{12}z$, 故 H' 非循环. 由定理 4.2.12, 正则 3 群的所有二元生成子群都有循环导群, 故 G 不正则. 但另一方面, 由 G_1 和 G_2 拟正则易验证 G 也拟正则. □

例 4.2.3　令 $G=\langle x,y \mid x^{2^{m+1}}=y^{2^n}=1,[x,y]=x^{2^m}\rangle$, 其中 $m,n\geqslant 2$. 则 G 是拟正则群但不是正则群.

证明　易知 G 为内交换 2 群且

$$\mho_1(G)=\Phi(G)=Z(G)=\langle x^2,y^2\rangle,\quad \Omega_1(G)=\langle x^{2^m},y^{2^{n-1}}\rangle.$$

令 $\phi: a\Omega_1(G)\mapsto a^2$. 由 $\Omega_1(G)\leqslant Z(G)$ 可知 ϕ 是 $G/\Omega_1(G)$ 到 $\mho_1(G)$ 的映射. 由 $(x^iy^jx^{ij2^{m-1}})^2=x^{2i}y^{2j}$ 可知 ϕ 为满射. 再由 $|G/\Omega_1(G)|=|\mho_1(G)|$ 知 ϕ 为一一映射. 从而 $a^2=b^2\Leftrightarrow ab^{-1}\in\Omega_1(G)$. 由此可得

$$a^2b^2=1\Leftrightarrow a^2=b^{-2}\Leftrightarrow (ab)^2=1.$$

G 为拟正则群. 由定理 4.2.11, 正则 2 群为交换群, 所以 G 不是正则群. □

命题 4.2.4　设 G 是拟正则 p 群. 则

(1) $\Omega_1(G)=\Omega_{\{1\}}(G)$;

(2) 对任意的 $a,b\in G$ 有 $[a^p,b]=1 \iff [a,b]^p=1 \iff [a,b^p]=1$;

(3) 若 $x\in\Omega_1(G)$ 且 $a\in G$, 则 $(ax)^p=a^p$.

证明　(1) 假定 $a,b\in\Omega_{\{1\}}(G)$. 则 $a^p=b^p=1$. 由定义 4.2.1 有 $(a^{-1}b)^p=1$, 即 $a^{-1}b\in\Omega_{\{1\}}(G)$. 这说明 $\Omega_{\{1\}}(G)$ 是子群, 于是 $\Omega_{\{1\}}(G)=\Omega_1(G)$.

(2) 由定义 4.2.1, $[a^p,b]=a^{-p}(b^{-1}ab)^p=1$ 等价于 $(a^{-1}b^{-1}ab)^p=1$, 即 $[a,b]^p=1$. 类似的推理给出 $[a,b]^p=1 \iff [a,b^p]=1$.

(3) 因为 $1=x^p=(a^{-1}ax)^p$, 定义 4.2.1 给出 $(ax)^p=a^p$, 结果得证. □

下面这个定理说明拟正则性是正则 p 群幂结构的最基本的性质.

定理 4.2.5　有限 p 群 G 是正则群当且仅当 G 的每个截断是拟正则群.

证明　由定理 1.11.5 (4) 可知正则 p 群一定是拟正则的. 由此易知必要性成立. 以下证明充分性.

假定结论不真, 并设 G 是最小阶反例. 则有

(a) $\mho_1(G')=1$: 因为 G 不正则, 由定义存在两个元素 $x,y\in G$ 使得 $(xy)^p=x^py^pc$, 其中 $c\notin\mho_1(\langle x,y\rangle')$. 由 G 的最小性, 有 $G=\langle x,y\rangle$ 且 $\mho_1(G')=1$.

(b) $\mho_1(G)\leqslant Z(G)$: 对任意的 $a,b\in G$, 由 (1) 有 $[a,b]^p=1$. 因 G 拟正则, 由命题 4.2.4(2), 得

$$[a^p,b]=1,\quad \forall a,b\in G.$$

由 b 的任意性, $a^p\in Z(G)$. 又由 a 的任意性, 得 $\mho_1(G)\leqslant Z(G)$.

(c) $Z(G)$ 循环, 并因此 $\mho_1(G)$ 也循环: 如若不然, 则 G 有两个 p 阶正规子群 M 和 N 使得 $M\cap N=1$. 由 G 的最小性, G/M 和 G/N 均正则, 再由 (a), 它们都 p 交换. 因此 $G/M\times G/N$ 也 p 交换. 因 G 同构于 $G/M\times G/N$ 的子群, G 亦 p 交换, 矛盾.

(d) G 本身 p 交换, 从而最终得到矛盾: 设 $G=\langle a,b\rangle$, 并设 $o(a)\geqslant o(b)$. 则有 $a^p,b^p\in\mho_1(G)$. 由 (c), $\mho_1(G)$ 循环. 故存在正整数 m 使得 $a^{mp}=b^p$, 因此 $(a^{-m}b)^p=1$. 这时我们有 $G=\langle a,a^{-m}b\rangle=\langle a\rangle\Omega_1(G)$. 于是每个元素 $x\in G$ 可表成 $x=a^it$ 的形状, 其中 $t\in\Omega_1(G)$. 对于任两个元素 $a^it,a^jt'\in G$, 其中 $t,t'\in\Omega_1(G)$, 由命题 4.2.4(3) 可得

$$(a^it\cdot a^jt')^p=(a^{i+j}t[t,a^j]t')^p=(a^{i+j})^p=a^{ip}\cdot a^{jp}=(a^it)^p(a^jt')^p.$$

因此 G 是 p 交换群. 这个矛盾完成了定理的证明. □

定理 4.2.5 的条件可以作为正则 p 群的等价定义, 它是纯粹用 p 群的幂结构性质来刻画正则性的. 这也回答了 Mann 后来在 20 世纪 70 年代提出的公开问题: 能否只用幂结构性质来定义正则 p 群. 这个回答比问题的提出早了将近十年.

下面是第 2 节中的主要结果简介. 详细内容我们推荐读者参看文献 [186]. 第 2 节首先给出了一个换位子公式.

命题 4.2.6　设 G 是亚交换群, $a,b\in G$, $m\geqslant 2$. 则

$$(ab)^m=a^mb^m\prod_{i=1}^{m}\prod_{j=1}^{m-1}[ib,ja]^{n_{i,j}},$$

其中,

$$n_{i,j}=\binom{m-1}{j}\binom{m-1}{i-1}+\binom{m-2}{j}\binom{m-2}{i-1}+\cdots+\binom{j}{j}\binom{j}{i-1},\ 若\ i-1\leqslant j;$$

$$n_{i,j}=\binom{m-1}{j}\binom{m-1}{i-1}+\binom{m-2}{j}\binom{m-2}{i-1}+\cdots+\binom{i-1}{j}\binom{i-1}{i-1},\ 若\ i-1\geqslant j.$$

利用上述换位子公式, 在 [179] 中得到了以下主要结果.

定理 4.2.7　设 G 是二元生成的有限亚交换 p 群且 G' 是初等交换群. 则 G 是正则 p 群的充要条件是 $c(G)<p$.

上面的这个定理是关于正则 p 群的第一个真正意义上的充要条件. 定理 4.2.7 在 1969 年被 Brisley 和 Macdonald 发表在文献 [49] 中. 后来徐明曜在 [181] 中, 利用新发现的换位子公式 (即本书第 1 章提到的徐公式) 对这个结果给出了一个新的证明. 这些工作体现在文献 [186] 中. 下面我们给出这个定理的一个等价形式并利用徐公式的证明.

定理 4.2.8　设 G 是二元生成的有限亚交换 p 群. 则 G 是 p 交换的充要条件是 G' 为初等交换群且 $c(G)<p$.

证明　$\Longleftarrow$: 对任意的 $a,b\in G$, 由命题 1.1.10,

$$(ab)^p = a^p \left(\prod_{i+j\leqslant p} [ia, jb^{-1}]^{\binom{p}{i+j}} \right) b^p.$$

因为 $c(G) < p$, 对任意 i 有 $[ia,(p-i)b^{-1}] = 1$. 又因为 G' 是初等交换群, 对于 $i+j<p$ 也有 $[ia,jb^{-1}]=1$. 于是对任意的 $a,b \in G$ 有 $(ab)^p = a^pb^p$. 因而 G 为 p 交换的.

$\Longrightarrow$: 设结论不真, 且设 G 是最小阶反例. 则由 G 的最小性有 $c(G) = p$ 且 $|G_p| = p$. 因为 G 由二元生成, 可设 $G = \langle a,b\rangle$. 由命题 1.1.5(2), G_p 由换位子 $[x_1,x_2,\cdots,x_p]$ 生成, 其中 $x_i = a$ 或 b. 再由命题 1.1.8(5), 有

$$G_p = \langle [ia,(p-i)b] \mid i = 1,2,\cdots,p-1\rangle.$$

由 $c(G)=p$ 有 $G_p \leqslant Z(G)$. 由命题 1.1.10 及 G' 初等交换可知

$$\begin{aligned}(ab^{-1})^p &= a^p \prod_{i+j\leqslant p} [ia, jb]^{\binom{p}{i+j}} b^{-p}\\ &= a^p \prod_{i=1}^{p-1} [ia,(p-i)b] b^{-p}\\ &= a^p b^{-p} \prod_{i=1}^{p-1} [ia,(p-i)b].\end{aligned}$$

由 G' 初等交换及 G 为 p 交换可知

$$\prod_{i=1}^{p-1} [ia,(p-i)b] = 1.$$

在上式中以 a^s 代 a, $s = 1,2,\cdots,p-1$, 用命题 1.1.7(3) 得

$$\prod_{i=1}^{p-1} [ia,(p-i)b]^{s^i} = 1, \quad s = 1,2,\cdots,p-1.$$

如果把它们写成加法形式, 可看成是域 GF(p) 上的 $p-1$ 个关于未知数 $[ia,(p-i)b]$, $i=1,\cdots,p-1$ 的齐次线性方程组, 其系数行列式是 Vandermonde 行列式

$$\begin{aligned}\Delta &= \begin{vmatrix} 1 & 1 & \cdots & 1 \\ 2 & 2^2 & \cdots & 2^{p-1} \\ \vdots & \vdots & & \vdots \\ p-1 & (p-1)^2 & \cdots & (p-1)^{p-1} \end{vmatrix}\\ &= 1\cdot 2\cdots(p-1) \prod_{1\leqslant i<j\leqslant p-1} (j-i) \neq 0,\end{aligned}$$

因此只有零解, 即

$$[ia,(p-i)b]=1,\quad i=1,2,\cdots,p-1.$$

由此得 $G_p=1$, $c(G)<p$, 与假设 $c(G)=p$ 矛盾. □

定理 4.2.9　有限亚交换 p 群 G 是正则 p 群的充要条件是对于 G 的每个二元生成子群 H 有 $H_p\leqslant \mho_1(H')$.

证明　$\Longrightarrow$: 由 G 正则可知 H 正则, 进一步 $H/\mho_1(H')$ 也正则. 由定理 4.2.7 可得 $c(H/\mho_1(H'))<p$. 因此, $H_p\leqslant \mho_1(H')$.

$\Longleftarrow$: 设 x,y 是 G 的任二元素, 且令 $H=\{x,y\}$ 及 $\overline{H}=H/\mho_1(H')$. 则 $c(\overline{H})<p$ 且 $\overline{H}'$ 初等交换. 由定理 4.2.7 可知 $\overline{H}$ 正则. 从而

$$(xy)^p=x^py^pd,\quad 其中\quad d\in\mho_1(H').$$

故 G 也正则. □

定理 4.2.10　设 G 是二元生成的正则 p 群, 则 $G_p\leqslant\Phi(G')$.

证明　只需考虑 $G/\Phi(G')$, 由定理 4.2.7 立得. □

上述定理是关于正则 p 群的第一个较深刻的必要条件. 应用这个定理, 我们可以很容易地推出关于正则 2 群和正则 3 群的著名刻画, 即下面的两个定理 (这两个定理的原始证明都是很长的).

定理 4.2.11　正则 2 群是交换群.

证明　设 G 是正则 2 群, $a,b\in G$. 记 $K=\langle a,b\rangle$. 由定理 4.2.10, $K_2\leqslant\Phi(K')$. 这迫使 $K'=K_2=1$, 因此 $ab=ba$. 故 G 是交换群. □

定理 4.2.12　(1) 设 G 是二元生成正则 3 群. 则 G' 循环.

(2) 有限 3 群正则当且仅当它的每个二元生成子群具有循环导群.

证明　(1) 设 $G=\langle a,b\rangle$. 由定理 4.2.10, $G_3\leqslant\Phi(G')$. 所以 $G'=\langle[a,b],G_3\rangle=\langle[a,b]\rangle$ 为循环群.

(2) 是 (1) 的直接推论. □

定理 4.2.7 还有如下推论.

推论 4.2.13　设 G 是二元生成的有限亚交换 p 群, 且 G 正则. 则 $w(G)\leqslant 2+\dfrac{(p-1)(p-2)}{2}$.

证明　作商群 $\overline{G}=G/\mho_1(G)$, $\overline{G}$ 仍为二元生成的亚交换 p 群, 且 $\exp(\overline{G})=p$. 因此, $\overline{G}'$ 必为初等交换 p 群. 用定理 4.2.7, $c(\overline{G})<p$. 再用引理 1.1.5, $\overline{G}_i$ 模 $\overline{G}_{i+1}$ 由 $i-1$ 个元素生成, 所以

$$|\overline{G}'|\leqslant p^{1+2+\cdots+(p-2)}=p^{\frac{(p-1)(p-2)}{2}}.$$

再由 $d(\overline{G})=2$ 得

$$|\overline{G}|=p^{\omega(\overline{G})}=p^{\omega(G)}\leqslant p^{2+\frac{(p-1)(p-2)}{2}}.$$

故

$$\omega(G)\leqslant 2+\frac{(p-1)(p-2)}{2}.$$

□

推论 4.2.13 的结果是最好的. 文献 [179] 在第 2 节的最后, 给了一个 $w(G)$ 达到上界的例子.

例 4.2.14 设 A 是阶为 $p^{(p-1)(p-2)/2}$ 的初等交换 p 群, 有生成元 c_{ij}, $i+j<p$, $i,j\geqslant 1$. 为方便起见, 在 $i+j\geqslant p$ 时规定 $c_{ij}=1$. 这样, 对任意的正整数 i,j, c_{ij} 都是有定义的. 现令 B 是 A 和 p 阶循环群 $\langle a\rangle$ 的半直积, 其中 a 在 A 上的作用由下式给出

$$c_{ij}^{a}=c_{ij}c_{i,j+1},\quad \forall i,j. \tag{4.1}$$

再令 G 是 B 和 p 阶循环群 $\langle b\rangle$ 的半直积, 其中 b 在 B 上的作用由下式给出

$$a^{b}=ac_{11}^{-1},\quad c_{ij}^{b}=c_{ij}c_{i+1,j},\quad \forall i,j. \tag{4.2}$$

则

(1) G 是良定义的;

(2) G 是正则的;

(3) $w(G)=2+\dfrac{(p-1)(p-2)}{2}$.

文献 [179] 在最后 3 节讨论了正则 p 群的结构. 首先在第 3 节给出了正则 p 群的唯一性基底定理的一个构造性的证明. 这个证明使得该定理能够用于正则 p 群的分类工作. 第 4 节和第 5 节应用这种构造方法, 对两类正则 p 群进行了分类.

定义 4.2.15 有限群 G 的有序元素组 $(b_1,b_2,\cdots,b_r)$, 其诸元素的阶 $o(b_i)=n_i>1$, $i=1,2,\cdots,r$ 被称为是 G 的一组**唯一性基底**, 如果对任意的 $g\in G$, g 均可唯一表成下列形式:

$$g=b_1^{m_1}b_2^{m_2}\cdots b_r^{m_r},\quad 0\leqslant m_i<n_i,\quad i=1,2,\cdots,r.$$

定义 4.2.16 设 G 是有限正则 p 群, 令

$$W_i(G)=\mho_1(G)\Omega_i(G),\quad i=0,1,\cdots,e=e(G).$$

称群列

$$\mho_1(G)=W_0(G)\leqslant W_1(G)\leqslant\cdots\leqslant W_{e-1}(G)<W_e(G)=G \tag{W}$$

为 G 的 W **群列**.

在 W 群列中去掉重复项, 再任意加细成 G 到 $\mho_1(G)$ 间的一个主群列

$$G = L_0(G) > L_1(G) > \cdots > L_\omega(G) = \mho_1(G) \qquad (L)$$

叫做 G 的一个L **群列**.

下面的定理是文献 [179] 的第 3 节的主要结果. 证明可参看文献 [194] 中的 §5.5.

定理 4.2.17　设 (L) 是有限正则 p 群 G 之任一 L 群列. 取 b_i 是 $L_{i-1}(G) \setminus L_i(G)$ 中任一最小阶元素, $i = 1, 2, \cdots, \omega$, 则 $(b_1, b_2, \cdots, b_\omega)$ 是 G 的一组唯一性基底.

在文献 [179] 的第 4 节利用正则 p 群的理论给出了二元生成导群循环的有限 p 群 $(p > 2)$ 的分类. 其中奇阶亚循环 p 群的完全分类整理后发表为文献 [184]. 其主要结果如下.

定理 4.2.18　有限非交换亚循环 p 群 $(p \neq 2)$ 只有下述两种互不同构的类型:

(1) $\langle a, b \mid a^{p^n} = 1, b^{p^m} = 1, a^b = a^{1+p^s} \rangle$, n, m, s 为正整数, 且 $s < n, m + s \geqslant n$;

(2) $\langle a, b \mid a^{p^n} = 1, b^{p^m} = a^{p^t}, a^b = a^{1+p^s} \rangle$, n, m, s, t 为正整数, 且 $s + t \geqslant n, s < t < \min\{n, m\}$.

虽然从文章发表年代 (1973 年) 看, King 是第一个完成奇阶亚循环 p 群的分类的人, 但是事实上, 徐明曜才是分类亚循环群的第一人.

由于计算量比较大, 文献 [179] 在分类 $w(G) = 3$ 的二元生成导群循环的有限 p 群时出现了小的疏忽. 二元生成导群循环的有限 p 群 $(p > 2)$ 的分类在 1975 年被 Miech 发表 [119]. 由于 Miech 没有充分应用正则的性质, 导致他的分类比较复杂, 他的结果中有一类群中的参数达到了 9 个之多. 后来徐明曜和张勤海的学生宋蕾薇在文献 [179] 的基础上对这类群给了一个新的分类, 其中最复杂的群类只有 7 个参数, 见文献 [153].

文献 [179] 的第 5 节分类了型不变量分别为 $(e, 1, 1)$ 和 $(1, 1, 1, 1)$ 的正则 p 群并在此基础上给出了 $p^4 (p > 3)$ 阶群的一个分类. 这一节的工作和第 3 节的工作最后被整理发表为文献 [190].

下面是型不变量为 $(e, 1, 1)$ 的正则 p 群的分类.

定理 4.2.19　具有 e 不变量 $(e, 1, 1)$ 的正则 p 群, $e \geqslant 1$, 同构于下列群之一:

1) $d(G) = 2$.

(1) $\langle a, b, c \mid a^{p^e} = b^p = c^p = 1, [a, b] = c, [c, a] = [c, b] = 1 \rangle$, $p \geqslant 3$;

(2) $\langle a, b, c \mid a^{p^e} = b^p = c^p = 1, [a, b] = c, [c, b] = 1, [c, a] = a^{p^{e-1}} \rangle$, $p \geqslant 5, e \geqslant 2$;

(3) $\langle a, b, c \mid a^{p^e} = b^p = c^p = 1, [a, b] = c, [c, a] = 1, [c, b] = a^{p^{e-1}} \rangle$, $p \geqslant 5, e \geqslant 2$;

(4) $\langle a, b, c \mid a^{p^e} = b^p = c^p = 1, [a, b] = c, [c, a] = 1, [c, b] = a^{\nu p^{e-1}} \rangle$, $p \geqslant 5, e \geqslant 2$, 其中 ν 是模 p 的平方非剩余.

2) $d(G)=3$.

(5) 交换群: $C_{p^e}\times C_p\times C_p$, p 为任意素数;

(6) $\langle a,b,c \mid a^{p^e}=b^p=c^p=1, [a,b]=[a,c]=1, [b,c]=a^{p^{e-1}}\rangle$, $p\geqslant 3, e\geqslant 2$;

(7) $\langle a,b,c \mid a^{p^e}=b^p=c^p=1, [a,b]=[b,c]=1, [a,c]=a^{p^{e-1}}\rangle$, $p\geqslant 3, e\geqslant 2$.

前面我们介绍的是徐明曜在他的本科毕业论文 [179] 的工作, 其中部分证明我们已经采用了他在研究生毕业论文 [181] 中给出的改进方法. 下面我们介绍文献 [181] 的其他工作. 这些工作的重点是关于 p 群的幂结构的研究. 所谓 p 群的 "幂结构" 指的是 p 群的上、下幂群列及幂映射的性质. 譬如, 正则 p 群有下面所谓 "正则幂结构" 的性质.

定义 4.2.20 设 G 是有限 p 群.

(1) 称 G 的上幂群列为**正规的**, 如果对任意的 s 有 $\Omega_s(G)=\Omega_{\{s\}}(G)$. 这时也称 G 是**阶封闭的**.

(2) 称 G 的下幂群列为**正规的**, 如果对任意的 s 有 $\mho_s(G)=\mho_{\{s\}}(G)$. 这时也称 G 是**幂封闭的**.

(3) 称 G 为**广义正则群**, 如果 G 的上下幂群列均正规, 并且对任意的 s, 映射 $\pi_s: a\Omega_s(G)\mapsto a^{p^s}$, $\forall\ a\in G$ 是 $G/\Omega_s(G)$ 到 $\mho_s(G)$ 上的一一映射 .

在 [181] 中, 徐明曜首次提出了 p^s 拟正则的概念 (在 [181], [182] 中被称为 " 半 p^s 交换 p 群") 并研究了 p^s 拟正则性与 p^s 正则性以及广义正则性的关系.

定义 4.2.21 设 s 是正整数. 有限 p 群 G 叫做 p^s **拟正则**, 若对任意的 $a,b\in G$,

$$a^{p^s}=b^{p^s} \iff (a^{-1}b)^{p^s}=1;$$

或者等价地

$$(ab)^{p^s}=1 \iff a^{p^s}b^{p^s}=1.$$

定义 4.2.22 设 s 是任一正整数, 称有限 p 群 G 为 p^s 正则的, 如果对于任意的 $a,b\in G$, 恒有

$$(ab)^{p^s}=a^{p^s}b^{p^s}c_3^{p^s}\cdots c_m^{p^s},$$

其中 $c_i\in\langle a,b\rangle'$.

与拟正则类似, p^s 拟正则有下面的性质.

命题 4.2.23 设 G 是 p^s 拟正则 p 群. 则

(1) $\Omega_s(G)=\Omega_{\{s\}}(G)$;

(2) 对任意的 $a,b\in G$ 有 $[a^{p^s},b]=1 \iff [a,b]^{p^s}=1 \iff [a,b^{p^s}]=1$;

(3) 若 $x\in\Omega_s(G)$ 且 $a\in G$, 则 $(ax)^{p^s}=a^{p^s}$.

定理 4.2.24 对任意的 s, 有限 p 群 G 是 p^s 正则群当且仅当 G 的每个截段是 p^s 拟正则的.

定义 4.2.25　有限 p 群 G 叫做**强拟正则的**, 若对任意的 s, G 都 p^s 拟正则.

拟正则性和强拟正则性之间有如下关系.

命题 4.2.26　有限 p 群 G 强拟正则当且仅当对任意的非负整数 s, $G/\Omega_s(G)$ 拟正则.

证明　$\Longrightarrow$: 只需证明对任意的 $a, b \in G$ 和任意的 s, 有

$$(ab)^p \in \Omega_s(G) \iff a^p b^p \in \Omega_s(G).$$

因为 G 为 p^s 拟正则的, 故 $\Omega_s(G) = \Omega_{\{s\}}(G)$. 因此

$$(ab)^p \in \Omega_s(G) \iff ((ab)^p)^{p^s} = (ab)^{p^{s+1}} = 1.$$

因 G 也是 p^{s+1} 拟正则的, 上述等式等价于

$$a^{p^{s+1}} b^{p^{s+1}} = (a^p)^{p^s} (b^p)^{p^s} = 1.$$

再用 p^s 拟正则性, 它又等价于 $(a^p b^p)^{p^s} = 1$, 即 $a^p b^p \in \Omega_s(G)$.

$\Longleftarrow$: 用对 s 的归纳法证明 G 的 p^s 拟正则性. 当 $s = 1$ 时结论显然成立. 现设 $s > 1$ 且对任意的 $t < s$, G 是 p^t 拟正则的. 用 G 的 p^{s-1} 拟正则性, 有 $\Omega_{s-1}(G) = \Omega_{\{s-1\}}(G)$. 因此对 $a, b \in G$, 有

$$\begin{aligned}(ab)^{p^s} = 1 &\iff (ab)^p \in \Omega_{s-1}(G) \\ &\iff a^p b^p \in \Omega_{s-1}(G) \\ &\iff (a^p b^p)^{p^{s-1}} = 1 \\ &\iff a^{p^s} b^{p^s} = 1,\end{aligned}$$

即 G 是 p^s 拟正则的. □

作为命题 4.2.26 的直接推论, 有下述定理.

定理 4.2.27　设 G 是拟正则 p 群. 若 G' 是初等交换群, 则 G 强拟正则的.

由强拟正则的定义容易证明以下事实.

定理 4.2.28　有限 p 群 G 具有广义正则性当且仅当

(1) G 是强拟正则的;

(2) G 的下幂群列是正规的.

在定理 4.2.28 的基础上, 文献 [181] 提出了以下两个问题.

问题 4.2.29　拟正则 p 群是否一定也是强拟正则 p 群?

问题 4.2.30　拟正则 p 群是否具有正规的下幂群列?

对于 $p=2$ 的情形, 文献 [181] 对问题 4.2.29 给出了肯定的回答. 对于 $p>2$ 的情形, 至今仍是一个公开问题. 问题 4.2.30 的答案是否定的. 文献 [181] 证明了: 当 $m\geqslant n\geqslant 2$ 时, 内交换群 $\mathrm{M}_2(m,n,1)$ 就是问题 4.2.30 的反例. 文献 [181] 对于拟正则 2 群得到了以下丰富的结果.

引理 4.2.31 设 G 是拟正则 2 群. 则 $\Omega_1(G)\leqslant Z(G)$.

证明 设 $x\in\Omega_1(G)$. 由命题 4.2.4(3), 对任意 $g\in G$ 有 $(gx)^2=g^2$. 于是

$$1=g^{-2}(gx)^2=g^{-1}xgx=g^{-1}x^{-1}gx=[g,x],$$

即 $x\in Z(G)$. □

定理 4.2.32 有限 2 群 G 是拟正则的当且仅当 $\Omega_1(G)\leqslant Z(G)$, 并且 G 不包含于下列 2 群同构的子群:

(1) 8 阶四元数群 Q_8, 有定义关系

$$\mathrm{Q}_8=\langle a,b\mid a^4=1,b^2=a^2,b^{-1}ab=a^{-1}\rangle;$$

(2) 亚循环内交换群 $\mathrm{M}_2(2,n)$, $n\geqslant 2$, 其中

$$\mathrm{M}_2(2,n)=\langle a,b\mid a^4=b^{2^n}=1,b^{-1}ab=a^{-1}\rangle.$$

证明 首先, 群 Q_8 和 $\mathrm{M}_2(2,n)$ 不是拟正则的, 这因为在这两个群中,

$$(ba)^2=b^2(b^{-1}ab)a=b^2a^{-1}a=b^2 \quad 且 \quad (b^{-1}\cdot ba)^2=a^2\neq 1.$$

现在假设 2 群 G 不是拟正则的, 并且 $\Omega_1(G)\leqslant Z(G)$. 再假设 H 是 G 的最小阶的非拟正则的子群. 由拟正则的定义, H 有二元素 b, c 满足 $b^2=c^2$ 但 $(b^{-1}c)^2\neq 1$. 由 H 的最小性, $H=\langle b,c\rangle$. 因为 $b^2=c^2$, 故 $1=[c^2,b]=c^{-2}(b^{-1}cb)^2$. 又因为 $K=\langle c,b^{-1}cb\rangle<H$, 所以 K 是拟正则的. 于是 $[c,b]^2=1$. 由 $H'=\langle [c,b]^g\mid g\in H\rangle$ 以及 $H'<H$ 拟正则, 有 $\exp(H')=2$. 因为 $\Omega_1(G)\leqslant Z(G)$, 有 $H'=\langle [c,b]\rangle$, $|H'|=2$.

另一方面,

$$1\neq (c^{-1}b)^2=c^{-2}b[b,c^{-1}]b=c^{-2}b^2[b,c^{-1}]=[b,c^{-1}],$$

这推出 $H'=\langle (c^{-1}b)^2\rangle$, 于是 $o(c^{-1}b)=4$. 因 $\langle c^{-1}b\rangle>H'$, $\langle c^{-1}b\rangle\trianglelefteq H$. 记 $a=c^{-1}b$, 有 $H=\langle a,b\rangle$ 是亚循环群. 令 $o(b)=2^n$. 群 H 具有下列定义关系之一:

(1) $a^4=1$, $b^{2^{n-1}}=a^2$, $b^{-1}ab=a^{-1}$, $n\geqslant 2$;

或者

(2) $a^4=1$, $b^{2^n}=1$, $b^{-1}ab=a^{-1}$, $n\geqslant 2$.

若 H 有定义关系 (1) 且 $n>2$, 则因 $2^{n-2}\geqslant 2$ 是偶数, 有

$$(b^{2^{n-2}}a)^2=b^{2^{n-1}}(b^{-2^{n-2}}ab^{2^{n-2}})a=b^{2^{n-1}}a^2=a^4=1.$$

因此 $b^{2^{n-2}}a\in Z(G)$. 注意 $H=\langle b,b^{2^{n-2}}a\rangle$. H 将交换, 矛盾. 故 $n=2$, $H\cong Q_8$. □

定理 4.2.33　有限拟正则 2 群一定强拟正则.

证明　我们用对 $|G|$ 和 s 的双重归纳法来证明对任意的 s, G 为 2^s 拟正则的. 假定定理对阶小于 $|G|$ 的 2 群已经成立, 并且对 $t<s$, G 是 2^t 拟正则的. 为证 G 为 2^s 拟正则的, 任取二元素 a,b, 将证明

$$(ab)^{2^s}=1\iff a^{2^s}b^{2^s}=1.$$

如果 $s=1$, 由定理条件, 结论正确. 下设 $s>1$. 如果 $\langle a,b\rangle<G$, 归纳假设给出所需结论. 故可以假定 $G=\langle a,b\rangle$.

(1) $(ab)^{2^s}=1\Longrightarrow a^{2^s}b^{2^s}=1$: 因 $(ab)^{2^s}=1$, 故 $(ab)^{2^{s-1}}\in\Omega_1(G)\leqslant Z(G)$. 于是 $[(ab)^{2^{s-1}},b]=1$. 由命题 4.2.23(2), $[ab,b]^{2^{s-1}}=1$, 即

$$([a,b]^b)^{2^{s-1}}=1,\quad [a,b]^{2^{s-1}}=1.$$

因 $G'=\langle[a,b]^g\mid g\in G\rangle$, 由 G' 的 2^{s-1} 拟正则性有 $\exp G'\leqslant 2^{s-1}$. 另一方面, 因 $(ab)^2=a^2b^2c$ 对某个 $c\in G'$ 成立, 从而有

$$1=(ab)^{2^s}=(a^2b^2c)^{2^{s-1}}=(a^2b^2)^{2^{s-1}}c^{2^{s-1}}=(a^2b^2)^{2^{s-1}}.$$

这就推出 $a^{2^s}b^{2^s}=1$.

(2) $a^{2^s}b^{2^s}=1\Longrightarrow(ab)^{2^s}=1$: 因 $a^{2^s}b^{2^s}=1$, 由 G 的 2^{s-1} 拟正则性有 $(a^2b^2)^{2^{s-1}}=1$, 于是 $((ab)^2c^{-1})^{2^{s-1}}=1$, 这里 $c=[b,a]^b\in G'$. 为完成证明只需证 $\exp G'\leqslant 2^{s-1}$. 因 G 为 2 拟正则的, $a^{2^s}b^{2^s}=1$ 推出 $(a^{2^{s-1}}b^{2^{s-1}})^2=1$, 并因此 $a^{2^{s-1}}b^{2^{s-1}}\in Z(G)$, $[a^{2^{s-1}}b^{2^{s-1}},b]=1$. 这推出 $[a^{2^{s-1}},b]=1$. 再用 G 的 2^{s-1} 拟正则性, 得到 $[a,b]^{2^{s-1}}=1$. 因为 $G'=\langle[a,b]^g\mid g\in G\rangle$, 有 $\exp G'\leqslant 2^{s-1}$. □

定理 4.2.34　设 $G=\langle a_1,a_2,\cdots,a_n\rangle$ 是拟正则 2 群, 且设 $o(a_i)=2^{e_i}$, $i=1,2,\cdots,n$, 并且 $e_1\geqslant e_2\geqslant\cdots\geqslant e_n$. 则 $c(G)\leqslant e_2$. 特别地, $c(G)\leqslant\log_2(\exp(G))$.

文献 [181] 还给出了二元生成的有限 2 群具有广义正则性的一个充要条件 (定理 4.2.35), 并给出了这类群的完全分类 (定理 4.2.36).

定理 4.2.35　二元生成有限 2 群 G 具有广义正则的充要条件是 G 为亚循环群的拟正则 2 群.

定理 4.2.36　具有广义正则的二元生成有限 2 群共有以下三种类型:

(1) 交换群: $\langle a,b\mid a^{2^m}=b^{2^n}=1,[a,b]=1\rangle$, 其中 $m\geqslant n\geqslant 1$;

(2) 可裂的亚循环群: $\langle a, b \mid a^{2^m} = b^{2^n} = 1, [a, b] = a^{2^{m-c}} \rangle$, 其中 $m, n \geqslant 2$, $1 \leqslant c < \min\{n, m-1\}$;

(3) 不可裂的亚循环群: $\langle a, b \mid a^{2^m} = 1, b^{2^n} = a^{2^{m-s}}, [a, b] = a^{2^{m-c}} \rangle$, 其中 $m, n \geqslant 2$, $1 \leqslant c < \min\{n, m-1\}$, $\max\{1, m-n+1\} \leqslant s \leqslant \min\{c, m-c-1\}$.

以上结果的详细证明我们推荐读者参考文献 [182]. 文献 [181] 还给出了一个有限 p 群强拟正则的一个充分条件.

定理 4.2.37 设 G 是有限 p 群, $p > 2$. 若 $\Omega_1(G_n) \leqslant Z(G)$, 其中 $n < p$, 则 G 强拟正则.

上面定理有一系列的推论, 推广了 Laffey[84, 85] 的一些结果. 上面的定理还包含了 p 中心 p 群 (与幂导 p 群对偶的一类群) 具有强拟正则性. 详情可参见文献 [183] 或文献 [194] 中的 §9.4.

第 5 章 p 群计数的某些结果

子群计数是有限 p 群的重要研究内容之一. 就像我们在第 4 章看到的, 我国数学家华罗庚和段学复以及叶彦谦在他们为数不多的几篇有限 p 群论文中, 主要是研究 p 群的计数问题. 之后的几十年间, 该领域的研究在我国陷于停滞状态. 直到 20 世纪 80 年代, 樊恽利用子群计数给出了初等交换 p 群的一个漂亮刻画. 近年来, 曲海鹏等在子群计数问题的研究上取得了较大的进展, 获得了许多好的结果. 本节主要介绍我国群论学者在该领域近期的主要结果.

5.1 华段猜想及其相关结果

设 G 是有限 p 群, $|G| = p^n$. 对于 $0 \leqslant m \leqslant n$, G 的 p^m 阶子群的个数记为 $s_m(G)$. G 的 p^m 阶循环子群的个数记为 $c_m(G)$. Kulakoff[83] 的一个经典结果断言: 对于素数 $p > 2$, $s_m(G) \equiv 1$ 或 $1 + p \pmod{p^2}$. 在这个结果的鼓舞下, 华罗庚和段学复 20 世纪 30 年代在清华大学组织了有限 p 群讨论班, 研究了 p 群 G 的子群个数 $s_m(G)$ 模 p^3 的可能情形以及其他计数问题, 获得了许多引人注目的计数定理, 见文献 [71], [73], [155], [159]. 特别是段学复证明了下列定理.

定理 5.1.1 [155] *设 G 是有限 p 群, $p > 2$, $|G| = p^n$. 令 $\exp(G) = p^{n-\alpha}$. 如果 $2\alpha + 1 \leqslant m \leqslant n$, 则有 $s_m(G) \equiv 1,\ 1 + p,\ 1 + p + p^2$ 或 $1 + p + 2p^2 \pmod{p^3}$.*

段学复曾在 1983 年对徐明曜口述, 当年他和华罗庚猜想:

对于任意的有限 p 群 G, 只要 $p > 2$, $s_m(G)$ 模 p^3 只可能同余于 $1, 1 + p$, $1 + p + p^2$ 或 $1 + p + 2p^2$ 等四种情形.

徐明曜把这个猜想作为问题 1 写在他的 p 群综述文章 [187] 以及他和曲海鹏的 p 群著作 [194] 中的第 12 章的第 1 节. Berkovich 将该猜想作为问题 692 写入他的 p 群专著 [33] 中. 为方便记, 该猜想以下简称为华段猜想.

很明显, 当 $p = 3$ 时, 华段猜想总成立. 另一方面, 当 G 为 p^n 阶群时,

$$s_{n-1}(G) = \frac{p^{d(G)-1}}{p-1} \equiv 1, \quad 1 + p \text{ 或 } 1 + p + p^2 \pmod{p^3},$$

即华段猜想也成立. 因此我们只需考虑 $p \geqslant 5$ 且 $m \leqslant n - 2$ 的情形.

在本节中, 无明确说明的情况下, 我们恒假定 $p \geqslant 5$.

在华罗庚和段学复之后, 继续研究该猜想的文章不多, 值得提出的有 Dyubyuk

和 Berkovich, 见文献 [27], [59]. Berkovich 证明的下述定理说明, 对方次数为 p 的 p 群, 华段猜想总是成立的.

定理 5.1.2 [27] 设 G 是有限 p 群, $p>2$, $|G|=p^n$. 若 $\exp(G)=p$, 则对满足 $2\leqslant m\leqslant n-2$ 的 m 有 $s_m(G)\equiv 1+p+2p^2 \pmod{p^3}$.

张勤海和曲海鹏在文献 [210], [211] 对华段猜想开展了进一步的研究. 他们对该猜想给出了一个否定的回答, 也给出了该猜想成立的许多正面结果. 本节主要介绍他们的工作.

文献 [210] 给出了华段猜想不成立的第一个例子.

例 5.1.3 [210] 设 $p\geqslant 5$ 是素数, G 是有下列定义关系的 p^5 阶群

$$G=\langle a,b,c \mid a^{p^2}=b^{p^2}=c^p=1,[b,a]=c,[c,a]=b^p,[c,b]=a^p\rangle.$$

则 $s_3(G)=1+p+3p^2$, 从而 G 不满足华段猜想.

证明 由 $d(G)=2$, $\Phi(G)=\langle a^p,b^p,c\rangle$ 可知, G 的 $p+1$ 个极大子群分别为

$$H_1=\langle b,\Phi(G)\rangle=\langle b,a^p,c\rangle\cong \mathrm{M}_p(2,1,1),$$

$$H_2=\langle a,\Phi(G)\rangle=\langle a,b^p,c\rangle\cong \mathrm{M}_p(2,1,1),$$

以及

$$H_{i+2}=\langle ab^i,\Phi(G)\rangle=\langle ab^i,a^p,c,b^p\rangle,\quad \text{其中}\quad 1\leqslant i\leqslant p-1.$$

下面我们来分析 G 的 p^3 阶子群的个数. 由于它们是 G 的二极大子群, 就一定是上述 $p+1$ 个极大子群中某个的极大子群. 注意到这 $p+1$ 个极大子群中任意两个的交都是 $\Phi(G)$, 于是它们的极大子群中, 除 $\Phi(G)$ 外, 任意两个均不相同. 又, 二元生成群有 $1+p$ 个极大子群, 三元生成群有 $1+p+p^2$ 个极大子群. 因此, 为了计算 $s_3(G)$, 只要看诸 H_j 中有几个是二元生成的即可算出. 明显地, $H_1\cong H_2$ 是二元生成的. 下面考虑群 H_{i+2}, 其中 $1\leqslant i\leqslant p-1$. 由 $|G|=p^5\leqslant p^p$, 由定理 1.11.4(2) 可知, G 是正则的. 又由于 $\exp(G')=p$, 于是 G 是 p 交换的, 即成立

$$(xy)^p=x^py^p,\quad \forall x,y\in G.$$

再注意到 G' 是交换群, 由简单的计算可得, 当 $i=\pm 1$ 时, $H\cong \mathrm{M}_p(2,1)\times \mathrm{C}_p$ 是三元生成的; 而当 $i^2\not\equiv 1 \pmod p$ 时, $H\cong \mathrm{M}_p(2,1,1)$ 是二元生成的.

这样, 我们有

$$s_3(G)=\sum_{j=1}^{p+1}s_3(H_j)-p=2(1+p+p^2)+(p-1)(1+p)-p=1+p+3p^2. \qquad \square$$

应用代数软件 Magma 搜索 the SmallGroup database 中所有的 p^5 阶群 ($5 \leqslant p \leqslant 13$), 可以找出使华段猜想不成立的更多的反例, 见文献 [210]. 进一步, 借助于 p^5 阶群的分类 [206], 文献 [211] 给出了所有使华段猜想不成立的 p^5 阶群. 读者欲了解 Magma 的有关知识, 可参看 [40], [47], [136], [170].

下面的例子表明使华段猜想不成立的群的阶可任意大.

例 5.1.4 设 $G \cong \mathrm{M}_p(1,1,1) \times \mathrm{C}_{p^n}$, 其中 $n \geqslant 2$. 则 G 不满足华段猜想.

证明 不妨设 $G = \langle a,b,d\rangle \times \langle c\rangle = \langle a,b,c \mid a^p = b^p = d^p = 1, c^{p^n} = 1, [a,b] = d, [c,a] = [c,b] = [d,a] = [d,b] = 1\rangle$. 易知 $d(G) = 3$.

下面我们数 G 的各阶子群的个数.

首先我们断言 $s_{n+1}(G) = 1 + p + 3p^2 + p^3$: 因为 $d(G) = 3$, $\Phi(G) = \langle c^p, d\rangle$. 故 G 有 $1 + p + p^2$ 个极大子群, 它们分别是

$H_i = M_i \times \mathrm{C}_{p^n} \cong \mathrm{C}_{p^n} \times \mathrm{C}_p^2$, 其中 M_i 是 $\mathrm{M}_p(1,1,1)$ 的极大子群,

以及

$$H_{ij} = \langle ac^i, bc^j, \Phi(G)\rangle = \langle ac^i, bc^j, c^p, d\rangle, \quad \text{其中} \quad 0 \leqslant i \leqslant p-1, 0 \leqslant j \leqslant p-1.$$

容易计算, 若 i 和 j 至少有一个不为零, 则 $H_{ij} \cong \mathrm{M}_p(n,1,1)$. 明显地,

$$H_{00} \cong \mathrm{M}_p(1,1,1) \times \mathrm{C}_{p^{n-1}}.$$

由此可得 G 有 $p+2$ 个极大子群是三元生成的, $p^2 - 1$ 个极大子群是二元生成的.

因为 $G/\Phi(G) \cong \mathrm{C}_p^3$, 故 G 的指数为 p^2 的大子群的个数为 $1 + p + p^2$. 由 Hall 计数原则可得

$$\begin{aligned} s_{n+1}(G) &= \sum_{M \in \mathcal{S}_1} s_{n+1}(M) - p \sum_{M \in \mathcal{S}_2} s_{n+1}(M) \\ &= (p+2)(1+p+p^2) + (p^2-1)(1+p) - p(1+p+p^2) \\ &= 1 + p + 3p^2 + p^3. \end{aligned} \tag{5.1}$$

对于 $3 \leqslant m \leqslant n$, 我们对 n 作归纳证明 $s_m(G) = 1 + p + 3p^2 + 2p^3$.

若 $n = 3$, 容易验证 $s_3(G) = 1 + p + 3p^2 + 2p^3$.

取 G 的一个极大子群

$$\Omega_{n-1}(G) = H = \langle a,b,d\rangle \times \langle c^p\rangle \cong \mathrm{M}_p(1,1,1) \times \mathrm{C}_{p^{n-1}}.$$

当 $m < n$ 时, G 的所有 p^m 阶子群含在 H 中. 由对 n 的归纳假设, 结论成立.

若 $m = n$, 令 S 是一个 p^n 阶子群. 我们依照 S 是否循环来数 S 的个数. 若 S 不循环, 则 $S \leqslant H$ 且 S 是 H 的二极大子群. 若 S 循环, 显而易见,

$$c_n(G) = \frac{|G| - |\Omega_{n-1}(G)|}{\varphi(p^n)} = p^3.$$

故

$$s_n(G) = s_n(H) + c_n(G) = 1 + p + 3p^2 + p^3 + p^3 = 1 + p + 3p^2 + 2p^3.$$

进一步计算容易得到 $s_1(G), s_2(G), s_{n+2}(G)$ 分别是

$$1 + p + p^2 + p^3, \quad 1 + p + 2p^2 + 2p^3 \quad \text{和} \quad 1 + p + p^2.$$

□

例 5.1.5 设 $G \cong \mathrm{M}_p(2,1) \times \mathrm{C}_{p^n}$, 其中 $n \geqslant 2$. 则 G 不满足华段猜想.

证明 显然, $d(G) = 3$. 与例 5.1.4 的计算方法类似, 有

$$s_1(G) = 1 + p + p^2; \quad s_2(G) = 1 + p + 2p^2 + p^3;$$

$$s_m(G) = 1 + p + 3p^2 + p^3, \quad \text{其中} \quad 3 \leqslant m \leqslant n;$$

$$s_{n+1}(G) = 1 + p + 3p^2; \quad s_{n+2}(G) = 1 + p + p^2.$$

读者可作为练习给出证明. □

例 5.1.6 设 $G = \langle a, b, c, d \mid a^{p^n} = b^p = c^p = d^p = 1, [b, a] = c, [c, a] = [c, b] = d \rangle$, 其中 $(n \geqslant 2)$. 则 G 不满足华段猜想.

证明 易证 $d(G) = 2$ 且 $|G| = p^{n+3}$. 又令 $N = \langle d \rangle$. 则 $N \lhd G$ 且 $G/N \cong \mathrm{M}_p(n, 1, 1)$. 与例 5.1.4 的计算方法类似, 有

$$s_1(G) = 1 + p + p^2 + p^3; \quad s_2(G) = 1 + p + 2p^2 + 2p^3;$$

$$s_m(G) = 1 + p + 3p^2 + p^3, \quad \text{其中} \quad 3 \leqslant m \leqslant n;$$

$$s_{n+1}(G) = 1 + p + 3p^2; \quad s_{n+2}(G) = 1 + p + p^2.$$ □

注 5.1.7 我们注意到, 迄今为止找到的使华段猜想不成立的反例中, 这样的群 G 均有 $d(G) = 2$ 或 3. 另外, 使华段猜想不成立的子群个数的例外情况仅有 $s_m(G) \equiv 1 + p + 3p^2 \pmod{p^3}$.

自然地, 张勤海和曲海鹏在其文献 [211] 中提出了如下修正的华段猜想.

猜想 5.1.8 设 G 是有限 p 群. 若 $p > 2$ 且 $d(G) \geqslant 4$, 则对于 $1 \leqslant m \leqslant n-1$, 均有 $s_m(G) \equiv 1 + p + p^2$ 或 $1 + p + 2p^2 \pmod{p^3}$.

猜想 5.1.9 设 G 是有限 p 群. 若 $p > 2$, 则 $s_m(G) \equiv 1,\ 1+p,\ 1+p+p^2,\ 1+p+2p^2$ 或 $1+p+3p^2 \pmod{p^3}$.

我们观察到, 例 5.1.4 和例 5.1.5 中的群是内交换的极大类 p 群与循环群的直积. 对一般的情况, 华段猜想仍然不成立.

定理 5.1.10　设 $G = H \times \mathrm{C}_{p^n}$, 其中 $n \geqslant 2$, H 是 p^m 阶的极大类 p 群. 则 $s_{n+m-2}(G) \equiv 1 + p + 3p^2 \pmod{p^3}$, 即 G 不满足华段猜想.

证明　显然, $|G| = p^{n+m}$. 由例 5.1.4 和例 5.1.5 的结论, 我们只需考虑 $m \geqslant 4$ 的情况. 设 $H = \langle a, b \rangle$. 则 $G = H \times \langle c \rangle = \langle a, b, c \rangle$.

由 $d(G) = 3$ 可得 $\Phi(G) = \langle c^p, \Phi(H) \rangle$. 故 G 有 $1 + p + p^2$ 个极大子群.

令 $H_i = M_i \times \mathrm{C}_{p^n}$, 其中 M_i 是 H 的极大子群. 则 H_i 是 G 的极大子群且其个数是 $1 + p$. 因为 H 是极大类的且 $m \geqslant 4$, 故 $|H'| \geqslant p^2$. 因为具有循环极大子群的 p 群的导群的阶不超过 p, 由此可得 H 没有循环极大子群. 这意味着 $d(M_i) \geqslant 2$. 故 $d(H_i) \geqslant 3$.

令 $H_{ij} = \langle ac^i, bc^j, \Phi(G) \rangle$, 其中 $0 \leqslant i \leqslant p-1, 0 \leqslant j \leqslant p-1$. 则 H_{ij} 是 G 的极大子群且其个数是 p^2. 明显地, $d(H_{00}) = 3$. 另一方面, 若 i 和 j 不同时为零, 则 $c^p \in \langle ac^i, bc^j, \Phi(H) \rangle$. 故 $H_{ij} = \langle ac^i, bc^j, \Phi(H) \rangle$. 我们注意到 $\Phi(H) = H' = \langle ac^i, bc^j \rangle'$. 由此可得 $d(H_{ij}) = 2$.

现在我们得到: G 有 $p^2 - 1$ 个极大子群是二元生成的, $p + 2$ 个极大子群的生成元的个数不小于 3. 另一方面, 由 $G/\Phi(G) \cong \mathrm{C}_p^3$ 可得, 指数为 p^2 的大子群的个数是 $1 + p + p^2$. 由 Hall 的计数原则, 得到

$$
\begin{aligned}
s_{m+n-2}(G) &\equiv \sum_{M \in \mathcal{S}_1} s_{m+n-2}(M) - p \sum_{M \in \mathcal{S}_2} s_{m+n-2}(M) \\
&\equiv (p+2)(1+p+p^2) + (p^2-1)(1+p) - p(1+p+p^2) \\
&\equiv 1 + p + 3p^2 \pmod{p^3}.
\end{aligned} \tag{5.2}
$$

□

下面我们给出华段猜想成立的某些群类. 回顾一下, 设 $\exp(G) = p^e$, 称 $e = e(G)$ 为群 G 的**幂指数**.

定理 5.1.11　设 $p > 2$ 是素数. 则有限交换 p 群满足华段猜想.

证明　设 $G = \langle a_1 \rangle \times \langle a_2 \rangle \times \cdots \times \langle a_s \rangle$, $|G| = p^n$ 且 $e(G) = e$, 其中

$$o(a_1) \geqslant o(a_2) \geqslant \cdots \geqslant o(a_s).$$

再设

$$M = \langle a_1^p \rangle \times \langle a_2 \rangle \times \cdots \times \langle a_s \rangle, \quad K = \langle a_2 \rangle \times \cdots \times \langle a_s \rangle.$$

由于当 M 为循环群时, G 为循环群或 p^2 阶初等交换群, 定理显然成立, 故以下恒假设 M 为非循环群.

设 $1 \leqslant m \leqslant n-2$. 下面通过考虑 m 的不同取值来计算 $s_m(G)$ 的值:

情形 1　$m < e$. 此时 $s_m(G) = s_m(M)$. 对 $|G|$ 进行归纳可得结论.

情形 2 $m \geqslant e$.

设 H 为不含于 M 的 G 的 p^m 阶子群. 则存在 $x \in H \setminus M$ 使 $H = \langle x\rangle(H \cap M)$. 容易看出 $\langle x\rangle \cap (H \cap M) = \langle x^p\rangle$. 反之, 在 $G \setminus M$ 中任取一元素 x, 再从 M 中取一包含 x^p 的 p^{m-1} 阶子群 L, 就可以得到一个 p^m 阶子群 $\langle x\rangle L$. 注意到 L 的选取与 $L/\langle x^p\rangle$ 的选取是一一对应的, 而 $M = \langle x^p\rangle \times K$, 进而 $L/\langle x^p\rangle \lesssim K$. 从而 L 有 $s_{m-e}(K)$ 种取法. 又显然 x 有 $p^n - p^{n-1}$ 种取法, 故在不去重数的前提下, 我们得到了 $(p^n - p^{n-1})s_{m-e}(K)$ 个群. 而当我们取定一个 p^m 阶群 H 时, $L = H \cap M$ 是确定的, 但由于 $H \setminus M$ 中有 $p^m - p^{m-1}$ 个元素, 相应的 x 也有 $p^m - p^{m-1}$ 种取法. 去掉重数即知

$$s_m(G) - s_m(M) = p^{n-m}s_{m-e}(K). \tag{5.3}$$

当 $m = n-2$ 时, $s_{n-2}(M) \equiv 1+p$ 或 $1+p+p^2 \pmod{p^3}$ 且 $s_{n-2-e}(K) \equiv 1 \pmod p$. 由 (5.3) 式可得 $s_m(G) \equiv 1+p+p^2$ 或 $1+p+2p^2 \pmod{p^3}$.

当 $m < n-2$ 时, 由 (5.3) 式可得 $s_m(G) \equiv s_m(M) \pmod{p^3}$. 对 $|G|$ 进行归纳可得结论. □

引理 5.1.12 设 G 为亚循环 p 群, $p > 2$. 若 $N \trianglelefteq G$ 且 $|N| = p$. 则对于 $1 \leqslant m \leqslant e(G)$, 包含 N 的 G 的 p^m 阶循环子群个数为 $\dfrac{|\Omega_{m-1}(G)|}{p^{m-1}}$.

证明 设 $\langle x\rangle \geqslant N$, $\langle y\rangle \geqslant N$ 且 $o(x) = o(y) = p^m$. 则 $N = \langle x^{p^{m-1}}\rangle = \langle y^{p^{m-1}}\rangle$. 由于 $p > 2$, 故 G 为正则 p 群. 易知存在整数 i 使 $(xy^i)^{p^{m-1}} = 1$, 从而 $x \in \langle y\rangle\Omega_{m-1}(G)$. 于是对于任意的包含 N 的 G 的 p^m 阶循环子群 H, 我们都有 $H \leqslant \langle y\rangle\Omega_{m-1}(G)$. 又因 $\langle y\rangle\Omega_{m-1}(G)$ 中含有 $(p-1)|\Omega_{m-1}(G)|$ 个 p^m 阶元, 从而包含 N 的 G 的 p^m 阶循环子群个数为

$$\frac{(p-1)|\Omega_{m-1}(G)|}{p^{m-1}(p-1)} = \frac{|\Omega_{m-1}(G)|}{p^{m-1}}.$$ □

定理 5.1.13 设 $p > 2$ 是素数, G 是有限亚循环 p 群, $|G| = p^n$. 则对于 $1 \leqslant m \leqslant n$ 有 $s_m(G) \equiv 1$, $1+p$ 或 $1+p+p^2 \pmod{p^3}$. 特别地, G 满足华段猜想.

证明 任取 $N \trianglelefteq G$, $|N| = p$. 令 $\overline{G} = G/N$, 若 $m > e(G)$, 易见 $s_m(G) = s_{m-1}(\overline{G})$, 对 $|G|$ 进行归纳可得结论.

下设 $m \leqslant e(G)$. 由于不包含 N 的 G 的 p^m 阶子群均循环, 由引理 5.1.12 可得

$$s_m(G) = s_{m-1}(\overline{G}) + c_m(G) - \frac{|\Omega_{m-1}(G)|}{p^{m-1}}. \tag{5.4}$$

由于 $|\Omega_m(G)|/|\Omega_{m-1}(G)| \leqslant p^2$, 分以下情况讨论:

情形 1 $|\Omega_m(G)|/|\Omega_{m-1}(G)| = p$.

由

$$c_m(G)=\frac{|\Omega_m(G)|-|\Omega_{m-1}(G)|}{p^m-p^{m-1}}$$

可得

$$c_m(G)=\frac{|\Omega_{m-1}(G)|}{p^{m-1}}.$$

再由 (5.4) 可得 $s_m(G)=s_{m-1}(\overline{G})$. 对 $|G|$ 进行归纳可得结论.

情形 2　$|\Omega_m(G)|/|\Omega_{m-1}(G)|=p^2$.

此时 $|\Omega_m(G)|=p^{2m}$, 而 $|\Omega_{m-1}(G)|=p^{2m-2}$. 从而

$$c_m(G)-\frac{|\Omega_{m-1}(G)|}{p^{m-1}}=\frac{|\Omega_m(G)|-|\Omega_{m-1}(G)|}{p^m-p^{m-1}}-\frac{|\Omega_{m-1}(G)|}{p^{m-1}}=p^m.$$

当 $m\geqslant 3$ 时, 由 (5.4) 可得 $s_m(G)\equiv s_{m-1}(\overline{G})(\bmod p^3)$, 对 $|G|$ 进行归纳可得结论.

当 $m=2$ 时,

$$s_2(G)=1+\frac{|\Omega_2(G)|-|\Omega_1(G)|}{p^2-p}=1+p\ \text{或}\ 1+p+p^2.$$

当 $m=1$ 时, $s_1(G)=1+p$, 定理仍然成立. □

定理 5.1.14　设 $p>2$ 是素数. 则有限超特殊 p 群满足华段猜想.

证明　由 [65] 中的定理 5.2 及定理 5.1.2 可知, 只需设

$$G=N*N*\cdots*N*M,$$

其中 $N\cong \mathrm{M}_p(1,1,1)$, $M\cong \mathrm{M}_p(2,1)$. 设

$$|G|=p^n,\quad K=\Omega_1(G)/G',\quad L=G/G'.$$

则

$$|L|=|\Omega_1(G)|=p^{n-1},\quad |K|=p^{n-2}.$$

由于对 p^3 阶群定理显然成立, 不妨设 $n\geqslant 5$. 注意 $\mho_1(G)=G'$. 于是对任何不含在 $\Omega_1(G)$ 中的子群 H, 均有 $G'\leqslant H$, 从而对于任意 $1\leqslant m\leqslant n$, 有

$$s_m(G)=s_m(\Omega_1(G))+s_{m-1}(L)-s_{m-1}(K). \tag{5.5}$$

下面计算 $s_m(G)$ 的值.

当 $m=n-2$ 时, 由于 $n\geqslant 5$, 知 $\Omega_1(G)'=G'$, 从而 $s_{n-2}(\Omega_1(G))=s_{n-3}(K)$. 由 (5.5) 可得 $s_{n-2}(G)=s_{n-3}(L)$. 而 L 为初等交换群, 易得

$$s_{n-2}(G)\equiv 1+p+2p^2(\bmod p^3).$$

当 $1\leqslant m\leqslant n-3$ 时, 由 L,K 均为初等交换群, 易知 $s_{m-1}(L)\equiv s_{m-1}(K)(\bmod p^3)$. 再由 (5.5) 可得 $s_m(G)\equiv s_m(\Omega_1(G))(\bmod p^3)$. 依定理 5.1.2 可得结论. □

定理 5.1.15 设 $p>2$ 是素数. 则有限内交换 p 群满足华段猜想.

证明 由定理 1.7.10 及定理 5.1.13, 可以假设 $G\cong \mathrm{M}_p(n,m,1)$, 且不妨设 $n\geqslant m$. 设

$$M=\langle a^p\rangle\times\langle b\rangle\times\langle c\rangle,\quad K=\langle b\rangle\times\langle c\rangle.$$

完全仿照定理 5.1.11 的证明方法即得. □

下面证明有交换极大子群的极大类 p 群和正则的极大类 p 群满足华段猜想. 首先介绍几个符号和概念.

设 G 是 p^n 阶的极大类 p 群, $n\geqslant 5$. 令 $G_1=C_G(G_2/G_4)$. 则 G_1 称为 G 的**基本子群**. 若对于 $3\leqslant i\leqslant n-2$ 中的某个 i, 有 $G_1\neq C_G(G_i/G_{i+2})$, 即 $[G_i,G_1]\leqslant G_{i+1}$ 但 $[G_i,G_1]\nleqslant G_{i+2}$. 则称 G 为**例外群**. 否则, G 被称为**非例外群**.

若 G 是正则 p 群, 令 $p^{\mu(G)}=|\Omega_1(G)|$. 若 G 是非正则 p 群, 在 G 的所有方次数为 p 的子群中, 取一个最大阶的子群, 设其阶为 $p^{t(G)}$. 其次, 在 G 的所有非正则子群中, 取一个最小阶的子群, 设其阶为 $p^{r(G)}$. 此时令 $\mu(G)=\min\{t(G),r(G)-2\}$.

引理 5.1.16 设 G 是有限 p 群且 $p\geqslant 5$. 则 G 是非循环的亚循环 p 群当且仅当 $s_1(G)=1+p$.

证明 $\Longrightarrow$: 由假设可得, G 正则且 $|\Omega_1(G)|=p^2$. 由此可得

$$s_1(G)=\frac{p^2-1}{p-1}=1+p.$$

$\Longleftarrow$: 由 $s_1(G)=1+p$ 可知, $\forall H<G$, $s_1(H)\leqslant 1+p$ 成立. 若 G 非亚循环, 对 $|G|$ 作归纳, 不妨设 G 是内亚循环群. 内亚循环 p 群的分类结果可参看定理 8.1.1. 若 $p\geqslant 5$, 则 $G\cong \mathrm{C}_p^3$ 或 G 是 p^3 阶的方次数为 p 的非交换群. 在任何情形下, 都有 $s_1(G)=1+p+p^2$. 矛盾. 故 G 亚循环. □

引理 5.1.17 设 G 是有限 p 群. 若 G 非正则, 或正则且 $|\Omega_1(G)|\geqslant p^4$, 则 $s_2(G)\equiv 1+p+2p^2 (\mathrm{mod}\ p^3)$.

证明 设 G 正则且 $|\Omega_1(G)|\geqslant p^4$. 则 $\mu(G)\geqslant 4$. 若 G 非正则, 由 [33] 的定理 9.8 可知, $\mu(G)\geqslant p-1\geqslant 4$. 又由 [33] 的定理 13.4 得到, $c_2(G)\equiv 0 (\mathrm{mod}\ p^3)$. 故只需计算: 满足 $H\leqslant G$ 且 $H\cong \mathrm{C}_p^2$ 的子群 H 的个数. 明显地, $H\leqslant \Omega_1(G)$.

若 G 正则, 则 $\exp(\Omega_1(G))=p$. 由引理 5.1.12, 即得

$$s_2(G)\equiv s_2(\Omega_1(G))\equiv 1+p+2p^2 (\mathrm{mod}\ p^3).$$

若 G 非正则, 对 $|G|$ 作归纳. 由 [33] 中的定理 9 可知, 存在 $H\leqslant G'$ 使得 $\exp(H)=p$ 且 $|H|\geqslant p^{p-1}$. 故所有包含 $\Phi(G)$ 的大子群 M 或非正则或正则且 $|\Omega_1(M)|\geqslant p^4$. 由归纳假设及 Hall 计数原则, 我们有如下结论.

若 $d(G)=2$, 则

$$\begin{aligned}s_2(G)&\equiv\sum_{M\in\mathcal{S}_1}s_2(M)-p\sum_{M\in\mathcal{S}_2}s_2(M)\\&\equiv(1+p)(1+p+2p^2)-p(1+p+2p^2)\\&\equiv1+p+2p^2(\bmod p^3).\end{aligned}\tag{5.6}$$

若 $d(G)\geqslant3$, 则 $|\mathcal{S}_2|\equiv1+p(\bmod p^2)$ 且

$$\begin{aligned}s_2(G)&\equiv\sum_{M\in\mathcal{S}_1}s_2(M)-p\sum_{M\in\mathcal{S}_2}s_2(M)\\&\equiv(1+p+p^2)(1+p+2p^2)-p(1+p)(1+p+2p^2)\\&\equiv1+p+2p^2(\bmod p^3).\end{aligned}\tag{5.7}$$

□

定理 5.1.18　设 G 是有限 p 群. 则 $s_1(G)$ 和 $s_2(G)$ 满足华段猜想. 特别地, 若 G 非正则或正则且 $|\Omega_1(G)|\geqslant p^3$, 则 $s_1(G)\equiv1+p+p^2(\bmod p^3)$.

证明　首先考虑 $s_1(G)$. 若 G 正则, 则 $s_1(G)=\dfrac{|\Omega_1(G)|-1}{p-1}$. 若 G 非正则, 由 [33] 的定理 9.8 和 [33] 的定理 13.4 得到, 对于 $p\geqslant5$ 有 $\mu(G)\geqslant3$. 于是

$$s_1(G)\equiv1+p+p^2(\bmod p^3).$$

对于 $s_2(G)$, 由引理 5.1.17 可知, 若 G 非正则或正则且 $|\Omega_1(G)|\geqslant p^4$, 则 $s_2(G)$ 满足华段猜想. 故我们仅需讨论 G 正则且 $|\Omega_1(G)|$ 分别为 p, p^2 或 p^3 的情形.

若 $|\Omega_1(G)|=p$, 则 G 循环. 结论显然成立.

若 $|\Omega_1(G)|=p^2$, 则

$$s_1(G)=\frac{|\Omega_1(G)|-1}{p-1}=1+p.$$

由引理 5.1.16 可知, G 亚循环. 由 [210] 中的定理 6 可知, $s_2(G)$ 满足华段猜想.

若 $|\Omega_1(G)|=p^3$, 则 $\Omega_1(G)\cong\mathrm{C}_p^3$ 或 p^3 阶的方次数为 p 的非交换群. 故 G 的 p^2 阶初等交换子群的个数是 $1+p+p^2$ 或 $1+p$. 另一方面, G 的 p^2 阶循环子群的个数是

$$\frac{|\Omega_2(G)|-|\Omega_1(G)|}{p(p-1)}\equiv p^2(\bmod p^3).$$

故 $s_2(G)$ 满足华段猜想.　□

引理 5.1.19　设 G 是 p^5 阶的极大类 p 群. 则 G 满足华段猜想.

证明 由定理 5.1.18 可知, 我们仅需计算 $s_3(G)$. 由假设可得 $|G'| = p^3$. 故 $|G''| \leqslant p$. 若 $|G''| = p$, 由文献 [189] 中的定理 5.12 可得 G' 循环. 与 G 为奇数阶极大类 p 群矛盾. 故 $G'' = 1$.

由文献 [74] 中的 III 定理 14.11, 定理 14.22 得到, G 非例外且 $\forall M \lessdot G, M \neq G_1$ 有 M 极大类. 由 [74] 中的 III 引理 14.14 可得, $d(G_1) > 2$. 再由 Hall 计数原则, 有

$$s_3(G) = \sum_{M \in \mathcal{S}_1} s_3(M) - p \equiv 1 + p + p^2 + p(1+p) - p = 1 + p + 2p^2 (\bmod p^3). \quad \square$$

定理 5.1.20 *设 G 是阶为 p^n 且有交换极大子群的极大类 p 群. 则*

$$s_m(G) \equiv \begin{cases} 1 + p + p^2 (\bmod p^3), & m = 1, \\ 1 + p + 2p^2 (\bmod p^3), & 1 < m < n-1. \end{cases}$$

特别地, G 满足华段猜想.

证明 若 $n = 5$, 由引理 5.1.17、定理 5.1.18 及引理 5.1.19 的证明可知结论成立. 不妨设 $n \geqslant 6$ 且 $\exp(G) \geqslant p^2$. 因为极大类 p 群的商群还是极大类的, 又对应定理保证了商群也有一个交换极大子群. 所以定理的条件是商群遗传的. 由定理 5.1.18 可知, 我们仅需数 $s_m(G)$, 其中 $m \geqslant 3$.

由假设和 [74] 的第 III 章定理 14.11、定理 14.22 可知, G 是非例外群. 进一步地, G 的交换极大子群是基本子群 G_1.

我们断言:

(1) 若 H 是 G 的 p^m 阶非交换子群, 则 $G_{n-1} \leqslant H$.

(2) 若 A 是 G 的交换子群且 $|A| \geqslant p^3$, 则 $A \leqslant G_1$.

事实上, 若 H 非交换, 则 $H \nleqslant G_1$. 取 $s \in H \setminus G_1$. 由 [74] 中的第 III 章引理 14.13 可得, $|C_G(s)| = p^2$. 明显地, $|C_H(s)| \geqslant p^2$. 故 $C_G(s) = C_H(s)$. 再由 [74] 中的第 III 章, 引理 14.13 即得 (1) 成立. 若 $A \nleqslant G_1$, 取 $s \in A \setminus G_1$, 则 $A \leqslant C_G(s)$. 由 [74] 中的第 III 章, 引理 14.13 可得 $|A| \leqslant p^2$. 矛盾. 故 (2) 成立.

因为 G 有一个交换极大子群 G_1, 由 [74] 中的 III、定理 14.11、定理 14.22 可知, G 是非例外群且 $\forall M \lessdot G$, $M \neq G_1$ 且 M 是极大类的. 即 G 有 p 个极大类的极大子群. 因为 $d(G_1) > 3$, 由 Hall 计数原则, 有

$$s_{n-2}(G) = \sum_{M \in \mathcal{S}_1} s_{n-2}(M) - p = s_{n-2}(G_1) + p(1+p) - p \equiv 1 + p + 2p^2 (\bmod p^3).$$

现在我们数 $s_m(G)$, 其中 $3 \leqslant m \leqslant n-3$. 设 H 是 G 的 p^m 阶子群.

若 H 非交换, 由 (1) 可知, $G_{n-1} \leqslant H$. 由此可知, 若 H 不包含 G_{n-1}, 必有 H 交换. 由 (2) 可知, $H \leqslant G_1$. 令

$$\overline{G} = G/G_{n-1}, \quad \overline{G_1} = G_1/G_{n-1}.$$

则

$$s_m(G) = s_{m-1}(\overline{G}) + s_m(G_1) - s_{m-1}(\overline{G_1}).$$

因为 $n \geqslant 6$, 故 G/G_{n-1} 是极大类群. 由 [74] 中的 III、引理 14.14 可得, $d(G_1) > 3$. 若 $3 \leqslant m \leqslant n-3$, 由 [187] 中的定理 2.12 可得

$$s_m(G_1) \equiv s_{m-1}(\overline{G_1})(\bmod\ p^3).$$

因而

$$s_m(G) \equiv s_{m-1}(\overline{G})(\bmod\ p^3). \tag{5.8}$$

最后我们说明: $s_2(G) \equiv 1+p+2p^2(\bmod\ p^3)$. 事实上, 由引理 5.1.17, 我们只需考虑 G 正则且 $|\Omega_1(G)| \leqslant p^3$ 的情形. 此时由有交换极大子群的极大类群之分类可知必有 $|G| \leqslant p^4$. 这矛盾于 $|G| \geqslant p^5$. □

定理 5.1.21　若 G 是正则的极大类 p 群, 则

$$s_m(G) \equiv \begin{cases} 1+p+p^2(\bmod\ p^3), & m=1, \\ 1+p+2p^2(\bmod\ p^3), & 1<m<n-1. \end{cases}$$

特别地, G 满足华段猜想.

证明　设 $G=\langle a,b\rangle$. 由 [74] 中的 III, 定理 14.21 可知, $n \leqslant p$. 又由 [74] 中的 III, 引理 14.14 可知, $\exp(G')=p$ 且 $\exp(G/G_{n-1})=p$. 由此可得 $\exp(G) \leqslant p^2$. 若 $\exp(G)=p$, 由定理 5.1.2 即得结论. 不妨设 $\exp(G)=p^2$. 则 $\mho_1(G)=G_{n-1}$ 的阶为 p. 故 $|\Omega_1(G)|=p^{n-1}$.

若 $H \leqslant G$ 且 $\exp(H)=p^2$, 则 $G_{n-1} \leqslant H$. 若 $\exp(H)=p$, 则 $H \leqslant \Omega_1(G)$. 令 $\overline{G}=G/G_{n-1}$. 则

$$s_m(G) = s_{m-1}(\overline{G}) + s_m(\Omega_1(G)) - s_{m-1}(\Omega_1(G)/G_{n-1}). \tag{5.9}$$

因为 $n \geqslant 5$ 且 $|\Omega_1(G)| \geqslant p^4$, 故

$$s_1(G) \equiv 1+p+p^2(\bmod\ p^3).$$

由引理 5.1.17 可得

$$s_2(G) \equiv 1+p+2p^2(\bmod\ p^3).$$

若 $3 \leqslant m < n-2$, 由 (5.9) 及定理 5.1.2 可得

$$s_m(G) \equiv 1+p+2p^2(\bmod\ p^3).$$

若 $m=n-2$, 因为 G 是 p 交换的, 故

$$\Omega_1(G) \cong G/\mho_1(G) = G/G_{n-1}$$

是极大类的. 注意到极大类 p 群的阶 $\geqslant p^2$ 的商群均是二元生成的, 故

$$d(\Omega_1(G)) = d(\Omega_1(G)/G_{n-1}) = 2.$$

于是

$$s_{n-2}(\Omega_1(G)) = s_{n-3}(\Omega_1(G)/G_{n-1}) = 1 + p.$$

再由 (5.9) 式及定理 5.1.2 可得, $s_{n-2}(G) \equiv 1 + p + 2p^2 (\mathrm{mod}\ p^3)$. □

基于定理 5.1.20 和定理 5.1.21, 我们提出下列问题.

问题 5.1.22 *极大类 p 群都满足华段猜想吗?*

在本节的最后, 介绍与华段猜想有关的一个结果. 由华段猜想可知, 对于奇数阶 p 群, 各阶子群个数最少的情况只能是 1, $1+p$, $1+p+p^2$ 或 $1+p+2p^2$ 之一. 明显地, 各阶子群个数均为 1 的群只能是循环群. 陈彦恒等在文献 [53] 分类了各阶子群个数不超过 $1+p$ 的有限 p 群. 曲海鹏等在文献 [131] 分类了各阶子群个数不超过 p^3 的有限 p 群. 有趣的是, 当 $p > 2$ 且 $n \geqslant 5$ 时, 各阶子群个数不超过 $1+p+2p^2$ 的 p^n 阶群恰是华罗庚和段学复早年在文献 [72] 中分类的一类群, 即具有一个指数为 p^2 的 p^n 阶群. 这同时也说明, 对这类群而言, 华段猜想是成立的. 下面证明这个结果. 首先, 介绍曲海鹏等在文献 [131] 中对文献 [53] 结果的一个简短证明.

定理 5.1.23 *设 G 是 p^n 阶群. 则对于 $1 \leqslant k \leqslant n-1$, $s_k(G) = 1+p$ 成立当且仅当 $G \cong \mathrm{C}_{p^{n-1}} \times \mathrm{C}_p$ 或 $\mathrm{M}_p(n-1,1)$ 除去 D_8.*

证明 $\Longrightarrow$: 首先我们断言: G 有一个循环极大子群. 若否, 取两个不同的极大子群 $M_i (i = 1, 2)$. 由假设, $s_{n-2}(M_i) = 1 + p + \cdots + p^{d(M_i)-1} \geqslant 1 + p$. 于是

$$s_{n-2}(G) \geqslant s_{n-2}(M_1) + s_{n-2}(M_2) - 1 \geqslant 1 + 2p.$$

矛盾. 由假设及定理 1.9.1 即得所求结论.

$\Longleftarrow$: 设 G 为定理中的群, 则对于满足 $1 \leqslant k \leqslant n-1$ 的任意的正整数 k, 均有 $|\Omega_k(G)| = p^{k+1}$. 于是

$$c_k(G) = \frac{|\Omega_k(G)| - |\Omega_{k-1}(G)|}{p^k - p^{k-1}} = p.$$

由此可得 $s_k(G) = 1 + c_k(G) = 1 + p$. □

下面我们介绍曲海鹏等在文献 [131] 中对具有一个指数为 p^2 的 p^n 阶群的计数刻画. 首先我们需要某些预备结果.

引理 5.1.24 *设 G 是 p^n 阶群. 若 $s_{n-1}(G) \leqslant p^3$, 则 $d(G) \leqslant 3$.*

证明 因为 $s_{n-1}(G) = 1 + p + p^2 + \cdots + p^{d(G)-1}$, 由假设即得 $d(G) - 1 \leqslant 2$. 即 $d(G) \leqslant 3$. □

引理 5.1.25　设 G 是 p^n 阶群, $N \trianglelefteq G$. 若对于任意的正整数 k 均有 $s_k(G) \leqslant t$, 其中 t 是某个正整数, 则 $s_k(G/N) \leqslant t$.

证明　设 $|N| = p^i$, H/N 是 G/N 的 p^k 阶子群. 则 H 是 G 的包含 N 的 p^{k+i} 阶子群. 于是 $s_k(G/N) \leqslant s_{k+i}(G) \leqslant t$. □

引理 5.1.26　设 G 是 p^n 阶群, $\exp(G) = p^e$, s 是正整数. 若对于 $1 \leqslant k \leqslant n$, 均有 $c_k(G) \leqslant p^s$, 则 $e \geqslant n - s + 1$.

证明　断言: 对于任意的正整数 k, 均有 $|\Omega_{\{k\}}(G)| < p^{k+s}$. 事实上, 由于

$$c_1(G) = \frac{|\Omega_{\{1\}}(G)| - 1}{\varphi(p)} = \frac{|\Omega_{\{1\}}(G)| - 1}{p-1} \leqslant p^s,$$

故

$$|\Omega_{\{1\}}(G)| \leqslant p^{s+1} - p^s + 1 < p^{s+1}.$$

假设断言对于 $k < m$ 成立. 当 $k = m$ 时, 因为

$$c_m(G) = \frac{|\Omega_{\{m\}}(G)| - |\Omega_{\{m-1\}}(G)|}{\varphi(p^m)} = \frac{|\Omega_{\{m\}}(G)| - |\Omega_{\{m-1\}}(G)|}{p^{m-1}(p-1)} \leqslant p^s,$$

故

$$|\Omega_{\{m\}}(G)| \leqslant p^{s+m} - p^{s+m-1} + |\Omega_{\{m-1\}}(G)| < p^{s+m}.$$

这就是说, 当 $k = m$ 时结论仍然成立. 特别地,

$$p^n = |G| = |\Omega_{\{e\}}(G)| < p^{e+s}.$$

于是定理的结论推出. □

引理 5.1.27　设 G 是 p^n 阶群, $p > 2$, $n \geqslant 5$, $\exp(G) = p^e$. 若 $e \geqslant n - 2$, 则对于 $1 \leqslant k \leqslant n$ 均有 $s_k(G) \leqslant 1 + p + 2p^2$.

证明　对 e 的值进行讨论.

若 $e = n$, 则 G 循环. 结论当然成立. 若 $e = n - 1$, 则 G 有一个循环极大子群. 因为 $p > 2$, 由定理 1.9.1 可知, $G \cong \mathrm{C}_{p^{n-1}} \times \mathrm{C}_p$ 或 $\mathrm{M}_p(n-1, 1)$. 于是结论由定理 5.1.23 得到.

下设 $e = n - 2$. 这等价于说, G 有一个指数 p^2 的循环子群但无循环极大子群. 这样的群已被文献 [72] 分类. 由定理 4.1.10 易知, $|G'| \leqslant p^2$, $d(G) \leqslant 3$ 且 G 是 p^2 交换的. 由此可得

$$\Omega_i(G) = \Omega_{\{i\}}(G), \quad d(\Omega_i(G)) \leqslant 3, \quad 2 \leqslant i \leqslant e.$$

因为

$$e = n - 2, \quad p^n = |G| = |\Omega_2(G)| \prod_{s=3}^{e} |\Omega_s(G)/\Omega_{s-1}(G)|,$$

故 $|\Omega_2(G)| \leqslant p^4$ 且 $\Omega_2(G) < G$. 由定理 4.1.10 易知: 若 $d(G) = 3$, 则 $|G'| \leqslant p$. 若 $d(G) = 2$, 则 $|G'| \leqslant p^2$. 在 G 中取一个含在 G' 里的 p 阶正规子群 N. 易证 G/N 交换或内交换. 由此可得, G 的所有真子群的导群含在 N 中. 于是我们得到 $|\Omega_2(G)'| \leqslant p$. 故 $\Omega_2(G)$ 是 p 交换的. 这意味着

$$\Omega_{\{1\}}(G) = \Omega_{\{1\}}(\Omega_2(G)) = \Omega_1(\Omega_2(G))$$

是群. 从而 $\Omega_{\{1\}}(G) = \Omega_1(G)$.

因为

$$e = n - 2, \quad p^n = |G| = |\Omega_1(G)| \prod_{s=2}^{e} |\Omega_s(G)/\Omega_{s-1}(G)|,$$

故 $|\Omega_1(G)| \leqslant p^3$. 又 G 非循环, 故 $|\Omega_1(G)| \neq p$. 以下分 $|\Omega_1(G)| = p^2$ 和 $|\Omega_1(G)| = p^3$ 分别讨论.

情形 1 $|\Omega_1(G)| = p^2$.

此时

$$s_1(G) = \frac{|\Omega_1(G)| - 1}{\varphi(p)} = 1 + p.$$

因为

$$e = n - 2, \quad p^n = |G| = |\Omega_1(G)| \prod_{s=2}^{e} |\Omega_s(G)/\Omega_{s-1}(G)|,$$

存在正整数 t 使得 $|\Omega_t(G)/\Omega_{t-1}(G)| = p^2$. 进一步地, 若 $2 \leqslant i \leqslant e$ 且 $i \neq t$, 则 $|\Omega_i(G)/\Omega_{i-1}(G)| = p$. 由此可知: 若 $s \leqslant t-1$, 则 $|\Omega_s(G)| = p^{s+1}$; 若 $e \geqslant s \geqslant t$, 则 $|\Omega_s(G)| = p^{s+2}$. 对于 $2 \leqslant j \leqslant n-1$, 我们计算 G 的阶为 p^j 的子群个数如下.

若 $2 \leqslant j \leqslant t-1$, 因为 $\Omega_i(G) = \Omega_{\{i\}}(G)$, 其中 $2 \leqslant i \leqslant e$, 有

$$c_j(G) = \frac{|\Omega_j(G)| - |\Omega_{j-1}(G)|}{\varphi(p^j)} = \frac{p^j(p-1)}{p^{j-1}(p-1)} = p.$$

又因为 $|\Omega_{j-1}(G)| = p^j$, 故 $s_j(\Omega_{j-1}(G)) = 1$. 由此可得

$$s_j(G) = c_j(G) + s_j(\Omega_{j-1}(G)) = 1 + p.$$

若 $j = t$, 则

$$c_t(G) = \frac{|\Omega_t(G)| - |\Omega_{t-1}(G)|}{\varphi(p^t)} = \frac{p^t(p^2-1)}{p^{t-1}(p-1)} = p + p^2.$$

因为 $|\Omega_{t-1}(G)| = p^t$, 故 $s_t(\Omega_{t-1}(G)) = 1$. 从而

$$s_t(G) = c_t(G) + s_t(\Omega_{t-1}(G)) = 1 + p + p^2.$$

若 $e \geqslant j > t$, 则

$$c_j(G)=\frac{|\Omega_j(G)|-|\Omega_{j-1}(G)|}{\varphi(p^j)}=\frac{p^{j+1}(p-1)}{p^{j-1}(p-1)}=p^2.$$

因为

$$|\Omega_{j-1}(G)|=p^{j+1},\quad d(\Omega_{j-1}(G))\leqslant 3,$$

故

$$s_j(\Omega_{j-1}(G))\leqslant 1+p+p^2.$$

从而

$$s_j(G)=c_j(G)+s_j(\Omega_{j-1}(G))\leqslant 1+p+2p^2.$$

若 $j=e+1=n-1$, 由 $d(G)\leqslant 3$ 可得, $s_j(G)\leqslant 1+p+p^2$.

综上所证, 对于 $1\leqslant k\leqslant n$, 总有 $s_k(G)\leqslant 1+p+2p^2$.

情形 2 $|\Omega_1(G)|=p^3$.

此时,

$$s_1(G)=\frac{|\Omega_1(G)|-1}{\varphi(p)}=1+p+p^2.$$

因为

$$e=n-2,\quad p^n=|G|=|\Omega_1(G)|\prod_{s=2}^{e}|\Omega_s(G)/\Omega_{s-1}(G)|,$$

故对于 $2\leqslant i\leqslant e$, 均有 $|\Omega_i(G)/\Omega_{i-1}(G)|=p$. 于是

$$|\Omega_i(G)|=p^{i+2},\quad c_i(G)=\frac{|\Omega_i(G)|-|\Omega_{i-1}(G)|}{\varphi(p^i)}=\frac{p^{i+1}(p-1)}{p^{i-1}(p-1)}=p^2.$$

因为

$$d(\Omega_{i-1}(G))\leqslant 3,\quad |\Omega_{i-1}(G)|=p^{i+1},$$

故

$$s_i(\Omega_{i-1}(G))\leqslant 1+p+p^2.$$

由此可得

$$s_i(G)=c_i(G)+s_i(\Omega_{i-1}(G))\leqslant 1+p+2p^2.$$

又 $d(G)\leqslant 3$, 故 $s_{n-1}(G)\leqslant 1+p+p^2$.

综上所证, 对于 $1\leqslant k\leqslant n$, 总有 $s_k(G)\leqslant 1+p+2p^2$. □

由引理 5.1.26 和引理 5.1.27 即得下列的结论.

定理 5.1.28 设 G 是 p^n 阶群, $p>2$, $n\geqslant 5$, $\exp(G)=p^e$. 则对于满足 $1\leqslant k\leqslant n$ 的正整数 k, 下列陈述是等价的:

(1) $e\geqslant n-2$;

(2) $s_k(G)\leqslant 1+p+2p^2$;

(3) $s_k(G)\leqslant 1+p+tp^2$, 其中 $2<t<p$;

(4) $s_k(G)\leqslant p^3$;

(5) $c_k(G)\leqslant p^3$.

5.2 子群个数较多的 p 群

有限交换 p 群是结构最清楚的 p 群, 它们由其型不变量唯一确定. 由于交换群的任意两个子群的乘积仍是一个子群, 直观上看, 似乎交换 p 群比非交换 p 群有更多的子群. 然而, 事实并非如此. 本节首先介绍交换 p 群的子群个数的计数公式, 然后给出子群个数 "最多" 及 "次多" 的两类有限 p 群的结构, 最后简要介绍某些计数定理.

关于交换 p 群的子群个数, 最早的结果有叶彦谦等的工作, 见 [55], [58], [81], [198].

叶彦谦在定理 4.1.11 中给出了有限交换 p 群中给定型不变量的子群个数的公式. Djubjuk 在 [60] 给出了有限交换 p 群中给定 ω 不变量的子群个数的公式.

所谓交换 p 群的 ω 不变量, 即其作为正则 p 群的 ω 不变量. 回顾一下, 称交换 p 群 G 的 ω 不变量为 $\{\omega_1,\cdots,\omega_e\}$, 如果

$$p^{\omega_i}=|\Omega_i(G)/\Omega_{i-1}(G)|,\quad i=1,2,\cdots,e=e(G),$$

其中 $e(G)$ 是 G 的幂指数, 即满足 $\exp(G)=p^{e(G)}$. 我们有

$$d(G)=\omega_1\geqslant\omega_2\geqslant\cdots\geqslant\omega_e>0.$$

为方便起见, 有时也可认为 G 的 ω 不变量为 $\{\omega_1,\cdots,\omega_e,0,\cdots,0\}$.

设 $\omega_1\geqslant\omega_2\geqslant\cdots\geqslant\omega_e$ 是 e 个非负整数, 而 $\beta_1\geqslant\cdots\geqslant\beta_e$ 是任意 e 个整数, 则我们规定数

$$\begin{Bmatrix}\omega_1, & \cdots, & \omega_e\\ \beta_1, & \cdots, & \beta_e\end{Bmatrix}=p^{\sum\limits_{i=1}^{e}(\omega_i-\beta_i)\beta_{i+1}}\prod_{i=1}^{e}\begin{bmatrix}\omega_i-\beta_{i+1}\\ \beta_i-\beta_{i+1}\end{bmatrix}_p,\tag{5.10}$$

其中 β_{e+1} 规定为 0, $\begin{bmatrix}\alpha\\ \beta\end{bmatrix}_p$ 的定义见引理 1.10.4.

定理 5.2.1 (Djubjuk) 设 G 是有限交换 p 群, 其 ω 不变量为 $\{\omega_1,\cdots,\omega_e\}$. 又设 $\beta_1,\cdots,\beta_e$ 为任意整数. 则 G 中 ω 不变量为 $\{\beta_1,\cdots,\beta_e\}$ 的子群个数为

$$\begin{Bmatrix}\omega_1, & \cdots, & \omega_e\\ \beta_1, & \cdots, & \beta_e\end{Bmatrix}.$$

若 $\beta_1,\cdots,\beta_e$ 不构成任意交换 p 群的 ω 不变量, 则规定 (5.10) 式给出的数为 0.

由引理 1.10.4, 对于 $0\leqslant m<n$, p^n 阶初等交换 p 群中 p^m 阶子群为 $\begin{bmatrix}n\\ m\end{bmatrix}_p$. 樊恽 [62] 给出初等交换 p 群的下列有趣的刻画.

定理 5.2.2 [62] 设 G 是 p^n 阶的 p 群, $n \geqslant 1$. 则

(1) $s_1(G) \leqslant \begin{bmatrix} n \\ 1 \end{bmatrix}_p$, 且等号成立当且仅当 $\exp(G) = p$;

(2) 对于 $2 \leqslant m < n$, $s_m(G) \leqslant \begin{bmatrix} n \\ m \end{bmatrix}_p$, 且等号成立当且仅当 G 初等交换.

证明 (1) 由于任两个 p 阶子群的交为 1, 所以当 G 的每个元素都生成一个 p 阶子群, 即当 $\exp(G) = p$ 时, $s_1(G) = \begin{bmatrix} n \\ 1 \end{bmatrix}_p$; 否则, $s_1(G) < \begin{bmatrix} n \\ 1 \end{bmatrix}_p$.

(2) 由于 G 的极大子群个数是初等交换群 $G/\Phi(G)$ 的极大子群个数, 故当 $m = n-1$ 时结论成立. 下面设 $1 < m < n-1$. 任取 G 的一个极大子群 M. 我们把 G 的所有 p^m 阶子群分为两类: 一类是含于 M 中, 另一类是不含于 M 中, 并把这两类子群的集合分别记为 $\mathcal{S}_1$ 和 $\mathcal{S}_2$. 第一类子群的个数显然是 $|\mathcal{S}_1| = s_m(M)$. 下面研究第二类子群的个数.

设 $H \in \mathcal{S}_2$. 则由 M 在 G 中的正规性和极大性得 $H_1 := H \cap M$ 是 p^{m-1} 子群. 于是 H 由 H_1 添加 $G \setminus M$ 的一个元素生成, 并且对于 $G \setminus M$ 中元素的 $p^m - p^{m-1}$ 种不同取法得到同一个子群 H. 这说明, 包含 H_1 的并且在集合 $\mathcal{S}_2$ 中的子群个数不大于

$$|G \setminus M|/|H \setminus H_1| = (p^n - p^{n-1})/(p^m - p^{m-1}) = p^{n-m}.$$

于是有

$$|\mathcal{S}_2| \leqslant p^{n-m} s_{m-1}(M).$$

因此得

$$s_m(G) \leqslant s_m(M) + p^{n-m} s_{m-1}(M).$$

用归纳法得

$$s_m(G) \leqslant \begin{bmatrix} n-1 \\ m \end{bmatrix}_p + p^{n-m} \begin{bmatrix} n-1 \\ m-1 \end{bmatrix}_p.$$

由引理 1.10.5(2), 得 $s_m(G) \leqslant \begin{bmatrix} n \\ m \end{bmatrix}_p$, 并且等号成立当且仅当 $s_m(M) = \begin{bmatrix} n-1 \\ m \end{bmatrix}_p$ 以及 $s_{m-1}(M) = \begin{bmatrix} n-1 \\ m-1 \end{bmatrix}_p$. 因 $|M| < |G|$, 由归纳假设得 M 为初等交换群. 再由 M 选取的任意性, 由上述等号成立即推出 G 的每个极大子群都是初等交换群. 假如 G 本身不初等交换, 则由推论 1.7.11 可知, G 或为方次数为 p 的 p^3 阶非交换群, 或为 p^2 阶循环群, 与假设 $1 < m < n-1$ 矛盾. □

注 5.2.3 在定理 5.2.2 中, 对满足 $2 \leqslant m < n$ 的任意一个固定的 m 均有 $s_m(G) = \begin{bmatrix} n \\ m \end{bmatrix}_p$ 当且仅当 G 为初等交换 p 群. 换句话说, 判断一个 p 群 G 是否为初等交换 p 群, 只需考察 G 的某个固定阶的子群个数即可.

由定理 5.2.2 可知, 各阶子群个数最多的 p 群是初等交换 p 群. 一个自然的问题是: 除了初等交换 p 群之外, 各阶子群个数最多的 p 群是什么样的呢?

对 $p>2$, 曲海鹏在文献 [138] 中回答了这个问题. 给出了类似于定理 5.2.2 的一个刻画. 出乎人们的预料, 这样的群是方次数为 p 的 p^3 阶非交换群与初等交换 p 群的直积. 下面我们证明这个结果.

定理 5.2.4 设 p 是奇素数, $G\cong \mathrm{M}_p(1,1,1)\times \mathrm{C}_p^k$. 则 $\forall 1\leqslant i\leqslant k+3$ 均有

$$s_i(G)=\begin{bmatrix}k+1\\ i\end{bmatrix}_p+\begin{bmatrix}k+1\\ i-1\end{bmatrix}_p\frac{p^{k+3}-p^{k+1}}{p^i-p^{i-1}}+\begin{bmatrix}k\\ i-3\end{bmatrix}_p\frac{(p^{k+3}-p^{k+1})(p^{k+3}-p^{k+2})}{(p^i-p^{i-2})(p^i-p^{i-1})}.$$

证明 设 H 是 G 的 p^i 阶子群. 因为 $|G:Z(G)|=p^2$, 故 $|H\cap Z(G)|\geqslant p^{i-2}$. 下面我们依照 $|H\cap Z(G)|$ 的不同的值来数 p^i 阶子群的个数.

若 $H\leqslant Z(G)$, 由于 $Z(G)$ 是 p^{k+1} 阶的初等交换 p 群, 则 H 有 $\begin{bmatrix}k+1\\ i\end{bmatrix}_p$ 种不同的选择. 也即在这种情形下, 有 $\begin{bmatrix}k+1\\ i\end{bmatrix}_p$ 个 p^i 阶子群.

若 $|H\cap Z(G)|=p^{i-1}$, 则由 $Z(G)$ 中选取一个 p^{i-1} 阶子群 K 使得 $K=H\cap Z(G)$, 有 $\begin{bmatrix}k+1\\ i-1\end{bmatrix}_p$ 种不同的选取. 另一方面, 由 $G\backslash Z(G)$ 中选取一个 p 阶元 x, 有 $p^{k+3}-p^{k+1}$ 种不同的选取. 于是 $H=\langle K,x\rangle$. 注意到对于 x 的 p^i-p^{i-1} 种不同的选取对应于相同的 H. 于是 H 有

$$\begin{bmatrix}k+1\\ i-1\end{bmatrix}_p\frac{p^{k+3}-p^{k+1}}{p^i-p^{i-1}}$$

种不同的选取. 也即在这种情形下, 有如此多个 p^i 阶子群.

若 $|H\cap Z(G)|=p^{i-2}$, 则 $G=HZ(G)$. 因而 H 非交换. 于是 $G'\leqslant H$ 和 $H\cap Z(G)$ 是 $Z(G)$ 的包含 G' 的阶为 p^{i-2} 子群. 选取一个 p^{i-2} 阶子群 K 使得 $K=H\cap Z(G)$. 因为 $Z(G)/G'$ 是 p^k 阶的初等交换 p 群, 所以 K 有 $\begin{bmatrix}k\\ i-3\end{bmatrix}_p$ 种不同的选取. 另一方面, 由 $G\backslash Z(G)$ 中选取一个 p 阶元 x, 由 $G\backslash C_G(x)$ 中选取一个 p 阶元 y. 这样的选取有 $(p^{k+3}-p^{k+1})(p^{k+3}-p^{k+2})$ 种. 于是 $H=\langle K,x,y\rangle$. 注意到对于 x 和 y 的 $(p^i-p^{i-2})(p^i-p^{i-1})$ 种不同的选取对应于相同的 H. 于是 H 有

$$\begin{bmatrix}k\\ i-3\end{bmatrix}_p\frac{(p^{k+3}-p^{k+1})(p^{k+3}-p^{k+2})}{(p^i-p^{i-2})(p^i-p^{i-1})}$$

种不同的选取. 也即在这种情形下, 有如此多个 p^i 阶子群.

综上所证,

$$s_i(G)=\begin{bmatrix}k+1\\ i\end{bmatrix}_p+\begin{bmatrix}k+1\\ i-1\end{bmatrix}_p\frac{p^{k+3}-p^{k+1}}{p^i-p^{i-1}}+\begin{bmatrix}k\\ i-3\end{bmatrix}_p\frac{(p^{k+3}-p^{k+1})(p^{k+3}-p^{k+2})}{(p^i-p^{i-2})(p^i-p^{i-1})}.$$

□

引理 5.2.5　设 p 是奇素数, $G\cong \mathrm{M}_p(2,1)\times \mathrm{C}_p^k$ 或 $\mathrm{C}_{p^2}\times \mathrm{C}_p^{k+1}$. 则 $\forall 1\leqslant i\leqslant k+3$, 均有

$$s_i(G)=\begin{bmatrix}k+2\\ i-1\end{bmatrix}_p+\begin{bmatrix}k+2\\ i\end{bmatrix}_p-\begin{bmatrix}k+1\\ i-1\end{bmatrix}_p.$$

证明　由假设可得

$$G/\mho_1(G)\cong \Omega_1(G)\cong \mathrm{C}_p^{k+2},\quad \Omega_1(G)/\mho_1(G)\cong \mathrm{C}_p^{k+1}.$$

于是

$$\begin{aligned}s_i(G)&=s_{i-1}(G/\mho_1(G))+s_i(\Omega_1(G))-s_{i-1}(\Omega_1(G)/\mho_1(G))\\&=\begin{bmatrix}k+2\\ i-1\end{bmatrix}_p+\begin{bmatrix}k+2\\ i\end{bmatrix}_p-\begin{bmatrix}k+1\\ i-1\end{bmatrix}_p.\end{aligned}$$ □

推论 5.2.6　设 p 是奇素数, $n\geqslant 3$,

$$G_1=\mathrm{C}_{p^2}\times \mathrm{C}_p^{n-2},\quad G_2=\mathrm{M}_p(2,1)\times \mathrm{C}_p^{n-3},$$

$$G_3=\mathrm{M}_p(1,1,1)\times \mathrm{C}_p^{n-3},\quad G_4=\mathrm{C}_p^n.$$

则

$$\begin{aligned}&s_1(G_1)=s_1(G_2)<s_1(G_3)=s_1(G_4),\\&s_k(G_1)=s_k(G_2)<s_k(G_3)<s_k(G_4),\end{aligned}$$

其中 $2\leqslant k\leqslant n-2$;

$$s_{n-1}(G_1)=s_{n-1}(G_2)=s_{n-1}(G_3)<s_{n-1}(G_4).$$

证明　由引理 1.10.4、引理 1.10.5 和引理 5.2.5 及定理 5.2.4 即得. □

定理 5.2.7　设 G 是 p^n 阶群, N 是 G 的 p 阶正规子群. 则对于 $1\leqslant k\leqslant n$, 均有 $s_k(G)\leqslant s_k(G/N\times \mathrm{C}_p)$.

证明　令 $\widetilde{G}=G/N\times\widetilde{N}$, 其中 $|\widetilde{N}|=p$. 再令 $\mathcal{S}_1$ 和 $\mathcal{S}_2$ 分别表示 G 的包含 N 的 p^k 阶子群组成的集合和 G 的不包含 N 的 p^k 阶子群组成的集合. $\mathcal{T}_1$ 和 $\mathcal{T}_2$ 分别表示 $\widetilde{G}$ 的包含 $\widetilde{N}$ 的 p^k 阶子群组成的集合和 $\widetilde{G}$ 的不包含 $\widetilde{N}$ 的 p^k 阶子群组成的集合. 则

$$s_k(G)=|\mathcal{S}_1|+|\mathcal{S}_2|,\quad s_k(\widetilde{G})=|\mathcal{T}_1|+|\mathcal{T}_2|.$$

显而易见,

$$|\mathcal{S}_1|=s_{k-1}(G/N)=|\mathcal{T}_1|.$$

只需证 $|\mathcal{S}_2|\leqslant|\mathcal{T}_2|$.

令 $\mathcal{S}$ 表示 G/N 的 p^k 阶子群的集合, $\mathscr{M}_1(H)$ 表示 H 的不含 N 的所有极大子群的集合. 再令

$$\mathcal{S}_3=\{H\leqslant G\mid H/N\in\mathcal{S}\},\quad \mathcal{T}_3=\{H\leqslant\widetilde{G}\mid H/\widetilde{N}\in\mathcal{S}\}.$$

我们断言: $\mathcal{S}_2=\bigsqcup\limits_{H\in\mathcal{S}_3}\mathscr{M}_1(H)$.

首先可证: 若 $H_1,H_2\in\mathcal{S}_3$, 则 $\mathscr{M}_1(H_1)\cap\mathscr{M}_1(H_2)=\varnothing$, 其中 $H_1\neq H_2$. 若否, 令 $L\in\mathscr{M}_1(H_1)\cap\mathscr{M}_1(H_2)$. 则显然有 $H_1=LN=H_2$, 矛盾.

其次可证: $\mathcal{S}_2=\bigcup\limits_{H\in\mathcal{S}_3}\mathscr{M}_1(H)$. 事实上, 令 $L\in\mathcal{S}_2$. 则 $LN\in\mathcal{S}_3$ 且 $L\lessdot LN$. 故 $L\in\bigcup\limits_{H\in\mathcal{S}_3}\mathscr{M}_1(H)$. 于是 $\mathcal{S}_2\subseteq\bigcup\limits_{H\in\mathcal{S}_3}\mathscr{M}_1(H)$. 明显地, $\bigcup\limits_{H\in\mathcal{S}_3}\mathscr{M}_1(H)\subseteq\mathcal{S}_2$. 同理, 我们有 $\mathcal{T}_2=\bigsqcup\limits_{H\in\mathcal{T}_3}\mathscr{M}_1(H)$.

最后需证: $\forall H/N\leqslant G/N$, 其中 $|H/N|=p^k$, 均有

$$|\mathscr{M}_1(H)|\leqslant|\mathscr{M}_1(H/N\times\widetilde{N})|.$$

于是 $|\mathcal{S}_2|\leqslant|\mathcal{T}_2|$. 事实上, 因为

$$|\mathscr{M}_1(H)|=s_k(H)-s_{k-1}(H/N)\text{ 且 }|\mathscr{M}_1(H/N\times\widetilde{N})|=s_k(H/N\times\widetilde{N})-s_{k-1}(H/N),$$

我们仅需证 $s_k(H)\leqslant s_k(H/N\times\widetilde{N})$. 这只需证 $d(H)\leqslant d(H/N\times\widetilde{N})$ 即可. 然而后者是明显成立的. □

引理 5.2.8 设 p 是奇素数, M 是方次数为 p 的 p^n 阶群, $G=M*\mathrm{M}_p(1,1,1)$ 满足 $|G'|=p$, $\widetilde{G}=M\times\mathrm{C}_p^2$, 则 $s_2(G)<s_2(\widetilde{G})$.

证明 令

$$\mathcal{S}=\{H\mid H\leqslant G,H\nleqslant Z(M),|H|=p^2\},$$

$$\mathcal{T}=\{H\mid H\leqslant\widetilde{G},H\nleqslant Z(M),|H|=p^2\}.$$

只需证 $|\mathcal{S}|<|\mathcal{T}|$.

因为 $Z(G)=Z(M)$ 且 $|G'|=p$, 故对所有的 $x\in G\backslash Z(M)$, 均有 $|C_G(x)|=p^{n+1}$. 另一方面, 对所有的 $x\in\widetilde{G}\backslash Z(M)$, 均有 $|C_{\widetilde{G}}(x)|\geqslant p^{n+1}$, 且

$$|\mathcal{S}|=\frac{1}{p-1}\sum_{x\in G\backslash Z(M)}\frac{|C_G(x)|-p}{p^2-p},$$

$$|\mathcal{T}|=\frac{1}{p-1}\sum_{x\in\widetilde{G}\backslash Z(M)}\frac{|C_{\widetilde{G}}(x)|-p}{p^2-p}.$$

于是 $|\mathcal{S}|\leqslant|\mathcal{T}|$. 因为 $Z(\widetilde{G})>Z(M)$, 故等号取不到. □

引理 5.2.9　设 p 是奇素数, M 是方次数为 p 的 p^n 阶群, $G = M *_K \mathrm{M}_p(1,1,1)$ 满足 $|G'| = p$ 且 $|K| = p$, $\widetilde{G} = M \times \mathrm{C}_p^2$. 则对于 $2 \leqslant k \leqslant n+2$, 均有 $e(K)_k(G) \leqslant e(K)_k(\widetilde{G})$, 其中 $e(K)_k(G)$ 表示 G 的包含 K 的 p^k 阶初等交换子群的个数. 特别地, 若 $e(K)_{k-2}(M) \neq 0$, 则 $e(K)_k(G) < e(K)_k(\widetilde{G})$.

证明　只需证 $e(K)_k(G) - e(K)_k(M) \leqslant e(K)_k(\widetilde{G}) - e(K)_k(M)$. 为方便, 令

$$S_1 = \{H \mid H \leqslant G, H \cong \mathrm{C}_p^k, H \geqslant K, |H \cap M| = p^{k-1}\},$$

$$S_2 = \{H \mid H \leqslant G, H \cong \mathrm{C}_p^k, H \geqslant K, |H \cap M| = p^{k-2}\},$$

$$T_1 = \{H \mid H \leqslant \widetilde{G}, H \cong \mathrm{C}_p^k, H \geqslant K, |H \cap M| = p^{k-1}\},$$

$$T_2 = \{H \mid H \leqslant \widetilde{G}, H \cong \mathrm{C}_p^k, H \geqslant K, |H \cap M| = p^{k-2}\},$$

$$L \cong \mathrm{C}_p^k, \quad L_1 \leqslant L, \quad |L : L_1| = p^2,$$

$$T = \{H \mid H \leqslant L, H \cong \mathrm{C}_p^2, |H \cap L_1| = 1\}.$$

记 $f_1 = |S_1|$, $f_2 = |S_2|$, $g_1 = |T_1|$, $g_2 = |T_2|$, $t = |T|$. 则

$$e(K)_k(G) - e(K)_k(M) = f_1 + f_2, \quad e(K)_k(\widetilde{G}) - e(K)_k(M) = g_1 + g_2.$$

令 $E_k(M)$ 表示 M 的包含 K 的 p^k 阶初等交换子群的集合. 则

$$f_1 = \sum_{H \in E_{k-1}(M)} (s_1(C_G(H)) - s_1(C_M(H)))/(s_1(\mathrm{C}_p^k) - s_1(\mathrm{C}_p^{k-1})),$$

$$f_2 = \sum_{H \in E_{k-2}(M)} (s_2(C_G(H)) - s_2(C_M(H)) - f(H))/t,$$

$$g_1 = \sum_{H \in E_{k-1}(M)} (s_1(C_{\widetilde{G}}(H)) - s_1(C_M(H)))/(s_1(\mathrm{C}_p^k) - s_1(\mathrm{C}_p^{k-1})),$$

$$g_2 = \sum_{H \in E_{k-2}(M)} (s_2(C_{\widetilde{G}}(H)) - s_2(C_M(H)) - g(H))/t,$$

其中

$$f(H) = \sum_{x \in C_M(H) \backslash 1} |C_G(\langle H, x\rangle) - C_M(\langle H, x\rangle)|/(p^2-1)(p^2-p),$$

$$g(H) = \sum_{x \in C_M(H) \backslash 1} |C_{\widetilde{G}}(\langle H, x\rangle) - C_M(\langle H, x\rangle)|/(p^2-1)(p^2-p).$$

因为 $|C_G(H)| = |C_{\widetilde{G}}(H)|$ 且

$$C_G(H) = C_M(H) * \mathrm{M}_p(1,1,1), \quad C_{\widetilde{G}}(H) = C_M(H) \times \mathrm{C}_p^2,$$

于是 $s_1(C_G(H)) = s_1(C_{\widetilde{G}}(H))$. 类似地, $f(H) = g(H)$. 由引理 5.2.8 可得, $s_2(C_G(H)) < s_2(C_{\widetilde{G}}(H))$. 于是 $f_1 = g_1$ 且 $f_2 \leqslant g_2$, 其中 $f_2 = g_2$ 当且仅当 $E_{k-2}(M) = \varnothing$.　□

引理 5.2.10 设 M 是 p^n 阶群, $|\Phi(M)|=p$, $G=M*_{\Phi(M)}\mathrm{M}_p(1,1,1)$, $\widetilde{G}=M\times\mathrm{C}_p^2$, 则对于 $2\leqslant k\leqslant n+2$, 均有 $s_k(G)\leqslant s_k(\widetilde{G})$. 特别地, 若 $e(\Phi(M))_{k-1}(M)\neq 0$, 则 $s_k(G)<s_k(\widetilde{G})$, 其中 $e(K)_k(G)$ 同引理 5.2.9.

证明 令 $\mathcal{S}_1$ 和 $\mathcal{S}_2$ 分别表示 G 的包含 $\Phi(M)$ 的 p^k 阶子群的集合和 G 的不包含 $\Phi(M)$ 的 p^k 阶子群的集合. $\mathcal{T}_1$ 和 $\mathcal{T}_2$ 分别表示 $\widetilde{G}$ 的包含 $\Phi(M)$ 的 p^k 阶子群的集合和 $\widetilde{G}$ 的不包含 $\Phi(M)$ 的 p^k 阶子群的集合.

因为 $G/\Phi(M)\cong\mathrm{C}_p^{n+1}\cong\widetilde{G}/\Phi(M)$, 故 $|\mathcal{S}_1|=|\mathcal{T}_1|$. 于是我们只需证 $|\mathcal{S}_2|\leqslant|\mathcal{T}_2|$.

令 $\mathcal{S}$ 表示 $G/\Phi(M)$ 的 p^k 阶子群的集合, $\mathscr{M}_1(H)$ 表示 H 的不包含 $\Phi(M)$ 的极大子群的集合. 再令

$$\mathcal{S}_3=\{H\leqslant G\mid H/\Phi(M)\in\mathcal{S}\},\quad \mathcal{T}_3=\{H\leqslant\widetilde{G}\mid H/\Phi(M)\in\mathcal{S}\}.$$

类似于定理 5.2.7 的论证, 我们有 $\mathcal{S}_2=\bigcup\limits_{H\in\mathcal{S}_3}\mathscr{M}_1(H)$. 同理, $\mathcal{T}_2=\bigcup\limits_{H\in\mathcal{T}_3}\mathscr{M}_1(H)$. 因为 $H/\Phi(M)$ 初等交换, 故 $d(H)=k$ 或 $k+1$. 令 t 和 s 分别表示 $\mathcal{T}_3$ 和 $\mathcal{S}_3$ 中初等交换子群的个数. 则

$$t=e(\Phi(M))_{k+1}(\Omega_1(\widetilde{G})),\quad s=e(\Phi(M))_{k+1}(\Omega_1(G)).$$

于是结论由引理 5.2.9 推出. □

定理 5.2.11 设 p 是奇数, G 是 p^n 阶群, $\widetilde{G}=\mathrm{M}_p(1,1,1)\times\mathrm{C}_p^{n-3}$. 若 G 不是初等交换的, 则对于 $1\leqslant k\leqslant n$, 均有 $s_k(G)\leqslant s_k(\widetilde{G})$. 特别地, 若 $2\leqslant k\leqslant n-2$, 则 $s_k(G)<s_k(\widetilde{G})$.

证明 若 G/G' 不初等交换, 反复使用定理 5.2.7 可得, $s_k(G)\leqslant s_k(\mathrm{C}_{p^2}\times\mathrm{C}_p^{n-2})$. 于是结论由推论 5.2.6 得到. 不妨设 $G'=\Phi(G)$. 因为 G 不初等交换, 故 $G'>1$.

若 $|G'|=p$, 由 [33][73] 中的引理 4.2, 可设

$$G\cong\mathrm{M}_p(2,1)\times\mathrm{C}_p^{n-3}\quad\text{或}\quad\mathrm{M}_p(1,1,1)*_{\Phi(M)}M,$$

其中 $|\Phi(M)|\leqslant p$. 由推论 5.2.6, 我们只需考虑 $G\cong\mathrm{M}_p(1,1,1)*_{\Phi(M)}M$ 的情况. 若 M 交换, 则

$$G\cong\widetilde{G}\quad\text{或}\quad G=(\mathrm{M}_p(1,1,1)*\mathrm{C}_{p^2})\times\mathrm{C}_p^{n-4}.$$

由引理 5.2.10, $s_k(G)\leqslant s_k(\mathrm{C}_{p^2}\times\mathrm{C}_p^{n-2})$. 于是结论由推论 5.2.6 得到. 设 M 非交换. 反复利用引理 5.2.10, 不妨设 $M=\mathrm{M}_p(1,1,1)\times\mathrm{C}_p^{n-5}$. 若 $2\leqslant k\leqslant n-2$, 则 $e(\Phi(M))_{k-1}(M)\neq 0$. 于是结论由引理 5.2.10 推出.

若 $|G'|\geqslant p^2$, 反复利用定理 5.2.7, 不妨设 $|G'|=p^2$. 使用在 $|G'|=p$ 的情况下获得的结论以及定理 5.2.7, 可取 $N\leqslant G'\cap Z(G)$ 且 $|N|=p$ 使得

$$G/N\cong\mathrm{M}_p(1,1,1)\times\mathrm{C}_p^{n-4}.$$

于是存在 $a,b\in G$ 使得 $\langle[a,b]\rangle=N$. 令 $L=\langle a,b\rangle$. 则 $|L|=p^3$. 观察定理 5.2.7 的论证, 我们知道等式成立当且仅当 $\Phi(T)$ 不含 N, 其中 T 是包含 N 的 p^{k+1} 阶子群. 令 H 是包含 L 的 p^{k+1} 阶子群. 则 $N=L'\leqslant\Phi(H)$. 因而

$$s_k(G)<s_k(G/N\times \mathrm{C}_p)=s_k(\widetilde{G}).\qquad\square$$

在定理 5.2.11 中, 若 $k=1$ 或 $k=n-1$, 则等式成立是可能的. 例如, 设 G 是方次数为 p 的 p^n 阶群. 则 $s_1(G)=s_1(\widetilde{G})$. 若 $d(G)=n-1$, 则 $s_{n-1}(G)=s_{n-1}(\widetilde{G})$.

对于 $p=2$, 应用 Magma 搜索 the SmallGroup database 中所有的阶不超过 2^8 阶的群, 发现定理 5.2.11 仍然成立. 基于这个事实, 曲海鹏在文献 [138] 中提出了如下猜想.

猜想 5.2.12　除了初等交换 2 群之外, $\mathrm{D}_8\times \mathrm{C}_2^k$ 是各阶子群个数最多的 p 群, 其中 D_8 是 8 阶二面体群, k 是非负整数.

此猜想近期已被曲海鹏证明.

最后简要介绍 Šokuev、Berkovich 等在计数问题上的某些工作. Šokuev 从 20 世纪 60 年代末起, 特别是在 20 世纪 70 年代就在 p 群计数问题上做了大量的工作. 他推广了 Hall 计数原则 (即定理 1.10.6), 并且得到了在给定阶 p 群中给定指数的子群个数的一个明确的公式, 此外还有一些其他结果. 他的主要工作可见文献 [51], [145]—[152]. 限于篇幅, 我们只叙述他的计数原理以及它的一个推论.

定理 5.2.13 (Šokuev 计数原理)　设 G 是有限 p 群, $\mathcal{M}$ 是由 G 的若干群子集组成的集合, 这些群子集都不是 G 的生成系. 对于 $i=0,1,\cdots,d=d(G)$, 以 $\mathcal{S}_i$ 表 G 中指数为 p^i 的大子群的集合. 对于 G 的任一大子群 M. 令 $n_{\mathcal{M}}(M)$ 表示 $\mathcal{M}$ 中含于 M 的群子集个数. 又对 $\alpha=0,1,\cdots,d$, 令

$$\mathcal{M}_\alpha(G)=\{S\in\mathcal{M}\mid\langle S,\Phi(G)\rangle\in\mathcal{S}_\alpha\}.$$

再取 $a_0,a_1,\cdots,a_d$ 为任意数, 则有

$$\sum_{i=0}^{d}\sum_{M\in\mathcal{S}_i}a_in_{\mathcal{M}}(M)=\sum_{\alpha=1}^{d}\sum_{\beta=1}^{\alpha}a_\beta\begin{bmatrix}\alpha\\ \beta\end{bmatrix}|\mathcal{M}_\alpha(G)|.$$

在上式中, 取 $\mathcal{M}$ 为 G 的所有真子群的集合. 并对 $i=0,1,\cdots,d$, 取 $a_i=(-1)^ip^{\binom{i}{2}}$, 即可得到 Hall 计数原则.

由 Šokuev 计数原理可以推出下面的定理.

定理 5.2.14　设 G 是有限 p 群, $|G|=p^n$, 对 $i=0,1,\cdots,n$, 以 $\mathcal{E}_i(G)$ 表示 G 中所有 p^i 阶初等交换 p 子群组成的集合, 则

$$\sum_{i=0}^{n}(-1)^ip^{\binom{i}{2}}|\mathcal{E}_i(G)|=0.$$

应用这个公式又可得到新的计数原则和若干新结果, 不再赘述.

自 20 世纪 60 年代末起, Berkovich 在 p 群计数方面也做了不少工作. 特别值得提出的是, 他在文献 [24] 中对有限 2 群的计数问题得到了类似于 $p > 2$ 情形的结果. 他先证明了下面的定理.

定理 5.2.15 设 2 群 G 不是极大类的, $|G| = 2^n$, $2 < k < n$, 则 G 中 2^k 阶极大类子群的个数是 4 的倍数.

根据这个定理, 他把 Miller 和 Kulakoff 的结果推广到 2 群, 得到下面的定理.

定理 5.2.16 设 2 群 G 非循环, 亦非极大类 2 群, 设 $|G| = 2^n$, 则:

(1) $c_k(G) \equiv 0 (\bmod\ 2)$, $1 < k < n$;

(2) $s_k(G) \equiv 3 (\bmod\ 4)$, $1 \leqslant k \leqslant n-1$.

Berkovich 关于计数问题的其他有趣结果还有下面的定理.

定理 5.2.17 ([25] 的定理 2) 设 G 非绝对正则, 亦非极大类 p 群. 则 G 的方次数为 p 且阶为 p^p 的子群个数 $\equiv 0 (\bmod\ p)$; 又若 $p > 3$, 则 G 的方次数为 p 且阶为 p^{p-1} 的二元生成子群个数 $\equiv 1 (\bmod\ p)$.

定理 5.2.18 ([24] 的定理 5.4) 设 $p > 3$, $|G| = p^n$, $n > 3$, G 不是亚循环群. 则对 $k > 2$, G 的 p^k 阶亚循环子群个数 $\equiv 0 (\bmod\ p)$.

定理 5.2.19 ([26] 的定理 11) 设 $p > 2$, $|G| = p^n$. 则 G 的 p^4 阶初等交换 p 子群的个数 $\equiv 0$ 或 $1 (\bmod\ p)$.

他在 20 世纪 90 年代关于计数问题的工作可见 [27]—[31]. 值得提出的关于计数问题的其他工作还有 [44], [46], [82], [86], [94], [126], [176] 等.

5.3 子群计数对 p 群的刻画

利用子群计数刻画 p 群也是 p 群研究的重要内容. 早期的一个众所周知的结果就是: 设 G 是 p^n 阶群, $1 < m < n$. 若 $s_m(G) = 1$, 则 G 循环. 如 5.2 节看到的, 樊恽利用某个固定阶的子群个数刻画了初等交换 p 群. 然而, 一般来说, 仅利用一个算术不变量 (子群的个数) 不能区分开互不同构的两个有限 p 群. 但是, 对于一些特殊类型的有限 p 群, 算术不变量对 p 群结构的影响还是足够大的. 本节我们给出某些类型的交换 p 群、内交换 p 群及亚循环 p 群的计数刻画.

樊恽给出的定理 5.2.2 说明, 用子群个数可以刻画初等交换 p 群, 那么, 对于一般的交换 p 群呢? 徐明曜与曲海鹏在其 p 群著作 [194] 第 12 章提出下面的问题.

问题 5.3.1 设 G 是有限交换 p 群, $|G| = p^n$, $d(G) = d \leqslant n$. 令 $s(G)$ 表示 G 的所有子群的个数, 即 $s(G) = \sum\limits_{m=0}^{n} s_m(G)$. 令 $f(n, d)$ 为当 G 跑遍所有 p^n 阶 d 元生成的交换 p 群时 $s(G)$ 的最大值, 求 $f(n, d)$, 并求达到最大值时群 G 的结构.

他们在其著作的同一章还问, 用各阶子群个数能否刻画一般的交换 p 群呢? 即下面的问题.

问题 5.3.2 设 G 是有限 p 群, $|G| = p^n$. 令 $s_m(G)$ 表示 G 的 p^m 阶子群的个数. 称

$$\mathcal{S}(G) = \{s_0(G), s_1(G), s_2(G), \cdots, s_m(G), \cdots, s_n(G)\}$$

为 G 的**子群个数序列**.

(1) 在同构的意义下, 子群个数序列能否刻画有限交换 p 群?

(2) 设 G 是有限交换 p 群, 而 H 是有限 p 群. 如果 $\mathcal{S}(G) = \mathcal{S}(H)$, 能否推出 H 亦交换?

安立坚等在文献 [2] 对问题 (1) 给出了肯定的回答, 而对问题 (2) 给出了否定的回答.

定理 5.3.3 设 G, H 是有限交换 p 群. 若对任意的正整数 k, 都有 $s_k(G) = s_k(H)$, 则 $G \cong H$.

证明 首先用数学归纳法证明 $\Omega_i(G) \cong \Omega_i(H)$, 其中 i 为任意的正整数.

由 G, H 交换可得

$$s_i(G) = c_i(G) + s_i(\Omega_{i-1}(G)), \quad s_i(H) = c_i(H) + s_i(\Omega_{i-1}(H)).$$

由归纳假设可得, 当 $s < i$ 时, $\Omega_s(G) \cong \Omega_s(H)$. 特别地, $\Omega_{i-1}(G) \cong \Omega_{i-1}(H)$, 从而 $c_i(G) = c_i(H)$.

又因为

$$c_i(G) = \frac{|\Omega_i(G)| - |\Omega_{i-1}(G)|}{\varphi(p^i)}, \quad c_i(H) = \frac{|\Omega_i(H)| - |\Omega_{i-1}(H)|}{\varphi(p^i)},$$

所以 $|\Omega_i(G)| = |\Omega_i(H)|$. 从而 $s \leqslant i$ 时, $|\Omega_s(G)| = |\Omega_s(H)|$. 从而由定义可知 $\Omega_i(G)$ 和 $\Omega_i(H)$ 有相同的 ω 不变量和型不变量. 因为 $\Omega_i(G), \Omega_i(H)$ 交换, 所以 $\Omega_i(G) \cong \Omega_i(H)$. 不妨设 $e = \exp(G) \geqslant \exp(H)$, 则显然 $G = \Omega_e(G)$, $H = \Omega_e(H)$. 所以有 $G \cong H$. □

定理 5.3.4 设 G 和 H 为正则 p 群, 如果对任意的正整数 k, 都有 $c_k(G) = c_k(H)$, 则 G 和 H 有相同的 ω 不变量和型不变量.

证明 因为

$$c_k(G) = \frac{|\Omega_k(G)| - |\Omega_{k-1}(G)|}{\varphi(p^k)}, \quad c_k(H) = \frac{|\Omega_k(H)| - |\Omega_{k-1}(H)|}{\varphi(p^k)},$$

所以对于任意的 k, 都有

$$|\Omega_k(G)| - |\Omega_k(H)| = |\Omega_{k-1}(G)| - |\Omega_{k-1}(H)|.$$

又因为 $|\Omega_1(G)|=|\Omega_1(H)|$, 由数学归纳法可得, 对于任意的 k, 都有 $|\Omega_k(G)|=|\Omega_k(H)|$. 从而由定义可知 G,H 有相同的 ω 不变量和型不变量. □

引理 5.3.5 设 G 和 H 是有限 p 群, 且 $|G|=|H|=p^n$. 若 $s_{n-1}(G)=s_{n-1}(H)$, 则 $d(G)=d(H)$.

证明 考虑 $G/\Phi(G)$ 与 $H/\Phi(H)$. 设 M 是 G 的一个极大子群, 则 $M\lessdot G$ 当且仅当 $M/\Phi(G)\lessdot G/\Phi(G)$. 由此可知 G 的极大子群的个数等于 $G/\Phi(G)$ 的极大子群的个数. 同理, H 的极大子群的个数等于 $H/\Phi(H)$ 的极大子群的个数. 又因为 $s_{n-1}(G)=s_{n-1}(H)$, 所以

$$\begin{bmatrix} d(G) \\ d(G)-1 \end{bmatrix}=\begin{bmatrix} d(H) \\ d(H)-1 \end{bmatrix},$$

即

$$1+p+p^2+\cdots+p^{d(G)-1}=1+p+p^2+\cdots+p^{d(H)-1}.$$

从而 $d(G)=d(H)$. □

定理 5.3.6 设 p 是奇素数, $G\cong \mathrm{C}_{p^k}\times \mathrm{C}_p^{n-k}$, H 为正则 p 群. 若对所有的正整数 m, 都有 $s_m(G)=s_m(H)$, $c_m(G)=c_m(H)$, 则 $H\cong G$ 或者 $H\cong \mathrm{M}_p(k,1)\times \mathrm{C}_p^{n-k-1}$.

证明 因为 $c_m(G)=c_m(H)$, 所以由定理 5.3.4 可知, G,H 有相同的型不变量. 由于 H 正则, 由 [194] 中的定理 5.5.2, 定理 5.5.5 可设 $(a_1,a_2,\cdots,a_{n-k+1})$ 是 H 的一组唯一性基底. 因为 G 的型不变量为 $(k,1,\cdots,1)$, 所以 $o(a_1)=p^k, o(a_i)=p$, 其中 $i=2,3,\cdots,n-k+1$.

当 $i\geqslant 2$ 时, 我们有 $[a_j,a_i^p]=1$. 又因为 H 正则, 所以由 [194] 中的引理 5.1.6 可知, $[a_j,a_i]^p=1$. 因为 $H'=\langle [a_j,a_i]^h | h\in H, j<i\rangle$, 所以 $\exp(H')\leqslant p$.

因为 $s_{n-1}(G)=s_{n-1}(H)$, 所以由引理 5.3.5 可知 $d(G)=d(H)$, 从而 $|\Phi(H)|=|\Phi(G)|=p^{k-1}$. 又因为 $\langle a_1^p\rangle\leqslant \Phi(H)$, 所以 $\Phi(H)=\langle a_1^p\rangle$ 为 p^{k-1} 阶循环群. 从而 $|H'|\leqslant p$. 若 $|H'|=1$, 则 H 为交换 p 群. 由定理 5.3.3 可知, $G\cong H$.

下设 $H\ncong G$, 则 $H'=\langle a_1^{p^{k-1}}\rangle$. 因为

$$s_2(G)=c_2(G)+s_2(\Omega_1(G)),\quad s_2(H)=c_2(H)+s_2(\Omega_1(H)),$$

由题设可知 $s_2(\Omega_1(G))=s_2(\Omega_1(H))$. 从而由定理 5.2.2(2) 可知 $\Omega_1(H)$ 是初等交换 p 群. 又由 [194] 中的引理 5.1.6 可知, $[a_1^p,a_i]=[a_1,a_i]^p=1$, 其中 $i=2,3,\cdots,n-k+1$. 从而

$$\Omega_{k-1}(H)=\langle a_1^p\rangle\times\langle a_2\rangle\times\cdots\times\langle a_{n-k+1}\rangle$$

是 G 的交换的极大子群, 且 $a_1^p\in Z(H)$. 由定理 1.7.6 可得 $|H:Z(H)|=p^2$. 从而 $Z(H)$ 为 $\Omega_{k-1}(H)$ 的极大子群. 再由 $a_1^p\in Z(H)$ 可知, $Z(H)=\langle a_1^p\rangle\times \mathrm{E}_{p^{n-k-1}}$.

由以上的证明过程可知, 存在 a_j, 使得 $[a_1, a_j] \neq 1$. 令 $A = \langle a_1, a_j \rangle$, 则 $A' = H'$. 易知 $A \cong \mathrm{M}_p(k,1)$, 且 $A \cap Z(H) = Z(A) = \langle a_1^p \rangle$. 从而由定理 1.7.6 可得

$$H = A * Z(H) = A \times E \cong \mathrm{M}_p(k,1) \times \mathrm{C}_p^{n-k-1}. \qquad \square$$

定理 5.3.7　设 p 是奇素数, $G \cong \mathrm{C}_{p^2} \times \mathrm{C}_p^{n-2}$, H 是有限非交换 p 群. 若对所有的正整数 k, 都有 $s_k(G) = s_k(H)$, 则 $H \cong \mathrm{M}_p(2,1) \times \mathrm{C}_p^{n-3}$.

证明　设 $|G| = p^n$, 由 $s_n(G) = s_n(H)$ 可得 $|H| = p^n$. 因为 $s_{n-1}(G) = s_{n-1}(H)$, 所以由引理 5.3.5 可知 $d(G) = d(H)$. 从而 $|\Phi(H)| = |\Phi(G)| = p$. 又 $H' \leqslant \Phi(H)$, 所以 $|H'| \leqslant p$. 因为 H 非交换, 所以 $|H'| = p$. 因为 $p > 2$, 所以由 [194] 中的定理 5.2.2 可知 H 为正则 p 群. 因为

$$s_1(G) = \frac{|\Omega_1(G)| - 1}{\varphi(p)} = \frac{|\Omega_1(H)| - 1}{\varphi(p)} = s_1(H),$$

所以 $|\Omega_1(G)| = |\Omega_1(H)| = p^{n-1}$. 由 H 的正则性可知 $H = \Omega_2(H)$.

因为

$$c_2(G) = \frac{|G| - |\Omega_1(G)|}{\varphi(p^2)} = p^{n-2}, \quad c_2(H) = \frac{|H| - |\Omega_1(H)|}{\varphi(p^2)} = p^{n-2},$$

所以 $c_2(G) = c_2(H)$. 由定理 5.3.6 可知 $H \cong \mathrm{M}_p(2,1) \times \mathrm{C}_p^{n-3}$. □

引理 5.3.8　设 G 为亚循环 p 群, p 为奇素数. 若 G 的型不变量为 (n,m), 其中 $n \geqslant m$, H 是与 G 的型不变量相同的有限交换 p 群. 则对任意的正整数 k, 都有 $s_k(G) = s_k(H)$.

证明　对群的阶用归纳法. 因为 $d(G) = d(H) = 2$, 由 Hall 计数原则可知:

$$s_k(G) = \sum_{M \in S_1} s_k(M) - p s_k(\Phi(G)),$$

$$s_k(H) = \sum_{N \in S_1} s_k(N) - p s_k(\Phi(H)).$$

由于 G 和 H 都有 1 个 $(n-1,m)$ 类型的极大子群, p 个 $(n, m-1)$ 类型的极大子群, 由归纳假设可知, 对任意的正整数 k, 都有

$$\sum_{M \in S_1} s_k(M) = \sum_{N \in S_1} s_k(N).$$

又因为 $\Phi(G)$ 与 $\Phi(H)$ 有相同的型不变量 $(n-1, m-1)$, 由归纳假设可知, 对任意的正整数 k, 都有 $s_k(\Phi(G)) = s_k(\Phi(H))$. 从而 $s_k(G) = s_k(H)$. □

定理 5.3.9 设 G, H 为亚循环 p 群, p 为奇素数. 则 G, H 有相同的型不变量的充要条件是: 对任意的正整数 k, 都有 $s_k(G) = s_k(H)$.

证明 必要性由引理 5.3.8 可得. 以下我们证明充分性, 设对任意的正整数 k, 都有 $s_k(G) = s_k(H)$.

为了证明 G 和 H 有相同的型不变量, 只需证明 $|\Omega_k(G)| = |\Omega_k(H)|$ 对所有的正整数 k 成立. 对 k 用数学归纳法.

因为 $p > 2$, 由 [194] 中的定理 5.2.2 可知 H 为正则 p 群. 从而

$$s_k(G) = c_k(G) + s_k(\Omega_{k-1}(G)), \quad s_k(H) = c_k(H) + s_k(\Omega_{k-1}(H)).$$

由归纳假设可知, 对所有的 $s \leqslant k-1$ 都有 $|\Omega_s(G)| = |\Omega_s(H)|$, 从而 $\Omega_{k-1}(G)$ 和 $\Omega_{k-1}(H)$ 有相同的型不变量. 由引理 5.3.8 可知,

$$s_k(\Omega_{k-1}(G)) = s_k(\Omega_{k-1}(H)).$$

从而可推出 $c_k(G) = c_k(H)$. 又

$$c_k(G) = \frac{|\Omega_k(G)| - |\Omega_{k-1}(G)|}{\varphi(p^k)}, \quad c_k(H) = \frac{|\Omega_k(H)| - |\Omega_{k-1}(H)|}{\varphi(p^k)},$$

所以 $|\Omega_k(G)| = |\Omega_k(H)|$. □

定理 5.3.10 设 G 和 H 是内交换 p 群, p 是奇素数. 若对任意的正整数 k, 都有 $s_k(G) = s_k(H)$, 则 $G \cong H$ 或者 $G = \mathrm{M}_p(n, m)$, $H = \mathrm{M}_p(m, n)$, 其中 $n > m$.

证明 因为亚循环内交换 p 群的 p 阶子群个数为 $1 + p$, 而非亚循环内交换 p 群的 p 阶子群个数为 $1 + p + p^2$, 所以只需考虑 G, H 同时为亚循环内交换 p 群或者同时为非亚循环内交换 p 群.

先来考虑 G 和 H 皆为亚循环内交换 p 群的情形. 由定理 5.3.9 可知, G 和 H 有相同的型不变量. 所以 $G \cong H$ 或者 $G = \mathrm{M}_p(n, m)$, $H = \mathrm{M}_p(m, n)$, 其中 $n > m$.

再考虑 G 和 H 皆为非亚循环内交换 p 群的情形. 由定理 1.7.10, 不妨设 $G \cong \mathrm{M}_p(n, m, 1)$, $H \cong \mathrm{M}_p(n', m', 1)$, 其中 $n \geqslant m$. $n' \geqslant m'$. 我们只需证明 $n = n'$, $m = m'$.

若否, 不妨设 $m' < m$. 由题设易知

$$m + n + 1 = m' + n' + 1.$$

从而 $n' > n \geqslant m > m'$.

当 $n > m$ 时, $\Omega_m(G)$ 为 (p^m, p^m, p) 型交换群, $\Omega_m(H)$ 为 $(p^m, p^{m'}, p)$ 型交换群. 从而

$$s_m(G) = s_m(\Omega_m(G)) > s_m(\Omega_m(H)) = s_m(H).$$

矛盾.

当 $n=m$ 时, 计算可知 $c_m(G)>c_m(H)$. 此时, $\Omega_{m-1}(G)$ 为 (p^{m-1},p^{m-1},p) 型交换群, $\Omega_{m-1}(H)$ 为 $(p^{m-1},p^{m'},p)$ 型交换群. 因为 $m-1\geqslant m'$, 所以

$$s_m(\Omega_{m-1}(G))\geqslant s_m(\Omega_{m-1}(H)).$$

从而

$$s_m(G)=c_m(G)+s_m(\Omega_{m-1}(G))>c_m(H)+s_m(\Omega_{m-1}(H))=s_m(H).$$

矛盾. 所以必有 $m=m', n=n'$, $G\cong H$. □

我们看到, 仅利用一个算术不变量 (子群的个数) 不能区分开互不同构的两个有限 p 群. 为了能刻画 p 群, 自然地, 我们应该考虑更多的算术不变量.

设 G 是有限 p 群, $|G|=p^n$. 如前所述, 对于 $m=0,1,\cdots,n$, 以 $s_m(G)$ 表示 G 中 p^m 阶子群的个数, 以 $c_m(G)$ 表示 G 中 p^m 阶循环子群的个数. 我们再以 $a_m(G)$ 表示 G 中 p^m 阶交换子群的个数, 而以 $n_m(G)$ 表示 G 中 p^m 阶正规子群的个数. 这样, 模仿问题 5.3.2, 我们又可定义群 G 的循环子群个数序列、交换子群个数序列, 以及正规子群个数序列. 徐明曜与曲海鹏在其 p 群著作 [194] 第 12 章进一步提出下面的问题.

问题 5.3.11　*设 G 和 H 都是 p^n 阶的有限 p 群, 满足对任意的 $m=0,1,\cdots,n$,*

$$s_m(G)=s_m(H),\quad c_m(G)=c_m(H),\quad a_m(G)=a_m(H),\quad n_m(G)=n_m(H).$$

问是否有 $G\cong H$?

遗憾的是, 这个问题的答案也是否定的.

例 5.3.12　*设 $p\geqslant 5$,*

$$G=\langle a,b,c\mid a^{p^2}=b^p=c^p=1,[a,b]=c,[c,a]=1,[c,b]=a^p\rangle,$$

$$H=\langle a,b,c\mid a^{p^2}=b^p=c^p=1,[a,b]=c,[c,a]=1,[c,b]=a^{\sigma p}\rangle,$$

其中 σ 是模 p 的平方非剩余. 易知 G 和 H 是 p^4 阶群. 检查 p^4 阶群表可知 $G\ncong H$. 而计算易知 G 和 H 满足问题 5.3.11的所有条件.

然而, 对于奇数阶亚循环 p 群, 张勤海在文献 [213] 利用子群个数和正规子群的个数两个算术不变量给出了其刻画. 下面我们证明之.

徐明曜和 Newman 在文献 [129] 给出了奇数阶亚循环 p 群的分类. 即下列的定理.

定理 5.3.13 设 p 为奇素数, 则 G 为亚循环 p 群当且仅当 G 与下列群同构.

$$\langle a, b \mid a^{p^{r+s+u}} = 1, b^{p^{r+s+t}} = a^{p^{r+s}}, b^{-1}ab = a^{1+p^r}\rangle,$$

其中 r,s,t,u 为非负整数, 且满足 $r \geqslant 1, u \leqslant r$. 简记这个群为 $\langle r,s,t,u;p\rangle$. 对于参数 r,s,t,u 的不同取值, 对应的亚循环群互不同构. 进一步, G 是可裂的当且仅当 $stu = 0$.

显而易见, 奇数阶亚循环 p 群 G 是正则的, 其型不变量为 $(r+s+t+u, r+s)$, 其 ω 不变量 $\omega \leqslant 2$ 且 $\mho_{s+u}(G) \leqslant Z(G)$. 设 G 的型不变量为 (e_1, e_2). 明显地,

$$|\Omega_k(G)| = \begin{cases} p^{2k}, & 1 \leqslant k \leqslant e_2, \\ p^{k+e_2}, & e_2 < k \leqslant e_1. \end{cases}$$

我们注意到

$$c_k(G) = (|\Omega_k(G)| - |\Omega_{k-1}(G)|)/(p^k - p^{k-1}).$$

于是我们有下列的定理.

定理 5.3.14 设 G 是亚循环 p 群, 其型不变量为 (e_1, e_2). 则

$$c_k(G) = \begin{cases} p^{k-1}(1+p), & 1 \leqslant k \leqslant e_2, \\ p^{e_2}, & e_2 < k \leqslant e_1. \end{cases}$$

对于 $s_k(G)$, 有下面的定理.

定理 5.3.15 设 G 是亚循环 p 群, 其型不变量为 (e_1, e_2). 则

$$s_k(G) = \begin{cases} 1 + p + \cdots + p^k, & 1 \leqslant k \leqslant e_2, \\ 1 + p + \cdots + p^{e_2}, & e_2 < k < e_1, \\ 1 + p + \cdots + p^{e_1+e_2-k}, & e_1 \leqslant k \leqslant e_1 + e_2. \end{cases}$$

证明 对 $|G|$ 作归纳. 若 $|G| \leqslant p^2$, 结论明显成立. 设 $|G| \geqslant p^3$ 且对阶小于 $|G|$, 结论成立.

若 $1 \leqslant k < e_1$, 则 $\Omega_k(G) < G$. 注意到 $s_k(G) = s_k(\Omega_k(G))$. 于是由归纳假设, 结论成立.

若 $e_1 \leqslant k \leqslant e_1 + e_2$, 取 G 的一个型不变量为 (e_1', e_2') 的极大子群, 则

$$e_1' + e_2' = e_1 + e_2 - 1, \quad e_1' \leqslant e_1 \leqslant k.$$

设 $\Phi(G)$ 的型不变量为 (e_1'', e_2''). 则

$$e_1'' + e_2'' = e_1 + e_2 - 2, \quad e_1'' \leqslant e_1 \leqslant k.$$

由定理 5.3.13 及归纳假设可得

$$\begin{aligned}s_k(G) &= (1+p)(1+p+\cdots+p^{e_1+e_2-1-k}) - p(1+p+\cdots+p^{e_1+e_2-2-k})\\ &= 1+p+\cdots+p^{e_1+e_2-k}.\end{aligned}$$

□

引理 5.3.16　设 $G \cong \langle r,s,t,u;p\rangle$, 若 G 非交换, 则

(1) G 的最小阶的非正规子群的阶为 p^{r-u+1};

(2) 若 $s\neq 0$, 则 G 的最大阶的非正规子群的阶为 $p^{r+2s+u+t-1}$;

(3) 若 $s=0$, 则 G 的最大阶的非正规子群的阶为 p^{r+u-1}.

证明　令 $x=ab^{-p^t}$. 则 $o(x)=p^{r+s}$.

(1) 令 $H_1=\langle x^{p^{s+u-1}}\rangle$. 则 $|H_1|=p^{r-u+1}$. 计算可知, H_1 的极小子群是 $\langle a^{p^{r+s-1}}b^{-p^{r+s+t-1}}\rangle$. 由此可得

$$[x^{p^{s+u-1}},b]=a^{p^{r+s+u-1}}\notin H_1.$$

于是 H_1 非正规. 所以我们只需证 G 的阶不超过 p^{r-u} 的所有子群均正规即可. 设 $M<G$ 且 $|M|\leqslant p^{r-u}$. 则

$$M\leqslant \Omega_{r-u}(G)=\langle x^{p^{s+u}},a^{p^{s+2u}}\rangle\leqslant \mho_{s+u}(G)\leqslant Z(G).$$

这隐含着 $M\trianglelefteq G$.

(2) 令 $H_2=\langle b,a^{p^{r+1}}\rangle$. 则 $|H_2|=p^{r+2s+t+u-1}$. 因为 $[b,a]=a^{p^r}\notin H_2$, 故 H_2 非正规. 所以只需证 G 的阶不超过 $p^{r+2s+t+u}$ 的所有子群均正规即可. 设 $M<G$ 且 $|M|\geqslant p^{r+2s+t+u}$. 则

$$|\langle a\rangle:M\cap\langle a\rangle|\leqslant|G:M|\leqslant p^r,\quad |\langle a\rangle:G'|=p^r.$$

于是 $G'\leqslant M\cap\langle a\rangle\leqslant M$. 这隐含着 $M\trianglelefteq G$.

(3) 因为 G 非交换, 有 $u\geqslant 1$, 且 $G=\langle b\rangle\rtimes\langle x\rangle$. 令 $H_3=\langle b^{p^{r+t+1}},x\rangle$, 则 $|H_3|=p^{r+u-1}$. 因为 $[b,x]=b^{p^{r+t}}\notin H_3$, 故 H_3 非正规. 所以我们只需证 G 的阶不超过 $p^{p^{r+u}}$ 的所有子群均正规即可. 设 $M<G$ 且 $|M|\geqslant p^{r+u}$, 则

$$|\langle b\rangle:M\cap\langle b\rangle|\leqslant|G:M|\leqslant p^{r+t},\quad |\langle b\rangle:G'|=p^{r+t}.$$

于是 $G'\leqslant M\cap\langle b\rangle\leqslant M$. 这又隐含着 $M\trianglelefteq G$.　□

引理 5.3.17　设 G 和 H 是奇数阶亚循环 p 群. 若对任意正整数 k, 均有 $s_k(G)=s_k(H)$, $n_k(G)=n_k(H)$, 则 $G\cong H$.

证明 注意到, 一个奇数阶 p 群 L 是交换的当且仅当 $s_k(L) = n_k(L)$. 于是 G 和 H 同为交换的或同为非交换的.

若 G 和 H 是交换的, 由定理 5.3.3 即知, 结论成立.

若 G 和 H 是非交换的, 由定理 5.3.13 可设

$$G \cong \langle r_1, s_1, t_1, u_1; p\rangle, \quad H \cong \langle r_2, s_2, t_2, u_2; p\rangle.$$

若 $s_1 s_2 \neq 0$, 由定理 5.3.15 和引理 5.3.16, 有

$$\begin{cases} r_1 + s_1 = r_2 + s_2, & (5.11)\\ r_1 + s_1 + t_1 + u_1 = r_2 + s_2 + t_2 + u_2, & (5.12)\\ r_1 + 2s_1 + u_1 + t_1 - 1 = r_2 + 2s_2 + u_2 + t_2 - 1, & (5.13)\\ r_1 - u_1 + 1 = r_2 - u_2 + 1. & (5.14)\end{cases}$$

解此方程组, 有

$$r_1 = r_2, \quad s_1 = s_2, \quad t_1 = t_2, \quad u_1 = u_2.$$

由定理 5.3.13 即得 $G \cong H$.

若 $s_1 = s_2 = 0$, 由 (5.11), (5.12) 和 (5.14) 式可得 $G \cong H$. 所以假设 $s_1 = 0, s_2 \neq 0$.

由定理 5.3.15 和引理 5.3.16, 有

$$\begin{cases} r_1 = r_2 + s_2, & (5.11')\\ r_1 + t_1 + u_1 = r_2 + s_2 + t_2 + u_2, & (5.12')\\ r_1 + u_1 - 1 = r_2 + 2s_2 + u_2 + t_2 - 1, & (5.13')\\ r_1 - u_1 + 1 = r_2 - u_2 + 1. & (5.14')\end{cases}$$

由 (5.11′) 式和 (5.14′) 式可得, $s_2 = u_1 - u_2$. 由 (5.11′), (5.13′) 和 (5.14′) 式可得 $t_2 = 0$. 又由 (5.12′), (5.14′) 式及 $s_2 = u_1 - u_2$, 有 $t_1 = u_2 - u_1$. 于是 $t_1 = -s_2 < 0$. 与定理 5.3.13 矛盾. □

引理 5.3.18 *设 G 是亚循环 3 群, H 是有限 3 群. 若 $|G| = |H| \neq 3^4$, $s_1(G) = s_1(H)$, $s_2(G) = s_2(H)$, 则 H 也是亚循环 3 群.*

证明 若 $|G| = |H| < 3^4$, 明显地, 结论成立. 下设 $|G| = |H| > 3^4$.

因为 G 是亚循环 3 群, 故 $s_1(H) = s_1(G) \leqslant 4$. 由 [43] 中的定理 4.1 可知, H 亚循环或是极大类的.

若 H 是极大类 3 群, 由 $s_1(H) = 4$ 可知, H 的一致元素的阶是 9. 由此可得

$$s_2(H) > c_2(H) \geqslant (2|H|/3)/(9-3) = |H|/9 \geqslant 3^3.$$

另一方面, 由定理 5.3.15 可得, $s_2(G) \leqslant 1 + 3 + 3^2$. 矛盾. 故 H 是亚循环的. □

定理 5.3.19 设 G 是奇数阶的亚循环 p 群, H 是有限 p 群. 若对任意正整数 k, 均有 $s_k(G)=s_k(H), n_k(G)=n_k(H)$, 则 $G\cong H$.

证明 若 $|G|=|H|\leqslant 3^4$, 检查阶不超过 3^4 的群表可知结论成立. 若 $|G|=|H|\neq 3^4$, 由引理 5.1.16 及引理 5.3.18 可知, H 也是亚循环 3 群. 于是结论由引理 5.3.17 推出. □

5.4 内交换 p 群的非正规子群的共轭类数

用 $\nu(G)$ 表示有限群 G 的非正规子群的共轭类的个数, 李立莉与曲海鹏等在文献 [94] 分类了 $\nu(G)\leqslant 2p$ 的有限 p 群, 其中内交换 p 群的非正规子群的共轭类数起了重要作用. 另外, 内交换 p 群作为一类基本的 p 群, 确定它的非正规子群的共轭类数本身也是有趣的. 本节介绍他们的结果.

引理 5.4.1 设 G 是有限 p 群, $|G:Z(G)|=p^2$. 若 $H\ntrianglelefteq G$, 则 $|G:N_G(H)|=p$.

命题 5.4.2 设 G 是有限 p 群且 $|G'|=p$. 若 $H\leqslant G$ 且 $H\nleqslant Z(G)$, 则 $H\trianglelefteq G$ 当且仅当 $G'\leqslant H$.

证明 结论是显然的. □

引理 5.4.3 设 G 是内交换 p 群. 则 G 的所有非正规子群循环当且仅当 G 同构于下列群之一: Q_8, $\mathrm{M}_p(1,1,1)$ 或 $\mathrm{M}_p(n,m)$, 其中 $n\geqslant 2$.

证明 $\Longleftarrow$: 显然, 只需证 $\mathrm{M}_p(n,m)$ 的所有非正规子群循环即可. 设 $G\cong \mathrm{M}_p(n,m)$ 且 $H\ntrianglelefteq G$, 则 $|G:H|\geqslant p^2$ 且 H 交换. 若 H 不循环, 则 $|\Omega_1(H)|\geqslant p^2$. 因为 $|\Omega_1(G)|=p^2$, 故 $\Omega_1(H)=\Omega_1(G)$. 注意到 $G'\leqslant\Omega_1(G)$. 则 $H\trianglelefteq G$. 矛盾.

$\Longrightarrow$: 因为 G 内交换, 由定理 1.7.10 可知, G 为 Q_8, $\mathrm{M}_p(n,m,1)$ 或 $\mathrm{M}_p(n,m)(n\geqslant 2)$ 之一. 明显地, 仅需证当 $G\cong\mathrm{M}_p(n,m,1)$ 时有 $n=m=1$ 即可. 为方便, 设

$$G=\langle a,b\mid a^{p^n}=b^{p^m}=c^p=1,[a,b]=c,[c,a]=[c,b]=1\rangle,$$

其中 $n\geqslant m\geqslant 1$. 若 $n\geqslant 2$, 则 $\langle a^p,b\rangle\ntrianglelefteq G$ 且 $d(\langle a^p,b\rangle)=2$. 矛盾. 故 $n=m=1$. □

定理 5.4.4 设 $G\cong\mathrm{M}_p(n,m)$ 如定理 1.7.10 所设. 则

(1) 若 $m=1$, 则 $\nu(G)=1$ 除非 $p=n=2$;

(2) 若 $m=1$ 且 $p=n=2$, 则 $\nu(G)=2$;

(3) 若 $n\geqslant m\geqslant 2$, 则 $\nu(G)=p^{m-1}$;

(4) 则 $m>n\geqslant 2$, 则 $\nu(G)=p^{n-1}+(m-n)(p^{n-1}-p^{n-2})$.

证明 不妨设 $G=\langle a,b\mid a^{p^n}=b^{p^m}=1,[a,b]=a^{p^{n-1}}\rangle$, 其中 $n\geqslant 2$.

(1) 在这种情形下, $\mho_1(G)=\langle g^p\mid g\in G\rangle=\langle a^p\rangle$ 循环. 因而 G' 是 $\mho_1(G)$ 的唯一极小子群. 设 $H\ntrianglelefteq G$. 则 $G'\nleqslant H$. 因而 $\mho_1(H)=1$. 由引理 5.4.3 可得 $|H|=p$.

因为 $G \not\cong \mathrm{D}_8$, 故 $\Omega_1(G) \cong \mathrm{C}_p^2$. 于是 G 仅有 p 个 p 阶非正规子群. 另一方面, 每个非正规子群的共轭类的长至少为 p. 于是 $\nu(G) = 1$.

(2) 在这种情形下, $G \cong \mathrm{D}_8$. 显然 $\nu(G) = 2$.

(3) 设 $H \ntrianglelefteq G$. 由引理 5.4.3 可知, H 循环. 若 $m = n$, 显而易见 $H \cong \mathrm{C}_{p^m}$. 若 $m < n$, 则 $\mho_m(G) = \langle a^{p^m} \rangle$ 循环. 故 G' 是 $\mho_m(G)$ 的唯一极小子群. 因为 $\Omega_{m-1}(G) \leqslant Z(G)$, 故 $|H| \geqslant p^m$. 若 $|H| > p^m$, 则 $\mho_m(H) \neq 1$. 因而 $G' \leqslant \mho_m(H) \leqslant H$. 这与 $H \ntrianglelefteq G$ 矛盾. 故也有 $H \cong \mathrm{C}_{p^m}$. 由引理 5.4.1 可知, G 的每个非正规子群的共轭类的长度为 p. 故只需数 G 的非正规循环子群的个数即可.

显而易见, G 的 p^m 阶循环子群的个数是

$$\frac{|\Omega_m(G)| - |\Omega_{m-1}(G)|}{p^m - p^{m-1}} = \frac{p^{2m} - p^{2m-2}}{p^m - p^{m-1}} = p^m + p^{m-1}.$$

令

$$L = \{x \in \Omega_m(G) \mid x^{p^{m-1}} \in G'\}.$$

则

$$L = \langle a^{p^{n-m}}, b^p \rangle \cong \mathrm{C}_{p^m} \times \mathrm{C}_{p^{m-1}}.$$

由命题 5.4.2 可知, G 的 p^m 阶子群 K 正规当且仅当 $K \leqslant L$. 于是 G 的 p^m 阶正规循环子群的个数是

$$\frac{|\Omega_m(L)| - |\Omega_{m-1}(L)|}{p^m - p^{m-1}} = \frac{p^{2m-1} - p^{2m-2}}{p^m - p^{m-1}} = p^{m-1}.$$

故 G 的 p^m 阶非正规循环子群的个数是

$$(p^m + p^{m-1}) - p^{m-1} = p^m.$$

再由引理 5.4.1 可得, $\nu(G) = p^m/p = p^{m-1}$.

(4) 设 $H \ntrianglelefteq G$. 由引理 5.4.3 可知, H 循环. 因为 $\Omega_{n-1}(G) \leqslant Z(G)$, 故 $|H| \geqslant p^n$. 令 $|H| = p^l$. 则 $m \geqslant l \geqslant n$.

若 $m > l > n$, 则 G 的 p^l 阶循环子群的个数是

$$\frac{|\Omega_l(G)| - |\Omega_{l-1}(G)|}{p^l - p^{l-1}} = \frac{p^{l+n} - p^{l+n-1}}{p^l - p^{l-1}} = p^n.$$

令 $L = \Omega_l(G) \cap Z(G)$. 则 $L \cong \mathrm{C}_{p^l} \times \mathrm{C}_{p^{n-1}}$. 由命题 5.4.2 可知, G 的 p^l 阶子群 K 正规当且仅当 $K \leqslant L$. 于是 G 的 p^l 阶正规循环子群的个数是

$$\frac{|\Omega_l(L)| - |\Omega_{l-1}(L)|}{p^l - p^{l-1}} = \frac{p^{l+n-1} - p^{l+n-2}}{p^l - p^{l-1}} = p^{n-1}.$$

故 G 的 p^l 阶非正规循环子群的个数是 $p^n - p^{n-1}$.

若 $l = n$, 则 G 的 p^n 阶循环子群的个数是

$$\frac{|\Omega_n(G)| - |\Omega_{n-1}(G)|}{p^n - p^{n-1}} = \frac{p^{2n} - p^{2n-2}}{p^n - p^{n-1}} = p^n + p^{n-1}.$$

令

$$L = \{x \in \Omega_n(G) \mid x^{p^{n-1}} \in G'\}, \quad K = \Omega_n(G) \cap Z(G).$$

则

$$L = \langle a, b^{p^{m-n+1}} \rangle \cong \mathrm{C}_{p^n} \times \mathrm{C}_{p^{n-1}}, \quad K = \langle a^p, b^{p^{m-n}} \rangle \cong \mathrm{C}_{p^{n-1}} \times \mathrm{C}_{p^n}.$$

由命题 5.4.2 可知, G 的 p^n 阶子群 C 正规当且仅当 $C \leqslant L$. 注意到 $L \cap K = \Omega_{n-1}(G)$. 故 G 的 p^n 阶正规循环子群的个数是

$$\frac{|\Omega_n(L)| - |\Omega_{n-1}(L)|}{p^n - p^{n-1}} + \frac{|\Omega_n(K)| - |\Omega_{n-1}(K)|}{p^n - p^{n-1}} = 2\frac{p^{2n-1} - p^{2n-2}}{p^n - p^{n-1}} = 2p^{n-1}.$$

由此可得 G 的 p^n 阶非正规循环子群的个数是 $p^n - p^{n-1}$.

若 $l = m$, 则 G 的 p^m 阶循环子群的个数是

$$\frac{|\Omega_m(G)| - |\Omega_{m-1}(G)|}{p^m - p^{m-1}} = \frac{p^{n+m} - p^{n+m-1}}{p^m - p^{m-1}} = p^n.$$

由命题 5.4.2 可知, G 的每个阶为 p^m 的循环子群是非正规的. 由此可得 G 的 p^m 阶非正规循环子群的个数是 p^n.

综上所述, G 的非正规子群的个数是

$$p^n + \sum_{l=n}^{m-1}(p^n - p^{n-1}) = p^n + (m-n)(p^n - p^{n-1}).$$

于是

$$\nu(G) = \frac{p^n + (m-n)(p^n - p^{n-1})}{p} = p^{n-1} + (m-n)(p^{n-1} - p^{n-2}). \qquad \square$$

定理 5.4.5　设 $G \cong \mathrm{M}_p(n, m, 1)$ 如定理 1.7.10 所设. 令 $t = n - m$. 则

$$\nu(G) = p^{m-1}(2p-1)t + 2p(1 + p + \cdots + p^{m-1}) + p^{m-1} - p.$$

特别地, 若 $n = m = 1$, 则 $\nu(G) = p + 1$; 若 $n \geqslant 2$, 则 $\nu(G) \geqslant 3p$.

证明　不妨设 $G = \langle a, b \mid a^{p^n} = b^{p^m} = c^p = 1, [a, b] = c, [c, a] = [c, b] = 1 \rangle$. 则 $G' \leqslant \Omega_1(G)$ 且 $|\Omega_1(G)| = p^3$. 设 $H \ntrianglelefteq G$. 则 $G' \nleqslant H$. 从而 $\Omega_1(H) < \Omega_1(G)$. 于是 $|\Omega_1(H)| \leqslant p^2$ 且 $d(H) \leqslant 2$. 因为 G 内交换, H 交换. 这意味着 H 循环或是两个循

环群的直积. 明显地, $G'\cap\mho_1(G)=1$. 由命题 5.4.2 可知, G 的循环子群非正规当且仅当它不含在 $Z(G)$ 中. 于是 G 的 p^l 阶循环子群的个数是

$$\frac{|\Omega_l(G)|-|\Omega_{l-1}(G)|}{p^l-p^{l-1}}-\frac{|\Omega_l(G)\cap Z(G)|-|\Omega_{l-1}(G)\cap Z(G)|}{p^l-p^{l-1}}. \tag{5.15}$$

由引理 5.4.1 可知, G 的每个非正规子群的共轭类有长度 p. 故只需数 G 的非正规子群的个数即可. 分三种情形讨论.

情形 1 $n=m=1$.

在这种情形下, $|G|=p^3$. 于是 G 的非正规子群的阶均为 p 阶. 因为 $\exp(G)=p$, 故 G 的 p 阶子群的个数是 p^2+p+1. 注意到 G' 是 G 的唯一的 p 阶正规子群. 故 G 的非正规子群的个数是 p^2+p. 于是 $\nu(G)=(p^2+p)/p=p+1$.

情形 2 $n=m\geqslant 2$.

在这种情形下, G 的循环子群非正规当且仅当它的阶是 p^n. 由公式 (5.15) 可知, G 的非正规循环子群的个数是

$$\frac{|G|-|\Omega_{n-1}(G)|}{p^n-p^{n-1}}=\frac{p^{2n+1}-p^{2n-1}}{p^n-p^{n-1}}=p^{n+1}+p^n.$$

其次, 我们数 G 的非正规且非循环的子群个数. 设 $H=\langle x\rangle\times\langle y\rangle$, 其中 $o(x)=p^{k_1}, o(y)=p^{k_2}$ 且 $k_1\geqslant k_2\geqslant 1$. 因为 $H\nleqslant Z(G)=\Omega_{n-1}(G)$, 故 $k_1=n$. 另一方面, 由 $C_G(x)=\langle x\rangle\Omega_{n-1}(G)$ 推出 $1\leqslant k_2\leqslant n-1$. 于是 $H\cong \mathrm{C}_{p^n}\times\mathrm{C}_{p^{k_2}}$, 其中 $1\leqslant k_2\leqslant n-1$. 令

$$S(n,k_2)=\{H\ntrianglelefteq G\mid H\cong\mathrm{C}_{p^n}\times\mathrm{C}_{p^{k_2}}\}.$$

我们只需确定 $\sum\limits_{k_2=1}^{n-1}|S(n,k_2)|$ 的值. 为方便, 令

$$T(n)=\{C\ntrianglelefteq G\mid C\cong\mathrm{C}_{p^n}\}.$$

注意到 G 的所有 p^n 阶循环子群非正规. 则有事实: 若 $H\in S(n,k_2)$, 则对于具有 $|C|=p^n$ 的所有循环子群 $C\leqslant H$ 均有 $C\in T(n)$. 反之, 若 $C\in T(n)$, 则存在 $H\in S(n,k_2)$ 使得 $C\leqslant H$. 令

$$S=\{(C,H)\mid C\in T(n),\ C\leqslant H\in S(n,k_2)\}.$$

现在我们以两种不同的方法计算 $|S|$ 的值.

注意到, 对于 C, 有 $|T(n)|$ 种不同的选取. 固定 C, 我们确定 H 可能的选取. 因为 $H\cong C_{p^n}\times C_{p^{k_2}}$, 其中 $k_2<n$, 故 H 是 $C\Omega_{k_2}(G)$ 的极大子群. 易证

$$H\in S(n,k_2)\quad \text{当且仅当}\quad H/C\cong\mathrm{C}_{p^{k_2}}\quad \text{且}\quad (G'C)/C\nleqslant H/C.$$

注意到 $G/C \cong \mathrm{C}_{p^n} \times \mathrm{C}_p$. 若 $k_2 = 1$, 则 G/C 的不包含 $(G'C)/C$ 的 p 阶循环子群的个数是

$$\frac{p^2-1}{p-1} - 1 = p.$$

若 $k_2 \geqslant 2$, 则 G/C 的不包含 $(G'C)/C$ 的 p^{k_2} 阶循环子群的个数是

$$\frac{p^{k_2+1}-p^{k_2}}{p^{k_2}-p^{k_2-1}} = p.$$

于是在任何情况下, G/C 的不包含 $(G'C)/C$ 的 p^{k_2} 阶循环子群的个数是 p. 这意味着 H 有 p 种可能的选取. 由此可得 $|S| = p|T(n)|$.

另一方面, 注意到对于 H, 有 $|S(n,k_2)|$ 种不同的选取. 固定 H, 我们确定 C 的可能的选取. 因为 H 所有 p^n 阶循环子群在 G 中非正规, 故对于 C, 有

$$\frac{|H| - |\Omega_{n-1}(H)|}{p^n - p^{n-1}} = \frac{p^{n+k_2} - p^{n+k_2-1}}{p^n - p^{n-1}} = p^{k_2}$$

种可能的选取. 由此又得 $|S| = p^{k_2}|S(n,k_2)|$. 于是

$$|S(n,k_2)| = \frac{|T(n)|}{p^{k_2-1}}.$$

注意到 $|T(n)| = p^{n+1} + p^n$. 于是 G 的非正规且非循环的子群的个数是

$$\sum_{k_2=1}^{n-1} |S(n,k_2)| = p^2(p+1)(1+p+\cdots+p^{n-2}).$$

现在我们有 G 的非正规子群的个数是

$$(p^{n+1}+p^n) + p^2(p+1)(1+p+\cdots+p^{n-2}) = 2p^2(1+p+\cdots+p^{n-1}) + p^n - p^2.$$

于是

$$\nu(G) = 2p(1+p+\cdots+p^{n-1}) + p^{n-1} - p.$$

情形 3　$n > m$.

在这种情形下, $\exp(G) = p^n$ 且 $\Omega_{m-1}(G) \leqslant Z(G)$. 若 H 循环, 则 $H \cong \mathrm{C}_{p^l}$, 其中 $m \leqslant l \leqslant n$. 由公式 (5.15) 可得下列结果.

(1) 若 $l = n$, 则 G 的 p^l 阶循环子群的个数是

$$\frac{p^{n+m+1} - p^{n+m}}{p^n - p^{n-1}} = p^{m+1}.$$

(2) 若 $l = m$, 则 G 的 p^l 阶非正规循环子群的个数是

$$\frac{p^{2m+1} - p^{2m-1}}{p^m - p^{m-1}} - \frac{p^{2m} - p^{2m-1}}{p^m - p^{m-1}} = p^{m+1}.$$

(3) 若 $n > l > m$, 则 G 的 p^l 阶循环子群的个数是

$$\frac{p^{l+m+1}-p^{l+m}}{p^l-p^{l-1}}-\frac{p^{l+m}-p^{l+m-1}}{p^l-p^{l-1}}=p^{m+1}-p^m.$$

于是 G 的非正规循环子群的个数是

$$2p^{m+1}+(t-1)(p^{m+1}-p^m),\quad t=n-m.$$

其次, 我们数 G 的非正规且非循环的子群个数.

设 $H=\langle x\rangle\times\langle y\rangle$, 其中 $o(x)=p^{k_1},o(y)=p^{k_2}$ 且 $k_1\geqslant k_2\geqslant 1$. 则 $k_1\leqslant n$ 且 $k_2\leqslant m$. 因为 $H\nleq Z(G)$ 且 $\Omega_{m-1}(G)\leqslant Z(G)$, 故 $\exp(H)\geqslant p^m$. 因而 $k_1\geqslant m$. 进一步地, 若 $k_2=m$, 则 $k_1<n$. 令

$$S(k_1,k_2)=\{H\ntrianglelefteq G\mid H\cong \mathrm{C}_{p^{k_1}}\times \mathrm{C}_{p^{k_2}}\}.$$

则 G 的非正规且非循环的子群个数

$$\sum_{k_2=1}^{m-1}\sum_{k_1=m}^{n}|S(k_1,k_2)|+\sum_{k_1=m}^{n-1}|S(k_1,m)|. \tag{5.16}$$

与情形 2 的论证类似可知, 若 $k_2<m$, 则

$$|S(k_1,k_2)|=\frac{|T(k_1)|p}{p^{k_2}},\quad 其中\quad T(k_1)=\{H\ntrianglelefteq G\mid H\cong \mathrm{C}_{p^{k_1}}\}.$$

因而

$$|S(n,k_2)|=|S(m,k_2)|=\frac{p^{m+1}p}{p^{k_2}}=p^{m+2-k_2},\quad k_2<m.$$

$$|S(k_1,k_2)|=\frac{(p^{m+1}-p^m)p}{p^{k_2}}=p^{m+1-k_2}(p-1),\quad m<k_1<n,\ k_2<m.$$

若 $k_2=m$, 断言 $|S(k_1,m)|=p^2$: 若 $H\in S(k_1,m)$, 则 H 是 $\Omega_{k_1}(G)$ 的极大子群. 设 M 是 $\Omega_{k_1}(G)$ 的极大子群. 若 $G'\nleq M$, 则 $\Omega_{k_1}(G)=MG'$. 因为 $\Omega_{k_1}(G)\nleq Z(G)$, 故 $M\nleq Z(G)$. 由命题 5.4.2 可知 $M\ntrianglelefteq G$. 进一步地,

$$M\cong\Omega_{k_1}(G)/G'\cong \mathrm{C}_{p^{k_1}}\times \mathrm{C}_{p^m}.$$

注意到 $d(\Omega_{k_1}(G))=3$ 且 $d(\Omega_{k_1}(G)/G')=2$. 故 $\Omega_{k_1}(G)$ 恰有

$$(1+p+p^2)-(1+p)$$

个极大子群不含 G'. 于是 $|S(k_1,m)|=p^2$.

由公式 (5.16) 可知, G 的非正规且非循环的子群个数是

$$
\begin{aligned}
&2\sum_{k_2=1}^{m-1} p^{m+2-k_2}+\sum_{k_2=1}^{m-1}\sum_{k_1=m+1}^{n-1} p^{m+1-k_2}(p-1)+\sum_{k_1=m}^{n-1} p^2\\
=&\frac{2(p^{m+2}-p^3)}{p-1}+(n-m-1)(p^{m+1}-p^2)+(n-m)p^2\\
=&\frac{2(p^{m+2}-p^3)}{p-1}+(t-1)p^{m+1}+p^2,\quad \text{其中}\quad t=n-m.
\end{aligned}
$$

综上所述, G 的非正规子群的个数是

$$
\begin{aligned}
&2p^{m+1}+(t-1)(p^{m+1}-p^m)+\frac{2(p^{m+2}-p^3)}{p-1}+(t-1)p^{m+1}+p^2\\
=&p^m(2p-1)t+2p^2(1+p+\cdots+p^{m-1})+p^m-p^2.
\end{aligned}
$$

于是

$$\nu(G)=p^{m-1}(2p-1)t+2p(1+p+\cdots+p^{m-1})+p^{m-1}-p. \qquad \square$$

第 6 章　内交换 p 群的中心扩张

从本章开始, 主要介绍若干有限 p 群构造的结果. 我们将看到, 中心扩张和循环扩张的方法在确定有限 p 群结构中的威力.

首先回顾一下中心扩张的定义. 若 $N \leqslant Z(G)$ 且 $G/N \cong F$, 则称群 G 为 N 被 F 的中心扩张. 本章的目的是: 确定当 F 为内交换 p 群, N 分别为循环群和初等交换 p 群时 G 的结构. 首先对任意 N 被内交换 p 群的中心扩张的框架做如下分析.

设 G 是 N 被内交换 p 群的中心扩张, 即 G/N 为内交换 p 群. 由定理 1.7.7 可知 $d(G/N) = 2$. 设 $G/N = \langle \bar{a}, \bar{b} \rangle$. 令 $H = \langle a, b \rangle$, 其中 a, b 为 $\bar{a}$, $\bar{b}$ 在 G 到 G/N 同态映射下的原像. 则 $G = HN$. 因此只要决定 H, 就能得出 G 的结构. 又 $G/N = HN/N \cong H/H \cap N$, 设 $H \cap N = N_1$. 则 H/N_1 为内交换 p 群. 由 $d(H/N_1) = d(H) = 2$ 知 $N_1 \leqslant \Phi(H)$.

通过以上分析可知, 要确定任意 N 被内交换 p 群的中心扩张得到的群, 实际上就是要确定满足下列条件的群 G:

条件 A　*$N \leqslant Z(G) \cap \Phi(G)$, G/N 为内交换 p 群.*

进一步地, 还能得到任意 N 被内交换 p 群的中心扩张的更精细的条件. 为方便起见, 引进下列符号.

$$\mathcal{S}_1 = \{G \mid \exists N \leqslant Z(G) \cap \Phi(G) \text{ 且 } G/N \text{ 为内交换 } p \text{ 群}\},$$

$$\mathcal{S}_2 = \{G \mid \exists N \leqslant Z(G) \cap G' \text{ 且 } d(N) \leqslant 3,\ G/N \text{ 为内交换 } p \text{ 群}\}.$$

下面来说明 $\mathcal{S}_1 = \mathcal{S}_2$.

显然 $\mathcal{S}_2 \subseteq \mathcal{S}_1$. 只需说明 $\mathcal{S}_1 \subseteq \mathcal{S}_2$. 对任意的 $G \in \mathcal{S}_1$, 由 G/N 内交换知,

$$d(G/N) = 2, \quad c(G/N) = 2, \quad |(G/N)'| = p.$$

从而

$$d(G) = 2, \quad |(G/N)'| = |G'N/N| = |G'/G' \cap N| = p.$$

令 $N_1 = G' \cap N$. 则

$$N_1 \leqslant Z(G) \cap G', \quad d(G/N_1) = 2, \quad |(G/N_1)'| = |G'/N_1| = p.$$

由定理 1.7.7 可知 G/N_1 内交换. 设 $G = \langle a, b \rangle$. 又由 $G_3 \leqslant N \leqslant Z(G)$ 知, G' 交换且 $G' = \langle [a,b], [a,b,a], [a,b,b] \rangle$. 从而 $d(N_1) \leqslant d(G') \leqslant 3$.

由以上分析可知, 要确定任意 N 被内交换 p 群的中心扩张得到的群 G 的结构, 只需确定满足下列条件的有限 p 群 G:

条件 B　$N \leqslant Z(G) \cap G'$ 且 $d(N) \leqslant 3$, G/N 为内交换 p 群.

特别地, 当 N 为循环群或初等交换 p 群时, 满足条件 B 的群 G 已被系列论文 [93], [133]–[135] 给出了同构分类. 文献 [6], [7] 采用不同的方法也给出了这样的 p 群的分类. 本章介绍该分类结果. 采用的是后者的分类方法.

一个自然的问题是: 当 $d(N) \neq 1$ 且 N 不为初等交换时, N 被内交换 p 群的中心扩张的群结构是如何呢?

6.1　p 阶群被内交换 p 群的扩张

本节研究 p 阶群被内交换 p 群的中心扩张. 首先有下面的定理.

定理 6.1.1　若有限 p 群 G 中存在 p 阶正规子群 N 使得 G/N 为内交换 p 群, 则 $|G'| \leqslant p^2$. 进一步有

(1) 若 $|G'| = p$, 则 G 是阶 $\geqslant p^4$ 的内交换 p 群, 或内交换 p 群与 C_p 的直积;

(2) 若 $|G'| = p^2$, 则 $N = \Phi(G')G_3$.

证明　由定理 1.7.7 得 $|(G/N)'| = p$. 又因为 $G'/G' \cap N \cong G'N/N = (G/N)'$, 所以 $|G'/G' \cap N| = p$. 由 $|N| = p$ 可得 $|G'| \leqslant p^2$.

(1) 设 $G/N = \langle \bar{a}, \bar{b} \rangle$, $H = \langle a, b \rangle$. 由 H 的取法知 $G = HN$. 若 $N \leqslant H$, 则 $G = H$. 从而 $d(G) = 2$. 再由定理 1.7.7 可得 G 为内交换 p 群. 此时显然有 $|G| \geqslant p^4$. 若 $N \nleqslant H$, 则 $G = H \times N$. 从而 G 为内交换 p 群与 C_p 的直积.

(2) 由 $|G'/G' \cap N| = p$ 以及 $|G'| = p^2$ 可知 $N \leqslant G'$. 从而 $d(G) = d(G/N) = 2$. 由 G/N 内交换可知 $\Phi(G')G_3 \leqslant N$. 以下只需说明 $\Phi(G')G_3 \neq 1$ 即可. 若否, 则 $c(G) = 2$ 且 G' 初等交换. 此时易证 $|G'| = p$, 矛盾. □

由定理 6.1.1 可知, 我们只需决定这样的群 G: 它满足 $|\Phi(G')G_3| = p$ 且 $G/\Phi(G')G_3$ 为内交换 p 群. 由定理 2.5.3 可知, 若 $|\Phi(G')G_3| = p$, 则 $G/\Phi(G')G_3$ 为亚循环的内交换 p 群当且仅当 G 为导群 p^2 阶亚循环群. 由于亚循环 p 群已经有同构分类, 我们仅列出以下结果.

定理 6.1.2 ([93] 的定理 10)　设 G 是有限 p 群, 满足 $\Phi(G')G_3 \cong C_p$ 且 $G/\Phi(G')G_3$ 为亚循环的内交换群, 则 G 为以下互不同构的群之一.

1) $c(G) = 2$.

(1) $\langle a, b \mid a^{p^{n+1}} = b^{p^m} = 1, [a, b] = a^{p^{n-1}} \rangle$, 其中 $n \geqslant 3$, $m \geqslant 2$;

(2) $\langle a, b \mid a^{p^{n+1}} = 1, b^{p^m} = a^{p^n}, [a, b] = a^{p^{n-1}} \rangle$, 其中 $m > n \geqslant 3$.

2) $c(G) = 3$.

(3) $\langle a, b \mid a^8 = b^{2^m} = 1, [a, b] = a^2 \rangle$;

(4) $\langle a,b \mid a^8=b^{2^m}=1,[a,b]=a^{-2}\rangle$;

(5) $\langle a,b \mid a^{p^3}=b^{p^m}=1,[a,b]=a^p\rangle$, 其中 $p\geqslant 3$, $m\geqslant 2$;

(6) $\langle a,b \mid a^8=1,b^{2^m}=a^4,[a,b]=a^{-2}\rangle$;

(7) $\langle a,b \mid a^{p^3}=1,b^{p^m}=a^{p^2},[a,b]=a^p\rangle$, 其中 $p\geqslant 3$, $m\geqslant 3$.

读者可以利用本书第 2 章介绍的方法来证明定理 6.1.2, 也可以利用亚循环群的分类来得到上述结果. 为了方便读者, 下面介绍亚循环 p 群的同构分类, 它是 Newman 和徐明曜在 1987 年借助 p 群生成算法得到的. 他们在 [128], [129] 中给出了 $p>2$ 时的结果, 而 $p=2$ 时的结果可见 [192]. 在他们的分类中, 亚循环 p 群有较好的表现. 以下是他们的结果.

定理 6.1.3 设 p 是奇素数, G 是亚循环 p 群. 则 G 同构于下面的群

$$\langle a,b \mid a^{p^{r+s+u}}=1,b^{p^{r+s+t}}=a^{p^{r+s}},b^{-1}ab=a^{1+p^r}\rangle, \tag{6.1}$$

其中 r,s,t,u 为非负整数, 且满足 $r\geqslant 1,u\leqslant r$. 对于参数 r,s,t,u 的不同取值, 对应的亚循环群互不同构. 我们用 $\langle r,s,t,u\rangle_p$ 来记这个群. 又, $\langle r,s,t,u\rangle_p$ 是可裂的, 即可表成循环群被循环群的可裂扩张的充要条件为 $stu=0$.

定理 6.1.4 设 G 是亚循环 2 群.

若 G 有一个循环极大子群, 则 G 是下列群之一.

二面体群、半二面体群、广义四元数群或通常亚循环群 $\langle a,b \mid a^{2^m}=1,b^2=1,a^b=a^{1+2^{m-1}}\rangle$, 其中 $m\geqslant 3$.

若 G 没有循环极大子群, 则 G 有两种类型.

I 型群 (通常亚循环群): $G=\langle a,b \mid a^{2^{r+s+u}}=1,\ b^{2^{r+s+t}}=a^{2^{r+s}},a^b=a^{1+2^r}\rangle$, 其中 r, s, t, u 是非负整数, 满足 $r\geqslant 2$, $u\leqslant r$. 记为 $\langle r,s,t,u\rangle_2$.

II 型群 (例外亚循环群): $G=\langle a,b \mid a^{2^{r+s+v+t'+u}}=1,\ b^{2^{r+s+t}}=a^{2^{r+s+v+t'}},\ a^b=a^{-1+2^{r+v}}\rangle$, 其中 r, s, v, t, t', u 是非负整数, 满足 $r\geqslant 2$, $t'\leqslant r$, $u\leqslant 1$, $tt'=sv=tv=0$, 且若 $t'\geqslant r-1$ 则 $u=0$. 记为 $\langle r,s,v,t,t',u\rangle_2$.

不同类型的群或者相同类型但不同参数的群互不同构. 又 I 型群可裂当且仅当 $stu=0$; II 型群可裂当且仅当 $u=0$.

(注意, 在本书中对于 G 有循环极大子群的情形, 只要 G 不是极大类的, 我们也称 G 为通常亚循环群.)

现在, 我们只需决定这样的群 G: 它满足 $|\Phi(G')G_3|=p$ 且 $G/\Phi(G')G_3$ 为非亚循环的内交换 p 群. 以下按导群是否循环分两小节来决定这样的群的同构分类. 由于内交换子群在 p 群中的重要地位, 我们还将计算出所决定的群的内交换子群的最小指数 $I_{\min}$ 和最大指数 $I_{\max}$.

6.1.1　导群循环的情形

当 $G' \cong \mathrm{C}_{p^2}$ 时, $G_3 \leqslant \Phi(G')$. 设有限 p 群 G 满足 $\Phi(G') \cong \mathrm{C}_p$ 和 $G/\Phi(G') \cong \mathrm{M}_p(n,m,1)$, 其中 $n \geqslant m$ 并且当 $p=2$ 时 $n>1$. 令

$$G/\Phi(G') = \langle \bar{a}, \bar{b}, \bar{c} \mid \bar{a}^{p^n} = \bar{b}^{p^m} = \bar{c}^p = 1, [\bar{a}, \bar{b}] = \bar{c}, [\bar{c}, \bar{a}] = [\bar{b}, \bar{c}] = 1 \rangle.$$

不妨设 $G = \langle a, b, c \rangle$ 满足 $[a,b]=c$. 因为 $G_3 \leqslant \Phi(G') \cong \mathrm{C}_p$, 故 c 为 p^2 阶元并且 $\Phi(G') = \langle c^p \rangle$. 又因为 $a^{p^n} \in \Phi(G')$, 故可设 $a^{p^n} = c^{w_{11}p}$. 类似地, 可设

$$b^{p^m} = c^{w_{21}p}, \quad [c,a] = c^{w_{12}p}, \quad [c,b] = c^{w_{22}p}.$$

从而得到一个 F_p 上的 2×2 矩阵 $w(G) = (w_{ij})$. 注意矩阵 $w(G)$ 是随生成元 a, b 的选择而变化的. 我们称 $w(G)$ 为 G 的与生成元 a, b 对应的特征矩阵 (简称特征矩阵). 以下 $w(G)$ 总是表示 G 的一个特征矩阵.

定理 6.1.5　设 G 是一个有限 p 群, $G_3 \leqslant \Phi(G') \cong \mathrm{C}_p$, $G/\Phi(G') \cong \mathrm{M}_p(n,m,1)$ 其中 $n \geqslant m$ 并且当 $p=2$ 时 $n>1$. 则

(1) 若 $m=1$, 则 $p=2$, $[c,b]=c^2$, G 有唯一的 $\mathcal{A}_1$ 极大子群;

(2) 若 $m \geqslant 2$, 则 $I_{\min} = 2$.

证明　(1) 设 $m=1$. 因为 $1 = [a, b^p] = c^p [c,b]^{\binom{p}{2}}$ 和 $c^p \neq 1$, 所以 $p=2$ 且 $c^2 = [c,b]$. 因为 $[c,ab][c,a] = c^2$, 所以 $[c,a] = c^2$ 或者 $[c,ab] = c^2$. 不妨设 $[c,a]=c^2$. 因此 $[c,ab]=1$. 注意到 G 的极大子群分别为 $\langle a, \Phi(G) \rangle = \langle c, a \rangle$, $\langle b, \Phi(G) \rangle = \langle c, b, a^2 \rangle$ 和 $\langle ab, \Phi(G) \rangle = \langle c, ab \rangle$. 因为 $\langle c, a \rangle \in \mathcal{A}_1$, $\langle c, b, a^2 \rangle \notin \mathcal{A}_1$, $\langle c, ab \rangle$ 交换, 所以 $\langle c, a \rangle$ 是 G 的唯一的指数为 p 的 $\mathcal{A}_1$ 子群.

(2) 设 $m \geqslant 2$. 断言 $I_{\min} > 1$. 若否, 设 D 为 G 的指数为 p 的 $\mathcal{A}_1$ 子群. 易知 $D' = \Phi(G')$ 和 $d(D/\Phi(G')) = 2$. 因为 $\Phi(G) \leqslant D$, 所以 $d(\Phi(G)/\Phi(G')) \leqslant 2$. 另一方面, $\Phi(G)/\Phi(G') = \langle \bar{a}^p, \bar{b}^p, \bar{c} \rangle$ 的型不变量为 (p^{n-1}, p^{m-1}, p), 矛盾. 因此 $I_{\min} > 1$. 因为 $|G_3| \leqslant p$, 不妨设 $[c,a]=1$ 或 $[c,b]=1$. 若 $[c,a]=1$, 则 $\langle a^p, b \rangle$ 为指数为 p^2 的 $\mathcal{A}_1$ 子群. 若 $[c,b]=1$, 则 $\langle a, b^p \rangle$ 为指数为 p^2 的 $\mathcal{A}_1$ 子群. 综上所述, $I_{\min} = 2$. □

定理 6.1.6　设 G 是有限 p 群, $G_3 \leqslant \Phi(G') \cong \mathrm{C}_p$ 且 $G/\Phi(G') \cong \mathrm{M}_p(n,m,1)$, 其中 $n \geqslant m$, 且当 $p=2$ 时 $n>1$. 再设 $w(G) = (w_{ij})$ 是 G 的特征矩阵. 则

(1) 若 $w_{22} = w_{12} = 0$, 则 $G \in \mathcal{A}_3$;

(2) 若 $w_{22} = 0$, $w_{12} \neq 0$, 则 $G \in \mathcal{A}_{m+1}$;

(3) 若 $w_{22} \neq 0$, $w_{12} = 0$, 则 $G \in \mathcal{A}_{n+1}$.

证明　为了求 $I_{\max}$, 需要考察 G 的所有极大子群. 令 $N = \langle b, a^p, c \rangle$ 和 $M_i = \langle ab^i, b^p, c \rangle$. 则 N 和 M_i 是 G 的所有极大子群, 其中 $0 \leqslant i \leqslant p-1$. 由定理 6.1.5(1) 可知, 当 $p>2$ 时 $m>1$.

(1) 此时, $[c,a]=[c,b]=1$. 计算可得, $M_i=\langle b^p,ab^i\rangle*\langle c\rangle$, $N=\langle b,a^p\rangle*\langle c\rangle$, 其中 $\langle b^p,ab^i\rangle\in\mathcal{A}_1$ 且 $\langle b,a^p\rangle\in\mathcal{A}_1$. 由推论 3.1.5 可得, $M_i\in\mathcal{A}_2$ 且 $N\in\mathcal{A}_2$. 因此 $G\in\mathcal{A}_3$.

(2) 此时, $[c,b]=1$. 由定理 6.1.5 (1) 可知 $m>1$. 计算可得, $M_i=\langle c,ab^i\rangle*\langle cb^{w_{12}p}\rangle$, 其中 $\langle c,ab^i\rangle\in\mathcal{A}_1$. 由推论 3.1.5, $M_i\in\mathcal{A}_m$. 若 $p=2$, 则 $N=\langle c,b,a^2\rangle$ 为交换群. 若 $p>2$, 则 $N=\langle b,a^p\rangle*\langle c\rangle\in\mathcal{A}_2$. 因此, $G\in\mathcal{A}_{m+1}$.

(3) 此时, $[c,b]\neq 1$ 且 $[c,a]=1$. 计算可得, $N=\langle c,b\rangle*\langle ca^{-w_{22}p}\rangle$, 其中 $\langle c,b\rangle\in\mathcal{A}_1$. 由推论 3.1.5, $N\in\mathcal{A}_n$. 若 $p=2$, 则 $M_0=\langle c,a,b^2\rangle$ 为交换群且 $M_1=\langle c,ab\rangle*\langle b^2\rangle\in\mathcal{A}_m$. 若 $p>2$, 则 $M_0=\langle c,a,b^p\rangle=\langle a,b^p\rangle*\langle c\rangle\in\mathcal{A}_2$, 且 $M_i=\langle c,ab^i\rangle*\langle cb^{iw_{22}p}\rangle\in\mathcal{A}_m$, 其中 $i=1,2,\cdots,p-1$. 因此, $G\in\mathcal{A}_{n+1}$. □

定理 6.1.7 *G 和 $\overline{G}$ 为有限 p 群, 均满足 $\Phi(G')\cong \mathrm{C}_p$ 和 $G/\Phi(G')\cong \mathrm{M}_p(n,m,1)$, 其中 $p>2$ 且 $n\geqslant m\geqslant 2$. 设 G 和 $\overline{G}$ 的特征矩阵分别为 $w(G)=(w_{ij})$ 和 $w(\overline{G})=(\bar{w}_{ij})$. 则 $G\cong\overline{G}$ 当且仅当存在域 F_p 上的可逆矩阵 $X=\begin{pmatrix} x_{11} & x_{12}\\ x_{21}p^{n-m} & x_{22}\end{pmatrix}$ 满足*

$$\begin{pmatrix}\bar{w}_{11}\\ \bar{w}_{21}\end{pmatrix}=|X|^{-1}\begin{pmatrix} x_{11} & x_{12}p^{n-m}\\ x_{21} & x_{22}\end{pmatrix}\begin{pmatrix} w_{11}\\ w_{21}\end{pmatrix}$$

和

$$\begin{pmatrix}\bar{w}_{12}\\ \bar{w}_{22}\end{pmatrix}=X\begin{pmatrix} w_{12}\\ w_{22}\end{pmatrix}.$$

证明 设 $w(G)$ 和 $w(\overline{G})$ 分别是对应于生成元 a,b 和 $\bar{a},\bar{b}$ 的特征矩阵, θ 是从 $\overline{G}$ 到 G 的同构映射. 因为 $\Phi(G)$ 和 $\Omega_m(G)$ 在同构下保持不变, 所以有 $\Phi(\overline{G})^\theta=\Phi(G)$ 和 $\Omega_m(\overline{G})^\theta=\Omega_m(G)$. 因此可设

$$\bar{a}^\theta=a^{x_{11}}b^{x_{12}}\phi_1,\quad \bar{b}^\theta=a^{x_{21}p^{n-m}}b^{x_{22}}\phi_2,$$

其中 $\phi_1\in\Phi(G)$, $\phi_2\in\Phi(G)\cap\Omega_m(G)$, $X:=\begin{pmatrix} x_{11} & x_{12}\\ x_{21}p^{n-m} & x_{22}\end{pmatrix}$ 是域 F_p 上的可逆矩阵. 计算可得

$$\bar{c}^\theta=[\bar{a},\bar{b}]^\theta=[\bar{a}^\theta,\bar{b}^\theta]\equiv[a^{x_{11}}b^{x_{12}},a^{x_{21}p^{n-m}}b^{x_{22}}]\equiv c^{|X|}\pmod{\Phi(G')}.$$

将式子 $\bar{c}^{\bar{w}_{11}p}=\bar{a}^{p^n}$ 用 θ 作用后可得 $c^{|X|\bar{w}_{11}p}=a^{x_{11}p^n}b^{x_{12}p^n}$. 因此

$$|X|\bar{w}_{11}=(x_{11},x_{12}p^{n-m})\begin{pmatrix} w_{11}\\ w_{21}\end{pmatrix}. \tag{6.2}$$

将式子 $\bar{c}^{\bar{w}_{21}p}=\bar{b}^{p^m}$ 用 θ 作用可得 $c^{|X|\bar{w}_{21}p}=a^{x_{21}p^n}b^{x_{22}p^m}$. 因此

$$|X|\bar{w}_{21}=(x_{21},x_{22})\begin{pmatrix} w_{11}\\ w_{21}\end{pmatrix}. \tag{6.3}$$

由等式 (6.2) 和 (6.3) 可得

$$\begin{pmatrix} \bar{w}_{11}\\ \bar{w}_{21}\end{pmatrix}=|X|^{-1}\begin{pmatrix} x_{11} & x_{12}p^{n-m}\\ x_{21} & x_{22}\end{pmatrix}\begin{pmatrix} w_{11}\\ w_{21}\end{pmatrix}. \tag{6.4}$$

将式 $\bar{c}^{\bar{w}_{12}p}=[\bar{c},\bar{a}]$ 用 θ 作用可得 $c^{|X|\bar{w}_{12}p}=[c^{|X|},a^{x_{11}}b^{x_{12}}]$. 将式 (6.4) 右边换位子展开后可得

$$c^{\bar{w}_{12}p}=[c,a]^{x_{11}}[c,b]^{x_{12}}=c^{w_{12}x_{11}p+w_{22}x_{12}p}.$$

因此

$$\bar{w}_{12}=(x_{11},x_{12})\begin{pmatrix} w_{12}\\ w_{22}\end{pmatrix}. \tag{6.5}$$

将式子 $\bar{c}^{\bar{w}_{22}p}=[\bar{c},\bar{b}]$ 用 θ 作用可得 $c^{|X|\bar{w}_{22}p}=[c^{|X|},a^{x_{21}p^{n-m}}b^{x_{22}}]$. 将式 (6.5) 右边换位子展开可得

$$c^{\bar{w}_{22}p}=[c,a]^{x_{21}p^{n-m}}[c,b]^{x_{22}}=c^{w_{12}x_{21}p^{n-m+1}+w_{22}x_{22}p}.$$

因此

$$\bar{w}_{22}=(x_{21}p^{n-m},x_{22})\begin{pmatrix} w_{12}\\ w_{22}\end{pmatrix}. \tag{6.6}$$

由等式 (6.5) 和 (6.6) 可得

$$\begin{pmatrix} \bar{w}_{12}\\ \bar{w}_{22}\end{pmatrix}=\begin{pmatrix} x_{11} & x_{12}\\ x_{21}p^{n-m} & x_{22}\end{pmatrix}\begin{pmatrix} w_{12}\\ w_{22}\end{pmatrix}. \tag{6.7}$$

反过来, 若存在域 F_p 上的可逆矩阵 $X=\begin{pmatrix} x_{11} & x_{12}\\ x_{21}p^{n-m} & x_{22}\end{pmatrix}$ 使得等式 (6.4) 和 (6.7) 成立, 易验证

$$\theta:\bar{a}\mapsto a^{x_{11}}b^{x_{12}},\quad \bar{b}\mapsto a^{x_{21}p^{n-m}}b^{x_{22}}$$

是从 $\overline{G}$ 到 G 的同构映射. □

当 $p=2$, $m\geqslant 2$ 和 $n\geqslant 3$ 时, 等式 (6.4) 和 (6.7) 仍然成立. 当 $p=2$, $m=1$ 和 $n\geqslant 3$ 时, 有 $b^2\in Z(G)$. 因为 $1=[a,b^2]=c^2[c,b]$, 所以 $[c,b]=c^2$(即 $w_{22}=1$). 此时令 $\bar{b}^\theta=a^{x_{21}2^{n-1}}bc^{x_{23}}$. 计算可得

$$(\bar{b}^{p^m})^\theta=(\bar{b}^2)^\theta=(a^{x_{21}2^{n-1}}bc^{x_{23}})^2=a^{x_{21}2^n}b^2c^{2x_{23}}[c,b]^{x_{23}}=a^{x_{21}2^n}b^2.$$

因此等式 (6.3) 仍然成立. 从而等式 (6.4) 和 (6.7) 也成立. 因而有下面的定理.

定理 6.1.8 G 和 $\overline{G}$ 是有限 2 群, 均满足 $\Phi(G')\cong \mathrm{C}_2$ 和 $G/\Phi(G')\cong \mathrm{M}_2(n,m,1)$, 其中 $n\geqslant 3$. 设 G 和 $\overline{G}$ 的特征矩阵分别为 $w(G)=(w_{ij})$ 和 $w(\overline{G})=(\bar{w}_{ij})$. 则 $G\cong\overline{G}$ 当且仅当存在域 F_2 上的可逆矩阵 $X=\begin{pmatrix} x_{11} & x_{12} \\ x_{21}2^{n-m} & x_{22}\end{pmatrix}$ 满足

$$\begin{pmatrix} \bar{w}_{11} \\ \bar{w}_{21}\end{pmatrix}=\begin{pmatrix} x_{11} & x_{12}2^{n-m} \\ x_{21} & x_{22}\end{pmatrix}\begin{pmatrix} w_{11} \\ w_{21}\end{pmatrix}$$

和

$$\begin{pmatrix} \bar{w}_{12} \\ \bar{w}_{22}\end{pmatrix}=X\begin{pmatrix} w_{12} \\ w_{22}\end{pmatrix}.$$

特别地, 当 $m=1$ 时 $w_{22}=1$.

定理 6.1.9 设 G 是有限 p 群, 满足 $\Phi(G')\cong \mathrm{C}_p$ 和 $G/\Phi(G')\cong \mathrm{M}_p(n,m,1)$, 其中 $n\geqslant m$ 并且当 $p=2$ 时 $n>1$. 则 G 为以下互不同构的群之一.

(A1) $\langle a,b,c \mid a^4=b^2=c^4=1,[a,b]=c,[c,a]=[c,b]=c^2\rangle$;

(A2) $\langle a,b,c \mid a^4=b^4=1,c^2=a^2,[a,b]=c,[c,a]=[c,b]=c^2\rangle$;

(A3) $\langle a,b,c \mid a^8=b^2=1,c^2=a^4,[a,b]=c,[c,a]=[c,b]=c^2\rangle$;

(B1) $\langle a,b,c \mid a^{2^{n+1}}=b^2=1,c^2=a^{2^n},[a,b]=c,[c,a]=1,[c,b]=c^2\rangle$, $n\geqslant 3$;

(B2) $\langle a,b,c \mid a^{2^n}=b^2=c^4=1,[a,b]=c,[c,a]=1,[c,b]=c^2\rangle$, $n\geqslant 3$;

(B3) $\langle a,b,c \mid a^{2^n}=b^4=1,c^2=b^2,[a,b]=c,[c,a]=1,[c,b]=c^2\rangle$, $n\geqslant 3$;

(C1) $\langle a,b,c \mid a^8=1,c^2=a^4=b^4,[a,b]=c,[c,a]=1,[c,b]=1\rangle$;

(C2) $\langle a,b,c \mid a^8=b^4=1,c^2=a^4,[a,b]=c,[c,a]=[c,b]=1\rangle$;

(C3) $\langle a,b,c \mid a^8=1,c^2=a^4=b^4,[a,b]=c,[c,a]=1,[c,b]=c^2\rangle$;

(C4) $\langle a,b,c \mid a^8=b^4=1,c^2=a^4,[a,b]=c,[c,a]=1,[c,b]=c^2\rangle$;

(C5) $\langle a,b,c \mid a^8=b^4=1,c^2=a^4,[a,b]=c,[c,a]=c^2,[c,b]=1\rangle$;

(D1) $\langle a,b,c \mid a^{p^{n+1}}=b^{p^n}=1,c^p=a^{p^n},[a,b]=c,[c,a]=1,[c,b]=c^{tp}\rangle$, $n\geqslant 2$, $t\in \mathrm{F}_p^*$ 并且当 $p=2$ 时 $n\geqslant 3$;

(D2) $\langle a,b,c \mid a^{p^{n+1}}=b^{p^n}=1,c^p=a^{p^n},[a,b]=c,[c,a]=c^p,[c,b]=1\rangle$, $n\geqslant 2$ 并且当 $p=2$ 时 $n\geqslant 3$;

(D3) $\langle a,b,c \mid a^{p^{n+1}}=b^{p^n}=1,c^p=a^{p^n},[a,b]=c,[c,a]=1,[c,b]=1\rangle$, $n\geqslant 2$ 并且当 $p=2$ 时 $n\geqslant 3$;

(D4) $\langle a,b,c \mid a^{p^n}=b^{p^n}=c^{p^2}=1,[a,b]=c,[c,a]=c^p,[c,b]=1\rangle$, $n\geqslant 2$ 并且当 $p=2$ 时 $n\geqslant 3$;

(D5) $\langle a,b,c \mid a^{p^n}=b^{p^n}=c^{p^2}=1,[a,b]=c,[c,a]=1,[c,b]=1\rangle$, $n\geqslant 2$ 并且当 $p=2$ 时 $n\geqslant 3$;

(E1) $\langle a,b,c \mid a^{p^{n+1}} = b^{p^m} = 1, c^p = a^{p^n}, [a,b] = c, [c,a] = 1, [c,b] = c^{tp}\rangle$, $n > m \geqslant 2$ 且 $t \in \mathrm{F}_p^*$;

(E2) $\langle a,b,c \mid a^{p^{n+1}} = b^{p^m} = 1, c^p = a^{p^n}, [a,b] = c, [c,a] = c^p, [c,b] = 1\rangle$, $n > m \geqslant 2$;

(E3) $\langle a,b,c \mid a^{p^{n+1}} = b^{p^m} = 1, c^p = a^{p^n}, [a,b] = c, [c,a] = 1, [c,b] = 1\rangle$, $n > m \geqslant 2$;

(E4) $\langle a,b,c \mid a^{p^n} = b^{p^{m+1}} = 1, c^p = b^{p^m}, [a,b] = c, [c,a] = 1, [c,b] = c^p\rangle$, $n > m \geqslant 2$;

(E5) $\langle a,b,c \mid a^{p^n} = b^{p^{m+1}} = 1, c^p = b^{p^m}, [a,b] = c, [c,a] = c^{tp}, [c,b] = 1\rangle$, $n > m \geqslant 2$ 和 $t \in \mathrm{F}_p^*$;

(E6) $\langle a,b,c \mid a^{p^n} = b^{p^{m+1}} = 1, c^p = b^{p^m}, [a,b] = c, [c,a] = 1, [c,b] = 1\rangle$, $n > m \geqslant 2$;

(E7) $\langle a,b,c \mid a^{p^n} = b^{p^m} = c^{p^2} = 1, [a,b] = c, [c,a] = 1, [c,b] = c^p\rangle$, $n > m \geqslant 2$;

(E8) $\langle a,b,c \mid a^{p^n} = b^{p^m} = c^{p^2} = 1, [a,b] = c, [c,a] = c^p, [c,b] = 1\rangle$, $n > m \geqslant 2$;

(E9) $\langle a,b,c \mid a^{p^n} = b^{p^m} = c^{p^2} = 1, [a,b] = c, [c,a] = 1, [c,b] = 1\rangle$, $n > m \geqslant 2$.

证明 分四种情形证明.

情形 1 $m = 1$.

若 $p > 2$, 则 $c^p = [a, b^p] = 1$, 与 $\Phi(G') \cong \mathrm{C}_p$ 矛盾. 因此 $p = 2$. 由题设, $n \geqslant 2$. 若 $n = 2$, 则 $|G| = 2^5$. 检查 2^5 阶群的群表可得群 (A1)—(A3). 以下我们设 $n \geqslant 3$. 设 G 和 $\overline{G}$ 是定理中的两个群. 由定理 6.1.8 可知 $\bar{w}_{22} = w_{22} = 1$ 且 $\overline{G} \cong G$ 当且仅当存在 F_2 上的可逆矩阵 $X = \begin{pmatrix} 1 & x_{12} \\ x_{21}2^{n-1} & 1 \end{pmatrix}$ 满足

$$\begin{pmatrix} \bar{w}_{11} \\ \bar{w}_{21} \end{pmatrix} = \begin{pmatrix} 1 & 0 \\ x_{21} & 1 \end{pmatrix} \begin{pmatrix} w_{11} \\ w_{21} \end{pmatrix}$$

和

$$\begin{pmatrix} \bar{w}_{12} \\ 1 \end{pmatrix} = \begin{pmatrix} 1 & x_{12} \\ 0 & 1 \end{pmatrix} \begin{pmatrix} w_{12} \\ 1 \end{pmatrix}.$$

取 $x_{12} = w_{12}$, 可使 $\bar{w}_{12} = 0$. 若 $w_{11} = 0$, 则 $\bar{w}_{11} = 0$ 且 $\bar{w}_{21} = w_{21}$. 若 $w_{11} = 1$, 取 $x_{21} = w_{21}$, 可使 $\bar{w}_{21} = 0$. 综上所述, 不同构的群对应的特征矩阵可以简化为

$$\text{(b1)} \begin{pmatrix} 1 & 0 \\ 0 & 1 \end{pmatrix}; \quad \text{(b2)} \begin{pmatrix} 0 & 0 \\ 0 & 1 \end{pmatrix}; \quad \text{(b3)} \begin{pmatrix} 0 & 0 \\ 1 & 1 \end{pmatrix}.$$

因此得到了群 (B1)—(B3).

情形 2 $p = n = m = 2$.

此时, $|G| = 2^6$. 检查 2^6 阶群的群表, 可得群 (C1)—(C5).

情形 3 $n = m \geqslant 2$ 且当 $p = 2$ 时 $n \geqslant 3$.

设 G 和 $\overline{G}$ 是定理中的两个群. 由定理 6.1.7 和定理 6.1.8 可得, $G \cong \overline{G}$ 当且仅

当存在 F_p 上的可逆矩阵 $X=\begin{pmatrix} x_{11} & x_{12} \\ x_{21} & x_{22} \end{pmatrix}$ 满足

$$\begin{pmatrix} \bar{w}_{11} \\ \bar{w}_{21} \end{pmatrix} = |X|^{-1}X\begin{pmatrix} w_{11} \\ w_{21} \end{pmatrix}$$

和

$$\begin{pmatrix} \bar{w}_{12} \\ \bar{w}_{22} \end{pmatrix} = X\begin{pmatrix} w_{12} \\ w_{22} \end{pmatrix}.$$

即

$$\begin{pmatrix} \bar{w}_{11} & \bar{w}_{12} \\ \bar{w}_{21} & \bar{w}_{22} \end{pmatrix} = X\begin{pmatrix} w_{11} & w_{12} \\ w_{21} & w_{22} \end{pmatrix}\begin{pmatrix} |X|^{-1} & 0 \\ 0 & 1 \end{pmatrix}. \tag{6.8}$$

当 $w(G)$ 可逆时, 取 $X=\mathrm{diag}(1,|w(G)|)(w(G))^{-1}$, 就有 $w(\overline{G})=\mathrm{diag}(1,|w(G)|)$. 因此可得群 (D1), 其中 $t=|w(G)|$. 由等式 (6.8) 可得 $|w(\overline{G})|=|w(G)|$. 因此不同的 t 对应的群互不同构.

当 $w(G)=0$ 时 G 是群 (D5). 以下设 $w(G)$ 的秩为 1.

选择适当的行列式为 1 的矩阵 X(即用一些初等行变换), 可把 $w(G)$ 简化为 $\begin{pmatrix} w_{11} & w_{12} \\ 0 & 0 \end{pmatrix}$, 其中 $(w_{11},w_{12})\neq(0,0)$. 令 $w(\overline{G})$ 和 $w(G)$ 是这样的矩阵. 由等式 (6.8) 可知, $G\cong\overline{G}$ 当且仅当存在 F_p 上的可逆矩阵 $X=\mathrm{diag}(x_{11},x_{22})$ 使得 $w(\overline{G})=Xw(G)\mathrm{diag}(|X|^{-1},1)$. 表 6.1 列出了接下来的简化过程. 最后可得到群 (D2)—(D4). 容易验证它们互不同构.

表 6.1 情形 3 中对秩为 1 的 $w(G)$ 的化简

子情形	X	特征矩阵 $w(\overline{G})$	对应的群
$w_{11}\neq0$ 且 $w_{12}\neq0$	$\mathrm{diag}(w_{12}^{-1},w_{11})$	$\begin{pmatrix} 1 & 1 \\ 0 & 0 \end{pmatrix}$	(D2)
$w_{11}\neq0$ 且 $w_{12}=0$	$\mathrm{diag}(1,w_{11})$	$\begin{pmatrix} 1 & 0 \\ 0 & 0 \end{pmatrix}$	(D3)
$w_{11}=0$ 且 $w_{12}\neq0$	$\mathrm{diag}(w_{12}^{-1},w_{12})$	$\begin{pmatrix} 0 & 1 \\ 0 & 0 \end{pmatrix}$	(D4)

情形 4 $n>m\geqslant2$.

设 G 和 $\overline{G}$ 是定理中的两个群. 由定理 6.1.7 和定理 6.1.8, $G\cong\overline{G}$ 当且仅当存

在 F_p 上的可逆矩阵 $X=\begin{pmatrix} x_{11} & x_{12} \\ x_{21}p^{n-m} & x_{22} \end{pmatrix}$ 满足

$$\begin{pmatrix} \bar{w}_{11} \\ \bar{w}_{21} \end{pmatrix} = |X|^{-1}\begin{pmatrix} x_{11} & 0 \\ x_{21} & x_{22} \end{pmatrix}\begin{pmatrix} w_{11} \\ w_{21} \end{pmatrix} \tag{6.9}$$

和

$$\begin{pmatrix} \bar{w}_{12} \\ \bar{w}_{22} \end{pmatrix} = \begin{pmatrix} x_{11} & x_{12} \\ 0 & x_{22} \end{pmatrix}\begin{pmatrix} w_{12} \\ w_{22} \end{pmatrix}. \tag{6.10}$$

选择适当的 x_{21}(即使用初等行变换), 可将 $\begin{pmatrix} w_{11} \\ w_{21} \end{pmatrix}$ 简化为以下三种类型:

$$\text{(a1)} \begin{pmatrix} w_{11} \\ 0 \end{pmatrix}, \text{其中 } w_{11}\neq 0, \quad \text{(b1)} \begin{pmatrix} 0 \\ w_{21} \end{pmatrix}, \text{其中 } w_{21}\neq 0, \quad \text{(c1)} \begin{pmatrix} 0 \\ 0 \end{pmatrix}.$$

以下设 $\begin{pmatrix} w_{11} \\ w_{21} \end{pmatrix}$ 和 $\begin{pmatrix} \bar{w}_{11} \\ \bar{w}_{21} \end{pmatrix}$ 均为以上三种类型之一. 由等式 (6.9) 和 (6.10) 可知:

(i) 这三种类型的矩阵对应的群互不同构.

(ii) $G\cong\overline{G}$ 当且仅当存在 F_p 上的可逆矩阵 $X=\begin{pmatrix} x_{11} & x_{12} \\ 0 & x_{22} \end{pmatrix}$ 满足

$$\begin{pmatrix} \bar{w}_{11} \\ \bar{w}_{21} \end{pmatrix} = |X|^{-1}\begin{pmatrix} x_{11} & 0 \\ 0 & x_{22} \end{pmatrix}\begin{pmatrix} w_{11} \\ w_{21} \end{pmatrix} \tag{6.11}$$

和

$$\begin{pmatrix} \bar{w}_{12} \\ \bar{w}_{22} \end{pmatrix} = \begin{pmatrix} x_{11} & x_{12} \\ 0 & x_{22} \end{pmatrix}\begin{pmatrix} w_{12} \\ w_{22} \end{pmatrix}. \tag{6.12}$$

选择适当的 x_{12}(即使用一个初等行变换), 我们可将 $\begin{pmatrix} w_{12} \\ w_{22} \end{pmatrix}$ 简化为以下三种类型:

$$\text{(a2)} \begin{pmatrix} 0 \\ w_{22} \end{pmatrix}, \text{其中}, w_{22}\neq 0, \quad \text{(b2)} \begin{pmatrix} w_{12} \\ 0 \end{pmatrix}, \text{其中 } w_{21}\neq 0, \quad \text{(c2)} \begin{pmatrix} 0 \\ 0 \end{pmatrix}.$$

以下可设 $\begin{pmatrix} w_{12} \\ w_{22} \end{pmatrix}$ 和 $\begin{pmatrix} \bar{w}_{12} \\ \bar{w}_{22} \end{pmatrix}$ 均为以上三种类型之一. 由等式 (6.11) 和 (6.12) 可知:

(i) 这三种类型的矩阵对应的群互不同构;

(ii) $G\cong\overline{G}$ 当且仅当存在 F_p 上的可逆矩阵 $X=\mathrm{diag}(x_{11},x_{22})$ 满足

$$\begin{pmatrix} \bar{w}_{11} \\ \bar{w}_{21} \end{pmatrix} = |X|^{-1}X\begin{pmatrix} w_{11} \\ w_{21} \end{pmatrix} \quad \text{和} \quad \begin{pmatrix} \bar{w}_{12} \\ \bar{w}_{22} \end{pmatrix} = X\begin{pmatrix} w_{12} \\ w_{22} \end{pmatrix}. \tag{6.13}$$

由等式 (6.13) 可知, $G \cong \overline{G}$ 当且仅当存在 F_p 上的可逆矩阵 $X = \mathrm{diag}(x_{11}, x_{22})$ 满足 $w(\overline{G}) = Xw(G)\mathrm{diag}(|X|^{-1}, 1)$. 表 6.2 列出了化简过程. 最后可得群 (E1)—(E9). □

表 6.2 情形 4 中对 $w(G)$ 的化简

$\begin{pmatrix} w_{11} \\ w_{21} \end{pmatrix}$	$\begin{pmatrix} w_{12} \\ w_{22} \end{pmatrix}$	特征矩阵 $w(G)$	X	特征矩阵 $w(\overline{G})$	对应的群	注
(a1)	(a2)	$\begin{pmatrix} w_{11} & 0 \\ 0 & w_{22} \end{pmatrix}$	$\mathrm{diag}(1, w_{11})$	$\begin{pmatrix} 1 & 0 \\ 0 & w_{11}w_{22} \end{pmatrix}$	(E1)	$t = w_{11}w_{22}$
(a1)	(b2)	$\begin{pmatrix} w_{11} & w_{12} \\ 0 & 0 \end{pmatrix}$	$\mathrm{diag}(w_{12}^{-1}, w_{11})$	$\begin{pmatrix} 1 & 1 \\ 0 & 0 \end{pmatrix}$	(E2)	
(a1)	(c2)	$\begin{pmatrix} w_{11} & 0 \\ 0 & 0 \end{pmatrix}$	$\mathrm{diag}(1, w_{11})$	$\begin{pmatrix} 1 & 0 \\ 0 & 0 \end{pmatrix}$	(E3)	
(b1)	(a2)	$\begin{pmatrix} 0 & 0 \\ w_{21} & w_{22} \end{pmatrix}$	$\mathrm{diag}(w_{21}, w_{22}^{-1})$	$\begin{pmatrix} 0 & 0 \\ 1 & 1 \end{pmatrix}$	(E4)	
(b1)	(b2)	$\begin{pmatrix} 0 & w_{12} \\ w_{21} & 0 \end{pmatrix}$	$\mathrm{diag}(w_{21}, 1)$	$\begin{pmatrix} 0 & w_{12}w_{21} \\ 1 & 0 \end{pmatrix}$	(E5)	$t = w_{12}w_{21}$
(b1)	(c2)	$\begin{pmatrix} 0 & 0 \\ w_{21} & 0 \end{pmatrix}$	$\mathrm{diag}(w_{21}, 1)$	$\begin{pmatrix} 0 & 0 \\ 1 & 0 \end{pmatrix}$	(E6)	
(c1)	(a2)	$\begin{pmatrix} 0 & 0 \\ 0 & w_{22} \end{pmatrix}$	$\mathrm{diag}(1, w_{22}^{-1})$	$\begin{pmatrix} 0 & 0 \\ 0 & 1 \end{pmatrix}$	(E7)	
(c1)	(b2)	$\begin{pmatrix} 0 & w_{12} \\ 0 & 0 \end{pmatrix}$	$\mathrm{diag}(w_{12}^{-1}, 1)$	$\begin{pmatrix} 0 & 1 \\ 0 & 0 \end{pmatrix}$	(E8)	
(c1)	(c2)	$\begin{pmatrix} 0 & 0 \\ 0 & 0 \end{pmatrix}$		$\begin{pmatrix} 0 & 0 \\ 0 & 0 \end{pmatrix}$	(E9)	

最后可以利用定理 6.1.6 给出所决定的群的内交换子群的最大指数.

定理 6.1.10 设 G 是定理 6.1.9 中的一个群.

(1) $I_{\max} = 2$ 的群有 : (A1)—(A3), (C1)—(C5), (D3), (D5), (E3), (E6), (E9);

(2) $I_{\max} = n$ 的群有 : (B1)—(B3), (D1), (D2), (D4), (E1), (E4), (E7);

(3) $I_{\max} = m$ 的群有: (E2), (E5), (E8).

6.1.2 导群非循环的情形

当导群非循环时, $G' \cong \mathrm{C}_p \times \mathrm{C}_p$. 此时 $\Phi(G')=1$, $\Phi(G')G_3=G_3$. 设有限 p 群 G 满足 $G_3 \cong \mathrm{C}_p$, $\Phi(G')=1$ 和 $G/G_3 \cong \mathrm{M}_p(n,m,1)$, 其中 $n \geqslant m$ 且当 $p=2$ 时 $n>1$. 令

$$G/G_3=\langle \bar{a},\bar{b},\bar{c} \mid \bar{a}^{p^n}=\bar{b}^{p^m}=\bar{c}^p=1,[\bar{a},\bar{b}]=\bar{c},[\bar{c},\bar{a}]=[\bar{b},\bar{c}]=1\rangle.$$

不妨设 $G=\langle a,b,c\rangle$ 满足 $[a,b]=c$. 因为 $\Phi(G')=1$, 所以 $c^p=1$. 令 $G_3=\langle z\rangle$. 因为 $a^{p^n}\in G_3$, 可设 $a^{p^n}=z^{w_{11}}$. 类似地, 可设

$$b^{p^m}=z^{w_{21}},\quad [c,a]=z^{w_{12}},\quad [c,b]=z^{w_{22}}.$$

从而得到了一个 F_p 上的 2×2 矩阵 $w(G)=(w_{ij})$. 注意矩阵 $w(G)$ 是随生成元 a,b 的选择而变化的. 称 $w(G)$ 为与生成元 a,b 对应的特征矩阵 (简称特征矩阵).

定理 6.1.11 设 G 是有限 p 群, $G_3\cong \mathrm{C}_p$, $\Phi(G')=1$ 且 $G/G_3\cong \mathrm{M}_p(n,m,1)$, 其中 $n\geqslant m$ 且当 $p=2$ 时 $n>1$. 则当 $m=1$ 时, $I_{\min}=1$; 当 $m\geqslant 2$ 时, $I_{\min}=2$.

证明 因为 $G_3=\langle [c,ab],[c,a]\rangle\cong \mathrm{C}_p$, 所以 $[c,a]\neq 1$ 或者 $[c,ab]\neq 1$. 若 $m=1$, 则 $\langle a,c\rangle$ 或者 $\langle ab,c\rangle$ 为指数为 p 的 $\mathcal{A}_1$ 子群. 因而 $I_{\min}=1$.

当 $m\geqslant 2$ 时, 首先断言 $I_{\min}>1$. 若否, 设 D 是 G 的指数为 p 的 $\mathcal{A}_1$ 子群. 易知 $D'=G_3$ 且 $d(D/G_3)=2$. 从而 $d(\Phi(G)/G_3)\leqslant 2$. 另一方面, $\Phi(G)/G_3=\langle \bar{a}^p,\bar{b}^p,\bar{c}\rangle$ 的型不变量为 (p^{n-1},p^{m-1},p), 矛盾.

因为 $G_3=\langle [c,a],[c,b]\rangle\cong \mathrm{C}_p$, 所以 $[c,a]\neq 1$ 或者 $[c,b]\neq 1$. 若 $[c,a]\neq 1$, 则 $\langle cb^p,a\rangle$ 为 G 的指数为 p^2 的 $\mathcal{A}_1$ 子群. 若 $[c,b]\neq 1$, 则 $\langle b,ca^p\rangle$ 为 G 的指数为 p^2 的 $\mathcal{A}_1$ 子群. 因此 $I_{\min}=2$. □

定理 6.1.12 设 G 是有限 p 群, $G_3\cong \mathrm{C}_p$, $\Phi(G')=1$ 且 $G/G_3\cong \mathrm{M}_p(n,m,1)$, 其中 $n\geqslant m$ 且当 $p=2$ 时 $n>1$, $w(G)=(w_{ij})$ 是 G 的一个特征矩阵. 则

(1) 若 $p=2$ 且 $m=1$, 则 $G\in\mathcal{A}_3$;

(2) 若 $p>2$ 或 $m>1$, 且 $w_{22}=0$, $w_{12}\neq 0$, 则 $G\in\mathcal{A}_{m+1}$;

(3) 若 $p>2$ 或 $m>1$, 且 $w_{22}\neq 0$, $w_{12}=0$, 则 $G\in\mathcal{A}_{n+1}$.

证明 为了求出 $I_{\max}$, 需要研究 G 的所有极大子群. 令

$$G_3=\langle z\rangle,\quad N=\langle b,a^p,c,z\rangle,\quad M_i=\langle ab^i,b^p,c,z\rangle.$$

则 G 的所有极大子群为 N 和 M_i 其中 $0\leqslant i\leqslant p-1$.

(1) 若 $p=2$ 且 $m=1$, 则 $[c,b]=[a,b^2]=1$. 因此 $[c,a]\neq 1$. 此时 $M_i=\langle c,ab^i\rangle\in\mathcal{A}_1$. 因为 $\langle a^2,b\rangle\in\mathcal{A}_1$, 由推论 3.1.5 可知 $N=\langle a^2,b\rangle\times\langle c\rangle\in\mathcal{A}_2$. 因此 $G\in\mathcal{A}_3$.

(2) 此时, $\langle c, ab^i\rangle \in \mathcal{A}_1$. 若 $m=1$, 则 $M_i=\langle c, ab^i\rangle \in \mathcal{A}_m$. 若 $m>1$, 则 $M_i=\langle c, ab^i\rangle \times \langle b^p\rangle$ 或 $\langle c, ab^i\rangle * \langle b^p\rangle$. 由推论 3.1.5 可知 $M_i \in \mathcal{A}_m$. 若 $p=2$, 则 $m>1$. 此时 $N=\langle a^2, b\rangle \times \langle c\rangle \in \mathcal{A}_2$. 因此 $G \in \mathcal{A}_{m+1}$. 若 $p>2$, 则 $N=\langle a^p, b, c, z\rangle$ 为交换群. 综上所述, $G \in \mathcal{A}_{m+1}$.

(3) 此时, $N=\langle c, b\rangle \times \langle ca^{-w_{22}p}\rangle$ 或 $\langle c, b\rangle * \langle ca^{-w_{22}p}\rangle$, 其中 $\langle c, b\rangle \in \mathcal{A}_1$. 由推论 3.1.5 可知 $N \in \mathcal{A}_n$. 若 $p=2$, 则 $M_0=\langle a, b^2\rangle \times \langle c\rangle \in \mathcal{A}_2$ 且 $M_1=\langle c, ab\rangle\langle cb^2\rangle \in \mathcal{A}_m$. 因此 $G \in \mathcal{A}_{n+1}$. 若 $p>2$, 则 $M_0=\langle c, a, b^p, z\rangle$ 为交换群且 $M_i=\langle c, ab^i\rangle\langle cb^{iw_{22}p}\rangle \in \mathcal{A}_m$, 其中 $i=1,2,\cdots,p-1$. 因此 $G \in \mathcal{A}_{n+1}$. □

定理 6.1.13 设 G 和 $\overline{G}$ 为有限 p 群, $G_3 \cong \mathrm{C}_p$, $\Phi(G')=1$ 且 $G/G_3 \cong \mathrm{M}_p(n,m,1)$, 其中 $n \geqslant m \geqslant 2$. G 和 $\overline{G}$ 的特征矩阵分别为 $w(G)=(w_{ij})$ 和 $w(\overline{G})=(\bar{w}_{ij})$. 则 $G \cong \overline{G}$ 当且仅当存在域 F_p 上的可逆矩阵 $X=\begin{pmatrix} x_{11} & x_{12} \\ x_{21}p^{n-m} & x_{22}\end{pmatrix}$ 以及 $\lambda \in \mathrm{F}_p^*$, 满足 $\begin{pmatrix}\bar{w}_{11}\\ \bar{w}_{21}\end{pmatrix}=\lambda^{-1}\begin{pmatrix} x_{11} & x_{12}p^{n-m} \\ x_{21} & x_{22}\end{pmatrix}\begin{pmatrix} w_{11}\\ w_{21}\end{pmatrix}$ 和 $\begin{pmatrix}\bar{w}_{12}\\ \bar{w}_{22}\end{pmatrix}=\lambda^{-1}|X|X\begin{pmatrix} w_{12}\\ w_{22}\end{pmatrix}$.

证明 设 $w(G)$ 和 $w(\overline{G})$ 对应的生成元分别为 a, b 和 $\bar{a}, \bar{b}$, θ 为从 $\overline{G}$ 到 G 的同构映射. 不妨设

$$\bar{a}^\theta \equiv a^{x_{11}}b^{x_{12}}c^{x_{13}} \pmod{G_3}, \quad \bar{b}^\theta \equiv a^{x_{21}p^{n-m}}b^{x_{22}}c^{x_{23}} \pmod{G_3}.$$

令 $X=\begin{pmatrix} x_{11} & x_{12} \\ x_{21}p^{n-m} & x_{22}\end{pmatrix}$. 计算可得

$$\bar{c}^\theta=[\bar{a},\bar{b}]^\theta=[\bar{a}^\theta,\bar{b}^\theta]\equiv[a^{x_{11}}b^{x_{12}}, a^{x_{21}p^{n-m}}b^{x_{22}}]\equiv c^{|X|} \pmod{G_3}.$$

令 $\bar{z}^\theta=z^\lambda$, 其中 $\lambda \neq 0$. 因为

$$\bar{z}^{\bar{w}_{11}}=\bar{a}^{p^n}, \quad (\bar{a}^{p^n})^\theta=(a^{x_{11}}b^{x_{12}}c^{x_{13}})^{p^n}=a^{x_{11}p^n}b^{x_{12}p^n}c^{x_{13}p^n},$$

所以

$$\lambda\bar{w}_{11}=(x_{11}, x_{12}p^{n-m})\begin{pmatrix} w_{11}\\ w_{21}\end{pmatrix}. \tag{6.14}$$

因为 $\bar{z}^{\bar{w}_{21}}=\bar{b}^{p^m}$ 和 $(\bar{b}^{p^m})^\theta=(a^{x_{21}p^{n-m}}b^{x_{22}}c^{x_{23}})^{p^m}=a^{x_{21}p^n}b^{x_{22}p^m}c^{x_{23}p^m}$, 所以

$$\lambda\bar{w}_{21}=(x_{21}, x_{22})\begin{pmatrix} w_{11}\\ w_{21}\end{pmatrix}. \tag{6.15}$$

由等式 (6.14) 和 (6.15) 可得

$$\begin{pmatrix} \bar{w}_{11} \\ \bar{w}_{21} \end{pmatrix} = \lambda^{-1} \begin{pmatrix} x_{11} & x_{12}p^{n-m} \\ x_{21} & x_{22} \end{pmatrix} \begin{pmatrix} w_{11} \\ w_{21} \end{pmatrix}. \tag{6.16}$$

因为 $\bar{z}^{\bar{w}_{12}} = [\bar{c}, \bar{a}]$ 和 $[\bar{c}, \bar{a}]^\theta = [c^{|X|}, a^{x_{11}} b^{x_{12}}] = [c, a]^{|X| x_{11}} [c, b]^{|X| x_{12}}$, 所以

$$\lambda \bar{w}_{12} = |X| (x_{11}, x_{12}) \begin{pmatrix} w_{12} \\ w_{22} \end{pmatrix}. \tag{6.17}$$

因为 $\bar{z}^{\bar{w}_{22}} = [\bar{c}, \bar{b}]$ 和 $[\bar{c}, \bar{b}]^\theta = [c^{|X|}, a^{x_{21}p^{n-m}} b^{x_{22}}] = [c, a]^{|X| x_{21} p^{n-m}} [c, b]^{|X| x_{22}}$, 所以

$$\lambda \bar{w}_{22} = |X| (x_{21}p^{n-m}, x_{22}) \begin{pmatrix} w_{12} \\ w_{22} \end{pmatrix}. \tag{6.18}$$

由等式 (6.17) 和 (6.18) 可得

$$\begin{pmatrix} \bar{w}_{12} \\ \bar{w}_{22} \end{pmatrix} = \lambda^{-1} |X| \begin{pmatrix} x_{11} & x_{12} \\ x_{21}p^{n-m} & x_{22} \end{pmatrix} \begin{pmatrix} w_{12} \\ w_{22} \end{pmatrix}. \tag{6.19}$$

另一方面, 若存在域 F_p 上的可逆矩阵 $X = \begin{pmatrix} x_{11} & x_{12} \\ x_{21}p^{n-m} & x_{22} \end{pmatrix}$ 满足等式 (6.16) 和 (6.19), 易验证满足 $\bar{a}^\theta = a^{x_{11}} b^{x_{12}}$ 和 $\bar{b}^\theta = a^{x_{21}p^{n-m}} b^{x_{22}}$ 的映射 θ 为从 $\overline{G}$ 到 G 的同构映射. □

当 $p > 3$ 或 $p = 3$ 且 $n > 1$ 时, 等式 (6.16) 和 (6.19) 仍然成立. 因此有下面的定理.

定理 6.1.14　设 G 和 $\overline{G}$ 是有限 p 群, $G_3 \cong \mathrm{C}_p$, $\Phi(G') = 1$ 且 $G/G_3 \cong \mathrm{M}_p(n, 1, 1)$, 其中 $p > 2$ 且当 $p = 3$ 时 $n > 1$. G 和 $\overline{G}$ 的特征矩阵分别为 $w(G) = (w_{ij})$ 和 $w(\overline{G}) = (\bar{w}_{ij})$. 则 $G \cong \overline{G}$ 当且仅当存在域 F_p 上的可逆矩阵 $X = \begin{pmatrix} x_{11} & x_{12} \\ x_{21}p^{n-m} & x_{22} \end{pmatrix}$ 以及 $\lambda \in \mathrm{F}_p^*$, 满足 $\begin{pmatrix} \bar{w}_{11} \\ \bar{w}_{21} \end{pmatrix} = \lambda^{-1} \begin{pmatrix} x_{11} & x_{12}p^{n-m} \\ x_{21} & x_{22} \end{pmatrix} \begin{pmatrix} w_{11} \\ w_{21} \end{pmatrix}$ 和 $\begin{pmatrix} \bar{w}_{12} \\ \bar{w}_{22} \end{pmatrix} = \lambda^{-1} |X| X \begin{pmatrix} w_{12} \\ w_{22} \end{pmatrix}$.

当 $p = 2$ 且 $m = 1$ 时, $1 = [a, b^2] = [c, b]$. 因为 $G_3 \neq 1$, 所以 $[c, a] \neq 1$. 则 $(w_{12}, w_{22}) = (1, 0)$. 若 $n = 2$, 则 $(\bar{b}^2)^\theta = (a^{x_{21}2} b c^{x_{23}})^2 = a^{x_{21}2^2} b^2 [c, a]^{x_{21}}$ 且等式 (6.15) 变为

$$\bar{w}_{21} = (x_{21}, 1) \begin{pmatrix} w_{11} \\ w_{21} \end{pmatrix} + x_{21}. \tag{6.15$'$}$$

若 $n \geqslant 3$, 则等式 (6.16) 和 (6.19) 仍然成立. 因此有下面的定理.

定理 6.1.15 设 G 和 $\overline{G}$ 为有限 2 群, $G_3 \cong \mathrm{C}_2$, $\Phi(G') = 1$ 且 $G/G_3 \cong \mathrm{M}_2(n,1,1)$, 其中 $n \geqslant 3$. G 和 $\overline{G}$ 的特征矩阵分别为 $w(G) = (w_{ij})$ 和 $w(\overline{G}) = (\bar{w}_{ij})$. 则 $G \cong \overline{G}$ 当且仅当存在域 F_2 上的可逆矩阵 $X = \begin{pmatrix} 1 & 0 \\ x_{21} & 1 \end{pmatrix}$, 满足

$$\begin{pmatrix} \bar{w}_{11} \\ \bar{w}_{21} \end{pmatrix} = X \begin{pmatrix} w_{11} \\ w_{21} \end{pmatrix}.$$

定理 6.1.16 设 G 是有限 p 群, $G_3 \cong \mathrm{C}_p$, $\Phi(G') = 1$ 和 $G/G_3 \cong \mathrm{M}_p(n,m,1)$, 其中 $n \geqslant m$ 且当 $p=2$ 时 $n>1$. 则 G 为以下互不同构的群之一.

(F) 3^4 阶的极大类 3 群;

(G1) $\langle a,b,c \mid a^{p^{m+1}} = b^{p^m} = c^p = 1, [a,b]=c, [c,a]=1, [c,b]=a^{\nu p^m}\rangle$, 当 $p \leqslant 3$ 时 $m>1$, $\nu=1$ 或者是一个固定的模 p 的平方非剩余;

(G2) $\langle a,b,c,d \mid a^{p^m} = b^{p^m} = c^p = d^p = 1, [a,b]=c, [c,a]=d, [c,b]=1, [d,a]=[d,b]=1\rangle$, 当 $p \leqslant 3$ 时 $m>1$;

(G3) $\langle a,b,c \mid a^{p^{m+1}} = b^{p^m} = c^p = 1, [a,b]=c, [c,a]=a^{p^m}, [c,b]=1\rangle$, 当 $p \leqslant 3$ 时 $m>1$;

(H1) $\langle a,b,c,d \mid a^4 = b^2 = c^2 = d^2 = 1, [a,b]=c, [c,a]=d, [c,b]=[d,a]=[d,b]=1\rangle$;

(H2) $\langle a,b,c \mid a^8 = b^2 = c^2 = 1, [a,b]=c, [c,a]=a^4, [c,b]=1\rangle$;

(H3) $\langle a,b,c \mid a^8 = c^2 = 1, b^2 = a^4, [a,b]=c, [c,a]=b^2, [c,b]=1\rangle$;

(I1) $\langle a,b,c,d \mid a^{2^n} = b^2 = c^2 = d^2 = 1, [a,b]=c, [c,a]=d, [c,b]=[d,a]=[d,b]=1\rangle$, 其中 $n \geqslant 3$;

(I2) $\langle a,b,c \mid a^{2^{n+1}} = b^2 = c^2 = 1, [a,b]=c, [c,a]=a^{2^n}, [c,b]=1\rangle$, 其中 $n \geqslant 3$;

(I3) $\langle a,b,c \mid a^{2^n} = b^4 = c^2 = 1, [a,b]=c, [c,a]=b^2, [c,b]=1\rangle$, 其中 $n \geqslant 3$;

(J1) $\langle a,b,c \mid a^{p^{n+1}} = b^{p^m} = c^p = 1, [a,b]=c, [c,a]=1, [c,b]=a^{\nu p^n}\rangle$, 其中 $n>m$ 且当 $p=2$ 时 $m>1$, $\nu=1$ 或是一个固定的模 p 的平方非剩余;

(J2) $\langle a,b,c \mid a^{p^{n+1}} = b^{p^m} = c^p = 1, [a,b]=c, [c,a]=a^{p^n}, [c,b]=1\rangle$, 其中 $n>m$ 且当 $p=2$ 时 $m>1$;

(J3) $\langle a,b,c \mid a^{p^n} = b^{p^{m+1}} = c^p = 1, [a,b]=c, [c,a]=1, [c,b]=b^{p^m}\rangle$, 其中 $n>m$ 且当 $p=2$ 时 $m>1$;

(J4) $\langle a,b,c \mid a^{p^n} = b^{p^{m+1}} = c^p = 1, [a,b]=c, [c,a]=b^{\nu p^m}, [c,b]=1\rangle$, 其中 $n>m$ 且当 $p=2$ 时 $m>1$, $\nu=1$ 或是一个固定的模 p 的平方非剩余;

(J5) $\langle a,b,c,d \mid a^{p^n} = b^{p^m} = c^p = d^p = 1, [a,b]=c, [c,a]=1, [c,b]=d, [d,a]=[d,b]=1\rangle$, 其中 $n>m$ 且当 $p=2$ 时 $m>1$;

(J6) $\langle a,b,c,d \mid a^{p^n}=b^{p^m}=c^p=d^p=1,[a,b]=c,[c,a]=d,[c,b]=1,[d,a]=[d,b]=1\rangle$, 其中 $n>m$ 且当 $p=2$ 时 $m>1$.

证明　以下分三种情形讨论.

情形 1　$n=m$.

若 $n=m=1$, 则 $p>2$. 当 $p=3$ 时, $|G|=3^4$. 因此 G 为 (F) 型群. 当 $m>1$ 或 $p>3$ 时, 由定理 6.1.13 和定理 6.1.14 可得, $G\cong\overline{G}$ 当且仅当存在一个域 F_p 上的可逆矩阵$X=\begin{pmatrix} x_{11} & x_{12} \\ x_{21} & x_{22}\end{pmatrix}$以及 $\lambda\in\mathrm{F}_p^*$ 满足$\begin{pmatrix}\bar{w}_{11}\\ \bar{w}_{21}\end{pmatrix}=\lambda^{-1}X\begin{pmatrix}w_{11}\\ w_{21}\end{pmatrix}$和 $\begin{pmatrix}\bar{w}_{12}\\ \bar{w}_{22}\end{pmatrix}=\lambda^{-1}|X|X\begin{pmatrix}w_{12}\\ w_{22}\end{pmatrix}$. 即

$$\begin{pmatrix}\bar{w}_{11} & \bar{w}_{12}\\ \bar{w}_{21} & \bar{w}_{22}\end{pmatrix}=\lambda^{-1}X\begin{pmatrix}w_{11} & w_{12}\\ w_{21} & w_{22}\end{pmatrix}\begin{pmatrix}1 & 0\\ 0 & |X|\end{pmatrix}. \tag{6.20}$$

子情形 1.1　$w(G)$ 为可逆矩阵.

设 $|w(G)|=\nu d^2$, 其中 $\nu=1$ 或者是一个固定的模 p 的平方非剩余. 取 $X=\mathrm{diag}(1,\nu d)(w(G))^{-1}$ 以及 $\lambda=1$, 可得 $w(\overline{G})=\mathrm{diag}(1,\nu)$. 因此可得 (G1) 型群. 由等式 (6.20) 可知, $|w(\overline{G})|=|w(G)|\lambda^{-2}|X|^2$. 因此不同的 ν 给出的群互不同构.

子情形 1.2　$w(G)$ 不可逆.

因为 $G_3\neq 1$, 所以 $[c,a]\neq 1$ 或者 $[c,b]\neq 1$. 不妨设 $[c,a]\neq 1$. 进一步地, 可设 $(w_{12},w_{22})=(1,0)$. 因为 $w(G)$ 不可逆, 故 $w_{21}=0$. 当 $w_{11}=0$ 时, 得到 (G2) 型群. 当 $w_{11}\neq 0$ 时, 取 $X=\mathrm{diag}(w_{11}^{-1},w_{11}^2)$ 以及 $\lambda=1$ 可得 $\bar{w}_{11}=1$. 得到 (G3) 型群.

情形 2　$n>m=1$ 且 $p=2$.

因为 $m=1$, 所以 $(w_{12},w_{22})=(1,0)$. 当 $n=2$ 时, $|G|=2^5$. 检查 2^5 阶群的群表, 我们可得群 (H1)—(H3). 当 $n\geqslant 3$, 由定理 6.1.15, $G\cong\overline{G}$ 当且仅当存在域 F_p 上的可逆矩阵 $X=\begin{pmatrix}1 & 0\\ x_{21} & 1\end{pmatrix}$ 满足 $\begin{pmatrix}\bar{w}_{11}\\ \bar{w}_{21}\end{pmatrix}=X\begin{pmatrix}w_{11}\\ w_{21}\end{pmatrix}$. 此时可得群 (I1)—(I3).

情形 3　$n>m$ 且当 $p=2$ 时 $m>1$.

设 G 和 $\overline{G}$ 是定理中的两个群. 由定理 6.1.13 和定理 6.1.14, $G\cong\overline{G}$ 当且仅当存在域 F_p 上的可逆矩阵 $X=\begin{pmatrix}x_{11} & x_{12}\\ x_{21}p^{n-m} & x_{22}\end{pmatrix}$ 以及 $\lambda\in\mathrm{F}_p^*$, 满足

$$\begin{pmatrix}\bar{w}_{11}\\ \bar{w}_{21}\end{pmatrix}=\lambda^{-1}\begin{pmatrix}x_{11} & 0\\ x_{21} & x_{22}\end{pmatrix}\begin{pmatrix}w_{11}\\ w_{21}\end{pmatrix} \tag{6.21}$$

和

$$\begin{pmatrix} \bar{w}_{12} \\ \bar{w}_{22} \end{pmatrix} = \lambda^{-1}|X| \begin{pmatrix} x_{11} & x_{12} \\ 0 & x_{22} \end{pmatrix} \begin{pmatrix} w_{12} \\ w_{22} \end{pmatrix}. \tag{6.22}$$

选择适当的 x_{21}(即使用一个初等行变换), $\begin{pmatrix} w_{11} \\ w_{21} \end{pmatrix}$ 可以简化为以下三种类型.

$$\text{(a1)} \begin{pmatrix} w_{11} \\ 0 \end{pmatrix}, \text{其中 } w_{11} \neq 0, \quad \text{(b1)} \begin{pmatrix} 0 \\ w_{21} \end{pmatrix}, \text{其中 } w_{21} \neq 0, \quad \text{(c1)} \begin{pmatrix} 0 \\ 0 \end{pmatrix}.$$

容易看出, 以上不同类型的矩阵给出的群互不同构. 同理 $\begin{pmatrix} w_{12} \\ w_{22} \end{pmatrix}$ 可被简化为以下两种类型 (注意由 $G_3 \neq 1$ 可得 $(w_{12}, w_{22}) \neq (0,0)$)

$$\text{(a2)} \begin{pmatrix} 0 \\ w_{22} \end{pmatrix}, \quad \text{其中 } w_{22} \neq 0, \quad \text{(b2)} \begin{pmatrix} w_{12} \\ 0 \end{pmatrix}, \quad \text{其中 } w_{21} \neq 0,$$

且不同类型的矩阵给出的群互不同构. 因此 $w(G)$ 能够被简化为表 6.3 中列出的六种类型. (不同的类型给出的群互不同构.) □

表 6.3 情形 3 中对 $w(G)$ 的化简

$\begin{pmatrix} w_{11} \\ w_{21} \end{pmatrix}$	$\begin{pmatrix} w_{12} \\ w_{22} \end{pmatrix}$	特征矩阵 $w(G)$	λ	X	特征矩阵 $w(\overline{G})$	对应的群
(a1)	(a2)	$\begin{pmatrix} w_{11} & 0 \\ 0 & w_{22} \end{pmatrix}$	1	$\mathrm{diag}(w_{11}^{-1}, d^{-1})$ 其中$w_{22}w_{11}^{-1} = \nu d^2$	$\begin{pmatrix} 1 & 0 \\ 0 & \nu \end{pmatrix}$	(J1)
(a1)	(b2)	$\begin{pmatrix} w_{11} & w_{12} \\ 0 & 0 \end{pmatrix}$	1	$\mathrm{diag}(w_{11}^{-1}, w_{11}^2 w_{12}^{-1})$	$\begin{pmatrix} 1 & 1 \\ 0 & 0 \end{pmatrix}$	(J2)
(b1)	(a2)	$\begin{pmatrix} 0 & 0 \\ w_{21} & w_{22} \end{pmatrix}$	1	$\mathrm{diag}(w_{21}^2 w_{22}^{-1}, w_{21}^{-1})$	$\begin{pmatrix} 0 & 0 \\ 1 & 1 \end{pmatrix}$	(J3)
(b1)	(b2)	$\begin{pmatrix} 0 & w_{12} \\ w_{21} & 0 \end{pmatrix}$	1	$\mathrm{diag}(d^{-1}, w_{21}^{-1})$ 其中$w_{12}w_{21}^{-1} = \nu d^2$	$\begin{pmatrix} 0 & \nu \\ 1 & 0 \end{pmatrix}$	(J4)
(c1)	(a2)	$\begin{pmatrix} 0 & 0 \\ 0 & w_{22} \end{pmatrix}$	1	$\mathrm{diag}(w_{22}^{-1}, 1)$	$\begin{pmatrix} 0 & 0 \\ 0 & 1 \end{pmatrix}$	(J5)
(c1)	(b2)	$\begin{pmatrix} 0 & w_{12} \\ 0 & 0 \end{pmatrix}$	1	$\mathrm{diag}(1, w_{12}^{-1})$	$\begin{pmatrix} 0 & 1 \\ 0 & 0 \end{pmatrix}$	(J6)

由定理 6.1.12 可得下面的定理.

定理 6.1.17 *G 为定理 6.1.16 中的有限 p 群. 则*

(1) $I_{\max} = 1$ *的群为*: (F);

(2) $I_{\max} = 2$ *的群为*: (H1)—(H3), (I1)—(I3);

(3) $I_{\max} = m$ *的群为*: (G1)—(G3), (J2), (J4), (J6);

(4) $I_{\max} = n$ *的群为*: (J1), (J3), (J5).

6.2　循环 p 群被内交换 p 群的扩张

本节的目标是分类满足下列条件的有限 p 群 G: $N \leqslant Z(G) \cap G'$ 且 N 循环, G/N 为内交换 p 群. 因为 6.1 节已经分类了 N 为 p 阶循环群的情形, 所以还可设 $|N| \geqslant p^2$.

定理 6.2.1　若 G 为有限 p 群, $N \leqslant Z(G) \cap G'$ 且 N 为阶大于 p 的循环群, G/N 为内交换 p 群, 则 $|G_3| \leqslant p$, G' 循环且 $N = \mho_1(G')$.

证明　首先可证 $|G_3| \leqslant p$. 事实上, 设 $G = \langle a, b\rangle$. 令 $[a, b] = c$, 由命题 1.1.5 可知

$$G' = \langle [a, b], G_3\rangle, \quad G_3 = \langle [c, a], [c, b]\rangle.$$

因为 $|(G/N)'| = p$, 所以 $c^p \in N \leqslant Z(G)$. 从而

$$1 = [c^p, a] = [c, a]^p, \quad 1 = [c^p, b] = [c, b]^p.$$

又 G' 为交换群, 故 $\exp(G_3) \leqslant p$. 又由 $G_3 \leqslant N$ 知 G_3 为循环群, 由此得 $|G_3| \leqslant p$.

令 $H = \langle G_3, c^p\rangle$, 则 $H \leqslant N$. 从而 H 为循环群. 当 $c^p = 1$ 时, 因为 $|G_3| \leqslant p$, $G' = \langle c, G_3\rangle$, 于是 $|G'| \leqslant p^2$. 此时, $|N| = p$, 与题设矛盾. 从而 $c^p \neq 1$. 因为 $\exp(G_3) \leqslant p$, 所以 $H = \langle c^p\rangle$, 从而 $G' = \langle c\rangle$. 此时, $N = \mho_1(G')$. □

由定理 2.53 可知, 若 $G/\mho_1(G')$ 为亚循环群, 则 G 也是亚循环群. 由于亚循环 p 群已经有同构分类, 我们仅列出以下结果.

定理 6.2.2　G 为有限 p 群, $G' \cong C_{p^{k+1}}$, 其中 $k \geqslant 2$, $\mho_1(G') \leqslant Z(G)$. 若 $G/\mho_1(G')$ 为亚循环的内交换群, 则 G 为下列互不同构群之一.

1) $c(G) = 2$.

(1) $\langle a, b \mid a^{p^{n+k}} = 1, b^{p^m} = 1, [a, b] = a^{p^{n-1}}\rangle$, $n \geqslant k+2$, $m \geqslant k+1$;

(2) $\langle a, b \mid a^{p^{n+k}} = 1, b^{p^m} = a^{p^{n+s}}, [a, b] = a^{p^{n-1}}\rangle$, $n \geqslant k+2$, $m > n+s$ 且 $0 \leqslant s \leqslant k-1$.

2) $c(G) = 3$.

(3) $\langle a, b \mid a^{p^{2k+1}} = 1, b^{p^m} = 1, [a, b] = a^{p^k}\rangle$, $m \geqslant k+1$;

(4) $\langle a, b \mid a^{p^{2k+1}} = 1, b^{p^m} = a^{p^{k+1+s}}, [a, b] = a^{p^k}\rangle$, $m > k+s+1$, $0 \leqslant s \leqslant k-1$.

由定理 6.2.1 和定理 6.2.2, 我们只需分类满足下列条件的有限 p 群 G:

G' 循环, $\mho_1(G') \leqslant Z(G)$, $G/\mho_1(G')$ 为非亚循环的内交换 p 群.

定理 6.2.3　G 为有限 p 群, $G' \cong C_{p^{k+1}}$, 其中 $k \geqslant 2$, $\mho_1(G') \leqslant Z(G)$. 若 $G/\mho_1(G') \cong M_p(n, m, 1)$, 其中 $n \geqslant m$, 且当 $p = 2$ 时, $n + m \geqslant 3$, 则 G 为下列互不同构群之一.

1) $c(G)=2$.

(1) $\langle a,b \mid a^{p^n}=c^{p^{s+1}}, b^{p^m}=1, c^{p^{k+1}}=1, [a,b]=c, [c,a]=[c,b]=1\rangle$, $0\leqslant s\leqslant k$, $n\geqslant m\geqslant k+1$. 当 $p=2$ 且 $n=m=k+1$ 时, $0\leqslant s\leqslant k-1$;

(2) $\langle a,b \mid a^{2^{k+1}}=c^{2^k}, b^{2^{k+1}}=c^{2^k}, c^{2^{k+1}}=1, [a,b]=c, [c,a]=[c,b]=1\rangle$;

(3) $\langle a,b \mid a^{p^n}=1, b^{p^m}=c^{p^{t+1}}, c^{p^{k+1}}=1, [a,b]=c, [c,a]=[c,b]=1\rangle$, $0\leqslant t\leqslant k-1$, $n>m\geqslant k+1$;

(4) $\langle a,b \mid a^{p^n}=c^{p^{s+1}}, b^{p^m}=c^{p^{t+1}}, c^{p^{k+1}}=1, [a,b]=c, [c,a]=[c,b]=1\rangle$, $k-1\geqslant s>t\geqslant 0$, $k+1\leqslant m<n+t-s$.

2) $c(G)=3$.

(5) $\langle a,b \mid a^{p^n}=c^{ip^{s+1}}, b^{p^m}=1, c^{p^{k+1}}=1, [a,b]=c, [c,a]=1, [c,b]=c^{p^k}\rangle$, $0\leqslant s\leqslant k$, $n\geqslant m\geqslant k+1$, $1\leqslant i\leqslant p-1$. 当 $s=k$ 时, $i=1$. 当 $p=2$ 且 $n=m=k+1$ 时, $0\leqslant s\leqslant k-1$;

(6) $\langle a,b \mid a^{2^{k+1}}=c^{2^k}, b^{2^{k+1}}=c^{2^k}, c^{2^{k+1}}=1, [a,b]=c, [c,a]=1, [c,b]=c^{2^k}\rangle$;

(7) $\langle a,b \mid a^{p^n}=1, b^{p^m}=c^{p^{t+1}}, c^{p^{k+1}}=1, [a,b]=c, [c,a]=1, [c,b]=c^{p^k}\rangle$, $0\leqslant t\leqslant k-1$, $n\geqslant m\geqslant k+1$;

(8) $\langle a,b \mid a^{p^n}=c^{ip^{s+1}}, b^{p^m}=c^{p^{t+1}}, c^{p^{k+1}}=1, [a,b]=c, [c,a]=1, [c,b]=c^{p^k}\rangle$, $k-1\geqslant s>t\geqslant 0$, $n\geqslant m+s-t>k+1$, $1\leqslant i\leqslant p-1$;

(9) $\langle a,b \mid a^{p^n}=c^{p^{s+1}}, b^{p^m}=1, c^{p^{k+1}}=1, [a,b]=c, [c,b]=1, [c,a]=c^{p^k}\rangle$, $0\leqslant s\leqslant k$, $n>m\geqslant k+1$;

(10) $\langle a,b \mid a^{p^n}=1, b^{p^m}=c^{jp^{t+1}}, c^{p^{k+1}}=1, [a,b]=c, [c,b]=1, [c,a]=c^{p^k}\rangle$, $0\leqslant t\leqslant k-1$, $n>m\geqslant k+1$, $1\leqslant j\leqslant p-1$;

(11) $\langle a,b \mid a^{p^n}=c^{p^{s+1}}, b^{p^m}=c^{jp^{t+1}}, c^{p^{k+1}}=1, [a,b]=c, [c,b]=1, [c,a]=c^{p^k}\rangle$, $k-1\geqslant s>t\geqslant 0$, $n>m+s-t>k+1$, $1\leqslant j\leqslant p-1$.

证明 不妨设

$$G/\mho_1(G')=\langle \bar{a},\bar{b} \mid \bar{a}^{p^n}=\bar{b}^{p^m}=\bar{c}^p=1,\ [\bar{a},\bar{b}]=\bar{c}\rangle.$$

则 $G=\langle a,b\rangle$. 令 $[a,b]=c$. 则 $G'=\langle c\rangle$. 于是 $\mho_1(G')=\langle c^p\rangle$ 且 $o(c)=p^{k+1}$. 若 $G_3\neq 1$, 则 $G_3=\langle c^{p^k}\rangle$. 由于 $a^{p^n}, b^{p^m}\in\mho_1(G')$, 可设

$$a^{p^n}=c^{ip^{s+1}},\quad b^{p^m}=c^{jp^{t+1}},\quad 其中\ 0\leqslant s,t\leqslant k, (i,p)=1, (j,p)=1.$$

根据定理 6.2.1 可知 $|G_3|\leqslant p$. 若 $[c,b]=1$ 或者 $p>2$, 由 $1=[a,b^{p^m}]=c^{p^m}$ 可知 $m\geqslant k+1$. 若 $[c,b]\neq 1$ 且 $p=2$, 则必有 $[c,b]=c^{2^k}$. 由命题 1.1.9 计算可知

$$1=[a,b^{2^m}]=c^{2^m}c^{2^{k+m-1}(2^m-1)}.$$

因为 $k\geqslant 2$, 所以仍然有 $m\geqslant k+1$.

下面分 $c(G)=2$ 和 $c(G)=3$ 两种情况讨论.

情形 1 $c(G)=2$.

此时 $[c,a]=[c,b]=1$. 分别用 a^j,b^i,c^{ij} 去替换 a,b,c 可得

$$G=\langle a,b \mid a^{p^n}=c^{p^{s+1}},\ c^{p^{k+1}}=1,\ b^{p^m}=c^{p^{t+1}},\ [a,b]=c,\ [c,a]=[c,b]=1\rangle.$$

下面再分 $s\leqslant t$ 和 $s>t$ 两种情况讨论.

(a) $s\leqslant t$.

下面再分 $0\leqslant s\leqslant t=k$ 和 $0\leqslant s\leqslant t\leqslant k-1$ 两种情况来讨论.

(ia) 当 $0\leqslant s\leqslant t=k$ 时,

$$G=\langle a,b \mid a^{p^n}=c^{p^{s+1}},c^{p^{k+1}}=1,b^{p^m}=1,[a,b]=c,[c,a]=[c,b]=1\rangle.$$

此为群 (1). 当 $p=2,n=m=k+1,s=k$ 时, 用 ba 替换 a 后可转化为 $s=k-1$ 时的群. 因此在群 (1) 中当 $p=2$ 且 $n=m=k+1$ 时, $0\leqslant s\leqslant k-1$. 在群 (1) 中 $\exp(G)=p^{n+k-s}$, 故不同的 s 对应的群不同构.

(iia) 当 $0\leqslant s\leqslant t\leqslant k-1$ 时, 除了 $p=2,n=m=k+1,s=t$ 外, 由命题 1.1.10 计算得 $(ba^{-p^{n-m+t-s}})^{p^m}=1$. 用 $ba^{-p^{n-m+t-s}}$ 去替换 b 后可转化为群 (1).

当 $p=2,n=m=k+1,s=t\leqslant k-2$ 时, 由命题 1.1.10 计算得

$$(ba^{-(1+2^{k-s-1})^{-1}})^{2^{k+1}}=1.$$

分别用

$$a^{(1+2^{k-s-1})^{-1}},\quad ba^{-(1+2^{k-s-1})^{-1}}\quad 和\quad c^{(1+2^{k-s-1})^{-1}}$$

去替换 a,b 和 c 后, 同样可转化为群 (1).

当 $p=2,n=m=k+1,s=t=k-1$ 时, G 为定理中的群 (2).

(b) $s>t$.

下面再分 $0\leqslant t<s=k$ 和 $0\leqslant t<s\leqslant k-1$ 两种情况来讨论.

(ib) $0\leqslant t<s=k$.

此时, $G=\langle a,b \mid a^{p^n}=1,b^{p^m}=c^{p^{t+1}},[a,b]=c,c^{p^{k+1}}=1,[c,a]=[c,b]=1\rangle$. 此为群 (3). 当 $n=m$ 时, 分别用 b,a^{-1} 去替换 a,b 可转化为群 (1). 因此在群 (3) 中设 $n>m$.

在群 (3) 中, $\mho_m(G)=\langle a^{p^m},b^{p^m}\rangle=\langle a^{p^m},c^{p^{t+1}}\rangle$. 计算易得 $|\mho_m(G)|=p^{n-m+k-t}$. 故不同的 t 对应的群不同构.

(iib) $0\leqslant t<s\leqslant k-1$.

当 $n\leqslant m+s-t$ 时, 由命题 1.1.10 计算得 $(ab^{-p^{m+s-t-n}})^{p^n}=1$. 用 $ab^{-p^{m+s-t-n}}$ 去替换 a 后可转化为群 (3).

当 $n > m+s-t$ 时, G 为群 (4).

在群 (4) 中, $\exp(G) = p^{n+k-s}$. 故不同的 s 对应的群不同构. 又

$$\mho_m(G) = \langle a^{p^m}, b^{p^m}\rangle = \langle a^{p^m},\ c^{p^{t+1}}\rangle, \quad |\mho_m(G)| = p^{n-m+k-t},$$

故不同的 t 对应的群不同构.

由下面观察到的事实可证群 (1)—(4) 互不同构.

在群 (1) 中, $\exp(G) = p^{n+k-s}$, $\mho_m(G) = \langle a^{p^m}\rangle$, 而当 $p=2, m=k+1, s=k$ 时, $\mho_m(G) = \langle a^{2^m}, c^{2^k}\rangle$; $G \setminus \Phi(G)$ 有 2^{k+1} 阶元.

在群 (2) 中, $\exp(G) = 2^{k+2}$, $\mho_m(G) = \langle a^{2^m}\rangle$, $G \setminus \Phi(G)$ 中无 2^{k+1} 阶元.

在群 (3) 中, $\mho_m(G) = \langle a^{p^m}, c^{p^{t+1}}\rangle$; 当 $n \leqslant m+k-t$ 时, $\exp(G) = p^{m+k-t}$; 当 $n > m+k-t$ 时, $\exp(G) = p^n$; 当 $p=2, m=k+1, t=k-1$ 时, $G \setminus \Phi(G)$ 中无 2^{k+1} 阶元.

在群 (4) 中, $\exp(G) = p^{n+k-s}$, $\mho_m(G) = \langle a^{p^m}, c^{p^{t+1}}\rangle$.

情形 2 $c(G) = 3$.

因为 $G_3 = \langle c^{p^k}\rangle$, 所以知经适当的生成元替换, 不妨设 $[c,a]=1, [c,b]=c^{p^k}$ 或 $[c,b]=1, [c,a]=c^{p^k}$. 此时仍然可设 $a^{p^n} = c^{ip^{s+1}}, b^{p^m} = c^{jp^{t+1}}$. 下面分两种情形来确定满足条件的群.

子情形 2.1 $[c,a]=1,\ [c,b]=c^{p^k}$.

分别用 a^j 和 c^j 去替换 a 和 c 后可得

$$G = \langle a, b \mid a^{p^n} = c^{ip^{s+1}}, b^{p^m} = c^{p^{t+1}}, [a,b]=c, c^{p^{k+1}}=1, [c,a]=1, [c,b]=c^{p^k}\rangle.$$

若 $i' \equiv i \pmod p$, 用 $b^{ii'^{-1}}$ 替换 b 后可将上述定义关系中的 i 替换为 i'. 因此可设 $1 \leqslant i \leqslant p-1$.

下面分 $s \leqslant t$ 和 $s > t$ 两种情况讨论.

(a) $s \leqslant t$.

这种情况下, 再分 $0 \leqslant s \leqslant t = k$ 和 $0 \leqslant s \leqslant t \leqslant k-1$ 两种情况来讨论.

(ia) 当 $0 \leqslant s \leqslant t = k$ 时,

$$G = \langle a, b \mid a^{p^n} = c^{ip^{s+1}}, b^{p^m} = 1, c^{p^{k+1}} = 1, [a,b]=c, [c,a]=1, [c,b]=c^{p^k}\rangle.$$

此时 G 为群 (5). 当 $p=2, n=m=k+1, s=k$ 时, 用 ba 替换 b 后可转化为群 (7). 因此在群 (5) 中, 当 $p=2$ 且 $n=m=k+1$ 时, $0 \leqslant s \leqslant k-1$.

(iia) 当 $0 \leqslant s \leqslant t \leqslant k-1$ 时, 除了 $p=2, n=m=k+1, s=t$ 外, 由命题 1.1.10 计算得 $(ba^{-i^{-1}p^{n-m+t-s}})^{p^m} = 1$. 用 $ba^{-i^{-1}p^{n-m+t-s}}$ 去替换 b 后可转化为群 (5).

当 $p=2, n=m=k+1, s=t$ 时, $G=\langle a,b \mid a^{2^k+1}=c^{2^{s+1}}, b^{2^{k+1}}=c^{2^{s+1}}, [a,b]=c, c^{2^{k+1}}=1, [c,a]=1, [c,b]=c^{2^k}\rangle$. 当 $s\leqslant k-2$ 时, 类似于 $c(G)=2$ 且 $s\leqslant t$ 的论证过程可得

$$G=\langle a,b \mid a^{2^{k+1}}=c^{2^{s+1}}, b^{2^m}=1, [a,b]=c, [c,a]=1, [c,b]=c^{2^k}, c^{2^{k+1}}=1\rangle.$$

此时, G 为群 (5). 当 $s=k-1$ 时, G 为群 (6).

(b) $s>t$.

下面分 $0\leqslant t<s=k$ 和 $0\leqslant t<s\leqslant k-1$ 两种情况来讨论.

(ib) $0\leqslant t<s=k$.

此时, $G=\langle a,b \mid a^{p^n}=1, b^{p^m}=c^{p^{t+1}}, [a,b]=c, c^{p^{k+1}}=1, [c,a]=1, [c,b]=c^{p^k}\rangle$ 为群 (7).

(iib) $0\leqslant t<s\leqslant k-1$.

当 $n<m+s-t$ 时, 由命题 1.1.10 计算得 $(ab^{-ip^{m+s-t-n}})^{p^n}=1$. 用 $ab^{-ip^{m+s-t-n}}$ 去替换 a 后可转化为群 (7).

当 $n\geqslant m+s-t$ 时 $G=\langle a,b \mid a^{p^n}=c^{ip^{s+1}}, b^{p^m}=c^{p^{t+1}}, [a,b]=c, c^{p^{k+1}}=1, [c,a]=1, [c,b]=c^{p^k}\rangle$ 为群 (8).

子情形 2.2　$[c,b]=1, [c,a]=c^{p^k}$.

分别用 b^i 和 c^i 去替换 b 和 c 后可得 $G=\langle a,b \mid a^{p^n}=c^{p^{s+1}}, b^{p^m}=c^{jp^{t+1}}, [a,b]=c, c^{p^{k+1}}=1, [c,a]=1, [c,b]=c^{p^k}\rangle$. 与子情形 2.1 类似, 可设 $1\leqslant i\leqslant p-1$. 当 $n=m$ 时, 分别用 b^{-1}, a 去替换 a, b 后可转化为子情形 2.1. 因此下面可设 $n>m$.

下面分 $s\leqslant t$ 和 $s>t$ 两种情况讨论.

(a) $s\leqslant t$.

当 $t=k$ 时, $G=\langle a,b \mid a^{p^n}=c^{p^{s+1}}, b^{p^m}=1, [a,b]=c, c^{p^{k+1}}=1, [c,b]=1, [c,a]=c^{p^k}\rangle$ 为群 (9).

当 $t\leqslant k-1$ 时, 由命题 1.1.10 计算得 $(ba^{-jp^{n-m+t-s}})^{p^m}=1$. 用 $ba^{-jp^{n-m+t-s}}$ 去替换 b 后仍然得到群 (9).

(b) $s>t$.

当 $s=k$ 时,

$$G=\langle a,b \mid a^{p^n}=1, b^{p^m}=c^{jp^{t+1}}, [a,b]=c, c^{p^{k+1}}=1, [c,b]=1, [c,a]=c^{p^k}\rangle.$$

此为群 (10). 以下设 $0\leqslant t<s\leqslant k-1$.

当 $n\leqslant m+s-t$ 时, 由命题 1.1.10 计算得 $(ab^{-j^{-1}p^{m+s-t-n}})^{p^n}=1$. 用 $ab^{-j^{-1}p^{m+s-t-n}}$ 去替换 a 后可得群 (10). 当 $n>m+s-t$ 时, G 为群 (11).

下面证明群 (5)—(11) 互不同构. 分 $p>2$ 和 $p=2$ 两种情况来证明.

(I) $p>2$.

首先证明群 (5)—(11) 中不同的参数对应的群不同构.

下面证明当 $0\leqslant s\leqslant k-1$ 时, 群 (5) 中不同的 i 对应的群不同构.

设 $G_1=\langle a_1,\, b_1\rangle$ 与 $G_2=\langle a_2,\, b_2\rangle$ 是群 (5) 中不同的参数 i_1, i_2 对应的群. 若 $G_1\cong G_2$, 设 σ 为 G_1 到 G_2 的同构映射. 不妨设 $a_1^\sigma=a_2^ib_2^jc_2^k$, $b_1^\sigma=a_2^sb_2^tc_2^l$. 则 a_1^σ, b_1^σ 应满足的定义关系为

$$[a_1^\sigma,b_1^\sigma]=c_1^\sigma=c_2^{it-js}g(g\in G_3),\quad (c_1^\sigma)^{p^{k+1}}=1.$$

由此可得 $p\nmid it-js$. 又由

$$(a_1^\sigma)^{p^n}=(a_1^{p^n})^\sigma=(c_1^\sigma)^{i_1p^{s+1}}={c_2}^{i_1(it-js)p^{s+1}},\ (a_1^\sigma)^{p^n}=(a_2^ib_2^jc_2^k)^{p^n}=a_2^{ip^n}=c_2^{i_2ip^{s+1}},$$

可得 $i_1(it-js)\equiv i_2i(\mathrm{mod}\ p^{k-s})$. 又 $[c_1^\sigma,a_1^\sigma]=[c_2^{it-js},b_2^j]=c_2^{p^kj(it-js)}=1$, 故 $p\mid j$. 又由

$$[c_1^\sigma,b_1^\sigma]=[c_2^{it-js},b_2^t]=c_2^{p^kt(it-js)},\quad [c_1^\sigma,b_1^\sigma]=(c_1^\sigma)^{p^k}=c_2^{(it-js)p^k}$$

得出 $t\equiv 1(\mathrm{mod}\ p)$. 因此得到下面的同余方程组:

$$\begin{cases} i_2i\equiv i_1it-i_1js(\mathrm{mod}\ p^{k-s}),\\ j(it-js)\equiv 0(\mathrm{mod}\ p),\\ t\equiv 1(\mathrm{mod}\ p).\end{cases}$$

故 $i_1\equiv i_2(\mathrm{mod}\ p)$, 由假设可得 $i_1=i_2$. 矛盾.

又在群 (5) 中, $\exp(G)=\exp(C_G(G'))=p^{n+k-s}$, 故不同的 s 对应的群也不同构. 由以上论证可知, 群 (5) 中当 i, s 取不同的值时, 对应的群均不同构.

在群 (7) 中, $\mho_m(G)=\langle a^{p^m},b^{p^m}\rangle$, 易证 $|\mho_m(G)|=p^{n+k-t-m}$. 故不同的 t 对应的群不同构.

在群 (8) 中有三个参数 i,s,t. 对于参数 i 来说, 类似于群 (5) 的方法可证明不同的 i 对应的群互不同构. 又在群 (8) 中, $\exp(G)=p^{n+k-s}$, 故不同的 s 给出不同构的群. 又 $\mho_m(G)=\langle a^{p^m},b^{p^m}\rangle, |\mho_m(G)|=p^{n+k-t-m}$, 故不同的 t 对应的群也不同构. 从而在群 (8) 中, 不同的参数 i,s,t 取不同的值时, 对应的群均不同构.

在群 (9) 中, $\exp(G)=p^{n+k-s}$, 故不同的 s 对应的群不同构.

群 (10) 中有两个参数 j,t. 对于参数 j 来说, 类似于群 (5) 的方法可证明不同的 j 对应的群互不同构. 又在群 (10) 中, $\mho_m(G)=\langle a^{p^m},b^{p^m}\rangle, |\mho_m(G)|=p^{n+k-t-m}$, 故不同的 t 对应的群也不同构. 从而在群 (10) 中, 不同的参数 j,t 取不同的值时, 对应的群均不同构.

群 (11) 中有三个参数 j,s,t. 对于参数 j 来说, 类似于群 (5) 的方法可证明不同的 j 对应的群互不同构. 又在群 (11) 中, $\exp(G)=p^{n+k-s}$, 故不同的 s 给出不同构的群. 又 $\mho_m(G)=\langle a^{p^m},b^{p^m}\rangle,|\mho_m(G)|=p^{n+k-t-m}$, 故不同的 t 对应的群也不同构. 从而在群 (11) 中, 不同的参数 j,s,t 取不同的值时, 对应的群均不同构.

其次由下列事实可证群 (5)—(11) 互不同构. 首先有下面的事实.

对群 (5), $\exp(G)=\exp(C_G(G'))=p^{n+k-s}$, $\exp(C_G(G')/G')=p^n$, $\mho_m(G)=\langle a^{p^m}\rangle$, $|\mho_m(G)|=p^{n+k-s-m}$.

对群 (7), $\mho_m(G)=\langle a^{p^m},b^{p^m}\rangle,|\mho_m(G)|=p^{n+k-t-m}$. $\exp(C_G(G')/G')=p^n$. 当 $n<m+k-t$ 时, $\exp(G)=p^{m+k-t}$, $\exp(C_G(G'))=p^{m+k-t-1}$. 当 $n\geqslant m+k-t$ 时, $\exp(G)=p^n$, $\exp(C_G(G'))=p^n$.

对群 (8), $\exp(G)=p^{n+k-s}$, $\exp(C_G(G'))=p^{n+k-s}$, $\exp(C_G(G')/G')=p^n$, $\mho_m(G)=\langle a^{p^m},b^{p^m}\rangle$, $|\mho_m(G)|=p^{n+k-t-m}$.

对群 (9), $\exp(G)=p^{n+k-s}$, $\exp(C_G(G'))=p^{n+k-s-1}$, $\exp(C_G(G')/G')=p^{n-1}$, $\mho_m(G)=\langle a^{p^m}\rangle,|\mho_m(G)|=p^{n+k-s-m}$.

对群 (10), $\exp(C_G(G')/G')=p^{n-1}$, $\mho_m(G)=\langle a^{p^m},b^{p^m}\rangle,|\mho_m(G)|=p^{n+k-t-m}$. 当 $n\leqslant m+k-t$ 时, $\exp(G)=p^{m+k-t}$, $\exp(C_G(G'))=p^{m+k-t}$. 当 $n>m+k-t$ 时, $\exp(G)=p^n$, $\exp(C_G(G'))=p^{n-1}$.

对群 (11), $\exp(G)=p^{n+k-s}$, $\exp(C_G(G'))=p^{n+k-s-1}$, $\exp(C_G(G')/G')=p^{n-1}$, $\mho_m(G)=\langle a^{p^m},b^{p^m}\rangle$, $|\mho_m(G)|=p^{n+k-t-m}$.

(II) $p=2$.

首先可证群 (5)—(11) 中对于不同的 s, t, 不同的参数对应的群不同构.

在群 (5) 中, $\exp(C_G(G'))=2^{n+k-s}$.

在群 (7) 中, $\mho_m(G)=\langle a^{2^m},b^{2^m}\rangle,|\mho_m(G)|=2^{n+k-t-m}$.

在群 (8) 中, $\exp(G)=2^{n+k-s}$, $\mho_m(G)=\langle a^{2^m},b^{2^m}\rangle,|\mho_m(G)|=2^{n+k-t-m}$.

在群 (9) 中, $\exp(G)=2^{n+k-s}$.

在群 (10) 中, $\mho_m(G)=\langle a^{2^m},b^{2^m}\rangle,|\mho_m(G)|=2^{n+k-t-m}$.

在群 (11) 中, $\exp(G)=2^{n+k-s}$, 故不同的 s 对应的群不同构. $\mho_m(G)=\langle a^{2^m},b^{2^m}\rangle,|\mho_m(G)|=2^{n+k-t-m}$.

由此可得 s,t 的不同取值分别给出不同构的群.

其次由下列事实可证群 (5)—(11) 互不同构.

在群 (5) 中, $\exp(C_G(G'))=2^{n+k-s}$, $\exp(C_G(G')/G')=2^n$, $G\setminus\Phi(G)$ 中有 2^{k+1} 阶元, $\exp(G)=2^{n+k-s}$, $\mho_m(G)=\langle a^{2^m}\rangle$, $|\mho_m(G)|=2^{n+k-s-m}$. 当 $m=k+1,s=k$ 时, $\mho_m(G)=\langle a^{2^m},c^{2^k}\rangle,|\mho_m(G)|=2^{n+1-m}$.

在群 (6) 中, $\exp(G)=2^{k+2}$, $\exp(C_G(G'))=2^{k+2}$, $\mho_m(G)=\langle a^{2^m}\rangle,|\mho_m(G)|=2$, $G\setminus\Phi(G)$ 中无 2^{k+1} 阶元.

在群 (7) 中, $\mho_m(G)=\langle a^{2^m},b^{2^m}\rangle, |\mho_m(G)|=2^{n+k-t-m}$. $\exp(C_G(G')/G')=2^n$, 当 $n>m=k+1$ 时 $G\backslash\Phi(G)$ 中无 2^{k+1} 阶元; 当 $n<m+k-t$ 时, $\exp(G)=2^{m+k-t}$, $\exp(C_G(G'))=2^{m+k-t-1}$. 当 $n\geqslant m+k-t$ 时, $\exp(G)=2^n$, $\exp(C_G(G'))=2^n$.

在群 (8) 中, $\exp(G)=2^{n+k-s}$, $\exp(C_G(G'))=2^{n+k-s}$, $\exp(C_G(G')/G')=2^n$, $\mho_m(G)=\langle a^{2^m},b^{2^m}\rangle, |\mho_m(G)|=2^{n+k-t-m}$.

在群 (9) 中, $\exp(G)=2^{n+k-s}$, $\exp(C_G(G')/G')=2^{n-1}$, $\exp(C_G(G'))=2^{n+k-s-1}$, $G\backslash\Phi(G)$ 有 2^{k+1} 阶元, $\mho_m(G)=\langle a^{2^m}\rangle$, $|\mho_m(G)|=2^{n+k-s-m}$. 而当 $m=k+1, s=k$ 时, $\mho_m(G)=\langle a^{2^m},c^{2^k}\rangle, |\mho_m(G)|=2^{n+1-m}$.

在群 (10) 中, $\mho_m(G)=\langle a^{2^m},b^{2^m}\rangle, |\mho_m(G)|=2^{n+k-t-m}$, $\exp(C_G(G')/G')=2^{n-1}$, $G\backslash\Phi(G)$ 中无 2^{k+1} 阶元. 当 $n\leqslant m+k-t$ 时, $\exp(G)=2^{m+k-t}$, $\exp(C_G(G'))=2^{m+k-t}$. 当 $n>m+k-t$ 时, $\exp(G)=2^n$, $\exp(C_G(G'))=2^{n-1}$.

在群 (11) 中, $\exp(G)=2^{n+k-s}$, $\exp(C_G(G'))=2^{n+k-s-1}$, $\exp(C_G(G')/G')=2^{n-1}$, $\mho_m(G)=\langle a^{2^m},b^{2^m}\rangle, |\mho_m(G)|=2^{n+k-t-m}$. □

6.3 初等交换 p 群被内交换 p 群的扩张

由本章开始的分析可知, 要确定初等交换 p 群 N 被内交换 p 群的中心扩张得到的群 G 的结构, 只需确定满足下列条件的有限 p 群 G:

$$N\leqslant Z(G)\cap G' \text{ 且 } |N|\leqslant p^3,\ G/N \text{ 为内交换 } p \text{ 群}.$$

由于 p 阶群 N 被内交换 p 群的中心扩张已被确定, 本节分 $N\cong \mathrm{C}_p^2$ 和 $N\cong \mathrm{C}_p^3$ 来讨论.

6.3.1 p^2 阶初等交换群被内交换 p 群的扩张

本节的目标是确定满足上述条件的 p^2 阶初等交换群 N 被内交换 p 群的扩张. 首先我们有下面的定理.

定理 6.3.1 设有限 p 群 G 中存在正规子群 N 满足 $N\leqslant Z(G)\cap G'$, $N\cong \mathrm{C}_p^2$ 且 G/N 为内交换 p 群. 则

(1) $N=\Phi(G')G_3$;

(2) G/N 为非亚循环的内交换 p 群;

(3) 若 $G_3\cong \mathrm{C}_p$, 则 $C_G(G')$ 为 G 的极大子群.

证明 (1) 由定理 1.7.7, $|(G/N)'|=p$. 从而 $\Phi(G')G_3\leqslant N$. 由于 $|(G/\Phi(G')G_3)'|=p$, 故 $\Phi(G')G_3$ 为 G' 的极大子群. 因为 $N<G'$, 所以必有 $N=\Phi(G')G_3$.

(2) 若 G/N 亚循环, 由定理 2.5.3 可知 G 亚循环, 从而 G' 循环. 这与 $N\leqslant G'$ 非循环矛盾.

(3) 显然 $d(G)=2$. 设 $G=\langle a,b\rangle$, 其中 $[a,b]=c$. 由命题 1.1.5 知 $G'=\langle c,G_3\rangle$. 由 $|G_3|=p$ 可知 c 的共轭类长为 p, 从而 $C_G(G')=C_G(c)$ 为 G 的极大子群. □

由定理 6.3.1, 我们可设 $G/\Phi(G')G_3\cong \mathrm{M}_p(n,m,1)$, 其中 $n\geqslant m$ 且当 $p=2$ 时 $n>1$. 考察 $\mathrm{M}_p(n,m,1)$ 的极大子群后可知, 当 $G_3\cong \mathrm{C}_p$ 时, $C_G(G')/\Phi(G')G_3$ 的型不变量为 (p^n,p^{m-1},p) 或者 (p^{n-1},p^m,p). 我们将对以下三种情况进行讨论:

(1) $G_3\cong \mathrm{C}_p$ 且 $C_G(G')/\Phi(G')G_3$ 的型不变量为 (p^n,p^{m-1},p);

(2) $G_3\cong \mathrm{C}_p$ 且 $C_G(G')/\Phi(G')G_3$ 的型不变量为 (p^{n-1},p^m,p);

(3) $G_3\cong \mathrm{C}_p^2$.

为了以后应用方便, 我们还将计算所决定的群的内交换子群的最小指数 $I_{\min}$ 和最大指数 $I_{\max}$, 特别是 $I_{\min}=1$ 和 $I_{\max}=2$ 的情形.

1. $G_3\cong \mathrm{C}_p$且$C_G(G')/\Phi(G')G_3$的型不变量为(p^n,p^{m-1},p)

设 $n\geqslant m$ 且当 $p=2$ 时 $n>1$,

$$G/\Phi(G')G_3=\langle \bar{a},\bar{b},\bar{c}\mid \bar{a}^{p^n}=\bar{b}^{p^m}=\bar{c}^p=1,[\bar{a},\bar{b}]=\bar{c},[\bar{c},\bar{a}]=[\bar{b},\bar{c}]=1\rangle.$$

不妨设 $G=\langle a,b,c\rangle$ 其中 $[a,b]=c$. 因为 $\Phi(G')\cong \mathrm{C}_p$, 所以 c 为 p^2 阶元.

因为 $C_G(G')/\Phi(G')G_3$ 的型不变量为 (p^n,p^{m-1},p), 所以可不妨设 $[a,c]=1$. 再设 $[b,c]=x$, 则 $G_3=\langle x\rangle$. 因为 $a^{p^n}\in\Phi(G')G_3$, 所以可设 $a^{p^n}=c^{w_{11}p}x^{w_{12}}$. 同理可设 $b^{p^m}=c^{w_{21}p}x^{w_{22}}$. 从而我们得到了一个 F_p 上的 2×2 矩阵 $w(G)=(w_{ij})$. 注意矩阵 $w(G)$ 是随生成元 a,b 的选择而变化的. 我们称 $w(G)$ 为 G 的与生成元 a,b 对应的特征矩阵 (简称特征矩阵).

定理 6.3.2　设 p 为奇素数, G 为有限 p 群, $G_3\cong \mathrm{C}_p$, $\Phi(G')G_3=\mathrm{C}_p^2$, $G/\Phi(G')G_3\cong \mathrm{M}_p(n,m,1)$, $\mathrm{C}_G(G')/\Phi(G')G_3$ 的型不变量为 (p^n,p^{m-1},p) 且 $n\geqslant m\geqslant 2$. $w(G)=(w_{ij})$ 为 G 的一个特征矩阵. 则

(1) $I_{\min}\geqslant 2$. 即 G 没有 $\mathcal{A}_1$ 极大子群.

(2) $I_{\max}\geqslant n$.

(3) $I_{\max}=2$ 当且仅当 $n=m=2$ 且下列条件之一成立:

(i) $w_{11}=w_{12}=0$ 且 $w_{22}\neq 0$;

(ii) $w_{11}^2-4w_{12}$ 是一个模 p 的平方非剩余.

证明　通过考察 G 的所有极大子群来计算 $I_{\max}$ 和 $I_{\min}$. 记 $N=\langle a,b^p,c,x\rangle$ 和 $M_i=\langle a^ib,a^p,c,x\rangle$. 则 G 的极大子群为 N 和 M_i, 其中 $0\leqslant i\leqslant p-1$.

(1) 若 $w_{12}\neq 0$ 或 $w_{22}\neq 0$, 则 $N=\langle a,b^p\rangle *\langle c\rangle\in\mathcal{A}_2$. 若 $w_{12}=w_{22}=0$, 则 $N=\langle a,b^p\rangle *\langle c\rangle\times\langle x\rangle\in\mathcal{A}_3$. 计算可得, $M_i'=\langle c^p,x\rangle=\Phi(G')G_3$, 因此 $M_i\notin\mathcal{A}_1$. 因而 G 不存在 $\mathcal{A}_1$ 极大子群.

(2) 令 $D=\langle c,b\rangle$. 则 $D\in\mathcal{A}_1$ 且 $|G:D|=p^n$. 因此 $I_{\max}\geqslant n$.

(3) 若 $I_{\max}=2$, 由 (1) 可得 $w_{12}\neq 0$ 或 $w_{22}\neq 0$. 由 (2) 可得 $n=m=2$. 因为 $G\in\mathcal{A}_3$, 故 $M_i\in\mathcal{A}_2$. 记 $A=\langle a^p,b^p,c,x\rangle$, $B_r=\langle a^ibc^r,a^p,c^p,x\rangle$, $C_{st}=\langle a^iba^{sp},ca^{tp},c^p,x\rangle$, 其中 $0\leqslant r,s,t\leqslant p-1$. 则 A, B_r 和 C_{st} 是 M_i 的所有极大子群.

首先, A 是 M_i 的唯一的交换极大子群. 因为 $w_{12}\neq 0$ 或 $w_{22}\neq 0$, 故 $B_r\in\mathcal{A}_1$. 因为

$$[ca^{tp},a^iba^{sp}]=c^{tp}x^{-1},\quad (a^iba^{sp})^{p^2}=c^{(iw_{11}+w_{21})p}x^{iw_{12}+w_{22}},\quad (ca^{tp})^p=c^{(tw_{11}+1)p}x^{tw_{12}},$$

所以 $C_{st}\in\mathcal{A}_1$ 当且仅当下面关于 i 和 t 的方程无解.

$$\begin{cases} iw_{11}+w_{21}=-t(iw_{12}+w_{22}), & (6.23.1)\\ tw_{11}+1=-t^2w_{12}. & (6.23.2)\end{cases}\tag{6.23}$$

由 (6.23) 可得 $i=tw_{21}+t^2w_{22}$. 因此 $C_{st}\in\mathcal{A}_1$ 当且仅当方程 (6.23.2) 无解. 若 $w_{12}=0$, 则 $w_{11}=0$. 因此 (i) 成立. 若 $w_{12}\neq 0$, 则 $w_{11}^2-4w_{12}$ 为模 p 的平方非剩余. 因此 (ii) 成立.

反之, 如果 (i) 或 (ii) 成立, 容易验证 $G\in\mathcal{A}_3$, 即 $I_{\max}=2$. □

定理 6.3.3 设 G 为有限 2 群, $G_3\cong \mathrm{C}_2$, $\Phi(G')G_3=\mathrm{C}_2^2$, $G/\Phi(G')G_3\cong \mathrm{M}_2(n,m,1)$, 其中 $n\geqslant m\geqslant 2$, $C_G(G')/\Phi(G')G_3$ 的型不变量为 $(2^n,2^{m-1},2)$. $w(G)=(w_{ij})$ 为 G 的一个特征矩阵. 则

(1) $I_{\min}\geqslant 2$, 即 G 没有 $\mathcal{A}_1$ 极大子群.

(2) $I_{\max}\geqslant n$.

(3) $I_{\max}=2$ 当且仅当 $n=m=2$ 且以下条件之一成立.

(i) $w_{12}=w_{21}+w_{22}=1$ 且 $w_{11}=0$;

(ii) $w_{11}=w_{22}=1$ 且 $w_{12}=w_{21}=0$.

证明 通过考察 G 的所有极大子群来计算 $I_{\max}$ 和 $I_{\min}$. 记

$$N=\langle a,b^2,c,x\rangle,\quad M_i=\langle a^ib,a^2,c,x\rangle.$$

则 G 的所有极大子群为 N, M_0 和 M_1.

(1) 若 $a^{2^n}=c^2$, 则 $N=\langle a,b^2\rangle\times\langle ca^{2^{n-1}}\rangle\in\mathcal{A}_2$. 若 $a^{2^n}=x$, 则 $N=\langle a,b^2\rangle*\langle ca^{2^{n-1}}\rangle\in\mathcal{A}_2$. 若 $a^{2^n}=c^{2i}x^i$ 且 $b^{2^m}=c^{2j}x^j$, 则 $N=\langle a,b^2\rangle\times\langle c\rangle\in\mathcal{A}_3$. 以下我们假设 $a^{2^n}=c^{2i}x^i$ 且 $b^{2^m}\neq c^{2j}x^j$. 若 $b^{2^m}=c^2$ 且 $m>2$, 则 $N=\langle a,b^2\rangle\times\langle cb^{2^{m-1}}\rangle\in\mathcal{A}_2$. 若 $b^{2^m}=x$ 且 $m>2$, 则 $N=\langle a,b^2\rangle*\langle cb^{2^{m-1}}\rangle\in\mathcal{A}_2$. 若 $b^{2^m}=c^2$ 且 $m=2$, 则 $N=\langle a,b^2c\rangle\times\langle c\rangle\in\mathcal{A}_3$. 若 $b^{2^m}=x$ 且 $m=2$, 则 $N=\langle a,b^2c\rangle\times\langle c\rangle\in\mathcal{A}_3$. 计算可得 $M_i'=\langle c^2,y\rangle=\Phi(G')G_3$. 因此 $M_i\notin\mathcal{A}_1$. 综上所述, G 没有内交换的极大子群.

(2) 令 $D=\langle c,b\rangle$. 则 $D\in\mathcal{A}_1$ 且 $|G:D|=2^n$. 因此 $I_{\max}\geqslant n$.

(3) 若 $I_{\max}=2$, 则由 (2) 可得 $n=m=2$, 再由 (1) 可得 $w_{11}+w_{12}=1$. 因为 $G\in\mathcal{A}_3$, 所以 $M_i\in\mathcal{A}_2$. 记

$$A=\langle a^2,b^2,c,x\rangle,\quad B_r=\langle a^ibc^r,a^2,c^2,x\rangle,\quad C_{st}=\langle a^iba^{2s},ca^{2t},c^2,x\rangle.$$

其中 $r,s,t=0,1$. 则 A, B_r 和 C_{st} 是 M_i 的所有的极大子群.

首先, A 是 M_i 的唯一的交换极大子群. 因为 $[a^ibc^r,a^2]=c^2$, 所以 $B_r\in\mathcal{A}_1$. 从而 $w_{12}\neq 0$ 或 $w_{22}\neq 0$. 因为

$$[a^iba^{2s},ca^{2t}]=c^{2t}x,\quad (a^iba^{2s})^4=c^{2(iw_{11}+w_{21}+i)}x^{iw_{12}+w_{22}},\quad (ca^{2t})^2=c^{2(tw_{11}+1)}x^{tw_{12}},$$

所以 $C_{st}\in\mathcal{A}_1$ 当且仅当下面关于 i 和 t 的方程组无解:

$$\begin{cases} iw_{11}+w_{21}+i=t(iw_{12}+w_{22}), & (6.24.1)\\ tw_{11}+1=t^2w_{12}. & (6.24.2)\end{cases}\tag{6.24}$$

若要使方程组 (6.24) 有解, 由方程 (6.24.2) 可知 $t=w_{11}+w_{12}=1$. 由方程 (6.24.1) 可知 $w_{21}+w_{22}=0$. 因此 $C_{st}\in\mathcal{A}_1$ 当且仅当 $w_{21}+w_{22}=1$ 或 $w_{11}+w_{12}=0$. 因此必有 $w_{21}+w_{22}=1$ 且 $w_{11}+w_{12}=1$. 若 $w_{12}=1$, 则可推出 (i) 成立. 若 $w_{12}=0$, 则可推出 (ii) 成立.

反之, 如果 (i) 或 (ii) 成立, 由以上证明过程容易验证 $G\in\mathcal{A}_3$, 即 $I_{\max}=2$. □

定理 6.3.4　设 G 和 $\overline{G}$ 为两个有限 p 群满足以下条件: $G_3\cong \mathrm{C}_p$, $\Phi(G')G_3\cong \mathrm{C}_p^2$, $G/\Phi(G')G_3\cong \mathrm{M}_p(n,m,1)$, 其中 $n\geqslant m\geqslant 2$ 且当 $p=2$ 时 $n\geqslant 3$, $C_G(G')/\Phi(G')G_3$ 的型不变量为 (p^n,p^{m-1},p). 则 $G\cong\overline{G}$ 当且仅当存在域 F_p 上的可逆矩阵 $X=\begin{pmatrix} x_{11} & 0\\ x_{21} & x_{22}\end{pmatrix}$ 使得 $w(\overline{G})=Xw(G)\mathrm{diag}(x_{11}^{-1}x_{22}^{-1},x_{11}^{-1}x_{22}^{-2})$.

证明　设 $w(G)$ 和 $w(\overline{G})$ 分别是对应于生成元 a,b 和 $\bar{a},\bar{b}$ 的特征矩阵, θ 是从 $\overline{G}$ 到 G 的同构映射. 我们可不妨设

$$\bar{a}^\theta\equiv a^{x_{11}}c^{x_{13}}\pmod{G_3},$$

$$\bar{b}^\theta\equiv a^{x_{21}p^{n-m}}b^{x_{22}}c^{x_{23}}\pmod{G_3}.$$

计算可得, $\bar{c}^\theta=[\bar{a},\bar{b}]^\theta=[\bar{a}^\theta,\bar{b}^\theta]\equiv[a^{x_{11}},a^{x_{21}p^{n-m}}b^{x_{22}}]\equiv c^{x_{11}x_{22}}\pmod{G_3}$. 因此

$$\bar{x}^\theta=[\bar{b},\bar{c}]^\theta=[\bar{b}^\theta,\bar{c}^\theta]=[a^{x_{21}p^{n-m}}b^{x_{22}},c^{x_{11}x_{22}}]=x^{x_{11}x_{22}^2}.$$

因为 $\bar{c}^{\bar{w}_{11}p}\bar{x}^{\bar{w}_{12}}=\bar{a}^{p^n}$ 和 $(\bar{a}^{p^n})^\theta=(a^{x_{11}}c^{x_{13}})^{p^n}=a^{x_{11}p^n}$, 所以

$$(\bar{w}_{11},\bar{w}_{12})\begin{pmatrix} x_{11}x_{22} & 0\\ 0 & x_{11}x_{22}^2\end{pmatrix}=(x_{11},0)\begin{pmatrix} w_{11} & w_{12}\\ w_{21} & w_{22}\end{pmatrix}.\tag{6.25}$$

因为 $\bar{c}^{\bar{w}_{21}p}\bar{x}^{\bar{w}_{22}}=\bar{b}^{p^m}$ 和 $(\bar{b}^{p^m})^\theta=(a^{x_{21}p^{n-m}}b^{x_{22}}c^{x_{23}})^{p^m}=a^{x_{21}p^n}b^{x_{22}p^m}$, 所以

$$(\bar{w}_{21},\bar{w}_{22})\begin{pmatrix} x_{11}x_{22} & 0 \\ 0 & x_{11}x_{22}^2 \end{pmatrix}=(x_{21},x_{22})\begin{pmatrix} w_{11} & w_{12} \\ w_{21} & w_{22} \end{pmatrix}. \qquad (6.26)$$

由等式 (6.25) 和 (6.26) 可得

$$\begin{pmatrix} \bar{w}_{11} & \bar{w}_{12} \\ \bar{w}_{21} & \bar{w}_{22} \end{pmatrix}=\begin{pmatrix} x_{11} & 0 \\ x_{21} & x_{22} \end{pmatrix}\begin{pmatrix} w_{11} & w_{12} \\ w_{21} & w_{22} \end{pmatrix}\begin{pmatrix} x_{11}^{-1}x_{22}^{-1} & 0 \\ 0 & x_{11}^{-1}x_{22}^{-2} \end{pmatrix}. \qquad (6.27)$$

另一方面, 如果存在域 F_p 上的可逆矩阵 $X=\begin{pmatrix} x_{11} & 0 \\ x_{21} & x_{22} \end{pmatrix}$ 满足等式 (6.27), 则容易验证映射 $\theta:\bar{a}\mapsto a^{x_{11}},\bar{b}\mapsto a^{x_{21}p^{n-m}}b^{x_{22}}$ 为从 $\overline{G}$ 到 G 的同构映射. □

定理 6.3.5 设 G 是有限 p 群, $G_3\cong \mathrm{C}_p$, $\Phi(G')G_3\cong \mathrm{C}_p^2$, $G/\Phi(G')G_3\cong \mathrm{M}_p(n,m,1)$, 其中 $n\geqslant m$, $C_G(G')/\Phi(G')G_3$ 的型不变量为 (p^n,p^{m-1},p). 则 G 为下列互不同构的群之一.

(K1) $\langle a,b,c \mid a^8=b^4=c^4=1,[a,b]=c,[c,a]=1,[c,b]=c^2a^4\rangle$;

(K2) $\langle a,b,c \mid a^8=b^8=1,c^2=b^4,[a,b]=c,[c,a]=1,[c,b]=a^4b^4\rangle$;

(K3) $\langle a,b,c,d \mid a^8=b^4=d^2=1,c^2=a^4,[a,b]=c,[c,a]=1,[c,b]=d,[d,a]=[d,b]=1\rangle$;

(K4) $\langle a,b,c \mid a^8=b^8=1,c^2=a^4,[a,b]=c,[c,a]=1,[c,b]=b^4\rangle$;

(K5) $\langle a,b,c,d \mid a^8=d^2=1,b^4=c^2=a^4,[a,b]=c,[c,a]=1,[c,b]=d,[d,a]=[d,b]=1\rangle$;

(K6) $\langle a,b,c \mid a^8=b^8=1,c^2=a^4,[a,b]=c,[c,a]=1,[c,b]=a^4b^4\rangle$;

(K7) $\langle a,b,c \mid a^8=b^4=c^4=1,[a,b]=c,[c,a]=1,[c,b]=a^4\rangle$;

(K8) $\langle a,b,c \mid a^8=b^8=1,c^2=b^4,[a,b]=c,[c,a]=1,[c,b]=a^4\rangle$;

(K9) $\langle a,b,c,d \mid a^4=b^4=c^4=d^2=1,[a,b]=c,[c,b]=d,[c,a]=[d,a]=[d,b]=1\rangle$;

(K10) $\langle a,b,c \mid a^4=b^8=c^4=1,[a,b]=c,[c,a]=1,[c,b]=b^4\rangle$;

(L1) $\langle a,b,c \mid a^{p^{n+1}}=b^{p^{m+1}}=1,[a,b]=c,c^p=a^{p^n}b^{sp^m},[c,a]=1,[b,c]=b^{p^m}\rangle$, 其中 $n\geqslant m\geqslant 2$ 且当 $p=2$ 时 $n\geqslant 3$, $s\in \mathrm{F}_p$;

(L2) $\langle a,b,c \mid a^{p^{n+1}}=b^{p^m}=c^{p^2}=1,[a,b]=c,[c,a]=1,[c,b]=c^{tp}a^{-tp^n}\rangle$, 其中 $n\geqslant m\geqslant 2$ 且当 $p=2$ 时 $n\geqslant 3$, $t\in \mathrm{F}_p^*$;

(L3) $\langle a,b,c,d \mid a^{p^{n+1}}=b^{p^m}=d^p=1,c^p=a^{p^n},[a,b]=c,[c,a]=1,[c,b]=d,[d,a]=[d,b]=1\rangle$, 其中 $n\geqslant m\geqslant 2$ 且当 $p=2$ 时 $n\geqslant 3$;

(L4) $\langle a,b,c \mid a^{p^{n+1}}=b^{p^{m+1}}=1,[a,b]=c,c^p=b^{p^m},[c,a]=1,[b,c]=a^{\nu p^n}\rangle$, 其中 $n\geqslant m\geqslant 2$ 且当 $p=2$ 时 $n\geqslant 3$, $\nu=1$ 或者是一个固定的模 p 的平方非剩余;

(L5) $\langle a,b,c \mid a^{p^{n+1}} = b^{p^m} = c^{p^2} = 1, [a,b] = c, [c,a] = 1, [b,c] = a^{\nu p^n}\rangle$, 其中 $n \geqslant m \geqslant 2$ 且当 $p=2$ 时 $n \geqslant 3$, $\nu = 1$ 或者是一个固定的模 p 的平方非剩余;

(L6) $\langle a,b,c \mid a^{p^n} = b^{p^{m+1}} = c^{p^2} = 1, [a,b] = c, [c,a] = 1, [c,b] = c^p b^{-p^m}, [b^{p^m}, a] = 1\rangle$, 其中 $n \geqslant m \geqslant 2$ 且当 $p=2$ 时 $n \geqslant 3$;

(L7) $\langle a,b,c,d \mid a^{p^n} = b^{p^{m+1}} = d^p = 1, c^p = b^{p^m} [a,b] = c, [c,a] = 1, [c,b] = d, [d,a] = [d,b] = 1\rangle$, 其中 $n \geqslant m \geqslant 2$ 且当 $p=2$ 时 $n \geqslant 3$;

(L8) $\langle a,b,c \mid a^{p^n} = b^{p^{m+1}} = c^{p^2} = 1, [a,b] = c, [c,a] = 1, [b,c] = b^{p^m}\rangle$, 其中 $n \geqslant m \geqslant 2$ 且当 $p=2$ 时 $n \geqslant 3$;

(L9) $\langle a,b,c,d \mid a^{p^n} = b^{p^m} = c^{p^2} = d^p = 1, [a,b] = c, [c,a] = 1, [c,b] = d, [d,a] = [d,b] = 1\rangle$, 其中 $n \geqslant m \geqslant 2$ 且当 $p=2$ 时 $n \geqslant 3$.

证明　若 $m=1$, 则 $1 = [a,b^p] = c^p[c,b]^{\binom{p}{2}}$. 从而 $\Phi(G') \leqslant G_3$, 矛盾. 因此 $m \geqslant 2$. 若 $p=n=m=2$, 则 $|G| = 2^7$. 由 2^7 阶群的群表可得群 (K1)—(K10). 以下在 $p=2$ 时要求 $n \geqslant 3$.

设 G 和 $\overline{G}$ 为满足条件的两个群. 由定理 6.3.4 可知, $G \cong \overline{G}$ 当且仅当存在域 F_p 上的可逆矩阵 $X = \begin{pmatrix} x_{11} & 0 \\ x_{21} & x_{22} \end{pmatrix}$ 使得

$$w(\overline{G}) = Xw(G)\mathrm{diag}(x_{11}^{-1}x_{22}^{-1}, x_{11}^{-1}x_{22}^{-2}). \tag{6.28}$$

选择适当的 x_{21}(即用合适的初等行变换), $w(G)$ 可以被化简为以下三种类型.

(a) $\begin{pmatrix} w_{11} & w_{12} \\ 0 & w_{22} \end{pmatrix}$, 其中 $w_{11} \neq 0$;

(b) $\begin{pmatrix} 0 & w_{12} \\ w_{21} & 0 \end{pmatrix}$, 其中 $w_{12} \neq 0$;

(c) $\begin{pmatrix} 0 & 0 \\ w_{21} & w_{22} \end{pmatrix}$.

接下来设 $w(G)$ 和 $w(\overline{G})$ 均为以上三种类型之一. 由等式 (6.28) 可知: ① 不同类型的矩阵给出的群互不同构; ② $G \cong \overline{G}$ 当且仅当存在域 F_p 上的可逆矩阵 $X = \mathrm{diag}(x_{11}, x_{22})$ 满足 $w(\overline{G}) = Xw(G)\mathrm{diag}(x_{11}^{-1}x_{22}^{-1}, x_{11}^{-1}x_{22}^{-2})$. 由表 6.4 可得群 (L1)—(L9). □

2. $G_3 \cong \mathrm{C}_p$ 且 $C_G(G')/\Phi(G')G_3$ 的型不变量为 (p^{n-1}, p^m, p)

若 $n = m$, 则 $C_G(G')/\Phi(G')G_3$ 的型不变量也可以写成 (p^n, p^{m-1}, p). 这将转化为上面的情形. 因此本节设 $n > m$. 此时必有 $[a,c] \neq 1$ 且 $[b,c] = 1$. 令 $[a,c] = y$. 则 $G_3 = \langle y \rangle$. 因为 $a^{p^n} \in \Phi(G')G_3$, 所以可设 $a^{p^n} = c^{w_{11}p}y^{w_{12}}$. 同理可设 $b^{p^m} = c^{w_{21}p}y^{w_{22}}$. 令 $w(G) = (w_{ij})$. 从而得到了一个 F_p 上的 2×2 矩阵 $w(G) =$

(w_{ij}). 注意矩阵 $w(G)$ 是随生成元 a,b 的选择而变化的. 我们称 $w(G)$ 为 G 的与生成元 a,b 对应的特征矩阵.

表 6.4 定理 6.3.5 中对 $w(G)$ 的化简

特征矩阵 $w(G)$	X	特征矩阵 $w(\overline{G})$	对应的群	注
(a) 其中 $w_{22}\neq 0$	$\mathrm{diag}(w_{11}^{-1}w_{22},w_{11})$	$\begin{pmatrix}1 & w_{11}^{-2}w_{12}\\ 0 & 1\end{pmatrix}$	(L1)	$s=-w_{11}^{-1}w_{12}$
(a) 其中 $w_{22}=0$	$\mathrm{diag}(1,w_{11})$	$\begin{pmatrix}1 & w_{11}^{-2}w_{12}\\ 0 & 0\end{pmatrix}$	$w_{12}\neq 0$时为 (L2) $w_{12}=0$时为 (L3)	$t=w_{11}^2w_{12}^{-1}$
(b) 其中$w_{21}\neq 0$ $w_{12}=\nu z^2\neq 0$	$\mathrm{diag}(w_{21},z)$	$\begin{pmatrix}0 & \nu\\ 1 & 0\end{pmatrix}$	(L4)	
(b) 其中$w_{21}\neq 0$ $w_{12}=\nu z^2\neq 0$	$\mathrm{diag}(w_{21},z)$	$\begin{pmatrix}0 & \nu\\ 1 & 0\end{pmatrix}$	(L4)	
(b) 其中$w_{21}=0$ $w_{12}=\nu z^2\neq 0$	$\mathrm{diag}(1,z)$	$\begin{pmatrix}0 & \nu\\ 0 & 0\end{pmatrix}$	(L5)	
(c) 其中$w_{21}\neq 0$ $w_{22}\neq 0$	$\mathrm{diag}(w_{21},w_{21}^{-1}w_{22})$	$\begin{pmatrix}0 & 0\\ 1 & 1\end{pmatrix}$	(L6)	
(c) 其中$w_{21}\neq 0$ $w_{22}=0$	$\mathrm{diag}(w_{21},1)$	$\begin{pmatrix}0 & 0\\ 1 & 0\end{pmatrix}$	(L7)	
(c) 其中$w_{21}=0$ $w_{22}\neq 0$	$\mathrm{diag}(1,w_{22})$	$\begin{pmatrix}0 & 0\\ 0 & 1\end{pmatrix}$	(L8)	
(c) 其中$w_{21}=0$ $w_{22}=0$		$\begin{pmatrix}0 & 0\\ 0 & 0\end{pmatrix}$	(L9)	

定理 6.3.6 设 p 为奇素数, G 为有限 p 群, $G_3\cong \mathrm{C}_p$, $\Phi(G')G_3=\mathrm{C}_p^2$, $G/\Phi(G')G_3\cong \mathrm{M}_p(n,m,1)$, 其中 $n>m$, $C_G(G')/\Phi(G')G_3$ 的型不变量为 (p^{n-1},p^m,p). $w(G)=(w_{ij})$ 为 G 的特征矩阵. 则:

(1) $I_{\min}\geqslant 2$. 即 G 无 $\mathcal{A}_1$ 极大子群.

(2) $I_{\max}\geqslant m$.

(3) $I_{\max}=2$ 当且仅当 $m=2$ 且下列条件之一成立.

(i) $w_{12}\neq 0$ 且 $w_{11}|w(G)|\neq w_{12}^2$;

(ii) $w_{12}=0$, $w_{11}\neq 0$ 且 $w_{22}\neq 0$;

(iii) $w_{21}^2+4w_{22}$ 为模 p 的平方非剩余.

证明 通过考察 G 的所有极大子群来计算 $I_{\max}$ 和 $I_{\min}$. 记 $N=\langle b,a^p,c,y\rangle$ 和 $M_i=\langle ab^i,b^p,c,y\rangle$. 则 G 的所有极大子群为 N 和 M_i 其中 $0\leqslant i\leqslant p-1$.

(1) 若 $w_{12}\neq 0$ 或 $w_{22}\neq 0$, 则 $N=\langle a^p,b\rangle *\langle c\rangle\in\mathcal{A}_2$. 若 $w_{12}=w_{22}=0$, 则 $N=\langle a^p,b\rangle *\langle c\rangle\times\langle y\rangle\in\mathcal{A}_3$. 计算可得, $M_i'=\langle c^p,y\rangle=\Phi(G')G_3$. 因此 $M_i\notin\mathcal{A}_1$. 综上所述, G 没有 $\mathcal{A}_1$ 极大子群.

(2) 令 $D=\langle c,a\rangle$, 则 $D\in\mathcal{A}_1$ 且 $|G:D|=p^m$. 因此 $I_{\max}\geqslant m$.

(3) 若 $I_{\max}=2$, 则由 (1) 可得 $w_{12}\neq 0$ 或 $w_{22}\neq 0$, 由 (2) 可得 $m=2$. 因为 $G\in\mathcal{A}_3$, 所以 $M_i\in\mathcal{A}_2$. 因为 $n\geqslant 3$, 所以 $M_i\cong M_0$. 因此我们只需要再考察 M_0 的所有极大子群. 记 $A=\langle a^p,b^p,c,y\rangle$, $B_r=\langle ac^r,b^p,c^p,y\rangle$ 和 $C_{st}=\langle ab^{sp},cb^{tp},c^p,y\rangle$ 其中 $0\leqslant r,s,t\leqslant p-1$. 则 A, B_r 和 C_{st} 为 M_0 的所有极大子群.

首先, A 是 M_0 的唯一的交换极大子群. 因为 $w_{12}\neq 0$ 或 $w_{22}\neq 0$, 所以 $B_r\in\mathcal{A}_1$. 因为 $[ab^{sp},cb^{tp}]=c^{tp}y$, $(ab^{sp})^{p^n}=c^{w_{11}p}y^{w_{12}}$ 和 $(cb^{tp})^p=c^{(tw_{21}+1)p}y^{tw_{22}}$, 所以 $C_{st}\in\mathcal{A}_1$ 当且仅当下面关于 t 的方程组无解.

$$\begin{cases}w_{11}=tw_{12}, & (6.29.1)\\ tw_{21}+1=t^2w_{22}. & (6.29.2)\end{cases}\tag{6.29}$$

若 $w_{12}\neq 0$, 则方程 (6.29.1) 的解为 $t=w_{12}^{-1}w_{11}$. 此时, $C_{st}\in\mathcal{A}_1$ 当且仅当 $t=w_{12}^{-1}w_{11}$ 不是方程 (6.29.2) 的解. 因此 $w_{11}|w(G)|\neq w_{12}^2$. (i) 成立. 若 $w_{12}=0$, 则 $w_{22}\neq 0$. 此时, 方程 (6.29.1) 无解当且仅当 $w_{11}\neq 0$. 因此 (ii) 成立. 方程 (6.29.2) 无解当且仅当 $w_{21}^2+4w_{22}$ 是模 p 的平方非剩余. 因此 (iii) 成立.

反之, 若 (i), (ii) 或 (iii) 成立, 由以上过程可知 $G\in\mathcal{A}_3$, 即 $I_{\max}=2$. □

定理 6.3.7 设 G 为有限 2 群, $G_3\cong C_2$, $\Phi(G')G_3=C_2^2$, $G/\Phi(G')G_3\cong M_2(n,m,1)$, 其中 $n>m$, $C_G(G')/\Phi(G')G_3$ 的型不变量为 $(2^{n-1},2^m,2)$. $w(G)=(w_{ij})$ 是 G 的特征矩阵. 则

(1) $I_{\min}\geqslant 2$. 即 G 无 $\mathcal{A}_1$ 极大子群.

(2) $I_{\max}\geqslant m$.

(3) $I_{\max}=2$ 当且仅当 $m=2$ 且下列条件之一成立.

(i) $w_{11}=0$ 且 $w_{12}=1$;

(ii) $w_{12}=0$ 且 $w_{11}=w_{22}=1$.

证明 通过考察 G 的所有极大子群来计算 $I_{\max}$ 和 $I_{\min}$. 记 $N=\langle b,a^2,c,y\rangle$ 和 $M_i=\langle ab^i,b^2,c,y\rangle$. 则 G 的所有极大子群为 N, M_0 和 M_1.

(1) 若 $a^{2^n}=c^2$, 则 $N=\langle a^2,b\rangle\times\langle ca^{2^{n-1}}\rangle\in\mathcal{A}_2$. 若 $a^{2^n}=y$, 则 $N=\langle a^2,b\rangle*\langle ca^{2^{n-1}}\rangle\in\mathcal{A}_2$. 若 $b^{2^m}=c^2$, 则 $N=\langle a^2,b\rangle\times\langle cb^{2^{m-1}}\rangle\in\mathcal{A}_2$. 若 $b^{2^m}=y$, 则 $N=\langle a^2,b\rangle*\langle cb^{2^{m-1}}\rangle\in\mathcal{A}_2$. 若 $a^{2^n}=c^{2i}y^i$ 且 $b^{2^m}=c^{2j}y^j$, 则 $N=\langle a^2,b\rangle\times\langle c\rangle\in\mathcal{A}_3$. 计算可得 $M_i'=\langle c^2,y\rangle=\Phi(G')G_3$. 因此 $M_i\notin\mathcal{A}_1$. 综上所述, G 没有内交换的极大子群.

(2) 令 $D_i=\langle c,ab^i\rangle$. 则 $D_i\in\mathcal{A}_1$ 且 $|G:D_i|=2^m$. 因此 $I_{\max}\geqslant m$.

(3) 若 $I_{\max}=2$, 则由 (1) 可得 $w_{11}+w_{12}=1$ 或 $w_{21}+w_{22}=1$, 由 (2) 可得 $m=2$. 因为 $G\in\mathcal{A}_3$, 所以 $M_i\in\mathcal{A}_2$. 因为 $n\geqslant 3$, 所以 $M_1\cong M_0$. 因此只需要再考察 M_0 的所有极大子群. 记 $A=\langle a^2,b^2,c,y\rangle$, $B_r=\langle ac^r,b^2,c^2,y\rangle$ 和 $C_{st}=\langle ab^{2s},cb^{2t},c^2,y\rangle$, 其中 $r,s,t=0,1$. 则 A, B_r 和 C_{st} 为 M_0 的所有极大子群.

首先, A 为 M_0 的唯一的交换极大子群. 因为 $[ac^r, b^2] = c^2$, 所以 $B_r \in \mathcal{A}_1$. 因此 $w_{12} \neq 0$ 或 $w_{22} \neq 0$. 因为

$$[ab^{2s}, cb^{2t}] = c^{2t}y, \quad (ab^{2s})^{2^n} = c^{2w_{11}}y^{w_{12}}, \quad (cb^{2t})^2 = c^{2(tw_{21}+1)}y^{tw_{22}},$$

所以 $C_{st} \in \mathcal{A}_1$ 当且仅当下面关于 t 的方程组无解:

$$\begin{cases} w_{11} = tw_{12}, & (6.30.1) \\ tw_{21} + 1 = t^2 w_{22}. & (6.30.2) \end{cases} \tag{6.30}$$

若方程组 (6.30) 有解, 则由 (6.30.2) 可知 $t = w_{21} + w_{22} = 1$, 由 (6.30.1) 可知 $w_{11} = w_{12}$. 因此 $C_{st} \in \mathcal{A}_1$ 当且仅当 $w_{11} + w_{12} = 1$ 或 $w_{21} + w_{22} = 0$. 因而 $w_{11}+w_{12} = 1$. 若 $w_{12} = 1$, 则 $w_{11} = 0$. 因此 (i) 成立. 若 $w_{12} = 0$, 则 $w_{11} = w_{22} = 1$. 因此 (ii) 成立.

反之, 若 (i) 或 (ii) 成立, 由以上过程可知 $G \in \mathcal{A}_3$, 即 $I_{\max} = 2$. □

定理 6.3.8 设 G 和 $\overline{G}$ 为两个 p 群满足: $G_3 \cong \mathrm{C}_p$, $\Phi(G')G_3 \cong \mathrm{C}_p^2$, $G/\Phi(G')G_3 \cong \mathrm{M}_p(n,m,1)$ 其中 $n > m \geqslant 2$, $C_G(G')/\Phi(G')G_3$ 的型不变量为 (p^{n-1}, p^m, p). 则 $G \cong \overline{G}$ 当且仅当存在域 F_p 上的矩阵 $X = \begin{pmatrix} x_{11} & 0 \\ x_{21} & x_{22} \end{pmatrix}$ 使得

$$w(\overline{G}) = Xw(G)\mathrm{diag}(x_{11}^{-1}x_{22}^{-1}, x_{11}^{-2}x_{22}^{-1}).$$

证明 设 $w(G)$ 和 $w(\overline{G})$ 分别是对应于生成元 a, b 和 $\bar{a}, \bar{b}$ 的特征矩阵, θ 是从 $\overline{G}$ 到 G 的同构映射. 不妨设

$$\bar{a}^\theta \equiv a^{x_{11}}b^{x_{12}}c^{x_{13}} \pmod{G_3},$$

$$\bar{b}^\theta \equiv a^{x_{21}p^{n-m}}b^{x_{22}}c^{x_{23}} \pmod{G_3}.$$

计算可得

$$\bar{c}^\theta = [\bar{a}, \bar{b}]^\theta = [\bar{a}^\theta, \bar{b}^\theta] \equiv [a^{x_{11}}, a^{x_{21}p^{n-m}}b^{x_{22}}] \equiv c^{x_{11}x_{22}} \pmod{G_3}.$$

因此

$$\bar{y}^\theta = [\bar{a}, \bar{c}]^\theta = [\bar{a}^\theta, \bar{c}^\theta] = [a^{x_{11}}b^{x_{12}}, c^{x_{11}x_{22}}] = y^{x_{11}^2 x_{22}}.$$

因为 $\bar{c}^{\bar{w}_{11}p}\bar{y}^{\bar{w}_{12}} = \bar{a}^{p^n}$ 和 $(\bar{a}^{p^n})^\theta = (a^{x_{11}}b^{x_{12}}c^{x_{13}})^{p^n} = a^{x_{11}p^n}$, 所以

$$(\bar{w}_{11}, \bar{w}_{12}) \begin{pmatrix} x_{11}x_{22} & 0 \\ 0 & x_{11}^2 x_{22} \end{pmatrix} = (x_{11}, 0) \begin{pmatrix} w_{11} & w_{12} \\ w_{21} & w_{22} \end{pmatrix}. \tag{6.31}$$

因为 $\bar{c}^{\bar{w}_{21}p}\bar{y}^{\bar{w}_{22}} = \bar{b}^{p^m} = (a^{x_{21}p^{n-m}}b^{x_{22}}c^{x_{23}})^{p^m} = a^{x_{21}p^n}b^{x_{22}p^m}$, 所以

$$(\bar{w}_{21}, \bar{w}_{22})\begin{pmatrix} x_{11}x_{22} & 0 \\ 0 & x_{11}^2x_{22} \end{pmatrix} = (x_{21}, x_{22})\begin{pmatrix} w_{11} & w_{12} \\ w_{21} & w_{22} \end{pmatrix}. \tag{6.32}$$

由等式 (6.31) 和 (6.32) 可得

$$\begin{pmatrix} \bar{w}_{11} & \bar{w}_{12} \\ \bar{w}_{21} & \bar{w}_{22} \end{pmatrix} = \begin{pmatrix} x_{11} & 0 \\ x_{21} & x_{22} \end{pmatrix}\begin{pmatrix} w_{11} & w_{12} \\ w_{21} & w_{22} \end{pmatrix}\begin{pmatrix} x_{11}^{-1}x_{22}^{-1} & 0 \\ 0 & x_{11}^{-2}x_{22}^{-1} \end{pmatrix}. \tag{6.33}$$

另一方面, 若存在域 F_p 上的可逆矩阵 $X = \begin{pmatrix} x_{11} & 0 \\ x_{21} & x_{22} \end{pmatrix}$ 使得等式 (6.33) 成立, 则易知 $\theta: \bar{a} \mapsto a^{x_{11}}, \bar{b} \mapsto a^{x_{21}p^{n-m}}b^{x_{22}}$ 为从 $\overline{G}$ 到 G 的同构映射. □

定理 6.3.9　设 G 是有限 p 群, $G_3 \cong \mathrm{C}_p$, $\Phi(G')G_3 \cong \mathrm{C}_p^2$, $G/\Phi(G')G_3 \cong \mathrm{M}_p(n, m, 1)$, 其中 $n > m$, $C_G(G')/\Phi(G')G_3$ 的型不变量为 (p^{n-1}, p^m, p). 则 G 为下列互不同构的群之一.

(M1) $\langle a, b, c \mid a^{p^{n+1}} = b^{p^{m+1}} = 1, [a, b] = c, c^p = a^{p^n}b^{s\nu p^m}, [a, c] = b^{\nu p^m}, [b, c] = 1\rangle$, 其中 $n > m \geqslant 2$, $\nu = 1$ 或者是一个固定的模 p 的平方非剩余, $s = 0, 1, \cdots, \dfrac{p-1}{2}$;

(M2) $\langle a, b, c \mid a^{p^{n+1}} = b^{p^m} = c^{p^2} = 1, [a, b] = c, [c, b] = 1, [c, a] = c^pa^{-p^n}, [a^{p^n}, b] = 1\rangle$, 其中 $n > m \geqslant 2$;

(M3) $\langle a, b, c, d \mid a^{p^{n+1}} = b^{p^m} = d^p = 1, [a, b] = c, c^p = a^{p^n}, [c, a] = d, [c, b] = 1, [d, a] = [d, b] = 1\rangle$, 其中 $n > m \geqslant 2$;

(M4) $\langle a, b, c \mid a^{p^{n+1}} = b^{p^{m+1}} = 1, [a, b] = c, c^p = b^{p^m}, [b, c] = 1, [a, c] = a^{p^n}\rangle$, 其中 $n > m \geqslant 2$;

(M5) $\langle a, b, c \mid a^{p^{n+1}} = b^{p^m} = c^{p^2} = 1, [a, b] = c, [b, c] = 1, [a, c] = a^{p^n}\rangle$, 其中 $n > m \geqslant 2$;

(M6) $\langle a, b, c \mid a^{p^n} = b^{p^{m+1}} = c^{p^2} = 1, [a, b] = c, [c, b] = 1, [c, a] = c^{tp}b^{-tp^m}, [b^{p^m}, a] = 1\rangle$, 其中 $n > m \geqslant 2$, $t \in \mathrm{F}_p^*$;

(M7) $\langle a, b, c, d \mid a^{p^n} = b^{p^{m+1}} = d^p = 1, c^p = b^{p^m}, [a, b] = c, [c, b] = 1, [c, a] = d, [d, a] = [d, b] = 1\rangle$, 其中 $n > m \geqslant 2$;

(M8) $\langle a, b, c \mid a^{p^n} = b^{p^{m+1}} = c^{p^2} = 1, [a, b] = c, [c, b] = 1, [a, c] = b^{\nu p^m}\rangle$, 其中 $n > m \geqslant 2$, $\nu = 1$ 或者是一个固定的模 p 的平方非剩余;

(M9) $\langle a, b, c, d \mid a^{p^n} = b^{p^m} = c^{p^2} = d^p = 1, [a, b] = c, [c, b] = 1, [c, a] = d, [d, a] = [d, b] = 1\rangle$, 其中 $n > m \geqslant 2$.

证明　若 $m = 1$, 则 $1 = [a, b^p] = c^p$. 此时 $\Phi(G') = 1$, 与题设矛盾. 因此 $m \geqslant 2$. 设 G 和 $\overline{G}$ 为满足条件的两个群. 由定理 6.3.8 可知, $G \cong \overline{G}$ 当且仅当存在

域 F_p 上的可逆矩阵 $X=\begin{pmatrix} x_{11} & 0 \\ x_{21} & x_{22} \end{pmatrix}$ 使得

$$w(\overline{G})=Xw(G)\mathrm{diag}(x_{11}^{-1}x_{22}^{-1},x_{11}^{-2}x_{22}^{-1}). \tag{6.34}$$

选择适当的 x_{21}(即用合适的初等行变换), $w(G)$ 可以被化简为以下三种类型:

(a) $\begin{pmatrix} w_{11} & w_{12} \\ 0 & w_{22} \end{pmatrix}$, 其中 $w_{11}\neq 0$;

(b) $\begin{pmatrix} 0 & w_{12} \\ w_{21} & 0 \end{pmatrix}$, 其中 $w_{12}\neq 0$;

(c) $\begin{pmatrix} 0 & 0 \\ w_{21} & w_{22} \end{pmatrix}$.

接下来我们设 $w(G)$ 和 $w(\overline{G})$ 均为以上三种类型之一. 由等式 (6.34) 可知:

(i) 不同类型的矩阵给出的群互不同构;

(ii) $G\cong\overline{G}$ 当且仅当存在域 F_p 上的可逆矩阵 $X=\mathrm{diag}(x_{11},x_{22})$ 满足 $w(\overline{G})=Xw(G)\mathrm{diag}(x_{11}^{-1}x_{22}^{-1},x_{11}^{-2}x_{22}^{-1})$. 由表 6.5 可得群 (M1)—(M9). □

表 6.5 定理 6.3.9 中对 $w(G)$ 的化简

特征矩阵 $w(G)$	X	特征矩阵 $w(\overline{G})$	对应的群	注
(a) 其中 $w_{22}=\nu z^2\neq 0$	$\mathrm{diag}(z,w_{11})$	$\begin{pmatrix} 1 & w_{12}w_{11}^{-1}z^{-1} \\ 0 & \nu \end{pmatrix}$	(M1)	$s=-w_{12}w_{11}^{-1}z^{-1}$
(a) 其中$w_{22}=0$ $w_{12}\neq 0$	$\mathrm{diag}(w_{11}^{-1}w_{12},w_{11})$	$\begin{pmatrix} 1 & 1 \\ 0 & 0 \end{pmatrix}$	(M2)	
(a) 其中$w_{22}=0$ $w_{12}=0$	$\mathrm{diag}(1,w_{11})$	$\begin{pmatrix} 1 & 0 \\ 0 & 0 \end{pmatrix}$	(M3)	
(b) 其中 $w_{21}\neq 0$	$\mathrm{diag}(w_{21},w_{21}^{-1}w_{12})$	$\begin{pmatrix} 0 & 1 \\ 1 & 0 \end{pmatrix}$	(M4)	
(b) 其中 $w_{21}=0$	$\mathrm{diag}(1,w_{12})$	$\begin{pmatrix} 0 & 1 \\ 0 & 0 \end{pmatrix}$	(M5)	
(c) 其中 $w_{21}\neq 0$	$\mathrm{diag}(w_{21},1)$	$\begin{pmatrix} 0 & 0 \\ 1 & w_{22}w_{21}^{-2} \end{pmatrix}$	$w_{22}\neq 0$ 时为 (M6) $w_{22}=0$ 时为 (M7)	$t=w_{22}^{-1}w_{22}^2$
(c) 其中$w_{21}=0$ $w_{22}=\nu z^2\neq 0$	$\mathrm{diag}(1,z)$	$\begin{pmatrix} 0 & 0 \\ 0 & \nu \end{pmatrix}$	(M8)	
(c) 其中$w_{21}=0$ $w_{22}=0$		$\begin{pmatrix} 0 & 0 \\ 0 & 0 \end{pmatrix}$	(M9)	

3. $G_3\cong\mathrm{C}_p^2$

设 $n\geqslant m$ 且当 $p=2$ 时 $n>1$,

$$G/G_3=\langle\bar{a},\bar{b},\bar{c}\mid\bar{a}^{p^n}=\bar{b}^{p^m}=\bar{c}^p=1,[\bar{a},\bar{b}]=\bar{c},[\bar{c},\bar{a}]=[\bar{b},\bar{c}]=1\rangle.$$

不妨设 $G=\langle a,b,c\rangle$ 其中 $[a,b]=c$. 记 $x=[b,c],y=[c,a]$. 则 $G_3=\langle x,y\rangle$. 因为 $a^{p^n}\in G_3$, 所以可设 $a^{p^n}=x^{w_{11}}y^{w_{12}}$. 同理可设 $b^{p^m}=x^{w_{21}}y^{w_{22}}$ 和 $c^p=x^{w_{31}}y^{w_{32}}$. 从而我们得到了一个 F_p 上的 2×2 矩阵 $w(G)=\begin{pmatrix} w_{11} & w_{12}\\ w_{21} & w_{22}\end{pmatrix}$ 和一个列向量 $v(G)=\begin{pmatrix} w_{31}\\ w_{32}\end{pmatrix}$. 注意 $w(G)$ 和 $v(G)$ 是随生成元 a,b 的选择而变化的. 我们称 $w(G)$ 为 G 的与生成元 a,b 对应的特征矩阵, $v(G)$ 为 G 的与生成元 a,b 对应的特征向量.

定理 6.3.10 设 G 为有限 p 群, $\Phi(G')\leqslant G_3\cong \mathrm{C}_p^2$, $G_3\leqslant Z(G)$, $G/G_3\cong \mathrm{M}_p(n,m,1)$ 其中 $n\geqslant m$ 且当 $p=2$ 时 $n>1$. $w(G)=(w_{ij})$ 为 G 的特征矩阵. 则

(1) 若 $I_{\min}=1$, 则 $m=1$.

(2) 若 $I_{\max}=2$, 则 $n\leqslant 2$.

(3) 若 $p=2$ 且 $m=1$, 则 $I_{\min}=1$.

(4) 若 $p>3$ 且 $n=m=1$, 则 $I_{\min}\neq 1$ 当且仅当 $w_{11}=w_{22}=w_{12}+w_{21}=0$.

(5) 若 $p>2$ 且 $n>m=1$, 则 $I_{\min}\neq 1$ 当且仅当 $w_{11}=w_{12}=0$.

(6) 若 $p>3$ 且 $n=m=1$, 则 $I_{\max}\neq 2$ 当且仅当 $(w_{12}+w_{21})^2-4w_{11}w_{22}$ 为一个模 p 的平方非剩余.

(7) 若 $p>2$, $m=1$ 且 $n=2$, 则 $I_{\max}=2$ 当且仅当 $w_{22}\neq 0$.

(8) 若 $p>2$, $n=m=2$ 且 $\Phi(G')=1$, 则 $I_{\max}=2$ 当且仅当 $(w_{12}+w_{21})^2-4w_{11}w_{22}$ 为一个模 p 的平方非剩余.

(9) 若 $p>2$, $n=m=2$ 且 $(w_{31},w_{32})=(0,1)$, 则 $I_{\max}=2$ 当且仅当 $w_{11}\neq 0$ 且以下条件之一成立.

(i) $(w_{12}+w_{21})^2-4w_{11}(w_{22}+1)$ 为一个模 p 的平方非剩余;

(ii) $w_{21}=w_{11}w_{22}+w_{11}$ 且 $(w_{12}+w_{21})^2=4w_{21}$.

证明 记 $N=\langle b,a^p,c,x,y\rangle$ 和 $M_i=\langle ab^i,b^p,c,x,y\rangle$. 则 G 的所有极大子群为 N 和 M_i.

(1) 设 H 是 G 的 $\mathcal{A}_1$ 极大子群. 则 $d(H/H')=2$. 因为 $G/G_3\in\mathcal{A}_1$, 所以 H/G_3 交换. 因此 $H'\leqslant G_3$. 从而 $d(H/G_3)=2$. 因为 $\Phi(G)\leqslant H$, 所以 $d(\Phi(G)/G_3)\leqslant 2$. 又因为 $\Phi(G)/G_3=\langle\bar{a}^p,\bar{b}^p,\bar{c}\rangle$ 的型不变量为 (p^{n-1},p^{m-1},p), 所以有 $m=1$.

(2) 令 $K=\langle b,c\rangle$. 则 $K\in\mathcal{A}_1$ 且 $|G:K|\geqslant|G:KG_3|=p^n$. 因为 $I_{\max}=2$, 所以 $n\leqslant 2$.

(3) 若 $m=1$ 且 $p=2$, 则 $1=[a,b^2]=c^2x$. 从而 $c^2=x$. 此时, $M_i=\langle ab^i,c\rangle\in\mathcal{A}_1$. 因此 $I_{\min}=1$.

(4) 若 $n=m=1$ 且 $p>3$, 则 $1=[a,b^p]=c^p$. 若再有 $I_{\min}\neq 1$, 则 $N\in\mathcal{A}_2$ 且 $M_i\in\mathcal{A}_2$. 因为 $y\notin\langle b,c\rangle$, 所以 $w_{22}=0$. 计算可得 $[ab^i,c]=y^{-1}x^i$ 且 $(ab^i)^p=$

$a^pb^{ip}=x^{w_{11}+iw_{21}}y^{w_{12}}$. 因此 $w_{11}+iw_{21}=-iw_{12}, \forall i$. 从而 $w_{11}=w_{12}+w_{21}=0$. 反之, 若 $w_{11}=w_{22}=w_{12}+w_{21}=0$, 则 $N\in\mathcal{A}_2$ 且 $M_i\in\mathcal{A}_2$. 从而 $I_{\min}\neq 1$.

(5) 若 $n>m=1$ 且 $p>2$, 则 $1=[a,b^p]=c^p$. 若再有 $I_{\min}\neq 1$, 则 $M_i\notin\mathcal{A}_1$. 计算可得, $[ab^i,c]=y^{-1}x^i$ 且 $(ab^i)^p=a^p=x^{w_{11}}y^{w_{12}}$. 因此 $w_{11}=-iw_{12}, \forall i$. 从而有 $w_{11}=w_{12}=0$. 反之, 若 $w_{11}=w_{12}=0$, 则 $N\notin\mathcal{A}_1$ 且 $M_i\notin\mathcal{A}_1$. 因此 $I_{\min}\neq 1$.

(6) 若 $n=m=1$ 且 $p>3$, 则 $1=[a,b^p]=c^p$. 若再有 $I_{\max}\neq 2$, 则 $N\in\mathcal{A}_1$ 且 $M_i\in\mathcal{A}_1$. 因为 $y\in\langle b,c\rangle$, 所以 $w_{22}\neq 0$. 计算可得 $[ab^i,c]=y^{-1}x^i$ 且 $(ab^i)^p=a^pb^{ip}=x^{w_{11}+iw_{21}}y^{w_{12}+iw_{22}}$. 因此 $w_{11}+iw_{21}\neq -iw_{12}-i^2w_{22}, \forall i$. 从而 $(w_{12}+w_{21})^2-4w_{11}w_{22}$ 是一个模 p 的平方非剩余. 反之, 若 $(w_{12}+w_{21})^2-4w_{11}w_{22}\notin(\mathrm{F}_p)^2$, 则 $N\in\mathcal{A}_1$ 且 $M_i\in\mathcal{A}_1$. 因此 $I_{\max}\neq 2$.

(7) 若 $2=n>m=1$ 且 $p>2$, 则 $1=[a,b^p]=c^p$. 计算可得 $M_i\in\mathcal{A}_1$ 或 $\mathcal{A}_2$. 若再有 $I_{\max}=2$, 则 $N\in\mathcal{A}_2$. 因此 $y\in\langle b,c\rangle$. 从而 $w_{22}\neq 0$. 反之, 若 $w_{22}\neq 0$, 则 $N\in\mathcal{A}_2$ 且 $M_i\in\mathcal{A}_1$ 或 $\mathcal{A}_2$. 因此 $I_{\max}=2$.

(8) 若 $n=m=2$, 则由 (1) 可得 $I_{\min}\geqslant 2$. 若再有 $I_{\max}=2$, 则 $N\in\mathcal{A}_2$ 且 $M_i\in\mathcal{A}_2$. 因为 $|G:\langle b,c\rangle|=p^2$, 所以 $w_{22}\neq 0$. 计算可得, $[c,ab^i]=x^{-i}y$ 且 $(ab^i)^{p^2}=x^{w_{11}+iw_{21}}y^{w_{12}+iw_{22}}$. 因为 $|G:\langle c,ab^i\rangle|=p^2$, 所以关于 i 的方程 $w_{11}+iw_{21}=-i(w_{12}+iw_{22})$ 无解. 因此 $(w_{12}+w_{21})^2-4w_{11}w_{22}$ 是一个模 p 的平方非剩余. 反之, 若 $(w_{12}+w_{21})^2-4w_{11}w_{22}$ 是一个模 p 的平方非剩余, 则 $N\in\mathcal{A}_2$ 且 $M_i\notin\mathcal{A}_2$. 因此 $I_{\max}=2$.

(9) 若 $n=m=2$, 则由 (1) 可得 $I_{\min}\geqslant 2$. 若 $I_{\max}=2$, 则 $N\in\mathcal{A}_2$ 且 $M_i\in\mathcal{A}_2$. 记 $N_j=\langle a^jb,a^p,c,x,y\rangle$. 则 $N_0=N$ 且当 $j\neq 0$ 时 $N_j=M_{j-1}$. 因为 $|G:\langle a,c\rangle|=p^2$, 所以 $w_{11}\neq 0$. 记 $A=\langle a^p,b^p,c,x\rangle$, $B_r=\langle a^jbc^r,a^p,c^p,x\rangle$ 和 $C_{st}=\langle a^jba^{sp},ca^{tp},c^p,x\rangle$, 其中 $0\leqslant r,s,t\leqslant p-1$. 则 A, B_r 和 C_{st} 为 N_j 的所有极大子群.

首先, A 是 N_j 的唯一的交换极大子群. 因为 $w_{11}\neq 0$, 所以 $B_r\in\mathcal{A}_1$. 因为 $[ca^{tp},a^jba^{sp}]=x^{-1}y^{t+j}$, $(a^jba^{sp})^{p^2}=x^{jw_{11}+w_{21}}y^{jw_{12}+w_{22}}$ 和 $(ca^{tp})^p=x^{tw_{11}}y^{tw_{12}+1}$, 所以 $C_{st}\in\mathcal{A}_1$ 当且仅当下面关于 j 和 t 的方程组无解.

$$\begin{cases} jw_{12}+w_{22}=-(j+t)(jw_{11}+w_{21}), & (6.35.1)\\ tw_{12}+1=-(j+t)tw_{11}. & (6.35.2)\end{cases}\tag{6.35}$$

将方程 (6.35.1) 和 (6.35.2) 相加可得

$$w_{11}(j+t)^2+(w_{12}+w_{21})(j+t)+w_{22}+1=0.\tag{6.35.3}$$

若 (i) 成立, 则关于 $j+t$ 的方程 (6.35.3) 无解. 因此 $C_{st}\in\mathcal{A}_1$. 若方程 (6.35.3) 有唯一解, 则 $(w_{12}+w_{21})^2=4w_{11}(w_{22}+1)$. 此时, $C_{st}\in\mathcal{A}_1$ 当且仅当关于 t 的方程

(6.35.2) 无解. 从而有

$$j+t=-w_{11}^{-1}w_{12}. \tag{6.35.4}$$

由方程 (6.35.3) 和 (6.35.4) 可得 $w_{21}=w_{11}(w_{22}+1)$. 因此 (ii) 成立. 方程 (6.35.3) 至少有两个解, 则存在一个解满足 $w_{11}(j+t)+w_{12}\neq 0$. 因此方程组 (6.35) 有解. 从而存在 j,t 使得 $C_{st}\notin \mathcal{A}_1$. 反之, 若 (i) 或 (ii) 成立, 则由以上过程可知方程组 (6.35) 无解. 因此 $C_{st}\notin \mathcal{A}_1$. 从而 $I_{\max}=2$. □

定理 6.3.11 设 G 和 $\overline{G}$ 是两个有限 p 群满足: $\Phi(G')\leqslant G_3\cong \mathrm{C}_p^2$, $G_3\leqslant Z(G)$ 和 $G/G_3\cong \mathrm{M}_p(n,m,1)$, 其中 $p>2$, $n\geqslant m\geqslant 2$. 则 $G\cong\overline{G}$ 当且仅当存在域 F_p 上的可逆矩阵 $Y=\begin{pmatrix} y_{11} & y_{12} \\ y_{21}p^{n-m} & y_{22}\end{pmatrix}$ 和 $Y_1=\begin{pmatrix} y_{11} & y_{12}p^{n-m} \\ y_{21} & y_{22}\end{pmatrix}$ 满足 $w(\overline{G})=Y_1w(G)Y^t$ 和 $v(\overline{G})=Yv(G)$.

证明 设 $w(G)$,$w(\overline{G})$, $v(G)$ 和 $v(\overline{G})$ 分别是对应于生成元 a,b 和 $\bar{a},\bar{b}$ 的特征矩阵和特征向量, θ 是从 $\overline{G}$ 到 G 的同构映射. 可不妨设

$$\bar{a}^\theta\equiv a^{x_{11}}b^{x_{12}}c^{x_{13}} \pmod{G_3},$$

$$\bar{b}^\theta\equiv a^{x_{21}p^{n-m}}b^{x_{22}}c^{x_{23}} \pmod{G_3}.$$

令 $X=\begin{pmatrix} x_{11} & x_{12} \\ x_{21}p^{n-m} & x_{22}\end{pmatrix}$. 计算可得

$$\bar{c}^\theta=[\bar{a},\bar{b}]^\theta=[\bar{a}^\theta,\bar{b}^\theta]\equiv[a^{x_{11}}b^{x_{12}},a^{x_{21}p^{n-m}}b^{x_{22}}]\equiv c^{|X|} \pmod{G_3}.$$

因此

$$\bar{x}^\theta=[\bar{b},\bar{c}]^\theta=[\bar{b}^\theta,\bar{c}^\theta]=[a^{x_{21}p^{n-m}}b^{x_{22}},c^{|X|}]=x^{|X|x_{22}}y^{-|X|x_{21}p^{n-m}},$$

$$\bar{y}^\theta=[\bar{c},\bar{a}]^\theta=[\bar{c}^\theta,\bar{a}^\theta]=[c^{|X|},a^{x_{11}}b^{x_{12}}]=x^{-|X|x_{12}}y^{|X|x_{11}}.$$

因为 $\bar{x}^{\bar{w}_{11}}\bar{y}^{\bar{w}_{12}}=\bar{a}^{p^n}$ 和 $(\bar{a}^{p^n})^\theta=(a^{x_{11}}b^{x_{12}}c^{x_{13}})^{p^n}=a^{x_{11}p^n}b^{x_{12}p^n}$, 所以

$$(\bar{w}_{11},\bar{w}_{12})\begin{pmatrix} |X|x_{22} & -|X|x_{21}p^{n-m} \\ -|X|x_{12} & |X|x_{11}\end{pmatrix}=(x_{11},x_{12}p^{n-m})\begin{pmatrix} w_{11} & w_{12} \\ w_{21} & w_{22}\end{pmatrix}. \tag{6.36}$$

因为 $\bar{x}^{\bar{w}_{21}}\bar{y}^{\bar{w}_{22}}=\bar{b}^{p^m}$ 和 $(\bar{b}^{p^m})^\theta=(a^{x_{21}p^{n-m}}b^{x_{22}}c^{x_{23}})^{p^m}=a^{x_{21}p^n}b^{x_{22}p^m}$, 所以

$$(\bar{w}_{21},\bar{w}_{22})\begin{pmatrix} |X|x_{22} & -|X|x_{21}p^{n-m} \\ -|X|x_{12} & |X|x_{11}\end{pmatrix}=(x_{21},x_{22})\begin{pmatrix} w_{11} & w_{12} \\ w_{21} & w_{22}\end{pmatrix}. \tag{6.37}$$

由等式 (6.36) 和 (6.37) 可得

$$|X|\begin{pmatrix} \bar{w}_{11} & \bar{w}_{12} \\ \bar{w}_{21} & \bar{w}_{22}\end{pmatrix}\begin{pmatrix} x_{22} & -x_{21}p^{n-m} \\ -x_{12} & x_{11}\end{pmatrix}=\begin{pmatrix} x_{11} & x_{12}p^{n-m} \\ x_{21} & x_{22}\end{pmatrix}\begin{pmatrix} w_{11} & w_{12} \\ w_{21} & w_{22}\end{pmatrix}. \tag{6.38}$$

令 $Y=|X|^{-1}X=\begin{pmatrix} y_{11} & y_{12} \\ y_{21}p^{n-m} & y_{22} \end{pmatrix}$ 和 $Y_1=\begin{pmatrix} y_{11} & y_{12}p^{n-m} \\ y_{21} & y_{22} \end{pmatrix}$. 在等式 (6.38) 两边右乘 Y^t 可得

$$\begin{pmatrix} \bar{w}_{11} & \bar{w}_{12} \\ \bar{w}_{21} & \bar{w}_{22} \end{pmatrix}=Y_1\begin{pmatrix} w_{11} & w_{12} \\ w_{21} & w_{22} \end{pmatrix}Y^t. \tag{6.39}$$

因为 $\bar{x}^{\bar{w}_{31}}\bar{y}^{\bar{w}_{32}}=\bar{c}^p$ 和 $(\bar{c}^p)^\theta=c^{|X|p}=x^{|X|w_{31}}y^{|X|w_{32}}$, 所以

$$\begin{pmatrix} |X|x_{22} & -|X|x_{12} \\ -|X|x_{21}p^{n-m} & |X|x_{11} \end{pmatrix}\begin{pmatrix} \bar{w}_{31} \\ \bar{w}_{32} \end{pmatrix}=\begin{pmatrix} |X|w_{31} \\ |X|w_{32} \end{pmatrix}. \tag{6.40}$$

在等式 (6.40) 两边左乘 Y 可得

$$\begin{pmatrix} \bar{w}_{31} \\ \bar{w}_{32} \end{pmatrix}=Y\begin{pmatrix} w_{31} \\ w_{32} \end{pmatrix}. \tag{6.41}$$

另一方面, 若存在域 F_p 上的可逆矩阵

$$Y=\begin{pmatrix} y_{11} & y_{12} \\ y_{21}p^{n-m} & y_{22} \end{pmatrix},\quad Y_1=\begin{pmatrix} y_{11} & y_{12}p^{n-m} \\ y_{21} & y_{22} \end{pmatrix}$$

满足等式 (6.39) 和 (6.41), 令 $X=|Y|^{-1}Y=\begin{pmatrix} x_{11} & x_{12} \\ x_{21}p^{n-m} & x_{22} \end{pmatrix}$, 则易验证映射 $\theta:\bar{a}\mapsto a^{x_{11}}b^{x_{12}},\bar{b}\mapsto a^{x_{21}p^{n-m}}b^{x_{22}}$ 为从 $\overline{G}$ 到 G 的同构映射. □

若 $p>2$ 且 $m=1$, 则 $c^p=[a,b]^p=[a,b^p]=1$. 因此 $\Phi(G')=1$. 若再有 $p>3$ 或 $n>1$, 则等式 (6.39) 和 (6.41) 也成立. 因此有下面的定理.

定理 6.3.12 设 G 和 $\overline{G}$ 是两个有限 p 群满足: $\Phi(G')\leqslant G_3\cong \mathrm{C}_p^2$, $G_3\leqslant Z(G)$ 和 $G/G_3\cong \mathrm{M}_p(n,1,1)$, 其中 $p>2$ 且当 $p=3$ 时 $n>1$. 则 $\Phi(G')=1$, $G\cong\overline{G}$ 当且仅当存在域 F_p 上的可逆矩阵 $Y=\begin{pmatrix} y_{11} & y_{12} \\ y_{21}p^{n-m} & y_{22} \end{pmatrix}$ 和 $Y_1=\begin{pmatrix} y_{11} & y_{12}p^{n-m} \\ y_{21} & y_{22} \end{pmatrix}$ 满足 $w(\overline{G})=Y_1w(G)Y^t$.

若 $p=2$, $m\geqslant 2$ 且 $n\geqslant 3$, 则等式 (6.39) 和 (6.41) 也成立. 若 $p=2$, $m=1$ 且 $n\geqslant 3$, 则 $b^2\in Z(G)$. 此时, $1=[a,b^2]=c^2[c,b]$. 因此 $[c,b]=c^2$. 即 $v(G)=(1,0)^t$. 此时,

$$(\bar{b}^{p^m})^\theta=(\bar{b}^2)^\theta=(a^{x_{21}2^{n-1}}bc^{x_{23}})^2=a^{x_{21}2^n}b^2c^{2x_{23}}[b,c]^{2x_{23}}=a^{x_{21}2^n}b^2.$$

因此等式 (6.37) 成立. 因而等式 (6.39) 和 (6.41) 依然成立. 综上所述, 则有下面的定理.

定理 6.3.13　设 G 和 $\overline{G}$ 是两个有限 2 群满足: $\Phi(G') \leqslant G_3 \cong \mathrm{C}_2^2$, $G_3 \leqslant Z(G)$ 和 $G/G_3 \cong \mathrm{M}_2(n,m,1)$, 其中 $n \geqslant m$ 且 $n \geqslant 3$. 则 $G \cong \overline{G}$ 当且仅当存在域 F_2 上的可逆矩阵 $Y = \begin{pmatrix} y_{11} & y_{12} \\ y_{21}2^{n-m} & y_{22} \end{pmatrix}$ 和 $Y_1 = \begin{pmatrix} y_{11} & y_{12}2^{n-m} \\ y_{21} & y_{22} \end{pmatrix}$ 满足 $w(\overline{G}) = Y_1 w(G) Y^t$ 和 $v(\overline{G}) = Yv(G)$. 进一步, 若 $m=1$, 则 $v(G)=(1,0)^t$.

定理 6.3.14　设 G 为有限 p 群, $\Phi(G') \leqslant G_3 \cong \mathrm{C}_p^2$, $G_3 \leqslant Z(G)$, $G/G_3 \cong \mathrm{M}_p(n,m,1)$, 其中 $n \geqslant m$ 且当 $p=2$ 时 $n>1$. 则 G 为下列互不同构的群之一.

(N1) $\langle a,b,c \mid a^8=b^8=c^2=1,[a,b]=c,[c,a]=b^4,[c,b]=a^4,[a^4,b]=1\rangle$;

(N2) $\langle a,b,c \mid a^8=b^8=c^2=1,[a,b]=c,[c,a]=a^4,[c,b]=b^4\rangle$;

(N3) $\langle a,b,c \mid a^8=b^8=c^2=1,[a,b]=c,[c,a]=a^4b^4,[c,b]=a^4,[a^4,b]=1\rangle$;

(N4) $\langle a,b,c,d \mid a^8=b^4=c^2=d^2=1,[a,b]=c,[c,a]=a^4,[c,b]=d,[d,a]=[d,b]=1\rangle$;

(N5) $\langle a,b,c,d \mid a^4=b^8=c^2=d^2=1,[a,b]=c,[c,a]=b^4,[c,b]=d,[d,a]=[d,b]=1\rangle$;

(N6) $\langle a,b,c,d,e \mid a^4=b^4=c^2=d^2=e^2=1,[a,b]=c,[c,a]=d,[c,b]=e,[d,a]=[d,b]=[e,a]=[e,b]=1\rangle$;

(N7) $\langle a,b,c \mid a^8=b^4=c^4=1,[a,b]=c,[c,a]=c^2,[c,b]=a^4\rangle$;

(N8) $\langle a,b,c \mid a^8=b^8=1,[a,b]=c,[c,a]=c^2=b^4,[c,b]=a^4\rangle$;

(N9) $\langle a,b,c \mid a^8=c^4=1,[a,b]=c,[c,a]=c^2,[c,b]=a^4=b^4\rangle$;

(N10) $\langle a,b,c \mid a^8=b^8=1,[a,b]=c,[c,a]=c^2=a^4b^4,[c,b]=a^4\rangle$;

(N11) $\langle a,b,c \mid a^8=b^8=1,[a,b]=c,[c,a]=c^2=a^4,[c,b]=b^4\rangle$;

(N12) $\langle a,b,c \mid a^4=b^8=c^4=1,[a,b]=c,[c,a]=c^2,[c,b]=b^4\rangle$;

(N13) $\langle a,b,c \mid a^4=b^8=c^4=1,[a,b]=c,[c,a]=c^2,[c,b]=c^2b^4,[c^2,b]=[b^4,a]=1\rangle$;

(N14) $\langle a,b,c,d \mid a^4=b^4=c^4=d^2=1,[a,b]=c,[c,a]=c^2,[c,b]=d,[d,a]=[d,b]=1\rangle$;

(N15) $\langle a,b,c,d \mid a^8=b^4=d^2=1,[a,b]=c,[c,a]=c^2=a^4,[c,b]=d,[d,a]=[d,b]=1\rangle$;

(N16) $\langle a,b,c,d \mid a^8=d^2=1,[a,b]=c,[c,a]=c^2=a^4=b^4,[c,b]=d,[d,a]=[d,b]=1\rangle$;

(O1) $\langle a,b,c,d,e \mid a^3=b^3=c^3=d^3=e^3=1,[a,b]=c,[c,a]=d,[c,b]=e,[d,a]=[d,b]=[e,a]=[e,b]=1\rangle$;

(O2) $\langle a,b,c,d \mid a^3=b^9=c^3=d^3=1,[a,b]=c,[c,a]=d,[c,b]=b^3,[d,a]=[d,b]=1\rangle$;

(O3) $\langle a,b,c,d \mid a^9=c^3=d^3=1, b^3=a^3, [a,b]=c, [c,a]=d, [c,b]=a^3, [d,a]=[d,b]=1\rangle$;

(O4) $\langle a,b,c,d \mid a^9=b^3=c^3=d^3=1, [a,b]=c, [c,a]=d, [c,b]=a^{-3}, [d,a]=[d,b]=1\rangle$;

(O5) $\langle a,b,c \mid a^9=b^9=c^3=1, [a,b]=c, [c,a]=a^3, [c,b]=b^3\rangle$;

(O6) $\langle a,b,c \mid a^9=b^9=c^3=1, [a,b]=c, [c,a]=b^3, [c,b]=a^3, [a^3,b]=1\rangle$;

(O7) $\langle a,b,c \mid a^9=b^9=c^3=1, [a,b]=c, [c,a]=b^{-3}, [c,b]=a^3, [a^3,b]=1\rangle$;

(P1) $\langle a,b,c \mid a^{p^{n+1}}=b^{p^{n+1}}=c^p=1, [a,b]=c, [c,a]=a^{p^n}, [c,b]=b^{p^n}\rangle$, 其中 $p>2$ 且当 $p=3$ 时 $n\geqslant 2$;

(P2) $\langle a,b,c \mid a^{p^{n+1}}=b^{p^{n+1}}=c^p=1, [a,b]=c, [c,a]=a^{p^n}b^{\nu p^n}, [c,b]=b^{p^n}\rangle$, 其中 $p>2$ 且当 $p=3$ 时 $n\geqslant 2$, $\nu=1$ 或者是一个固定的模 p 的平方非剩余;

(P3) $\langle a,b,c \mid a^{p^{n+1}}=b^{p^{n+1}}=c^p=1, [a,b]=c, [c,a]=b^{\nu p^n}, [c,b]=a^{-p^n}\rangle$, 其中 $p>2$ 且当 $p=3$ 时 $n\geqslant 2$, $\nu=1$ 或者是一个固定的模 p 的平方非剩余;

(P4) $\langle a,b,c \mid a^{p^{n+1}}=b^{p^{n+1}}=c^p=1, [a,b]=c, [c,a]^{1+r}=a^{p^n}b^{p^n}, [c,b]^{1+r}=a^{-rp^n}b^{p^n}, [a^{p^n},b]=1\rangle$, 其中 $p>2$ 且当 $p=3$ 时 $n\geqslant 2$, $r=1,2,\cdots,p-2$;

(P5) $\langle a,b,c \mid a^{2^{n+1}}=b^{2^{n+1}}=c^2=1, [a,b]=c, [c,a]=b^{2^n}, [c,b]=a^{2^n}, [a^{2^n},b]=1\rangle$, 其中 $n\geqslant 3$;

(P6) $\langle a,b,c \mid a^{2^{n+1}}=b^{2^{n+1}}=c^2=1, [a,b]=c, [c,a]=a^{2^n}, [c,b]=b^{2^n}\rangle$, 其中 $n\geqslant 3$;

(P7) $\langle a,b,c \mid a^{2^{n+1}}=b^{2^{n+1}}=c^2=1, [a,b]=c, [c,a]=a^{2^n}b^{2^n}, [c,b]=a^{2^n}, [a^{2^n},b]=1\rangle$, 其中 $n\geqslant 3$;

(P8) $\langle a,b,c,d \mid a^{p^{n+1}}=b^{p^n}=c^p=d^p=1, [a,b]=c, [c,a]=a^{p^n}, [c,b]=d, [d,a]=[d,b]=1\rangle$, 当 $p=2$ 时 $n\geqslant 3$, 当 $p=3$ 时 $n\geqslant 2$;

(P9) $\langle a,b,c,d \mid a^{p^n}=b^{p^{n+1}}=c^p=d^p=1, [a,b]=c, [c,a]=b^{\nu p^n}, [c,b]=d, [d,a]=[d,b]=1\rangle$, 当 $p=2$ 时 $n\geqslant 3$, 当 $p=3$ 时 $n\geqslant 2$, $\nu=1$ 或者是一个固定的模 p 的平方非剩余;

(P10) $\langle a,b,c,d,e \mid a^{p^n}=b^{p^n}=c^p=d^p=e^p=1, [a,b]=c, [c,a]=d, [c,b]=e, [d,a]=[d,b]=[e,a]=[e,b]=1\rangle$, 当 $p=2$ 时 $n\geqslant 3$, 当 $p=3$ 时 $n\geqslant 2$;

(Q1) $\langle a,b,c \mid a^{p^{n+1}}=b^{p^{n+1}}=1, [a,b]=c, [c,a]=c^p=b^{sp^n}, [c,b]=a^{-\nu p^n}b^{t\nu p^n}\rangle$, 其中 $n\geqslant 2$ 且当 $p=2$ 时 $n\geqslant 3$, $\nu=1$ 或者是一个固定的模 p 的平方非剩余, $s\in \mathrm{F}_p^*$, $t=0,1,\cdots,\dfrac{p-1}{2}$;

(Q2) $\langle a,b,c \mid a^{p^{n+1}}=b^{p^n}=c^{p^2}=1, [a,b]=c, [c,a]=c^p, [c,b]=a^{-\nu p^n}c^{t\nu p}\rangle$, 其中 $n\geqslant 2$ 且当 $p=2$ 时 $n\geqslant 3$, $\nu=1$ 或者是一个固定的模 p 的平方非剩余, $t=0,1,\cdots,\dfrac{p-1}{2}$;

(Q3) $\langle a,b,c \mid a^{p^{n+1}}=b^{p^{n+1}}=1,[a,b]=c,[c,a]=c^p=a^{p^n},[c,b]=a^{sp^n}b^{p^n}\rangle$, 其中 $n\geqslant 2$ 且当 $p=2$ 时 $n\geqslant 3$, $s\in \mathrm{F}_p$;

(Q4) $\langle a,b,c \mid a^{p^{n+1}}=b^{p^{n+1}}=1,[a,b]=c,[c,a]=c^p=a^{p^n},[c,b]=b^{sp^n}\rangle$, 其中 $n\geqslant 2$ 且当 $p=2$ 时 $n\geqslant 3$, $s=2,3,\cdots,\dfrac{p-1}{2}$;

(Q5) $\langle a,b,c,d \mid a^{p^{n+1}}=b^{p^n}=d^p=1,[a,b]=c,[c,a]=c^p=a^{p^n},[c,b]=d,[d,a]=[d,b]=1\rangle$, 其中 $n\geqslant 2$ 且当 $p=2$ 时 $n\geqslant 3$;

(Q6) $\langle a,b,c \mid a^{p^n}=b^{p^{n+1}}=c^{p^2}=1,[a,b]=c,[c,a]=c^p,[c,b]=b^{p^n}\rangle$, 其中 $n\geqslant 2$ 且当 $p=2$ 时 $n\geqslant 3$;

(Q7) $\langle a,b,c,d \mid a^{p^n}=b^{p^{n+1}}=c^{p^2}=d^p=1,[a,b]=c,[c,a]=c^p=b^{sp^n},[c,b]=d,[d,a]=[d,b]=1\rangle$, 其中 $n\geqslant 2$ 且当 $p=2$ 时 $n\geqslant 3$, $s\in \mathrm{F}_p^*$;

(Q8) $\langle a,b,c,d \mid a^{p^n}=b^{p^n}=c^{p^2}=d^p=1,[a,b]=c,[c,a]=c^p,[c,b]=d,[d,a]=[d,b]=1\rangle$, 其中 $n\geqslant 2$ 且当 $p=2$ 时 $n\geqslant 3$;

(R1) $\langle a,b,c,d \mid a^4=b^2=c^4=d^2=1,[a,b]=c,[c,a]=d,[c,b]=c^2,[d,a]=[d,b]=1\rangle$;

(R2) $\langle a,b,c \mid a^4=b^4=c^4=1,[a,b]=c,[c,a]=b^2,[c,b]=c^2\rangle$;

(R3) $\langle a,b,c \mid a^8=b^2=c^4=1,[a,b]=c,[c,a]=a^4,[c,b]=c^2\rangle$;

(R4) $\langle a,b,c \mid a^8=c^4=1,b^2=a^4,[a,b]=c,[c,a]=a^4,[c,b]=c^2\rangle$;

(R5) $\langle a,b,c \mid a^8=b^2=c^4=1,[a,b]=c,[c,a]=a^4c^2,[c,b]=c^2,[c^2,a]=1\rangle$;

(R6) $\langle a,b,c \mid a^8=b^4=1,c^2=a^4b^2,[a,b]=c,[c,a]=b^2,[c,b]=c^2\rangle$;

(R7) $\langle a,b,c \mid a^8=b^4=1,c^2=b^2,[a,b]=c,[c,a]=a^4b^2,[c,b]=c^2\rangle$;

(S1) $\langle a,b,c \mid a^{p^{n+1}}=b^{p^{m+1}}=c^p=1,[a,b]=c,[c,a]=a^{p^n},[c,b]=b^{sp^m}\rangle$, 其中 $n>m$, $n\geqslant 3$ 且当 $p=2$ 时 $m\geqslant 2$, $s\in \mathrm{F}_p^*$;

(S2) $\langle a,b,c \mid a^{p^{n+1}}=b^{p^{m+1}}=c^p=1,[a,b]=c,[c,a]=b^{\nu_1 p^m},[c,b]=a^{-\nu_2 p^n},[a,b^{p^m}]=1\rangle$, 其中 $n>m$, $n\geqslant 3$ 且当 $p=2$ 时 $m\geqslant 2$, $\nu_1,\nu_2=1$ 或者是一个固定的模 p 的平方非剩余;

(S3) $\langle a,b,c,d \mid a^{p^{n+1}}=b^{p^m}=c^p=d^p=1,[a,b]=c,[c,a]=d,[c,b]=a^{-\nu p^n},[d,a]=[d,b]=1\rangle$, 其中 $n>m$, $n\geqslant 3$ 且当 $p=2$ 时 $m\geqslant 2$, $\nu=1$ 或者是一个固定的模 p 的平方非剩余;

(S4) $\langle a,b,c,d \mid a^{p^n}=b^{p^{m+1}}=c^p=d^p=1,[a,b]=c,[c,a]=b^{\nu p^m},[c,b]=d,[d,a]=[d,b]=1\rangle$, 其中 $n>m$, $n\geqslant 3$ 且当 $p=2$ 时 $m\geqslant 2$, $\nu=1$ 或者是一个固定的模 p 的平方非剩余;

(S5) $\langle a,b,c,d \mid a^{p^n}=b^{p^{m+1}}=c^p=d^p=1,[a,b]=c,[c,a]=d,[c,b]=b^{p^m},[d,a]=[d,b]=1\rangle$, 其中 $n>m$, $n\geqslant 3$ 且当 $p=2$ 时 $m\geqslant 2$;

(S6) $\langle a,b,c,d \mid a^{p^{n+1}}=b^{p^m}=c^p=d^p=1,[a,b]=c,[c,a]=a^{p^n},[c,b]=$

$d, [d,a]=[d,b]=1\rangle$, 其中 $n>m$, $n\geqslant 3$ 且当 $p=2$ 时 $m\geqslant 2$;

(S7) $\langle a,b,c,d,e \mid a^{p^n}=b^{p^m}=c^p=d^p=e^p=1, [a,b]=c, [c,a]=d, [c,b]=e, [d,a]=[d,b]=[e,a]=[e,b]=1\rangle$, 其中 $n>m$, $n\geqslant 3$ 且当 $p=2$ 时 $m\geqslant 2$;

(T1) $\langle a,b,c \mid a^{2^{n+1}}=b^4=1, c^2=b^2, [a,b]=c, [c,a]=a^{2^n}, [c,b]=c^2\rangle$, 其中 $n\geqslant 3$;

(T2) $\langle a,b,c \mid a^{2^{n+1}}=b^4=1, c^2=a^{2^n}, [a,b]=c, [c,a]=b^2, [c,b]=c^2\rangle$, 其中 $n\geqslant 3$;

(T3) $\langle a,b,c,d \mid a^{2^{n+1}}=b^2=d^2=1, c^2=a^{2^n}, [a,b]=c, [c,a]=d, [c,b]=c^2, [d,a]=[d,b]=1\rangle$, 其中 $n\geqslant 3$;

(T4) $\langle a,b,c \mid a^{2^n}=b^4=c^4=1, [a,b]=c, [c,a]=b^2, [c,b]=c^2\rangle$, 其中 $n\geqslant 3$;

(T5) $\langle a,b,c,d \mid a^{2^n}=b^4=d^2=1, c^2=b^2, [a,b]=c, [c,a]=d, [c,b]=c^2, [d,a]=[d,b]=1\rangle$, 其中 $n\geqslant 3$;

(T6) $\langle a,b,c \mid a^{2^{n+1}}=b^2=c^4=1, [a,b]=c, [c,a]=a^{2^n}, [c,b]=c^2\rangle$, 其中 $n\geqslant 3$;

(T7) $\langle a,b,c,d \mid a^{2^n}=b^2=c^4=d^2=1, [a,b]=c, [c,a]=d, [c,b]=c^2, [d,a]=[d,b]=1\rangle$, 其中 $n\geqslant 3$;

(U1) $\langle a,b,c \mid a^{p^{n+1}}=b^{p^{m+1}}=1, [a,b]=c, [c,a]=a^{p^n}, [c,b]=c^{-p}=b^{sp^m}\rangle$, 其中 $n>m\geqslant 2$, $s\in \mathrm{F}_p^*$;

(U2) $\langle a,b,c \mid a^{p^{n+1}}=b^{p^{m+1}}=1, [a,b]=c, [c,a]=b^{\nu p^m}, [c,b]=c^{-p}=a^{sp^n}\rangle$, 其中 $n>m\geqslant 2$, $s\in \mathrm{F}_p^*$, $\nu=1$ 或者是一个固定的模 p 的平方非剩余;

(U3) $\langle a,b,c,d \mid a^{p^{n+1}}=b^{p^m}=d^p=1, [a,b]=c, [c,a]=d, [c,b]=c^{-p}=a^{sp^n}, [d,a]=[d,b]=1\rangle$, 其中 $n>m\geqslant 2$, $s\in \mathrm{F}_p^*$;

(U4) $\langle a,b,c \mid a^{p^n}=b^{p^{m+1}}=c^{p^2}=1, [a,b]=c, [c,a]=b^{\nu p^m}, [c,b]=c^{-p}\rangle$, 其中 $n>m\geqslant 2$, $\nu=1$ 或者是一个固定的模 p 的平方非剩余;

(U5) $\langle a,b,c,d \mid a^{p^n}=b^{p^{m+1}}=d^p=1, [a,b]=c, [c,a]=d, [c,b]=c^{-p}=b^{p^m}\rangle$, 其中 $n>m\geqslant 2$;

(U6) $\langle a,b,c \mid a^{p^{n+1}}=b^{p^m}=c^{p^2}=1, [a,b]=c, [c,a]=a^{p^n}, [c,b]=c^{-p}\rangle$, 其中 $n>m\geqslant 2$;

(U7) $\langle a,b,c,d \mid a^{p^n}=b^{p^m}=c^{p^2}=d^p=1, [a,b]=c, [c,a]=d, [c,b]=c^{-p}, [d,a]=[d,b]=1\rangle$, 其中 $n>m\geqslant 2$;

(V1) $\langle a,b,c \mid a^{p^{n+1}}=b^{p^{m+1}}=1, [a,b]=c, [c,a]=c^p=b^{sp^m}, [c,b]=a^{-\nu p^n}c^{t\nu p}\rangle$, 其中 $n>m\geqslant 2$, $\nu=1$ 或者是一个固定的模 p 的平方非剩余, $s\in \mathrm{F}_p^*$, $t=0,1,\cdots,\dfrac{p-1}{2}$;

(V2) $\langle a,b,c \mid a^{p^{n+1}}=b^{p^m}=1, [a,b]=c, [c,a]=c^p=b^{sp^m}, [c,b]=a^{-\nu p^n}c^{t\nu p}\rangle$, 其中 $n>m\geqslant 2$, $\nu=1$ 或者是一个固定的模 p 的平方非剩余, $t=0,1,\cdots,\dfrac{p-1}{2}$;

(V3) $\langle a,b,c \mid a^{p^{n+1}} = b^{p^{m+1}} = 1, [a,b] = c, [c,a] = c^p = a^{p^n}, [c,b] = b^{sp^m}\rangle$, 其中 $n > m \geqslant 2$, $s \in \mathrm{F}_p^*$;

(V4) $\langle a,b,c,d \mid a^{p^{n+1}} = b^{p^m} = d^p = 1, [a,b] = c, [c,a] = c^p = a^{p^n}, [c,b] = d, [d,a] = [d,b] = 1\rangle$, 其中 $n > m \geqslant 2$;

(V5) $\langle a,b,c \mid a^{p^n} = b^{p^{m+1}} = c^{p^2} = 1, [a,b] = c, [c,a] = c^p, [c,b] = b^{p^m}c^{sp}\rangle$, 其中 $n > m \geqslant 2$, $s \in \mathrm{F}_p$;

(V6) $\langle a,b,c,d \mid a^{p^n} = b^{p^{m+1}} = d^p = 1, [a,b] = c, [c,a] = c^p = b^{sp^m}, [c,b] = d, [d,a] = [d,b] = 1\rangle$, 其中 $n > m \geqslant 2$, $s \in \mathrm{F}_p^*$;

(V7) $\langle a,b,c,d \mid a^{p^n} = b^{p^m} = c^{p^2} = d^p = 1, [a,b] = c, [c,a] = c^p, [c,b] = d, [d,a] = [d,b] = 1\rangle$, 其中 $n > m \geqslant 2$.

证明 以下分两种情形讨论.

情形 1 $n = m$.

此时, 当 $p = 2$ 时, $m \geqslant 2$. 若 $p = n = m = 2$, 则 $|G| = 2^7$. 由 2^7 阶群的群表可得群 (N1)—(N16). 若 $p = 3$ 且 $n = m = 1$, 则 $|G| = 3^5$. 由 3^5 阶群的群表可得 (O1)—(O7). 以下假设: 当 $p = 3$ 时, $n > 1$, 当 $p = 2$ 时, $n > 2$.

子情形 1.1 $\Phi(G') = 1$.

此时, $v(G) = (0,0)^t$. 设 G 和 $\overline{G}$ 为满足条件的两个群. 由定理 6.3.11 和定理 6.3.13 可知, $G \cong \overline{G}$ 当且仅当存在域 F_p 上的可逆矩阵 $Y = \begin{pmatrix} y_{11} & y_{12} \\ y_{21} & y_{22} \end{pmatrix}$ 使 $w(\overline{G}) = Yw(G)Y^t$ 成立. 即 $w(\overline{G})$ 和 $w(G)$ 互为合同矩阵. 由定理 3.2.3—定理 3.2.5 可得群 (P1)—(P10).

子情形 1.2 $\Phi(G') \neq 1$.

若 $n = m = 1$ 且 $p > 3$, 则 $[a, b^p] = [a,b]^p = 1$. 此时 $\Phi(G') = 1$, 矛盾. 因此 $n \geqslant 2$. 因为 $v(G) = (w_{31}, w_{32})^t \neq (0,0)^t$, 所以存在 w_{41}, w_{42} 使 $\begin{pmatrix} w_{41} & w_{31} \\ w_{42} & w_{32} \end{pmatrix}$ 为可逆矩阵. 取 $Y = \begin{pmatrix} w_{41} & w_{31} \\ w_{42} & w_{32} \end{pmatrix}^{-1}$. 则 $Yv(G) = \begin{pmatrix} 0 \\ 1 \end{pmatrix}$.

设 G 和 $\overline{G}$ 为满足条件的两个群且 $v(G) = v(\overline{G}) = (0,1)^t$. 由定理 6.3.11 和定理 6.3.13 可知, $G \cong \overline{G}$ 当且仅当存在域 F_p 上的可逆矩阵 $Y = \begin{pmatrix} y_{11} & 0 \\ y_{21} & 1 \end{pmatrix}$ 满足 $w(\overline{G}) = Yw(G)Y^t$. 选择适当的 x_{21}(即用合适的初等行变换), $w(G)$ 可以被化简为以下五种类型:

(a) $\begin{pmatrix} w_{11} & w_{12} \\ 0 & w_{22} \end{pmatrix}$, 其中 $w_{11} \neq 0$;

(b) $\begin{pmatrix} 0 & w_{12} \\ -w_{12} & w_{22} \end{pmatrix}$, 其中 $w_{12} \neq 0$;

(c) $\begin{pmatrix} 0 & w_{12} \\ w_{21} & 0 \end{pmatrix}$, 其中 $w_{12} \neq 0$ 且 $w_{21} \neq -w_{12}$;

(d) $\begin{pmatrix} 0 & 0 \\ w_{21} & 0 \end{pmatrix}$, 其中 $w_{21} \neq 0$;

(e) $\begin{pmatrix} 0 & 0 \\ 0 & w_{22} \end{pmatrix}$.

以下可设 $w(G)$ 和 $w(\overline{G})$ 均为以上五种类型之一. 易知以下事实:

(i) 不同类型的矩阵给出的群互不同构;

(ii) $G \cong \overline{G}$ 当且仅当存在域 F_p 上的可逆矩阵 $Y = \mathrm{diag}(y_{11}, 1)$ 满足 $w(\overline{G}) = Yw(G)Y$. 由表 6.6 可得群 (Q1)—(Q8).

表 6.6 子情形 1.2 中对 $w(G)$ 的化简

特征矩阵 $w(G)$	y_{11}	特征矩阵 $w(\overline{G})$	对应的群	注
(a) $w_{11} = \nu z^2$	z^{-1}	$\begin{pmatrix} \nu & w_{12}z^{-1} \\ 0 & w_{22} \end{pmatrix}$	$w_{22} \neq 0$时为 (Q1) $w_{22} = 0$时为 (Q2)	$s = w_{22}^{-1}$ $t = w_{12}z^{-1}$
(b)	w_{12}^{-1}	$\begin{pmatrix} 0 & 1 \\ -1 & w_{22} \end{pmatrix}$	(Q3)	
(c)	w_{12}^{-1}	$\begin{pmatrix} 0 & 1 \\ w_{21}w_{12}^{-1} & 0 \end{pmatrix}$	$w_{21} \neq 0$时为 (Q4) $w_{21} = 0$时为 (Q5)	$s = -w_{21}^{-1}w_{12}$
(d)	$-w_{21}^{-1}$	$\begin{pmatrix} 0 & 0 \\ -1 & 0 \end{pmatrix}$	(Q6)	
(e)	1	$\begin{pmatrix} 0 & 0 \\ 0 & w_{22} \end{pmatrix}$	$w_{22} \neq 0$时为 (Q7) $w_{22} = 0$时为 (Q8)	$s = w_{22}^{-1}$

情形 2 $n > m$.

若 $p = n = 2$ 且 $m = 1$, 则 $|G| = 2^6$. 由 2^6 阶群的群表可得群 (R1)—(R7). 以下假设: 当 $p = 2$ 时, $n \geqslant 3$.

子情形 2.1 $\Phi(G') = 1$.

由定理 6.3.13 可知, 当 $p = 2$ 时 $m \geqslant 2$. 设 G 和 $\overline{G}$ 是满足条件的两个群. 由定理 6.3.11—定理 6.3.13 可得, $G \cong \overline{G}$ 当且仅当存在域 F_p 上的可逆矩阵 $Y = \begin{pmatrix} y_{11} & y_{12} \\ 0 & y_{22} \end{pmatrix}$ 和 $Y_1 = \begin{pmatrix} y_{11} & 0 \\ y_{21} & y_{22} \end{pmatrix}$ 满足 $w(\overline{G}) = Y_1 w(G) Y^t$.

注意到 $Y_1 = \begin{pmatrix} y_{11} & 0 \\ 0 & y_{22} \end{pmatrix}\begin{pmatrix} 1 & 0 \\ y_{22}^{-1}y_{21} & 1 \end{pmatrix}$ 以及 Y_1^t 也有类似的表示. 我们可以用以下三种变换去简化 $w(G)$.

变换 I: 取 $Y_1 = \begin{pmatrix} 1 & 0 \\ y_{21} & 1 \end{pmatrix}$ 和 $Y = E_2$, 其中 E_2 为单位矩阵. 则 $w(\overline{G}) = Y_1 w(G)$. 这个变换实际上是把 $w(G)$ 的第一行的 y_{21} 倍加到第二行.

变换 II: 取 $Y = Y_1 = \mathrm{diag}(y_{11}, y_{22})$. 则 $w(\overline{G}) = Yw(G)Y$.

变换 III: 取 $Y_1 = E_2$ 和 $Y = \begin{pmatrix} 1 & y_{12} \\ 0 & 1 \end{pmatrix}$. 则 $w(\overline{G}) = w(G)Y_1^t$. 这个变换实际上是把 $w(G)$ 的第二列的 y_{12} 倍加到第一列.

利用变换 I 和变换 III, 可以将 $w(G)$ 化简为每行每列至多有一个非零元的矩阵. 即以下几种类型: (其中 $w_{ij} \neq 0, \forall i, j$, 易知不同类型的矩阵给出的群互不同构)

(a) $\begin{pmatrix} 0 & w_{12} \\ w_{21} & 0 \end{pmatrix}$, (b) $\begin{pmatrix} w_{11} & 0 \\ 0 & w_{22} \end{pmatrix}$, (c) $\begin{pmatrix} w_{11} & 0 \\ 0 & 0 \end{pmatrix}$, (d) $\begin{pmatrix} 0 & 0 \\ 0 & w_{22} \end{pmatrix}$,

(e) $\begin{pmatrix} 0 & 0 \\ w_{21} & 0 \end{pmatrix}$, (f) $\begin{pmatrix} 0 & w_{12} \\ 0 & 0 \end{pmatrix}$, (g) $\begin{pmatrix} 0 & 0 \\ 0 & 0 \end{pmatrix}$.

通过选择适当的 $Y = Y_1 = \mathrm{diag}(y_{11}, y_{22})$, $w(G)$ 可以进一步化简为:

(a′) $\begin{pmatrix} 0 & 1 \\ w_{21} & 0 \end{pmatrix}$, 其中 $w_{21} \neq 0$;

(b′) $\begin{pmatrix} \nu_1 & 0 \\ 0 & \nu_2 \end{pmatrix}$, (c′) $\begin{pmatrix} \nu & 0 \\ 0 & 0 \end{pmatrix}$, (d′) $\begin{pmatrix} 0 & 0 \\ 0 & \nu \end{pmatrix}$, 其中 $\nu_1, \nu_2, \nu = 1$ 或者是一个固定的模 p 的平方非剩余;

(e′) $\begin{pmatrix} 0 & 0 \\ -1 & 0 \end{pmatrix}$, (f′) $\begin{pmatrix} 0 & 1 \\ 0 & 0 \end{pmatrix}$, (g′) $\begin{pmatrix} 0 & 0 \\ 0 & 0 \end{pmatrix}$.

当 $w(G)$ 为 (a′) 型矩阵时, G 为群 (S1) 其中 $s = -w_{21}^{-1}$. 当 $w(G)$ 分别为 (b′)—(g′) 型矩阵时, G 分别为群 (S2)—(S7).

子情形 2.2　$\Phi(G') \neq 1$.

子情形 2.2.1　$m = 1$.

若 $p > 2$ 且 $m = 1$, 则 $c^p = [a, b]^p = [a, b^p] = 1$. 此时 $\Phi(G') = 1$, 矛盾. 因此 $p = 2$. 由定理 6.3.13 可得, $v(G) = (1, 0)^t$ 以及 $G \cong \overline{G}$ 当且仅当存在域 F_p 上的可逆矩阵 $Y = \begin{pmatrix} 1 & y_{12} \\ 0 & 1 \end{pmatrix}$ 和 $Y_1 = \begin{pmatrix} 1 & 0 \\ y_{21} & 1 \end{pmatrix}$ 满足 $w(\overline{G}) = Y_1 w(G) Y^t$. 与子情形 2.1 类似, $w(G)$ 可以被简化为

(a) $\begin{pmatrix} 0 & 1 \\ 1 & 0 \end{pmatrix}$, (b) $\begin{pmatrix} 1 & 0 \\ 0 & 1 \end{pmatrix}$, (c) $\begin{pmatrix} 1 & 0 \\ 0 & 0 \end{pmatrix}$, (d) $\begin{pmatrix} 0 & 0 \\ 0 & 1 \end{pmatrix}$,

(e) $\begin{pmatrix} 0 & 0 \\ 1 & 0 \end{pmatrix}$, (f) $\begin{pmatrix} 0 & 1 \\ 0 & 0 \end{pmatrix}$, (g) $\begin{pmatrix} 0 & 0 \\ 0 & 0 \end{pmatrix}$.

因此我们得到群 (T1)—(T7).

子情形 2.2.2 $m \geqslant 2$.

若 $w_{32} \neq 0$, 取 $Y = \begin{pmatrix} w_{32} & -w_{31} \\ 0 & w_{32}^{-1} \end{pmatrix}$, 则有 $Yv(G) = \begin{pmatrix} 0 \\ 1 \end{pmatrix}$. 若 $w_{32} = 0$, 则 $w_{31} \neq 0$. 此时, 取 $Y = \begin{pmatrix} w_{31}^{-1} & 0 \\ 0 & 1 \end{pmatrix}$. 则 $Yv(G) = \begin{pmatrix} 1 \\ 0 \end{pmatrix}$. 由定理 6.3.11 和定理 6.3.13, 分别满足 $v(G) = (1,0)^t$ 和 $v(G) = (0,1)^t$ 的两个群互不同构.

子情形 2.2.2.1 $v(G) = (1,0)^t$.

计算可得, $\begin{pmatrix} y_{11} & y_{12} \\ 0 & y_{22} \end{pmatrix}\begin{pmatrix} 1 \\ 0 \end{pmatrix} = \begin{pmatrix} 1 \\ 0 \end{pmatrix}$ 当且仅当 $y_{11} = 1$. 设 G 和 $\overline{G}$ 为满足条件的两个群. 由定理 6.3.11 和定理 6.3.13 可知, $G \cong \overline{G}$ 当且仅当存在域 F_p 上的可逆矩阵 $Y = \begin{pmatrix} 1 & y_{12} \\ 0 & y_{22} \end{pmatrix}$ 和 $Y_1 = \begin{pmatrix} 1 & 0 \\ y_{21} & y_{22} \end{pmatrix}$ 满足 $w(\overline{G}) = Y_1 w(G) Y^t$.

通过选择适当的 y_{21} 和 y_{12}(即用适当的初等行变换和初等列变换), $w(G)$ 可以被简化为每行以及每列至多有一个非零元的矩阵. 以下可设 $w(G) = (w_{ij})$ 和 $w(\overline{G}) = (\bar{w}_{ij})$ 为这样的矩阵. 容易验证以下事实: ① 若 $G \cong \overline{G}$, 则 $\bar{w}_{ij} \neq 0$ 当且仅当 $w_{ij} \neq 0$, $\forall i, j$; ② $G \cong \overline{G}$ 当且仅当存在域 F_p 上的可逆矩阵 $Y = \mathrm{diag}(1, y_{22})$ 满足 $w(\overline{G}) = Yw(G)Y$.

若 $w(G) = \begin{pmatrix} 0 & w_{12} \\ w_{21} & 0 \end{pmatrix}$, 其中 $w_{12}w_{21} \neq 0$, 取 $Y = \mathrm{diag}(1, w_{12}^{-1})$ 可得 $w(\overline{G}) = Yw(G)Y = \begin{pmatrix} 0 & 1 \\ w_{21}w_{12}^{-1} & 0 \end{pmatrix}$. 因此得到群 (U1), 其中 $s = -w_{21}^{-1}w_{12}$. 容易验证不同的 s 给出互不同构的群.

若 $w(G) = \begin{pmatrix} w_{11} & 0 \\ 0 & w_{22} \end{pmatrix}$, 其中 $w_{11}w_{22} \neq 0$, 取 $Y = \mathrm{diag}(1, y_{22})$ 可得 $w(\overline{G}) = Yw(G)Y = \begin{pmatrix} w_{11} & 0 \\ 0 & w_{22}y_{22}^2 \end{pmatrix}$. 因此 $w(G)$ 可被化简为 $\begin{pmatrix} w_{11} & 0 \\ 0 & \nu \end{pmatrix}$, 其中 $\nu = 1$ 或者是一个固定的模 p 的平方非剩余. 从而可得群 (U2), 其中 $s = -w_{11}^{-1}$. 容易验证不同的 s 或者 ν 给出互不同构的群.

若 $w(G)$ 可逆, 则 $w(G)$ 为上面两种类型. 若 $w(G)$ 的秩为 1, 则 $w(G)$ 为以下四种类型:

(a) $\begin{pmatrix} w_{11} & 0 \\ 0 & 0 \end{pmatrix}$, (b) $\begin{pmatrix} 0 & 0 \\ 0 & w_{22} \end{pmatrix}$, (c) $\begin{pmatrix} 0 & 0 \\ w_{21} & 0 \end{pmatrix}$, (d) $\begin{pmatrix} 0 & w_{12} \\ 0 & 0 \end{pmatrix}$.

与 $w(G)$ 可逆的情形类似的讨论分别得到群 (U3)—(U6). 若 $w(G) = 0$, G 为群 (U7).

子情形 2.2.2.2 $v(G) = (0,1)^t$.

计算可得, $\begin{pmatrix} y_{11} & y_{12} \\ 0 & y_{22} \end{pmatrix}\begin{pmatrix} 0 \\ 1 \end{pmatrix} = \begin{pmatrix} 0 \\ 1 \end{pmatrix}$ 当且仅当 $y_{12}=0$ 且 $y_{22}=1$. 设 G 和 $\overline{G}$ 为满足条件的两个群. 由定理 6.3.11 和定理 6.3.13 可得, $G\cong\overline{G}$ 当且仅当存在域 F_p 上的可逆矩阵 $Y=\begin{pmatrix} y_{11} & 0 \\ 0 & 1 \end{pmatrix}$ 和 $Y_1=\begin{pmatrix} y_{11} & 0 \\ y_{21} & 1 \end{pmatrix}$ 满足 $w(\overline{G})=Y_1w(G)Y$.

选择合适的 y_{21}(即用适当的初等行变换), $w(G)$ 可以被化简为以下四种情形:

(a) $\begin{pmatrix} w_{11} & w_{12} \\ 0 & w_{22} \end{pmatrix}$, 其中 $w_{11}\neq 0$; (b) $\begin{pmatrix} 0 & w_{12} \\ w_{21} & 0 \end{pmatrix}$, 其中 $w_{12}\neq 0$;

(c) $\begin{pmatrix} 0 & 0 \\ w_{21} & w_{22} \end{pmatrix}$, 其中 $w_{21}\neq 0$; (d) $\begin{pmatrix} 0 & 0 \\ 0 & w_{22} \end{pmatrix}$.

下面可设 $w(G)=(w_{ij})$ 和 $w(\overline{G})=(\bar{w}_{ij})$ 为以上四种类型之一. 容易验证以下事实:

(i) 不同类型的矩阵给出的群互不同构;

(ii) $G\cong\overline{G}$ 当且仅当存在域 F_p 上的可逆矩阵 $Y=\mathrm{diag}(y_{11},1)$ 满足 $w(\overline{G})=Yw(G)Y$.

由表 6.7 得群 (V1)—(V7). □

表 6.7 子情形 2.2.2.1 中对 $w(G)$ 的化简

特征矩阵 $w(G)$	y_{11}	特征矩阵 $w(\overline{G})$	对应的群	注
(a) 其中 $w_{11}=\nu z^2$	z^{-1}	$\begin{pmatrix} \nu & w_{12}z^{-1} \\ 0 & w_{22} \end{pmatrix}$	$w_{22}\neq 0$时为 (V1) $w_{22}=0$时为 (V2)	$s=(w_{22})^{-1}$ $t=w_{12}z^{-1}$
(b)	w_{12}^{-1}	$\begin{pmatrix} 0 & 1 \\ w_{21}w_{12}^{-1} & 0 \end{pmatrix}$	$w_{21}\neq 0$时为 (V3) $w_{21}=0$时为 (V4)	$s=-w_{21}^{-1}w_{12}$
(c)	$-w_{21}^{-1}$	$\begin{pmatrix} 0 & 0 \\ -1 & w_{22} \end{pmatrix}$	(V5)	$s=-w_{22}$
(d)		$\begin{pmatrix} 0 & 0 \\ 0 & w_{22} \end{pmatrix}$	$w_{22}\neq 0$时为 (V6) $w_{22}=0$时为 (V7)	$s=w_{22}^{-1}$

6.3.2 p^3 阶初等交换群被内交换 p 群的扩张

本节的目标是决定 p^3 阶初等交换群 N 被内交换 p 群的扩张. 确切地说, N 满足: $N\leqslant Z(G)\cap G'$ 且 $N\cong \mathrm{C}_p^3$, G/N 为内交换 p 群. 首先有下面的定理.

定理 6.3.15 设有限 p 群 G 中存在正规子群 N 满足: $N\leqslant Z(G)\cap G'$ 且 $N\cong \mathrm{C}_p^3$, G/N 为内交换 p 群. 则

(1) $N=\Phi(G')G_3$;

(2) G/N 为非亚循环的内交换 p 群;

(3) $G_3\cong \mathrm{C}_p^2$, $G'\cong \mathrm{C}_{p^2}\times\mathrm{C}_p\times\mathrm{C}_p$.

证明 (1) 由定理 1.7.7 知 $|(G/N)'|=p$. 从而 $\Phi(G')G_3\leqslant N$. 又 $|(G/\Phi(G')G_3)'|=p$, 故 $\Phi(G')G_3$ 为 G' 的极大子群. 因为 $N<G'$, 故必有 $N=\Phi(G')G_3$.

(2) 若 G/N 亚循环, 由定理 2.5.3 可知 G 亚循环, 从而 G' 循环. 这与 $N\leqslant G'$ 非循环矛盾.

(3) 显然 $d(G)=2$. 设 $G=\langle a,b\rangle$ 其中 $[a,b]=c$. 由命题 1.1.5 知 $G'=\langle c,G_3\rangle$ 和 $G_3=\langle [c,a],[c,b]\rangle$. 从而 $\Phi(G')G_3=\langle c^p,[c,a],[c,b]\rangle$. 最后由 $\Phi(G')G_3\cong \mathrm{C}_p^3$ 可知结论成立. □

由定理 6.3.15, 可设 $G/\Phi(G')G_3\cong \mathrm{M}_p(n,m,1)$, 其中 $n\geqslant m$ 且当 $p=2$ 时, $n>1$. 进一步地设

$$G/\Phi(G')G_3=\langle \bar a,\bar b,\bar c\mid \bar a^{p^n}=\bar b^{p^m}=\bar c^p=1,[\bar a,\bar b]=\bar c,[\bar c,\bar a]=[\bar b,\bar c]=1\rangle.$$

不访设 $G=\langle a,b,c\rangle$ 其中 $[a,b]=c$ 且 c 为 p^2 阶元. 计算可得 $[a,b^p]=c^p[c,b]^{\binom{p}{2}}\neq 1$. 从而 $b^p\notin Z(G)$. 这说明 $m\geqslant 2$.

设 $x=[b,c],y=[c,a]$. 则 $G_3=\langle x,y\rangle$. 因为 $a^{p^n}\in\Phi(G')G_3$, 所以可设 $a^{p^n}=x^{w_{11}}y^{w_{12}}c^{w_{13}p}$. 同理可设 $b^{p^m}=x^{w_{21}}y^{w_{22}}c^{w_{23}p}$. 从而得到了一个 F_p 上的 2×2 矩阵 $w(G)=\begin{pmatrix} w_{11} & w_{12}\\ w_{21} & w_{22}\end{pmatrix}$ 和一个列向量 $v(G)=\begin{pmatrix} w_{13}\\ w_{23}\end{pmatrix}$. 注意 $w(G)$ 和 $v(G)$ 是随生成元 a,b 的选择而变化的. 我们称 $w(G)$ 为 G 的与生成元 a,b 对应的特征矩阵 (简称特征矩阵), $v(G)$ 为 G 的与生成元 a,b 对应的特征向量 (简称特征向量).

定理 6.3.16 设 G 和 $\overline{G}$ 是满足以下条件的两个有限 p 群: $\Phi(G')G_3\cong \mathrm{C}_p^3$ 且 $G/\Phi(G')G_3\cong \mathrm{M}_p(n,m,1)$, 其中 $n\geqslant m\geqslant 2$ 且当 $p=2$ 时 $n\geqslant 3$. 则 $G\cong\overline{G}$ 当且仅当存在域 F_p 上的可逆矩阵 $Y=\begin{pmatrix} y_{11} & y_{12}\\ y_{21}p^{n-m} & y_{22}\end{pmatrix}$ 和 $Y_1=\begin{pmatrix} y_{11} & y_{12}p^{n-m}\\ y_{21} & y_{22}\end{pmatrix}$ 满足 $w(\overline{G})=Y_1w(G)Y^t$ 和 $v(\overline{G})=Y_1v(G)$.

证明 设 $w(G)$, $v(G)$, $w(\overline{G})$ 和 $v(\overline{G})$ 分别是对应于生成元 a,b 和 $\bar a,\bar b$ 的特征矩阵和特征向量, θ 是从 $\overline{G}$ 到 G 的同构映射. 不妨设

$$\bar a^\theta\equiv a^{x_{11}}b^{x_{12}}c^{x_{13}} \pmod{\Phi(G')G_3},$$

$$\bar b^\theta\equiv a^{x_{21}p^{n-m}}b^{x_{22}}c^{x_{23}} \pmod{\Phi(G')G_3}.$$

记 $X=\begin{pmatrix} x_{11} & x_{12}\\ x_{21}p^{n-m} & x_{22}\end{pmatrix}$ 为域 F_p 上的可逆矩阵. 计算可得

$$\bar c^\theta=[\bar a,\bar b]^\theta=[\bar a^\theta,\bar b^\theta]\equiv[a^{x_{11}}b^{x_{12}},a^{x_{21}p^{n-m}}b^{x_{22}}]\equiv c^{|X|} \pmod{\Phi(G')G_3}.$$

因此

$$\bar x^\theta=[\bar b,\bar c]^\theta=[\bar b^\theta,\bar c^\theta]=[a^{x_{21}p^{n-m}}b^{x_{22}},c^{|X|}]=x^{|X|x_{22}}y^{-|X|x_{21}p^{n-m}},$$

$$\bar{y}^\theta=[\bar{c},\bar{a}]^\theta=[\bar{c}^\theta,\bar{a}^\theta]=[c^{|X|},a^{x_{11}}b^{x_{12}}]=x^{-|X|x_{12}}y^{|X|x_{11}}.$$

因为 $\bar{x}^{\bar{w}_{11}}\bar{y}^{\bar{w}_{12}}\bar{c}^{\bar{w}_{13}p}=\bar{a}^{p^n}$ 和 $(\bar{a}^{p^n})^\theta=(a^{x_{11}}b^{x_{12}}c^{x_{13}})^{p^n}=a^{x_{11}p^n}b^{x_{12}p^n}$, 所以有

$$(\bar{w}_{11},\bar{w}_{12})\begin{pmatrix}|X|x_{22} & -|X|x_{21}p^{n-m}\\ -|X|x_{12} & |X|x_{11}\end{pmatrix}=(x_{11},x_{12}p^{n-m})\begin{pmatrix}w_{11} & w_{12}\\ w_{21} & w_{22}\end{pmatrix}\tag{6.42}$$

和

$$|X|\bar{w}_{13}=(x_{11},x_{12}p^{n-m})\begin{pmatrix}w_{13}\\ w_{23}\end{pmatrix}.\tag{6.43}$$

因为 $\bar{x}^{\bar{w}_{21}}\bar{y}^{\bar{w}_{22}}\bar{c}^{\bar{w}_{23}p}=\bar{b}^{p^m}$ 和 $(\bar{b}^{p^m})^\theta=(a^{x_{21}p^{n-m}}b^{x_{22}}c^{x_{23}})^{p^m}=a^{x_{21}p^n}b^{x_{22}p^m}$, 所以有

$$(\bar{w}_{21},\bar{w}_{22})\begin{pmatrix}|X|x_{22} & -|X|x_{21}p^{n-m}\\ -|X|x_{12} & |X|x_{11}\end{pmatrix}=(x_{21},x_{22})\begin{pmatrix}w_{11} & w_{12}\\ w_{21} & w_{22}\end{pmatrix}\tag{6.44}$$

和

$$|X|\bar{w}_{23}=(x_{21},x_{22})\begin{pmatrix}w_{13}\\ w_{23}\end{pmatrix}.\tag{6.45}$$

由等式 (6.42) 和 (6.44) 可得

$$|X|\begin{pmatrix}\bar{w}_{11} & \bar{w}_{12}\\ \bar{w}_{21} & \bar{w}_{22}\end{pmatrix}\begin{pmatrix}x_{22} & -x_{21}p^{n-m}\\ -x_{12} & x_{11}\end{pmatrix}=\begin{pmatrix}x_{11} & x_{12}p^{n-m}\\ x_{21} & x_{22}\end{pmatrix}\begin{pmatrix}w_{11} & w_{12}\\ w_{21} & w_{22}\end{pmatrix}.\tag{6.46}$$

由等式 (6.43) 和 (6.45) 可得

$$|X|\begin{pmatrix}\bar{w}_{13}\\ \bar{w}_{23}\end{pmatrix}=\begin{pmatrix}x_{11} & x_{12}p^{n-m}\\ x_{21} & x_{22}\end{pmatrix}\begin{pmatrix}w_{13}\\ w_{23}\end{pmatrix}.\tag{6.47}$$

令 $Y=|X|^{-1}X=\begin{pmatrix}y_{11} & y_{12}\\ y_{21}p^{n-m} & y_{22}\end{pmatrix}$ 和 $Y_1=\begin{pmatrix}y_{11} & y_{12}p^{n-m}\\ y_{21} & y_{22}\end{pmatrix}$. 在等式 (6.46) 两边右乘 Y^t 可得

$$\begin{pmatrix}\bar{w}_{11} & \bar{w}_{12}\\ \bar{w}_{21} & \bar{w}_{22}\end{pmatrix}=Y_1\begin{pmatrix}w_{11} & w_{12}\\ w_{21} & w_{22}\end{pmatrix}Y^t.\tag{6.48}$$

此时, 等式 (6.47) 可写为

$$v(\overline{G})=Y_1v(G).\tag{6.49}$$

另一方面, 若存在域 F_p 上的可逆矩阵 $Y=\begin{pmatrix}y_{11} & y_{12}\\ y_{21}p^{n-m} & y_{22}\end{pmatrix}$ 满足等式 (6.48) 和 (6.49), 令 $X=|Y|^{-1}Y=\begin{pmatrix}x_{11} & x_{12}\\ x_{21}p^{n-m} & x_{22}\end{pmatrix}$, 则易证映射

$$\theta:\bar{a}\mapsto a^{x_{11}}b^{x_{12}},\quad \bar{b}\mapsto a^{x_{21}p^{n-m}}b^{x_{22}}$$

是从 $\overline{G}$ 到 G 的同构映射. □

定理 6.3.17 设 G 为 p 群, $\Phi(G')G_3 \cong C_p^3$, $\Phi(G')G_3 \leqslant Z(G)$ 且 $G/\Phi(G')G_3 \cong M_p(n,m,1)$, 其中 $n \geqslant m \geqslant 2$. 则 G 为以下互不同构的群之一.

(A1) $\langle a,b,c,d,e \mid a^4 = b^4 = c^4 = d^2 = e^2 = 1, [a,b] = c, [c,a] = d, [c,b] = e, [d,a] = [d,b] = [e,a] = [e,b] = 1\rangle$;

(A2) $\langle a,b,c,d \mid a^8 = b^4 = c^4 = d^2 = 1, [a,b] = c, [c,a] = d, [c,b] = a^4, [d,a] = [d,b] = 1\rangle$;

(A3) $\langle a,b,c,d \mid a^8 = b^4 = c^4 = d^2 = 1, [a,b] = c, [c,a] = a^4, [c,b] = d, [d,a] = [d,b] = 1\rangle$;

(A4) $\langle a,b,c,d \mid a^8 = b^4 = c^4 = d^2 = 1, [a,b] = c, [c,a] = d, [c,b] = a^4d, [d,a] = [d,b] = 1\rangle$;

(A5) $\langle a,b,c,d \mid a^8 = b^8 = c^4 = d^2 = 1, a^4 = b^4, [a,b] = c, [c,a] = a^4, [c,b] = d, [d,a] = [d,b] = 1\rangle$;

(A6) $\langle a,b,c,d,e \mid a^8 = b^8 = c^4 = d^2 = e^2 = 1, a^4 = b^4 = c^2, [a,b] = c, [c,a] = d, [c,b] = e\rangle$;

(A7) $\langle a,b,c \mid a^8 = b^8 = c^4 = 1, [a,b] = c, [c,a] = b^4, [c,b] = a^4\rangle$;

(A8) $\langle a,b,c,d \mid a^8 = b^8 = c^4 = d^2 = 1, b^4 = c^2, [a,b] = c, [c,a] = d, [c,b] = a^4, [d,a] = [d,b] = 1\rangle$;

(A9) $\langle a,b \mid a^8 = b^8 = c^4 = 1, [a,b] = c, [c,a] = a^4, [c,b] = b^4\rangle$;

(A10) $\langle a,b,c \mid a^8 = b^8 = c^4 = 1, [a,b] = c, [c,a] = b^4c^2, [c,b] = a^4\rangle$;

(A11) $\langle a,b,c,d \mid a^8 = b^8 = c^4 = d^2 = 1, a^4 = c^2, [a,b] = c, [c,a] = b^4c^2, [c,b] = d, [d,a] = [d,b] = 1\rangle$;

(A12) $\langle a,b,c,d \mid a^8 = b^8 = c^4 = d^2 = 1, a^4 = c^2, [a,b] = c, [c,a] = d, [c,b] = b^4c^2, [d,a] = [d,b] = 1\rangle$;

(A13) $\langle a,b,c \mid a^8 = b^8 = c^4 = 1, [a,b] = c, [c,a] = a^4c^2, [c,b] = b^4c^2\rangle$;

(A14) $\langle a,b,c \mid a^8 = b^8 = c^4 = 1, [a,b] = c, [c,a] = b^4c^2, [c,b] = a^4c^2\rangle$;

(A15) $\langle a,b,c \mid a^8 = b^8 = c^4 = 1, [a,b] = c, [c,a] = a^4b^4, [c,b] = a^4c^2\rangle$;

(B1) $\langle a,b,c \mid a^{p^{n+1}} = b^{p^{n+1}} = c^{p^2} = 1, [a,b] = c, [c,a] = a^{p^n}, [c,b] = b^{p^n}\rangle$, 其中 $p > 2$, $n \geqslant 2$;

(B2) $\langle a,b,c \mid a^{p^{n+1}} = b^{p^{n+1}} = c^{p^2} = 1, [a,b] = c, [c,a] = a^{p^n}b^{\nu p^n}, [c,b] = b^{p^n}\rangle$, 其中 $p > 2$, $n \geqslant 2$, $\nu = 1$ 或者是一个固定的模 p 的平方非剩余;

(B3) $\langle a,b,c \mid a^{p^{n+1}} = b^{p^{n+1}} = c^{p^2} = 1, [a,b] = c, [c,a] = b^{\nu p^n}, [c,b] = a^{-p^n}\rangle$, 其中 $p > 2$, $n \geqslant 2$, $\nu = 1$ 或者是一个固定的模 p 的平方非剩余;

(B4) $\langle a,b,c \mid a^{p^{n+1}} = b^{p^{n+1}} = c^{p^2} = 1, [a,b] = c, [c,a]^{1+r} = a^{p^n}b^{p^n}, [c,b]^{1+r} = a^{-rp^n}b^{p^n}\rangle$, 其中 $p > 2$, $n \geqslant 2$, $r = 1, 2, \cdots, p-2$;

(B5) $\langle a, b, c \mid a^{2^{n+1}} = b^{2^{n+1}} = c^4 = 1, [a, b] = c, [c, a] = b^{2^n}, [c, b] = a^{2^n} \rangle$, 其中 $n \geqslant 3$;

(B6) $\langle a, b, c \mid a^{2^{n+1}} = b^{2^{n+1}} = c^4 = 1, [a, b] = c, [c, a] = a^{2^n}, [c, b] = b^{2^n} \rangle$, 其中 $n \geqslant 3$;

(B7) $\langle a, b, c \mid a^{2^{n+1}} = b^{2^{n+1}} = c^4 = 1, [a, b] = c, [c, a] = a^{2^n} b^{2^n}, [c, b] = a^{2^n} \rangle$, 其中 $n \geqslant 3$;

(B8) $\langle a, b, c, d \mid a^{p^{n+1}} = b^{p^n} = c^{p^2} = d^p = 1, [a, b] = c, [c, a] = a^{p^n}, [c, b] = d, [d, a] = [d, b] = 1 \rangle$, 其中 $n \geqslant 2$ 且当 $p = 2$ 时 $n \geqslant 3$;

(B9) $\langle a, b, c, d \mid a^{p^n} = b^{p^{n+1}} = c^{p^2} = d^p = 1, [a, b] = c, [c, a] = b^{\nu p^n}, [c, b] = d, [d, a] = [d, b] = 1 \rangle$, 其中 $n \geqslant 2$, 当 $p = 2$ 时 $n \geqslant 2$, $\nu = 1$ 或者是一个固定的模 p 的平方非剩余;

(B10) $\langle a, b, c, d, e \mid a^{p^n} = b^{p^n} = c^{p^2} = d^p = e^p = 1, [a, b] = c, [c, a] = d, [c, b] = e, [d, a] = [d, b] = [e, a] = [e, b] = 1 \rangle$, 其中 $n \geqslant 2$ 且当 $p = 2$ 时 $n \geqslant 3$;

(C1) $\langle a, b, c \mid a^{p^{n+1}} = b^{p^{n+1}} = c^{p^2} = 1, [a, b] = c, [c, a] = b^{sp^n} c^{-sp}, [c, b] = a^{-\nu p^n} b^{st\nu p^n} c^{-stp} \rangle$, 其中 $n \geqslant 2$ 且当 $p = 2$ 时 $n \geqslant 3$, $\nu = 1$ 或者是一个固定的模 p 的平方非剩余, $s \in \mathrm{F}_p^*$, $t = 0, 1, \cdots, \dfrac{p-1}{2}$;

(C2) $\langle a, b, c, d \mid a^{p^{n+1}} = b^{p^{n+1}} = d^p = 1, c^p = b^{p^n}, [a, b] = c, [c, a] = d, [c, b] = a^{-\nu p^n} d^{t\nu}, [d, a] = [d, b] = 1 \rangle$, 其中 $n \geqslant 2$ 且当 $p = 2$ 时 $n \geqslant 3$, $\nu = 1$ 或者是一个固定的模 p 的平方非剩余, $t = 0, 1, \cdots, \dfrac{p-1}{2}$;

(C3) $\langle a, b, c \mid a^{p^{n+1}} = b^{p^{n+1}} = c^{p^2} = 1, [a, b] = c, [c, a] = a^{p^n}, [c, b] = a^{sp^n} b^{p^n} c^{-p} \rangle$, 其中 $n \geqslant 2$ 且当 $p = 2$ 时 $n \geqslant 3$, $s \in \mathrm{F}_p$;

(C4) $\langle a, b, c \mid a^{p^{n+1}} = b^{p^{n+1}} = c^{p^2} = 1, [a, b] = c, [c, a] = a^{p^n}, [c, b] = b^{sp^n} c^{-sp} \rangle$, 其中 $n \geqslant 2$ 且当 $p = 2$ 时 $n \geqslant 3$, $s = 2, 3, \cdots, \dfrac{p-1}{2}$;

(C5) $\langle a, b, c, d \mid a^{p^{n+1}} = b^{p^{n+1}} = d^p = 1, c^p = b^{p^n}, [a, b] = c, [c, a] = a^{p^n}, [c, b] = d, [d, a] = [d, b] = 1 \rangle$, 其中 $n \geqslant 2$ 且当 $p = 2$ 时 $n \geqslant 3$;

(C6) $\langle a, b, c, d \mid a^{p^n} = b^{p^{n+1}} = c^{p^2} = d^p = 1, [a, b] = c, [c, a] = d, [c, b] = b^{p^n} c^{-p}, [d, a] = [d, b] = 1 \rangle$, 其中 $n \geqslant 2$ 且当 $p = 2$ 时 $n \geqslant 3$;

(C7) $\langle a, b, c, d \mid a^{p^n} = b^{p^{n+1}} = c^{p^2} = d^p = 1, [a, b] = c, [c, a] = b^{sp^n} c^{-sp}, [c, b] = d, [d, a] = [d, b] = 1 \rangle$, 其中 $n \geqslant 2$ 且当 $p = 2$ 时 $n \geqslant 3$, $s \in \mathrm{F}_p^*$;

(C8) $\langle a, b, c, d, e \mid a^{p^n} = b^{p^{n+1}} = d^p = e^p = 1, c^p = b^{p^n}, [a, b] = c, [c, a] = d, [c, b] = e, [d, a] = [d, b] = [e, a] = [e, b] = 1 \rangle$, 其中 $n \geqslant 2$ 且当 $p = 2$ 时 $n \geqslant 3$;

(D1) $\langle a, b, c \mid a^{p^{n+1}} = b^{p^{m+1}} = c^{p^2} = 1, [a, b] = c, [c, a] = a^{p^n}, [c, b] = b^{sp^m} \rangle$, 其中 $n > m \geqslant 2$, $s \in \mathrm{F}_p^*$;

(D2) $\langle a, b, c \mid a^{p^{n+1}} = b^{p^{m+1}} = c^{p^2} = 1, [a, b] = c, [c, a] = b^{\nu_1 p^m}, [c, b] = a^{-\nu_2 p^n} \rangle$,

其中 $n > m \geqslant 2$, $\nu_1, \nu_2 = 1$ 或者是一个固定的模 p 的平方非剩余;

(D3) $\langle a, b, c, d \mid a^{p^{n+1}} = b^{p^m} = c^{p^2} = d^p = 1, [a, b] = c, [c, a] = d, [c, b] = a^{-\nu p^n}, [d, a] = [d, b] = 1\rangle$, 其中 $n > m \geqslant 2$, $\nu = 1$ 或者是一个固定的模 p 的平方非剩余;

(D4) $\langle a, b, c, d \mid a^{p^n} = b^{p^{m+1}} = c^{p^2} = d^p = 1, [a, b] = c, [c, a] = b^{\nu p^m}, [c, b] = d, [d, a] = [d, b] = 1\rangle$, 其中 $n > m \geqslant 2$, $\nu = 1$ 或者是一个固定的模 p 的平方非剩余;

(D5) $\langle a, b, c, d \mid a^{p^n} = b^{p^{m+1}} = c^{p^2} = d^p = 1, [a, b] = c, [c, a] = d, [c, b] = b^{p^m}, [d, a] = [d, b] = 1\rangle$, 其中 $n > m \geqslant 2$;

(D6) $\langle a, b, c, d \mid a^{p^{n+1}} = b^{p^m} = c^{p^2} = d^p = 1, [a, b] = c, [c, a] = a^{p^n}, [c, b] = d, [d, a] = [d, b] = 1\rangle$, 其中 $n > m \geqslant 2$;

(D7) $\langle a, b, c, d, e \mid a^{p^n} = b^{p^m} = c^{p^2} = d^p = e^p = 1, [a, b] = c, [c, a] = d, [c, b] = e, [d, a] = [d, b] = [e, a] = [e, b] = 1\rangle$, 其中 $n > m \geqslant 2$;

(E1) $\langle a, b, c \mid a^{p^{n+1}} = b^{p^{m+1}} = c^{p^2} = 1, [a, b] = c, [c, b] = a^{-sp^n} b^{st\nu p^m} c^{sp}, [c, a] = b^{\nu p^m}\rangle$, 其中 $n > m \geqslant 2$, $\nu = 1$ 或者是一个固定的模 p 的平方非剩余, $s \in \mathrm{F}_p^*$, $t = 0, 1, \cdots, \dfrac{p-1}{2}$;

(E2) $\langle a, b, c, d \mid a^{p^{n+1}} = b^{p^{m+1}} = d^p = 1, c^p = a^{p^n} b^{-t\nu p^m}, [a, b] = c, [c, a] = b^{\nu p^m}, [c, b] = d, [d, a] = [d, b] = 1\rangle$, 其中 $n > m \geqslant 2$, $\nu = 1$ 或者是一个固定的模 p 的平方非剩余, $t = 0, 1, \cdots, \dfrac{p-1}{2}$;

(E3) $\langle a, b, c \mid a^{p^{n+1}} = b^{p^{m+1}} = c^{p^2} = 1, [a, b] = c, [c, a] = a^{p^n} c^{-p}, [c, b] = b^{sp^m}\rangle$, 其中 $n > m \geqslant 2$, $s \in \mathrm{F}_p^*$;

(E4) $\langle a, b, c, d \mid a^{p^{n+1}} = b^{p^m} = c^{p^2} = d^p = 1, [a, b] = c, [c, a] = a^{p^n} c^{-p}, [c, b] = d, [d, a] = [d, b] = 1\rangle$, 其中 $n > m \geqslant 2$;

(E5) $\langle a, b, c, d \mid a^{p^{n+1}} = b^{p^{m+1}} = d^p = 1, c^p = a^{p^n} b^{sp^m}, [a, b] = c, [c, a] = d, [c, b] = b^{p^m}, [d, a] = [d, b] = 1\rangle$, 其中 $n > m \geqslant 2$, $s \in \mathrm{F}_p$;

(E6) $\langle a, b, c, d \mid a^{p^{n+1}} = b^{p^m} = c^{p^2} = d^p = 1, [a, b] = c, [c, a] = d, [c, b] = a^{-sp^n} c^{sp}, [d, a] = [d, b] = 1\rangle$, 其中 $n > m \geqslant 2$, $s \in \mathrm{F}_p^*$;

(E7) $\langle a, b, c, d, e \mid a^{p^{n+1}} = b^{p^m} = d^p = e^p = 1, c^p = a^{p^n}, [a, b] = c, [c, a] = d, [c, b] = e, [d, a] = [d, b] = [e, a] = [e, b] = 1\rangle$, 其中 $n > m \geqslant 2$;

(F1) $\langle a, b, c \mid a^{p^{n+1}} = b^{p^{m+1}} = c^{p^2} = 1, [a, b] = c, [c, a] = a^{p^n}, [c, b] = b^{sp^m} c^{-sp}\rangle$, 其中 $n > m \geqslant 2$, $s \in \mathrm{F}_p^*$;

(F2) $\langle a, b, c \mid a^{p^{n+1}} = b^{p^{m+1}} = c^{p^2} = 1, [a, b] = c, [c, a] = b^{sp^m} c^{-sp}, [c, b] = a^{-\nu p^n}\rangle$, 其中 $n > m \geqslant 2$, $s \in \mathrm{F}_p^*$, $\nu = 1$ 或者是一个固定的模 p 的平方非剩余;

(F3) $\langle a, b, c, d \mid a^{p^{n+1}} = b^{p^{m+1}} = d^p = 1, c^p = b^{p^m}, [a, b] = c, [c, a] = d, [c, b] = a^{-\nu p^n}, [d, a] = [d, b] = 1\rangle$, 其中 $n > m \geqslant 2$, $\nu = 1$ 或者是一个固定的模 p 的平方非剩余;

(F4) $\langle a,b,c,d \mid a^{p^n}=b^{p^{m+1}}=c^{p^2}=d^p=1,[a,b]=c,[c,a]=b^{sp^m}c^{-sp},[c,b]=d,[d,a]=[d,b]=1\rangle$, 其中 $n>m\geqslant 2$, $s\in \mathrm{F}_p^*$;

(F5) $\langle a,b,c,d \mid a^{p^n}=b^{p^{m+1}}=c^{p^2}=d^p=1,[a,b]=c,[c,a]=d,[c,b]=b^{p^m}c^{-p},[d,a]=[d,b]=1\rangle$, 其中 $n>m\geqslant 2$;

(F6) $\langle a,b,c,d \mid a^{p^{n+1}}=b^{p^m}=d^p=1,c^p=b^{p^m},[a,b]=c,[c,a]=a^{p^n},[c,b]=d,[d,a]=[d,b]=1\rangle$, 其中 $n>m\geqslant 2$;

(F7) $\langle a,b,c,d,e \mid a^{p^n}=b^{p^{m+1}}=d^p=e^p=1,c^p=b^{p^m},[a,b]=c,[c,a]=d,[c,b]=e,[d,a]=[d,b]=[e,a]=[e,b]=1\rangle$, 其中 $n>m\geqslant 2$.

证明　分两种情形讨论.

情形 1　$n=m$.

若 $p=n=m=2$, 则 $|G|=2^8$. 由 2^8 阶群的群表可得 (A1)—(A15). 以下假设当 $p=2$ 时, $n>2$.

子情形 1.1　$v(G)=(0,0)^t$.

设 G 和 $\overline{G}$ 为满足题设条件的两个群. 由定理 6.3.16 可知, $G\cong\overline{G}$ 当且仅当存在域 F_p 上的可逆矩阵 $Y=\begin{pmatrix} y_{11} & y_{12}\\ y_{21} & y_{22}\end{pmatrix}$ 使得 $w(\overline{G})=Yw(G)Y^t$. 即 $w(\overline{G})$ 和 $w(G)$ 合同. 由定理 3.2.3—定理 3.2.5 可得群 (B1)—(B10).

子情形 1.2　$v(G)\neq(0,0)^t$.

此时, 存在 w_{14},w_{24} 使得 $\begin{pmatrix} w_{14} & w_{13}\\ w_{24} & w_{23}\end{pmatrix}$ 为可逆矩阵. 令 $Y_1=\begin{pmatrix} w_{14} & w_{13}\\ w_{24} & w_{23}\end{pmatrix}^{-1}$. 则 $Y_1v(G)=\begin{pmatrix} 0\\ 1\end{pmatrix}$.

设 G 和 $\overline{G}$ 为满足题设条件的两个群并且都有 $v(G)=v(\overline{G})=(0,1)^t$. 由定理 6.3.16 可知, $G\cong\overline{G}$ 当且仅当存在域 F_p 上的可逆矩阵 $Y=\begin{pmatrix} y_{11} & 0\\ y_{21} & 1\end{pmatrix}$ 满足 $w(\overline{G})=Yw(G)Y^t$. 因此 $w(G)$ 能够简化为表 6.8 中列出的六种类型. 对应的群 G 分别为 (C1)—(C8). (不同的类型给出的群互不同构.)

情形 2　$n>m$.

子情形 2.1　$v(G)=(0,0)^t$.

设 G 和 $\overline{G}$ 为满足条件的两个群. 由定理 6.3.16 可知, $G\cong\overline{G}$ 当且仅当存在域 F_p 上的可逆矩阵 $Y=\begin{pmatrix} y_{11} & y_{12}\\ 0 & y_{22}\end{pmatrix}$ 满足 $w(\overline{G})=Y_1w(G)Y^t$, 其中 $Y_1=\begin{pmatrix} y_{11} & 0\\ y_{21} & y_{22}\end{pmatrix}$.

表 6.8 子情形 1.2 中对 $w(G)$ 的化简

子情形	Y	特征矩阵 $w(\overline{G})$	群	注
$w_{11}=\nu z^2$	$y_{11}=z^{-1}$ $y_{21}=-w_{11}^{-1}w_{21}$	$\begin{pmatrix} \nu & w'_{12} \\ 0 & w'_{22} \end{pmatrix}$	$w'_{22}\neq 0$时为 (C1) $w'_{22}=0$时为 (C2)	$s=(w'_{22})^{-1}$ $t=w'_{12}$
$w_{11}=0, w_{12}\neq 0$ $w_{21}=-w_{12}$	$y_{11}=w_{12}^{-1}$ $y_{21}=0$	$\begin{pmatrix} 0 & 1 \\ -1 & w_{22} \end{pmatrix}$	(C3)	
$w_{11}=0, w_{12}\neq 0$ $w_{21}\neq -w_{12}$	$y_{11}=w_{12}^{-1}$ $y_{21}(w_{12}+w_{21})=-w_{22}$	$\begin{pmatrix} 0 & 1 \\ w'_{21} & 0 \end{pmatrix}$	$w'_{21}\neq 0$时为 (C4) $w'_{21}=0$时为 (C5)	$s=-(w'_{21})^{-1}$
$w_{11}=w_{12}=0$ $w_{21}\neq 0$	$y_{11}=-w_{21}^{-1}$ $y_{21}=-w_{21}^{-1}w_{22}$	$\begin{pmatrix} 0 & 0 \\ -1 & 0 \end{pmatrix}$	(C6)	
$w_{11}=w_{12}=0$ $w_{21}=0$		$\begin{pmatrix} 0 & 0 \\ 0 & w_{22} \end{pmatrix}$	$w_{22}\neq 0$时为 (C7) $w_{22}=0$时为 (C8)	$s=w_{22}^{-1}$

与定理 6.3.14 中的子情形 2.1 类似, $w(G)$ 可以被化简为每行每列至多有一个非零元的矩阵, 即以下几种类型: (其中 $w_{ij}\neq 0, \forall i,j$)

(a) $\begin{pmatrix} 0 & w_{12} \\ w_{21} & 0 \end{pmatrix}$, (b) $\begin{pmatrix} w_{11} & 0 \\ 0 & w_{22} \end{pmatrix}$, (c) $\begin{pmatrix} w_{11} & 0 \\ 0 & 0 \end{pmatrix}$, (d) $\begin{pmatrix} 0 & 0 \\ 0 & w_{22} \end{pmatrix}$,

(e) $\begin{pmatrix} 0 & 0 \\ w_{21} & 0 \end{pmatrix}$, (f) $\begin{pmatrix} 0 & w_{12} \\ 0 & 0 \end{pmatrix}$, (g) $\begin{pmatrix} 0 & 0 \\ 0 & 0 \end{pmatrix}$.

容易验证以下事实:

(i) 不同类型的矩阵给出的群互不同构;

(ii) $G\cong\overline{G}$ 当且仅当存在 $Y=\mathrm{diag}(y_{11},y_{22})$ 满足 $w(\overline{G})=Yw(G)Y$.

从而 $w(G)$ 可以进一步被简化为

(a′) $\begin{pmatrix} 0 & 1 \\ w_{21} & 0 \end{pmatrix}$, 其中 $w_{21}\neq 0$;

(b′) $\begin{pmatrix} \nu_1 & 0 \\ 0 & \nu_2 \end{pmatrix}$; (c′) $\begin{pmatrix} \nu & 0 \\ 0 & 0 \end{pmatrix}$;

(d′) $\begin{pmatrix} 0 & 0 \\ 0 & \nu \end{pmatrix}$, 其中 $\nu_1,\nu_2,\nu=1$ 或者是一个固定的模 p 的平方非剩余;

(e′) $\begin{pmatrix} 0 & 0 \\ -1 & 0 \end{pmatrix}$; (f′) $\begin{pmatrix} 0 & 1 \\ 0 & 0 \end{pmatrix}$; (g′) $\begin{pmatrix} 0 & 0 \\ 0 & 0 \end{pmatrix}$.

当 $w(G)$ 为 (a′) 型矩阵时, G 对应群 (D1) 其中 $s=-w_{21}^{-1}$. 当 $w(G)$ 分别为 (b′)–(g′) 型矩阵时, G 分别对应群 (D2)—(D7).

子情形 2.2 $v(G)\neq(0,0)^t$.

若 $w_{13}\neq 0$, 取 $Y_1=\begin{pmatrix} w_{13}^{-1} & 0 \\ w_{13}^{-1}w_{23} & -1 \end{pmatrix}$. 则 $Y_1v(G)=\begin{pmatrix} 1 \\ 0 \end{pmatrix}$. 若 $w_{13}=0$, 则

$w_{23}\neq 0$. 取 $Y_1=\begin{pmatrix}1&0\\0&w_{23}^{-1}\end{pmatrix}$. 则 $Y_1v(G)=\begin{pmatrix}0\\1\end{pmatrix}$. 由定理 6.3.16 可知 $v(G)$ 分别为 $(1,0)^t$ 和 $(0,1)^t$ 时对应的群互不同构.

子情形 2.2.1　$v(G)=(1,0)^t$.

计算可得, $\begin{pmatrix}y_{11}&0\\y_{21}&y_{22}\end{pmatrix}\begin{pmatrix}1\\0\end{pmatrix}=\begin{pmatrix}1\\0\end{pmatrix}$ 当且仅当 $y_{21}=0$ 且 $y_{11}=1$. 设 G 和 $\overline{G}$ 为满足条件的两个群. 由定理 6.3.16 可知, $G\cong\overline{G}$ 当且仅当存在域 F_p 上的可逆矩阵 $Y_1=\begin{pmatrix}1&0\\0&y_{22}\end{pmatrix}$ 和 $Y=\begin{pmatrix}1&y_{12}\\0&y_{22}\end{pmatrix}$ 使得 $w(\overline{G})=Y_1w(G)Y^t$.

选择合适的 y_{12}(即用适当的初等列变换), $w(G)$ 可以被化简为以下四种情形:

(a) $\begin{pmatrix}w_{11}&w_{12}\\0&w_{22}\end{pmatrix}$, 其中 $w_{22}\neq 0$; (b) $\begin{pmatrix}0&w_{12}\\w_{21}&0\end{pmatrix}$, 其中 $w_{12}\neq 0$; (c) $\begin{pmatrix}w_{11}&0\\w_{21}&0\end{pmatrix}$, 其中 $w_{21}\neq 0$; (d) $\begin{pmatrix}w_{11}&0\\0&0\end{pmatrix}$.

下面我们可设 $w(G)=(w_{ij})$ 和 $w(\overline{G})=(\bar{w}_{ij})$ 为以上四种类型之一. 容易验证以下事实:

(i) 不同类型的矩阵给出的群互不同构;

(ii) $G\cong\overline{G}$ 当且仅当存在域 F_p 上的可逆矩阵 $Y=\mathrm{diag}(1,y_{22})$ 满足 $w(\overline{G})=Yw(G)Y$. 由表 6.9 可得群 (E1)—(E7).

表 6.9　子情形 2.2.1 中对 $w(G)$ 的化简

特征矩阵 $w(G)$	y_{22}	特征矩阵 $w(\overline{G})$	对应的群	注
(a) 其中 $w_{22}=\nu z^2$	z^{-1}	$\begin{pmatrix}w_{11}&w_{12}z^{-1}\\0&\nu\end{pmatrix}$	$w_{11}\neq 0$时为 (E1) $w_{11}=0$时为 (E2)	$s=(w_{11})^{-1}$ $t=w_{12}z^{-1}$
(b)	w_{12}^{-1}	$\begin{pmatrix}0&1\\w_{21}w_{12}^{-1}&0\end{pmatrix}$	$w_{21}\neq 0$时为 (E3) $w_{21}=0$时为 (E4)	$s=-w_{21}^{-1}w_{12}$
(c)	$-w_{21}^{-1}$	$\begin{pmatrix}w_{11}&0\\-1&0\end{pmatrix}$	(E5)	$s=w_{11}$
(d)		$\begin{pmatrix}w_{11}&0\\0&0\end{pmatrix}$	$w_{11}\neq 0$时为 (E6) $w_{11}=0$时为 (E7)	$s=w_{11}^{-1}$

子情形 2.2.2　$v(G)=(0,1)^t$.

计算可得, $\begin{pmatrix}y_{11}&0\\y_{21}&y_{22}\end{pmatrix}\begin{pmatrix}0\\1\end{pmatrix}=\begin{pmatrix}0\\1\end{pmatrix}$ 当且仅当 $y_{22}=1$. 设 G 和 $\overline{G}$ 为满足条件的两个群. 由定理 6.3.16 可知, $G\cong\overline{G}$ 当且仅当存在域 F_p 上的可逆矩阵 $Y=\begin{pmatrix}y_{11}&y_{12}\\0&1\end{pmatrix}$ 和 $Y_1=\begin{pmatrix}y_{11}&0\\y_{21}&1\end{pmatrix}$ 使得 $w(\overline{G})=Y_1w(G)Y^t$.

与定理 6.3.14 中的子情形 2.1 类似, $w(G)$ 可以被化简为每行每列至多有一个非零元的矩阵. 即以下几种类型 (其中 $w_{ij}\neq 0,\forall i,j$):

(a) $\begin{pmatrix} 0 & w_{12} \\ w_{21} & 0 \end{pmatrix}$, (b) $\begin{pmatrix} w_{11} & 0 \\ 0 & w_{22} \end{pmatrix}$, (c) $\begin{pmatrix} w_{11} & 0 \\ 0 & 0 \end{pmatrix}$, (d) $\begin{pmatrix} 0 & 0 \\ 0 & w_{22} \end{pmatrix}$,

(e) $\begin{pmatrix} 0 & 0 \\ w_{21} & 0 \end{pmatrix}$, (f) $\begin{pmatrix} 0 & w_{12} \\ 0 & 0 \end{pmatrix}$, (g) $\begin{pmatrix} 0 & 0 \\ 0 & 0 \end{pmatrix}$.

容易验证以下事实:

(i) 不同类型的矩阵给出的群互不同构;

(ii) $G\cong\overline{G}$ 当且仅当存在 $Y=\mathrm{diag}(y_{11},1)$ 满足 $w(\overline{G})=Yw(G)Y$.

从而 $w(G)$ 可以进一步被简化为

(a′) $\begin{pmatrix} 0 & 1 \\ w_{21} & 0 \end{pmatrix}$, 其中 $w_{21}\neq 0$; (b′) $\begin{pmatrix} \nu & 0 \\ 0 & w_{22} \end{pmatrix}$;

(c′) $\begin{pmatrix} \nu & 0 \\ 0 & 0 \end{pmatrix}$, 其中 $w_{22}\neq 0$, $\nu=1$ 或者是一个固定的模 p 的平方非剩余;

(d′) $\begin{pmatrix} 0 & 0 \\ 0 & w_{22} \end{pmatrix}$, 其中 $w_{22}\neq 0$; (e′) $\begin{pmatrix} 0 & 0 \\ -1 & 0 \end{pmatrix}$;

(f′) $\begin{pmatrix} 0 & 1 \\ 0 & 0 \end{pmatrix}$; (g′) $\begin{pmatrix} 0 & 0 \\ 0 & 0 \end{pmatrix}$.

若 $w(G)$ 为 (a′) 型矩阵, 则 G 为群 (F1), 其中 $s=-w_{21}^{-1}$. 若 $w(G)$ 为 (b′) 型矩阵, 则 G 为群 (F2), 其中 $s=-w_{22}^{-1}$. 若 $w(G)$ 为 (c′) 型矩阵, 则 G 为群 (F3). 若 $w(G)$ 为 (d′) 型矩阵, 则 G 为群 (F4), 其中 $s=-w_{22}^{-1}$. 当 $w(G)$ 分别为 (e′)–(g′) 型矩阵时, G 分别为群 (F5)—(F7). □

第 7 章　内交换 p 群的循环扩张

第 6 章介绍了内交换 p 群的中心扩张. 本章介绍内交换 p 群的循环扩张. 由于循环扩张比中心扩张要复杂, 所以本章仅限于决定内交换 p 群的 p 次循环扩张, 即决定至少有一个内交换极大子群的有限 p 群. 这样的群已被安立坚与曲海鹏等的长篇系列论文 [3], [6], [137], [139], [140] 完全分类. 从目标上看, 本章的内容是循环扩张. 从方法上看, 本章主要用到的还是中心扩张. 大体上按照内交换极大子群的个数来分别处理, 首先处理至少有两个内交换极大子群的情形, 然后处理有且只有一个内交换极大子群的情形.

7.1　至少有两个极大子群为内交换的 p 群

本节确定至少有两个极大子群为内交换 p 群的有限 p 群. 首先有下面的定理.

定理 7.1.1　*设有限 p 群 G 至少有两个指数 p 的内交换子群.*

(1) 若 $d(G)=3$, 则 $\Phi(G)\leqslant Z(G)$;

(2) 若 $d(G)=2$, 则 $c(G)\leqslant 3$, $\Phi(G')G_3\leqslant \mathrm{C}_p^2$ 且 $G/\Phi(G')G_3$ 为内交换 p 群.

证明　设 A 和 B 为 G 的两个指数为 p 的极大子群. 若 $d(G)=3$, 则 $\Phi(G)$ 在 G 中的指数为 p^3. 从而 $\Phi(A)=\Phi(B)=\Phi(G)$. 由定理 1.7.7 可知, $\Phi(A)=Z(A)$ 且 $\Phi(B)=Z(B)$. 再由 $G=AB$ 可知 $\Phi(G)\leqslant Z(G)$. 从而 (1) 成立.

由定理 1.7.7 可知, $|A'|=|B'|=p$. 令 $N=A'B'$. 则 $N\leqslant Z(G)$ 且 $N\leqslant \mathrm{C}_p^2$. 若 $d(G)=2$, 则 $G/\Phi(G')G_3$ 为内交换 p 群. 此时 $A/\Phi(G')G_3$ 和 $B/\Phi(G')G_3$ 均为交换群. 从而 $A'\leqslant\Phi(G')G_3$ 且 $B'\leqslant\Phi(G')G_3$. 因此 $N\leqslant\Phi(G')G_3<G'$. 特别地, G/N 非交换. 因为 G/N 至少有两个交换极大子群 A/N 和 B/N, 所以由引理 1.7.1 可知 G/N 有 $p+1$ 个交换极大子群. 再由 $d(G)=2$ 可知 G/N 为内交换 p 群. 从而 $\Phi(G')G_3=N$, $c(G)\leqslant 3$ 且 $\Phi(G')G_3\leqslant \mathrm{C}_p^2$. 因此 (2) 成立. □

7.1.1　二元生成且至少有两个内交换极大子群的 p 群

由定理 7.1.1 (2) 可知, 若 G 二元生成且至少有两个内交换的极大子群, 则 G 是 6.1 节或 6.3 节决定的中心扩张. 利用 6.1 节和 6.3 节的结果, 即从定理 6.1.9、定理 6.1.16、定理 6.3.5、定理 6.3.9、定理 6.3.14 中挑出满足定理 7.1.2 条件的群, 即得下面的定理, 细节略去.

定理 7.1.2 设 G 为有限 p 群, G 非亚循环, $d(G)=2$ 且 G 至少有两个指数为 p 的内交换子群, 则 G 为下列互不同构的群之一:

(I) $\Phi(G')G_3 \cong C_p$.

(1) 3^4 阶的极大类 3 群;

(2) $\langle a,b,c \mid a^{p^2}=b^p=c^p=1,[a,b]=c,[c,a]=1,[c,b]=a^{\nu p}\rangle$, 其中 $p>3$, $\nu=1$ 或者是一个固定的模 p 的平方非剩余;

(3) $\langle a,b,c,d \mid a^p=b^p=c^p=d^p=1,[a,b]=c,[c,a]=d,[c,b]=1,[d,a]=[d,b]=1\rangle$, $p>3$;

(4) $\langle a,b,c \mid a^{p^2}=b^p=c^p=1,[a,b]=c,[c,a]=a^p,[c,b]=1\rangle$, $p>3$;

(5) $\langle a,b,c,d \mid a^4=b^2=c^2=d^2=1,[a,b]=c,[c,a]=d,[c,b]=[d,a]=[d,b]=1\rangle$;

(6) $\langle a,b,c \mid a^8=b^2=c^2=1,[a,b]=c,[c,a]=a^4,[c,b]=1\rangle$;

(7) $\langle a,b,c \mid a^8=c^2=1,b^2=a^4,[a,b]=c,[c,a]=b^2,[c,b]=1\rangle$;

(8) $\langle a,b,c,d \mid a^{2^n}=b^2=c^2=d^2=1,[a,b]=c,[c,a]=d,[c,b]=[d,a]=[d,b]=1\rangle$, $n\geqslant 3$;

(9) $\langle a,b,c \mid a^{2^{n+1}}=b^2=c^2=1,[a,b]=c,[c,a]=a^{2^n},[c,b]=1\rangle$, $n\geqslant 3$;

(10) $\langle a,b,c \mid a^{2^n}=b^4=c^2=1,[a,b]=c,[c,a]=b^2,[c,b]=1\rangle$, $n\geqslant 3$;

(11) $\langle a,b,c \mid a^{p^{n+1}}=b^p=c^p=1,[a,b]=c,[c,a]=1,[c,b]=a^{\nu p^n}\rangle$, 其中 $p>2$, $n>1$, $\nu=1$ 或者是一个固定的模 p 的平方非剩余;

(12) $\langle a,b,c \mid a^{p^{n+1}}=b^p=c^p=1,[a,b]=c,[c,a]=a^{p^n},[c,b]=1\rangle$, 其中 $p>2$ 且 $n>1$;

(13) $\langle a,b,c \mid a^{p^n}=b^{p^2}=c^p=1,[a,b]=c,[c,a]=1,[c,b]=b^p\rangle$, 其中 $p>2$ 且 $n>1$;

(14) $\langle a,b,c \mid a^{p^n}=b^{p^2}=c^p=1,[a,b]=c,[c,a]=b^{\nu p},[c,b]=1\rangle$, 其中 $p>2$ 且 $n>1$, $\nu=1$ 或者是一个固定的模 p 的平方非剩余;

(15) $\langle a,b,c,d \mid a^{p^n}=b^p=c^p=d^p=1,[a,b]=c,[c,a]=1,[c,b]=d,[d,a]=[d,b]=1\rangle$, 其中 $p>2$ 且 $n>1$;

(16) $\langle a,b,c,d \mid a^{p^n}=b^p=c^p=d^p=1,[a,b]=c,[c,a]=d,[c,b]=1,[d,a]=[d,b]=1\rangle$, 其中 $p>2$ 且 $n>1$.

(II) $\Phi(G')G_3 \cong C_p^2$.

(17) $\langle a,b,c,d,e \mid a^3=b^3=c^3=d^3=e^3=1,[a,b]=c,[c,a]=d,[c,b]=e,[d,a]=[d,b]=[e,a]=[e,b]=1\rangle$;

(18) $\langle a,b,c,d \mid a^9=c^3=d^3=1,b^3=a^3,[a,b]=c,[c,a]=d,[c,b]=a^3,[d,a]=[d,b]=1\rangle$;

(19) $\langle a,b,c,d \mid a^9=b^3=c^3=d^3=1,[a,b]=c,[c,a]=d,[c,b]=a^{-3},[d,a]=[d,b]=1\rangle$;

(20) $\langle a,b,c \mid a^9=b^9=c^3=1,[a,b]=c,[c,a]=a^3,[c,b]=b^3\rangle$;

(21) $\langle a,b,c \mid a^9=b^9=c^3=1,[a,b]=c,[c,a]=b^3,[c,b]=a^3,[a^3,b]=1\rangle$;

(22) $\langle a,b,c \mid a^9=b^9=c^3=1,[a,b]=c,[c,a]=b^{-3},[c,b]=a^3,[a^3,b]=1\rangle$;

(23) $\langle a,b,c \mid a^{p^2}=b^{p^2}=c^p=1,[a,b]=c,[c,a]=a^pb^{\nu p},[c,b]=b^p\rangle$, 其中 $p>3$, $\nu=1$ 或者是一个固定的模 p 的平方非剩余;

(24) $\langle a,b,c \mid a^{p^2}=b^{p^2}=c^p=1,[a,b]=c,[c,a]=b^{\nu p},[c,b]=a^{-p}\rangle$, 其中 $p>3$, $\nu=1$ 或者是一个固定的模 p 的平方非剩余;

(25) $\langle a,b,c \mid a^{p^2}=b^{p^2}=c^p=1,[a,b]=c,[c,a]^{1+r}=a^pb^p,[c,b]^{1+r}=a^{-rp}b^p\rangle$, 其中 $p>3$, $r=1,2,\cdots,p-2$;

(26) $\langle a,b,c,d \mid a^{p^2}=b^p=c^p=d^p=1,[a,b]=c,[c,a]=a^p,[c,b]=d,[d,a]=[d,b]=1\rangle$, 其中 $p>3$;

(27) $\langle a,b,c,d \mid a^p=b^{p^2}=c^p=d^p=1,[a,b]=c,[c,a]=b^{\nu p},[c,b]=d,[d,a]=[d,b]=1\rangle$, 其中 $p>3$, $\nu=1$ 或者是一个固定的模 p 的平方非剩余;

(28) $\langle a,b,c,d \mid a^4=b^2=c^4=d^2=1,[a,b]=c,[c,a]=d,[c,b]=c^2,[d,a]=[d,b]=1\rangle$;

(29) $\langle a,b,c \mid a^4=b^4=c^4=1,[a,b]=c,[c,a]=b^2,[c,b]=c^2\rangle$;

(30) $\langle a,b,c \mid a^8=b^2=c^4=1,[a,b]=c,[c,a]=a^4,[c,b]=c^2\rangle$;

(31) $\langle a,b,c \mid a^8=c^4=1,b^2=a^4,[a,b]=c,[c,a]=a^4,[c,b]=c^2\rangle$;

(32) $\langle a,b,c \mid a^8=b^2=c^4=1,[a,b]=c,[c,a]=a^4c^2,[c,b]=c^2,[c^2,a]=1\rangle$;

(33) $\langle a,b,c \mid a^8=b^4=1,c^2=a^4b^2,[a,b]=c,[c,a]=b^2,[c,b]=c^2\rangle$;

(34) $\langle a,b,c \mid a^8=b^4=1,c^2=b^2,[a,b]=c,[c,a]=a^4b^2,[c,b]=c^2\rangle$;

(35) $\langle a,b,c \mid a^{p^{n+1}}=b^{p^2}=c^p=1,[a,b]=c,[c,a]=a^{p^n},[c,b]=b^{sp}\rangle$, 其中 $p>2$ 且 $n>1$, $s\in \mathrm{F}_p^*$;

(36) $\langle a,b,c \mid a^{p^{n+1}}=b^{p^2}=c^p=1,[a,b]=c,[c,a]=b^{\nu_1 p},[c,b]=a^{-\nu_2 p^n}\rangle$, 其中 $p>2$ 且 $n>1$, $\nu_1,\nu_2=1$ 或者是一个固定的模 p 的平方非剩余;

(37) $\langle a,b,c,d \mid a^{p^{n+1}}=b^p=c^p=d^p=1,[a,b]=c,[c,a]=d,[c,b]=a^{-\nu p^n},[d,a]=[d,b]=1\rangle$, 其中 $p>2$ 且 $n>1$, $\nu=1$ 或者是一个固定的模 p 的平方非剩余;

(38) $\langle a,b,c,d \mid a^{p^{n+1}}=b^p=c^p=d^p=1,[a,b]=c,[c,a]=a^{p^n},[c,b]=d,[d,a]=[d,b]=1\rangle$, 其中 $p>2$ 且 $n>1$;

(39) $\langle a,b,c \mid a^{2^{n+1}}=b^4=1,c^2=b^2,[a,b]=c,[c,a]=a^{2^n},[c,b]=c^2\rangle$, $n\geqslant 3$;

(40) $\langle a,b,c \mid a^{2^{n+1}}=b^4=1,c^2=a^{2^n},[a,b]=c,[c,a]=b^2,[c,b]=c^2\rangle$, $n\geqslant 3$;

(41) $\langle a,b,c,d \mid a^{2^{n+1}}=b^2=d^2=1,c^2=a^{2^n},[a,b]=c,[c,a]=d,[c,b]=c^2,[d,a]=[d,b]=1\rangle$, $n\geqslant 3$;

(42) $\langle a,b,c \mid a^{2^n}=b^4=c^4=1,[a,b]=c,[c,a]=b^2,[c,b]=c^2\rangle$, $n\geqslant 3$;

(43) $\langle a,b,c,d \mid a^{2^n}=b^4=d^2=1,c^2=b^2,[a,b]=c,[c,a]=d,[c,b]=c^2,[d,a]=[d,b]=1\rangle$, $n\geqslant 3$;

(44) $\langle a,b,c \mid a^{2^{n+1}}=b^2=c^4=1,[a,b]=c,[c,a]=a^{2^n},[c,b]=c^2\rangle$, $n\geqslant 3$;

(45) $\langle a,b,c,d \mid a^{2^n}=b^2=c^4=d^2=1,[a,b]=c,[c,a]=d,[c,b]=c^2,[d,a]=[d,b]=1\rangle$, $n\geqslant 3$.

与定理 7.1.2 中的群对应的 6.1 节和 6.3 节的群见表 7.1.

表 7.1　定理 7.1.2 中的群对应的 6.1 节和 6.3 节的群

群号	6.1 节和 6.3 节的群	群号	6.1 节和 6.3 节的群	群号	6.1 节和 6.3 节的群
(1)	(F)	(16)	(J6) 其中 $m=1$	(31)	(R4)
(2)	(G1) 其中 $m=1$	(17)	(O1) 其中 $m=1$	(32)	(R5)
(3)	(G2) 其中 $m=1$	(18)	(O3) 其中 $m=1$	(33)	(R6)
(4)	(G3) 其中 $m=1$	(19)	(O4)	(34)	(R7)
(5)	(H1)	(20)	(O5)	(35)	(S1) 其中 $m=1$
(6)	(H2)	(21)	(O6)	(36)	(S2) 其中 $m=1$
(7)	(H3)	(22)	(O7)	(37)	(S3) 其中 $m=1$
(8)	(I1)	(23)	(P2) 其中 $n=1$	(38)	(S6) 其中 $m=1$
(9)	(I2)	(24)	(P3) 其中 $n=1$	(39)	(T1)
(10)	(I3)	(25)	(P4) 其中 $n=1$	(40)	(T2)
(11)	(J1) 其中 $m=1$	(26)	(P8) 其中 $n=1$	(41)	(T3)
(12)	(J2) 其中 $m=1$	(27)	(P9) 其中 $n=1$	(42)	(T4)
(13)	(J3) 其中 $m=1$	(28)	(R1)	(43)	(T5)
(14)	(J4) 其中 $m=1$	(29)	(R2)	(44)	(T6)
(15)	(J5) 其中 $m=1$	(30)	(R3)	(45)	(T7)

7.1.2 三元生成且至少有两个内交换极大子群的 p 群

由定理 7.1.1 (1) 可知, 若 G 三元生成有两个内交换的极大子群, 则 $\Phi(G)\leqslant Z(G)$. 设 $G=\langle a,b,c\rangle$, 则 $G'=\langle [a,b],[b,c],[c,a]\rangle$. 因为 $a^p\in Z(G)$, 所以 $1=[a^p,b]=[a,b]^p$. 这说明 $\exp(G')=p$. 从而 $G'\leqslant \mathrm{C}_p^3$. 定理 3.1.6 已经给出了三元生成导群 p 阶的有限 p 群的分类. 我们将在后面两小节分别给出三元生成导群为 C_p^2 和三元生成导群为 C_p^3 的有限 p 群的分类. 本节首先挑出定理 3.1.6 中至少有两个交换极大子群的有限 p 群.

定理 7.1.3 设 G 为有限 p 群, $d(G)=3$ 且 $G'\cong \mathrm{C}_p$. 若 G 有内交换极大子群, 则 G 为以下互不同构的群之一.

(1) $\langle a,b,c \mid a^4=c^{2^k}=1,\ b^2=a^2=[a,b],\ [c,a]=[c,b]=1\rangle\cong \mathrm{Q}_8\times \mathrm{C}_{2^k}$;

(2) $\langle a,b,c \mid a^{p^{n+1}}=b^{p^m}=c^{p^k}=1,\ [a,b]=a^{p^n},\ [c,a]=[c,b]=1\rangle\cong \mathrm{M}_p(n+1,m)\times \mathrm{C}_{p^k}$, 其中 $\min\{n,m,k\}=1$;

(3) $\langle a,b,c \mid a^{p^n}=b^{p^m}=c^{p^k}=d^p=1,[a,b]=d,[c,a]=[c,b]=1\rangle \cong \mathrm{M}_p(n,m,1)\times \mathrm{C}_{p^k}$, 其中 $n\geqslant m$, $\min\{m,k\}=1$, 当 $p=2$ 时 $n\geqslant 2$;

(4) $\langle a,b,c \mid a^4=1,\ b^2=c^{2^k}=a^2=[a,b],\ [c,a]=[c,b]=1\rangle$;

(5) $\langle a,b,c \mid a^{p^n}=b^{p^m}=c^{p^{k+1}}=1,\ [a,b]=c^{p^k},\ [c,a]=[c,b]=1\rangle$, 其中 $n\geqslant m$, $\min\{m,k\}=1$, 当 $p=2$ 时 $n\geqslant 2$.

证明 设 M 为 G 的内交换的极大子群. 再设 G/G' 的型不变量为 $(p^{m_1},p^{m_2},p^{m_3})$, 其中 $m_1\geqslant m_2\geqslant m_3$. 则 G/G' 的二元生成子群的最大阶为 $p^{m_1+m_2}$. 从而 $|M/G'|\leqslant p^{m_1+m_2}$. 因为 M 为 G 的极大子群, 故 $m_3=1$. 另一方面, 若 $m_3=1$, 则定理 3.1.6 中的每个群都有内交换的极大子群. 由定理 3.1.6 即得定理中的群. □

7.1.3 三元生成导群为 C_p^2 的 p 群

本节将决定满足 $\Phi(G)\leqslant Z(G)$ 的三元生成导群为 C_p^2 的有限 p 群. 还将计算出所决定的群的内交换子群的最小指数 $I_{\min}$ 和最大指数 $I_{\max}$. 除此之外, 还将挑出其中的亚 Hamilton 群 (即非交换子群都正规的非交换群).

首先给出几个判断同构的定理. 这些定理的证明方法与定理 3.2.2 是类似的, 因此我们略去了证明过程.

引理 7.1.4 设 l,m,n 为满足 $m>n$ 的正整数, $G(s,w)=\langle a,b,c \mid a^{p^l}=b^{p^{m+1}}=c^{p^{n+1}}=1,[b,c]=1,[c,a]=b^{sp^m},[a,b]=c^{wp^n}\rangle$, 其中 $s,w\in \mathrm{F}_p^*$.

(1) 若 $G=G(s,w)$, 则 $|G|=p^{l+m+n+2}$, $\Phi(G)=Z(G)$, $G'\cong \mathrm{C}_p^2$, $\langle a^p,b,c\rangle$ 是 G 的唯一的交换极大子群;

(2) $G(s,w)\cong G(s',w')$ 当且仅当 $s'w'(sw)^{-1}\in(\mathrm{F}_p^*)^2$.

引理 7.1.5 设 l,m,n 为满足 $m>n$ 的正整数, $G(t,u)=\langle a,b,c \mid a^{p^l}=b^{p^{m+1}}=c^{p^{n+1}}=1,[b,c]=1,[c,a]=c^{tp^n},[a,b]=b^{up^m}\rangle$, 其中 $t,u\in \mathrm{F}_p^*$.

(1) 若 $G=G(t,u)$, 则 $|G|=p^{l+m+n+2}$, $\Phi(G)=Z(G)$, $G'\cong \mathrm{C}_p^2$, $\langle a^p,b,c\rangle$ 是 G 的唯一的交换极大子群;

(2) $G(t,u)\cong G(t',u')$ 当且仅当存在 $x_{11}\in \mathrm{F}_p^*$ 使得 $(t',u')=x_{11}(t,u)$.

定理 7.1.6 设 l,m,n 为满足 $m>n$ 的正整数, $G=\langle a,b,c \mid a^{p^l}=b^{p^{m+1}}=c^{p^{n+1}}=1,[a,b]=b^{vp^m}c^{wp^n},[c,a]=b^{sp^m}c^{tp^n},[b,c]=1\rangle$, 其中 $\begin{pmatrix} s & t\\ v & w\end{pmatrix}$ 为域 F_p 上的可逆矩阵. 则

(1) $|G|=p^{l+m+n+2}$, $\Phi(G)=Z(G)$, $G'\cong \mathrm{C}_p^2$, $\langle a^p,b,c\rangle$ 是 G 的唯一的交换极大子群;

(2) 不同的参数 l,m,n 给出互不同构的群;

(3) G 为以下互不同构的群之一.

(a) $\langle a, b, c \mid a^{p^l} = b^{p^{m+1}} = c^{p^{n+1}} = 1, [a, b] = b^{p^m}, [c, a] = c^{tp^n}, [b, c] = 1\rangle$, 其中 $t \in \mathrm{F}_p^*$;

(b) $\langle a, b, c \mid a^{p^l} = b^{p^{m+1}} = c^{p^{n+1}} = 1, [a, b] = c^{\nu p^n}, [c, a] = b^{p^m}, [b, c] = 1\rangle$, 其中 $\nu = 1$ 或者是一个固定的模 p 的平方非剩余.

证明 (1) 证明与定理 3.2.2(1) 类似.

(2) 因为 n 是使得 $G' \leqslant \mho_n(G)$ 的最大正整数, 所以 n 是 G 的不变量. 因为 m 是使得 $G' \cap \mho_{m+1}(G) = 1$ 的最小正整数, 所以 m 也是 G 的不变量. 因为 $|G| = p^{l+m+n+2}$, 所以 l 也是 G 的不变量. 因此不同的参数 l, m, n 给出互不同构的群 G.

(3) 事实上, 对于群 (a) 我们有 $G/(G' \cap \mho_m(G)) \cong \mathrm{M}_p(n+1, l) \times \mathrm{C}_{p^m}$. 而对于群 (b) 有 $G/(G' \cap \mho_m(G)) \cong \mathrm{M}_p(m+1, l, 1) * \mathrm{C}_{p^{n+1}}$. 因此群 (a) 和群 (b) 互不同构.

下面证明 G 是群 (a) 或群 (b). 若 $t \neq 0$, 分别用 $bc^{t^{-1}w}$, $b^{st^{-1}p^{m-n}}c$ 和 $v - t^{-1}ws$ 替换 b, c 和 v 后可得 $[a, b] = b^{vp^m}$ 和 $[c, a] = c^{tp^n}$. 由引理 7.1.5, G 为群 (a). 若 $t = 0$, 则 $sw \neq 0$. 用 $b^{vw^{-1}p^{m-n}}c$ 替换 c 后可得 $[a, b] = c^{wp^n}$. 由引理 7.1.4, G 为群 (b). □

定理 7.1.7 设 G 为三元生成的有限 p 群, 满足 $\Phi(G) \leqslant Z(G)$ 和 $G' \cong \mathrm{C}_p^2$. 则 G 为以下互不同构的群之一(其中 l, m, n 均为正整数).

(A1) $\langle a, b, c \mid a^{p^l} = b^{p^{m+1}} = c^{p^{m+1}} = 1, [b, c] = 1, [c, a] = c^{p^m}, [a, b] = b^{-p^m}\rangle$, 其中 p 为奇素数;

(A2) $\langle a, b, c \mid a^{p^l} = b^{p^{m+1}} = c^{p^{m+1}} = 1, [b, c] = 1, [c, a] = b^{p^m}c^{p^m}, [a, b] = b^{-p^m}\rangle$, 其中 p 为奇素数;

(A3) $\langle a, b, c \mid a^{p^l} = b^{p^{m+1}} = c^{p^{m+1}} = 1, [b, c] = 1, [c, a] = b^{p^m}c^{tp^m}, [a, b] = b^{-tp^m}c^{\nu p^m}\rangle$, 其中 p 为奇素数, $\nu = 1$ 或者是一个固定的模 p 的平方非剩余, $t \in \left\{0, 1, \cdots, \dfrac{p-1}{2}\right\}$ 且 $t^2 \neq -\nu$;

(A4) $\langle a, b, c \mid a^{2^l} = b^{2^{m+1}} = c^{2^{m+1}} = 1, [b, c] = 1, [c, a] = b^{2^m}, [a, b] = c^{2^m}\rangle$;

(A5) $\langle a, b, c \mid a^{2^l} = b^{2^{m+1}} = c^{2^{m+1}} = 1, [b, c] = 1, [c, a] = c^{2^m}, [a, b] = b^{2^m}\rangle$;

(A6) $\langle a, b, c \mid a^{2^l} = b^{2^{m+1}} = c^{2^{m+1}} = 1, [b, c] = 1, [c, a] = b^{2^m}, [a, b] = b^{2^m}c^{2^m}\rangle$;

(A7) $\langle a, b, c \mid a^{p^l} = b^{p^{m+1}} = c^{p^{n+1}} = 1, [b, c] = 1, [a, b] = b^{p^m}, [c, a] = c^{tp^n}\rangle$, 其中 $m > n$, $1 \leqslant t \leqslant p-1$;

(A8) $\langle a, b, c \mid a^{p^l} = b^{p^{m+1}} = c^{p^{n+1}} = 1, [b, c] = 1, [a, b] = c^{\nu p^n}, [c, a] = b^{p^m}\rangle$, 其中 $m > n$, $\nu = 1$ 或者是一个固定的模 p 的平方非剩余;

(A9) $\langle a, b, c \mid a^{p^{l+1}} = b^{p^m} = c^{p^{n+1}} = 1, [b, c] = 1, [c, a] = c^{p^n}, [a, b] = a^{p^l}\rangle$;

(A10) $\langle a, b, c \mid a^{p^{l+1}} = b^{p^{m+1}} = c^{p^n} = 1, [b, c] = 1, [c, a] = b^{p^m}, [a, b] = a^{p^l}\rangle$;

(A11) $\langle a, b, c \mid a^4 = b^{2^h} = c^4 = 1, [b, c] = 1, [c, a] = a^2c^2, [a, b] = c^2\rangle$, 其中 $h \geqslant 2$;

(A12) $\langle a,b,c \mid a^4=b^{2^{h+1}}=c^4=1,[b,c]=1,[c,a]=a^2=c^2,[a,b]=b^{2^h}\rangle$;

(B1) $\langle a,b,c,x \mid a^{p^l}=b^{p^m}=c^{p^{n+1}}=x^p=1,[a,b]=x,[a,c]=c^{p^n},[b,c]=[x,a]=[x,b]=[x,c]=1\rangle$, 当 $p=2$ 时 $l+m\geqslant 3$;

(B2) $\langle a,b,c,x \mid a^{p^l}=b^{p^m}=c^{p^{n+1}}=x^p=1,[a,b]=c^{p^n},[a,c]=x,[b,c]=[x,a]=[x,b]=[x,c]=1\rangle$, 当 $p=2$ 时 $l+n\geqslant 3$;

(B3) $\langle a,b,c,x \mid a^{p^{l+1}}=b^{p^m}=c^{p^n}=x^p=1,[a,b]=a^{p^l},[a,c]=x,[b,c]=[x,a]=[x,b]=[x,c]=1\rangle$;

(B4) $\langle a,b,c,x \mid a^4=b^{2^h}=c^4=x^2=1,[a,b]=x,[a,c]=a^2=c^2,[b,c]=[x,a]=[x,b]=[x,c]=1\rangle$;

(C) $\langle a,b,c,x,y \mid a^{p^l}=b^{p^m}=c^{p^n}=x^p=y^p=1,[a,b]=x,[a,c]=y,[b,c]=[x,a]=[x,b]=[x,c]=[y,a]=[y,b]=[y,c]=1\rangle$, 其中 $m\geqslant n$ 且当 $p=2$ 时 $l+n\geqslant 3$;

(D) $\langle a,b,c \mid b^4=c^4=1,a^2=b^2,[a,b]=c^2,[a,c]=b^2,[b,c]=1\rangle$.

证明　设 G/G' 的型不变量为

$$(p^{m_1},p^{m_2},p^{m_3}) \quad 且 \quad G/G'=\langle a_1G'\rangle\times\langle a_2G'\rangle\times\langle a_3G'\rangle,$$

其中 $m_1\geqslant m_2\geqslant m_3$, $o(a_iG')=p^{m_i}$, $i=1,2,3$. 则 $G=\langle a_1,a_2,a_3\rangle$.

若 $\langle [a_1,a_3],[a_2,a_3]\rangle=G'$, 不妨设 $[a_1,a_2]=[a_1,a_3]^i[a_2,a_3]^j$. 分别用 $a_1a_3^j$ 和 $a_2a_3^{-i}$ 替换 a_1 和 a_2 后可得 $[a_1,a_2]=1$. 若 $\langle [a_1,a_3],[a_2,a_3]\rangle=\langle [a_2,a_3]\rangle$, 不妨设 $[a_1,a_3]=[a_2,a_3]^i$. 用 $a_1a_2^{-i}$ 替换 a_1 后可得 $[a_1,a_3]=1$. 若 $\langle [a_1,a_3],[a_2,a_3]\rangle$ 既不是 G' 也不是 $\langle [a_2,a_3]\rangle$, 则 $[a_2,a_3]=1$. 综上所述, 存在 1, 2, 3 的一个排列 r,s,t 满足 $s<t$ 和 $[a_s,a_t]=1$. 令

$$a=a_r,\quad b=a_s,\quad c=a_t,\quad l=m_r,\quad m=m_s,\quad n=m_t.$$

则 $m\geqslant n$, $[b,c]=1$ 且 $G'=\langle [c,a],[a,b]\rangle$.

若 $|G|=2^5$, 利用 Magma 的小群库可得定理中的群 (A4)—(A6), (A9), (A10), (A12), (B3), (B4), (D). 以下设 $|G|>2^5$.

情形 1　$|\langle a^{p^l},b^{p^m},c^{p^n}\rangle|=p^2$.

子情形 1.1　$a^{p^l}=1$.

此时, $G'=\langle b^{p^m},c^{p^n}\rangle$. 令 $[c,a]=b^{sp^m}c^{tp^n}$ 和 $[a,b]=b^{vp^m}c^{wp^n}$. 若 $m=n$, 由定理 3.2.2—定理 3.2.4 可得群 (A1)—(A6). 若 $m>n$, 由定理 7.1.6 可得群 (A7), (A8).

子情形 1.2　$a^{p^l}\neq 1$ 且 $|\langle b^{p^m},c^{p^n}\rangle|=p$.

子情形 1.2.1　$b^{p^m}=1$.

令 $[c,a]=a^{rp^l}c^{tp^n}$ 和 $[a,b]=a^{up^l}c^{wp^n}$.

(a) $r=w=0$.

分别用 $a^{t^{-1}}$ 和 $b^{u^{-1}}$ 替换 a 和 b 后可得 (A9).

(b) $t=u=0$.

分别用 $c^{-r^{-1}}$ 和 $b^{r^{-1}w^{-1}}$ 替换 b 和 c, 并且将 m 和 n 互换后可得群 (A10).

(c) $r=0$ 且 $w\neq 0$.

若 $m>n$, 用 $bc^{t^{-1}w}$ 替换 b 后可转化为子情形 (a). 以下设 $m=n$. 若 $l<n$, 用 $ac^{u^{-1}wp^{n-l}}$ 替换 a 后可转化为子情形 (a). 若 $l>n$, 用 $cb^{w^{-1}t}a^{w^{-1}up^{l-n}}$ 替换 c 后可转化为子情形 (b). 若 $l=n$, 由 $|G|>2^5$ 可得 $l>1$ 或者 $p>2$. 用 $ac^{u^{-1}w}$ 替换 a 后也可以转化为子情形 (a).

(d) $t=0$ 且 $u\neq 0$.

若 $m>n$, 用 $bc^{r^{-1}u}$ 替换 b 后可转化为子情形 (b). 若 $l>n$, 用 $ca^{w^{-1}up^{l-n}}$ 替换 c 后可转化为子情形 (b). 若 $m=n\geqslant l$, 由 $|G|>2^5$ 可得 $n>1$ 或者 $p>2$. 分别用 $ac^{u^{-1}wp^{n-l}}$ 和 $cb^{u^{-1}r}$ 替换 a 和 c 后可转化为子情形 (a).

(e) $r\neq 0$ 且 $t\neq 0$.

若 $l>n$, 用 $ca^{t^{-1}rp^{l-n}}$ 替换 c 后可转化为子情形 (a) 或者 (c). 若 $l<n$, 用 $ac^{r^{-1}tp^{n-l}}$ 替换 a 后可转化为子情形 (b) 或者 (d). 以下设 $l=n$. 若 $p>2$ 或者 $l=n>1$, 用 $ac^{r^{-1}t}$ 替换 a 后可转化为子情形 (b) 或者 (d). 若 $p=2$ 且 $l=n=1$, 则 $[c,a]=a^2c^2$. 因为 $|G|>2^5$, 所以 $m\geqslant 2$. 若 $[a,b]=c^2$, 则 G 为群 (A11). 若 $[a,b]=a^2$, 用 bc 替换 b 后, 同样可得群 (A11).

子情形 1.2.2 $b^{p^m}\neq 1$.

设 $c^{p^n}=b^{hp^m}$, 用 $cb^{-hp^{m-n}}$ 替换 c 后可得 $c^{p^n}=1$. 此时, 若 $m=n$, 将 b 和 c 互换后可转换为子情形 1.2.1. 以下设 $m>n$. 设 $[c,a]=a^{rp^l}b^{sp^m}$ 且 $[a,b]=a^{up^l}b^{vp^m}$.

(a) $r=0$.

分别用 $b^{u^{-1}}c^{u^{-1}s^{-1}v}$ 和 $c^{u^{-1}s^{-1}}$ 替换 b 和 c 后可得群 (A10).

(b) $s=0$.

分别用 $a^{-v^{-1}}$, $c^{-r^{-1}}$ 和 $bc^{r^{-1}u}$ 替换 a,b 和 c, 并且将 m 和 n 互换后可得群 (A9).

(c) $r\neq 0$ 且 $s\neq 0$.

若 $l>m$, 用 $ba^{s^{-1}rp^{l-m}}$ 替换 b 后可转化为子情形 (a). 若 $l\leqslant m$, 用 $ab^{r^{-1}sp^{m-l}}$ 替换 a 后可转化为子情形 (b).

子情形 1.3 $a^{p^l}\neq 1$ 且 $|\langle b^{p^m},c^{p^n}\rangle|=p^2$.

子情形 1.3.1 $\langle b^{p^m}\rangle=\langle a^{p^l}\rangle$.

设 $b^{p^m}=a^{hp^l}$, 其中 $h\neq 0$. 若 $l>m$, 用 $ba^{-hp^{l-m}}$ 替换 b 后可转化为子情形 1.2. 若 $l<m$, 用 $a^hb^{-p^{m-l}}$ 替换 a 后可转化为子情形 1.1. 若 $l=m$, 由 $|G|>2^5$ 可得 $l=m>1$ 或者 $p>2$. 用 a^hb^{-1} 替换 a 后可转化为子情形 1.1.

子情形 1.3.2 $\langle b^{p^m}\rangle\neq\langle a^{p^l}\rangle$.

此时, $G' = \langle b^{p^m}, a^{p^l}\rangle$. 设 $c^{p^n} = a^{kp^l}b^{hp^m}$. 用 $cb^{-hp^{m-n}}$ 替换 c 后可得 $c^{p^n} = a^{kp^l}$. 因为 $|\langle b^{p^m}, c^{p^n}\rangle| = p^2$, 所以 $k \neq 0$. 若 $l > n$, 用 $ca^{-kp^{l-n}}$ 替换 c 后可转化为子情形 1.2. 若 $l < n$, 用 $a^k c^{-p^{n-l}}$ 替换 a 后可转化为子情形 1.1. 以下设 $l = n$. 若 $p > 2$ 或者 $l = n > 1$, 用 $a^k c^{-1}$ 替换 a 后可转化为子情形 1.1. 若 $p = 2$ 且 $l = n = 1$, 由 $|G| > 2^5$ 可得 $m \geqslant 2$. 此时, $G' = \langle a^2, b^{2^m}\rangle$. 若 $[c, a] = b^{2^m}$, 用 $acb^{2^{m-1}}$ 替换 a 后可转化为子情形 1.1. 若 $[c, a] = a^2 b^{s2^m}$, 分别用 $ab^{s2^{m-1}}$ 和 $cb^{s2^{m-1}}$ 替换 a 和 c 后可得 $[c, a] = a^2 = c^2$. 设 $[a, b] = a^{2u}b^{2^m}$. 用 bc^u 替换 b 后可得群 (A12).

情形 2　$|\langle a^{p^l}, b^{p^m}, c^{p^n}\rangle| = p$.

子情形 2.1　$a^{p^l} = b^{p^m} = 1$.

设 $G' = \langle c^{p^n}, y\rangle$, $[a, b] = c^{up^n}y^v$ 且 $[a, c] = c^{rp^n}y^s$.

(a) $s = 0$.

用 $a^{r^{-1}}$ 去替换 a, 并且设 $x = c^{ur^{-1}p^n}y^{r^{-1}v}$ 后可得群 (B1).

(b) $v = 0$.

若 $p = 2$ 且 $l = n = 1$, 用 ac 替换 a 后可转化为情形 1. 若 $p > 2$ 或者 $l + n \geqslant 3$, 用 c^u 替换 c 并且设 $x = c^{urp^n}y^{us}$ 后可得群 (B2).

(c) $v \neq 0$ 且 $s \neq 0$.

若 $m = n$, 用 $b^s c^{-v}$ 替换 c 后可转化为子情形 (a). 若 $m > n$, 用 $b^s c^{-v}$ 替换 b 后可转化为子情形 (b).

子情形 2.2　$a^{p^l} = 1$ 且 $b^{p^m} \neq 1$.

设 $c^{p^n} = b^{hp^m}$. 用 $cb^{-hp^{m-n}}$ 替换 c 后可得 $c^{p^n} = 1$. 若 $m = n$, 将 b 和 c 互换后可转化为子情形 2.1. 以下设 $m > n$. 设 $G' = \langle b^{p^m}, y\rangle$, $[a, b] = b^{up^m}y^v$ 和 $[a, c] = b^{rp^m}y^s$. 若 $s = 0$, 分别用 c 和 b^r 替换 b 和 c, 设 $x = b^{rup^m}y^{rv}$, 并且将 m 和 n 互换后可得群 (B2). 以下设 $s \neq 0$. 若 $p = 2$ 且 $l = n = 1$, 用 ac 替换 a 后可转化为情形 1. 若 $p > 2$ 或者 $l + n \geqslant 3$, 分别用 $a^{(su-rv)^{-1}s}$, c 和 $b^s c^{-v}$ 替换 a, b 和 c, 设 $x = b^{(su-rv)^{-1}rsp^m}y^{(su-rv)^{-1}s^2}$, 并且将 m 和 n 互换后可得群 (B1).

子情形 2.3　$a^{p^l} \neq 1$ 且 $b^{p^m} = c^{p^n} = 1$.

设 $G' = \langle a^{p^l}, y\rangle$, $[a, b] = a^{up^l}y^v$ 和 $[a, c] = a^{rp^l}y^s$. 若 $s = 0$, 分别用 $c^{r^{-1}}$ 和 b 替换 b 和 c, 令 $x = a^{up^l}y^v$, 并且将 m 和 n 互换后可得群 (B3). 若 $s \neq 0$, 用 $b^{(su-rv)^{-1}s}c^{-(su-rv)^{-1}v}$ 去替换 b, 并且令 $x = a^{rp^l}y^s$ 后可得群 (B3).

子情形 2.4　$a^{p^l} \neq 1$, $b^{p^m} = 1$ 且 $c^{p^n} \neq 1$.

设 $c^{p^n} = a^{hp^l}$. 若 $l > n$, 用 $ca^{-hp^{l-n}}$ 替换 c 后可转化为子情形 2.3. 若 $l < n$, 用 $a^h c^{-p^{n-l}}$ 替换 a 后可转化为子情形 2.1. 以下设 $l = n$. 若 $p > 2$ 或者 $l = n > 1$, 用 $a^h c^{-1}$ 替换 a 后可转化为子情形 2.1. 下面设 $p = 2$ 且 $l = n = 1$. 若 $[a, c] \neq c^2$, 用 ac 替换 a 后可转化为子情形 2.1. 若 $[a, c] = a^2 = c^2$, 令 $[a, b] = x$ 后可得群 (B4).

子情形 2.5　$a^{p^l} \neq 1$ 且 $b^{p^m} \neq 1$.

设 $c^{p^n}=b^{hp^m}$. 用 $cb^{-hp^{m-n}}$ 替换 c 后可得 $c^{p^n}=1$. 若 $m=n$, 将 b 和 c 互换后可转化为子情形 2.4. 以下设 $m>n$. 设 $b^{p^m}=a^{kp^l}$. 若 $l>m$, 用 $ba^{-kp^{l-m}}$ 替换 b 后可转化为子情形 2.3. 若 $l\leqslant m$, 用 $a^kb^{-p^{m-l}}$ 替换 s 后可转化为子情形 2.2.

情形 3 $\langle a^{p^l}, b^{p^m}, c^{p^n}\rangle=1$.

若 $p=2$ 且 $l=n=1$, 用 ac 去替换 a 后可转化为情形 2. 若 $p>2$ 或者 $l+n\geqslant 3$, 则 G 为群 (C).

采用与定理 3.2.2 中 (1) 类似的证明方法, 可证定理中的群 G 均满足 $\Phi(G)=Z(G)$, $|G'|=p^2$ 以及 $\langle a^p, b, c\rangle$ 为 G 的唯一的交换极大子群. 为方便起见, 用 A_G 表示子群 $\langle a^p, b, c\rangle$.

下面证明定理中的群是互不同构的. 仍然设 $|G|>2^5$.

首先, 因为 G/G' 和 A_G/G' 的型不变量分别为 (p^l, p^m, p^n) 和 (p^{l-1}, p^m, p^n), 所以 l 为 G 的不变量.

对于群 (C), 因为 $|G|=p^{l+m+n+2}$ 且 $m\geqslant n$, 所以 m 和 n 也是 G 的不变量. 因此不同的参数 l,m,n 给出的群互不同构. 注意到对于群 (C) 有 $G'\cap V_1(G)=1$, 而对于 (A) 型群和 (B) 型群有 $G'\cap V_1(G)\neq 1$. 因此群 (C) 不会与 (A) 型群或者 (B) 型群同构.

其次断言 (B) 型群与 (A) 型群互不同构. 事实上, 对于 (A) 型群有 $d(A_G)\leqslant 3$ 和 $|G'\cap V_1(G)|>p$. 另一方面, 对于群 (B3) 有 $d(A_G)=4$, 对于群 (B1), (B2) 和 (B4) 有 $|G'\cap V_1(G)|=p$. 因此断言成立.

接下来证明不同的 (B) 型群互不同构.

因为在 (B) 型群中只有群 (B4) 含有同构于 Q_8 的子群, 所以群 (B4) 与其他 (B) 型群互不同构. 为了说明其他 (B) 型群互不同构, 先以列表的形式给出这些群的性质 (表 7.2).

表 7.2 (B) 型群的性质

群性质	群 (B1)	群 (B2)	群 (B3) 其中当 $p=2$ 时 $l+n\geqslant 3$	群 (B3) 其中 $p=2$ 且 $l=n=1$
A_G 的型	$(p^{l-1}, p^m, p^{n+1}, p)$	$(p^{l-1}, p^m, p^{n+1}, p)$	(p^l, p^m, p^n, p)	$(2^m, 2, 2, 2)$
$Z(G)$ 的型	$(p^{l-1}, p^{m-1}, p^n, p)$	$(p^{l-1}, p^{m-1}, p^n, p)$	$(p^l, p^{m-1}, p^{n-1}, p)$	$(2^{m-1}, 2, 2)$
$G/(G'\cap V_1(G))$ 的型	$\mathrm{M}(l,m,1)\times \mathrm{C}_{p^n}$	$\mathrm{M}(l,n,1)\times \mathrm{C}_{p^m}$	$\mathrm{M}(l,n,1)\times \mathrm{C}_{p^m}$	$G'\cap V_1(G)$
$G/(G'\cap V_1(G))$ 的性质	$\mathcal{A}_{n+1}$ 群	$\mathcal{A}_{m+1}$ 群	$\mathcal{A}_{m+1}$ 群	不是 G 的子群

从表 7.2 中容易看出, 不同的参数 l,m,n 给出的群 (Bi) 互不同构, 其中 $i=1,2,3$. 断言群 (Bi) 和群 (Bj) 也互不同构, 其中 $i<j$. 若否, 设 G 既是一个参数为 l_i, m_i, n_i 的群 (Bi), 又是一个参数为 l_j, m_j, n_j 的群 (Bj). 由表 7.2 的前两行容易看出 $l_i=l_j$. 若 $i=1$, 则由 $G/G'\cap V_1(G)$ 的性质可得 $n_1=m_j$. 因此 $m_1=n_j$.

若 $m_1 \leqslant n_1$, 由 (B1) 的表示可得 $[\Omega_{n_1}(A_G), G] \cap V_1(G) = \varnothing$, 但是对于群 (B$j$) 由 $[\Omega_{n_1}(A_G), G] \cap V_1(G) \neq \varnothing$, 矛盾. 若 $m_1 > n_1$, 从表 7.2 的前两行易得出矛盾. 若 $i = 2$ 且 $j = 3$, 由 $G/G' \cap V_1(G)$ 的性质可得 $m_2 = m_3$. 从而 $n_2 = n_3$. 此时, 也可以从表 7.2 的前两行得出矛盾.

最后证明 (A) 型群互不同构. 由于 (A) 型群中只有群 (A12) 中含有同构于 Q_8 的子群, 因此群 (A12) 与其他 (A) 型群互不同构.

对于群 (A11), ac 为 A_G 外的二阶元, $|G' \cap \mho_1(A_G)| = 2$ 且 $\exp(A_G) = \exp(G/G')$. 另一方面, 对于群 (A1)—(A3) 和 (A10) 在 A_G 外没有 2 阶元, 对于群 (A4)—(A6) 有 $G' \leqslant \mho_1(A_G)$, 对于群 (A7), (A8) 有 $\exp(A_G) \neq \exp(G/G')$, 对于满足 $\exp(A_G) = \exp(G/G')$ 的群 (A9) 在 A_G 外没有 2 阶元. 因此群 (A11) 与其他的 (A) 型群互不同构.

下面我们列出群 (A1)—(A10) 的性质 (表 7.3).

表 7.3　群 (A1)—(A10) 的性质

群性质	群 (A1)—(A6)	群 (A7), (A8)	群 (A9)	群 (A10)
G/G' 的型	(p^l, p^m, p^m)	(p^l, p^m, p^n)	(p^l, p^m, p^n)	(p^l, p^m, p^n)
A_G 的型	$(p^{l-1}, p^{m+1}, p^{m+1})$	$(p^{l-1}, p^{m+1}, p^{n+1})$	(p^l, p^m, p^{n+1})	(p^l, p^{m+1}, p^n)

断言群 (A9) 和群 (A10) 不与群 (A1)—(A8) 中的群同构. 若否, 设 G 为参数为 l, n, m 的群 (A9) 或者 (A10), 并且 G 还是参数为 l', n', m' 的群 (A1)—(A8) 中的一个群. 则 $l' = l$. 因此 $\{n', m'\} = \{n, m\}$. 对于群 (A9), $Z(G)$ 的型不变量为 (p^l, p^{m-1}, p^n); 对于群 (A10), $Z(G)$ 的型不变量为 (p^l, p^{n-1}, p^m); 对于群 (A1)—(A8), $Z(G)$ 的型不变量为 $(p^{l'-1}, p^{m'}, p^{n'})$. 因此, 若 G 为群 (A9), 则有 $l' = l = m$; 若 G 为群 (A10), 则有 $l' = l = n$. 此时, 由表 7.3 可得出矛盾.

断言群 (A10) 与群 (A9) 互不同构. 若否, 设 G 为参数为 l_1, m_1, n_1 的群 (A10), 并且 G 还是一个参数为 l_2, m_2, n_2 的群 (A9). 由表 7.3 可得 $m_1 = n_2$. 因为 $l_1 = l_2$, 所以 $n_1 = m_2$. 若 $l_1 > m_1$, 对于群 (A10) 有 $G/(G' \cap \mho_{l_1}(G))$ 同构于 $\mathrm{M}_p(l_1, n_1, 1) * \mathrm{C}_{p^{m_1+1}}$, 对于群 (A9) 有 $G/(G' \cap \mho_{l_1}(G))$ 同构于 $\mathrm{M}_p(m_1+1, l_1) \times \mathrm{C}_{p^{n_1}}$. 这与定理 3.1.6 矛盾. 若 $l_1 \leqslant m_1$, 对于群 (A10) 有 $G/(G' \cap \mho_{m_1}(A_G))$ 同构于 $\mathrm{M}_p(l_1+1, m_1) \times \mathrm{C}_{p^{n_1}}$, 对于群 (A9) 有 $G/(G' \cap \mho_{m_1}(A_G))$ 同构于 $\mathrm{M}_p(l_1+1, n_1) \times \mathrm{C}_{p^{m_1}}$. 因此可得 $m_1 = n_1$. 此时, 对于群 (A10) 有 $G' \cap \mho_{m_1}(A_G) = [\Omega_{m_1}(A_G), G]$, 矛盾于群 (A9) 的 $G' \cap \mho_{m_1}(A_G) \neq [\Omega_{m_1}(A_G), G]$. 因此断言成立.

由定理 3.2.2—定理 3.2.4 和定理 7.1.6, 群 (A1)—(A8) 之间互不同构. □

下面考察定理7.1.7中群的性质, 为定理 7.1.13 的证明以及后面的章节做准备.

引理 7.1.8　*设 $G = \langle a, b, c\rangle$ 为定理 7.1.7中所列的群之一.*

(1) 若 D 为 G 的 $\mathcal{A}_1$ 子群, 则 $D = \langle ab^i x, cy\rangle$ 或者 $D = \langle ac^j x, bc^k y\rangle$, 其中

$x, y \in Z(G)$;

(2) 设 $|G:D| = p^{\lambda}$, 其中 D 为 G 的 $\mathcal{A}_1$ 子群. 则 $\min\{l, m, n\} \leqslant \lambda \leqslant 1 + \max\{n, m\}$. 特别地, $\lambda = \min\{l, m, n\} \Rightarrow G' \leqslant D$; $\lambda = 1 + \max\{n, m\} \Rightarrow G' \nleqslant D$.

证明 (1) 因为 $A_G = \langle b, c, \Phi(G)\rangle$ 为 G 的唯一的交换极大子群, 所以可设 $D = \langle ax, y\rangle$, 其中 $x, y \in A_G$. 进一步, 因为 $Z(G) = \Phi(G)$, 所以 $D = \langle ab^i x, cy\rangle$ 或者 $D = \langle ac^j x, bc^k y\rangle$, 其中 $x, y \in Z(G)$.

(2) 因为 $d(DG'/G') = 2$, 所以 $|G/G' : DG'/G'| \geqslant \min\{p^l, p^m, p^n\}$. 因此 $|G : D| \geqslant |G/G' : DG'/G'| \geqslant \min\{p^l, p^m, p^n\}$. 这说明 $\min\{l, m, n\} \leqslant \lambda$, 并且 $\lambda = \min\{l, m, n\}$ 成立时一定有 $G' \leqslant D$.

若 $D = \langle ab^i x, cy\rangle$, 则 $G = \langle D, b\rangle$. 因此 $|G/DG'| \leqslant p^m$. 这说明

$$|G:D| = |G/DG'||DG'/D| \leqslant p^m|G'/(D\cap G')| \leqslant p^{m+1}.$$

若 $D = \langle ac^j x, bc^k y\rangle$, 则 $G = \langle D, c\rangle$. 因此 $|G/DG'| \leqslant p^n$. 这说明

$$|G:D| = |G/DG'||DG'/D| \leqslant p^n|G'/(D\cap G')| \leqslant p^{n+1}.$$

综合以上结果有 $\lambda \leqslant 1 + \max\{n, m\}$, 并且当 $\lambda = 1 + \max\{n, m\}$ 成立时一定有 $G' \nleqslant D$. □

定理 7.1.9 设 G 为定理 7.1.7中的群(A1), 即 $G = \langle a, b, c \mid a^{p^l} = b^{p^{m+1}} = c^{p^{m+1}} = 1, [b, c] = 1, [c, a] = c^{p^m}, [a, b] = b^{-p^m}\rangle$, 其中 p 为奇素数. 则

(1) G 为 $\mathcal{A}_{m+2}$ 群;

(2) G 的 $\mathcal{A}_1$ 子群的最小指数为 $\min\{p^l, p^{m+1}\}$.

证明 设 D 为 G 的 $\mathcal{A}_1$ 子群且 $|G:D| = p^{\lambda}$. 由引理 7.1.8 可知 $D = \langle ab^i x, cy\rangle$ 或者 $D = \langle ac^j x, bc^k y\rangle$, 其中 $x, y \in Z(G)$ 且 $\min\{l, m\} \leqslant \lambda \leqslant m+1$.

因为 $\langle a, c\rangle$ 为指数 p^{m+1} 的 $\mathcal{A}_1$ 子群, 所以 G 为 $\mathcal{A}_{m+2}$ 群. 因此 (1) 成立.

若 $l > m$, 则 $G' \nleqslant D$. 由引理 7.1.8 可知 $\lambda \neq m$. 因此 $\lambda \geqslant \min\{l, m+1\}$. 因为 $\langle ab, c\rangle$ 为指数为 $\min\{p^l, p^{m+1}\}$ 的 $\mathcal{A}_1$ 子群. 所以 G 的 $\mathcal{A}_1$ 子群的最小指数为 $\min\{p^l, p^{m+1}\}$. 因此 (2) 成立. □

非交换群 G 称为**亚 Hamilton 群**, 若 G 的非交换子群均正规. 下面用到这个概念并将在第 12 章对这类群给出完全分类.

定理 7.1.10 设 G 为定理 7.1.7中的群(A3). 即 $G = \langle a, b, c \mid a^{p^l} = b^{p^{m+1}} = c^{p^{m+1}} = 1, [b, c] = 1, [c, a] = b^{p^m}c^{tp^m}, [a, b] = b^{-tp^m}c^{\nu p^m}\rangle$, 其中 p 为奇素数, $\nu = 1$ 或者是一个固定的模 p 的平方非剩余, $t \in \left\{0, 1, \cdots, \dfrac{p-1}{2}\right\}$ 满足 $t^2 \neq -\nu$.

(1) 若 $-\nu$ 为模 p 的平方剩余, 则 G 为 $\mathcal{A}_{m+2}$ 群但不是亚 Hamilton 群.

(2) 若 $-\nu$ 为模 p 的平方非剩余, 则 G 为 $\mathcal{A}_{m+1}$ 群且是亚 Hamilton 群.

证明　设 D 为 G 的 $\mathcal{A}_1$ 子群, 且 $|G:D|=p^\lambda$. 由引理 7.1.8 可得, $D=\langle ab^ix,cy\rangle$ 或者 $D=\langle ac^jx,bc^ky\rangle$, 其中 $x,y\in Z(G)$, 且 $\min\{l,m\}\leqslant\lambda\leqslant m+1$.

若 $-\nu=h^2$, 则 $\langle a,bc^h\rangle$ 为指数为 p^{m+1} 的 $\mathcal{A}_1$ 子群. 因此 G 为 $\mathcal{A}_{m+2}$ 群. 因此 $\langle a,bc^h\rangle$ 既不交换也不正规, 所以 G 不是亚 Hamilton 群. 因此 (1) 成立.

下面设 $-\nu$ 为模 p 的平方非剩余. 首先证明 G 为亚 Hamilton 群.

若 $D=\langle ab^ix,cy\rangle$, 则 $D'=\langle b^{p^m}c^{tp^m}\rangle$. 计算可得 $z^{p^m}\in\langle a^{p^{m+1}}\rangle$ 对所有的 $z\in Z(G)$ 成立. 因为 $a^{p^{m+1}}x^{p^{m+1}}=(ab^ix)^{p^{m+1}}\in D$, 所以 $a^{p^{m+1}}\in D$. 因此 $z^{p^m}\in D$ 对所有的 $z\in Z(G)$ 成立. 从而 $c^{p^m}=(cy)^{p^m}y^{-p^m}\in D$. 因此 $G'\leqslant D$.

若 $D=\langle ac^jx,bc^ky\rangle$, 则 $D'=\langle b^{-(t+k)p^m}c^{(\nu-tk)p^m}\rangle$. 计算可得 $z^{p^m}\in\langle a^{p^{m+1}}\rangle$ 对所有的 $z\in Z(G)$ 成立. 因为 $a^{p^{m+1}}x^{p^{m+1}}=(ac^jx)^{p^{m+1}}\in D$, 所以 $a^{p^{m+1}}\in D$. 因此 $z^{p^m}\in D$ 对所有的 $z\in Z(G)$ 成立. 从而 $b^{p^m}c^{kp^m}=(bc^ky)^{p^m}y^{-p^m}\in D$. 因为 $-\nu$ 为模 p 的平方非剩余, 所以 $\begin{vmatrix}-(t+k) & \nu-tk\\ 1 & k\end{vmatrix}=-k^2-\nu\neq 0$. 因此 $G'\leqslant D$.

由上面的讨论可知, G' 包含于每一个 $\mathcal{A}_1$ 子群中, 当然也包含于每个非交换子群中. 因此 G 为亚 Hamilton 群.

因为 $G'\leqslant D$, 由引理 7.1.8 可得 $\lambda\leqslant m$. 另一方面, $\langle a,b\rangle$ 为 G 的指数为 p^m 的 $\mathcal{A}_1$ 子群. 因而 G 为 $\mathcal{A}_{m+1}$ 群, 故 (2) 成立. □

定理 7.1.11　设 G 为定理 7.1.7中的群(A8), 即 $G=\langle a,b,c\mid a^{p^l}=b^{p^{m+1}}=c^{p^{n+1}}=1,[b,c]=1,[c,a]=b^{p^m},[a,b]=c^{\nu p^n}\rangle$, 其中 $m>n,\nu=1$ 或者是一个固定的模 p 的平方非剩余. 则 G 为 $\mathcal{A}_{m+1}$ 群.

证明　设 D 为 G 的 $\mathcal{A}_1$ 子群. 由引理 7.1.8 可知 $D=\langle ab^ix,cy\rangle$ 或者 $D=\langle ac^jx,bc^ky\rangle$, 其中 $x,y\in Z(G)$. 若 $D=\langle ac^jx,bc^ky\rangle$, 则 $G=\langle D,c\rangle$. 因此 $|G/DG'|\leqslant p^n$. 从而

$$|G:D|=|G/DG'||DG'/D|\leqslant p^n|G'/(D\cap G')|\leqslant p^{n+1}\leqslant p^m.$$

若 $D=\langle ab^ix,cy\rangle$, 则 $G=\langle D,b\rangle$. 因此 $|G/DG'|\leqslant p^m$. 从而

$$|G:D|=|G/DG'||DG'/D|\leqslant p^m|G'/(D\cap G')|\leqslant p^{m+1}.$$

我们断言 $|G:D|\leqslant p^m$. 若否, 则 $|G:D|=p^{m+1}$. 此时, $|G/DG'|=p^m$ 且 $G'\nleqslant D$. 由 $|G/DG'|=p^m$ 和 $G=\langle D,b\rangle$ 可得 $b^{p^{m-1}}\notin DG'$. 因为 $G'\nleqslant D$ 和 $D'=\langle b^{p^m}\rangle$, 所以 $c^{p^n}\notin D$. 由 $c^{p^n}\notin D$ 和 $c^{p^n}y^{p^n}=(cy)^{p^n}\in D$ 可得 $y^{p^n}\notin D$ 且 $y^{p^n}\in DG'$. 因为 $\Phi(G)=\langle(ab^ix)^p,b^p,c^p\rangle$, 可设 $y=(ab^ix)^{rp}b^{sp^u}c^{tp}$, 其中 $(s,p)=1$. 因为 $y^{p^n}=(ab^ix)^{rp^{n+1}}b^{sp^{n+u}}$, 所以 $b^{sp^{n+u}}\notin D$ 且 $b^{sp^{n+u}}\in DG'$. 因为 $b^{p^{m-1}}\notin DG'$ 且 $b^{sp^{n+u}}\in DG'$, 所以 $n+u\geqslant m$. 另一方面, 由 $b^{sp^{n+u}}\notin D$ 和 $b^{p^m}\in D$ 可得 $n+u<m$. 从而推出矛盾.

因为 $|G:D| \leqslant p^m$, 所以 G 的指数大于 p^m 的子群都是交换的. 另一方面, $\langle a,c\rangle$ 为指数为 p^m 的 $\mathcal{A}_1$ 子群. 因此 G 为 $\mathcal{A}_{m+1}$ 群. □

定理 7.1.12 设 G 是定理 7.1.7中的群(A10).

(1) 若 $l=m=n=1$ 且 $p=2$, 或者 $l<m$, 或者 $m<n-1$, 则 G 非亚 Hamilton 群; 若 $l>m\geqslant n-1$, 或者 $l=m>n-1>0$, 或者 $l=m=n=1$ 且 $p>2$, 则 G 为亚 Hamilton 群.

(2) 若 $l=m=n=1$ 且 $p=2$, 则 G 为 $\mathcal{A}_2$ 群; 对于其他情形, G为 $\mathcal{A}_{\max\{m,n\}+1}$ 群.

(3) G 的 $\mathcal{A}_1$ 子群的最小指数为 $\min\{p^l,p^m,p^n\}$.

证明 不妨设

$$G=\langle a,b,c \mid a^{p^{l+1}}=b^{p^{m+1}}=c^{p^n}=1,[b,c]=1,[c,a]=b^{p^m},[a,b]=a^{p^l}\rangle,$$

D 是 G 的 $\mathcal{A}_1$ 子群. 因为 $A_G=\langle a^p,b,c\rangle$ 是 G 的唯一的交换极大子群, 所以可设 $D=\langle ax,y\rangle$, 其中 $x,y\in A_G$. 因为 $Z(G)=\Phi(G)$, 所以进一步可设 $D=\langle ab^ix,cy\rangle$ 或者 $D=\langle ac^jx,bc^ky\rangle$, 其中 $x,y\in Z(G)=\Phi(G)$.

(1) 若 $l=m=n=1$ 且 $p=2$, 则 $\langle ab,c\rangle$ 既不交换又不正规; 若 $l<m$, 则 $\langle ab,c\rangle$ 既不交换又不正规; 若 $m<n-1$, 则 $\langle a,bc^p\rangle$ 既不交换又不正规; 若 $l=m=n-1$, 则 $\langle ac,bc\rangle$ 既不交换又不正规. 因此对于这些情形 G 不是亚 Hamilton 群. 接下来假设 $l=m>n-1$ 或者 $l>m\geqslant n-1>0$ 或者 $l=m=n=1$ 且 $p>2$.

情形 1 $l=m>n-1$.

若 $D=\langle ab^ix,cy\rangle$, 则 $D'=\langle b^{p^m}\rangle$. 计算可得, 对于所有的 $z\in Z(G)$, 都有 $z^{p^l}\in D$ 成立. 因为 $a^{p^l}=(ab^ix)^{p^l}b^{-ip^l}x^{-p^l}\in D$, 所以 $G'\leqslant D$. 因此 $D\trianglelefteq G$.

若 $D=\langle ac^jx,bc^ky\rangle$, 则 $D'=\langle a^{p^l}b^{-kp^m}\rangle$. 计算可得, 对于 $z\in Z(G)$ 有 $z^{p^m}\in D$ 成立. 因为 $b^{p^m}=(bc^ky)^{p^m}y^{-p^m}\in D$, 所以 $G'\leqslant D$. 因此 $D\trianglelefteq G$.

综上所述, G 是亚 Hamilton 群.

情形 2 $l=m=n=1$ 且 $p>2$ 或者 $l>m\geqslant n-1>0$.

若 $D=\langle ab^ix,cy\rangle$, 则 $D'=\langle b^{-p^m}\rangle$. 计算可得, 对于 $z\in Z(G)$ 有 $z^{p^l}\in D$ 成立. 因为 $a^{p^l}=(ab^ix)^{p^l}x^{-p^l}\in D$, 所以 $G'\leqslant D$. 因此 $D\trianglelefteq G$.

若 $D=\langle ac^jx,by\rangle$, 则 $D'=\langle a^{p^l}\rangle$. 计算可得, 对于 $z\in Z(G)$ 有 $z^{p^m}\in D$ 成立. 因为 $b^{p^m}=(by)^{p^m}y^{-p^m}\in D$, 所以 $G'\leqslant D$. 因此 $D\trianglelefteq G$.

若 $D=\langle ac^jx,bc^ky\rangle$ 其中 $(k,p)=1$, 则 $D'=\langle a^{p^l}b^{-kp^m}\rangle$. 计算可得, 对于 $z\in Z(G)$ 有 $z^{p^l}\in D$ 成立. 因为 $a^{p^l}=(ac^jx)^{p^l}x^{-p^l}\in D$, 所以 $G'\leqslant D$. 因此 $D\trianglelefteq G$.

综上所述, G 是亚 Hamilton 群.

(2) 若 $D=\langle ac^jx,bc^ky\rangle$, 则 $G=\langle D,c\rangle$. 因此 $|G/DG'|\leqslant p^n$. 从而

$$|G:D|=|G/DG'||DG'/D|\leqslant p^n|G'/(D\cap G')|\leqslant p^{n+1}.$$

若 $D=\langle ab^ix,cy\rangle$, 则 $G=\langle D,b\rangle$. 因此 $|G/DG'|\leqslant p^m$. 从而

$$|G:D|=|G/DG'||DG'/D|\leqslant p^m|G'/(D\cap G')|\leqslant p^{m+1}.$$

以下分两种情况来证明 $|G:D|\leqslant \max\{p^m,p^n\}$.

子情形 2.1　$m\leqslant n-1$.

断言 $|G:D|\leqslant p^n=\max\{p^m,p^n\}$. 否则, 存在 D 满足 $|G:D|=p^{n+1}$. 若 $D=\langle ab^ix,cy\rangle$, 则

$$|G:D|\leqslant p^{m+1}\leqslant p^n=\max\{p^m,p^n\}.$$

因此可设

$$D=\langle ac^jx,bc^ky\rangle,\quad |G/DG'|=p^n,\quad G'\nleqslant D.$$

因为 $D'=\langle a^{p^l}b^{-kp^m}\rangle$, 所以 $b^{p^m}\notin D$. 若 $k\neq 0$, 可设

$$y=(ac^jx)^{rp}(bc^ky)^{sp}c^{tp}.$$

此时

$$y^{p^{n-1}}=(ac^jx)^{rp^n}(bc^ky)^{sp^n}\in D.$$

因为 $n-1\geqslant m$, 所以

$$c^{kp^{n-1}}=(bc^ky)^{p^{n-1}}b^{-p^{n-1}}y^{-p^{n-1}}\in DG'.$$

从而 $|G/DG'|\leqslant p^{n-1}$, 与假设矛盾. 因此可设 $k=0$. 令

$$y=(ac^jx)^{rp}(by)^{sp}c^{tp^u},$$

其中 $(t,p)=1$. 则

$$(by)^{p^m}=b^{p^m}(ac^jx)^{rp^{m+1}}(by)^{sp^{m+1}}c^{tp^{u+m}}.$$

因为 $b^{p^m}\in DG'$ 和 $b^{p^m}\notin D$, 所以 $c^{tp^{m+u}}\in DG'$ 且 $c^{tp^{m+u}}\notin D$. 因为 $|G/DG'|=p^n$, 所以 $c^{p^{n-1}}\notin DG'$. 因此 $m+u>n-1$. 此时 $c^{tp^{m+u}}=1\in D$, 矛盾. 因此有 $|G:D|\leqslant p^n=\max\{p^m,p^n\}$.

子情形 2.2　$m\geqslant n$.

易验证当 $l=m=n=1$ 且 $p=2$ 时, G 为 $\mathcal{A}_2$ 群. 以下设 $l=m=n=1$ 时有 $p>2$ 成立. 首先断言 $|G:D|\leqslant p^m=\max\{p^m,p^n\}$. 否则, 存在 D 满足 $|G:D|=p^{m+1}$. 从而 $|G/DG'|=p^m$ 且 $G'\nleqslant D$. 若 $l\geqslant m$, 由 (1) 可得 G 为亚 Hamilton 群. 因此 $G'\leqslant D$, 矛盾. 下面设 $l<m$.

若 $D=\langle ab^ix,cy\rangle$, 则 $D'=\langle b^{p^m}\rangle$. 因此 $a^{p^l}\notin D$. 当 $i\neq 0$ 时, 令

$$x=(ab^ix)^{rp}b^{sp}(cy)^{tp}.$$

则

$$x^{p^{m-1}}=(ab^ix)^{rp^m}b^{sp^m}(cy)^{tp^m}\in D.$$

因为 $l<m$, 所以 $b^{ip^{m-1}}=(ab^ix)^{p^{m-1}}a^{-p^{m-1}}x^{-p^{m-1}}\in DG'$. 因此 $|G/DG'|\leqslant p^{m-1}$, 矛盾. 当 $i=0$ 时, 令 $x=(ax)^{rp}b^{sp^u}(cy)^{tp}$ 其中 $(s,p)=1$, 则

$$(ax)^{p^l}=a^{p^l}(ax)^{rp^{l+1}}b^{sp^{u+l}}(cy)^{tp^{l+1}}.$$

因为 $a^{p^l}\in DG'$ 和 $a^{p^l}\notin D$, 所以 $b^{sp^{u+l}}\in DG'$ 且 $b^{sp^{u+l}}\notin D$. 因为 $|G/DG'|=p^m$, 所以 $b^{p^{m-1}}\notin DG'$. 因此 $l+u\geqslant m$. 从而 $b^{sp^{u+l}}\in D$, 矛盾.

若 $D=\langle ac^jx,bc^ky\rangle$, 则 $D'=\langle a^{p^l}b^{-kp^m}\rangle$. 从而 $b^{p^m}\notin D$. 令

$$y=(ac^jx)^{rp}(bc^ky)^{sp}c^{tp}.$$

则

$$y^{p^m}=(ac^jx)^{rp^{m+1}}(bc^ky)^{sp^{m+1}}\in D.$$

因此 $b^{p^m}=(bc^ky)^{p^m}y^{-p^m}\in D$, 矛盾. 因而 $|G:D|\leqslant p^m=\max\{p^m,p^n\}$.

综上所述, 指数大于 $\max\{p^m,p^n\}$ 的子群都交换.

当 $m\geqslant n$ 时, $\langle a,c\rangle$ 为 G 的指数为 $p^m=\max\{p^m,p^n\}$ 的 $\mathcal{A}_1$ 子群. 当 $m<n$ 时, $\langle a,b\rangle$ 是 G 的指数为 $p^n=\max\{p^m,p^n\}$ 的 $\mathcal{A}_1$ 子群. 因此 G 为 $\mathcal{A}_{\max\{m,n\}+1}$ 群.

(3) 因为 DG'/G' 为 G/G' 的二元生成的子群, 所以

$$|G/G':DG'/G'|\geqslant\min\{p^l,p^m,p^n\}.$$

因此

$$|G:D|\geqslant|G/G':DG'/G'|\geqslant\min\{p^l,p^m,p^n\}.$$

当 $l<m$ 且 $l<n$ 时, $\langle ac,b\rangle$ 在 G 中的指数为 $p^l=\min\{p^l,p^m,p^n\}$. 因此, 对于 $l<m$ 且 $l<n$, G 的 $\mathcal{A}_1$ 子群的最小指数为 $p^l=\min\{p^l,p^m,p^n\}$; 对于 $l\geqslant m$ 或 $l\geqslant n$, 因为 $\langle a,c\rangle$ 在 G 中的指数为 p^m, $\langle a,b\rangle$ 在 G 中的指数为 p^n, 所以 G 的 $\mathcal{A}_1$ 子群的最小指数也是 $\min\{p^l,p^m,p^n\}$. □

定理7.1.9—定理7.1.12 给出了定理7.1.7中的某些群的性质. 用类似的方法我们可以得到定理7.1.7的所有群的性质. 这里将计算细节省略, 只将结果列在表 7.4 中.

表 7.4　定理7.1.7中的群的性质

群号	条件	是否为亚 Hamilton 群?	使 $\mathcal{A}_1$ 子群的最小指数为 p^s 的 s 的值	使 G 为 $\mathcal{A}_t$ 群的 t 的值
(A1)		no	$\min\{l, m+1\}$	$m+2$
(A2)		no	$\min\{l, m\}$	$m+2$
(A3)	$-\nu \in (\mathrm{F}_p^*)^2$	no	$\min\{l, m\}$	$m+2$
	$-\nu \notin (\mathrm{F}_p^*)^2$	yes		$m+1$
(A4)		no	$\min\{l, m\}$	$m+2$
(A5)	$l = m = 1$	no	2	$m+2$
	$l + m \geqslant 3$		$\min\{l, m+1\}$	
(A6)		yes	$\min\{l, m\}$	$m+1$
(A7)		no	$\min\{l, n\}$	$m+2$
(A8)	$m > n+1$	no	$\min\{l, n\}$	$m+1$
	$m = n+1$	yes		
(A9)		no	$\min\{l, m, n\}$	$\max\{m-1, n\}+2$
(A10)	$l = m = n = 1$ 且 $p = 2$	yes	$\min\{l, m, n\}$	3
	$l > m \geqslant n-1$			$\max\{m, n\}+1$
	$l \geqslant m > n-1$			
	$l < m$ 或 $m < n-1$	no		
	$l = m = n-1$			
(A11)		no	1	$h+1$
(A12)		no	1	$h+2$
(B1)	$l = n = p-1 = 1$	no	2	$\max\{m, n\}+2$
	$l + n \geqslant 3$ 或 $p > 2$		$\min\{l, m, n+1\}$	
(B2)		no	$\min\{l, m, n+1\}$	$\max\{m-1, n\}+2$
(B3)		no	$\min\{l+1, m, n\}$	$\max\{m-1, n\}+2$
(B4)		no	1	$h+2$
(C)		no	$\min\{l, n\}+1$	$m+2$
(D)		yes	1	2

定理 7.1.13　设 G 为三元生成的有限 p 群, $\Phi(G) \leqslant Z(G)$ 和 $|G'| \leqslant p^2$. 则 G 有一个指数为 p 的 $\mathcal{A}_1$ 子群当且仅当 G 为以下互不同构的群之一.

(I) $G' \cong \mathrm{C}_p$.

(1) $\langle a, b, c \mid a^4 = c^{2^k} = 1,\ b^2 = a^2 = [a, b],\ [c, a] = [c, b] = 1\rangle \cong \mathrm{Q}_8 \times \mathrm{C}_{2^k}$;

(2) $\langle a, b, c \mid a^{p^{n+1}} = b^{p^m} = c^{p^k} = 1,\ [a, b] = a^{p^n},\ [c, a] = [c, b] = 1\rangle \cong \mathrm{M}_p(n+1, m) \times \mathrm{C}_{p^k}$, 其中 $\min\{n, m, k\} = 1$;

(3) $\langle a, b, c \mid a^{p^n} = b^{p^m} = c^{p^k} = d^p = 1,\ [a, b] = d,\ [c, a] = [c, b] = 1\rangle \cong \mathrm{M}_p(n, m, 1) \times \mathrm{C}_{p^k}$, 其中 $n \geqslant m$, $\min\{m, k\} = 1$, 当 $p = 2$ 时 $n \geqslant 2$;

(4) $\langle a, b, c \mid a^4 = 1,\ b^2 = c^{2^k} = a^2 = [a, b],\ [c, a] = [c, b] = 1\rangle$;

(5) $\langle a, b, c \mid a^{p^n} = b^{p^m} = c^{p^{k+1}} = 1,\ [a, b] = c^{p^k},\ [c, a] = [c, b] = 1\rangle$, 其中 $n \geqslant m$, $\min\{m, k\} = 1$, 当 $p = 2$ 时 $n \geqslant 2$.

(II) $G' \cong C_p^2$.

(6) $\langle a,b,c \mid a^p = b^{p^{m+1}} = c^{p^{m+1}} = 1, [b,c]=1, [c,a]=c^{p^m}, [a,b]=b^{-p^m}\rangle$, 其中 p 为奇素数;

(7) $\langle a,b,c \mid a^{p^l} = b^{p^{m+1}} = c^{p^{m+1}} = 1, [b,c]=1, [c,a]=b^{p^m}c^{p^m}, [a,b]=b^{-p^m}\rangle$, 其中 p 为奇素数且 $\min\{l,m\}=1$;

(8) $\langle a,b,c \mid a^{p^l} = b^{p^{m+1}} = c^{p^{m+1}} = 1, [b,c]=1, [c,a]=b^{p^m}c^{tp^m}, [a,b]=b^{-tp^m}c^{\nu p^m}\rangle$, 其中 p 为奇素数, $\min\{l,m\}=1$, $\nu=1$ 或者是一个固定的模 p 的平方非剩余, $t\in\left\{0,1,\cdots,\dfrac{p-1}{2}\right\}$ 满足 $t^2\neq -\nu$;

(9) $\langle a,b,c \mid a^{2^l} = b^{2^{m+1}} = c^{2^{m+1}} = 1, [b,c]=1, [c,a]=b^{2^m}, [a,b]=c^{2^m}\rangle$, 其中 $\min\{l,m\}=1$;

(10) $\langle a,b,c \mid a^2 = b^{2^{m+1}} = c^{2^{m+1}} = 1, [b,c]=1, [c,a]=c^{2^m}, [a,b]=b^{2^m}\rangle$, 其中 $m>1$;

(11) $\langle a,b,c \mid a^{2^l} = b^{2^{m+1}} = c^{2^{m+1}} = 1, [b,c]=1, [c,a]=b^{2^m}, [a,b]=b^{2^m}c^{2^m}\rangle$, 其中 $\min\{l,m\}=1$;

(12) $\langle a,b,c \mid a^{p^l} = b^{p^{m+1}} = c^{p^{n+1}} = 1, [b,c]=1, [a,b]=b^{p^m}, [c,a]=c^{tp^n}\rangle$, 其中 $m>n$, $\min\{l,n\}=1$, $1\leqslant t\leqslant p-1$;

(13) $\langle a,b,c \mid a^{p^l} = b^{p^{m+1}} = c^{p^{n+1}} = 1, [b,c]=1, [a,b]=c^{\nu p^n}, [c,a]=b^{p^m}\rangle$, 其中 $m>n$, $\min\{l,n\}=1$, $\nu=1$ 或者是一个固定的模 p 的平方非剩余;

(14) $\langle a,b,c \mid a^{p^{l+1}} = b^{p^m} = c^{p^{n+1}} = 1, [b,c]=1, [c,a]=c^{p^n}, [a,b]=a^{p^l}\rangle$, 其中 $\min\{l,m,n\}=1$;

(15) $\langle a,b,c \mid a^{p^{l+1}} = b^{p^{m+1}} = c^{p^n} = 1, [b,c]=1, [c,a]=b^{p^m}, [a,b]=a^{p^l}\rangle$, 其中 $\min\{l,m,n\}=1$;

(16) $\langle a,b,c \mid a^4 = b^{2^h} = c^4 = 1, [b,c]=1, [c,a]=a^2c^2, [a,b]=c^2\rangle$, 其中 $h\geqslant 2$;

(17) $\langle a,b,c \mid a^4 = b^{2^{h+1}} = c^4 = 1, [b,c]=1, [c,a]=a^2=c^2, [a,b]=b^{2^h}\rangle$;

(18) $\langle a,b,c,x \mid a^{p^l} = b^{p^m} = c^{p^{n+1}} = x^p = 1, [a,b]=x, [a,c]=c^{p^n}, [b,c]=[x,a]=[x,b]=[x,c]=1\rangle$, 其中 $l+m\geqslant 3$, $\min\{l,m\}=1$, 当 $p=2$ 时 $l+n\geqslant 3$;

(19) $\langle a,b,c,x \mid a^{p^l} = b^{p^m} = c^{p^{n+1}} = x^p = 1, [a,b]=c^{p^n}, [a,c]=x, [b,c]=[x,a]=[x,b]=[x,c]=1\rangle$, 其中 $\min\{l,m\}=1$, 当 $p=2$ 时 $l+n\geqslant 3$;

(20) $\langle a,b,c,x \mid a^{p^{l+1}} = b^{p^m} = c^{p^n} = x^p = 1, [a,b]=a^{p^l}, [a,c]=x, [b,c]=[x,a]=[x,b]=[x,c]=1\rangle$, 其中 $\min\{m,n\}=1$;

(21) $\langle a,b,c,x \mid a^4 = b^{2^h} = c^4 = y^2 = 1, [a,b]=x, [a,c]=a^2=c^2, [b,c]=[x,a]=[x,b]=[x,c]=1\rangle$;

(22) $\langle a,b,c \mid b^4 = c^4 = 1, a^2=b^2, [a,b]=c^2, [a,c]=b^2, [b,c]=1\rangle$.

证明 设 M 为 G 的指数为 p 的 $\mathcal{A}_1$ 子群. 若 $G'\cong C_p$, 则 G 为定理 3.1.6 中

的某个群. 设 G/G' 的型不变量为 $(p^{m_1}, p^{m_2}, p^{m_3})$, 其中 $m_1 \geqslant m_2 \geqslant m_3$. 则 G/G' 的二元生成子群的最大阶为 $p^{m_1+m_2}$. 从而 $|M/G'| \leqslant p^{m_1+m_2}$. 因为 M 为 G 的极大子群, 所以 $m_3 = 1$. 另一方面, 若 $m_3 = 1$, 则定理 3.1.6 中的群都有指数为 p 的 $\mathcal{A}_1$ 子群. 此时可得定理中的 (I) 型群.

若 $G' \cong C_p^2$, 则 G 为定理 7.1.7 中的某个群. 检查表 7.4 中 $\mathcal{A}_1$ 子群的最小指数, 可得定理中的 (II) 型群. □

7.1.4 三元生成导群为 C_p^3 的 p 群

本节将决定满足 $\Phi(G) \leqslant Z(G)$ 的三元生成导群为 C_p^3 的有限 p 群. 还将计算出所决定的群的内交换子群的最小指数 $I_{\min}$ 和最大指数 $I_{\max}$. 除此之外, 还将挑出其中的亚 Hamilton 群 (即非交换子群都正规的非交换群).

设 G 为满足 $\Phi(G) \leqslant Z(G)$ 和 $G' \cong C_p^3$ 的三元生成的有限 p 群, G/G' 的型不变量为

$$(p^{m_1}, p^{m_2}, p^{m_3}), \quad \text{其中} \quad m_1 \geqslant m_2 \geqslant m_3,$$

$$G/G' = \langle a_1 G' \rangle \times \langle a_2 G' \rangle \times \langle a_3 G' \rangle, \quad \text{其中} \quad o(a_i G') = p^{m_i}, \quad i = 1, 2, 3.$$

则

$$G = \langle a_1, a_2, a_3 \rangle, \quad G' = \langle [a_2, a_3], [a_3, a_1], [a_1, a_2] \rangle.$$

令

$$x = [a_2, a_3], \quad y = [a_3, a_1], \ z = [a_1, a_2].$$

因为 $a_i^{p^{m_i}} \in G'$, 可设 $a_i^{p^{m_i}} = x^{w_{i1}} y^{w_{i2}} z^{w_{i3}}$, 其中 $i = 1, 2, 3$. 此时得到一个域 F_p 上的 3×3 的矩阵 $w(G) = (w_{ij})$. 注意 $w(G)$ 是随生成元 a_1, a_2, a_3 的选择而变化的. 称 $w(G)$ 为 G 的与生成元 a_1, a_2, a_3 对应的特征矩阵 (简称特征矩阵). 在本节中, $w(G)$ 总是表示 G 的特征矩阵.

定理 7.1.14 设 p 为奇素数, G 和 $\overline{G}$ 为三元生成的有限 p 群满足:$\Phi(G) \leqslant Z(G)$, $G' \cong C_p^3$, G/G' 的型不变量为 $(p^{m_1}, p^{m_2}, p^{m_3})$, 其中 $m_1 \geqslant m_2 \geqslant m_3$. 设 G 和 $\overline{G}$ 的特征矩阵分别为 $w(G) = (w_{ij})$ 和 $w(\overline{G}) = (\bar{w}_{ij})$. 则 $G \cong \overline{G}$ 当且仅当存在域 F_p 上的可逆矩阵 $X = \begin{pmatrix} x_{11} & x_{12} & x_{13} \\ x_{21}p^{m_1-m_2} & x_{22} & x_{23} \\ x_{31}p^{m_1-m_3} & x_{32}p^{m_2-m_3} & x_{33} \end{pmatrix}$ 使得 $w(\overline{G}) = \det(X)^{-1} X_2 w(G) X^t$, 其中 $X_2 = \begin{pmatrix} x_{11} & x_{12}p^{m_1-m_2} & x_{13}p^{m_1-m_3} \\ x_{21} & x_{22} & x_{23}p^{m_2-m_3} \\ x_{31} & x_{32} & x_{33} \end{pmatrix}$.

证明 设 $w(G)$ 和 $w(\overline{G})$ 对应的生成元分别为 a_1, a_2, a_3 和 $\bar{a}_1, \bar{a}_2, \bar{a}_3$, θ 为从 $\overline{G}$ 到 G 的同构映射. 可设

$$\bar{a}_1^{\theta} \equiv a_1^{x_{11}} a_2^{x_{12}} a_3^{x_{13}} \pmod{G'}, \quad \bar{a}_2^{\theta} \equiv a_1^{x_{21}p^{m_1-m_2}} a_2^{x_{22}} a_3^{x_{23}} \pmod{G'},$$

$$\bar{a}_3^{\theta} \equiv a_1^{x_{31}p^{m_1-m_3}} a_2^{x_{32}p^{m_2-m_3}} a_3^{x_{33}} (\bmod\ G').$$

计算可得

$$\begin{aligned}\bar{x}^{\theta} &= [\bar{a}_2, \bar{a}_3]^{\theta} = [\bar{a}_2^{\theta}, \bar{a}_3^{\theta}] = [a_1^{x_{21}p^{m_1-m_2}} a_2^{x_{22}} a_3^{x_{23}}, a_1^{x_{31}p^{m_1-m_3}} a_2^{x_{32}p^{m_2-m_3}} a_3^{x_{33}}] \\ &= x^{x_{22}x_{33}-x_{23}x_{32}p^{m_2-m_3}} y^{-x_{21}x_{33}p^{m_1-m_2}+x_{23}x_{31}p^{m_1-m_3}} z^{x_{21}x_{32}p^{m_1-m_3}-x_{22}x_{31}p^{m_1-m_3}},\end{aligned}$$

$$\bar{y}^{\theta} = x^{x_{32}x_{13}p^{m_2-m_3}-x_{33}x_{12}} y^{-x_{31}x_{13}p^{m_1-m_3}+x_{33}x_{11}} z^{x_{31}x_{12}p^{m_1-m_3}-x_{32}x_{11}p^{m_2-m_3}},$$

以及

$$\bar{z}^{\theta} = x^{x_{12}x_{23}-x_{13}x_{22}} y^{-x_{11}x_{23}+x_{13}x_{21}p^{m_1-m_2}} z^{x_{11}x_{22}-x_{12}x_{21}p^{m_1-m_2}}.$$

令

$$X_1 = \begin{pmatrix} x_{22}x_{33} - x_{23}x_{32}p^{m_2-m_3} & -x_{21}x_{33}p^{m_1-m_2} + x_{23}x_{31}p^{m_1-m_3} & x_{21}x_{32}p^{m_1-m_3} - x_{22}x_{31}p^{m_1-m_3} \\ x_{32}x_{13}p^{m_2-m_3} - x_{33}x_{12} & -x_{31}x_{13}p^{m_1-m_3} + x_{33}x_{11} & x_{31}x_{12}p^{m_1-m_3} - x_{32}x_{11}p^{m_2-m_3} \\ x_{12}x_{23} - x_{13}x_{22} & -x_{11}x_{23} + x_{13}x_{21}p^{m_1-m_2} & x_{11}x_{22} - x_{12}x_{21}p^{m_1-m_2} \end{pmatrix}.$$

因为 $(\bar{x}^{\bar{w}_{11}}\bar{y}^{\bar{w}_{12}}\bar{z}^{\bar{w}_{13}})^{\theta} = (\bar{a}_1^{p^{m_1}})^{\theta} = a_1^{x_{11}p^{m_1}} a_2^{x_{12}p^{m_1}} a_3^{x_{13}p^{m_1}}$, 所以

$$(\bar{w}_{11}, \bar{w}_{12}, \bar{w}_{13})X_1 = (x_{11}, x_{12}p^{m_1-m_2}, x_{13}p^{m_1-m_3})\begin{pmatrix} w_{11} & w_{12} & w_{13} \\ w_{21} & w_{22} & w_{23} \\ w_{31} & w_{32} & w_{33} \end{pmatrix}. \quad (7.1)$$

因为 $(\bar{x}^{\bar{w}_{21}}\bar{y}^{\bar{w}_{22}}\bar{z}^{\bar{w}_{23}})^{\theta} = (\bar{a}_2^{p^{m_2}})^{\theta} = a_1^{x_{21}p^{m_1}} a_2^{x_{22}p^{m_2}} a_3^{x_{23}p^{m_2}}$, 所以

$$(\bar{w}_{21}, \bar{w}_{22}, \bar{w}_{23})X_1 = (x_{21}, x_{22}, x_{23}p^{m_2-m_3})\begin{pmatrix} w_{11} & w_{12} & w_{13} \\ w_{21} & w_{22} & w_{23} \\ w_{31} & w_{32} & w_{33} \end{pmatrix}. \quad (7.2)$$

因为 $(\bar{x}^{\bar{w}_{31}}\bar{y}^{\bar{w}_{32}}\bar{z}^{\bar{w}_{33}})^\theta=(\bar{a}_3^{p^{m_3}})^\theta=a_1^{x_{31}p^{m_1}}a_2^{x_{32}p^{m_2}}a_3^{x_{33}p^{m_3}}$, 所以

$$(\bar{w}_{31},\bar{w}_{32},\bar{w}_{33})X_1=(x_{31},x_{32},x_{33})\begin{pmatrix} w_{11} & w_{12} & w_{13}\\ w_{21} & w_{22} & w_{23}\\ w_{31} & w_{32} & w_{33}\end{pmatrix}. \tag{7.3}$$

令 $X_2=\begin{pmatrix} x_{11} & x_{12}p^{m_1-m_2} & x_{13}p^{m_1-m_3}\\ x_{21} & x_{22} & x_{23}p^{m_2-m_3}\\ x_{31} & x_{32} & x_{33}\end{pmatrix}$. 由等式 (7.1)—(7.3) 可得

$$w(\overline{G})X_1=X_2w(G). \tag{7.4}$$

令 $X=\begin{pmatrix} x_{11} & x_{12} & x_{13}\\ x_{21}p^{m_1-m_2} & x_{22} & x_{23}\\ x_{31}p^{m_1-m_3} & x_{32}p^{m_2-m_3} & x_{33}\end{pmatrix}$. 则 $X_1=(X^t)^*$, 其中 X^t 表示 X 的转置, X^* 表示 X 的伴随矩阵. 在等式 (7.4) 两边右乘 $\det(X)^{-1}X^t$ 可得

$$w(\overline{G})=\det(X)^{-1}X_2w(G)X^t. \tag{7.5}$$

另一方面, 若存在域 F_p 上的可逆矩阵 $X=\begin{pmatrix} x_{11} & x_{12} & x_{13}\\ x_{21}p^{m_1-m_2} & x_{22} & x_{23}\\ x_{31}p^{m_1-m_3} & x_{32}p^{m_2-m_3} & x_{33}\end{pmatrix}$ 使得等式 (7.5) 成立, 则易验证

$$\theta:\bar{a}_1\mapsto a_1^{x_{11}}a_2^{x_{12}}a_3^{x_{13}},\bar{a}_2\mapsto a_1^{x_{21}p^{m_1-m_2}}a_2^{x_{22}}a_3^{x_{23}},\bar{a}_3\mapsto a_1^{x_{31}p^{m_1-m_3}}a_2^{x_{32}p^{m_2-m_3}}a_3^{x_{33}}$$

为从 $\overline{G}$ 到 G 的同构映射. □

当 $p=2$ 且 $m_2>1$ 时, 等式 (7.1)—(7.3) 仍然是成立的. 当 $p=2$, $m_1>1$ 且 $m_2=m_3=1$ 时, 等式 (7.1) 成立, 但等式 (7.2) 和 (7.3) 变成了

$$(\bar{w}_{21},\bar{w}_{22},\bar{w}_{23})X_1=(x_{21},x_{22},x_{23})\begin{pmatrix} w_{11} & w_{12} & w_{13}\\ w_{21} & w_{22} & w_{23}\\ w_{31} & w_{32} & w_{33}\end{pmatrix}+(x_{22}x_{23},0,0) \tag{6.2$'$}$$

和

$$(\bar{w}_{31},\bar{w}_{32},\bar{w}_{33})X_1=(x_{31},x_{32},x_{33})\begin{pmatrix} w_{11} & w_{12} & w_{13}\\ w_{21} & w_{22} & w_{23}\\ w_{31} & w_{32} & w_{33}\end{pmatrix}+(x_{32}x_{33},0,0). \tag{6.3$'$}$$

因此得到下面的定理.

定理 7.1.15 设 G 和 $\overline{G}$ 是三元生成的有限 2 群, 满足 $\Phi(G)\leqslant Z(G)$, $G'\cong \mathrm{C}_2^3$, G/G' 的型不变量为 $(2^{m_1},2^{m_2},2^{m_3})$, 其中 $m_1\geqslant m_2\geqslant m_3$ 且 $m_2>1$. 设 G 和 $\overline{G}$ 的特征矩阵分别为 $w(G)=(w_{ij})$ 和 $w(\overline{G})=(\bar{w}_{ij})$. 则 $G\cong\overline{G}$ 当且仅当存在域 F_p 上的可逆矩阵 $X=\begin{pmatrix} x_{11} & x_{12} & x_{13}\\ x_{21}2^{m_1-m_2} & x_{22} & x_{23}\\ x_{31}2^{m_1-m_3} & x_{32}2^{m_2-m_3} & x_{33}\end{pmatrix}$ 使得 $w(\overline{G})=X_2w(G)X^t$ 成立, 其中 $X_2=\begin{pmatrix} x_{11} & x_{12}2^{m_1-m_2} & x_{13}2^{m_1-m_3}\\ x_{21} & x_{22} & x_{23}2^{m_2-m_3}\\ x_{31} & x_{32} & x_{33}\end{pmatrix}$.

定理 7.1.16 设 G 和 $\overline{G}$ 为三元生成的有限 2 群满足: $\Phi(G)\leqslant Z(G)$, $G'\cong \mathrm{C}_2^3$, G/G' 的型不变量为 $(2^{m_1},2,2)$, 其中 $m_1>1$. 设 G 和 $\overline{G}$ 的特征矩阵分别为 $w(G)=(w_{ij})$ 和 $w(\overline{G})=(\bar{w}_{ij})$. 则 $G\cong\overline{G}$ 当且仅当存在域 F_2 上的可逆矩阵 $X=\begin{pmatrix} 1 & x_{12} & x_{13}\\ 0 & x_{22} & x_{23}\\ 0 & x_{32} & x_{33}\end{pmatrix}$ 以及 $x_{21},x_{31}\in\mathrm{F}_2$ 使得 $w(\overline{G})=X_2w(G)X^t+\begin{pmatrix} 0 & 0 & 0\\ x_{22}x_{23} & 0 & 0\\ x_{32}x_{33} & 0 & 0\end{pmatrix}$, 其中 $X_2=\begin{pmatrix} 1 & 0 & 0\\ x_{21} & x_{22} & x_{23}\\ x_{31} & x_{32} & x_{33}\end{pmatrix}$.

下面计算 $\mathcal{A}_1$ 子群的最小指数和最大指数.

定理 7.1.17 设 G 为三元生成的 p 群满足: $\Phi(G)\leqslant Z(G)$, $G'\cong \mathrm{C}_p^3$, G/G' 的型不变量为 $(p^{m_1},p^{m_2},p^{m_3})$, 其中 $m_1\geqslant m_2\geqslant m_3$. 则 $m_3\leqslant I_{\min}\leqslant m_3+2$, 并且

(1) $I_{\min}=m_3$ 当且仅当存在 G 的特征矩阵 $w(G)=(w_{ij})$ 满足

$$\operatorname{rank}\begin{pmatrix} w_{11} & w_{12}\\ w_{21} & w_{22}\end{pmatrix}=2;$$

(2) 若 $\operatorname{rank}(w(G))\geqslant 2$, 则 $m_3\leqslant I_{\min}\leqslant m_3+1$;

(3) 若所有的特征矩阵都满足 $\operatorname{rank}(w(G))\leqslant 1$, 则 $m_3+1\leqslant I_{\min}\leqslant m_3+2$. 此时 $I_{\min}=m_3+1$ 当且仅当存在 G 的特征矩阵 $w(G)=(w_{ij})$ 满足

$$\operatorname{rank}\begin{pmatrix} w_{11} & w_{12}\\ w_{21} & w_{22}\end{pmatrix}=1.$$

证明 设 D 为 G 的 $\mathcal{A}_1$ 子群. 因为 DG'/G' 是 G/G' 的二元生成的子群, 所以 $|G/G':DG'/G'|\geqslant p^{m_3}$. 因此

$$|G:D|=|G:DG'||DG'/D|=|G/G':DG'/G'||G'/G'\cap D|\geqslant p^{m_3}. \tag{7.6}$$

另一方面, $\langle a_1, a_2\rangle$ 的指数至多为 p^{m_3+2}. 因此 $m_3 \leqslant I_{\min} \leqslant m_3+2$.

(1) 若 $I_{\min} = m_3$ 且 $D \in \mathcal{A}_1$ 满足 $|G:D| = p^{m_3}$, 由等式 (7.6) 可得 $G' \leqslant D$ 且 D/G' 的型不变量为 (p^{m_1}, p^{m_2}). 注意到交换 p 群的最高阶元一定为直积因子, 不妨设 $D = \langle a_1, a_2\rangle$. 因为 $G' \leqslant D$, 所以 $|\langle a_1^{p^{m_1}}, a_2^{p^{m_2}}, z\rangle| = p^3$. 因此 $\operatorname{rank}\begin{pmatrix} w_{11} & w_{12} & w_{13} \\ w_{21} & w_{22} & w_{23} \\ 0 & 0 & 1 \end{pmatrix} = 3$. 从而 $\operatorname{rank}\begin{pmatrix} w_{11} & w_{12} \\ w_{21} & w_{22} \end{pmatrix} = 2$.

另一方面, 若存在特征矩阵 $w(G)$ 满足 $\operatorname{rank}\begin{pmatrix} w_{11} & w_{12} \\ w_{21} & w_{22} \end{pmatrix} = 2$, 则 $\langle a_1, a_2\rangle$ 的指数为 p^{m_3}. 因此 $I_{\min} = m_3$.

(2) 若 $\operatorname{rank}(w(G)) \geqslant 2$,. 若 $I_{\min} = m_3+2$, 则 $|\langle a_1^{p^{m_1}}, a_2^{p^{m_2}}, z\rangle| = p$. 因此 $\begin{pmatrix} w_{11} & w_{12} & w_{13} \\ w_{21} & w_{22} & w_{23} \\ 0 & 0 & 1 \end{pmatrix}$ 的秩为 1. 从而 $w(G) = \begin{pmatrix} 0 & 0 & w_{13} \\ 0 & 0 & w_{23} \\ w_{31} & w_{32} & w_{33} \end{pmatrix}$. 因为 $\operatorname{rank}(w(G)) \geqslant 2$, 所以 $(w_{13}, w_{23}) \neq (0,0)$. 不妨设 $w_{23} \neq 0$. 令 $D = \langle a_1a_3, a_2\rangle$. 容易验证 $D \cap G' \geqslant \langle x, z\rangle$. 因此 D 的最大指数为 p^{m_3+1}. 这与 $I_{\min} = m_3+2$ 矛盾.

(3) 若所有的特征矩阵都满足 $\operatorname{rank}(w(G)) \leqslant 1$, 由 (1) 可得 $I_{\min} \geqslant m_3+1$.

设 D 为 G 的 $\mathcal{A}_1$ 子群且 $DG'/G' = \langle \bar{g_1}\rangle \times \langle \bar{g_2}\rangle$, 其中 $o(\bar{g_1}) = p^u$ 且 $o(\bar{g_2}) = p^v$. 对于 $g \in D$, 存在 i, j, k 使得 $g = {g_1}^i {g_2}^j [g_1, g_2]^k$. 容易验证 $g \in G'$ 当且仅当 $p^u | i$ 且 $p^v | j$. 因此 $D \cap G' = \langle {g_1}^{p^u}, {g_2}^{p^v}, [g_1, g_2]\rangle$. 因为 $\operatorname{rank}(w(G)) \leqslant 1$, 所以 $|D \cap G'| \leqslant p^2$.

当 $I_{\min} = m_3+1$ 且 $D \in \mathcal{A}_1$ 满足 $|G:D| = p^{m_3+1}$ 时, 由等式 (7.6) 可得 DG'/G' 的型不变量为 (p^{m_1}, p^{m_2}). 因此可设 $D = \langle a_1, a_2\rangle$. 因为 $|\langle a_1^{p^{m_1}}, a_2^{p^{m_2}}, z\rangle| = p^2$, 所以 $\operatorname{rank}\begin{pmatrix} w_{11} & w_{12} & w_{13} \\ w_{21} & w_{22} & w_{23} \\ 0 & 0 & 1 \end{pmatrix} = 2$. 因此 $\operatorname{rank}\begin{pmatrix} w_{11} & w_{12} \\ w_{21} & w_{22} \end{pmatrix} = 1$.

另一方面, 若存在特征矩阵 $w(G)$ 满足 $\operatorname{rank}\begin{pmatrix} w_{11} & w_{12} \\ w_{21} & w_{22} \end{pmatrix} = 1$, 则 $\langle a_1, a_2\rangle$ 为指数为 p^{m_3+1} 的 $\mathcal{A}_1$ 子群, 因此 $I_{\min} = m_3+1$. □

定理 7.1.18 设 G 为三元生成的群满足: $\Phi(G) \leqslant Z(G)$, $G' \cong \mathrm{C}_p^3$, 且 G/G' 的型不变量为 $(p^{m_1}, p^{m_2}, p^{m_3})$, 其中 $m_1 \geqslant m_2 \geqslant m_3$. 则 $m_1 \leqslant I_{\max} \leqslant m_1+2$, 并且

(1) $I_{\max} = m_1+2$ 当且仅当存在 G 的特征矩阵 $w(G) = (w_{ij})$ 满足

$$\begin{pmatrix} w_{22} & w_{23} \\ w_{32} & w_{33} \end{pmatrix} = 0;$$

(2) 若所有的特征矩阵都满足 $\operatorname{rank}(w(G)) \leqslant 1$, 则 $m_1+1 \leqslant I_{\max} \leqslant m_1+2$;

(3) 若所有的特征矩阵都满足 $\mathrm{rank}(w(G))=3$, 则 $m_1\leqslant I_{\max}\leqslant m_1+1$;

(4) 若 $I_{\max}\neq m_1+2$, 则 $I_{\max}=m_1+1$ 当且仅当下列条件之一成立:

(a) 存在 G 的特征矩阵 $w(G)=(w_{ij})$ 满足 $\mathrm{rank}\begin{pmatrix} w_{22} & w_{23}\\ w_{32} & w_{33}\end{pmatrix}=1$;

(b) $m_1=m_2+1$ 且存在 G 的特征矩阵 $w(G)=(w_{ij})$ 满足

$$\begin{pmatrix} w_{11} & w_{13}\\ w_{31} & w_{33}\end{pmatrix}=0.$$

证明 设 D 为 G 的 $\mathcal{A}_1$ 子群. 因为

$$\Phi(D)\leqslant D\cap\Phi(G)\leqslant D\cap Z(G)\leqslant Z(D)=\Phi(D),$$

故 $\Phi(D)=D\cap\Phi(G)$. 因此 $|G/G':DG'/G'|\leqslant p^{m_1}$. 因为 $|G'\cap D|\geqslant p$, 故

$$|G:D|=|G:DG'||DG'/D|=|G/G':DG'/G'||G'/G'\cap D|\leqslant p^{m_1+2}. \tag{7.7}$$

因为 $\langle a_2,a_3\rangle$ 的指数至少为 p^{m_1}, 所以 $m_1\leqslant I_{\max}\leqslant m_1+2$.

(1) 若 $I_{\max}=m_1+2$, 设 $D\in\mathcal{A}_1$ 满足 $|G:D|=p^{m_1+2}$, 则由等式 (7.7) 可得 $|G'\cap D|=p$ 且 DG'/G' 的型不变量为 (p^{m_2},p^{m_3}). 不妨设 $D=\langle a_2,a_3\rangle$. 因为 $|\langle x,a_2^{p^{m_2}},a_3^{p^{m_3}}\rangle|=p$, 所以 $\mathrm{rank}\begin{pmatrix} 1 & 0 & 0\\ w_{21} & w_{22} & w_{23}\\ w_{31} & w_{32} & w_{33}\end{pmatrix}=1$. 因此 $\begin{pmatrix} w_{22} & w_{23}\\ w_{32} & w_{33}\end{pmatrix}=0.$

另一方面, 若存在特征矩阵 $w(G)$ 满足 $\begin{pmatrix} w_{22} & w_{23}\\ w_{32} & w_{33}\end{pmatrix}=0$, 则 $\langle a_2,a_3\rangle$ 为 G 的指数为 p^{m_1+2} 的 $\mathcal{A}_1$ 子群. 因此 $I_{\max}=m_1+2$.

(2) 假设结论不成立, 则 $I_{\max}=m_1$. 此时 $\langle a_2,a_3\rangle$ 在 G 中的指数为 p^{m_1}. 因而 $|\langle x,a_2^{p^{m_2}},a_3^{p^{m_3}}\rangle|=p^3$. 此时矩阵 $\begin{pmatrix} 1 & 0 & 0\\ w_{21} & w_{22} & w_{23}\\ w_{31} & w_{32} & w_{33}\end{pmatrix}$ 为可逆矩阵, 这与 $\mathrm{rank}(w(G))\leqslant 1$ 矛盾. 因此 $I_{\max}\geqslant m_1+1$.

(3) 由 (1) 可立得.

(4) 若条件 (a) 成立, 则 $|\langle x,a_2^{p^{m_2}},a_3^{p^{m_3}}\rangle|=p^2$. 因此 $\langle a_2,a_3\rangle$ 在 G 中的指数为 p^{m_1+1}. 若条件 (b) 成立, 则 $|\langle y,a_1^{p^{m_1}},a_3^{p^{m_3}}\rangle|=p$. 因此 $\langle a_1,a_3\rangle$ 在 G 中的指数为 $p^{m_2+2}=p^{m_1+1}$. 所以有 $I_{\max}=m_1+1$.

另一方面, 若 $I_{\max}=m_1+1$, 设 $D\in\mathcal{A}_1$ 满足 $|G:D|=p^{m_1+1}$, 则 $|D|=p^{m_2+m_3+2}$. 因为 $|D/G'\cap D|=|DG'/G'|\geqslant p^{m_2+m_3}$, 所以 $|G'\cap D|\leqslant p^2$.

情形 (a) 存在 $D\in\mathcal{A}_1$ 满足 $|G:D|=p^{m_1+1}$ 且 $|G'\cap D|=p^2$.

因为 $|DG'/G'| = |D/G' \cap D| = p^{m_2+m_3}$, 所以 DG'/G' 的型不变量为 (p^{m_2}, p^{m_3}). 不妨设 $D = \langle a_2, a_3 \rangle$. 因为 $|G' \cap D| = p^2$, 所以 $\text{rank}\begin{pmatrix} 1 & 0 & 0 \\ w_{21} & w_{22} & w_{23} \\ w_{31} & w_{32} & w_{33} \end{pmatrix} = 2$. 因此 $\text{rank}\begin{pmatrix} w_{22} & w_{23} \\ w_{32} & w_{33} \end{pmatrix} = 1$. 条件 (a) 成立.

情形 (b)　$|G' \cap D| = p$ 对所有的满足 $|G : D| = p^{m_1+1}$ 的 $\mathcal{A}_1$ 子群 D 成立.

此时 $|DG'/G'| = |D/G' \cap D| = p^{m_2+m_3+1}$. 进一步, DG'/G' 的型不变量为 (p^{m_2+1}, p^{m_3}) 或者 (p^{m_2}, p^{m_3+1}).

子情形 (b1)　DG'/G' 的型不变量为 (p^{m_2+1}, p^{m_3}).

若存在 $a_1 \in G$ 使得 $G = \langle D, a_1 \rangle$ 且 a_1G' 为 p^{m_1} 阶元, 不妨设 $D = \langle a_2b, a_3 \rangle$, 其中 $b \in \Phi(G)$. 因为 $|\langle x, a_3^{p^{m_3}} \rangle| = p$, 所以 $|\langle x, a_2^{p^{m_2}}, a_3^{p^{m_3}} \rangle| \leqslant p^2$, 即 $|G' \cap \langle a_2, a_3 \rangle| \leqslant p^2$. 因此 $|G : \langle a_2, a_3 \rangle| \geqslant p^{m_1+1}$. 因为 $I_{\max} = m_1 + 1$, 所以 $|G : \langle a_2, a_3 \rangle| = p^{m_1+1}$ 且 $|G' \cap \langle a_2, a_3 \rangle| = p^2$. 这与情形 (b) 的假设矛盾.

若存在 $a_2 \in G$ 使得 $G = \langle D, a_2 \rangle$ 且 a_2G' 为 p^{m_2} 阶元, 则由上面的讨论可不妨设 $m_1 > m_2$. 因为 $|G/G' : DG'/G'| \leqslant p^{m_2}$, 所以

$$|G : D| = |G : DG'||DG' : D| \leqslant p^{m_2}|G'/G' \cap D| = p^{m_2+2}.$$

因为 $I_{\max} = m_1 + 1$, 所以 $m_1 = m_2 + 1$ 且 $|G : DG'| = p^{m_2}$. 因为 DG'/G' 的型不变量为 (p^{m_1}, p^{m_3}), 不妨设 $D = \langle a_1, a_3 \rangle$. 因为 $|G' \cap D| = p$, 所以

$$\text{rank}\begin{pmatrix} w_{11} & w_{12} & w_{13} \\ 0 & 1 & 0 \\ w_{31} & w_{32} & w_{33} \end{pmatrix} = 1.$$

因此 $\begin{pmatrix} w_{11} & w_{13} \\ w_{31} & w_{33} \end{pmatrix} = 0$. 条件 (b) 成立.

若存在 $a_3 \in G$ 使得 $G = \langle D, a_3 \rangle$ 且 a_3G' 的阶为 p^{m_3}, 不妨设 $D = \langle a_1, a_2 \rangle$. 因此 $m_1 = m_2 + 1$ 且 $m_2 = m_3$. 这就转化为了 $G = \langle D, a_2 \rangle$ 的情形.

子情形 (b2)　DG'/G' 的型不变量为 (p^{m_2}, p^{m_3+1}).

若 $m_2 = m_3$, 则问题可转化为子情形 (b1). 因此以下可设 $m_2 > m_3$.

若 $G = \langle D, a_1 \rangle$, 不妨设 $D = \langle a_2, a_3c \rangle$, 其中 $c \in \Phi(G)$. 因为 $|\langle x, a_2^{p^{m_2}} \rangle| = p$, 所以 $|\langle x, a_2^{p^{m_2}}, a_3^{p^{m_3}} \rangle| \leqslant p^2$, 即 $|G' \cap \langle a_2, a_3 \rangle| \leqslant p^2$. 因此 $|G : \langle a_2, a_3 \rangle| \geqslant p^{m_1+1}$. 因为 $I_{\max} = m_1 + 1$, 所以 $|G : \langle a_2, a_3 \rangle| = p^{m_1+1}$ 且 $|G' \cap \langle a_2, a_3 \rangle| = p^2$. 这与情形 (b) 的假设矛盾.

若 $G = \langle D, a_2 \rangle$, 则可不妨设 $D = \langle a_1, a_3c \rangle$, 其中 $c \in \Phi(G)$. 此时 $m_1 = m_2$, 问题可转化为 $G = \langle D, a_1 \rangle$ 的情形.

若 $G=\langle D,a_3\rangle$, 不妨设 $D=\langle a_1,a_2\rangle$. 此时 $m_1=m_2=m_3+1$. 因此 $I_{\max}=m_3+2$. 因为 $|G/G':DG'/G'|=p^{m_3}$, 故 $|D\cap G'|=p^2$, 与情形 (b) 的假设矛盾. □

1. $m_1>m_2>m_3$ 的情形

下面处理 $m_1>m_2>m_3$ 的情形.

定理 7.1.19 设 G 为三元生成的有限 p 群满足: $\Phi(G)\leqslant Z(G)$ 和 $G'\cong C_p^3$. 若 G/G' 的型不变量为 $(p^{m_1},p^{m_2},p^{m_3})$, 其中 $m_1>m_2>m_3$, 则可适当地选择 G 的生成元, 使 G 的特征矩阵为下列矩阵之一. (η 为一个固定的模奇素数 p 的平方非剩余, $\nu=1$ 或 η, $t\neq 0$. 不同的矩阵对应的群互不同构.)

(A1) $\begin{pmatrix}1&0&0\\0&\nu_1&0\\0&0&\nu_2\end{pmatrix}$, $\nu_1,\nu_2=1$ 或 η; (A2) $\begin{pmatrix}1&0&0\\0&0&1\\0&t&0\end{pmatrix}$; (A3) $\begin{pmatrix}0&0&t\\0&1&0\\1&0&0\end{pmatrix}$;

(A4) $\begin{pmatrix}0&0&1\\1&0&0\\0&1&0\end{pmatrix}$; (A5) $\begin{pmatrix}0&1&0\\0&0&1\\1&0&0\end{pmatrix}$; (A6) $\begin{pmatrix}0&t&0\\1&0&0\\0&0&1\end{pmatrix}$;

(B1) $\begin{pmatrix}1&0&0\\0&\nu&0\\0&0&0\end{pmatrix}$; (B2) $\begin{pmatrix}1&0&0\\0&0&1\\0&0&0\end{pmatrix}$; (B3) $\begin{pmatrix}0&0&1\\0&1&0\\0&0&0\end{pmatrix}$;

(B4) $\begin{pmatrix}0&1&0\\0&0&1\\0&0&0\end{pmatrix}$; (B5) $\begin{pmatrix}0&0&1\\0&0&0\\0&1&0\end{pmatrix}$; (B6) $\begin{pmatrix}1&0&0\\0&0&0\\0&0&\nu\end{pmatrix}$;

(B7) $\begin{pmatrix}1&0&0\\0&0&0\\0&1&0\end{pmatrix}$; (B8) $\begin{pmatrix}0&1&0\\0&0&0\\0&0&1\end{pmatrix}$; (B9) $\begin{pmatrix}0&0&0\\0&1&0\\1&0&0\end{pmatrix}$;

(B10) $\begin{pmatrix}0&0&0\\0&0&1\\1&0&0\end{pmatrix}$; (B11) $\begin{pmatrix}0&0&0\\1&0&0\\0&0&1\end{pmatrix}$; (B12) $\begin{pmatrix}0&0&0\\1&0&0\\0&1&0\end{pmatrix}$;

(B13) $\begin{pmatrix}0&1&0\\0&0&0\\1&0&0\end{pmatrix}$; (B14) $\begin{pmatrix}0&0&t\\0&0&0\\1&0&0\end{pmatrix}$; (B15) $\begin{pmatrix}0&0&1\\1&0&0\\0&0&0\end{pmatrix}$;

(B16) $\begin{pmatrix}0&t&0\\1&0&0\\0&0&0\end{pmatrix}$; (B17) $\begin{pmatrix}0&0&0\\0&1&0\\0&0&\nu\end{pmatrix}$; (B18) $\begin{pmatrix}0&0&0\\0&0&1\\0&t&0\end{pmatrix}$;

(C1) $\begin{pmatrix} 1 & 0 & 0 \\ 0 & 0 & 0 \\ 0 & 0 & 0 \end{pmatrix}$; (C2) $\begin{pmatrix} 0 & 1 & 0 \\ 0 & 0 & 0 \\ 0 & 0 & 0 \end{pmatrix}$; (C3) $\begin{pmatrix} 0 & 0 & 1 \\ 0 & 0 & 0 \\ 0 & 0 & 0 \end{pmatrix}$;

(C4) $\begin{pmatrix} 0 & 0 & 0 \\ 1 & 0 & 0 \\ 0 & 0 & 0 \end{pmatrix}$; (C5) $\begin{pmatrix} 0 & 0 & 0 \\ 0 & 1 & 0 \\ 0 & 0 & 0 \end{pmatrix}$; (C6) $\begin{pmatrix} 0 & 0 & 0 \\ 0 & 0 & 1 \\ 0 & 0 & 0 \end{pmatrix}$;

(C7) $\begin{pmatrix} 0 & 0 & 0 \\ 0 & 0 & 0 \\ 0 & 0 & 1 \end{pmatrix}$; (C8) $\begin{pmatrix} 0 & 0 & 0 \\ 0 & 0 & 0 \\ 0 & 1 & 0 \end{pmatrix}$; (C9) $\begin{pmatrix} 0 & 0 & 0 \\ 0 & 0 & 0 \\ 1 & 0 & 0 \end{pmatrix}$;

(C10) $\begin{pmatrix} 0 & 0 & 0 \\ 0 & 0 & 0 \\ 0 & 0 & 0 \end{pmatrix}$.

证明　设 G 和 $\overline{G}$ 为满足定理条件的两个群. 由定理 7.1.14 和定理 7.1.15, $\overline{G} \cong G$ 当且仅当存在可逆矩阵 $X_2 = \begin{pmatrix} x_{11} & 0 & 0 \\ x_{21} & x_{22} & 0 \\ x_{31} & x_{32} & x_{33} \end{pmatrix}$ 和 $X = \begin{pmatrix} x_{11} & x_{12} & x_{13} \\ 0 & x_{22} & x_{23} \\ 0 & 0 & x_{33} \end{pmatrix}$ 使 $w(\overline{G}) = \det(X)^{-1}X_2w(G)X^t$.

注意到 X_2 可以分解为 $\begin{pmatrix} x_{11} & 0 & 0 \\ 0 & x_{22} & 0 \\ 0 & 0 & x_{33} \end{pmatrix}\begin{pmatrix} 1 & 0 & 0 \\ x_{21}x_{22}^{-1} & 1 & 0 \\ x_{31}x_{33}^{-1} & x_{32}x_{33}^{-1} & 1 \end{pmatrix}$, X^t 也有类似的分解, 可用以下三种变换去简化矩阵 $w(G)$.

第 I 类变换. 取 $X_2 = \begin{pmatrix} 1 & 0 & 0 \\ x_{21} & 1 & 0 \\ x_{31} & x_{32} & 1 \end{pmatrix}$ 和 $X = E_3$ 为单位矩阵. 则 $w(\overline{G}) = X_2w(G)$. 即: 将第一行的 x_{21} 倍加到第二行, 将第一行的 x_{31} 倍加到第三行, 并且将第二行的 x_{32} 倍加到第三行.

第 II 类变换. 取 $X_2 = X = \operatorname{diag}(x_{11}, x_{22}, x_{33})$. 则 $w(\overline{G}) = \det(X)^{-1}Xw(G)X$.

第 III 类变换. 取 $X_2 = E_3$ 和 $X^t = \begin{pmatrix} 1 & 0 & 0 \\ x_{12} & 1 & 0 \\ x_{13} & x_{23} & 1 \end{pmatrix}$. 则 $w(\overline{G}) = w(G)X^t$. 即: 将第三列的 x_{13} 倍加到第一列, 将第三列的 x_{23} 倍加到第二列, 并且将第二列的 x_{12} 倍加到第一列.

若 $w(\overline{G}) = \det(X)^{-1}X_2w(G)X^t$, 则对 $w(G)$ 依次实施第 I, II, III 类变换就可以得到 $w(\overline{G})$.

应用第 I 类变换和第 III 类变换可以将 $w(G)$ 转化为每行和每列至多有一个非零元的矩阵. 下面不妨设 $w(G)=(w_{ij})$ 和 $w(\overline{G})=(\bar{w}_{ij})$ 都是这样的矩阵.

断言 (a): $\forall i,j$, $\bar{w}_{ij}\neq 0$ 当且仅当 $w_{ij}\neq 0$; (b) $w(\overline{G})$ 可由 $w(G)$ 应用第二类变换得到. 以下分情况证明以上断言. 下面对 $w(G)=\begin{pmatrix} w_{11} & 0 & 0 \\ 0 & 0 & w_{23} \\ 0 & w_{32} & 0 \end{pmatrix}$, 其中 $w_{11}w_{23}w_{32}\neq 0$ 的情形给出证明. 计算可得

$$\det(X)w(\overline{G})=X_2w(G)X^t$$
$$=\begin{pmatrix} x_{11}^2w_{11} & 0 & 0 \\ x_{21}x_{11}w_{11}+x_{13}x_{22}w_{23} & x_{23}x_{22}w_{23} & x_{22}x_{33}w_{23} \\ x_{31}x_{11}w_{11}+x_{12}x_{33}w_{32}+x_{13}x_{32}w_{23} & x_{22}x_{33}w_{32}+x_{23}x_{32}w_{23} & x_{32}x_{33}w_{23} \end{pmatrix}.$$

因为 $x_{11}^2w_{11}\neq 0$ 且 $x_{22}x_{33}w_{23}\neq 0$, 所以有 $x_{23}=x_{32}=0$ 和

$$w(\overline{G})=\det(X)^{-1}\begin{pmatrix} x_{11}^2w_{11} & 0 & 0 \\ 0 & 0 & x_{22}x_{33}w_{23} \\ 0 & x_{22}x_{33}w_{32} & 0 \end{pmatrix}=\det(X)^{-1}Xw(G)X,$$

其中 $X=\mathrm{diag}(x_{11},x_{22},x_{33})$. 因此 $w(\overline{G})$ 与 $w(G)$ 同型, 可由 $w(G)$ 经第 II 类变换得到.

若 $w(G)=\begin{pmatrix} w_{11} & 0 & 0 \\ 0 & 0 & w_{23} \\ 0 & w_{32} & 0 \end{pmatrix}$, 其中 $w_{11}w_{23}w_{32}\neq 0$, 则取 $X=\mathrm{diag}(w_{23},w_{23},w_{11})$ 后可得 $w(\overline{G})=\det(X)^{-1}Xw(G)X=\begin{pmatrix} 1 & 0 & 0 \\ 0 & 0 & 1 \\ 0 & w_{32}w_{23}^{-1} & 0 \end{pmatrix}$. 此时可得矩阵 (A2). 易验证不同的参数 t 对应的群互不同构.

若 $w(G)$ 的秩为 3, 则 $w(G)$ 为以下六种类型之一:

(1) $\begin{pmatrix} w_{11} & 0 & 0 \\ 0 & w_{22} & 0 \\ 0 & 0 & w_{33} \end{pmatrix}$; (2) $\begin{pmatrix} w_{11} & 0 & 0 \\ 0 & 0 & w_{23} \\ 0 & w_{32} & 0 \end{pmatrix}$; (3) $\begin{pmatrix} 0 & 0 & w_{13} \\ 0 & w_{22} & 0 \\ w_{31} & 0 & 0 \end{pmatrix}$;

(4) $\begin{pmatrix} 0 & 0 & w_{13} \\ w_{21} & 0 & 0 \\ 0 & w_{32} & 0 \end{pmatrix}$; (5) $\begin{pmatrix} 0 & w_{12} & 0 \\ 0 & 0 & w_{23} \\ w_{31} & 0 & 0 \end{pmatrix}$; (6) $\begin{pmatrix} 0 & w_{12} & 0 \\ w_{21} & 0 & 0 \\ 0 & 0 & w_{33} \end{pmatrix}$.

与矩阵 (A2) 类似, 我们可得到特征矩阵 (A1)—(A6). 对于 $\operatorname{rank}(w(G))=2$, 可得特征矩阵 (B1)—(B18). 对于 $\operatorname{rank}(w(G))=1$, 可得特征矩阵 (C1)—(C9). $w(G)=0$ 时即矩阵 (C10). □

下面我们举例说明如何利用定理 7.1.17 和定理 7.1.18 去求 $I_{\min}$ 和 $I_{\max}$.

定理 7.1.20 设有限 p 群 G 特征矩阵为定理 7.1.19 中的(B18). 则 $I_{\min}=m_3+1$, 当 $m_1>m_2+1$ 时 $I_{\max}=m_1$, 当 $m_1=m_2+1$ 时 $I_{\max}=m_1+1$.

证明 因为 $\operatorname{rank}(w(G))=2$, 所以由定理 7.1.17 (2) 可得 $m_3\leqslant I_{\min}\leqslant m_3+1$. 由 7.1.17(1) 可得 $I_{\min}=m_3$ 当且仅当存在可逆矩阵 $X_2=\begin{pmatrix} x_{11} & 0 & 0\\ x_{21} & x_{22} & 0\\ x_{31} & x_{32} & x_{33}\end{pmatrix}$ 和 $X=\begin{pmatrix} x_{11} & x_{12} & x_{13}\\ 0 & x_{22} & x_{23}\\ 0 & 0 & x_{33}\end{pmatrix}$ 以及 $w(\overline{G})=\det(X)^{-1}X_2w(G)X^t=(\bar{w}_{ij})$ 使得 $\begin{pmatrix} \bar{w}_{11} & \bar{w}_{12}\\ \bar{w}_{21} & \bar{w}_{22}\end{pmatrix}$ 为可逆矩阵. 计算可得

$$\det(X)w(\overline{G})=\begin{pmatrix} 0 & 0 & 0\\ x_{22}x_{13} & x_{22}x_{23} & x_{22}x_{33}\\ tx_{33}x_{12}+x_{32}x_{13} & tx_{33}x_{22}+x_{32}x_{23} & x_{32}x_{33}\end{pmatrix}.$$

因为 $\begin{pmatrix} \bar{w}_{11} & \bar{w}_{12}\\ \bar{w}_{21} & \bar{w}_{22}\end{pmatrix}$ 不可逆, 所以 $I_{\min}=m_3+1$. 因为 $\begin{pmatrix} \bar{w}_{22} & \bar{w}_{23}\\ \bar{w}_{32} & \bar{w}_{33}\end{pmatrix}$ 可逆, 由定理 7.1.18 可得 $I_{\max}\neq m_1+2$ 且 7.1.18 (4) 中的条件 (a) 不成立. 若取 $x_{12}=x_{32}=0$, 则 $\begin{pmatrix} \bar{w}_{11} & \bar{w}_{13}\\ \bar{w}_{31} & \bar{w}_{33}\end{pmatrix}=0$. 因此定理 7.1.18 (4) 中的条件 (b) 成立当且仅当 $m_1=m_2+1$. 因此当 $m_1>m_2+1$ 时 $I_{\max}=m_1$, 当 $m_1=m_2+1$ 时 $I_{\max}=m_1+1$. □

与定理 7.1.20 类似的方法可以给出下面的定理.

定理 7.1.21 设有限 p 群 G 的特征矩阵如定理 7.1.19 所列. 则

(1) 若 $I_{\min}=m_3$, 则 G 的特征矩阵为: (A1)—(A6), (B1)—(B4), (B15), (B16);

(2) 若 $I_{\min}=m_3+1$, 则 G 的特征矩阵为: (B5)—(B14), (B17), (B18), (C1)—(C6);

(3) 若 $I_{\min}=m_3+2$, 则 G 的特征矩阵为: (C7)—(C10);

(4) 若 $I_{\max}=m_1+2$, 则 G 的特征矩阵为: (B13)—(B16), (C1)—(C4), (C9), (C10);

(5) 若 $I_{\max}=m_1+1$, 则 G 的特征矩阵为: (A3)—(A6), (B1)—(B12), (B18), 其中 $m_1=m_2+1$, (C5)—(C8);

(6) 若 $I_{\max} = m_1$, 则 G 的特征矩阵为: (A1), (A2), (B17), (B18), 其中 $m_1 > m_2 + 1$.

2. $m_1 > m_2 = m_3$ 的情形

本小节假设 $p > 2$ 或者 $m_2 > 1$. $p = 2$ 且 $m_2 = m_3 = 1$ 的情形放在最后处理.

定理 7.1.22 设 G 为三元生成的有限 p 群满足 $\Phi(G) \leqslant Z(G)$ 和 $G' \cong \mathrm{C}_p^3$. 若 G/G' 的型不变量为 $(p^{m_1}, p^{m_2}, p^{m_2})$, 其中 $p = 2$ 时 $m_2 > 1$, $m_1 > m_2 = m_3$, 则可适当选择 G 的生成元使得 G 的特征矩阵为下列矩阵之一. (η 为一个固定的模奇素数 p 的平方非剩余, $\nu = 1$ 或 η, $t \neq 0$, $r = 1, 2, \cdots, p-2$. 不同的矩阵对应的群互不同构.)

(1) p 为奇素数.

(D1) $\begin{pmatrix} 1 & 0 & 0 \\ 0 & 0 & 1 \\ 0 & -1 & 0 \end{pmatrix}$; (D2) $\begin{pmatrix} 1 & 0 & 0 \\ 0 & \nu & 1 \\ 0 & -1 & 0 \end{pmatrix}$; (D3) $\begin{pmatrix} 1 & 0 & 0 \\ 0 & 1 & 0 \\ 0 & 0 & \nu \end{pmatrix}$;

(D4) $\begin{pmatrix} 1 & 0 & 0 \\ 0 & 1 & 1 \\ 0 & -1 & r \end{pmatrix}$;

(E1) $\begin{pmatrix} 0 & 0 & 0 \\ 0 & 0 & 1 \\ 0 & -1 & 0 \end{pmatrix}$; (E2) $\begin{pmatrix} 0 & 0 & 0 \\ 0 & 1 & 1 \\ 0 & -1 & 0 \end{pmatrix}$; (E3) $\begin{pmatrix} 0 & 0 & 0 \\ 0 & 1 & 0 \\ 0 & 0 & \nu \end{pmatrix}$;

(E4) $\begin{pmatrix} 0 & 0 & 0 \\ 0 & 1 & 1 \\ 0 & -1 & r \end{pmatrix}$.

(2) $p = 2$.

(D5) $\begin{pmatrix} 1 & 0 & 0 \\ 0 & 0 & 1 \\ 0 & 1 & 0 \end{pmatrix}$; (D6) $\begin{pmatrix} 1 & 0 & 0 \\ 0 & 1 & 0 \\ 0 & 0 & 1 \end{pmatrix}$; (D7) $\begin{pmatrix} 1 & 0 & 0 \\ 0 & 1 & 0 \\ 0 & 1 & 1 \end{pmatrix}$;

(E5) $\begin{pmatrix} 0 & 0 & 0 \\ 0 & 0 & 1 \\ 0 & 1 & 0 \end{pmatrix}$; (E6) $\begin{pmatrix} 0 & 0 & 0 \\ 0 & 1 & 0 \\ 0 & 0 & 1 \end{pmatrix}$; (E7) $\begin{pmatrix} 0 & 0 & 0 \\ 0 & 1 & 0 \\ 0 & 1 & 1 \end{pmatrix}$.

(3) p 为任意素数.

(D8) $\begin{pmatrix} 0 & 0 & 1 \\ 0 & 1 & 0 \\ t & 0 & 0 \end{pmatrix}$; (D9) $\begin{pmatrix} 0 & 0 & 1 \\ 1 & 0 & 0 \\ 0 & 1 & 0 \end{pmatrix}$;

(E8) $\begin{pmatrix} 1 & 0 & 0 \\ 0 & 0 & 1 \\ 0 & 0 & 0 \end{pmatrix}$; (E9) $\begin{pmatrix} 1 & 0 & 0 \\ 0 & 0 & 0 \\ 0 & 0 & \nu \end{pmatrix}$; (E10) $\begin{pmatrix} 0 & 0 & 0 \\ 0 & 0 & 1 \\ 1 & 0 & 0 \end{pmatrix}$;

(E11) $\begin{pmatrix} 0 & 0 & 0 \\ 1 & 0 & 0 \\ 0 & 0 & 1 \end{pmatrix}$; (E12) $\begin{pmatrix} 0 & 0 & 1 \\ 0 & 1 & 0 \\ 0 & 0 & 0 \end{pmatrix}$; (E13) $\begin{pmatrix} 0 & 0 & 1 \\ 0 & 0 & 0 \\ 0 & 1 & 0 \end{pmatrix}$;

(E14) $\begin{pmatrix} 0 & 0 & 1 \\ 1 & 0 & 0 \\ 0 & 0 & 0 \end{pmatrix}$; (E15) $\begin{pmatrix} 0 & 0 & 1 \\ 0 & 0 & 0 \\ t & 0 & 0 \end{pmatrix}$;

(F1) $\begin{pmatrix} 1 & 0 & 0 \\ 0 & 0 & 0 \\ 0 & 0 & 0 \end{pmatrix}$; (F2) $\begin{pmatrix} 0 & 0 & 0 \\ 0 & 0 & 1 \\ 0 & 0 & 0 \end{pmatrix}$; (F3) $\begin{pmatrix} 0 & 0 & 0 \\ 0 & 0 & 0 \\ 0 & 0 & 1 \end{pmatrix}$;

(F4) $\begin{pmatrix} 0 & 0 & 0 \\ 1 & 0 & 0 \\ 0 & 0 & 0 \end{pmatrix}$; (F5) $\begin{pmatrix} 0 & 0 & 0 \\ 0 & 0 & 0 \\ 0 & 0 & 0 \end{pmatrix}$; (F6) $\begin{pmatrix} 0 & 0 & 1 \\ 0 & 0 & 0 \\ 0 & 0 & 0 \end{pmatrix}$.

证明　设 G 和 $\overline{G}$ 为满足定理条件的两个群. 由定理 7.1.14 和定理 7.1.15, $\overline{G} \cong G$ 当且仅当存在可逆矩阵 $X_2 = \begin{pmatrix} x_{11} & 0 & 0 \\ x_{21} & x_{22} & x_{23} \\ x_{31} & x_{32} & x_{33} \end{pmatrix}$ 和 $X = \begin{pmatrix} x_{11} & x_{12} & x_{13} \\ 0 & x_{22} & x_{23} \\ 0 & x_{32} & x_{33} \end{pmatrix}$ 使得 $w(\overline{G}) = \det(X)^{-1}X_2 w(G) X^t$.

注意到 X_2 可以分解为 $\begin{pmatrix} 1 & 0 & 0 \\ x_{21}x_{11}^{-1} & 1 & 0 \\ x_{31}x_{11}^{-1} & 0 & 1 \end{pmatrix}\begin{pmatrix} x_{11} & 0 & 0 \\ 0 & x_{22} & x_{23} \\ 0 & x_{32} & x_{33} \end{pmatrix}$, X^t 也有类似的分解, 可以用以下三种变换去简化矩阵 $w(G)$.

第 I 类变换. 取 $X_2 = X = \begin{pmatrix} x_{11} & 0 & 0 \\ 0 & x_{22} & x_{23} \\ 0 & x_{32} & x_{33} \end{pmatrix}$. 则 $w(\overline{G}) = \det(X)^{-1}Xw(G)X^t$.

第 II 类变换. 取 $X_2 = \begin{pmatrix} 1 & 0 & 0 \\ x_{21} & 1 & 0 \\ x_{31} & 0 & 1 \end{pmatrix}$ 和 $X = E_3$. 则 $w(\overline{G}) = X_2 w(G)$. 即: 将第一行的 x_{21} 倍加到第二行, 并且将第一行的 x_{31} 倍加到第三行.

第 III 类变换. 取 $X_2 = E_3$ 和 $X^t = \begin{pmatrix} 1 & 0 & 0 \\ x_{12} & 1 & 0 \\ x_{13} & 0 & 1 \end{pmatrix}$. 则 $w(\overline{G}) = w(G)X^t$. 即:

将第三列的 x_{13} 倍加到第一列, 并且将第二列的 x_{12} 倍加到第一列.

若 $w(\overline{G}) = \det(X)^{-1}X_2w(G)X^t$, 则对 $w(G)$ 依次实施第 I,II, III 类变换就可以得到 $w(\overline{G})$.

先按照 $w(G)$ 的第一行将矩阵 $w(G)$ 分为三种类型:

(a) $\begin{pmatrix} w_{11} & 0 & 0 \\ * & * & * \\ * & * & * \end{pmatrix}$, 其中 $w_{11} \neq 0$; (b) $\begin{pmatrix} 0 & 0 & 0 \\ * & w_{22} & w_{23} \\ * & w_{32} & w_{33} \end{pmatrix}$;

(c) $\begin{pmatrix} * & w_{12} & w_{13} \\ * & * & * \\ * & * & * \end{pmatrix}$, 其中 $(w_{12}, w_{13}) \neq (0,0)$.

无论应用第几类变换, 都不能改变 $w(G)$ 的类型. 因此以上三种不同类型的矩阵对应的群互不同构.

情形 1 $w(G)$ 为 (a) 型矩阵.

应用第 I 类和第 II 类变换, $w(G)$ 可以被简化为 (a$'$): $\text{diag}(1, W)$. 易验证, 两个 (a$'$) 型的矩阵 $w(G)$ 和 $w(\overline{G})$ 对应的群同构当且仅当 $w(\overline{G})$ 可由 $w(G)$ 经第 I 类变换得到. 即

$$w(\overline{G}) = \text{diag}(1, \overline{W}) = \det(X)^{-1}X\text{diag}(1, W)X^t = \det(X)^{-1}Xw(G)X^t,$$

其中 $X = \text{diag}(x_{11}, Y)$, Y 为域 F_p 上的 2×2 可逆矩阵. 计算可得, $x_{11} = \det(Y)$ 且

$$\overline{W} = \det(Y)^{-2}YWY^t. \tag{7.8}$$

令 $Z = \det(Y)^{-1}Y$. 则 $\overline{W} = ZWZ^t$, 即 $\overline{W}$ 和 W 合同. 由引理 3.2.3—引理 3.2.5 可得特征矩阵 (D1)—(D7), (E8)—(E9) 和 (F1), 并且不同的矩阵对应的群互不同构.

情形 2 $w(G)$ 为 (b) 型矩阵.

无论应用第几类变换, 都不能改变 $W = \begin{pmatrix} w_{22} & w_{23} \\ w_{32} & w_{33} \end{pmatrix}$ 的秩. 因此秩不同的 W 对应的群互不同构.

子情形 2.1 $\text{rank}(W) = 2$.

应用第 III 类变换, $w(G)$ 可简化为 (b1): $\text{diag}(0, W)$. 易验证, 两个 (b1) 型的矩阵 $w(G)$ 和 $w(\overline{G})$ 对应的群同构当且仅当 $w(\overline{G})$ 可由 $w(G)$ 经第 I 类变换得到. 即

$$w(\overline{G}) = \text{diag}(0, \overline{W}) = \det(X)^{-1}X\text{diag}(0, W)X^t = \det(X)^{-1}Xw(G)X^t.$$

其中 $X = \text{diag}(x_{11}, Y)$, Y 为域 F_p 上的 2×2 可逆矩阵. 计算可得

$$\overline{W} = x_{11}^{-1}\det(Y)^{-1}YWY^t. \tag{7.9}$$

这说明 $\overline{W}$ 和 W 次合同. 由定理 3.2.3 和定理 3.2.4 可得矩阵 (E1)—(E7), 并且不同的矩阵对应的群互不同构.

子情形 2.2　$\operatorname{rank}(W)=1$.

应用第 I 类变换, 其中 $X=\operatorname{diag}(\lambda^{-1}\det(Y)^{-1},Y)$, Y 为域 F_p 上的 2×2 可逆矩阵, $w(G)$ 可简化为 $\begin{pmatrix} 0 & 0 \\ * & \lambda YWY^t \end{pmatrix}$. 由定理 3.2.5, 不妨设 $W=\begin{pmatrix} 0 & 1 \\ 0 & 0 \end{pmatrix}$ 或者 $\begin{pmatrix} 0 & 0 \\ 0 & 1 \end{pmatrix}$. 因此得到两种类型的矩阵:

$$\text{(b2)}\begin{pmatrix} 0 & 0 & 0 \\ * & 0 & 1 \\ * & 0 & 0 \end{pmatrix};\quad \text{(b3)}\begin{pmatrix} 0 & 0 & 0 \\ * & 0 & 0 \\ * & 0 & 1 \end{pmatrix}.$$

应用第 III 类变换, 可进一步得到以下简化后的两类矩阵:

$$\text{(b2}'\text{)}\begin{pmatrix} 0 & 0 & 0 \\ 0 & 0 & 1 \\ w_{31} & 0 & 0 \end{pmatrix};\quad \text{(b3}'\text{)}\begin{pmatrix} 0 & 0 & 0 \\ w_{21} & 0 & 0 \\ 0 & 0 & 1 \end{pmatrix}.$$

因此可得矩阵 (E10), (E11) 和 (F2), (F3).

子情形 2.3　$W=0$.

若 $(w_{21},w_{31})\neq(0,0)$, 应用第 I 类变换可得矩阵 (F4). 当 $(w_{21},w_{31})=(0,0)$ 时, $w(G)$ 为矩阵 (F5).

情形 3　$w(G)$ 为 (c) 型矩阵.

由第 I 类变换, 不妨设 $(w_{12},w_{13})=(0,1)$. 进一步, 应用第 II 类和第 III 类变换, $w(G)$ 可简化为 (c$'$) $\begin{pmatrix} 0 & 0 & 1 \\ * & w_{22} & 0 \\ * & * & 0 \end{pmatrix}$. 下面按 w_{22} 的取值分为两种类型:

$$\text{(c1)}\begin{pmatrix} 0 & 0 & 1 \\ * & w_{22} & 0 \\ * & * & 0 \end{pmatrix}, \text{其中 } w_{22}\neq 0;\qquad \text{(c2)}\begin{pmatrix} 0 & 0 & 1 \\ * & 0 & 0 \\ * & w_{32} & 0 \end{pmatrix}.$$

断言: 特征矩阵分别为 (c1) 型的 (c2) 型的两个群互不同构. 否则, 存在群 G, 它的一组生成元 a_1,a_2,a_3 对应的特征矩阵为 $w(G)=\begin{pmatrix} 0 & 0 & 1 \\ w_{21} & w_{22} & 0 \\ w_{31} & w_{32} & 0 \end{pmatrix}$, 其中 $w_{22}\neq 0$, 另一组生成元 $\bar{a}_1,\bar{a}_2,\bar{a}_3$ 对应的特征矩阵为 $w(\overline{G})=\begin{pmatrix} 0 & 0 & 1 \\ \bar{w}_{21} & 0 & 0 \\ \bar{w}_{31} & \bar{w}_{32} & 0 \end{pmatrix}$.

由定理 7.1.14 和定理 7.1.15, 存在可逆矩阵 $X_2 = \begin{pmatrix} x_{11} & 0 & 0 \\ x_{21} & x_{22} & x_{23} \\ x_{31} & x_{32} & x_{33} \end{pmatrix}$ 和 $X = \begin{pmatrix} x_{11} & x_{12} & x_{13} \\ 0 & x_{22} & x_{23} \\ 0 & x_{32} & x_{33} \end{pmatrix}$ 使得 $w(\overline{G}) = \det(X)^{-1}X_2w(G)X^t$. 计算得, $X_2w(G)X^t$ 的第一行第二列的元素为 $x_{11}x_{23}$. 因此 $x_{23}=0$. 进一步有 $\det(X) = x_{11}x_{22}x_{33}$. 计算得 $\det(X)^{-1}X_2w(G)X^t$ 的第二行第二列的元素 $x_{11}^{-1}x_{33}^{-1}x_{22}w_{22} \neq 0$. 与 $w(\overline{G}) = \det(X)^{-1}X_2w(G)X^t$ 矛盾.

子情形 3.1 $w(G)$ 为 (c1) 型矩阵.

用如下变换去简化 $w(G)$:

$$\begin{pmatrix} 0 & 0 & 1 \\ * & w_{22} & 0 \\ * & * & 0 \end{pmatrix} \xrightarrow{\text{第 I 类变换}} \begin{pmatrix} 0 & 0 & 1 \\ * & w_{22} & 0 \\ * & 0 & 0 \end{pmatrix} \xrightarrow{\text{第 III 类变换}} \begin{pmatrix} 0 & 0 & 1 \\ 0 & w_{22} & 0 \\ w_{31} & 0 & 0 \end{pmatrix}$$

$$\xrightarrow[X=\text{diag}(1,1,w_{22})]{\text{第 I 类变换}} \begin{pmatrix} 0 & 0 & 1 \\ 0 & 1 & 0 \\ w_{31} & 0 & 0 \end{pmatrix}.$$

用类似于子情形 3.1 前的讨论可得, 不同的 w_{31} 对应的群互不同构. 此种子情形下最后得到矩阵 (D8) 和 (E12).

子情形 3.2 $w(G)$ 为 (c2) 型矩阵.

若 $w(G)$ 可逆, 则 $w_{21} \neq 0$ 且 $w_{32} \neq 0$. 此时用如下变换去简化 $w(G)$:

$$\begin{pmatrix} 0 & 0 & 1 \\ w_{21} & 0 & 0 \\ * & w_{32} & 0 \end{pmatrix} \xrightarrow{\text{第 III 类变换}} \begin{pmatrix} 0 & 0 & 1 \\ w_{21} & 0 & 0 \\ 0 & w_{32} & 0 \end{pmatrix} \xrightarrow[X=\text{diag}(w_{32},1,w_{21})]{\text{第 I 类变换}} \begin{pmatrix} 0 & 0 & 1 \\ 1 & 0 & 0 \\ 0 & 1 & 0 \end{pmatrix}.$$

因此得到矩阵 (D9).

当 $w_{21} = 0$ 且 $w_{32} \neq 0$ 时, 用如下变换去简化 $w(G)$:

$$\begin{pmatrix} 0 & 0 & 1 \\ 0 & 0 & 0 \\ * & w_{32} & 0 \end{pmatrix} \xrightarrow{\text{第 III 类变换}} \begin{pmatrix} 0 & 0 & 1 \\ 0 & 0 & 0 \\ 0 & w_{32} & 0 \end{pmatrix} \xrightarrow[X=\text{diag}(w_{32},1,1)]{\text{第 I 类变换}} \begin{pmatrix} 0 & 0 & 1 \\ 0 & 0 & 0 \\ 0 & 1 & 0 \end{pmatrix}.$$

因此得到矩阵 (E13).

当 $w_{21} \neq 0$ 且 $w_{32} = 0$, 取 $X = \begin{pmatrix} 1 & 0 & 0 \\ 0 & 1 & 0 \\ 0 & w_{31} & w_{21} \end{pmatrix}$, 用第 I 类变换可将 $w(G) = \begin{pmatrix} 0 & 0 & 1 \\ w_{21} & 0 & 0 \\ w_{31} & 0 & 0 \end{pmatrix}$ 简化为 $\begin{pmatrix} 0 & 0 & 1 \\ 1 & 0 & 0 \\ 0 & 0 & 0 \end{pmatrix}$. 因此得到矩阵 (E14).

当 $w_{21} = w_{32} = 0$ 时, 用第 II 类变换可将 $w(G)$ 简化为 $\begin{pmatrix} 0 & 0 & 1 \\ 0 & 0 & 0 \\ w_{31} & 0 & 0 \end{pmatrix}$. 因此得到矩阵 (E15) 和 (F6).

用类似于子情形 3.1 前的讨论可得, (E13)—(E15) 中不同类型的矩阵对应的群互不同构, 不同的 t 得到 (E15) 型矩阵对应的群也互不同构. □

下面再给出一个计算 $I_{\min}$ 和 $I_{\max}$ 的例子.

定理 7.1.23　*设 G 为以定理 7.1.22 中的矩阵(E4)为特征矩阵的有限 p 群. 则 $I_{\min} = m_3 + 1$, 当 $m_1 > m_2 + 1$ 或者 $-r \notin (\mathrm{F}_p^*)^2$ 时 $I_{\max} = m_1$, 当 $m_1 = m_2 + 1$ 且 $-r \in (\mathrm{F}_p^*)^2$ 时 $I_{\max} = m_1 + 1$.*

证明　因为 $\mathrm{rank}(w(G)) = 2$, 所以由定理 7.1.17 (2) 可得 $m_3 \leqslant I_{\min} \leqslant m_3 + 1$. 由定理 7.1.17 (1), $I_{\min} = m_3$ 当且仅当存在可逆矩阵 $X_2 = \begin{pmatrix} x_{11} & 0 & 0 \\ x_{21} & x_{22} & x_{23} \\ x_{31} & x_{32} & x_{33} \end{pmatrix}$ 和 $X = \begin{pmatrix} x_{11} & x_{12} & x_{13} \\ 0 & x_{22} & x_{23} \\ 0 & x_{32} & x_{33} \end{pmatrix}$ 以及 $w(\overline{G}) = \det(X)^{-1} X_2 w(G) X^t = (\bar{w}_{ij})$ 使得 $\begin{pmatrix} \bar{w}_{11} & \bar{w}_{12} \\ \bar{w}_{21} & \bar{w}_{22} \end{pmatrix}$ 可逆. 令 $Y = \begin{pmatrix} x_{22} & x_{23} \\ x_{32} & x_{33} \end{pmatrix}$ 和 $W = \begin{pmatrix} 1 & 1 \\ -1 & r \end{pmatrix}$. 计算可得

$$\begin{aligned}
\det(X) w(\overline{G}) &= \begin{pmatrix} 0 & 0 \\ YW(x_{12}, x_{13})^t & YWY^t \end{pmatrix} \\
&= \begin{pmatrix} 0 & 0 & 0 \\ * & * & * \\ x_{12}x_{32} - x_{12}x_{33} + rx_{13}x_{33} + x_{13}x_{32} & * & x_{32}^2 + rx_{33}^2 \end{pmatrix}.
\end{aligned}$$

因为 $\begin{pmatrix} \bar{w}_{11} & \bar{w}_{12} \\ \bar{w}_{21} & \bar{w}_{22} \end{pmatrix}$ 不可逆, 所以 $I_{\min} = m_3 + 1$.

因为 YWY^t 可逆, 所以由定理 7.1.18 可得 $I_{\max} \neq m_1 + 2$ 且定理 7.1.18 (4) 中的条件 (a) 不成立. 若 $-r$ 为模 p 的平方非剩余, 则 $x_{32} + rx_{33} \neq 0$. 因此定理 7.1.18 (4) 中的条件 (b) 不成立. 此时 $I_{\max} = m_1$. 当 $-r = s^2$ 时, 取 $x_{12} = x_{32} = sx_{33} = sx_{13}$ 可得 $\begin{pmatrix} \bar{w}_{11} & \bar{w}_{13} \\ \bar{w}_{31} & \bar{w}_{33} \end{pmatrix} = 0$. 因此定理 7.1.18 (4) 中的条件 (b) 成立当且仅当 $m_1 = m_2 + 1$. 因此, 当 $m_1 > m_2 + 1$ 时 $I_{\max} = m_1$, 当 $m_1 = m_2 + 1$ 时 $I_{\max} = m_1 + 1$. □

与定理 7.1.23 的证明方法类似可得下列定理.

定理 7.1.24 设 G 为 p 群, 其特征矩阵为定理 7.1.22 中所列矩阵之一. 则

(1) 若 $I_{\min} = m_3$, 则 G 的特征矩阵为下列矩阵之一: (D2)—(D4), (D6)—(D9), (E8), (E9), (E12)—(E15).

(2) 若 $I_{\min} = m_3 + 1$, 则 G 的特征矩阵为下列矩阵之一: (D1), (D5), (E1)—(E7), (E10), (E11), (F1)—(F4), (F6).

(3) 若 $I_{\min} = m_3 + 2$, 则 G 的特征矩阵为(F5).

(4) 若 $I_{\max} = m_1 + 2$, 则 G 的特征矩阵为下列矩阵之一: (E14), (E15), (F1), (F4)—(F6).

(5) 若 $I_{\max} = m_1 + 1$, 则 G 的特征矩阵为下列矩阵之一: (D8), (D9), (E1), (E2), 其中 $m_1 = m_2 + 1$; (E3), 其中 $m_1 = m_2 + 1$ 且 $-\nu \in (\mathrm{F}_p^*)^2$; (E4), 其中 $m_1 = m_2 + 1$ 且 $-r \in (\mathrm{F}_p^*)^2$; (E5), (E6), 其中 $m_1 = m_2 + 1$, (E8)—(E13), (F2), (F3).

(6) 若 $I_{\max} = m_1$, 则 G 的特征矩阵为下列矩阵之一: (D1)—(D7), (E1), (E2), 其中 $m_1 > m_2 + 1$; (E3), 其中 $m_1 > m_2 + 1$ 或者 $-\nu \notin (\mathrm{F}_p^*)^2$; (E4), 其中 $m_1 > m_2 + 1$ 或者 $-r \notin (\mathrm{F}_p^*)^2$; (E5), (E6), 其中 $m_1 > m_2 + 1$; (E7).

3. $m_1 = m_2 > m_3$ 的情形

定理 7.1.25 设 G 为三元生成的有限 p 群满足 $\Phi(G) \leqslant Z(G)$ 和 $G' \cong \mathrm{C}_p^3$. 若 G/G' 的型不变量为 $(p^{m_1}, p^{m_1}, p^{m_3})$, 其中 $m_1 > m_3$, 则可适当选择 G 的生成元, 使得 G 的特征矩阵为下列矩阵之一. (η 为一个固定的模奇素数 p 的平方非剩余, $\nu = 1$ 或 η, $t \neq 0$, $r = 1, 2, \cdots, p-2$. 不同的矩阵对应的群互不同构.)

(1) p 为奇素数.

(G1) $\begin{pmatrix} 0 & -1 & 0 \\ 1 & 0 & 0 \\ 0 & 0 & 1 \end{pmatrix}$; (G2) $\begin{pmatrix} \nu & -1 & 0 \\ 1 & 0 & 0 \\ 0 & 0 & 1 \end{pmatrix}$; (G3) $\begin{pmatrix} 1 & 0 & 0 \\ 0 & \nu & 0 \\ 0 & 0 & 1 \end{pmatrix}$;

(G4) $\begin{pmatrix} 1 & -1 & 0 \\ 1 & r & 0 \\ 0 & 0 & 1 \end{pmatrix}$;

(H1) $\begin{pmatrix} 0 & -1 & 0 \\ 1 & 0 & 0 \\ 0 & 0 & 0 \end{pmatrix}$; (H2) $\begin{pmatrix} 1 & -1 & 0 \\ 1 & 0 & 0 \\ 0 & 0 & 0 \end{pmatrix}$; (H3) $\begin{pmatrix} 1 & 0 & 0 \\ 0 & \nu & 0 \\ 0 & 0 & 0 \end{pmatrix}$;

(H4) $\begin{pmatrix} 1 & -1 & 0 \\ 1 & r & 0 \\ 0 & 0 & 0 \end{pmatrix}$.

(2) $p=2$.

(G5) $\begin{pmatrix} 0 & 1 & 0 \\ 1 & 0 & 0 \\ 0 & 0 & 1 \end{pmatrix}$; (G6) $\begin{pmatrix} 1 & 0 & 0 \\ 0 & 1 & 0 \\ 0 & 0 & 1 \end{pmatrix}$; (G7) $\begin{pmatrix} 1 & 1 & 0 \\ 0 & 1 & 0 \\ 0 & 0 & 1 \end{pmatrix}$;

(H5) $\begin{pmatrix} 0 & 1 & 0 \\ 1 & 0 & 0 \\ 0 & 0 & 0 \end{pmatrix}$; (H6) $\begin{pmatrix} 1 & 0 & 0 \\ 0 & 1 & 0 \\ 0 & 0 & 0 \end{pmatrix}$; (H7) $\begin{pmatrix} 1 & 1 & 0 \\ 0 & 1 & 0 \\ 0 & 0 & 0 \end{pmatrix}$.

(3) p 为任意素数.

(G8) $\begin{pmatrix} 1 & 0 & 0 \\ 0 & 0 & 1 \\ 0 & t & 0 \end{pmatrix}$; (G9) $\begin{pmatrix} 0 & 1 & 0 \\ 0 & 0 & 1 \\ 1 & 0 & 0 \end{pmatrix}$;

(H8) $\begin{pmatrix} 0 & 0 & 0 \\ 1 & 0 & 0 \\ 0 & 0 & 1 \end{pmatrix}$; (H9) $\begin{pmatrix} 0 & 0 & 0 \\ 0 & \nu & 0 \\ 0 & 0 & 1 \end{pmatrix}$; (H10) $\begin{pmatrix} 0 & 0 & 0 \\ 1 & 0 & 0 \\ 0 & 1 & 0 \end{pmatrix}$;

(H11) $\begin{pmatrix} 0 & 0 & 0 \\ 0 & 1 & 0 \\ 1 & 0 & 0 \end{pmatrix}$; (H12) $\begin{pmatrix} 1 & 0 & 0 \\ 0 & 0 & 1 \\ 0 & 0 & 0 \end{pmatrix}$; (H13) $\begin{pmatrix} 0 & 1 & 0 \\ 0 & 0 & 1 \\ 0 & 0 & 0 \end{pmatrix}$;

(H14) $\begin{pmatrix} 0 & 0 & 0 \\ 0 & 0 & 1 \\ 1 & 0 & 0 \end{pmatrix}$; (H15) $\begin{pmatrix} 0 & 0 & 0 \\ 0 & 0 & 1 \\ 0 & t & 0 \end{pmatrix}$;

(I1) $\begin{pmatrix} 0 & 0 & 0 \\ 0 & 0 & 0 \\ 0 & 0 & 1 \end{pmatrix}$; (I2) $\begin{pmatrix} 0 & 0 & 0 \\ 1 & 0 & 0 \\ 0 & 0 & 0 \end{pmatrix}$; (I3) $\begin{pmatrix} 0 & 0 & 0 \\ 0 & 1 & 0 \\ 0 & 0 & 0 \end{pmatrix}$; (I4) $\begin{pmatrix} 0 & 0 & 0 \\ 0 & 0 & 0 \\ 1 & 0 & 0 \end{pmatrix}$;

(I5) $\begin{pmatrix} 0 & 0 & 0 \\ 0 & 0 & 0 \\ 0 & 0 & 0 \end{pmatrix}$; (I6) $\begin{pmatrix} 0 & 0 & 0 \\ 0 & 0 & 1 \\ 0 & 0 & 0 \end{pmatrix}$.

证明　设 G 和 $\overline{G}$ 为满足定理条件的两个群. 由定理 7.1.14 和定理 7.1.15, $\overline{G} \cong$

G 当且仅当存在可逆矩阵 $X_2 = \begin{pmatrix} x_{11} & x_{12} & 0 \\ x_{21} & x_{22} & 0 \\ x_{31} & x_{32} & x_{33} \end{pmatrix}$ 和 $X = \begin{pmatrix} x_{11} & x_{12} & x_{13} \\ x_{21} & x_{22} & x_{23} \\ 0 & 0 & x_{33} \end{pmatrix}$ 使得 $w(\overline{G}) = \det(X)^{-1}X_2 w(G)X^t$.

令 $P = \begin{pmatrix} 0 & 0 & 1 \\ 1 & 0 & 0 \\ 0 & 1 & 0 \end{pmatrix}$, 则 $P^{-1} = P^t = \begin{pmatrix} 0 & 1 & 0 \\ 0 & 0 & 1 \\ 1 & 0 & 0 \end{pmatrix}$. 再令 $X_2' = PXP^{-1}$ 和 $X' = PX_2P^{-1}$, 则 $Pw(\overline{G})^tP^{-1} = \det(X')^{-1}X_2'(Pw(G)^tP^{-1})(X')^t$. 注意到 $X_2' = \begin{pmatrix} x_{33} & 0 & 0 \\ x_{13} & x_{11} & x_{12} \\ x_{23} & x_{21} & x_{22} \end{pmatrix}$ 且 $X' = \begin{pmatrix} x_{33} & x_{31} & x_{32} \\ 0 & x_{11} & x_{12} \\ 0 & x_{21} & x_{22} \end{pmatrix}$, $Pw(\overline{G})^tP^{-1}$ 和 $Pw(G)^tP^{-1}$ 满足定理 7.1.22 中的关系. 因此由定理 7.1.22 可得定理中的矩阵. □

与前面的计算方法类似可得下列定理. 计算过程略去.

定理 7.1.26 设 G 为 p 群, 其特征矩阵为定理 7.1.25 中所列矩阵之一, 则

(1) 若 $I_{\min} = m_3$, 则 G 的特征矩阵为下列矩阵之一: (G1)—(G9), (H1)—(H7), (H12), (H13).

(2) 若 $I_{\min} = m_3 + 1$, 则 G 的特征矩阵为下列矩阵之一: (H8)—(H11), (H14), (H15), (I2), (I3), (I6).

(3) 若 $I_{\min} = m_3 + 2$, 则 G 的特征矩阵为下列矩阵之一: (I1), (I4), (I5).

(4) 若 $I_{\max} = m_1 + 2$, 则 G 的特征矩阵为下列矩阵之一: (H1)—(H2), (H3), 其中 $-\nu \in (\mathrm{F}_p^*)^2$; (H4), 其中 $-r \in (\mathrm{F}_p^*)^2$; (H5), (H6); (H10); (H13); (H15); (I2)—(I6).

(5) 若 $I_{\max} = m_1 + 1$, 则 G 的特征矩阵为下列矩阵之一: (G1), (G2), (G3), 其中 $-\nu \in (\mathrm{F}_p^*)^2$; (G4), 其中 $-r \in (\mathrm{F}_p^*)^2$; (G5), (G6); (G8); (G9); (H3), 其中 $-\nu \notin (\mathrm{F}_p^*)^2$; (H4), 其中 $-r \notin (\mathrm{F}_p^*)^2$; (H7)—(H9); (H11), (H12); (H14); (I1).

(6) 若 $I_{\max} = m_1$, 则 G 的特征矩阵为下列矩阵之一: (G3), 其中 $-\nu \notin (\mathrm{F}_p^*)^2$; (G4), 其中 $-r \notin (\mathrm{F}_p^*)^2$; (G7).

4. $m_1 = m_2 = m_3$ 的情形, 其中 p 为奇素数

定理 7.1.27 设 G 为三元生成的有限 p 群满足 $\Phi(G) \leqslant Z(G)$ 和 $G' \cong \mathrm{C}_p^3$, 其中 p 为奇素数. 若 G/G' 的型不变量为 (p^m, p^m, p^m), 则可适当选择 G 的生成元使得 G 的特征矩阵为下列矩阵之一. (η 为一个固定的模奇素数 p 的平方非剩余, $\nu = 1$ 或 η, $r = 1, 2, \cdots, p-2$. 不同的矩阵对应的群互不同构.)

(J1) $\begin{pmatrix} 1 & 0 & 0 \\ 0 & 1 & 0 \\ 0 & 0 & 1 \end{pmatrix}$; (J2) $\begin{pmatrix} 1 & 0 & 0 \\ 0 & 0 & 1 \\ 0 & -1 & 0 \end{pmatrix}$; (J3) $\begin{pmatrix} 1 & 0 & 0 \\ 0 & \nu & 1 \\ 0 & -1 & 0 \end{pmatrix}$;

(J4) $\begin{pmatrix} 1 & 0 & 0 \\ 0 & 1 & 1 \\ 0 & -1 & r \end{pmatrix}$; (J5) $\begin{pmatrix} 0 & 0 & 1 \\ 0 & 1 & 1 \\ 1 & -1 & 0 \end{pmatrix}$;

(K1) $\begin{pmatrix} 1 & 0 & 0 \\ 0 & \nu & 0 \\ 0 & 0 & 0 \end{pmatrix}$; (K2) $\begin{pmatrix} 1 & 0 & 0 \\ 0 & 0 & 1 \\ 0 & 0 & 0 \end{pmatrix}$; (K3) $\begin{pmatrix} 0 & 0 & 1 \\ 0 & 0 & 0 \\ 0 & 1 & 0 \end{pmatrix}$;

(K4) $\begin{pmatrix} 0 & 0 & 0 \\ 0 & 0 & 1 \\ 0 & -1 & 0 \end{pmatrix}$; (K5) $\begin{pmatrix} 0 & 0 & 0 \\ 0 & 1 & 1 \\ 0 & -1 & 0 \end{pmatrix}$; (K6) $\begin{pmatrix} 0 & 0 & 0 \\ 0 & 1 & 1 \\ 0 & -1 & r \end{pmatrix}$;

(L1) $\begin{pmatrix} 0 & 0 & 0 \\ 0 & 0 & 0 \\ 0 & 0 & 0 \end{pmatrix}$; (L2) $\begin{pmatrix} 1 & 0 & 0 \\ 0 & 0 & 0 \\ 0 & 0 & 0 \end{pmatrix}$; (L3) $\begin{pmatrix} 0 & 0 & 0 \\ 0 & 0 & 1 \\ 0 & 0 & 0 \end{pmatrix}$.

证明　设 G 和 $\overline{G}$ 为满足定理条件的两个群. 由定理 7.1.14, $\overline{G} \cong G$ 当且仅当存在可逆矩阵 $X = \begin{pmatrix} x_{11} & x_{12} & x_{13} \\ x_{21} & x_{22} & x_{23} \\ x_{31} & x_{32} & x_{33} \end{pmatrix}$ 使得 $w(\overline{G}) = \det(X)^{-1}Xw(G)X^t$. 为方便计, 我们称 $w(\overline{G})$ 和 $w(G)$ 为拟合同的.

情形 1　$w(G)$ 为对称矩阵.

由特征不为 2 的域上的对称矩阵的性质可知, $w(G)$ 与对角矩阵合同. 因此不妨设 $w(G) = \mathrm{diag}(i, s, w)$. 若 $w(G) = 0$, 则 $w(G)$ 为矩阵 (L1). 若 $w(G) \neq 0$, 不妨设 $i \neq 0$. 取 $X = \mathrm{diag}(i^{-1}\det(Y)^{-1}, \det(Y)^{-1}Y)$, 其中 Y 为域 F_p 上的 2×2 可逆矩阵. 计算可得, $w(\overline{G}) = \det(X)^{-1}Xw(G)X^t = \mathrm{diag}(1, Y\mathrm{diag}(is, iw)Y^t)$. 由定理 3.2.3 和定理 3.2.5, $w(\overline{G})$ 为矩阵 (J1), (K1), (L2) 或者 $\mathrm{diag}(1, 1, \eta)$. 若 $w(\overline{G}) = \mathrm{diag}(1, 1, \eta)$, 则可证 $w(\overline{G})$ 与 (J1) 拟合同. (首先可证明存在 $a, b \in \mathrm{F}_p$ 使得 $\eta = a^2 + b^2$.) 取 $X = \begin{pmatrix} 0 & 0 & -1 \\ a & b & 0 \\ b & -a & 0 \end{pmatrix}$. 则 $\det(X) = \eta$ 且 $\det(X)^{-1}Xw(\overline{G})X^t = \mathrm{diag}(1, 1, 1)$.

易证 (J1), (K1), (L1) 和 (L2) 任意两个都不拟合同. 断言: 不同的 ν 对应的矩阵 (K1) 互不拟合同. 否则, 存在可逆矩阵 $X = \begin{pmatrix} x_{11} & x_{12} & x_{13} \\ x_{21} & x_{22} & x_{23} \\ x_{31} & x_{32} & x_{33} \end{pmatrix}$ 使得 $\mathrm{diag}(1, \eta, 0) = \det(X)^{-1}X\mathrm{diag}(1, 1, 0)X^t$. 令 $Y = \begin{pmatrix} x_{11} & x_{12} \\ x_{21} & x_{22} \end{pmatrix}$. 计算可得 $\mathrm{diag}(1, \eta) = \det(X)^{-1}YY^t$, 这与定理 3.2.3 矛盾.

情形 2　$w(G)$ 不是对称矩阵.

令 $W_1 = 2^{-1}(w(G)+w(G)^t)$, $W_2 = 2^{-1}(w(G)-w(G)^t)$. 则 W_1 为对称矩阵, 而 W_2 为反对称矩阵. 设 $W_2 = \begin{pmatrix} 0 & x & y \\ -x & 0 & z \\ -y & -z & 0 \end{pmatrix}$. 若 $y \neq 0$, 取 X 为 $\begin{pmatrix} z & -y & x \\ y^{-1} & 0 & 0 \\ 0 & 0 & 1 \end{pmatrix}$; 若 $z \neq 0$, 取 X 为 $\begin{pmatrix} z & -y & x \\ 0 & z^{-1} & 0 \\ 0 & 0 & 1 \end{pmatrix}$; 若 $x \neq 0$, 取 X 为 $\begin{pmatrix} z & -y & x \\ 1 & 0 & 0 \\ 0 & x^{-1} & 0 \end{pmatrix}$. 则 $\det(X)=1$ 且 $\det(X)^{-1}XW_2X^t = \begin{pmatrix} 0 & 0 & 0 \\ 0 & 0 & 1 \\ 0 & -1 & 0 \end{pmatrix}$. 因此以后总设 $W_2 = \begin{pmatrix} 0 & 0 & 0 \\ 0 & 0 & 1 \\ 0 & -1 & 0 \end{pmatrix}$. 设$W_1 = \begin{pmatrix} i & j & k \\ j & s & t \\ k & t & w \end{pmatrix}$. 则 $w(G) = \begin{pmatrix} i & j & k \\ j & s & t+1 \\ k & t-1 & w \end{pmatrix}$.
接下来, 当用矩阵 X 去化简 $w(G)$ 时, 希望 X 还满足 $\det(X)^{-1}XW_2X^t = W_2$. 计算可得, 这意味着 $x_{11}=1$ 且 $x_{12}=x_{13}=0$. 即 $X = \begin{pmatrix} 1 & 0 & 0 \\ x_{21} & x_{22} & x_{23} \\ x_{31} & x_{32} & x_{33} \end{pmatrix}$. 根据 i 的取值, $w(G)$ 可分为两种情形:

(a) $\begin{pmatrix} i & j & k \\ j & s & t+1 \\ k & t-1 & w \end{pmatrix}$, 其中 $i \neq 0$;　(b) $\begin{pmatrix} 0 & j & k \\ j & s & t+1 \\ k & t-1 & w \end{pmatrix}$.

易知不同类型的矩阵互不拟合同.

子情形 2.1　$w(G)$ 为 (a) 型矩阵.

令 $X = \begin{pmatrix} 1 & 0 & 0 \\ -j & i & 0 \\ -i^{-1}k & 0 & 1 \end{pmatrix}$. 则 $\det(X)^{-1}Xw(G)X^t = \mathrm{diag}(1, W)$. 计算可得, 矩阵 $\mathrm{diag}(1,W)$ 和 $\mathrm{diag}(1,\overline{W})$ 拟合同当且仅当存在 $Y = \begin{pmatrix} x_{22} & x_{23} \\ x_{32} & x_{33} \end{pmatrix}$ 使得 $\overline{W} = \det(Y)^{-2}YWY^t$. 令 $Z = \det(Y)^{-1}Y$. 则 $\overline{W} = ZWZ^t$. 即 $\overline{W}$ 与 W 合同. 由定理 3.2.3 和定理 3.2.5, 可得特征矩阵 (J2)—(J4) 和 (K2), 不同的矩阵对应的群互不同构.

子情形 2.2　$w(G)$ 为 (b) 型矩阵.

根据 (j,k) 取值的不同, $w(G)$ 又可以分为以下两种情形:

(b1) $\begin{pmatrix} 0 & j & k \\ j & s & t+1 \\ k & t-1 & w \end{pmatrix}$, 其中 $(j,k)\neq(0,0)$; (b2) $\begin{pmatrix} 0 & 0 & 0 \\ 0 & s & t+1 \\ 0 & t-1 & w \end{pmatrix}$.

易知不同类型的矩阵互不拟合同.

子情形 2.2.1 $w(G)$ 为 (b1) 型矩阵.

子情形 2.2.1.1 $j=0$ 且 $k\neq 0$.

若 $s\neq 0$, 令 $X=\begin{pmatrix} 1 & 0 & 0 \\ -t & k & 0 \\ -2^{-1}sw & 0 & sk \end{pmatrix}$, 则有 $w(\overline{G})=\det(X)^{-1}Xw(G)X^t=\begin{pmatrix} 0 & 0 & 1 \\ 0 & 1 & 1 \\ 1 & -1 & 0 \end{pmatrix}$. 因此我们得到特征矩阵 (J5).

若 $s=0$, 令 $X=\begin{pmatrix} 1 & 0 & 0 \\ -t & k & 0 \\ -2^{-1}k^{-1}w & 0 & 1 \end{pmatrix}$, 则 $w(\overline{G})=\det(X)^{-1}Xw(G)X^t=\begin{pmatrix} 0 & 0 & 1 \\ 0 & 0 & 1 \\ 1 & -1 & 0 \end{pmatrix}$. 再令 $X=\begin{pmatrix} -1 & -1 & 0 \\ -1 & 1 & 0 \\ 0 & 0 & 1 \end{pmatrix}$, 则 $w(\overline{G})$ 可被化简为矩阵 (K3).

子情形 2.2.1.2 $j\neq 0$ 且 $k\neq 0$.

令 $X=\begin{pmatrix} 1 & 0 & 0 \\ 0 & 1 & -k^{-1}j \\ 0 & 0 & 1 \end{pmatrix}$. 则

$$w(\overline{G})=\det(X)^{-1}Xw(G)X^t=\begin{pmatrix} 0 & 0 & k \\ 0 & s' & t'+1 \\ k & t'-1 & w \end{pmatrix},$$

其中 $t'=t-k^{-1}jw$. 问题化归为子情形 2.2.1.1.

子情形 2.2.1.3 $k=0$ 且 $j\neq 0$.

令 $X=\begin{pmatrix} 1 & 0 & 0 \\ 0 & 1 & 0 \\ 0 & 1 & 1 \end{pmatrix}$. 则 $w(\overline{G})=\det(X)^{-1}Xw(G)X^t=\begin{pmatrix} 0 & j & j \\ j & s & t'+1 \\ j & t'-1 & w' \end{pmatrix}$,

其中 $t'=t+s$ 且 $w'=w+2t+s$. 问题化归为子情形 2.2.1.2.

子情形 2.2.2 $w(G)$ 为 (b2) 型矩阵.

此时可设 $w(G)=\mathrm{diag}(0,W)$. 计算可得, 矩阵 $\mathrm{diag}(0,W)$ 和 $\mathrm{diag}(0,\overline{W})$ 拟合

同当且仅当存在 $x_{11} \neq 0$ 和 $Y = \begin{pmatrix} x_{22} & x_{23} \\ x_{32} & x_{33} \end{pmatrix}$ 满足 $\overline{W} = x_{11}^{-1} \det(Y)^{-1} YWY^t$. 即 $\overline{W}$ 和 W 次合同. 由定理 3.2.3 和定理 3.2.5 可得特征矩阵 (K4)—(K6) 和 (L3). 不同的矩阵对应的群互不同构. □

与前面的计算方法类似可得下列定理. 计算过程略去.

定理 7.1.28 设 G 为 p 群, 其特征矩阵为定理 7.1.27 中所列矩阵之一, 则

(1) $I_{\min} = m_3$ 时对应的特征矩阵如下: (J1)—(J5), (K1)—(K6).

(2) $I_{\min} = m_3 + 1$ 时对应的特征矩阵如下: (L2), (L3).

(3) $I_{\min} = m_3 + 2$ 时对应的特征矩阵为(L1).

(4) $I_{\max} = m_1 + 2$ 时对应的特征矩阵如下: (K1), 其中 $-\nu \in (\mathrm{F}_p^*)^2$; (K3)—(K5); (K6), 其中 $-r \in (\mathrm{F}_p^*)^2$; (L1)—(L3).

(5) $I_{\max} = m_1 + 1$ 时对应的特征矩阵如下: (J1)—(J5); (K1), 其中 $-\nu \notin (\mathrm{F}_p^*)^2$; (K2), (K6), 其中 $-r \notin (\mathrm{F}_p^*)^2$.

5. $p = 2$ 时的其他情形

对于 $p = 2$ 尚有三种情形未加讨论. 它们是

(a) $m_1 = m_2 = m_3 = 1$,

(b) $m_1 > m_2 = m_3 = 1$,

(c) $m_1 = m_2 = m_3 \geqslant 2$.

若 $m_1 = m_2 = m_3 = 1$, 则 $|G| = 2^6$. 只需从 2^6 阶群的群表中挑出满足条件的群即可. 若 $m_1 > m_2 = m_3 = 1$ 或者 $m_1 = m_2 = m_3 \geqslant 2$, 需要找到互不同构的群对应的特征矩阵. 反过来, 如果先找到了所有互不同构的群, 也可以由此找到一组特征矩阵. 对于 (b) 和 (c) 的情形, 如果取到 m_i 的最小可能值, 则分别得到 $|G| = 2^7$ 和 $|G| = 2^9$. 幸运的是, 阶小于 2^{10} 的群已被完全分类, 可以用 Magma 或者 GAP 查询. 在此基础上, 得到了定理 7.1.29 和定理 7.1.30.

定理 7.1.29 设 G 是 2 群满足 $d(G) = 3$, $\Phi(G) \leqslant Z(G)$ 和 $G' \cong \mathrm{C}_2^3$. 若 G/G' 的型为 $(2^{m_1}, 2, 2)$, 其中 $m_1 > 1$, 则可适当选择 G 的生成元使得 G 的特征矩阵为以下类型之一. 不同的矩阵对应的群互不同构.

(M1) $\begin{pmatrix} 1 & 0 & 0 \\ 0 & 0 & 1 \\ 0 & 1 & 0 \end{pmatrix}$; (M2) $\begin{pmatrix} 1 & 0 & 0 \\ 0 & 1 & 0 \\ 0 & 0 & 1 \end{pmatrix}$; (M3) $\begin{pmatrix} 1 & 0 & 0 \\ 0 & 1 & 0 \\ 0 & 1 & 1 \end{pmatrix}$;

(M4) $\begin{pmatrix} 0 & 0 & 1 \\ 0 & 1 & 0 \\ 1 & 0 & 0 \end{pmatrix}$; (M5) $\begin{pmatrix} 0 & 0 & 1 \\ 1 & 0 & 0 \\ 0 & 1 & 0 \end{pmatrix}$; (M6) $\begin{pmatrix} 0 & 0 & 1 \\ 0 & 1 & 0 \\ 1 & 1 & 0 \end{pmatrix}$;

(M7) $\begin{pmatrix} 0 & 1 & 1 \\ 0 & 1 & 0 \\ 1 & 1 & 0 \end{pmatrix}$;

(N1) $\begin{pmatrix} 0 & 0 & 0 \\ 0 & 0 & 1 \\ 0 & 1 & 0 \end{pmatrix}$; (N2) $\begin{pmatrix} 0 & 0 & 0 \\ 0 & 1 & 0 \\ 0 & 0 & 1 \end{pmatrix}$; (N3) $\begin{pmatrix} 0 & 0 & 0 \\ 0 & 1 & 0 \\ 0 & 1 & 1 \end{pmatrix}$;

(N4) $\begin{pmatrix} 0 & 0 & 0 \\ 0 & 1 & 1 \\ 1 & 1 & 1 \end{pmatrix}$; (N5) $\begin{pmatrix} 1 & 0 & 0 \\ 0 & 0 & 1 \\ 0 & 0 & 0 \end{pmatrix}$; (N6) $\begin{pmatrix} 1 & 0 & 0 \\ 0 & 0 & 0 \\ 0 & 0 & 1 \end{pmatrix}$;

(N7) $\begin{pmatrix} 0 & 0 & 0 \\ 0 & 0 & 1 \\ 1 & 0 & 0 \end{pmatrix}$; (N8) $\begin{pmatrix} 0 & 0 & 0 \\ 1 & 0 & 0 \\ 0 & 0 & 1 \end{pmatrix}$; (N9) $\begin{pmatrix} 0 & 0 & 0 \\ 1 & 0 & 1 \\ 0 & 0 & 1 \end{pmatrix}$;

(N10) $\begin{pmatrix} 0 & 0 & 1 \\ 0 & 0 & 0 \\ 0 & 1 & 0 \end{pmatrix}$; (N11) $\begin{pmatrix} 0 & 0 & 1 \\ 1 & 0 & 0 \\ 0 & 0 & 0 \end{pmatrix}$; (N12) $\begin{pmatrix} 0 & 0 & 1 \\ 0 & 0 & 0 \\ 1 & 0 & 0 \end{pmatrix}$;

(N13) $\begin{pmatrix} 0 & 0 & 1 \\ 1 & 0 & 0 \\ 1 & 0 & 0 \end{pmatrix}$;

(O1) $\begin{pmatrix} 1 & 0 & 0 \\ 0 & 0 & 0 \\ 0 & 0 & 0 \end{pmatrix}$; (O2) $\begin{pmatrix} 0 & 0 & 0 \\ 1 & 0 & 0 \\ 0 & 0 & 0 \end{pmatrix}$; (O3) $\begin{pmatrix} 0 & 0 & 0 \\ 1 & 0 & 0 \\ 1 & 0 & 0 \end{pmatrix}$.

定理 7.1.30 设 G 是一个 2 群满足 $d(G)=3$, $\Phi(G)\leqslant Z(G)$ 和 $G'\cong \mathrm{C}_2^3$. 若 G/G' 的型为 $(2^m,2^m,2^m)$, 其中 $m\geqslant 2$, 则可适当选择 G 的生成元使得 G 的特征矩阵为以下类型之一. 不同的矩阵对应的群互不同构.

(P1) $\begin{pmatrix} 1 & 0 & 0 \\ 0 & 1 & 0 \\ 0 & 0 & 1 \end{pmatrix}$; (P2) $\begin{pmatrix} 1 & 0 & 0 \\ 0 & 1 & 0 \\ 0 & 1 & 1 \end{pmatrix}$; (P3) $\begin{pmatrix} 1 & 1 & 1 \\ 0 & 1 & 0 \\ 0 & 0 & 1 \end{pmatrix}$; (P4) $\begin{pmatrix} 1 & 0 & 1 \\ 0 & 0 & 1 \\ 0 & 1 & 0 \end{pmatrix}$;

(Q1) $\begin{pmatrix} 1 & 0 & 0 \\ 0 & 1 & 0 \\ 0 & 0 & 0 \end{pmatrix}$; (Q2) $\begin{pmatrix} 0 & 1 & 0 \\ 1 & 0 & 0 \\ 0 & 0 & 0 \end{pmatrix}$; (Q3) $\begin{pmatrix} 1 & 0 & 0 \\ 1 & 1 & 0 \\ 0 & 0 & 0 \end{pmatrix}$; (Q4) $\begin{pmatrix} 0 & 0 & 1 \\ 0 & 1 & 0 \\ 0 & 0 & 0 \end{pmatrix}$;

(Q5) $\begin{pmatrix} 0 & 1 & 0 \\ 0 & 0 & 1 \\ 0 & 0 & 0 \end{pmatrix}$; (R1) $\begin{pmatrix} 0 & 1 & 0 \\ 0 & 0 & 0 \\ 0 & 0 & 0 \end{pmatrix}$; (R2) $\begin{pmatrix} 1 & 0 & 0 \\ 0 & 0 & 0 \\ 0 & 0 & 0 \end{pmatrix}$; (R3) $\begin{pmatrix} 0 & 0 & 0 \\ 0 & 0 & 0 \\ 0 & 0 & 0 \end{pmatrix}$.

与前面的计算方法类似可得下列两个定理. 计算过程略去.

定理 7.1.31 设 G 为 p 群, 其特征矩阵为定理 7.1.29 中所列矩阵之一. 则

(1) $I_{\min}=1$ 时对应的特征矩阵如下: (M2)—(M7); (N5), (N6); (N10); (N12), (N13).

(2) $I_{\min}=2$ 时对应的特征矩阵如下: (M1); (N1)—(N4); (N7)—(N9); (N11); (O1)—(O3).

(3) $I_{\max}=m_1+2$ 时对应的特征矩阵如下: (N11)—(N13); (O1)—(O3).

(4) $I_{\max}=m_1+1$ 时对应的特征矩阵如下: (M4)—(M7); $m_1=2$ 时的 (N1); $m_1=2$ 时的 (N2); (N4)—(N10).

(5) $I_{\max}=m_1$ 时对应的特征矩阵如下: (N1), 其中 $m_1>2$; (N2), 其中 $m_1>2$; (N3); (M1)—(M3).

定理 7.1.32 设 G 为有限 p 群, 其特征矩阵为定理 7.1.30 中所列矩阵之一.

(1) $I_{\min}=m$ 时对应的特征矩阵如下: (P1)—(P4); (Q1)—(Q5).

(2) $I_{\min}=m+1$ 时对应的特征矩阵如下: (R1), (R2).

(3) $I_{\min}=m+2$ 时对应的特征矩阵如下: (R3).

(4) $I_{\max}=m+2$ 时对应的特征矩阵如下: (Q1), (Q2); (Q5); (R1)—(R3).

(5) $I_{\max}=m+1$ 时对应的特征矩阵如下: (P1)—(P4); (Q3), (Q4).

使用 Magma 或 GAP 可得下面的两个定理.

定理 7.1.33 设 G 为有限 2 群. 满足 $d(G)=3$, $\Phi(G)\leqslant Z(G)$ 和 $G'\cong \mathrm{C}_2^3$. 若 $|G|=2^6$, 则 G 为以下互不同构的群之一.

(S1) $\langle a,b,c,d,e,f\mid a^2=b^2=c^2=d^2=e^2=f^2=1,[b,c]=d,[c,a]=e,[a,b]=f,[d,a]=[d,b]=[d,c]=[e,a]=[e,b]=[e,c]=[f,a]=[f,b]=[f,c]=1\rangle$;

(S2) $\langle a,b,c,d,e\mid a^2=b^2=c^4=d^2=e^2=1,[b,c]=d,[c,a]=e,[a,b]=c^2,[d,a]=[d,b]=[d,c]=[e,a]=[e,b]=[e,c]=1\rangle$;

(S3) $\langle a,b,c,d\mid a^4=b^4=c^2=d^2=1,[b,c]=d,[c,a]=a^2b^2,[a,b]=b^2,[d,a]=[d,b]=[d,c]=1\rangle$;

(S4) $\langle a,b,c,d\mid a^4=b^4=c^2=d^2=1,[b,c]=d,[c,a]=a^2b^2,[a,b]=a^2,[d,a]=[d,b]=[d,c]=1\rangle$;

(S5) $\langle a,b,c,d,e\mid a^4=b^4=c^2=d^2=e^2=1,[b,c]=d,[c,a]=e,[a,b]=a^2=b^2,[d,a]=[d,b]=[d,c]=[e,a]=[e,b]=[e,c]=1\rangle$;

(S6) $\langle a,b,c,d,e\mid a^4=b^4=c^4=d^2=e^2=1,[b,c]=d,[c,a]=e,[a,b]=a^2=b^2=c^2,[d,a]=[d,b]=[d,c]=[e,a]=[e,b]=[e,c]=1\rangle$;

(S7) $\langle a,b,c,d\mid a^4=b^2=c^4=d^2=1,[b,c]=d,[c,a]=a^2,[a,b]=c^2,[d,a]=[d,b]=[d,c]=1\rangle$;

(S8) $\langle a,b,c,d \mid a^4=b^4=c^4=d^2=1,[b,c]=d,[c,a]=a^2,[a,b]=b^2=c^2,[d,a]=[d,b]=[d,c]=1\rangle$;

(S9) $\langle a,b,c,d \mid a^4=b^4=c^4=d^2=1,[b,c]=d,[c,a]=a^2b^2,[a,b]=a^2=c^2,[d,a]=[d,b]=[d,c]=1\rangle$;

(S10) $\langle a,b,c \mid a^4=b^4=c^4=1,[b,c]=a^2b^2,[c,a]=b^2c^2,[a,b]=c^2,[c^2,a]=[c^2,b]=1\rangle$.

定理 7.1.34　设 G 为定理 7.1.33 中所列群之一. 则

(1) $I_{\min}=1$.

(2) $I_{\max}=3$ 时对应的群为: (S1), (S2); (S5), (S6).

(3) $I_{\max}=2$ 时对应的群为: (S3), (S4); (S7)—(S9).

(4) $I_{\max}=1$ 时对应的群为(S10).

6. 分类的应用

在 7.1.4 小节完成了对满足 $\Phi(G)\leqslant Z(G)$ 三元生成导群为 C_p^3 的有限 p 群的分类后, 我们可以挑出其中的亚 Hamilton 群. 这个结果将会在第 12 章中用到. 证明细节从略.

定理 7.1.35　设 G 为 p 群. 满足 $d(G)=3$, $\Phi(G)\leqslant Z(G)$ 和 $G'\cong C_p^3$. 则 G 为亚 Hamilton 群当且仅当 G 为以下互不同构的群之一.

(1) $\langle a_1,a_2,a_3 \mid a_1^{p^{m_1+1}}=a_2^{p^{m_2+1}}=a_3^{p^{m_3+1}}=1,\ [a_2,a_3]=a_1^{p^{m_1}},\ [a_1,a_3]=a_2^{\eta p^{m_2}},[a_1,a_2]=a_3^{p^{m_3}},[a_3^p,a_1]=[a_3^p,a_2]=1\rangle$, 其中 p 为奇素数, $m_1=m_2+1=m_3+1$, η 为一个固定的模 p 的平方非剩余;

(2) $\langle a_1,a_2,a_3 \mid a_1^{p^{m_1+1}}=a_2^{p^{m_2+1}}=a_3^{p^{m_3+1}}=1,[a_2,a_3]=a_1^{p^{m_1}},[a_1,a_3]=a_2^{lp^{m_2}}a_3^{-p^{m_2}},[a_1,a_2]=a_3^{p^{m_3}},[a_3^p,a_1]=[a_3^p,a_2]=1\rangle$, 其中 p 为奇素数, $m_1=m_2+1=m_3+1$ 且 $1+4l\notin(F_p)^2$;

(3) $\langle a_1,a_2,a_3 \mid a_1^{2^{m_1+1}}=a_2^{2^{m_2+1}}=a_3^{2^{m_3+1}}=1,[a_2,a_3]=a_1^{2^{m_1}},[a_3,a_1]=a_2^{2^{m_2}},[a_1,a_2]=a_2^{2^{m_2}}a_3^{2^{m_3}},[a_3^2,a_1]=[a_3^2,a_2]=1\rangle$, 其中 $m_1=m_2+1=m_3+1$;

(4) $\langle a_1,a_2,a_3 \mid a_1^{p^{m_1+1}}=a_2^{p^{m_2+1}}=a_3^{p^{m_3+1}}=1,[a_2,a_3]=a_1^{p^{m_1}},[a_1,a_3]=a_2^{\eta p^{m_2}},[a_1,a_2]=a_3^{p^{m_3}},[a_3^p,a_1]=[a_3^p,a_2]=1\rangle$, 其中 p 为奇素数, $m_1=m_2=m_3+1$, η 为一个固定的模 p 的平方非剩余;

(5) $\langle a_1,a_2,a_3 \mid a_1^{p^{m_1+1}}=a_2^{p^{m_2+1}}=a_3^{p^{m_3+1}}=1,[a_2,a_3]=a_1^{p^{m_1}},[a_1,a_3]=a_1^{p^{m_1}}a_2^{lp^{m_2}},[a_1,a_2]=a_3^{p^{m_3}},[a_3^p,a_1]=[a_3^p,a_2]=1\rangle$, 其中 p 为奇素数, $m_1=m_2=m_3+1$ 且 $1+4l\notin(F_p)^2$;

(6) $\langle a_1,a_2,a_3 \mid a_1^{2^{m_1+1}}=a_2^{2^{m_2+1}}=a_3^{2^{m_3+1}}=1,[a_2,a_3]=a_1^{2^{m_1}}a_2^{2^{m_2}},[a_3,a_1]=a_2^{2^{m_2}},[a_1,a_2]=a_3^{2^{m_3}},[a_3^2,a_1]=[a_3^2,a_2]=1\rangle$, 其中 $m_1=m_2=m_3+1$;

(7) $\langle a,b,c \mid a^4=b^4=c^4=1,[b,c]=a^2b^2,[c,a]=b^2c^2,[a,b]=c^2,[c^2,a]=[c^2,b]=1\rangle$.

7.2 有且仅有一个极大子群为内交换的 p 群

本节分类有且仅有一个极大子群为内交换群的有限 p 群. 分 $p\neq 2$ 和 $p=2$ 两小节讨论.

7.2.1 $p\neq 2$

首先介绍某些预备结果.

定理 7.2.1 ([194] 中的定理 2.4.4) 若 $p>2$, 则 G 亚循环当且仅当 $|G:\mho_1(G)|\leqslant p^2$.

引理 7.2.2 ([43] 中的定理 4.1) 设 p 为奇素数, G 为有限 p 群, $|G|=p^n$, $n\geqslant 5$. 对于满足 $3\leqslant r\leqslant n-2$ 的某个 r, G 的所有 p^r 阶的正规子群至多二元生成. 则下列之一成立.

(1) G 为亚循环群;

(2) G 为极大类 3 群;

(3) 对于 $r=3$, G 为以下两个群之一.

(3a) $G=\langle a,b,c \mid a^{p^{n-2}}=b^p=c^p=1,[a,b]=c,[c,b]=a^{\nu p^{n-3}},[c,a]=1\rangle$, 其中 $\nu=1$ 或者是一个固定的模 p 的平方非剩余;

(3b) $G=\mathrm{M}_p(1,1,1)*\mathrm{C}_{p^{n-2}}$.

下面的引理通过验证第 6 章的群表可得到. 这里给出一个不依赖群表的独立证明.

引理 7.2.3 设 p 为奇素数, G 为有限 p 群, $N\leqslant G'$ 满足 $|N|=p$ 以及 G/N 为内交换群. 则

(1) 若 $G/N\cong \mathrm{M}_p(m,n)$ 或 $G/N\cong \mathrm{M}_p(m,1,1)$, 则 G 至少有两个内交换的极大子群;

(2) 若 $G/N\cong \mathrm{M}_p(m,n,1)$ 其中 $m\geqslant n\geqslant 2$, 则 G 没有内交换的极大子群.

证明 由定理 1.7.7 可得 $d(G/N)=2$ 且 $|(G/N)'|=p$. 因为 $N\leqslant G'$, 所以 $d(G)=d(G/N)=2$ 且 $(G/N)'=G'/N$. 进而可得 $|G'|=p^2$. 令

$$\mathcal{M}=\{H\lessdot G \mid H'\neq 1\},\quad \mathcal{N}=\{H\lessdot G \mid H'=1\}.$$

因为 $d(G)=2$, 所以 $|\mathcal{M}|+|\mathcal{N}|=p+1$. 因为 G 不是内交换群, 所以 $|\mathcal{N}|\neq p+1$. 再由定理 1.7.1 可得 $|\mathcal{N}|\leqslant 1$. 因此 $|\mathcal{M}|\geqslant p\geqslant 3$.

任取 $H \in \mathcal{M}$, 有 $H/N \lessdot G/N$. 因为 G/N 为内交换群, 所以 H/N 交换. 进而 $H' \leqslant N$. 因为 $H' \neq 1$, 所以 $H' = N$. 因此 $d(H) = d(H/N)$.

(1) 若 $G/N \cong \mathrm{M}_p(m,n)$, 则对任意的 $H \lessdot G$ 有 $d(H/N) \leqslant 2$. 从而对任意的 $H \in \mathcal{M}$, 有 $d(H) = 2$. 由定理 1.7.7, 对所有的 $H \in \mathcal{M}$ 有 H 为内交换群. 因为 $|\mathcal{M}| \geqslant 3$, 所以 G 至少有两个内交换极大子群.

若 $G/N \cong \mathrm{M}_p(m,1,1)$, 则存在 $M \lessdot G$ 使得 $M/N = \Omega_{m-1}(G/N)$. 因为对所有的 $H/N \nleq M/N$ 有 $d(H/N) \leqslant 2$, 所以对所有的 $H \in \mathcal{M}\backslash\{M\}$ 有 $d(H) = 2$. 由定理 1.7.7, 对所有的 $H \in \mathcal{M}\backslash\{M\}$ 有 H 为内交换群. 因为 $|\mathcal{M}| \geqslant 3$, 所以 G 至少有两个内交换极大子群.

(2) 若 $G/N \cong \mathrm{M}_p(m,n,1)$, 其中 $m \geqslant n \geqslant 2$, 由 $d(\Phi(G/N)) = 3$ 可得对所有的 $H/N \lessdot G/N$ 有 $d(H/N) = 3$. 因此对所有的 $H \in \mathcal{M}$ 有 $d(H) = 3$. 由定理 1.7.7, 对所有的 $H \in \mathcal{M}$ 有 H 不是内交换群. 因此 G 没有内交换极大子群. □

引理 7.2.4　设 p 为奇素数, G 非亚循环群, $|G| = p^n$, $n \geqslant 5$. 则 G 有唯一的亚循环极大子群的充要条件是 G 为极大类 3 群.

证明　$\Longleftarrow$: 设 G 为极大类 3 群. 则由定理 1.11.3 和定理 1.11.14 可知, G_1 为 G 的唯一的亚循环极大子群.

$\Longrightarrow$: 设 M 为 G 的唯一的亚循环的极大子群. 我们设 G 不是极大类 3 群, 然后推出矛盾.

首先断言: G 有正规子群 E 与 C_p^3 同构. 若否, 由引理 7.2.2(考虑 $r = 3$ 的情形) 可得, G 亚循环, 或者 $G = \mathrm{M}_p(1,1,1) * \mathrm{C}_{p^{n-2}}$, 或者

$$G = \langle a, b, c \mid a^{p^{n-2}} = b^p = c^p = 1, [a,b] = c, [c,b] = a^{\nu p^{n-3}}, [c,a] = 1 \rangle,$$

其中 $\nu = 1$ 或者是一个固定的模 p 的平方非剩余. 不论是哪一种情况, 我们都能找到 G 的两个亚循环的极大子群, 从而自相矛盾.

由循环扩张理论, 可设

$$M = \langle x, y \mid x^{p^m} = 1, y^{p^{n-m-1}} = x^{p^k}, x^y = x^{1+ip^l} \rangle,$$

其中 $(i,p) = 1$ 且 $l \geqslant 1$, 则 $\Phi(M) = \mho_1(M) = \langle x^p, y^p \rangle$. 因为 $p \geqslant 3$, 所以 $|\Omega_1(M)| = p^2$. 因为 $M \cap E \leqslant \Omega_1(M)$, 所以 $E \nleq M$. 取 $e \in E\backslash M$, 有 $e^p = 1$, $E = \Omega_1(M) \times \langle e \rangle$ 且 $G = M\langle e \rangle$. 由 $E \trianglelefteq G$ 和 $M \trianglelefteq G$ 可得 $[M, \langle e \rangle] \leqslant M \cap E = \Omega_1(M)$.

若 $m = 1$, 则 M 交换. 因为 $x \in \Omega_1(M) \leqslant E$, 所以 $[x,e] = 1$. 令 $N = \langle x, ye \rangle$. 则 N 是 G 的亚循环的极大子群. 这就与 M 的唯一性矛盾.

若 $m = 2$, 则 M 交换或者内交换. 由 $M' \leqslant \Omega_1(M)$ 和 $[M, \langle e \rangle] \leqslant M \cap E = \Omega_1(M)$ 可知 $G/\Omega_1(M)$ 交换. 从而 $G' \leqslant \Omega_1(M)$. 因为 $n \geqslant 5$, 所以 $\Omega_1(M) \leqslant \Phi(M) \leqslant Z(M)$.

从而 $\Omega_1(M) \leqslant Z(G)$. 进一步有 $G' \leqslant Z(G)$ (即 $c(G)=2$). 令 $N=\langle xe, y\rangle$. 则 $\mho_1(M)=\langle x^p, y^p\rangle \leqslant \mho_1(N)$. 从而 N 为 G 的极大子群且 $|N:\mho_1(N)|=p^2$. 再由定理 7.2.1 可知 N 为亚循环群. 这与 M 的唯一性矛盾.

若 $m \geqslant 3$, 则 $M' \cap \Omega_1(M) \leqslant \langle x^{p^{m-1}}\rangle < \langle x^p\rangle$. 由命题 1.1.10 计算得 $(xe^{-1})^p = x^p[x,e,x]^{\binom{p}{3}}$. 从而 $\langle (xe^{-1})^p\rangle = \langle x^p\rangle$. 令 $N=\langle xe^{-1}, y\rangle$. 则 $\mho_1(M)=\langle x^p, y^p\rangle \leqslant \mho_1(N)$. 从而 N 为 G 的极大子群且 $|N:\mho_1(N)|=p^2$. 再由定理 7.2.1 可知 N 为亚循环群. 这与 M 的唯一性矛盾. □

下面分类有且仅有一个极大子群为内交换群的有限 p 群. 首先给出这类群的某些性质.

引理 7.2.5 设 p 为奇素数, G 为有限 p 群, M 为 G 的唯一的 $\mathcal{A}_1$ 极大子群. 则(1) $|G| \geqslant p^5$; (2) $d(G)=2$; (3) M/M' 是 G/M' 的唯一的交换极大子群.

证明 (1) 因为 M 非交换, 所以 $|G| \geqslant p^4$. 令 $\mathcal{M}=\{H \lessdot G \mid H' \neq 1\}$ 和 $\mathcal{N}=\{H \lessdot G \mid H'=1\}$. 则 $|\mathcal{M}| \geqslant 1$.

若 $|G|=p^4$, 则对所有的 $H \in \mathcal{M}$ 都有 H 为内交换群. 因此 $|\mathcal{M}|=1$. 若 $d(G)=2$, 则 $|\mathcal{M}|+|\mathcal{N}|=p+1$. 由引理 1.7.1 可得 $|\mathcal{N}| \leqslant 1$ 和 $|\mathcal{M}| \geqslant p$, 与题设矛盾. 若 $d(G) \geqslant 3$, 则 $|\mathcal{M}|+|\mathcal{N}| \geqslant p^2+p+1$. 由引理 1.7.1 可得 $|\mathcal{N}| \leqslant p+1$ 和 $|\mathcal{M}| \geqslant p^2$. 仍然与题设矛盾. 因此 $|G| \geqslant p^5$.

(2) 若 $d(G) \neq 2$, 则由 $d(M)=2$ 可知 $d(G)=3$. 此时 $|G:\Phi(G)|=p^3$. 由于 $\Phi(M) \leqslant \Phi(G)$ 和 $|G:\Phi(M)|=p^3$, 可得 $\Phi(G)=\Phi(M)$. 令 $d \in G\backslash M$. 则 $G=M\langle d\rangle$. 由定理 1.7.7 可得 $\Phi(M)=Z(M)$. 因为 $d^p \in \Phi(G)=\Phi(M)=Z(M)$, 所以 $d^p \in Z(G)$. 因为 M' char $M \lhd G$, 所以 $M' \lhd G$. 再由 $|M'|=p$ 可得 $M' \leqslant Z(G)$.

因为 $G' \leqslant \Phi(G)=\Phi(M)=Z(M)$, 所以 G 为亚交换群. 由命题 1.1.9 计算可得, 对任意的 $h \in M$ 有

$$[h^p, d]=[h,d]^p=[h,d]^p[h,d,d^{\binom{p}{2}}] \equiv [h,d]^p[h,d,d]^{\binom{p}{2}} \equiv [h,d^p]=1 (\bmod G_4).$$

进而

$$\begin{aligned}[\Phi(G),G] &= [\Phi(M), M\langle d\rangle]=[\Phi(M),\langle d\rangle]=[\mho_1(M)M',\langle d\rangle]\\ &= [\mho_1(M),\langle d\rangle] \equiv 1 (\bmod G_4).\end{aligned}$$

因为 $G_3=[G',G] \leqslant [\Phi(G),G] \leqslant G_4$, 所以 $G_3=1$ 且 $[\Phi(G),G]=1$. 因此 $c(G)=2$ 且 $\Phi(G) \leqslant Z(G)$. 对所有的 $g,h \in G$, 有

$$[h,g]^p=[h^p,g]=1, \quad (gh)^p=g^p h^p [h,g]^{\binom{p}{2}}=g^p h^p.$$

因此 $\exp(G')=p$ 且 G 为 p 交换群.

设 $N \leqslant G$, $d(N)=2$ 且 $N' \neq 1$. 因为 $c(G)=2$ 和 $\exp(G')=p$, 所以由定理 1.7.7 可得 N 为内交换群. 若 N 还是 G 的极大子群, 则由 M 的唯一性可得 $N=M$.

接下来将通过寻找满足以下条件的 N 来推出矛盾: $N \neq M$, $N' \neq 1$, $d(N)=2$ 且 N 为 G 的极大子群.

情形 1　M 为亚循环群.

设 $M=\langle a,b \mid a^{p^m}=b^{p^n}=1,[a,b]=a^{p^{m-1}}\rangle \cong \mathrm{M}_p(m,n)$. 因为 $d^p \in \Phi(M)=\langle a^p\rangle \times \langle b^p\rangle$, 所以可设 $d^p=a^{ip}b^{jp}$. 因为 G 是 p 交换的, 所以 $(d^{-1}a^ib^j)^p=1$. 用 $d^{-1}a^ib^j$ 替换 d 得到 $G=\langle a,b\rangle \rtimes \langle d\rangle$, 其中 $d^p=1$. 令 $N=\langle ad^w,b\rangle$, 其中 $p \nmid w$ 且 $[ad^w,b]\neq 1$. 则 $N \neq M$, $d(N)=2$, $N' \neq 1$ 且 N 为 G 的极大子群, 矛盾.

情形 2　M 不是亚循环群.

设 $M=\langle a,b,c \mid a^{p^m}=b^{p^n}=c^p=1,[a,b]=c,[c,a]=[c,b]=1\rangle \cong \mathrm{M}_p(m,n,1)$, 其中 $m \geqslant n$. 因为 $|G| \geqslant p^5$, 所以 $d^p \in \Phi(M)=\langle a^p\rangle \times \langle b^p\rangle$. 因为 $d^p \in \Phi(M)=\langle a^p,b^p,c\rangle$, 可设 $d^p=a^{ip}b^{jp}c^k$. 由 G 的 p 交换性可得 $(d^{-1}a^ib^j)^p=c^k$. 用 $d^{-1}a^ib^j$ 替换 d 后可得 $G=\langle a,b\rangle\langle d\rangle$, 其中 $d^p=c^k$.

子情形 2a　$k=0$ 或 $m \geqslant 3$.

因为 $[a,b]=c \notin \mho_1(M)$, 所以存在 w 满足 $p \nmid w$ 且 $[ad^w,b] \notin \mho_1(M)$. 令 $N=\langle ad^w,b\rangle$. 由 G 的 p 交换性可得 $\mho_1(N)=\langle a^pc^{kw}\rangle \times \langle b^p\rangle$. 因为 $k=0$ 或 $m \geqslant 3$, 所以 $\Omega_1(\langle a^pc^{kw}\rangle)=\langle a^{p^{m-1}}\rangle$. 因此 $\Omega_1(\mho_1(N)) \leqslant \langle a^p,b^p\rangle=\mho_1(M)$. 由 $[ad^w,b] \notin \mho_1(M)$ 可得 $[ad^w,b] \notin \Omega_1(\mho_1(N))$. 因为 $[ad^w,b]$ 的阶为 p, 所以 $[ad^w,b] \notin \mho_1(N)$. 进而 $|N|=po(ad^w)o(b)=|M|$. 此时 $N \neq M$, $d(N)=2$, $N' \neq 1$ 且 N 为 G 的极大子群, 矛盾.

子情形 2b　$k \neq 0$, $m=2$ 且 $n=1$.

此时 $|G|=p^5$. 令 $N=\langle a,bd^w\rangle$, 其中 $p \nmid w$ 且 $[a,bd^w] \neq 1$. 则 $N \neq M$, $d(N)=2$, $N' \neq 1$ 且 N 为 G 的极大子群, 矛盾.

子情形 2c　$k \neq 0$ 且 $m=n=2$.

当 $[d,b] \notin \langle b^p,c\rangle$ 时, 取 $N=\langle d,b\rangle$. 此时 $N \neq M$, $d(N)=2$, $N' \neq 1$ 且 N 为 G 的极大子群, 得到矛盾. 若 $[d,b] \in \langle b^p,c\rangle$, 则可设 $[d,b]=b^{sp}c^t$. 令 $N=\langle ad^w,b\rangle$, 其中 $p \nmid w$ 且 $p \nmid 1+tw$. 则 $N \neq M$ 且 $d(N)=2$. 因为 $[ad^w,b]=c^{1+wt}b^{wsp} \notin \mho_1(N)$, 所以 $N' \neq 1$ 且 N 为 G 的极大子群, 也得到矛盾.

(3) 若 G/M' 有两个交换极大子群, 则由引理 1.7.1 可知 G/M' 有 $p+1$ 个交换极大子群. 由于 $d(G)=2$, G/M' 为内交换群. 由引理 7.2.3 可知, G 不可能有唯一的内交换极大子群, 矛盾. □

由引理 7.2.5 可知, 首先应当研究二元生成的有限 p 群 G, 其中 G 有唯一的交换极大子群 M 满足 $d(M)=2$.

引理 7.2.6 设 p 为奇素数, G 为有限 p 群, M 为 G 的唯一的交换极大子群. 若 G 为正则 p 群, $|G|=p^n$ 且 $d(G)=d(M)=2$, 则 $p\geqslant 5$ 且 $G=\langle a,b,c\mid a^{p^{n-2}}=b^p=c^p=1,[a,b]=c,[c,b]=a^{ip^{n-3}},[c,a]=1\rangle$, 其中 $(i,p)=1$.

证明 取 $b\in G\backslash M$ 和 $a\in M\backslash\Phi(G)$. 则 $G=\langle a,b\rangle$. 由 M 交换和 $b^p\in M$ 可得 $b^p\in Z(G)$. 由定理 1.11.5 可得, 对所有的 $d\in M$ 都有 $[d^p,b]=[d,b^p]=1$. 因此 $\Phi(M)=\mho_1(M)\leqslant Z(G)$.

断言 $\Phi(M)=Z(G)$. 若否, $|G/Z(G)|\leqslant|M/\Phi(M)|=p^2$. 此时有 $Z(G)=\Phi(G)$. 由定理 1.7.7 可得, G 为内交换群. 这就与 M 的唯一性矛盾.

由定理 1.7.6 可知 $G'\cong M/M\cap Z(G)=M/\Phi(M)\cong \mathrm{C}_p^2$. 再由定理 4.2.12 可知 $p\geqslant 5$. 从而可推出 G 是 p 交换的. 因为 $b^p\in Z(G)=\Phi(M)$, 所以存在 $d\in M$ 满足 $b^p=d^p$. 用 bd^{-1} 去替换 b 可得 $b^p=1$.

令 $[a,b]=c$. 则 $c^p=1$. 因为 $G'\cong\mathrm{C}_p^2$, 所以 $c(G)=3$ 且 $c\notin Z(G)=\Phi(M)$. 因此 $c\in\Phi(G)\setminus\Phi(M)$. 由于 $a\in M\backslash\Phi(G)$, 所以 $M=\langle a,c\rangle\cong \mathrm{C}_{p^{n-2}}\times\mathrm{C}_p$. 因为 $[c,a]=1$, 所以 $1\neq[c,b]\in\Omega_1(Z(G))=\Omega_1(\Phi(M))=\langle a^{p^{n-3}}\rangle$. 因此可设 $[c,b]=a^{ip^{n-3}}$, 其中 $(i,p)=1$. □

引理 7.2.7 设 p 为奇素数, G 为有限 p 群, M 为 G 的唯一的内交换极大子群. 令 $L=\langle a,b,c\mid a^{p^{n-2}}=b^p=c^p=1,[a,b]=c,[c,b]=a^{ip^{n-3}},[c,a]=1\rangle$, 其中 $(i,p)=1$. 若 G 不是极大类 3 群, 则 $G/M'\ncong L$.

证明 设 $\overline{G}=G/M'=\langle\bar a,\bar b,\bar c\rangle\cong L$. 因为 $\langle\bar a,\bar c\rangle$ 是 $\overline{G}$ 的唯一的交换极大子群, 所以 $M/M'=\langle\bar a,\bar c\rangle$. 从而 $M=\langle a,c\rangle$. 令 $[c,a]=d$. 则 $d^p=1$. 因为 $\langle d\rangle=M'\leqslant Z(G)$, 所以 $G=\langle a,b,c,d\rangle$ 满足下面的关系:

$$a^{p^{n-2}}=d^r,\quad b^p=d^s,\quad c^p=d^t,\quad [a,b]=cd^u,\quad [c,a]=d,\quad [c,b]=a^{ip^{n-3}}d^v.$$

用 cd^u 替换 c 就有 $[a,b]=c$. 因为 $c^p\in Z(G)$, 所以 $[c,b]^p=[c^p,b]=1$. 从而 $a^{p^{n-2}}=1$.

若 $p\geqslant 5$, 由定理 1.11.4 可得 G 为正则 p 群. 再由定理 1.11.5 可得 $[a^p,b]=[a,b^p]=1$. 因此 $[c,b]\in Z(G)$, 所以 $c(G)=3$ 且 $G_3=\langle d,a^{p^{n-3}}\rangle$.

当 $p=3$ 时, 因为 $[a^3,b]\in\langle d\rangle$, 所以 $a^9\in Z(G)$. 若 $n\geqslant 5$, 则 $[c,b]\in Z(G)$. 从而 $c(G)=3$ 且 $G_3=\langle d,a^{3^{n-3}}\rangle$. 当 $n=4$ 时, 因为 G 不是极大类 3 群, 所以同样有 $c(G)=3$ 和 $G_3=\langle d,a^{3^{n-3}}\rangle$.

综上总有 $c(G)=3$ 和 $G_3=\langle d,a^{p^{n-3}}\rangle$. 令 $N=\langle ab^w,c\rangle$, 其中 $p\nmid w$ 且 $[c,ab^w]\notin\langle a^{p^{n-3}}\rangle$, 则 $N\neq M$, N 内交换且为 G 的极大子群. 与 M 的唯一性矛盾. □

推论 7.2.8 设 p 为奇素数, G 为有限 p 群, M 为 G 的唯一的内交换极大子群, 则 G/M' 是非正则的. 特别地, G 是非正则的且 $p=3$.

证明 由引理 7.2.5—引理 7.2.7 可得 G/M' 是非正则的. 因此 G 也是非正则的. 由 $|M:\mho_1(M)|\leqslant p^3$ 和 $\mho_1(M)\leqslant\mho_1(G)$ 可得 $|G:\mho_1(G)|\leqslant p^4$. 若 $p\geqslant 5$, 则 G 是绝对正则的, 矛盾. 因此 $p=3$. □

推论 7.2.9 设 p 为奇素数, G 为有限 p 群, M 为 G 的唯一的内交换极大子群. 若 $|G|\leqslant p^5$, 则 G 为下列互不同构的群之一.

(1) 无交换极大子群的 3^5 阶的极大类群;

(2) $\langle a,b,c \mid a^{3^2}=b^{3^2}=c^3=1,[b,a]=c,[c,a]=a^3,[c,b]=b^{-3}\rangle$.

证明 由引理 7.2.5 可得 $|G|=p^5$ 和 $d(G)=2$. 由推论 7.2.8 可得 $p=3$. 检查 3^5 阶群的群表, 可得推理中的结果. □

定理 7.2.10 设 p 为奇素数, G 为有限 p 群且 $|G|\geqslant p^6$. 则 G 有唯一的内交换极大子群当且仅当 G 无交换极大子群且 G 的一个极大商群是有交换极大子群的极大类 3 群.

证明 $\Longrightarrow$: 记 M 为 G 的唯一的 $\mathcal{A}_1$ 极大子群, $\overline{G}=G/M'$, $\overline{M}=M/M'$. 由引理 7.2.5 可得 $d(G)=d(\overline{G})=2$ 且 $\overline{M}$ 为 $\overline{G}$ 的唯一的交换极大子群. 由推论 7.2.8 可得 $\overline{G}$ 非正则且 $p=3$.

设 $\overline{E}$ 是 $\overline{G}$ 的一个初等交换的正规子群. 我们断言 $|\overline{E}|\leqslant 3^2$. 若否, 由 $d(\overline{M})=2$ 可得 $\overline{E}\not\leqslant\overline{M}$. 所以 $\overline{G}=\overline{M}\,\overline{E}$, 并且进而有 $\overline{G}'\leqslant\overline{M}\cap\overline{E}\leqslant Z(\overline{G})$ 成立. 接着又可以推出 $c(\overline{G})=2$. 进而得到 $\overline{G}$ 正则, 矛盾. 由引理 7.2.2 和引理 7.2.7 可得 $\overline{G}$ 为极大类 3 群. 剩下的结论是明显的.

$\Longleftarrow$: 设 $N\trianglelefteq G$, $|N|=3$, 且 G/N 是有交换极大子群 M/N 的极大类 3 群. 因为 M 非交换, 所以 $M'=N$. 由定理 1.11.12 可得 $d(M/N)=2$. 因此 $d(M)=2$. 由定理 1.7.7 可知 M 为内交换群. 再由定理 1.11.12 可知, G/N 的极大子群除 M/N 外都是极大类的. 因此对所有的满足 $H\lessdot G$ 和 $H\neq M$ 的 H, H 均非内交换群. 所以 M 为 G 的唯一的内交换极大子群. □

定理 7.2.11 设 p 为奇素数, G 为有限 p 群, $|G|\geqslant p^6$, M 为 G 的唯一的内交换极大子群, 则 M 亚循环当且仅当 G 为 G_1 不交换的极大类 3 群.

证明 $\Longleftarrow$: 若 G 为 G_1 不交换的极大类 3 群, 则由定理 1.11.12 可知 G_1 为亚循环的内交换群. 因为 M 为 G 的唯一的内交换的极大子群, 所以 $M=G_1$ 是亚循环群.

$\Longrightarrow$: 由定理 7.2.10 可知, G/M' 为极大类 3 群. 由定理 1.11.12 可得, G/M' 的极大子群除 M/M' 外全都是极大类的. 因此对所有的满足 $H\lessdot G$ 和 $H\neq M$ 的 H, H 非亚循环. 因而 M 为 G 的唯一的亚循环的极大子群. 最后由引理 7.2.4 可知, G 为极大类 3 群. □

接下来研究唯一的内交换极大子群非亚循环的有限 p 群.

定理 7.2.12 设 G 为有限 3 群, M 为 G 的唯一的内交换极大子群. 若 M 非亚循环且 $|G|=3^{2e+2}$, 其中 $e\geqslant 2$, 则 G 为以下互不同构的群之一(其中 $k=0,1,2$).

(1) $\langle s_1,s_2,\beta,x \mid {s_1}^{3^e}={s_2}^{3^e}=x^3=1,\beta^3=x^k,[s_1,\beta]=s_2,\ [s_2,\beta]={s_2}^{-3}{s_1}^{-3},[s_1,s_2]=x,[x,s_1]=[x,\beta]=1\rangle$;

(2) $\langle s_1,s_2,\beta,x \mid {s_1}^{3^e}={s_2}^{3^e}=x^3=1,\beta^3={s_2}^{3^{e-1}}x^k,[s_1,\beta]=s_2,[s_2,\beta]={s_2}^{-3}{s_1}^{-3},[s_1,s_2]=x,[x,s_1]=[x,\beta]=1\rangle$;

(3) $\langle s_1,s_2,\alpha,\beta,x \mid {s_1}^{3^e}={s_2}^{3^{e-1}}=x^3=1,\beta^3=x^k,\alpha^3={s_1}^{-3}{s_2}^{-1}{s_1}^{3^{e-1}},[\alpha,\beta]=s_1,[s_1,\alpha]=x,[s_1,\beta]=s_2,[s_2,\beta]={s_2}^{-3}{s_1}^{-3},[s_1,s_2]=[x,\alpha]=[x,\beta]=1\rangle$;

(4) $\langle s_1,s_2,\alpha,\beta,x \mid {s_1}^{3^e}={s_2}^{3^{e-1}}=x^3=1,\beta^3=x^k,\alpha^3={s_1}^{-3}{s_2}^{-1}{s_1}^{3^{e-1}}x,[\alpha,\beta]=s_1,[s_1,\alpha]=x,[s_1,\beta]=s_2,[s_2,\beta]={s_2}^{-3}{s_1}^{-3},[s_1,s_2]=[x,\alpha]=[x,\beta]=1\rangle$.

证明 首先证明 G 为定理中所列的群之一. 由定理 7.2.10 可得, $\overline{G}=G/M'$ 为有交换极大子群的极大类 3 群. 因为 $|\overline{G}|=3^{2e+1}$, 所以 $\overline{G}$ 为定理 1.11.13(1) 中的群之一.

情形 1 $\overline{G}$ 同构于定理 1.11.13 中的 (1a) 型群.

设 $\overline{G}=\langle \bar{s}_1,\bar{s}_2,\bar{\beta} \mid \bar{s}_1^{3^e}=\bar{s}_2^{3^e}=\bar{\beta}^3=\bar{1},[\bar{s}_1,\bar{\beta}]=\bar{s}_2,[\bar{s}_2,\bar{\beta}]=\bar{s}_2^{-3}\bar{s}_1^{-3},[\bar{s}_1,\bar{s}_2]=\bar{1}\rangle$. 则 $\overline{M}=\overline{G}_1=\langle \bar{s}_1,\bar{s}_2\rangle$ 为 $\overline{G}$ 的交换极大子群, 对于 $\bar{g}\in\overline{G}\backslash\overline{M}$ 有 $\bar{g}^3=1$. 设 $[s_1,s_2]=x$. 则 $x\in Z(G)$. 因为 $M=\langle s_1,s_2\rangle$ 非亚循环, 所以 $s_1^{3^e}=s_2^{3^e}=1$, 并且 $G=\langle s_1,s_2,\beta,x\rangle$ 有如下关系

$$s_1^{3^e}=s_2^{3^e}=x^3=1,\ \beta^3=x^k,\ [s_1,\beta]=s_2x^j,\ [s_2,\beta]=s_2^{-3}s_1^{-3}x^i,\ [s_1,s_2]=x.$$

因为 $(\bar{s}_1^i\bar{\beta})^3=\bar{1}$, 可不妨设 $(s_1^i\beta)^3=x^k$. 用 $s_1^i\beta$ 替换 β 后可得 $[s_2,\beta]=s_2^{-3}s_1^{-3}$. 用 s_2x^j 替换 s_2 后可得 $[s_1,\beta]=s_2$. 因此我们得到定理中的 (1) 型群.

情形 2 $\overline{G}$ 同构于定理 1.11.13 中的 (1b) 型群.

不妨设 $G/M'=\langle \bar{s}_1,\bar{s}_2,\bar{\beta} \mid \bar{s}_1^{3^e}=\bar{s}_2^{3^e}=\bar{1},\bar{\beta}^3=\bar{s}_2^{3^{e-1}},[\bar{s}_1,\bar{\beta}]=\bar{s}_2,[\bar{s}_2,\bar{\beta}]=\bar{s}_2^{-3}\bar{s}_1^{-3},[\bar{s}_1,\bar{s}_2]=\bar{1}\rangle$. 则 $\overline{M}=\overline{G}_1=\langle \bar{s}_1,\bar{s}_2\rangle$ 为 $\overline{G}$ 的唯一的交换极大子群, 并且对于 $\bar{g}\in\overline{G}\backslash\overline{M}$ 有 $\langle\bar{g}^3\rangle=\langle\bar{s}_2^{3^{e-1}}\rangle$. 令 $[s_1,s_2]=x$. 则 $x\in Z(G)$. 因为 $M=\langle s_1,s_2\rangle$ 非亚循环, 所以 $s_1^{3^e}=s_2^{3^e}=1$. 因此 $G=\langle s_1,s_2,\beta,x\rangle$ 有如下关系

$$s_1^{3^e}=s_2^{3^e}=x^3=1,\ \beta^3=s_2^{3^{e-1}}x^k,\ [s_1,\beta]=s_2x^j,\ [s_2,\beta]=s_2^{-3}s_1^{-3}x^i,\ [s_1,s_2]=x.$$

对于任意整数 i, 有 $\langle(\bar{s}_1^i\bar{\beta})^3\rangle=\langle\bar{s}_2^{3^{e-1}}\rangle$. 因此可设 $(s_1^i\beta)^3=s_2^{w3^{e-1}}x^k$, 其中不妨设 $(w,3)=1$. 分别用 s_1^w, $s_1^i\beta$ 和 $[s_1^w,s_1^i\beta]$ 替换 s_1, β 和 s_2, 可得 $[s_1,\beta]=s_2$ 和 $[s_2,\beta]=s_2^{-3}s_1^{-3}$. 得到定理中的 (2) 型群.

情形 3 $\overline{G}$ 同构于定理 1.11.13 中的 (1c) 型群.

令 $G/M'=\overline{G}=\langle \bar{s}_1,\bar{s}_2,\bar{\beta},\bar{\alpha} \mid \bar{s}_1^{3^e}=\bar{s}_2^{3^{e-1}}=\bar{\beta}^3=\bar{1},\bar{\alpha}^3=\bar{s}_1^{-3}\bar{s}_2^{-1}\bar{s}_1^{3^{e-1}},[\bar{\alpha},\bar{\beta}]=\bar{s}_1,[\bar{s}_1,\bar{\beta}]=\bar{s}_2,[\bar{s}_2,\bar{\beta}]=\bar{s}_2^{-3}\bar{s}_1^{-3},[\bar{s}_1,\bar{\alpha}]=[\bar{s}_1,\bar{s}_2]=\bar{1}\rangle$. 则 $\overline{M}=\overline{G}_1=\langle\bar{s}_1,\bar{\alpha}\rangle$ 为 $\overline{G}$ 的

唯一的交换极大子群. 令 $[s_1,\alpha]=x$. 则 $x\in Z(G)$. 因为 $M=\langle s_1,\alpha\rangle$ 非亚循环, 所以 $s_1^{3^e}=\alpha^{3^e}=1$. 因此 $G=\langle s_1,s_2,\beta,\alpha,x\rangle$ 有如下关系

$$s_1^{3^e}=s_2^{3^{e-1}}=x^3=1,\quad \beta^3=x^k,\quad \alpha^3=s_1^{-3}s_2^{-1}s_1^{3^{e-1}}x^j,$$

$$[\alpha,\beta]=s_1x^u,\quad [s_1,\beta]=s_2x^v,\quad [s_2,\beta]=s_2^{-3}s_1^{-3}x^i,\quad [s_1,\alpha]=x.$$

由命题 1.1.9 可得, $1=[\alpha,\beta^3]=[\alpha,\beta]^3[\alpha,\beta,\beta]^3[\alpha,\beta,\beta,\beta]=x^i$. 因此 $[s_2,\beta]=s_2^{-3}s_1^{-3}$. 分别用 s_1x^u 和 s_2x^v 替换 s_1 和 s_2 后, 有 $[\alpha,\beta]=s_1$ 和 $[s_1,\beta]=s_2$.

若 $\alpha^3=s_1^{-3}s_2^{-1}s_1^{3^{e-1}}$, 则可得定理中的 (3) 型群. 若 $\alpha^3=s_1^{-3}s_2^{-1}s_1^{3^{e-1}}x$, 则可得定理中的 (4) 型群. 若 $\alpha^3=s_1^{-3}s_2^{-1}s_1^{3^{e-1}}x^2$, 分别用 α^2,s_1^2x 和 s_2^2 去替换 α, s_1 和 s_2 后, 同样得到定理中的 (4) 型群.

接下来我们证明定理中所给出的群是互不同构的. 对于不同的参数 k, $G/\mho_1(M)$ 为互不同构的 3^4 阶的极大类群. 因此不同的参数 k 对应互不同构的群. 对于定理中的 (1) 型群, G/M' 与定理 1.11.13 中的 (1a) 型群同构; 对于定理中的 (2) 型群, G/M' 与定理 1.11.13 中的 (1b) 型群同构; 对于定理中的 (3) 型群和 (4) 型群, G/M' 与定理 1.11.13 中的 (1c) 型群同构. 因此我们只需说明定理中的 (3) 型群和 (4) 型群互不同构即可. 令 N 为 G 的极大子群, 使得 $N/\mho_1(M)$ 为 $G/\mho_1(M)$ 的唯一的交换极大子群. 则对于 (3) 型群有 $N=\langle s_1,\beta,x\rangle$, 对于 (4) 型群有 $N=\langle s_1,\alpha\beta^{-1},x\rangle$. 计算可得, 对于 (3) 型群 N/M' 为定理 1.11.13 中的 (2a) 型群; 对于 (4) 型群 N/M' 为定理 1.11.13 中的 (2b) 型群. 因此定理中的 (3) 型群和 (4) 型群互不同构. □

下面的定理与定理 7.2.12 的证明类似, 细节略去.

定理 7.2.13 设 G 为有限 3 群, M 为 G 的唯一的内交换极大子群. 若 M 非亚循环且 $|G|=3^{2e+1}$, 其中 $e\geqslant 3$, 则 G 为以下互不同构的群之一(其中 $k=0,1$ 或 2, $\nu=1$ 或 2).

(1) $\langle s_1,s_2,\beta\mid {s_1}^{3^e}={s_2}^{3^{e-1}}=x^3=1,\beta^3=x^k,[s_1,\beta]=s_2,[s_2,\beta]={s_2}^{-3}{s_1}^{-3},[s_1,s_2]=x,[x,s_1]=[x,\beta]=1\rangle$;

(2) $\langle s_1,s_2,\beta\mid {s_1}^{3^e}={s_2}^{3^{e-1}}=x^3=1,\beta^3=s_1^{3^{e-1}}x^k,[s_1,\beta]=s_2,[s_2,\beta]={s_2}^{-3}{s_1}^{-3},[s_1,s_2]=x,[x,s_1]=[x,\beta]=1\rangle$;

(3) $\langle s_1,s_2,\beta,\alpha\mid {s_1}^{3^{e-1}}={s_2}^{3^{e-1}}=x^3=1,\beta^3=x^k,\alpha^3={s_1}^{-3}{s_2}^{-1}{s_2}^{\nu 3^{e-2}},[\alpha,\beta]=s_1,[s_1,\beta]=s_2,[s_2,\beta]={s_2}^{-3}{s_1}^{-3},[s_1,\alpha]=x,[x,\beta]=[x,\alpha]=[s_1,s_2]=1\rangle$;

(4) $\langle s_1,s_2,\beta,\alpha\mid {s_1}^{3^{e-1}}={s_2}^{3^{e-1}}=x^3=1,\beta^3=x^k,\alpha^3={s_1}^{-3}{s_2}^{-1}{s_2}^{\nu 3^{e-2}}x,[\alpha,\beta]=s_1,[s_1,\beta]=s_2,[s_2,\beta]={s_2}^{-3}{s_1}^{-3},[s_1,\alpha]=x,[x,\beta]=[x,\alpha]=[s_1,s_2]=1\rangle$.

综上所述, 我们有下面的主要定理.

主要定理 设 G 是有限 p 群, 且 G 有唯一的内交换极大子群, 则 G 是定理 1.11.14、推论 7.2.9、定理 7.2.12 和定理 7.2.13 中所列的群之一.

7.2.2 $p=2$

设 G 是有限 2 群, 且 G 有唯一的内交换极大子群 M. 令 $\overline{G}=G/M'$. 则 $\overline{G}$ 有一个二元生成的交换极大子群 $\overline{M}$. 显然 $\overline{G}$ 是 $\overline{M}$ 的 2 阶循环扩张. 本节的思路就是先决定有一个二元生成的交换极大子群的有限 p 群, 然后将这些群进行 2 阶中心扩张, 最后得到满足本节标题条件的有限 2 群. 本节只列出主要结论. 证明细节读者可以参考文献 [139].

定理 7.2.14 设 G 为有限非交换 2 群, 且 G 有两个交换极大子群 A 和 B, 其中 $d(A)=2$. 若 $|G|\geqslant 2^8$, 则 G 为下列互不同构的群之一.

(1) $\langle a,b \mid a^{2^{n+1}}=b^{2^m}=1,[a,b]=a^{2^n}\rangle$, 其中 $n+m\geqslant 7$;

(2) $\langle a,b,c \mid a^{2^n}=b^2=c^2=1,[a,b]=c,[c,a]=[c,b]=1\rangle$, 其中 $n\geqslant 6$;

(3) $\langle a,b,c \mid a^4=c^{2^k}=1,\ b^2=a^2=[a,b],\ [c,a]=[c,b]=1\rangle\cong \mathrm{Q}_8\times \mathrm{C}_{2^k}$, 其中 $k\geqslant 5$;

(4) $\langle a,b,c \mid a^{2^{n+1}}=b^2=c^{2^k}=1,\ [a,b]=a^{2^n},\ [c,a]=[c,b]=1\rangle\cong \mathrm{M}_2(n+1,1)\times \mathrm{C}_{2^k}$, 其中 $n+k\geqslant 6$;

(5) $\langle a,b,c \mid a^4=1,\ b^2=c^{2^k}=a^2=[a,b],\ [c,a]=[c,b]=1\rangle$, 其中 $k\geqslant 5$;

(6) $\langle a,b,c \mid a^{2^n}=b^2=c^{2^{k+1}}=1,\ [a,b]=c^{2^k},\ [c,a]=[c,b]=1\rangle$, 其中 $n\geqslant 2$ 且 $n+k\geqslant 6$.

定理 7.2.15 设 G 为有限非交换 2 群, G 有一个唯一的极大子群 A 满足 $d(A)=2$. 若 $|G|\geqslant 2^8$, 则 G 为以下互不同构的群之一.

(I) $n\geqslant m$.

(1) $\langle a,b,c \mid a^{2^n}=b^{2^m}=1,a^b=a,a^c=a,b^c=b^{-1},c^2=a\rangle$, 其中 $m\geqslant 3$;

(2) $\langle a,b,c \mid a^{2^n}=b^{2^m}=1,a^b=a,a^c=a,b^c=b^{-1},c^2=1\rangle$, 其中 $m\geqslant 3$;

(3) $\langle a,b,c \mid a^{2^n}=b^{2^m}=1,a^b=a,a^c=a,b^c=b^{-1},c^2=b^{2^{m-1}}\rangle$, 其中 $m\geqslant 3$;

(4) $\langle a,b,c \mid a^{2^n}=b^{2^m}=1,a^b=a,a^c=a^{1+2^{n-1}},b^c=b^{1+2^{m-1}},c^2=1\rangle$, 其中 $m\geqslant 3$;

(5) $\langle a,b,c \mid a^{2^n}=b^{2^m}=1,a^b=a,a^c=a^{1+2^{n-1}},b^c=b^{-1+2^{m-1}},c^2=1\rangle$, 其中 $m\geqslant 3$;

(6) $\langle a,b,c \mid a^{2^n}=b^{2^m}=1,a^b=a,a^c=a^{1+2^{n-1}},b^c=b^{-1},c^2=1\rangle$, 其中 $m\geqslant 2$;

(7) $\langle a,b,c \mid a^{2^n}=b^{2^m}=1,a^b=a,a^c=a^{1+2^{n-1}},b^c=b^{-1},c^2=b^{2^{m-1}}\rangle$, 其中 $m\geqslant 2$;

(8) $\langle a,b,c \mid a^{2^n}=b^{2^m}=1,a^b=a,a^c=a^{-1+2^{n-1}},b^c=b^{-1+2^{m-1}},c^2=1\rangle$, 其中 $m\geqslant 3$;

(9) $\langle a,b,c \mid a^{2^n}=b^{2^m}=1,a^b=a,a^c=a^{-1+2^{n-1}},b^c=b,c^2=b\rangle$;

(10) $\langle a,b,c \mid a^{2^n}=b^{2^m}=1,a^b=a,a^c=a^{-1+2^{n-1}},b^c=b,c^2=1\rangle$;

(11) $\langle a,b,c \mid a^{2^n}=b^{2^m}=1, a^b=a, a^c=a^{-1}, b^c=a^{2^{n-1}}b^{-1}, c^2=1\rangle$, 其中 $m\geqslant 2$;

(12) $\langle a,b,c \mid a^{2^n}=b^{2^m}=1, a^b=a, a^c=a^{-1}, b^c=a^{2^{n-1}}b^{-1}, c^2=b^{2^{m-1}}\rangle$, 其中 $m\geqslant 2$;

(13) $\langle a,b,c \mid a^{2^n}=b^{2^m}=1, a^b=a, a^c=a^{-1}b^{2^{m-1}}, b^c=a^{2^{n-1}}b^{-1}, c^2=1\rangle$, 其中 $m\geqslant 2$;

(14) $\langle a,b,c \mid a^{2^n}=b^{2^m}=1, a^b=a, a^c=ab^{2^{m-1}}, b^c=a^{2^{n-1}}b, c^2=1\rangle$, 其中 $m\geqslant 2$;

(15) $\langle a,b,c \mid a^{2^n}=b^{2^m}=1, a^b=a, a^c=a^{-1+2^{n-1}}, b^c=b^{-1}, c^2=1\rangle$, 其中 $m\geqslant 2$;

(16) $\langle a,b,c \mid a^{2^n}=b^{2^m}=1, a^b=a, a^c=a^{-1+2^{n-1}}, b^c=b^{-1}, c^2=b^{2^{m-1}}\rangle$, 其中 $m\geqslant 2$;

(17) $\langle a,b,c \mid a^{2^n}=b^{2^m}=1, a^b=a, a^c=a^{-1}, b^c=b^{-1}, c^2=1\rangle$, 其中 $m\geqslant 2$;

(18) $\langle a,b,c \mid a^{2^n}=b^{2^m}=1, a^b=a, a^c=a^{-1}, b^c=b^{-1}, c^2=a^{2^{n-1}}\rangle$, $m\geqslant 2$;

(19) $\langle a,b,c \mid a^{2^n}=b^{2^m}=1, a^b=a, a^c=a^{-1}, b^c=b^{-1}, c^2=b^{2^{m-1}}\rangle$, 其中 $n>m\geqslant 2$.

(II) $n-m\geqslant 2$.

(20) $\langle a,b,c \mid a^{2^n}=b^{2^m}=1, a^b=a, a^c=a^{-1}, b^c=a^{2^{n-m}}b, c^2=a^{2^{n-m-1}}b\rangle$;

(21) $\langle a,b,c \mid a^{2^n}=b^{2^m}=1, a^b=a, a^c=a^{-1}, b^c=a^{2^{n-m}}b, c^2=1\rangle$;

(22) $\langle a,b,c \mid a^{2^n}=b^{2^m}=1, a^b=a, a^c=a^{-1}b, b^c=b, c^2=1\rangle$;

(23) $\langle a,b,c \mid a^{2^n}=b^{2^m}=1, a^b=a, a^c=a^{-1}b, b^c=b, c^2=a^{2^{n-1}}\rangle$.

(III) $n-m\geqslant 3$.

(24) $\langle a,b,c \mid a^{2^n}=b^{2^m}=1, a^b=a, a^c=a^{2^{n-m-1}-1}b, b^c=a^{2^{n-m}(1-2^{n-m-2})}\cdot b^{1-2^{n-m-1}}, c^2=a^{2^{n-1}}\rangle$;

(25) $\langle a,b,c \mid a^{2^n}=b^{2^m}=1, a^b=a, a^c=a^{2^{n-m-1}+1}b, b^c=a^{-2^{n-m}(1+2^{n-m-2})}\cdot b^{-1-2^{n-m-1}}, c^2=a^{2^{m+1}}\rangle$.

(IV) $n=m$.

(26) $\langle a,b,c \mid a^{2^n}=b^{2^m}=1, a^b=a, a^c=b, b^c=a, c^2=ab\rangle$;

(27) $\langle a,b,c \mid a^{2^n}=b^{2^m}=1, a^b=a, a^c=a^{2^{n-1}+1}b^{2^{n-1}}, b^c=a^{2^{n-1}}b, c^2=1\rangle$;

(28) $\langle a,b,c \mid a^{2^n}=b^{2^m}=1, a^b=a, a^c=a^{-1}b^{2^{n-1}}, b^c=a^{2^{n-1}}b^{-1+2^{n-1}}, c^2=1\rangle$.

(V) $n>m$.

(29) $\langle a,b,c \mid a^{2^n}=b^{2^m}=1, a^b=a, a^c=a^{-1+2^{n-1}}, b^c=b^{1+2^{m-1}}, c^2=1\rangle$, 其中 $m\geqslant 3$;

(30) $\langle a,b,c \mid a^{2^n}=b^{2^m}=1, a^b=a, a^c=a^{-1}, b^c=b^{1+2^{m-1}}, c^2=1\rangle$, 其中 $m\geqslant 3$;

(31) $\langle a,b,c \mid a^{2^n}=b^{2^m}=1, a^b=a, a^c=a^{-1}, b^c=b^{1+2^{m-1}}, c^2=a^{2^{n-1}}\rangle$, 其中 $m\geqslant 3$;

(32) $\langle a,b,c \mid a^{2^n}=b^{2^m}=1, a^b=a, a^c=a^{-1}, b^c=b^{-1+2^{m-1}}, c^2=1\rangle$, 其中 $m\geqslant 3$;

(33) $\langle a,b,c \mid a^{2^n}=b^{2^m}=1, a^b=a, a^c=a^{-1}, b^c=b^{-1+2^{m-1}}, c^2=a^{2^{n-1}}\rangle$, 其中 $m\geqslant 3$;

(34) $\langle a,b,c \mid a^{2^n}=b^{2^m}=1, a^b=a, a^c=a, b^c=b^{-1+2^{m-1}}, c^2=a\rangle$, 其中 $m\geqslant 3$;

(35) $\langle a,b,c \mid a^{2^n}=b^{2^m}=1, a^b=a, a^c=a, b^c=b^{-1+2^{m-1}}, c^2=1\rangle$, 其中 $m\geqslant 3$;

(36) $\langle a,b,c \mid a^{2^n}=b^{2^m}=1, a^b=a, a^c=a^{-1}b^{2^{m-1}}, b^c=b^{-1}, c^2=1\rangle$, 其中 $m\geqslant 2$;

(37) $\langle a,b,c \mid a^{2^n}=b^{2^m}=1, a^b=a, a^c=a^{-1}b^{2^{m-1}}, b^c=b^{-1}, c^2=a^{2^{n-1}}\rangle$, 其中 $m\geqslant 2$;

(38) $\langle a,b,c \mid a^{2^n}=b^{2^m}=1, a^b=a, a^c=ab^{1+2^{m-1}}, b^c=b^{-1}, c^2=a^2b\rangle$, 其中 $m\geqslant 2$;

(39) $\langle a,b,c \mid a^{2^n}=b^{2^m}=1, a^b=a, a^c=ab, b^c=b^{-1}, c^2=a^2b\rangle$, 其中 $m\geqslant 2$;

(40) $\langle a,b,c \mid a^{2^n}=b^{2^m}=1, a^b=a, a^c=a, b^c=a^{2^{n-m}}b^{-1}, c^2=a\rangle$, 其中 $m\geqslant 2$;

(41) $\langle a,b,c \mid a^{2^n}=b^{2^m}=1, a^b=a, a^c=a, b^c=a^{2^{n-m}}b^{-1}, c^2=1\rangle$, 其中 $m\geqslant 2$;

(42) $\langle a,b,c \mid a^{2^n}=b^{2^m}=1, a^b=a, a^c=a^{-1}, b^c=b, c^2=b\rangle$;

(43) $\langle a,b,c \mid a^{2^n}=b^{2^m}=1, a^b=a, a^c=a^{-1}, b^c=b, c^2=a^{2^{n-1}}\rangle$;

(44) $\langle a,b,c \mid a^{2^n}=b^{2^m}=1, a^b=a, a^c=a^{-1}, b^c=b, c^2=1\rangle$.

定理 7.2.16 设 G 为有限 2 群, 且 G 有唯一的内交换极大子群 A. 若 $|G|\geqslant 2^9$ 且 G/A' 至少有两个交换极大子群, 则 G 为下列互不同构的群之一.

(1) $\langle a,b \mid a^{2^n}=b^2=c^4=1, [a,b]=c, [c,a]=1, [c,b]=c^2\rangle$, 其中 $n\geqslant 6$;

(2) $\langle a,b \mid a^{2^n}=c^4=1, c^2=b^2, [a,b]=c, [c,a]=1, [c,b]=c^2\rangle$, 其中 $n\geqslant 6$;

(3) $\langle a,b \mid a^{2^{n+1}}=b^2=1, c^2=a^{2^n}, [a,b]=c, [c,a]=1, [c,b]=c^2\rangle$, 其中 $n\geqslant 6$;

(4) $\langle a,b,c \mid a^8=b^2=1, c^{2^k}=a^4, [a,b]=a^2a^{4i}, [c,a]=a^4, [c,b]=1\rangle$, 其中 $k\geqslant 5$;

(5) $\langle a,b,c \mid a^8=c^{2^k}=1, b^2=a^{4i}, [a,b]=a^2a^{4j}, [c,a]=a^4, [c,b]=1\rangle$, 其中 $k\geqslant 5$.

定理 7.2.17 设 G 为有限 2 群, 且 G 有唯一的内交换极大子群 A. 若 $|G|=2^w\geqslant 2^9$ 且 G/A' 至少有两个交换极大子群, 则 G 为 $\mathcal{A}_{w-2}$ 群.

定理 7.2.18 设 G 为有限 2 群, 且 G 有唯一的内交换极大子群 A. 若 $|G|\geqslant 2^9$ 且 G/A' 有唯一的交换极大子群, 则 G 为下列互不同构的群之一.

下面的群表中, n 和 m 是满足 $n+m\geqslant 7$ 的正整数, $k,k_1,k_2,k_3=0$ 或 1. $G(i,j)$ 表示定理 7.2.15 中群表中的第 i 个群的 j 次中心扩张, 满足 $d(G(i,j))=j$.

(1) $G(2,3)=\langle a,b,c,d \mid a^{2^n}=b^{2^m}=d^2=1, c^2=d^{k_1}, [a,b]=d, [a,c]=1, [b,c]=b^{-2}d^{k_2}, [d,a]=[d,b]=[d,c]=1\rangle$, 其中 $n\geqslant m\geqslant 3$;

(2) $G(2,3)=\langle a,b,c \mid a^{2^n}=b^{2^{m+1}}=1, c^2=b^{k2^m}, [a,b]=b^{2^m}, [a,c]=1, [b,c]=b^{-2}\rangle$, 其中 $n\geqslant m\geqslant 3$;

(3) $G(2,3)=\langle a,b,c \mid a^{2^n}=b^{2^{m+1}}=c^2=1, [a,b]=b^{2^m}, [a,c]=1, [b,c]=b^{-2+2^m}\rangle$, 其中 $n\geqslant m\geqslant 3$;

(4) $G(2,3)=\langle a,b,c \mid a^{2^{n+1}}=1, b^{2^m}=a^{k2^n}, c^2=1, [a,b]=a^{2^n}, [a,c]=1, [b,c]=b^{-2}\rangle$, 其中 $n\geqslant m\geqslant 3$;

(5) $G(3,3)=\langle a,b,c,d \mid a^{2^n}=b^{2^m}=d^2=1, c^2=b^{2^{m-1}}d^{k_1}, [a,b]=d, [a,c]=1, [b,c]=b^{-2}d^{k_2}, [d,a]=[d,b]=[d,c]=1\rangle$, 其中 $n\geqslant m\geqslant 3$;

(6) $G(3,3)=\langle a,b,c \mid a^{2^{n+1}}=b^{2^m}=1, c^2=b^{2^{m-1}}, [a,b]=a^{2^n}, [a,c]=1, [b,c]=b^{-2}\rangle$, 其中 $n\geqslant m\geqslant 3$;

(7) $G(5,3)=\langle a,b,c,d \mid a^{2^n}=b^{2^m}=d^2=1, c^2=d^{k_1}, [a,b]=d, [a,c]=a^{2^{n-1}}d^{k_2}, [b,c]=b^{-2+2^{m-1}}d^{k_3}, [d,a]=[d,b]=[d,c]=1\rangle$, 其中 $n\geqslant m\geqslant 3$;

(8) $G(6,3)=\langle a,b,c,d \mid a^{2^n}=b^{2^m}=d^2=1, c^2=d^{k_1}, [a,b]=d, [a,c]=a^{2^{n-1}}, [b,c]=b^{-2}d^{k_2}, [d,a]=[d,b]=[d,c]=1\rangle$, 其中 $n\geqslant m\geqslant 3$;

(9) $G(6,3)=\langle a,b,c \mid a^{2^n}=b^{2^{m+1}}=1, c^2=b^{k2^m}, [a,b]=b^{2^m}, [a,c]=a^{2^{n-1}}, [b,c]=b^{-2}\rangle$, 其中 $n\geqslant m\geqslant 2$;

(10) $G(6,3)=\langle a,b,c \mid a^{2^n}=b^{2^{m+1}}=c^2=1, [a,b]=b^{2^m}, [a,c]=a^{2^{n-1}}, [b,c]=b^{-2+2^m}\rangle$, 其中 $n\geqslant m\geqslant 2$;

(11) $G(7,3)=\langle a,b,c,d \mid a^{2^n}=b^{2^m}=d^2=1, c^2=b^{2^{m-1}}d^{k_1}, [a,b]=d, [a,c]=a^{2^{n-1}}, [b,c]=b^{-2}d^{k_2}, [d,a]=[d,b]=[d,c]=1\rangle$, 其中 $n\geqslant m\geqslant 3$;

(12) $G(8,3)=\langle a,b,c,d \mid a^{2^n}=b^{2^m}=d^2=1, c^2=d^{k_1}, [a,c]=a^{-2+2^{n-1}}d^{k_2}, [b,c]=b^{-2+2^{m-1}}d^{k_3}, [a,b]=d, [d,a]=[d,b]=[d,c]=1\rangle$, 其中 $n>m\geqslant 3$;

(13) $G(8,3)=\langle a,b,c,d \mid a^{2^n}=b^{2^m}=d^2=1, c^2=d^{k_1}, [a,c]=a^{-2+2^{n-1}}d^{k_2}, [b,c]=b^{-2+2^{m-1}}d, [a,b]=d, [d,a]=[d,b]=[d,c]=1\rangle$, 其中 $n=m\geqslant 4$;

(14) $G(9,2)=\langle a,c \mid a^{2^{n+1}}=c^{2^{m+1}}=1, [a,c]=a^{-2+2^{n-1}}\rangle$, 其中 $n\geqslant m$;

(15) $G(9,2)=\langle a,c \mid a^{2^{n+1}}=1, c^{2^{m+1}}=a^{2^n}, [a,c]=a^{-2+2^{n-1}}\rangle$, 其中 $n\geqslant m\geqslant 2$;

(16) $G(10,3)=\langle a,b,c,d \mid a^{2^n}=b^{2^m}=1, c^2=d^{k_1}, d^2=1, [a,c]=a^{-2+2^{n-1}}d^{k_2}, [a,b]=d, [b,c]=d^{k_3}, [d,a]=[d,b]=[d,c]=1\rangle$, 其中 $n\geqslant m\geqslant 2$;

(17) $G(10,3)=\langle a,b,c \mid a^{2^n}=b^{2^{m+1}}=c^2=1, [a,b]=b^{2^m}, [a,c]=a^{-2+2^{n-1}}, [b,c]=b^{k2^m}\rangle$, 其中 $n\geqslant m\geqslant 2$;

(18) $G(10,3)=\langle a,b,c,d \mid a^{2^n}=b^{2^m}=1, c^2=d^{k_1}, d^2=1, [a,c]=a^{-2+2^{n-1}}, [a,b]=d, [b,c]=d^{k_2}, [d,a]=[d,b]=[d,c]=1\rangle$, 其中 $m=1$;

(19) $G(10,3)=\langle a,b,c \mid a^{2^n}=b^{2^{m+1}}=1, c^2=b^{k_1 2^m}, [a,c]=a^{-2+2^{n-1}}, [a,b]=b^{2^m}, [b,c]=b^{k_2 2^m}\rangle$, 其中 $m=1$;

(20) $G(11,3)=\langle a,b,c,d \mid a^{2^n}=d^2=1, b^{2^m}=d^{k_1}, c^2=d^{k_2}, [a,b]=d, [a,c]=a^{-2}d^{k_3}, [b,c]=a^{2^{n-1}}b^{-2}, [d,a]=[d,b]=[d,c]=1\rangle$, 其中 $n\geqslant m\geqslant 2$;

(21) $G(12,3)=\langle a,b,c,d \mid a^{2^n}=b^{2^m}=d^2=1, c^2=b^{2^{m-1}}d^k, [a,c]=a^{-2}, [b,c]=a^{2^{n-1}}b^{-2}, [a,b]=d, [d,a]=[d,b]=[d,c]=1\rangle$, 其中 $n\geqslant m\geqslant 2$;

(22) $G(13,3)=\langle a,b,c,d \mid a^{2^n}=b^{2^m}=d^2=1, c^2=d^{k_1}, [a,c]=a^{-2}b^{2^{m-1}}, [b,c]=a^{2^{n-1}}b^{-2}d^{k_2}, [a,b]=d, [d,a]=[d,b]=[d,c]=1\rangle$, 其中 $n\geqslant m\geqslant 2$;

(23) $G(13,3)=\langle a,b,c,d \mid a^{2^n}=b^{2^m}=d^2=1, c^2=d^k, [a,c]=a^{-2}b^{2^{m-1}}d, [b,c]=a^{2^{n-1}}b^{-2}d, [a,b]=d, [d,a]=[d,b]=[d,c]=1\rangle$, 其中 $n\geqslant m\geqslant 2$;

(24) $G(15,3)=\langle a,b,c,d \mid a^{2^n}=b^{2^m}=d^2=1, c^2=d^{k_1}, [a,c]=a^{-2+2^{n-1}}, [b,c]=b^{-2}d^{k_2}, [a,b]=d, [d,a]=[d,b]=[d,c]=1\rangle$, 其中 $n\geqslant m\geqslant 2$;

(25) $G(15,3)=\langle a,b,c \mid a^{2^n}=b^{2^{m+1}}=1, c^2=b^{k_1 2^m}, [a,c]=a^{-2+2^{n-1}}, [b,c]=b^{-2+k_2 2^m}, [a,b]=b^{2^m}\rangle$, 其中 $m\geqslant 2$ 且 $n-m\geqslant 2$;

(26) $G(15,3)=\langle a,b,c \mid a^{2^n}=b^{2^{m+1}}=1, c^2=b^{k2^m}, [a,c]=a^{-2+2^{n-1}}, [b,c]=b^{-2}, [a,b]=b^{2^m}\rangle$, 其中 $m\geqslant 2$ 且 $n-m<2$;

(27) $G(15,3)=\langle a,b,c \mid a^{2^n}=b^{2^{m+1}}=1, c^2=1, [a,c]=a^{-2+2^{n-1}}, [b,c]=b^{-2+2^m}, [a,b]=b^{2^m}\rangle$, 其中 $m\geqslant 2$ 且 $n-m<2$;

(28) $G(16,3)=\langle a,b,c,d \mid a^{2^n}=b^{2^m}=d^2=1, c^2=b^{2^{m-1}}d^{k_1}, [a,c]=a^{-2+2^{n-1}}, [b,c]=b^{-2}d^{k_2}, [a,b]=d, [d,a]=[d,b]=[d,c]=1\rangle$, 其中 $n=m$;

(29) $G(16,3)=\langle a,b,c,d \mid a^{2^n}=b^{2^m}=d^2=1, c^2=b^{2^{m-1}}d^k, [a,c]=a^{-2+2^{n-1}}, [b,c]=b^{-2}, [a,b]=d, [d,a]=[d,b]=[d,c]=1\rangle$, 其中 $n>m$;

(30) $G(17,3)=\langle a,b,c \mid a^{2^{n+1}}=b^{2^m}=1, c^2=a^{k2^n}, [a,b]=a^{2^n}, [a,c]=a^{-2}, [b,c]=b^{-2}\rangle$, 其中 $n\geqslant m\geqslant 2$;

(31) $G(17,3)=\langle a,b,c,d \mid a^{2^n}=b^{2^m}=d^2=1, c^2=d^k, [a,c]=a^{-2}, [b,c]=b^{-2}, [a,b]=d, [d,a]=[d,b]=[d,c]=1\rangle$, 其中 $n\geqslant m\geqslant 2$;

(32) $G(17,3)=\langle a,b,c \mid a^{2^n}=b^{2^{m+1}}=1, c^2=b^{k2^m}, [a,b]=b^{2^m}, [a,c]=a^{-2}, [b,c]=b^{-2}\rangle$, 其中 $n>m\geqslant 2$;

(33) $G(18,3)=\langle a,b,c,d \mid a^{2^n}=b^{2^m}=d^2=1, c^2=a^{2^{n-1}}d^k, [a,b]=d, [a,c]=a^{-2}, [b,c]=b^{-2}, [d,a]=[d,b]=[d,c]=1\rangle$, 其中 $n\geqslant m\geqslant 2$;

(34) $G(18,3)=\langle a,b,c \mid a^{2^n}=b^{2^{m+1}}=1, c^2=a^{2^{n-1}}, [a,b]=b^{2^m}, [a,c]=a^{-2}, [b,c]=b^{-2}\rangle$, 其中 $n\geqslant m\geqslant 2$;

(35) $G(18,3)=\langle a,b,c \mid a^{2^n}=b^{2^{m+1}}=1, c^2=a^{2^{n-1}}b^{2^m}, [a,b]=b^{2^m}, [a,c]=a^{-2}, [b,c]=b^{-2}\rangle$, 其中 $n-m\geqslant 2$ 且 $m\geqslant 2$;

(36) $G(19,3)=\langle a,b,c,d \mid a^{2^n}=b^{2^m}=d^2=1, c^2=b^{2^{m-1}}d^k, [a,b]=d, [a,c]=a^{-2}, [b,c]=b^{-2}, [d,a]=[d,b]=[d,c]=1\rangle$, 其中 $n>m\geqslant 2$;

(37) $G(19,3)=\langle a,b,c \mid a^{2^{n+1}}=b^{2^m}=1, c^2=b^{2^{m-1}}, [a,b]=a^{2^n}, [a,c]=a^{-2}, [b,c]=b^{-2}\rangle$, 其中 $n>m\geqslant 2$;

(38) $G(21,3)=\langle a,b,c,d \mid a^{2^n}=d^2=1, b^{2^m}=d^{k_1}, c^2=d^{k_2}, [a,b]=d, [a,c]=a^{-2}d^{k_3}, [b,c]=a^{2^{n-m}}, [d,a]=[d,b]=[d,c]=1\rangle$, 其中 $n-m\geqslant 2$;

(39) $G(22,2)=\langle a,b,c \mid b^{2^{m+1}}=c^2=1, a^{2^n}=b^{k2^m}, [a,c]=a^{-2}b, [a,b]=[b,c]=b^{2^m}\rangle$, 其中 $n-m\geqslant 2$ 且 $m\geqslant 2$;

(40) $G(22,2)=\langle a,b,c,d \mid b^{2^m}=d^2=1, c^2=d^{k_1}, a^{2^n}=d^{k_2}, [a,c]=a^{-2}b, [b,c]=d, [a,b]=d, [d,a]=[d,b]=[d,c]=1\rangle$, 其中 $n-m\geqslant 2$ 且 $m\geqslant 2$;

(41) $G(22,2)=\langle a,b,c,d \mid b^{2^m}=c^2=d^2=1, a^{2^n}=d^k, [a,b]=[b,c]=d, [a,c]=a^{-2}b, [d,a]=[d,b]=[d,c]=1\rangle$, 其中 $n-m\geqslant 2$ 且 $m=1$;

(42) $G(22,2)=\langle a,b,c \mid b^{2^{m+1}}=1, c^2=b^{k_1 2^m}, a^{2^n}=b^{k_2 2^m}, [a,b]=b^{2^m}, [a,c]=a^{-2}b, [b,c]=b^{2^m}\rangle$, 其中 $n-m\geqslant 2$ 且 $m=1$;

(43) $G(23,2)=\langle a,b,c \mid a^{2^n}=1, b^{2^{m+1}}=1, c^2=a^{2^{n-1}}, [a,c]=a^{-2}b, [b,c]=[a,b]=b^{2^m}\rangle$, 其中 $n-m\geqslant 2$ 且 $m\geqslant 2$;

(44) $G(23,2)=\langle a,b,c,d \mid a^{2^n}=1, b^{2^m}=1, d^2=1, c^2=a^{2^{n-1}}d^k, [a,c]=a^{-2}b, [b,c]=[a,b]=d, [d,a]=[d,b]=[d,c]=1\rangle$, 其中 $n-m\geqslant 2$ 且 $m\geqslant 2$;

(45) $G(23,2)=\langle a,b,c,d \mid a^{2^n}=1, b^{2^m}=1, d^2=1, c^2=a^{2^{n-1}}, [a,c]=a^{-2}b, [b,c]=[a,b]=d, [d,a]=[d,b]=[d,c]=1\rangle$, 其中 $n-m\geqslant 2$ 且 $m=1$;

(46) $G(23,2)=\langle a,b,c \mid a^{2^n}=1, b^{2^{m+1}}=1, c^2=a^{2^{n-1}}b^{k2^m}, [a,c]=a^{-2}b, [b,c]=[a,b]=b^{2^m}\rangle$, 其中 $n-m\geqslant 2$ 且 $m=1$;

(47) $G(24,2)=\langle a,b,c,d \mid a^{2^n}=d^2=1, b^{2^m}=d^{k_1}, c^2=a^{2^{n-1}}d^{k_2}, [a,b]=d, [a,c]=a^{-2+2^{n-m-1}}b, [b,c]=a^{2^{n-m}(1-2^{n-m-2})}b^{-2^{n-m-1}}d, [d,a]=[d,c]=1\rangle$, 其中 $n-m\geqslant 3$;

(48) $G(25,2)=\langle a,b,c,d \mid a^{2^n}=d^2=1, b^{2^m}=d^{k_1}, c^2=a^{2^{m+1}}d^{k_2}, [a,b]=d, [a,c]=a^{2^{n-m-1}}b, [b,c]=a^{-2^{n-m}(1+2^{n-m-2})}b^{-2-2^{n-m-1}}, [d,a]=[d,c]=1\rangle$, 其中 $n-m\geqslant 3$;

(49) $G(26,2)=\langle a,b,c \mid a^{2^n}=d^2=1, b^{2^m}=d^{k_1}, c^2=ad^{k_2}, [b,c]=ab^{-2}, [a,b]=d, [a,c]=[d,b]=[d,c]=1\rangle$, 其中 $n=m$;

(50) $G(28,3)=\langle a,b,c \mid a^{2^n}=b^{2^m}=d^2=1, c^2=d^k, [a,c]=a^{-2}b^{2^{m-1}}, [b,c]=a^{2^{n-1}}b^{-2+2^{m-1}}, [a,b]=d, [d,a]=[d,b]=[d,c]=1\rangle$, 其中 $n=m$;

(51) $G(28,3)=\langle a,b,c \mid a^{2^n}=b^{2^m}=d^2=1, c^2=d^k, [a,c]=a^{-2}b^{2^{m-1}}d, [b,c]=a^{2^{n-1}}b^{-2+2^{m-1}}d, [a,b]=d, [d,a]=[d,b]=[d,c]=1\rangle$, 其中 $n=m$;

(52) $G(29,3)=\langle a,b,c \mid a^{2^n}=b^{2^m}=d^2=1,c^2=d^{k_1},[a,c]=a^{-2+2^{n-1}}d^{k_2},[b,c]=b^{2^{m-1}}d^{k_3},\ [a,b]=d,[d,a]=[d,b]=[d,c]=1\rangle$, 其中 $n>m\geqslant 3$;

(53) $G(30,3)=\langle a,b,c \mid a^{2^n}=b^{2^m}=d^2=1,c^2=d^{k_1},[a,b]=d,[a,c]=a^{-2}d^{k_2},[b,c]=b^{2^{m-1}},\ [d,a]=[d,b]=[d,c]=1\rangle$, 其中 $n>m\geqslant 3$;

(54) $G(30,3)=\langle a,b,c \mid a^{2^{n+1}}=b^{2^m}=1,c^2=1,[a,b]=a^{2^n},[a,c]=a^{-2+2^n},[b,c]=b^{2^{m-1}}\rangle$, 其中 $n>m\geqslant 3$;

(55) $G(30,3)=\langle a,b,c \mid a^{2^{n+1}}=b^{2^m}=1,c^2=a^{k2^n},[a,b]=a^{2^n},[b,c]=b^{2^{m-1}},[a,c]=a^{-2}\rangle$, 其中 $n>m\geqslant 3$;

(56) $G(31,3)=\langle a,b,c \mid a^{2^n}=b^{2^m}=d^2=1,c^2=a^{2^{n-1}}d^{k_1},[a,c]=a^{-2}d^{k_2},[b,c]=b^{2^{m-1}},[a,b]=d,[d,a]=[d,b]=[d,c]=1\rangle$, 其中 $n>m\geqslant 3$;

(57) $G(32,3)=\langle a,b,c,d \mid a^{2^n}=b^{2^m}=d^2=1,c^2=d^{k_1},[b,c]=b^{-2+2^{m-1}},[a,c]=a^{-2}d^{k_2},[a,b]=d,[d,a]=[d,b]=[d,c]=1\rangle$, 其中 $n>m\geqslant 3$;

(58) $G(32,3)=\langle a,b,c \mid a^{2^{n+1}}=b^{2^m}=1,c^2=1,[a,b]=a^{2^n},[a,c]=a^{-2+2^n},[b,c]=b^{-2+2^{m-1}}\rangle$, 其中 $n>m\geqslant 3$;

(59) $G(32,3)=\langle a,b,c \mid a^{2^{n+1}}=b^{2^m}=1,c^2=d^k,[b,c]=b^{-2+2^{m-1}},[a,b]=a^{2^n},[a,c]=a^{-2}\rangle$, 其中 $n>m\geqslant 3$;

(60) $G(33,3)=\langle a,b,c \mid a^{2^n}=b^{2^m}=d^2=1,c^2=a^{2^{n-1}}d^{k_1},[b,c]=b^{-2+2^{m-1}},[a,c]=a^{-2}d^{k_2},[a,b]=d,[d,a]=[d,b]=[d,c]=1\rangle$, 其中 $n>m\geqslant 3$;

(61) $G(34,2)=\langle b,c \mid b^{2^{m+1}}=1,c^{2^{n+1}}=b^{k2^m},[b,c]=b^{-2+2^{m-1}}\rangle$, 其中 $n>m\geqslant 3$;

(62) $G(35,3)=\langle a,b,c \mid a^{2^n}=b^{2^m}=d^2=1,c^2=d^{k_1},[b,c]=b^{-2+2^{m-1}}d^{k_3},[a,c]=d^{k_2},[a,b]=d,[d,a]=[d,b]=[d,c]=1\rangle$, 其中 $n>m\geqslant 3$;

(63) $G(35,3)=\langle a,b,c \mid a^{2^{n+1}}=b^{2^m}=c^2=1,[a,b]=a^{2^n},[b,c]=b^{-2+2^{m-1}},[a,c]=a^{k2^n}\rangle$, 其中 $n>m\geqslant 3$;

(64) $G(36,3)=\langle a,b,c \mid a^{2^n}=b^{2^m}=d^2=1,c^2=d^{k_1},[a,c]=a^{-2}b^{2^{m-1}},[b,c]=b^{-2}d^{k_2},[a,b]=d,[d,a]=[d,b]=[d,c]=1\rangle$, 其中 $n>m\geqslant 2$;

(65) $G(36,3)=\langle a,b,c \mid a^{2^{n+1}}=b^{2^m}=1,c^2=1,[a,b]=a^{2^n},[a,c]=a^{-2}b^{2^{m-1}},[b,c]=b^{-2}a^{2^n}\rangle$, 其中 $n>m\geqslant 2$;

(66) $G(36,3)=\langle a,b,c \mid a^{2^{n+1}}=b^{2^m}=1,c^2=a^{2^n},[a,c]=a^{-2}b^{2^{m-1}},[b,c]=b^{-2},[a,b]=a^{2^n}\rangle$, 其中 $n>m\geqslant 2$;

(67) $G(37,3)=\langle a,b,c,d \mid a^{2^n}=b^{2^m}=d^2=1,c^2=a^{2^{n-1}}d^{k_1},[a,c]=a^{-2}b^{2^{m-1}},[b,c]=b^{-2}d^{k_2},[a,b]=d,[d,a]=[d,b]=[d,c]=1\rangle$, 其中 $n>m\geqslant 2$;

(68) $G(38,2)=\langle a,b,c \mid a^{2^{n+1}}=b^{2^m}=1,c^2=a^2b,[a,b]=a^{2^n},[a,c]=b^{1+2^{m-1}},[b,c]=a^{2^n}b^{-2}\rangle$, 其中 $n>m\geqslant 2$;

(69) $G(38,2)=\langle a,b,c \mid a^{2^n}=b^{2^m}=d^2=1, c^2=a^2bd^k, [a,c]=b^{1+2^{m-1}}, [b,c]=b^{-2}d, [a,b]=d, [d,a]=[d,b]=[d,c]=1\rangle$, 其中 $n>m\geqslant 2$;

(70) $G(39,2)=\langle a,b,c,d \mid a^{2^n}=b^{2^m}=d^2=1, c^2=a^2bd^k, [b,c]=b^{-2}d, [a,c]=b, [a,b]=d, [d,a]=[d,b]=[d,c]=1\rangle$, 其中 $n>m\geqslant 3$;

(71) $G(39,2)=\langle a,b,c,d \mid a^{2^n}=d, b^{2^m}=d^2=1, c^2=a^2b, [b,c]=b^{-2}d, [a,c]=b, [a,b]=d, [d,a]=[d,b]=[d,c]=1\rangle$, 其中 $n>m\geqslant 3$;

(72) $G(39,2)=\langle a,b,c \mid a^{2^n}=b^{2^{m+1}}=1, c^2=a^2b^{1+k2^m}, [a,b]=b^{2^m}, [a,c]=b, [b,c]=b^{-2+2^m}\rangle$, 其中 $n-m\geqslant 2, m\geqslant 2$;

(73) $G(39,2)=\langle a,b,c \mid a^{2^n}=b^{2^{m+1}}=1, c^2=a^2b, [a,b]=b^{2^m}, [a,c]=b, [b,c]=b^{-2+2^m}\rangle$, 其中 $n-1=m\geqslant 3$;

(74) $G(39,2)=\langle a,b,c,d \mid a^{2^n}=b^{2^m}=d, d^2=1, c^2=a^2bd^k, [b,c]=b^{-2}d, [a,c]=b, [a,b]=d, [d,a]=[d,b]=[d,c]=1\rangle$, 其中 $n-1=m\geqslant 3$;

(75) $G(39,2)=\langle a,b,c,d \mid a^{2^n}=b^{2^m}=d, d^2=1, c^2=a^2b, [b,c]=b^{-2}d, [a,c]=b, [a,b]=d, [d,a]=[d,b]=[d,c]=1\rangle$, 其中 $n-m\geqslant 2, m\geqslant 2$;

(76) $G(41,3)=\langle a,b,c \mid a^{2^n}=d^2=1, b^{2^m}=d^{k_1}, c^2=d^{k_2}, [b,c]=a^{2^{n-m}}b^{-2}d^{k_3}, [a,b]=d, [a,c]=[d,a]=[d,b]=[d,c]=1\rangle$, 其中 $m\geqslant 2$ 且 $n-m\geqslant 1$;

(77) $G(43,3)=\langle a,b,c,d \mid a^{2^n}=b^{2^m}=d^2=1, c^2=a^{2^{n-1}}d^{k_1}, [a,c]=a^{-2}d^{k_2}, [a,b]=d, [b,c]=[d,a]=[d,b]=[d,c]=1\rangle$, 其中 $n>m\geqslant 2$;

(78) $G(43,3)=\langle a,b,c \mid a^{2^n}=b^{2^{m+1}}=1, c^2=a^{2^{n-1}}, [a,b]=b^{2^m}, [a,c]=a^{-2}, [b,c]=1\rangle$, 其中 $n>m\geqslant 2$;

(79) $G(43,3)=\langle a,b,c,d \mid a^{2^n}=d^2=1, b^{2^m}=d^{k_1}, c^2=a^{2^{n-1}}d^{k_2}, [a,c]=a^{-2}, [a,b]=d, [b,c]=[d,a]=[d,b]=[d,c]=1\rangle$, 其中 $n>m=1$;

(80) $G(44,3)=\langle a,b,c,d \mid a^{2^n}=d^k, b^{2^m}=d, c^2=d^2=1, [a,c]=a^{-2}, [a,b]=d, [b,c]=[d,a]=[d,b]=[d,c]=1\rangle$, 其中 $n>m\geqslant 2$;

(81) $G(44,3)=\langle a,b,c,d \mid a^{2^n}=b^{2^m}=d^2=1, c^2=d^{k_1}, [a,c]=a^{-2}d^{k_2}, [a,b]=d, [b,c]=[d,a]=[d,b]=[d,c]=1\rangle$, 其中 $n>m\geqslant 2$;

(82) $G(44,3)=\langle a,b,c \mid a^{2^{n+1}}=b^{2^m}=1, c^2=d^k, [a,b]=a^{2^n}, [a,c]=a^{-2}, [b,c]=1\rangle$, 其中 $n>m\geqslant 2$;

(83) $G(44,3)=\langle a,b,c \mid a^{2^{n+1}}=1, b^{2^m}=c^2=1, [a,c]=a^{-2+2^n}, [b,c]=1, [a,b]=a^{2^n}\rangle$, 其中 $n>m\geqslant 2$;

(84) $G(44,3)=\langle a,b,c,d \mid a^{2^n}=d^2=1, b^{2^m}=d^{k_1}, c^2=d^{k_2}, [a,c]=a^{-2}, [a,b]=d, [b,c]=[d,a]=[d,b]=[d,c]=1\rangle$, 其中 $n>m=1$;

(85) $G(44,3)=\langle a,b,c \mid a^{2^{n+1}}=b^{2^m}=1, c^2=a^{k2^n}, [a,b]=a^{2^n}, [a,c]=a^{-2}, [b,c]=1\rangle$, 其中 $n>m=1$.

计算可得下列事实: 若 G 为定理 7.2.18 中的 (13), (14) 或者 (61) 型群, 则 G 为亚循环群. 对于其他类型的群, G 为 $\mathcal{A}_{w-2}$ 群或者 $\mathcal{A}_{w-3}$ 群. 由此可得下面的定理.

定理 7.2.19 设 G 为有限 2 群, G 有唯一的内交换极大子群 A. 若 $|G| = 2^w \geqslant 2^9$ 且 G/A' 有唯一的交换极大子群, 则 G 或者亚循环, 或者 $G \in \mathcal{A}_{w-2}$, 或者 $G \in \mathcal{A}_{w-3}$.

推论 7.2.20 设 G 为有限 2 群, 且 G 有唯一的内交换极大子群 A. 若 $G \in \mathcal{A}_3$ 且 $|G| \geqslant 2^9$, 则 G 为亚循环群.

第 8 章 非交换真子群均二元生成的有限 p 群

徐明曜等在文献 [193] 分类了非交换真子群都二元生成的有限 p 群. 这是有限 p 群的一个重要群类. 著名群论学家 Rédei、Blackburn、King、Janko 和 Berkovich 等曾先后研究过此类群的特殊情形. 例如, $\mathcal{A}_1$ 群、$\mathcal{A}_2$ 群、亚循环 p 群、真子群均为二元生成的 p 群、非交换真子群均为亚循环的 p 群等 p 群类都是该群类的子类. 该群类的分类结果在有限 p 群结构的研究中是十分有用的. 本章的目的就是对该群类进行分类并给出某些更广的结果. 证明与原始的证明稍有不同.

8.1 非交换真子群均亚循环的有限 p 群的分类

Blackburn 在文献 [43] 中给出了内亚循环 p 群的分类. 曲海鹏在文献 [132] 给出一个更为初等的证明. 该证明可见 [194] 定理 6.1.1. 由于该分类经常被使用, 为方便读者, 这里列出分类结果.

定理 8.1.1 (Blackburn) 设 G 是内亚循环 p 群, 即 G 是非亚循环, 但它的每个真子群皆亚循环, 则 G 是下列群之一.

(1) G 是 p^3 阶初等交换 p 群;

(2) 对 $p>2$, G 是 p^3 阶方次数为 p 的非交换群;

(3) $p=3$, G 是 3^4 阶的幂零类为 3 的下列群: $\langle a,b,c \mid b^9=c^3=1,[c,b]=1,a^3=b^{-3},[b,a]=c,[c,a]=b^{-3}\rangle$;

(4) $p=2$, $G\cong \mathrm{Q}_8\times \mathrm{C}_2$ 或 $\mathrm{Q}_8 * \mathrm{C}_4$. 这两个群的阶为 16, 后面的群有如下的表现: $\langle a,b,c \mid a^4=1,b^2=a^2,c^2=a^2,[a,b]=a^2,[c,a]=[c,b]=1\rangle$;

(5) $p=2$, G 的阶为 32, 且 G 有如下的表现: $\langle a,b,c \mid a^4=b^4=1,c^2=a^2b^2,[a,b]=b^2,[c,a]=a^2,[c,b]=1\rangle$.

非交换真子群均亚循环的有限 p 群的分类由张勤海等在文献 [205] 给出. 这里徐明曜和曲海鹏根据 Berkovich 的评论提供了一个更为简洁的证明.

定理 8.1.2 设 G 是有限非交换非亚循环 p 群, 其所有非交换真子群皆亚循环, 则 G 是下列群之一.

(1) 内交换群;

(2) 内亚循环群;

(3) $G=M\times K$, 其中 $K=\langle c\rangle$, $o(c)=p$, 且 M 是内交换亚循环群;

(4) $G=\langle a,c \mid a^{p^n}=c^p=b^p=1,[a,c]=b,[c,b]=1,[a,b]=a^{p^{n-1}}\rangle$, 其中 $p>2$.

证明 设 G 满足定理条件, 但既非内交换, 亦非内亚循环. 取 G 的一非亚循环极大子群 A, 则 A 必交换且 $|\Omega_1(A)|\geqslant p^3$. 再取 G 的一个极小非交换子群 M, 则 M 必内交换且亚循环. 令 E 为 G 的包含在 $\Omega_1(A)$ 中的 p^3 阶的正规子群, 考虑 ME. 因 ME 既非交换, 亦非亚循环, 有 $G=ME$.

(i) 若 $M\cap E\leqslant \Phi(M)$, 任取 M 的极大子群 K, 有 $M\cap E=K\cap E$. 因为 $|KE|=|K||E|/|K\cap E|<|M||E|/|M\cap E|$, 故 KE 为 G 的真子群. 由于 KE 非亚循环, 所以 KE 交换, 从而 $[K,E]=1$. 由 K 的任意性可知 $[M,E]=1$. 任取 $c\in E\setminus M$, 则 $\langle c,M\rangle=M\times\langle c\rangle$ 既非交换也非亚循环. 从而 $G=M\times\langle c\rangle$, 是 (3) 型群.

(ii) 若 $M\cap E\not\leqslant \Phi(M)$, 我们断言 $|M\cap E|=p^2$. 若否, $|M\cap E|\leqslant p$. 因为 $M\cap E\trianglelefteq M$, 有 $M\cap E\leqslant Z(M)=\Phi(M)$, 矛盾. 此时, M 为 G 的极大子群并且 $\Omega_1(M)\not\leqslant \Phi(M)$. 所以可令

$$M=\langle a,b \mid a^{p^n}=b^p=1,[a,b]=a^{p^{n-1}}\rangle.$$

若 $Z(G)$ 不循环, 则可取到 $c\in E\setminus M$, 且 $c\in Z(G)$. 于是 $G=M\times\langle c\rangle$ 是 (3) 型群. 若 $Z(G)$ 循环, 则 $Z(G)=Z(M)=\langle a^p\rangle$. 因 G 有交换极大子群 (譬如任一包含 E 的极大子群), 由引理 1.7.6, $|G'|=p^2$. 取 $c\in E\setminus M$, 则 c 在 M 上的作用是 M 的一个 p 阶自同构. 于是 $a^c=a^ib^j\in M$, $p\nmid i$. 用 a 和 b 的适当方幂代替 a 和 b, 可设 $a^c=ab$, 即 $[a,c]=b$. 这时不难看出 G 有 (4) 型群的定义关系. 还要证明这时必有 $p\neq 2$ 即可完成证明. 如果 $p=2$, 则 $1=[a^2,c]=[a,c]^2[a,c,a]$, 即 $[b,a]=1$, 矛盾. □

8.2 真子群均为二元生成的有限 p 群

本节主要介绍真子群均为二元生成的有限 p 群的分类. 这个结果是由 Blackburn [43] 首先得到的. 我们先给出一个简单的引理.

引理 8.2.1 *设 G 是有限 2 群. 若对于 G 的每个子群 H 都有 $d(H)\leqslant 2$, 则 G 为亚循环群.*

证明 设 G 为极小反例. 因为题设条件是子群遗传性的, 由 G 的极小性可知结论对于 G 的真子群都成立. 也就是说 G 为内亚循环群. 但由定理 8.1.1 可知, 内亚循环 2 群均为三元生成的群. 这与 $d(G)\leqslant 2$ 矛盾. □

定理 8.2.2 *设 G 为有限 p 群. 若对于 G 的每个真子群 H 都有 $d(H)\leqslant 2$. 则 G 为下列群之一.*

(1) *亚循环群或者内亚循环群;*

(2) 极大类 3 群, 除了下面这个群以外,

$$\langle a, c \mid a^9 = b^3 = c^3 = 1, [a, c] = b, [a, b] = a^p, [b, c] = 1\rangle;$$

(3) $\langle a, b, c \mid a^{p^2} = b^p = c^p = 1, [b, c] = a^p, [a, b] = [a, c] = 1\rangle$, 其中 $p > 2$;

(4) $\langle a, b, c \mid a^{p^2} = b^p = 1, c^p = a^{\alpha p}, [a, b] = a^p, [a, c] = b, [b, c] = 1\rangle$, 其中 $p > 3$, $\alpha = 1$ 或者是一个固定的模 p 的平方非剩余.

证明 先考虑 $p = 2$ 的情形. 此时由引理 8.2.1 可知, G 的真子群均为亚循环群. 所以 G 为亚循环群或者内亚循环群, 结论成立. 以下设 $p > 2$.

我们再假设 G 不是亚循环群, 也不是内亚循环群, 也不是极大类 3 群. 只需在此条件下证明 G 为定理中的 (3) 型群或者 (4) 型群即可.

情形 1 $|G| \leqslant p^4$.

因为 G 不是亚循环群也不是内亚循环群, 所以 $|G| = p^4$ 且 G 没有 p^3 阶的初等交换子群.

若 G 为交换群, 由 G 非亚循环可知 $d(G) \geqslant 3$. 显然 $d(G) \neq 4$. 所以 $d(G) = 3$. 此时 G 的型不变量一定是 (p^2, p, p). 但是, 此时 $\Omega_1(G)$ 为 p^3 阶初等交换群, 矛盾.

由上面的推理可知 G 非交换. 接下来我们说明 G 也不是内交换的. 否则,

$$G = \langle a, b, c \mid a^{p^2} = b^p = c^p = 1, [a, b] = c, [c, a] = [c, b] = 1\rangle.$$

此时 $\langle a^p, b, c\rangle$ 为 p^3 阶初等交换群, 矛盾. 所以 G 一定是 $\mathcal{A}_2$ 群. 检查定理 2.4.2 可知, G 为定理中的 (3) 型群或者 (4) 型群.

情形 2 $|G| \geqslant p^5$.

因为 G 既非亚循环也非极大类 3 群, 所以由 [43] 的定理 4.1 可得 $|G| = p^5$ 且 $d(G) = 3$. 因为对 G 的每个极大子群 M 都有 $d(M) \leqslant 2$, 由 [43] 的定理 3.1 可知 $G = \langle a, b, c, x, y\rangle$ 有如下定义关系:

$$[a, b] = x, \quad [a, c] = y, \quad [b, c] = [a, x] = [a, y] = [b, x] = [b, y] = 1,$$

$$a^p = x^p = y^p = 1, \quad b^p = x^\alpha y^\beta, \quad c^p = x^\gamma y^\delta,$$

其中 $0 \leqslant \alpha, \beta, \gamma, \delta \leqslant p - 1$, $4\beta\gamma + (\delta - \alpha)^2$ 为模 p 的平方非剩余. 但此时 $\langle a, x, y\rangle$ 为 p^3 阶初等交换群, 矛盾. □

从定理 8.2.2 中剔除三元生成的群后可立即得到下面的定理.

定理 8.2.3 设 G 为有限 p 群, 若对于 G 的每个子群 H 都有 $d(H) \leqslant 2$. 则 G 为下列群之一.

(1) 亚循环群;

(2) $\mathrm{M}_p(1, 1, 1)$;

(3) 极大类 3 群, 除了下面这个群以外,

$$\langle a,c \mid a^9=b^3=c^3=1,[a,c]=b,[a,b]=a^p,[b,c]=1\rangle;$$

(4) $\langle a,b,c \mid a^{p^2}=b^p=1,c^p=a^{\alpha p},[a,b]=a^p,[a,c]=b,[b,c]=1\rangle$, 其中 $p>3$, $\alpha=1$ 或者是一个固定的模 p 的平方非剩余.

8.3 二元生成的有交换极大子群的有限 p 群

本节研究二元生成的有交换极大子群的有限 p 群的性质. 称 G 的**下中心型**为 $(f_1,f_2,\cdots,f_c)$, 如果 $|G:G_2|=p^{f_1}$ 且对于 $2\leqslant i\leqslant c$ 有 $|G_i:G_{i+1}|=p^{f_i}$. 显然, G 是极大类 p 群当且仅当它的下中心型为 $(2,1,\cdots,1)$.

引理 8.3.1 设 G 为二元生成的有限非交换 p 群且 G 有一个交换极大子群 A. 令 $|G/G'|=p^{m+1}$ 和 $c(G)=c$. 则

(1) G 的下中心型为 $(m+1,\underbrace{1,\cdots,1}_{c-1})$;

(2) $|G'|=p^{c-1}$, $|G|=p^{m+c}$ 且 $|Z(G)|=p^m$.

证明 (1) 令 $b\in G\backslash A$, $a_1\in A\backslash\Phi(G)$. 则

$$G=\langle b,a_1\rangle,\quad b^p\in A \quad 且 \quad G_i=\langle [a_1,(i-1)b],G_{i+1}\rangle,$$

其中 $2\leqslant i\leqslant c$. 特别地, $G_c=\langle [a_1,(c-1)b]\rangle$. 因为 $[a_1,(c-1)b]\in Z(G)$, 所以 $[a_1,(c-1)b]^p=[a_1,(c-2)b,b^p]=1$. 因此 $|G_c|=p$.

为了证明 G 的下中心型为 $(m+1,\underbrace{1,\cdots,1}_{c-1})$, 对 c 用归纳法. 若 $c=2$, 则 $|G'|=p$ 且 G 有下中心型 $(m+1,1)$. 结论成立. 现在设 $c>2$. 因为 G/G_c 也是二元生成的有限非交换 p 群并且有交换极大子群 A/G_c, 所以由归纳假设可知 G/G_c 有下中心型 $(m+1,\underbrace{1,\cdots,1}_{c-2})$. 再由 $|G_c|=p$ 可知结论成立.

(2) 由 (1) 可知 $|G'|=p^{c-1}$ 和 $|G|=p^{m+c}$. 再由公式 $|G|=p|G'||Z(G)|$ (定理 1.7.6) 可计算出 $|Z(G)|=p^m$. □

定理 8.3.2 设 G 为二元生成的有限非交换 p 群且 G 有交换极大子群. 则

(1) $G/Z(G)$ 为极大类 p 群;

(2) $\Phi(G)=G'Z(G)$;

(3) $|G'\cap Z(G)|=p$;

(4) 设 M 为 G 的非交换极大子群. 则 $Z(M)=Z(G)$ 且

$$M'=G_3,M_3=G_4,\cdots,M_{c-1}=G_c,\quad 其中\quad c=c(G).$$

证明 我们仍然设 $|G/G'| = p^{m+1}$ 和 $c(G) = c$.

(1) 由引理 8.3.1 (2) 可知 $|G/Z(G)| = p^c$. 因为 $c(G/Z(G)) = c-1$, 所以 $G/Z(G)$ 为极大类 p 群.

(2) 首先证明 $Z(G) \leqslant \Phi(G)$. 若否, 则存在 $x \in Z(G) \setminus \Phi(G)$. 因为 $d(G) = 2$, 所以存在 $y \in G$ 使得 $\langle x, y\rangle = G$. 此时 G 为交换群, 矛盾. 因而 $Z(G) \leqslant \Phi(G)$.

由 (1) 可知, $G/Z(G)$ 为极大类 p 群. 所以 $G'Z(G)/Z(G) = \Phi(G/Z(G))$. 因为 $Z(G) \leqslant \Phi(G)$, 所以 $\Phi(G/Z(G)) = \Phi(G)/Z(G)$. 因此 $G'Z(G) = \Phi(G)$.

(3) 计算可得 $|G' \cap Z(G)| = \dfrac{|G'||Z(G)|}{|G'Z(G)|} = \dfrac{|G|}{p|\Phi(G)|} = p$.

(4) 由 (2) 可知 $Z(G) \leqslant \Phi(G) < M$, 所以 $Z(G) \leqslant Z(M)$. 由引理 1.7.6,

$$|G| = p|G'||Z(G)| \quad \text{且} \quad |M| = p|M'||Z(M)|.$$

因此 $|G'/M'| = p|Z(M)/Z(G)|$.

令 $\overline{G} = G/M'$. 则由 $G'/M' \neq 1$ 可知 $\overline{G}$ 非交换. 设 A 为 G 的交换极大子群, 则 A/M' 和 M/M' 是 $\overline{G}$ 的两个交换极大子群. 由此易推出 $\Phi(\overline{G}) = Z(\overline{G})$. 进而由定理 1.7.7 可得 $\overline{G}$ 为内交换群. 从而 $|G'/M'| = p$ 且 $G_3 \leqslant M'$. 又因为 $|G'/M'| = p|Z(M)/Z(G)|$, 所以 $Z(M) = Z(G)$ 且 $M' = G_3$.

对 c 用数学归纳法, 我们可假设当 $3 \leqslant i \leqslant c-1$ 时 $G_i = M_{i-1}$. 此时

$$G_{i+1} = [G_i, G] = [M_{i-1}, AM] = [M_{i-1}, M] = M_i.$$

结论成立. □

以上定理可用于分类非交换真子群均二元生成的有限 p 群, 下面先给出这类群的一些基本性质.

定理 8.3.3 设 G 为有一个交换极大子群 A 的有限非交换 p 群, 且 G 的非交换子群均为二元生成. 令 $c(G) = c$, 若 M 为 G 的指数为 p^t 的非交换子群, 则

$$t \leqslant c-2, \quad Z(M) = Z(G) \quad \text{且} \quad M' = G_{t+2},\ M_3 = G_{t+3}, \cdots, M_{c-t} = G_c.$$

特别地, $c(M) = c - t$.

证明 对 $c(G)$ 用数学归纳法. $t = 0$ 时是平凡的. 因此下面假设 M 为 G 的真子群. 取 $K \lessdot G$ 使得 $M \leqslant K$. 由定理 8.3.2 (4) 可知 $c(K) = c-1$, $Z(K) = Z(G)$ 且

$$K' = G_3,\ K_3 = G_4,\ \cdots,\ K_{c-1} = G_c.$$

因为 $|K : M| = p^{t-1}$, 由归纳假设有 $t-1 \leqslant c-3$, $Z(K) = Z(M)$ 且

$$M' = K_{t+1} = G_{t+2}, M_3 = K_{t+2} = G_{t+3}, \cdots, M_{c-1-t} = K_{c-1} = G_c.$$

因此结论成立. □

推论 8.3.4 设 G 为有交换极大子群的非交换 p 群, 且 G 的非交换子群均为二元生成. 令 $c(G)=c$. 则

(1) G 的指数为 p^{c-1} 的子群都交换;

(2) 若 M 为 G 的非交换子群, 则 M 为 $\mathcal{A}_t$ 群当且仅当 $|G:M|=p^{c-t-1}$. 特别地, G 为 $\mathcal{A}_{c-1}$ 群.

本节最后, 我们再给出一个简单而有用的公式.

命题 8.3.5 设 G 有交换极大子群 A, $b\in G\setminus A$ 且 $d\in G'$. 则 $(bd)^p=b^p$.

证明 由引理 1.7.5, 存在 $a\in A$ 使得 $d=[b,a]$. 因此

$$(bd)^p=(b[b,a])^p=(b^a)^p=(b^p)^a=b^p.$$

结论成立. □

8.4 非交换子群均二元生成的有限 p 群 (一)

本节分类有交换极大子群且非交换子群均二元生成的有限 p 群.

设 G 为有交换的极大子群 A 的非交换 p 群, 且 G 的非交换的子群均为二元生成. 当 $c(G)=2$ 时, 由推论 8.3.4 可知 G 为内交换群. 本节均假设 $c(G)\geqslant 3$.

定理 8.4.1 设 G 为有交换的极大子群 A 的有限非交换 p 群, 且 G 的非交换的子群均为二元生成. 令 $c(G)=c$ 和 $|G|=p^{m+c}$, 其中 $c\geqslant 3$. 则对任意的 $b\in G\setminus A$, $Z(G)=\langle b^p,G_c\rangle$, $o(bG')=o(bG_c)=p^m$ 且存在 $a_1\in A\setminus\Phi(G)$ 使得 $o(a_1G')=p$. 令

(a) $a_i=[a_{i-1},b]$, 其中 $i=2,3,\cdots$;

则对于 $i\leqslant c$ 有 $a_i\neq 1$, $G'=\langle a_2,a_3,\cdots,a_c\rangle$, $G_c=\langle a_c\rangle$, 且下面的关系成立.

(b) $[a_c,b]=1$;

(c) $[a_i,a_j]=1$, $i,j=1,2,\cdots,c$;

(d) 存在满足 $0\leqslant\delta\leqslant p-1$ 的整数 δ 使得 $b^{p^m}=a_c^{\delta}$;

(e) 存在满足 $0\leqslant\gamma\leqslant p-1$ 的整数 γ 使得 $a_1^{\binom{p}{1}}a_2^{\binom{p}{2}}\cdots a_p=a_c^{\gamma}$;

(f) $a_i^{\binom{p}{1}}a_{i+1}^{\binom{p}{2}}\cdots a_{i+p-1}=1$, 其中 $i=2,3,\cdots,c$.

进一步, 关系(a)—(f)为 G 的一个定义关系组. 反过来, 满足关系(a)—(f)的群 G 的非交换子群必为二元生成的.

证明 由定理 8.3.1 可得, G 的下中心型为

$$(m+1,\underbrace{1,\cdots,1}_{c-1}),\quad |G'|=p^{c-1}\quad 且\quad |Z(G)|=p^m.$$

因为 $G=\langle b,A\rangle$, 所以 $Z(G)=C_A(b)$. 令 $M=\langle b,G_{c-1}\rangle$. 因为 $[G_{c-1},b]=G_c$, 所以 $M'=G_c$. 由定理 1.7.7, $M\in\mathcal{A}_1$. 从而 $Z(M)=\Phi(M)=\langle b^p,G_c\rangle$. 由定理 8.3.3 可得, $Z(G)=Z(M)=\langle b^p,G_c\rangle$. 因为 $|Z(G)|=p^m$, 所以 $o(bG_c)=p^m$. 因为 $b^p\in C_A(b)=Z(G)$ 以及 $G'\cap Z(G)=G_c$(见定理 8.3.2 (2)), 所以 $o(bG')=o(bG_c)=p^m$. 因此 G/G' 的型不变量只能是 (p^m,p). 从而存在 $a_1\in A$ 满足 $o(a_1G')=p$ 以及 $G/G'=\langle bG',a_1G'\rangle$. 因为 $A/G'=\langle b^pG',a_1G'\rangle$, 所以 A/G' 的型不变量为 (p^{m-1},p).

由 $c(G)=c$ 可得 (b) 成立. 从而对于 $i>c$ 有 $a_i=1$. 由 $a_1\in A$ 可知 (c) 成立. 因为 $b^p\in A$, 所以 $[a_{i-1},b^p]=1$ 对于 $2\leqslant i\leqslant c$ 成立.

利用命题 1.1.9 可得

$$[a_{i-1},b^p]=a_i^{\binom{p}{1}}a_{i+1}^{\binom{p}{2}}\cdots a_{i+p-1}=1.$$

从而 (f) 成立. 因为 $o(bG')=o(bG_c)=p^m$, 所以 (d) 成立. 因为

$$[a_1^{\binom{p}{1}}a_2^{\binom{p}{2}}\cdots a_p^{\binom{p}{p}},b]=a_2^{\binom{p}{1}}a_3^{\binom{p}{2}}\cdots a_p^{\binom{p}{p-1}}a_{p+1}=1,$$

所以 $a_1^{\binom{p}{1}}a_2^{\binom{p}{2}}\cdots a_p^{\binom{p}{p}}\in Z(G)$. 因为 $o(a_1G')=p$, 所以 $a_1^p\in G'$. 因此

$$a_1^{\binom{p}{1}}a_2^{\binom{p}{2}}\cdots a_p^{\binom{p}{p}}\in G'\cap Z(G)=G_c.$$

所以 (e) 成立.

以下证明 (a)—(f) 为 G 的一组定义关系. (注意 (f) 可由 (a)—(c) 以及 (e) 导出, 因此 (a)—(e) 也是 G 的一组定义关系.) 在 (f) 里, 分别取 $i=c,c-1,\cdots$ 可得

$$o(a_c)=p,\cdots,o(a_{c-p+2})=p,\cdots,\quad A_i:=\langle a_i,a_{i+1},\cdots,a_c\rangle$$

满足 $|A_i|=p^{c-i+1}$, 其中 $i=2,3,\cdots$. 因此 $G'=\langle a_2,a_3,\cdots,a_c\rangle$ 的阶为 p^{c-1}. 由 (c) 可知 G' 是交换的. 由 (e) 可知, $A_1:=\langle G',a_1\rangle$ 是 p^c 阶交换群. 由命题 1.1.9 以及 (a) 可得

$$[a_1,b^p]=a_2^{\binom{p}{1}}a_3^{\binom{p}{2}}\cdots a_{p+1}=1.$$

因此 $b^p\in Z(G)$. 最后由 (d) 可知, G 为 A_1 被 C_{p^m} 的循环扩张.

最后证明满足关系(a)—(f)的群 G 的非交换子群必为二元生成的. 设 M 为 G 的非交换子群, 则 M 中存在 A 外的元素. 因为 $G=\langle b,a_1\rangle$, 所以不妨设这个元素为 ba_1^id, 其中 $d\in G'$. 由命题 8.3.5 可得

$$(ba_1^td)^p=(ba_1^t[ba_1^t,a])^p=(ba_1^t)^p.$$

进一步由命题 1.1.10 计算可得

$$(ba_1^t)^p=b^p\prod_{i+j\leqslant p}[ib,ja_1^{-t}]^{\binom{p}{i+j}}a_1^{tp}=b^pa_1^{tp}a_2^{t\binom{p}{2}}\cdots a_p^t=b^pa_c^{t\gamma}.$$

易知 $a_c \in M' \leqslant \Phi(M)$. 进而由上式可知 $Z(G) = \langle b^p, a_c\rangle \in \Phi(M)$. 由定理 8.3.2 可知 $G/Z(G)$ 为极大类 p 群. 再由推论 1.11.11 可知 $M/Z(G)$ 为极大类 p 群. 因此 $d(M/Z(G)) = 2$. 最后由 $Z(G) \leqslant \Phi(M)$ 可得 $d(M) = 2$. □

下面我们来研究定理 8.4.1 中的群的同构问题. 首先给出一个引理.

引理 8.4.2 设 $G = \langle b, a_1\rangle$ 为满足定理 8.4.1中的定义关系的群. $j, s, s_i (i = 1, 2\cdots, c)$ 为整数. 则

(1) $(ba_1^j)^p = b^p a_c^{j\gamma}$;

(2) 若 $(s,p) = 1$, 则 $(b^s a_1^{s_1} a_2^{s_2}\cdots a_c^{s_c})^p = b^{sp} a_c^{s_1\gamma}$.

证明 (1) 由命题 1.1.10 可得

$$(ba_1^j)^p = b^p (a_1^j)^p \prod_{i=1}^{p-1}[a_1^j, ib]^{\binom{p}{i+1}} = b^p (a_1^j)^p \prod_{i=1}^{p-1}[a_1, ib]^{j\binom{p}{i+1}}$$

$$= b^p a_1^{j\binom{p}{1}} a_2^{j\binom{p}{2}}\cdots a_p^{j\binom{p}{p}} = b^p a_c^{j\gamma}.$$

(2) 若 $(s,p) = 1$, 则 $b^s a_1^{s_1} a_2^{s_2}\cdots a_c^{s_c} \equiv (ba_1^{s^{-1}s_1})^s \pmod{G'}$. 令

$$b^s a_1^{s_1} a_2^{s_2}\cdots a_c^{s_c} = (ba_1^{s^{-1}s_1})^s d,$$

其中 $d \in G'$. 由命题 8.3.5 可得

$$(b^s a_1^{s_1} a_2^{s_2}\cdots a_c^{s_c})^p = ((ba_1^{s^{-1}s_1})^s d)^p = ((ba_1^{s^{-1}s_1})^s)^p$$

$$= ((ba_1^{s^{-1}s_1})^p)^s = (b^p a_c^{s^{-1}s_1\gamma})^s = b^{sp} a_c^{s_1\gamma}.$$ □

当 $m = 1$ 时, 定理 8.4.1 中的群就是有交换极大子群的极大类 p 群. 因此, 以下我们仅研究 $m \geqslant 2$ 时的情形.

定理 8.4.3 设 G 和 $\overline{G}$ 为满足定理 8.4.1中定义关系的两个群, 其中 $m \geqslant 2$. 它们的生成元以及参数分别为 $\{b, a_1\}$ 和 $\{\bar{b}, \bar{a}_1\}$ 以及 (δ, γ) 和 $(\bar{\delta}, \bar{\gamma})$. 则 $G \cong \overline{G}$ 的充要条件为存在整数 s, t_1, k 满足 $p \nmid st_1$ 且

(1) $s^{c-2} t_1 \bar{\delta} \equiv \delta \pmod p$;

(2) $\bar{\gamma} t_1 s^{c-1} \equiv t_1\gamma + k\delta \pmod p$.

证明 设 θ 为从 $\overline{G}$ 到 G 的同构映射. 则 $\overline{A}^\theta = A$ 和 $(\overline{G}')^\theta = G'$ 成立. 不妨设

$$\bar{b}^\theta = b^s a_1^{s_1} a_2^{s_2}\cdots a_c^{s_c}, \quad \bar{a}_1^\theta = b^{kp^{m-1}} a_1^{t_1} a_2^{t_2}\cdots a_c^{t_c},$$

其中 $p \nmid st_1$. 计算可得

$$\bar{a}_i^\theta \equiv a_i^{s^{i-1}t_1} \pmod{G_{i+1}} \quad (2 \leqslant i \leqslant c-1).$$

由引理 8.4.2 可得

$$(\bar{b}^p)^\theta=(b^s a_1^{s_1}a_2^{s_2}\cdots a_c^{s_c})^p=b^{sp}a_c^{s_1\gamma}.$$

因此 $(\bar{b}^{p^m})^\theta=b^{sp^m}=a_c^{s\delta}$. 因为 $(\bar{b}^{p^m})^\theta=(\bar{a}_c^{\bar{\delta}})^\theta=a_c^{s^{c-1}t_1\bar{\delta}}$, 所以

$$s^{c-2}t_1\bar{\delta}\equiv\delta\ (\mathrm{mod}\ p).$$

由引理 8.4.2 可得 $(ba_1)^p=b^pa_c^\gamma$ 和 $(\bar{b}\bar{a}_1)^p=\bar{b}^p\bar{a}_c^{\bar{\gamma}}$. 后一个等式用 θ 作用后, 左边为

$$(b^s a_1^{s_1}a_2^{s_2}\cdots a_c^{s_c}b^{kp^{m-1}}a_1^{t_1}a_2^{t_2}\cdots a_c^{t_c})^p.$$

由引理 8.4.2, 它又等于 $b^{sp}a_c^{(s_1+t_1)\gamma}a_c^{k\delta}$; 而等式的右边为 $b^{sp}a_c^{s_1\gamma}a_c^{s^{c-1}t_1\bar{\gamma}}$. 因此

$$\bar{\gamma}t_1s^{c-1}\equiv t_1\gamma+k\delta\ (\mathrm{mod}\ p).$$

反过来, 如果参数 (δ,γ) 和 $(\bar{\delta},\bar{\gamma})$ 满足定理中的条件, 由上面的计算容易看出, $\theta:\bar{b}\mapsto b^s,\bar{a}_1\mapsto b^{kp^{m-1}}a_1^{t_1}$ 为一个从 $\overline{G}$ 到 G 的同构映射. □

定理 8.4.4 设 G 为有交换的极大子群的非交换 p 群, 且 G 的非交换的子群均为二元生成. 令 $c(G)=c$ 和 $|G|=p^{m+c}$, 其中 $c\geqslant 3$ 且 $m\geqslant 2$. 则满足条件的 G 共有 $2+\gcd(c-1,p-1)$ 个.

证明 利用定理 8.4.3 的结果. 若 δ 与 p 互素, 则 δ 可化为 1, γ 可化为 0. 若 p 整除 δ, 则 $\gamma=0$ 或者可取 $\gcd(c-1,p-1)$ 个值. □

引理 8.4.5 $G,A,a_1,\cdots,a_c,b$ 和 γ 都如定理8.4.1 所设. 令 $A_i=\langle a_i,a_{i+1},\cdots,a_c\rangle$, $c-1=(p-1)q+r$, 其中 $q\geqslant 0$ 且 $0\leqslant r\leqslant p-2$.

(1) 若 $\gamma=0$, 则 $A_1=\langle a_1\rangle\times\langle a_2\rangle\times\cdots\times\langle a_{p-1}\rangle=\mathrm{C}_{p^{q+1}}^{r+1}\times\mathrm{C}_{p^q}^{p-r-2}$ 且 $a_c=a_{r+1}^{(-p)^q}$;

(2) 若 $\gamma\neq 0$, 则

(i) 对于 $q=0$ (即 $c<p$), $A_1=\langle a_1\rangle\times\langle a_2\rangle\times\cdots\times\langle a_{c-1}\rangle=\mathrm{C}_{p^2}\times\mathrm{C}_p^{c-2}$ 且 $a_1^p=a_c^\gamma$;

(ii) 对于 $q=1$, $r=0$ (即 $c=p$) 且 $\gamma=1$, $A_1=\langle a_1\rangle\times\langle a_2\rangle\times\cdots\times\langle a_p\rangle=\mathrm{C}_p^p$;

(iii) 对于 $q=1$, $r=0$ (即 $c=p$) 且 $\gamma\neq 1$, $A_1=\langle a_1\rangle\times\langle a_2\rangle\times\cdots\times\langle a_{p-1}\rangle=\mathrm{C}_{p^2}\times\mathrm{C}_p^{p-2}$ 且 $a_1^p=a_p^{\gamma-1}$;

(iv) 对于 $c\geqslant p+1$, $A_1=\langle a_1\rangle\times\langle a_2\rangle\times\cdots\times\langle a_{p-1}\rangle=\mathrm{C}_{q+1}^{r+1}\times\mathrm{C}_q^{p-r-2}$ 且 $a_c=a_{r+1}^{(-p)^q}$.

证明 当 $c=c(G)\leqslant p-1$ 时, 由定理 8.4.1 的 (e)—(f) 可知

$$a_c^p=a_{c-1}^p=\cdots=a_2^p=1,\quad \exp(A_2)=p.$$

因为 $a_1^p=a_c^\gamma$, 故 $\exp(A_1)=p$ 或 p^2, 分别对应于 $\gamma=0$ 或者 $\neq 0$. 因此有 (1) 和 (2)(i) 成立.

当 $c=p$ 时, 由定理 8.4.1(e) 可知 $a_1^p=a_c^{\gamma-1}$. 同理有 (1) 和 (2) 的 (ii) 与 (iii) 成立.

当 $c>p$ 时由定理 8.4.1(e) 和 (f) 可得: 对于 $i\geqslant 2$ 我们有 $o(a_i)=p\cdot o(a_{i+p-1})$, 对于 $i\geqslant p$, $a_i\in\Phi(A_1)$. 因此 $A_1=\langle a_1,\cdots,a_{p-1}\rangle$. 容易验证

$$o(a_1)=\cdots=o(a_{r+1})=p^{q+1},\quad o(a_{r+2})=\cdots=o(a_{p-1})=p^q.$$

所以有

$$o(a_1)o(a_2)\cdots o(a_{p-1})=|A_1|.$$

因此 $A_1=\langle a_1\rangle\times\langle a_2\rangle\times\cdots\times\langle a_{p-1}\rangle$.

最后对 c 用数学归纳法证明 $a_c=a_{r+1}^{(-p)^q}$. 当 $p+1\leqslant c\leqslant 2p-1$, 由定理 8.4.1 的 (e) 给出结果. 当 $c\geqslant 2p$ 时,

$$\Omega_1(A_1)=\langle a_c,\cdots,a_{c-p+1}\rangle=G_{c-p+1}.$$

令 $\overline{G}=G/\Omega_1(G)$, 则 $c(\overline{G})=c-p+1$. 由归纳假设可得 $a_{c-p+1}\equiv a_{r+1}^{(-p)^{q-1}} (\mathrm{mod}\ \Omega_1(A_1))$. 从而 $a_{c-p+1}^{-p}=a_{r+1}^{(-p)^q}$. 再一次由定理 8.4.1 的 (e) 可得 $a_c=a_{c-p+1}^{-p}$. 因此 $a_c=a_{r+1}^{(-p)^q}$. □

下面的推论 8.4.6、定理 8.4.7 及定理 8.4.8 可由定理 8.4.1、定理 8.4.3 和引理 8.4.5 得到, 证明细节略去.

推论 8.4.6 设 G 为有交换的极大子群的有限非交换 p 群, 且 G 的非交换的子群均为二元生成, $c(G)\geqslant 3$. 则

(1) 若 $p=2$, 则 G 为亚循环群;

(2) 若 $c\leqslant p$, 则 $d(G')=c-1$. 若 $c\geqslant p+1$, 则 $d(G')=p-1$.

定理 8.4.7 设 G 为有交换的极大子群的有限非交换 2 群, 且 G 的非交换的子群均为二元生成. 令 $c(G)=c$ 和 $|G|=p^{m+c}$, 其中 $c\geqslant 3$ 且 $m\geqslant 2$. 则 G 为下列互不同构的群之一:

(1) $\langle a,b\mid a^{2^c}=b^{2^m}=1,a^b=a^{-1}\rangle$;

(2) $\langle a,b\mid a^{2^c}=1,b^{2^m}=a^{2^{c-1}},a^b=a^{-1}\rangle$;

(3) $\langle a,b\mid a^{2^c}=b^{2^m}=1,a^b=a^{-1+2^{c-1}}\rangle$.

定理 8.4.8 设 G 为有交换极大子群的有限非交换 p 群 (p 为奇素数), 且 G 的非交换子群均为二元生成. 令 $c(G)=c$ 和 $|G|=p^{m+c}$, 其中 $c\geqslant 3$ 且 $m\geqslant 2$. 则

(I) 若 $c\leqslant p$, 则 G 为下列互不同构的群之一.

(1) 交换 p 群 $\langle a_1\rangle\times\langle a_2\rangle\times\cdots\times\langle a_c\rangle(=\mathrm{C}_p^c)$ 被 p^m 阶循环群的扩张, 即 $\langle a_1,b\mid a_i^p=b^{p^m}=1,[a_j,b]=a_{j+1},[a_c,b]=1,[a_i,a_j]=1\rangle$, 其中 $1\leqslant i\leqslant c\leqslant p, 1\leqslant j\leqslant c-1$;

(2) 交换 p 群 $\langle a_1\rangle\times\langle a_2\rangle\times\cdots\times\langle a_c\rangle(=\mathrm{C}_p^c)$ 被 p^m 阶循环群的扩张, 即 $\langle a_1,b\mid a_i^p=b^{p^{m+1}}=1,[a_j,b]=a_{j+1},[a_{c-1},b]=b^{p^m},[a_i,a_j]=1\rangle$, 其中 $1\leqslant i\leqslant c-1\leqslant p-1$, $1\leqslant j\leqslant c-2$;

(3) 交换 p 群 $\langle a_1\rangle\times\langle a_2\rangle\times\cdots\times\langle a_{c-1}\rangle(=\mathrm{C}_{p^2}\times\mathrm{C}_p^{c-2})$ 被 p^m 阶循环群的扩张, 即 $\langle a_1,b\mid a_1^{p^2}=a_i^p=b^{p^m}=1,[a_j,b]=a_{j+1},[a_{c-1},b]=a_1^{tp},[a_i,a_j]=1\rangle$, 其中 $2\leqslant i\leqslant c-1\leqslant p-1$, $1\leqslant j\leqslant c-2$, $t=t_1,t_2,\cdots,t_{(c-1,p-1)}$, 其中 $t_1,t_2,\cdots,t_{(c-1,p-1)}$ 为由群 F_p^* 的 $c-1$ 次幂组成的子群 $\mathbb{F}$ 的一组陪集代表元 (共有 $\gcd(c-1,p-1)$ 个群).

(II) 若 $c\geqslant p+1$, 则可令 $c-1=(p-1)q+r$, 其中 $q\geqslant 1$ 且 $0\leqslant r\leqslant p-2$, 则 G 为下列互不同构的群之一.

(4) 交换 p 群 $\langle a_1\rangle\times\langle a_2\rangle\times\cdots\times\langle a_{p-1}\rangle(=\mathrm{C}_{q+1}^{r+1}\times\mathrm{C}_q^{p-r-2})$ 被 p^m 阶循环群的扩张, 即 $\langle a_1,b\mid a_i^{p^{q+1}}=a_j^{p^q}=b^{p^m}=1,[a_k,b]=a_{k+1},[a_{p-1},b]=a_1^{-\binom{p}{1}}a_2^{-\binom{p}{2}}\cdots a_{p-1}^{-p}a_{r+1}^{t(-p)^q}$, $[a_u,a_v]=1\rangle$, 其中 $1\leqslant i\leqslant r+1$, $r+2\leqslant j\leqslant p-1$, $1\leqslant k\leqslant p-2$, $1\leqslant u,v\leqslant p-1$, $t=p,t_1,t_2,\cdots,t_{(r,p-1)}$, 其中 $t_1,t_2,\cdots,t_{(r,p-1)}$ 为由群 F_p^* 的 $c-1$ 次幂组成的子群 $\mathbb{F}$ 的一组陪集代表元 (共有 $\gcd(r,p-1)+1$ 个群);

(5) 交换 p 群 $\langle a_1\rangle\times\langle a_2\rangle\times\cdots\times\langle a_{p-1}\rangle(=\mathrm{C}_{q+1}^{r+1}\times\mathrm{C}_q^{p-r-2})$ 被 p^m 阶循环群的扩张, 即 $\langle a_1,b\mid a_i^{p^{q+1}}=a_j^{p^q}=b^{p^{m+1}}=1,b^{p^m}=a_{r+1}^{(-p)^q},[a_k,b]=a_{k+1},[a_{p-1},b]=a_1^{-\binom{p}{1}}a_2^{-\binom{p}{2}}\cdots a_{p-1}^{-p}$, $[a_u,a_v]=1\rangle$, 其中 $1\leqslant i\leqslant r+1$, $r+2\leqslant j\leqslant p-1$, $1\leqslant k\leqslant p-2$, $1\leqslant u,v\leqslant p-1$.

8.5 非交换子群均二元生成的有限 p 群 (二)

本节分类无交换极大子群且非交换子群均二元生成的有限 p 群.

定理 8.5.1 设 G 为极大子群均不交换的有限 p 群, 且 G 的非交换的子群均为二元生成. 若 G 为极大类 p 群, 则 $p=3$.

证明 因为极大类 2 群均有交换极大子群, 所以 $p\geqslant 3$. 假设结论不成立, 则有 $p\geqslant 5$. 因为 p^4 阶群一定有交换极大子群, 所以 $|G|\geqslant p^5$. 令 $\overline{G}=G/G_4$, 则 $|\overline{G}|=p^4$. 因此 $\overline{G}$ 有交换极大子群 M/G_4. 由于 $\overline{G}\cong\dfrac{G/G_5}{Z(G/G_5)}$ 以及 $|G/G_5|=p^5$, 由定理 1.11.8(7) 可知 $\exp(\overline{G})=p$. 从而 M/G_4 为 p^3 阶初等交换 p 群. 这将导致 $d(M)\geqslant 3$, 与题设矛盾. □

定理 8.5.2 设 G 为 p^n 阶群, 其中 $n\geqslant 4$. 若 G 有一个极大子群是极大类的, 则或者 G 也是极大类的, 或者 G 满足 $d(G)=3$, $G'=\Phi(G)$ 且 $c(G)=n-2$.

证明 对 n 用归纳法. 由 p^4 阶群的分类可知结论对 $n=4$ 成立. 下设 $n\geqslant 5$. 设 M 是 G 的极大类的极大子群, 则 $c(M)=n-2$. 令 $N=Z(M)=M_{n-2}$ 和 $\overline{G}=G/N$, 则 $\overline{G}$ 有一个极大子群 M/N 是极大类的. 由归纳假设得, $\overline{G}$ 是极大类的或 $\overline{G}$ 满足 $d(\overline{G})=3$, $\overline{G}'=\Phi(\overline{G})$ 且 $c(\overline{G})=n-3$.

若 $\overline{G}$ 为极大类的, 则 $\overline{G}$ 的 p 阶正规子群唯一, 即 $\overline{G}_{n-2}=G_{n-2}/N=M_{n-3}/N$. 从而一定有 $G_{n-2}=M_{n-3}$. 此时 $G_{n-1}\geqslant[G_{n-2},M]=M_{n-2}\neq 1$. 所以 G 也是极大类 p 群.

若 $\overline{G}$ 满足 $d(\overline{G})=3$, $\overline{G}'=\Phi(\overline{G})$ 且 $c(\overline{G})=n-3$, 则易知 $d(G)=3$, $G'=\Phi(G)$ 和 $c(G)=n-2$. □

定理 8.5.3 设 G 为有限 2 群, G 无交换极大子群且 G 的非交换子群均二元生成, 则 G 为亚循环群.

证明 这是 [43] 中的定理 5.1 的直接结果. □

定理 8.5.4 设 G 为非亚循环的 p^5 阶群, G 无交换极大子群且 G 的非交换子群均二元生成. 若 G 不是极大类 3 群, 则 $G\in\mathcal{A}_2$, $c(G)=3$, 并且 G 为下列互不同构的群之一.

(1) $\langle a,b\mid a^{p^2}=b^{p^2}=c^p=1,[a,b]=c,[c,a]=b^{\nu p},[c,b]=a^p\rangle$, 其中 $p\geqslant 5$, ν 为一个固定的模 p 的平方非剩余;

(2) $\langle a,b\mid a^{p^2}=b^{p^2}=c^p=1,[a,b]=c,[c,a]=a^{-p}b^{-kp},[c,b]=a^{-p}\rangle$, 其中 $p\geqslant 5$, $4k=g^{2r+1}-1$, 其中 $r=1,2,\cdots,\dfrac{1}{2}(p-1)$, g 为模 p 的最小原根;

(3) $\langle a,b\mid a^9=b^9=c^3=1,[a,b]=c,[c,a]=b^{-3},[c,b]=a^3\rangle$;

(4) $\langle a,b\mid a^9=b^9=c^3=1,[a,b]=c,[c,a]=a^3b^3,[c,b]=a^{-3}\rangle$.

证明 由定理 8.5.3 可知 p 为奇素数. 由定理 8.5.1 可知 G 不是极大类的. 设 M 为 G 的极大子群. 由定理 8.5.2 可知 M 也不是极大类的. 因为 $|M|=p^4$, 由 p^4 阶群的分类可知 $M\in\mathcal{A}_1$. 所以 $G\in\mathcal{A}_2$. 查阅 p^5 阶群的群表可得定理中的群. □

定理 8.5.5 设 G 为非亚循环的有限 p 群, 其中 $p\geqslant 3$, $|G|=p^n\geqslant p^6$ 且 G 的非交换子群均二元生成. 若 G 无交换极大子群但有内交换极大子群, 则 G 的内交换极大子群唯一. 若这个唯一的内交换极大子群是亚循环的, 则 G 为极大类 3 群; 若这个唯一的内交换极大子群不是亚循环的, 则 G 为以下互不同构的群之一.

(A) $|G|=3^{2e+2}$ 其中 $e\geqslant 2$.

(A1) $\langle s_1,s_2,\beta,x\mid {s_1}^{3^e}={s_2}^{3^e}=x^3=1,\beta^3=x,[s_1,\beta]=s_2,\ [s_2,\beta]={s_2}^{-3}{s_1}^{-3},[s_1,s_2]=x,[x,s_1]=[x,\beta]=1\rangle$;

(A2) $\langle s_1,s_2,\beta,x\mid {s_1}^{3^e}={s_2}^{3^e}=x^3=1,\beta^3={s_2}^{3^{e-1}}x,[s_1,\beta]=s_2,[s_2,\beta]={s_2}^{-3}{s_1}^{-3},[s_1,s_2]=x,[x,s_1]=[x,\beta]=1\rangle$;

(A3) $\langle s_1,s_2,\alpha,\beta,x\mid {s_1}^{3^e}={s_2}^{3^{e-1}}=x^3=1,\beta^3=x^{-1},\alpha^3={s_1}^{-3}{s_2}^{-1}{s_1}^{3^{e-1}},[\alpha,$

$\beta] = s_1, [s_1, \alpha] = x, [s_1, \beta] = s_2, [s_2, \beta] = {s_2}^{-3}{s_1}^{-3}, [s_1, s_2] = [x, \alpha] = [x, \beta] = 1\rangle$;

(A4) $\langle s_1, s_2, \alpha, \beta, x \mid {s_1}^{3^e} = {s_2}^{3^{e-1}} = x^3 = 1, \beta^3 = x, \alpha^3 = {s_1}^{-3}{s_2}^{-1}{s_1}^{3^{e-1}}x$, $[\alpha, \beta] = s_1, [s_1, \alpha] = x, [s_1, \beta] = s_2, [s_2, \beta] = {s_2}^{-3}{s_1}^{-3}, [s_1, s_2] = [x, \alpha] = [x, \beta] = 1\rangle$.

(B) $|G| = 3^{2e+1}$ 其中 $e \geqslant 3$, $\nu = 1$ 或 2.

(B1) $\langle s_1, s_2, \beta \mid {s_1}^{3^e} = {s_2}^{3^{e-1}} = x^3 = 1, \beta^3 = x, [s_1, \beta] = s_2, [s_2, \beta] = {s_2}^{-3}{s_1}^{-3}$, $[s_1, s_2] = x, [x, s_1] = [x, \beta] = 1\rangle$;

(B2) $\langle s_1, s_2, \beta \mid {s_1}^{3^e} = {s_2}^{3^{e-1}} = x^3 = 1, \beta^3 = s_1^{3^{e-1}}x, [s_1, \beta] = s_2, [s_2, \beta] = {s_2}^{-3}{s_1}^{-3}, [s_1, s_2] = x, [x, s_1] = [x, \beta] = 1\rangle$;

(B3) $\langle s_1, s_2, \beta, \alpha \mid {s_1}^{3^{e-1}} = {s_2}^{3^{e-1}} = x^3 = 1, \beta^3 = x^{-1}, \alpha^3 = {s_1}^{-3}{s_2}^{-1}{s_2}^{\nu 3^{e-2}}$, $[\alpha, \beta] = s_1, [s_1, \beta] = s_2, [s_2, \beta] = {s_2}^{-3}{s_1}^{-3}, [s_1, \alpha] = x, [x, \beta] = [x, \alpha] = [s_1, s_2] = 1\rangle$;

(B4) $\langle s_1, s_2, \beta, \alpha \mid {s_1}^{3^{e-1}} = {s_2}^{3^{e-1}} = x^3 = 1, \beta^3 = x, \alpha^3 = {s_1}^{-3}{s_2}^{-1}{s_2}^{\nu 3^{e-2}}x$, $[\alpha, \beta] = s_1, [s_1, \beta] = s_2, [s_2, \beta] = {s_2}^{-3}{s_1}^{-3}, [s_1, \alpha] = x, [x, \beta] = [x, \alpha] = [s_1, s_2] = 1\rangle$.

证明 首先证明 G 的内交换子群唯一. 若否, 由定理 7.1.1(2) 可知, $c(G) \leqslant 3$, $\Phi(G')G_3 \leqslant \mathrm{C}_p^2$, 且 $G/\Phi(G')G_3$ 为内交换群. 又由 [43] 中的定理 4.2 可得 $|G/G_3| = p^3$. 所以 $|G| \leqslant p^5$, 矛盾.

若这个唯一的内交换极大子群是亚循环的, 由定理 7.2.11 可知 G 为极大类 3 群; 若这个唯一的内交换极大子群不是亚循环的, 则 G 为定理 7.2.12 和定理 7.1.13 中的群. 经过检验, 得到定理中的群. □

定理 8.5.5 中的群还有另外一种简洁的表示. 这里仅仅列出结果, 证明可参看文献 [193].

定理 8.5.6 设 G 为非亚循环的有限 p 群, 也不是极大类 3 群, $|G| = p^n \geqslant p^6$ 且 G 的非交换子群均二元生成. 若 G 无交换极大子群但是有内交换极大子群, 则 $p = 3$, 且:

(1) 若 $|G| = 3^{2q+4}$, 其中 $q \geqslant 1$, 则 $G = \langle a_1, b\rangle$ 且

$$a_1^{3^{q+1}} = a_2^{3^{q+1}} = b^{3^2} = c^3 = 1, \quad [a_1, b] = a_2, \quad [a_2, b] = a_3,$$

$$[a_1, a_2] = c, \quad [c, a_1] = [c, a_2] = 1, \quad a_1^3a_2^3a_3 = a_2^{k(-3)^q}, \quad b^3 = a_2^{s(-3)^q}c,$$

其中 $s = 0, 1$, $k = 0, 1$.

(2) 若 $|G| = 3^{2q+5}$, 其中 $q \geqslant 1$, 则 $G = \langle a_1, b\rangle$ 且

$$a_1^{3^{q+2}} = a_2^{3^{q+1}} = b^{3^2} = c^3 = 1, \quad [a_1, b] = a_2, \quad [a_2, b] = a_3,$$

$$[a_1, a_2] = c, \quad [c, a_1] = [c, a_2] = 1, \quad a_1^3a_2^3a_3 = a_1^{k(-3)^{q+1}}, \quad b^3 = a_1^{s(-3)^{q+1}}c,$$

其中 $s = 0, 1$, $k = 0, 1, 2$.

最后, 我们研究极大子群既不交换也不内交换的情形.

定理 8.5.7 设 G 为非亚循环的有限 p 群, 其中 $p\geqslant 3$. $|G|=p^n\geqslant p^6$ 且 G 的非交换子群均二元生成. 若 G 既无交换极大子群也无内交换极大子群, 则

(1) G 和 G 的极大子群都不是极大类的;

(2) $G'=\Phi(G)$ 为交换群, $G_3=\mho_1(G)$, $|G/G_3|=p^3$;

(3) 设 K 为 G 的极大子群, 则 $G_3=\Phi(K)$;

(4) $c(G)=n-2$, G 的下中心型为 $(2,1,2,\underbrace{1,1,\cdots,1}_{n-5})$. 若 K 为 G 的极大子群, 则 $K_3=G_4, K_4=G_5,\cdots,K_{n-3}=G_{n-2}$;

(5) $|G|=p^6$.

证明 (1) 若 G 有极大子群是极大类的, 则由定理 8.5.2 可知 G 也是极大类的 (否则 $d(G)=3$, 与条件矛盾). 再由定理 8.5.1 可得, G 为极大类 3 群. 但是极大类 3 群的基本子群 G_1 不是交换的就是内交换的, 这都与条件矛盾. 所以 G 和 G 的极大子群都不是极大类的.

(2) 若 G' 非交换, 则 $d(G')=2$, 与 [41] 中的定理 4 矛盾. 其他结论来自于 [43] 中的定理 4.2.

(3) 因为 $G/G_3=G/\mho_1(G)$ 为方次数为 p 的 p^3 阶群, 所以 K/G_3 为 p^2 阶初等交换群. 因为 $d(K)=2$, 所以 $G_3=\Phi(K)$.

(4) 设 K 为 G 的极大子群. 由题设可知, K 既不交换又不内交换. 由 (1) 可知 K 不是极大类群. 由 (2) 可知 K 有交换极大子群. 从而根据定理 8.3.3, 可设 $c(K)=c$ 以及 $|K|=p^{m+c}$, 其中 $m\geqslant 2, c\geqslant 3$. 此时

$$|G|=p^{m+c+1},\quad |G'|=p^{m+c-1},\quad |G_3|=p^{m+c-2}.$$

由定理 8.3.3 可得, $|K'|=p^{c-1}$ 且 K/K' 的型不变量为 (p^m,p). 令 $\overline{G}=G/K'$. 则 $|\overline{G}|=p^{m+2}$ 且 $\overline{G}$ 有交换极大子群 K/K'. 因为 $|\overline{G}/\overline{G}'|=p^2$, 由定理 1.11.9(2) 可知 $\overline{G}$ 为极大类的. 计算可得, $\overline{G}_3=G_3/K'=\Phi(K)/K'=\Phi(K/K')$ 为 p^{m-1} 阶循环群. 由定理 1.11.8(6) 可知, $\overline{G}$ 中没有 p^2 阶循环群. 所以必有 $m=2$. 此时

$$c(K)=n-m-1=n-3,\quad |K'|=p^{n-4},\quad |\overline{G}|=p^4\quad \text{且}\quad G_4\leqslant K'.$$

因为 $K'\leqslant\Phi(K)=G_3$, 所以 $1\neq K_{n-3}\leqslant G_{n-2}$. 因为 G 不是极大类的, 所以 $c(G)=n-2$.

再设 M 为不同于 K 的 G 的极大子群. 由上面的讨论可知 $c(M)=n-3$, $|M'|=p^{n-4}$ 以及 $G_4\leqslant M'$. 因为 M/K' 不交换, 所以

$$|M'K'/K'|=\frac{|M'|}{|M'\cap K'|}=p.$$

进而 $|M'\cap K'|=p^{n-5}$. 因为 $G_4\leqslant M'\cap K'$, 所以 $|G_4|\leqslant p^{n-5}$. 另一方面,

$$|G_4|=|G_4/G_5||G_5/G_6|\cdots|G_{n-2}|\geqslant p^{n-5}.$$

因此 $|G_4|=p^{n-5}$, $|G_3/G_4|=p^2$ 且 G 的下中心型为 $(2,1,2,\underbrace{1,1,\cdots,1}_{n-5})$.

因为 $K'\leqslant G_3$, 所以 $K_i\leqslant G_{i+1}$, 其中 $3\leqslant i\leqslant n-3$. 比较群的阶后可得 $K_i=G_{i+1}$, 其中 $3\leqslant i\leqslant n-3$.

(5) 若否, 则 $n-3\geqslant 4$. 由 (4) 可得 $|G_{n-3}|=p^2$. 令 $M=C_G(G_{n-3})$. 则 $G/M\lesssim \mathrm{Aut}(G_{n-3})$. 因此 M 为 G 的极大子群. 再由 (4) 可得 $M_{n-4}=G_{n-3}$ 且 $c(M)=n-3$. 因为 $G_{n-3}\leqslant Z(M)$, 故 $M_{n-4}\leqslant Z(M)$. 因此 $c(M)\leqslant n-4$, 矛盾. □

由定理 8.5.7 可知: 设 G 为非亚循环的有限 p 群, 若 G 既无交换极大子群也无内交换极大子群, 则 $|G|=p^6$. 进一步可知 G 是定理 8.5.4 中的群的 p 阶中心扩张. 利用第 2 章和第 3 章介绍的方法, 可以决定这样的群的同构分类. 限于篇幅, 本书只列出最后的结果. 具体过程可参看文献 [193].

定理 8.5.8　设 $p\geqslant 5$, G 为有限 p 群, G 非亚循环且 G 的非交换子群都是二元生成的. 若 G 的极大子群既不交换也不内交换, 则 $G=\langle a,b\rangle$, 具有以下关系:

$$a^{p^2}=b^{p^2}=c^{p^2}=1,\quad [a,b]=c,\quad [c,b]=a^pc^{mp},\quad [c,a]=b^{\nu p}c^{np},$$

$$[a,b^p]=[a^p,b]=c^p,\quad [c,a^p]=[c,b^p]=[c^p,a]=[c^p,b]=1.$$

其中 ν 是一个固定的模 p 的平方非剩余. 这样的两个群同构当且仅当 $(m-1)^2-\nu^{-1}(n+\nu)^2$ 模 p 同余.

定理 8.5.9　设 G 为有限 3 群, G 非亚循环, 且 G 的非交换子群都是二元生成的. 若 G 的极大子群既不交换也不内交换, 则 G 为下列群之一.

(1) $\langle a,b\mid a^9=b^9=c^3=d^3=1,[a,b]=c,[c,b]=a^3,[c,a]=b^{-3},[a^3,b]=[a,b^3]=d,[d,a]=[d,b]=1\rangle$;

(2) $\langle a,b\mid a^9=b^9=c^3=d^3=1,[a,b]=c,[c,b]=a^3d,[c,a]=b^{-3}d,[a^3,b]=[a,b^3]=d,[d,a]=[d,b]=1\rangle$.

8.6　非交换真子群均二元生成的有限 p 群的分类

显然, 非交换真子群均二元生成的有限 p 群的生成元个数至多为 3. 由于前面已经分类了非交换子群均二元生成的有限 p 群, 所以本节只需分类满足条件的三元生成的群.

定理 8.6.1　设 G 为三元生成有交换极大子群的有限 p 群. 若 G 的非交换真子群均二元生成, 则 G 为 $\mathcal{A}_2$ 群.

证明 用反证法. 假设 G 不是 $\mathcal{A}_2$ 群. 设 A 为 G 的交换极大子群, M 为 G 的一个非交换极大子群. 则 $d(M)=2$ 且 M 有交换极大子群 $A\cap M$. 由定理 8.3.2 (2) 可知 $Z(M)\leqslant\Phi(M)$. 因为 $d(G)=3$, 所以 $\Phi(M)=\Phi(G)$. 因为 $Z(M)\leqslant\Phi(M)=\Phi(G)\leqslant A$ 且 $G=AM$, 所以 $Z(M)\leqslant Z(G)$. 由定理 1.7.6 可得

$$|G|=p|G'||Z(G)|,\quad |M|=p|M'||Z(M)|.$$

所以 $|G'/M'||Z(G)/Z(M)|=p$. 因为 $G\notin\mathcal{A}_2$, 所以 G 有一个既非交换又非内交换的极大子群 M. 由定理 8.3.3 可得 $c(M)\geqslant 3$ 且 $|M'|\geqslant p^2$. 下面分成两种情形讨论.

情形 1 $G'=M'$ 且 $|Z(G)/Z(M)|=p$.

设 $K\leqslant M$ 且 $K\in\mathcal{A}_1$. 由定理 8.3.3 可知 $Z(K)=Z(M)$ 且 $|M:K|=p^{c(M)-2}$. 取 $d\in Z(G)\backslash Z(M)$ 并且令 $N=\langle K,d\rangle$. 则 $|N'|=|K'|=p$. 因为 $|G'|=|M'|\geqslant p^2$, 所以 $N<G$. 从而 $d(N)=2$. 因为 $|N'|=p$, 所以 $N\in\mathcal{A}_1$. 由定理 8.3.3 可得 $|M:N|=p^{c(M)-2}$. 因而有 $N=K$ 且 $d\in K$. 进一步有 $d\in Z(K)=Z(M)$, 矛盾.

情形 2 $Z(G)=Z(M)$ 且 $|G'/M'|=p$.

由定理 8.3.2(2) 可知 $\Phi(M)=M'Z(M)$. 因而 $G'\leqslant\Phi(G)=\Phi(M)=M'Z(M)$. 令 $e\in G'\backslash M'$ 和 $e=mz$, 其中 $m\in M'$, $z\in Z(M)\backslash M'$. 则 $z\in G'\setminus M'$ 且 $z\in Z(M)=Z(G)$. 令 $b\in M\backslash A$. 则 $G=\langle b,A\rangle$. 由定理 1.7.5 可知, 存在 $a\in A$ 使得 $z=[a,b]$. 因为 $z\notin M'$, 所以 $a\notin M$. 因而 $G=\langle b,a,A\cap M\rangle$. 令 $N=\langle b,a,\Phi(G)\rangle$. 则 N 为 G 的极大子群. 因为 N 非交换, 所以 $\Phi(G)=\Phi(N)$ 并且因此有 $N=\langle b,a\rangle$. 注意到 $[a,b]=z\in Z(G)$ 以及 $N'=\langle [a,b]^g\mid g\in N\rangle=\langle z\rangle$. 我们有 $c(N)=2$ 并且因此 $N\in\mathcal{A}_1$. 由定理 1.7.7 可得 $Z(N)=\Phi(N)$. 因此 $G'\leqslant\Phi(G)=\Phi(N)=Z(N)\leqslant Z(G)$ 且 $c(G)=2$, 矛盾. 因此 $G\in\mathcal{A}_2$. □

定理 8.6.2 设 G 为三元生成无交换极大子群的有限 p 群. 若 G 的非交换真子群都是二元生成的, 则

(1) $p=2$;

(2) G 中存在交换子群 A 使得 $|G:A|=4$ 且 $d(A)\geqslant 3$;

(3) $\Phi(G)=Z(G)$;

(4) $G\in\mathcal{A}_2$.

证明 (1) 因为 G 无交换极大子群, 所以 G 的极大子群都是二元生成的. 由 [43] 中的定理 3.1 可得 $p=2$.

(2) 若 $|G|=2^5$, 则由定理 8.1.1 可知 G 有非亚循环的极大子群. 设这个非亚循环的极大子群为 M. 由 2^4 阶群的分类可知, M 为内交换群且可设

$$M=\langle a,b\mid a^{2^2}=b^2=c^2=1,[a,b]=c,[c,a]=[c,b]=1\rangle.$$

它的子群 $A=\langle a^2,b,c\rangle$ 就满足条件.

若 $|G|\geqslant 2^6$, 用反证法. 假设满足 $|G:A|=4$ 和 $d(A)\geqslant 3$ 的交换子群不存在, 则阶为 2^{n-1} 和 2^{n-2} 的子群均为二元生成. 由 [43] 的定理 5.1 可得 G 为亚循环群, 这与 $d(G)=3$ 矛盾.

(3) 设 $A\lessdot M\lessdot G$. 我们断言 M 为内交换群. 若否, 由推论 8.4.6(1) 可知 M 为亚循环群, 这与 $d(A)\geqslant 3$.

因为 $d(G)=3$ 且 $d(M)=2$, 所以 $\Phi(M)=\Phi(G)$. 因此 $\Phi(G)<A$. 进而 G/A 为初等交换群. 令 M_1/A 和 M_2/A 为 G/A 的两个极大子群. 则 M_1 和 M_2 为 G 的包含 A 的极大子群. 因此由上面的讨论可知它们都是内交换群. 因为 $\Phi(G)=\Phi(M_1)=\Phi(M_2)=Z(M_1)=Z(M_2)$, 所以 $\Phi(G)\leqslant Z(G)$. 若 $\Phi(G)<Z(G)$, 则 $|G:Z(G)|=4$. 此时 G 必有交换极大子群. 因此 $\Phi(G)=Z(G)$.

(4) 设 M 为 G 的极大子群. 则 M 非交换且 $d(M)=2$. 因为 $Z(G)=\Phi(G)=\Phi(M)$, 所以 $\Phi(M)=Z(M)$. 由定理 1.7.7 可得 $M\in\mathcal{A}_1$. 由 M 的任意性可知 $G\in\mathcal{A}_2$. □

第 9 章　$\mathcal{C}_t$ 群和 $\mathcal{A}_t$ 群

由于交换群的结构是清楚的, 因而有限群的研究主要是非交换群的研究. 对于有限非交换 p 群而言, 两个基本的、经典的分类结果是 Burnside 于 1897 年在文献 [50] 中给出的具有一个指数为 p 的循环子群的有限 p 群的分类以及 Rédei 于 1947 年在文献 [141] 中给出的内交换 p 群的分类. 它们在有限 p 群的研究中是十分有用的, 同时在理论上也是十分重要的.

一方面, 从理论上讲, 有限 p 群的结构可由一系列循环扩张确定, 而循环扩张的起点就是 Burnside 分类的这类群. 为叙述方便, 我们称方次数为 p^{n-t} 的 p^n 阶群为 $\mathcal{C}_t$ **群**. 换句话说, 一个 p^n 阶群 G 是 $\mathcal{C}_t$ 群当且仅当 $\exp(G) = p^{n-t}$. 以 $\mathcal{C}_t$ 群的术语, Burnside 分类了 $\mathcal{C}_1$ 群. 之后, $\mathcal{C}_t$ 群的研究非常活跃. Miller 于 1902 年在文献 [122] 给出了 $\mathcal{C}_2$ 群的不同构类型的个数. 华罗庚和段学复于 1940 年在文献 [72] 对于 $p > 2$ 的情况, 分类了 $\mathcal{C}_2$ 群. 对于 $p = 2$ 的情况, 则由白述伟于 1985 年在文献 [9] 分类. 1994 年 Ninomiya 在文献 [130] 又独立地分类了 $\mathcal{C}_2$ 群. 这些群均是以生成元和定义关系的形式给出的. Berkovich 和 Janko 在他们于 2008 年出版的 p 群专著 [34], [74] 又以群结构的形式重新分类 $\mathcal{C}_2$ 群. 对于 $\mathcal{C}_3$ 群, Neikirk 于 1905 年在 [127], Mckelven 于 1906 年在 [115] 分别对 $p > 2$ 和 $p = 2$ 的情况进行研究并确定了 $\mathcal{C}_3$ 群的结构. 然而, 他们的分类结果不完整, 某些群被遗漏. 张勤海等在文献 [214] 重新分类了 $\mathcal{C}_3$ 群. 由于任何一个有限 p 群都可看作某个 $\mathcal{C}_t$ 群, 因而对于较大的 t, 分类所有的 $\mathcal{C}_t$ 群是没有希望的. 张勤海等在文献 [212] 对于 $\mathcal{C}_t$ 群给出了一个刻画.

另一方面, 由于内交换群可看作交换性最好且应是结构最简单的非交换群, Miller 和 Moreno[123] 早在 1903 年就发起研究并分类了内交换群. 而内交换 p 群则由 Rédei[141] 于 1947 年给出分类. 由于每个非交换群至少含有一个内交换子群. 进一步地, 任何一个非交换 p 群可由它的内交换子群生成. 因而内交换子群是非交换 p 群的基本元素. 就像前面章节看到的, 内交换子群对 p 群结构有着基本的影响. 基于此观察, Berkovich 和 Janko 在他们的长文 [32] 引进了一个比内交换 p 群更广的概念——$\mathcal{A}_t$ 群. 回顾一下, 一个非交换 p 群称为 $\mathcal{A}_t$ **群**, 若它至少有一个指数为 p^{t-1} 的非交换子群, 但它的所有指数为 p^t 的子群都交换. 显然, 内交换 p 群恰是一个 $\mathcal{A}_1$ 群. 另一方面, 对任何一个有限 p 群来说, 总存在某个 t 使得它是一个 $\mathcal{A}_t$ 群. 因而从理论上讲, 对有限非交换 p 群的研究可看作是对 $\mathcal{A}_t$ 群的研究. 继 $\mathcal{A}_1$ 群被分类之后, 许多学者分别在 [32],[34],[61],[79],[143] 研究并分类 $\mathcal{A}_2$ 群, 然而, 他们都没

有给出 $\mathcal{A}_2$ 群的同构分类, 张勤海等在文献 [208] 给出了它的完全同构分类. 之后, 张勤海和他的学生在 [215] 又分类了 $\mathcal{A}_3$ 群. 这是一篇长达近百页的论文. Janko 等在系列论文 [48],[76],[77] 研究了另一类较大的 p 群, 即除了一个极大子群外, 其余极大子群均为交换或内交换的 p 群.

本章介绍 $\mathcal{C}_t$ 群和 $\mathcal{A}_t$ 群的某些结果. 特别是当 $t \leqslant 3$ 时, $\mathcal{C}_t$ 群和 $\mathcal{A}_t$ 群的分类. 由于 $\mathcal{C}_1$ 群、$\mathcal{A}_1$ 群和 $\mathcal{C}_2$ 群的分类已分别在本书的第 1 章和第 4 章做过介绍, 本章主要介绍 $\mathcal{C}_3$ 群的分类及 $\mathcal{C}_t$ 群的刻画、$\mathcal{A}_2$ 群和 $\mathcal{A}_3$ 群的分类及其某些应用.

9.1　$\mathcal{C}_3$ 群的分类

对于 $p > 2$, $\mathcal{C}_3$ 群分类由张勤海等在文献 [214] 给出. 本节的内容取自 [214]. 首先给出 $\mathcal{C}_3$ 群分类的框架.

设 G 是一个 p^n 阶正则 $\mathcal{C}_3$ 群, $p > 2$, $e = n - 3$. 显然, G 是一个 $\mathcal{C}_3$ 群当且仅当 G 的型不变量是 $(e, 3)$, $(e, 2, 1)$ 或 $(e, 1, 1, 1)$. 因此分类正则 $\mathcal{C}_3$ 群等价于分类型不变量为 $(e, 3)$, $(e, 2, 1)$, $(e, 1, 1, 1)$ 的正则群. 若 G 的型不变量是 $(e, 3)$, 则 G 是亚循环的. 而奇阶亚循环 p 群已被徐明曜在文献 [184] 分类. 故只需从中挑出型不变量为 $(e, 3)$ 的群即可. 若 G 的型不变量是 $(e, 2, 1)$, 这样的群被冀有虎等在文献 [78] 分类. 若 G 的型不变量是 $(e, 1, 1, 1)$, 这样的群被张勤海等在文献 [206] 分类. 因此正则 $\mathcal{C}_3$ 群的分类被获得.

设 G 是 p^n 阶的非正则的 $\mathcal{C}_3$ 群. 则可证 $p = 3$. 若 $|G| < 3^7$, 使用 Magma 检查小群库的群即可获所求的群. 若 $|G| \geqslant 3^7$, 依照 $Z(G)$ 是否循环来讨论, 此时使用循环扩张和中心扩张的方法可获所求的群.

9.1.1　正则 $\mathcal{C}_3$ 群的分类

下列三个定理给出正则 $\mathcal{C}_3$ 群的分类.

定理 9.1.1　设 G 是一个 p^n 阶群, $p > 2$ 且 $e = n - 3$, 则 G 是一个型不变量为 $(e, 3)$ 的 $\mathcal{C}_3$ 群当且仅当 G 是下列互不同构的群之一.

(1) $\langle a, b \mid a^{p^3} = 1, b^{p^e} = 1, [a, b] = a^p \rangle$, $e \geqslant 3$;

(2) $\langle a, b \mid a^{p^4} = 1, b^{p^{e-1}} = a^{p^3}, [a, b] = a^p \rangle$, $e \geqslant 4$;

(3) $\langle a, b \mid a^{p^3} = 1, b^{p^e} = 1, [a, b] = a^{p^2} \rangle$, $e \geqslant 3$;

(4) $\langle a, b \mid a^{p^4} = 1, b^{p^{e-1}} = a^{p^3}, [a, b] = a^{p^2} \rangle$, $e \geqslant 4$;

(5) $\langle a, b \mid a^{p^5} = 1, b^{p^{e-2}} = a^{p^3}, [a, b] = a^{p^2} \rangle$, $e \geqslant 5$;

(6) $\langle a, b \mid a^{p^3} = 1, b^{p^e} = 1, [a, b] = 1 \rangle$, $e \geqslant 3$;

(7) $\langle a, b \mid a^{p^4} = 1, b^{p^{e-1}} = a^{p^3}, [a, b] = a^{p^3} \rangle$, $e \geqslant 4$;

(8) $\langle a, b \mid a^{p^5} = 1, b^{p^{e-2}} = a^{p^3}, [a, b] = a^{p^3} \rangle$, $e \geqslant 5$;

(9) $\langle a,b \mid a^{p^6}=1, b^{p^{e-3}}=a^{p^3}, [a,b]=a^{p^3}\rangle$, $e\geqslant 6$.

证明 因为 G 正则且型不变量为 $(e,3)$, 所以 G 存在一组唯一性基底 (b_1,b_2) 满足 $G=\langle b_1\rangle\langle b_2\rangle$. 因为 $p>2$, 所以由 [194] 中的推论 2.4.5 可知 G 亚循环. 由定理 6.1.3 可设

$$G=\langle a,b \ \mid \ a^{p^{r+s+u}}=1,\ b^{p^{r+s+t}}=a^{p^{r+s}},\ [a,b]=a^{p^r}\rangle,$$

其中 r,s,t,u 是非负整数且 $r\geqslant 1$, $u\leqslant r$, 参数 r, s, t, u 的不同取值给出不同构的群, $|G|=p^{2r+2s+t+u}$, $\exp(G)=p^{r+s+t+u}$. 因为 G 的型不变量为 $(e,3)$, 故 $e=r+s+t+u$, $3=r+s$. 由 $r+s=3$, $r\geqslant 1$, $u\leqslant r$ 讨论参数 r,s,u 的所有可能情况, 即得定理中的群. 反之, 经检验, 得到的群都满足定理条件且互不同构. □

定理 9.1.2 设 G 是一个 p^n 阶群, $p>2$ 且 $e=n-3$. 则 G 是一个型不变量为 $(e,2,1)$ 的 $\mathcal{C}_3$ 群当且仅当 G 为下列互不同构的群之一.

(1) $\langle a,b,c \mid a^{p^e}=1, b^{p^2}=1, c^p=1, [b,a]=c, [c,a]=[c,b]=1\rangle$, $p\geqslant 3, e\geqslant 2$;

(2) $\langle a,b,c \mid a^{p^e}=1, b^{p^2}=1, c^p=1, [b,a]=c, [c,a]=1, [c,b]=a^{p^{e-1}}\rangle, p\geqslant 5$, $e\geqslant 2$;

(3) $\langle a,b,c \mid a^{p^e}=1, b^{p^2}=1, c^p=1, [b,a]=c, [c,a]=1, [c,b]=b^p\rangle$, $p\geqslant 5, e\geqslant 2$;

(4) $\langle a,b,c \mid a^{p^e}=1, b^{p^2}=1, c^p=1, [b,a]=c, [c,a]=1, [c,b]=a^{\nu p^{e-1}}\rangle$, $p\geqslant 5, e\geqslant 2$;

(5) $\langle a,b,c \mid a^{p^e}=1, b^{p^2}=1, c^p=1, [b,a]=c, [c,a]=a^{p^{e-1}}, [c,b]=1\rangle, p\geqslant 5$, $e\geqslant 3$;

(6) $\langle a,b,c \mid a^{p^e}=1, b^{p^2}=1, c^p=1, [b,a]=c, [c,a]=b^p, [c,b]=1\rangle$, $p\geqslant 5, e\geqslant 3$;

(7) $\langle a,b,c \mid a^{p^e}=1, b^{p^2}=1, c^p=1, [b,a]=c, [c,a]=b^{\nu p}, [c,b]=1\rangle$, $p\geqslant 5, e\geqslant 3$;

(8) $\langle a,b,c \mid a^{p^2}=1, b^{p^2}=1, c^p=1, [b,a]=c, [c,a]=b^{-p}, [c,b]=a^pb^{hp}\rangle$, $p\geqslant 5, h=0,\cdots,\dfrac{p-1}{2}$;

(9) $\langle a,b,c \mid a^{p^2}=1, b^{p^2}=1, c^p=1, [b,a]=c, [c,a]=b^{-\nu p}, [c,b]=a^{\nu p}b^{2\nu p}\rangle$, $p\geqslant 5$;

(10) $\langle a,b,c \mid a^{p^2}=1, b^{p^2}=1, c^p=1, [b,a]=c, [c,a]=b^{-p}, [c,b]=a^{\nu p}b^{hp}\rangle$, $p\geqslant 5, h=0,\cdots,\dfrac{p-1}{2}$;

(11) $\langle a,b,c \mid a^{p^e}=1, b^{p^2}=1, c^p=1, [b,a]=c, [b^p,a]=1, [c,a]=b^p, [c,b]=a^{p^{e-1}}\rangle$, $p\geqslant 5, e\geqslant 3$;

(12) $\langle a,b,c \mid a^{p^e}=1, b^{p^2}=1, c^p=1, [b,a]=c, [b^p,a]=1, [c,a]=b^{\nu p}, [c,b]=a^{p^{e-1}}\rangle$, $p\geqslant 5, e\geqslant 3$;

(13) $\langle a,b,c \mid a^{p^e}=1, b^{p^2}=1, c^p=1, [b,a]=c, [b^p,a]=1, [c,a]=b^p, [c,b]=a^{\nu p^{e-1}}\rangle$, $p\geqslant 5,\ e\geqslant 3$;

(14) $\langle a,b,c \mid a^{p^e}=1, b^{p^2}=1, c^p=1, [b,a]=c, [b^p,a]=1, [c,a]=b^{\nu p}, [c,b]=a^{\nu p^{e-1}}\rangle$, $p\geqslant 5,\ e\geqslant 3$;

(15) $\langle a,b,c \mid a^{p^e}=1, b^{p^2}=1, c^p=1, [b,a]=c, [b^p,a]=1, [c,a]=a^{ip^{e-1}}, [c,b]=b^p\rangle$, $p\geqslant 5,\ e\geqslant 3, i=1,\cdots,p-1$;

(16) $\langle a,b,c \mid a^{p^2}=1, b^{p^2}=1, c^p=1, [b,a]=c, [b^p,a]=1, [c,a]=a^p, [c,b]=b^p\rangle$, $p\geqslant 5$;

(17) $\langle a,b,c \mid a^{p^e}=b^{p^2}=c^{p^2}=1, [b,a]=c, c^p=a^{p^{e-1}}, [c,a]=1, [c,b]=a^{kp^{e-1}}\rangle$, $p\geqslant 3, e\geqslant 3, k=0,\cdots,p-1$;

(18) $\langle a,b,c \mid a^{p^e}=b^{p^2}=c^{p^2}=1, [b,a]=c, c^p=a^{p^{e-1}}, [c,a]=a^{p^{e-1}}, [c,b]=1\rangle$, $p\geqslant 3, e\geqslant 3$;

(19) $\langle a,b,c \mid a^{p^e}=b^{p^2}=c^{p^2}=1, [b,a]=c, c^p=a^{p^{e-1}}, [c,a]=b^p, [c,b]=a^{kp^{e-1}}\rangle$, $p\geqslant 5, e\geqslant 3, k=0,\cdots,p-1$;

(20) $\langle a,b,c \mid a^{p^e}=b^{p^2}=c^{p^2}=1, [b,a]=c, c^p=a^{p^{e-1}}, [c,a]=b^{\nu p}, [c,b]=a^{kp^{e-1}}\rangle$, $p\geqslant 5, e\geqslant 3, k=0,\cdots,p-1$;

(21) $\langle a,b,c \mid \alpha^{p^e}=b^{p^2}=c^p=1, [b,a]=a^{p^{e-1}}, [c,a]=[c,b]=1\rangle$, $p\geqslant 3, e\geqslant 2$;

(22) $\langle a,b,c \mid \alpha^{p^e}=b^{p^2}=c^p=1, [b,c]=a^{p^{e-1}}, [b,a]=[c,a]=1\rangle$, $p\geqslant 3, e\geqslant 2$;

(23) $\langle a,b,c \mid \alpha^{p^e}=b^{p^2}=c^p=1, [b,c]=b^p, [b,a]=[c,a]=1\rangle$, $p\geqslant 3, e\geqslant 2$;

(24) $\langle a,b,c \mid \alpha^{p^e}=b^{p^2}=c^p=1, [b,a]=b^p, [c,a]=[c,b]=1\rangle$, $p\geqslant 3, e\geqslant 3$;

(25) $\langle a,b,c \mid \alpha^{p^e}=b^{p^2}=c^p=1, [c,a]=a^{p^{e-1}}, [b,a]=[c,b]=1\rangle$, $p\geqslant 3, e\geqslant 3$;

(26) $\langle a,b,c \mid \alpha^{p^e}=b^{p^2}=c^p=1, [c,a]=b^p, [b,a]=[c,b]=1\rangle$, $p\geqslant 3, e\geqslant 3$;

(27) $\langle a,b,c \mid \alpha^{p^e}=b^{p^2}=c^p=1, [b,a]=1, [b,c]=a^{p^{e-1}}b^{hp}, [c,a]=b^p\rangle$, $p\geqslant 3, e\geqslant 2,\ h=0,\cdots,\dfrac{p-1}{2}$;

(28) $\langle a,b,c \mid \alpha^{p^e}=b^{p^2}=c^p=1, [b,a]=1, [b,c]=a^{p^{e-1}}b^{hp}, [c,a]=b^{\nu p}\rangle$, $p\geqslant 3, e\geqslant 2, h=0,\cdots,\dfrac{p-1}{2}$;

(29) $\langle a,b,c \mid \alpha^{p^e}=b^{p^2}=c^p=1, [b,a]=b^p, [b,c]=1, [c,a]=a^{p^{e-1}}\rangle$, $p\geqslant 3, e\geqslant 2$;

(30) $\langle a,b,c \mid \alpha^{p^e}=b^{p^2}=c^p=1, [b,a]=a^{p^{e-1}}, [b,c]=1, [c,a]=b^p\rangle$, $p\geqslant 3, e\geqslant 2$;

(31) $\langle a,b,c \mid \alpha^{p^2}=b^{p^2}=c^p=1, [b,a]=1, [b,c]=b^{-p}, [c,a]=a^p\rangle$, $p\geqslant 3$;

(32) $\langle a,b,c \mid \alpha^{p^e}=b^{p^2}=c^p=1, [b,a]=a^{p^{e-1}}, [b,c]=b^p, [c,a]=1\rangle$, $p\geqslant 3, e\geqslant 3$;

(33) $\langle a,b,c \mid \alpha^{p^e}=b^{p^2}=c^p=1, [b,a]=b^p, [b,c]=a^{p^{e-1}}, [c,a]=1\rangle$, $p\geqslant 3, e\geqslant 3$;

(34) $\langle a,b,c \mid \alpha^{p^e}=b^{p^2}=c^p=1, [b,a]=a^{p^{e-2}}, [b,c]=a^{p^{e-1}}, [c,a]=1\rangle$, $p\geqslant 3$, $e\geqslant 3$;

(35) $\langle a,b,c \mid \alpha^{p^e}=b^{p^2}=c^p=1, [b,a]=a^{p^{e-2}}, [b,c]=[c,a]=1\rangle$, $p\geqslant 3, e\geqslant 3$;

(36) $\langle a,b,c \mid a^{p^e}=b^{p^2}=c^p=1, [b,a]=a^{p^{e-2}}b^p, [b^p,a]=a^{p^{e-1}}, [b,c]=a^{p^{e-1}}$, $[c,a]=1\rangle$, $p\geqslant 3, e\geqslant 4$;

(37) $\langle a,b,c \,|\alpha^{p^e}=b^{p^2}=c^p=1,[b,a]=a^{p^{e-2}}b^p,[b^p,a]=a^{p^{e-1}},[b,c]=[c,a]=1\rangle$, $p\geqslant 3,e\geqslant 4$;

(38) $\langle a,b,c \,|\alpha^{p^e}=b^{p^2}=c^p=1,[b,a]=a^{p^{e-2}},[b,c]=1,[c,a]=b^p\rangle$, $p\geqslant 5,e\geqslant 3$;

(39) $\langle a,b,c \,|\alpha^{p^e}=b^{p^2}=c^p=1,[b,a]=a^{p^{e-2}},[b,c]=a^{p^{e-1}},[c,a]=b^p\rangle$, $p\geqslant 5,e\geqslant 3$;

(40) $\langle a,b,c \,|\alpha^{p^e}=b^{p^2}=c^p=1,[b,a]=a^{p^{e-2}},[b,c]=a^{\nu p^{e-1}},[c,a]=b^p\rangle$, $p\geqslant 5,e\geqslant 3$;

(41) $\langle a,b,c \,|\alpha^{p^e}=b^{p^2}=c^p=1,[b,a]=[b,c]=[c,a]=1\rangle$, $p\geqslant 3,e\geqslant 2$.

定理中出现的 ν 为一个取定的模 p 平方非剩余.

证明 文献 [78] 分类了满足定理假设条件的群, 但是该文献给出的群表有一些错误. 下面指出其错误之处并给出改正.

(i) 文献 [78] 的 Table 1 中的下列 5 个群缺少定义关系式 $[b^p,a]=1$:

(11) $\langle a,b \mid a^{p^e}=1,b^{p^2}=1,c^p=1,[b,a]=c,[c,a]=b^p,[c,b]=a^{p^{e-1}}\rangle$, 其中 $p\geqslant 5,e\geqslant 3$;

(12) $\langle a,b \mid a^{p^e}=1,b^{p^2}=1,c^p=1,[b,a]=c,[c,a]=b^{\nu p},[c,b]=a^{p^{e-1}}\rangle$, 其中 $p\geqslant 5,e\geqslant 3$;

(13) $\langle a,b \mid a^{p^e}=1,b^{p^2}=1,c^p=1,[b,a]=c,[c,a]=b^p,[c,b]=a^{\nu p^{e-1}}\rangle$, 其中 $p\geqslant 5,e\geqslant 3$;

(14) $\langle a,b \mid a^{p^e}=1,b^{p^2}=1,c^p=1,[b,a]=c,[c,a]=b^{\nu p},[c,b]=a^{\nu p^{e-1}}\rangle$, 其中 $p\geqslant 5,e\geqslant 3$;

(15) $\langle a,b \mid a^{p^e}=1,b^{p^2}=1,c^p=1,[b,a]=c,[c,a]=a^{ip^{e-1}},[c,b]=b^p\rangle$, $p\geqslant 5,e\geqslant 3,i=1,\cdots,p-1$.

添加定义关系式 $[b^p,a]=1$ 得到定理中的群 (11)—(15).

(ii) 由文献 [206] 可知, 文献 [78] 的 Table 1 丢掉了一个群. 这个群即为定理中的群 (16): $\langle a,b \mid a^{p^2}=1,b^{p^2}=1,c^p=1,[b,a]=c,[b^p,a]=1,[c,a]=a^p,[c,b]=b^p\rangle$, 其中 $p\geqslant 5$.

(iii) 文献 [78] 的 Table 2 丢掉了下列 3 个群:

(17′) $\langle a,b \mid a^{p^e}=b^{p^2}=c^{p^2}=1,[b,a]=c,c^p=a^{p^{e-1}},[c,a]=1,[c,b]=1\rangle$, 其中 $p\geqslant 3,e\geqslant 3$;

(19′) $\langle a,b \mid a^{p^e}=b^{p^2}=c^{p^2}=1,[b,a]=c,c^p=a^{p^{e-1}},[c,a]=b^p,[c,b]=1\rangle$, 其中 $p\geqslant 5,e\geqslant 3$;

(20′) $\langle a,b \mid a^{p^e}=b^{p^2}=c^{p^2}=1,[b,a]=c,c^p=a^{p^{e-1}},[c,a]=b^{\nu p},[c,b]=1\rangle$, 其中 $p\geqslant 5,e\geqslant 3$.

其原因是文献 [78] 的 Table 2 中的群 (1), (2), (4) 忽略了对 $k=0$ 这种情况的讨论. 新增加的群即为定理中编号为 (17),(19),(20) 的群中 $k=0$ 时对应的群.

(iv) 文献 [78] 的 Table 3 中的群 (11) 与定理中的群 (7) 或 (8) 同构. 下面我们证明之.

群 (11): $\langle a,b,c \mid a^{p^e}=b^{p^2}=c^p=1,[b,a]=1,[b,c]=b^{hp},[c,a]=a^{p^{e-1}}\rangle$, 其中 $p\geqslant 3, e\geqslant 3, h=1,\cdots,p-1$.

对群 (11) 用 ab 替换 a 可得

$$\langle a,b,c\mid \alpha^{p^e}=b^{p^2}=c^p=1,[b,a]=1,[b,c]=b^{hp},[c,a]=a^{p^{e-1}}b^{-hp}\rangle.$$

再用 $b^{-h}a^{p^{e-2}}$ 替换 b 可得

$$\langle a,b,c\mid \alpha^{p^e}=b^{p^2}=c^p=1,[b,a]=1,[b,c]=b^{hp}a^{-hp^{e-1}},[c,a]=b^p\rangle.$$

又存在 s 使得 $-sh\equiv 1(\mathrm{mod}\ p)$. 再用 b^s 替换 b 可得

$$\langle a,b,c\mid \alpha^{p^e}=b^{p^2}=c^p=1,[b,a]=1,[b,c]=b^{hp}a^{p^{e-1}},[c,a]=b^{s^{-1}p}\rangle.$$

又存在 t 使得 $-st^2\equiv 1$ 或 $\nu(\mathrm{mod}\ p)$. 再用 a^t 替换 a,c^t 替换 c 可得

$$\langle a,b,c\mid \alpha^{p^e}=b^{p^2}=c^p=1,[b,a]=1,[b,c]=b^{thp}a^{p^{e-1}},[c,a]=b^p\rangle,$$

或者

$$\langle a,b,c\mid \alpha^{p^e}=b^{p^2}=c^p=1,[b,a]=1,[b,c]=b^{thp}a^{p^{e-1}},[c,a]=b^{\nu p}\rangle.$$

若 $th>p/2$, 用 a^{-1} 替换 a,c^{-1} 替换 c 可得

$$\langle a,b,c\mid \alpha^{p^e}=b^{p^2}=c^p=1,[b,a]=1,[b,c]=b^{-thp}a^{p^{e-1}},[c,a]=b^p\rangle,$$

或者

$$\langle a,b,c\mid \alpha^{p^e}=b^{p^2}=c^p=1,[b,a]=1,[b,c]=b^{-thp}a^{p^{e-1}},[c,a]=b^{\nu p}\rangle.$$

即群 (11) 可化为 (7) 或 (8) 中的群. 故群 (11) 可删去.

(v) 由文献 [206] 可知, 文献 [78] 的 Table 3 中缺少一个群. 这个群即为定理中编号为 (31) 的群: $\langle a,b,c\mid \alpha^{p^2}=b^{p^2}=c^p=1,[b,a]=1,[b,c]=b^{-p},[c,a]=a^p\rangle$, 其中 $p\geqslant 3$.

(vi) 文献 [78] 的 Table 4 中的下列 2 个群缺少定义关系式 $[b^p,a]=a^{p^{e-1}}$:

(3) $\langle a,b,c|a^{p^e}=b^{p^2}=c^p=1,[b,a]=a^{p^{e-2}}b^p,[b,c]=a^{p^{e-1}},[c,a]=1\rangle$, 其中 $p\geqslant 3, e\geqslant 4$;

(4) $\langle a,b,c\mid \alpha^{p^e}=b^{p^2}=c^p=1,[b,a]=a^{p^{e-2}}b^p,[b,c]=[c,a]=1\rangle$, 其中 $p\geqslant 3$, $e\geqslant 4$.

添加定义关系式 $[b^p,a]=a^{p^{e-1}}$, 得到定理中的群 (36), (37).

(vii) 文献 [78] 的 Table 4 中的群 (5) 不符合定理条件.

群 (5): $\langle a,b,c \mid \alpha^{p^e}=b^{p^2}=c^p=1,[b,a]=a^{p^{e-2}},[b,c]=b^p,[c,a]=1\rangle$, 其中 $p\geqslant 3, e\geqslant 3$. 由 $\langle a,b\rangle$ 是极大子群可知,$[b^c,a^c]=(a^{p^{e-2}})^c$. 另一方面, 由定义关系式计算又得, $[b^c,a^c]\neq(a^{p^{e-2}})^c$. 矛盾. 所以它的阶不是 p^{e+3}, 不符合定理条件.

(viii) 文献 [78] 的 Table 4 中下列 3 个群中的参数 $p\geqslant 3$ 应为 $p\geqslant 5$:

(6) $\langle a,b,c \mid \alpha^{p^e}=b^{p^2}=c^p=1,[b,a]=a^{p^{e-2}},[b,c]=1,[c,a]=b^p\rangle$, 其中 $p\geqslant 3, e\geqslant 3$;

(7) $\langle a,b,c \mid \alpha^{p^e}=b^{p^2}=c^p=1,[b,a]=a^{p^{e-2}},[b,c]=a^{p^{e-1}},[c,a]=b^p\rangle$, 其中 $p\geqslant 3, e\geqslant 3$;

(8) $\langle a,b,c \mid \alpha^{p^e}=b^{p^2}=c^p=1,[b,a]=a^{p^{e-2}},[b,c]=a^{\nu p^{e-1}},[c,a]=b^p\rangle$, 其中 $p\geqslant 3, e\geqslant 3$.

这 3 个群当 $p=3$ 时,$\langle c,a\rangle'$ 非循环. 由定理 4.2.12 可知 G 非正则. 故不符合定理条件. 当 $p\geqslant 5$ 时, 经检验, 得到的群都满足定理条件且互不同构. 故将 $p\geqslant 3$ 改为 $p\geqslant 5$ 得到定理中的群 (38)—(40).

在对文献 [78] 的分类做了上述修改后, 经检验, 定理中的群都满足定理条件且互不同构. □

定理 9.1.3 设 G 是 p^n 阶群, $p>2$ 且 $e=n-3$, 则 G 是型不变量为 $(e,1,1,1)$ 的 $\mathcal{C}_3$ 群当且仅当 G 为下列互不同构的群之一.

(1) $\langle a,b,c,d \mid a^{p^e}=b^p=c^p=d^p=1,[b,a]=c,[c,a]=1,[c,b]=d,[d,a]=[d,b]=1\rangle$.

(2) $\langle a,b,c,d \mid a^{p^e}=b^p=c^p=d^p=1,[b,a]=c,[c,a]=d,[c,b]=1,[d,a]=[d,b]=1\rangle$, $e\geqslant 1$.

(3) $\langle a,b,c,d \mid a^{p^e}=b^p=c^p=d^p=1,\ [b,a]=c,\ [c,a]=d,\ [c,b]=a^{ip^{e-1}},\ [d,a]=[d,b]=1\rangle$, $i=1$ 或 ν.

(4) $\langle a,b,c,d \mid a^{p^e}=b^p=c^p=d^p=1,[b,a]=c,[c,a]=a^{p^{e-1}},[c,b]=d,[d,a]=[d,b]=1\rangle$.

(5) 若 $p\equiv 3 \pmod 4$, 则 $G\cong\langle a,b,c,d|a^{p^e}=b^p=c^p=d^p=1,[b,a]=c,[c,a]=d,[c,b]=a^{ip^{e-1}},[d,a]=a^{p^{e-1}},[d,b]=1\rangle$, $i=0,1$ 或 ν; 若 $p\equiv 1 \pmod 4$, 则 $G\cong\langle a,b,c,d|a^{p^e}=b^p=c^p=d^p=1,[b,a]=c,[c,a]=d,[c,b]=a^{ip^{e-1}},[d,a]=a^{p^{e-1}},[d,b]=1\rangle$, $i=0,1,\nu,\mu$ 或 ρ, 而 $1,\nu,\mu,\rho$ 是 F_p^* 的四次剩余子群的陪集代表元.

(6) 若 $p\equiv 2 \pmod 4$, 则 $G\cong\langle a,b,c,d \mid a^{p^e}=b^p=c^p=d^p=1,[b,a]=c,[c,a]=a^{kp^{e-1}},[c,b]=d,[d,a]=1,[d,b]=a^{p^{e-1}}\rangle$, $k=0$ 或 1; 若 $p\equiv 1 \pmod 3$, 则 $G\cong\langle a,b,c,d \mid a^{p^e}=b^p=c^p=d^p=1,[b,a]=c,[c,a]=a^{kp^{e-1}},[c,b]=d,[d,a]=$

$1, [d,b] = a^{sp^{e-1}}\rangle$, $k = 0$ 或 1,$s = 1, \mu$ 或 ν, 而 $1, \nu, \mu$ 是 F_p^* 的三次剩余子群的陪集代表元.

(7) $\langle a,b,c,d \mid a^{p^e} = b^p = c^p = d^p = 1, [b,a] = d, [c,a] = [c,b] = 1, [d,a] = [d,b] = [d,c] = 1\rangle$, 其中 $p \geqslant 3, e \geqslant 1$.

(8) $\langle a,b,c,d | a^{p^e} = b^p = c^p = d^p = 1, [b,a] = 1, [c,a] = 1, [c,b] = d, [d,a] = [d,b] = [d,c] = 1\rangle$, 其中 $p \geqslant 3$.

(9) $\langle a,b,c,d \mid a^{p^e} = b^p = c^p = d^p = 1, [b,a] = a^{p^{e-1}}, [c,a] = d, [c,b] = 1, [d,a] = [d,b] = [d,c] = 1\rangle$, 其中 $p \geqslant 3$.

(10) $\langle a,b,c,d \mid a^{p^e} = b^p = c^p = d^p = 1, [b,a] = 1, [c,a] = a^{p^{e-1}}, [c,b] = d, [d,a] = [d,b] = [d,c] = 1\rangle$, $p \geqslant 3$.

(11) $\langle a,b,c,d \mid a^{p^e} = b^p = c^p = d^p = 1, [b,a] = 1, [c,a] = d, [c,b] = a^{p^{e-1}}, [d,a] = [d,b] = [d,c] = 1\rangle$, $p \geqslant 3$.

(12) $\langle a,b,c,d \mid a^{p^e} = b^p = c^p = d^p = 1, [b,a] = 1, [c,a] = 1, [c,b] = d, [d,a] = [d,b] = 1, [d,c] = a^{p^{e-1}}\rangle$.

(13) $\langle a,b,c,d \mid a^{p^e} = b^p = c^p = d^p = 1, [b,a] = 1, [c,a] = a^{p^{e-1}}, [c,b] = d, [d,a] = 1, [d,b] = a^{p^{e-1}}, [d,c] = 1\rangle$.

(14) $\langle a,b,c,d \mid a^{p^e} = b^p = c^p = d^p = 1, [b,a] = d, [c,a] = 1, [c,b] = 1, [d,a] = 1, [d,b] = a^{ip^{e-1}}, [d,c] = 1\rangle$, $i = 1$ 或 ν.

(15) $\langle a,b,c,d \mid a^{p^e} = b^p = c^p = d^p = 1, [b,a] = d, [c,a] = a^{p^{e-1}}, [c,b] = 1, [d,a] = 1, [d,b] = a^{ip^{e-1}}, [d,c] = 1\rangle$, $i = 1$ 或 ν.

(16) $\langle a,b,c,d | a^{p^e} = b^p = c^p = d^p = 1, [b,a] = d, [c,a] = 1, [c,b] = 1, [d,a] = a^{p^{e-1}}, [d,b] = [d,c] = 1\rangle$.

(17) $\langle a,b,c,d \mid a^{p^e} = b^p = c^p = d^p = 1, [b,a] = d, [c,a] = 1, [c,b] = a^{p^{e-1}}, [d,a] = a^{p^{e-1}}, [d,b] = [d,c] = 1\rangle$.

(18) $\langle a,b,c,d \mid a^{p^e} = b^p = c^p = d^p = 1, [b,a] = [c,a] = [c,b] = [d,a] = [d,b] = [d,c] = 1\rangle$, $p \geqslant 3, e \geqslant 1$.

(19) $\langle a,b,c,d \mid a^{p^e} = b^p = c^p = d^p = 1, [b,a] = [c,a] = [c,b] = [d,a] = [d,c] = 1, [d,b] = a^{p^{e-1}}\rangle$, $p \geqslant 3$.

(20) $\langle a,b,c,d \mid a^{p^e} = b^p = c^p = d^p = 1, [b,a] = [c,a] = [c,b] = [d,b] = [d,c] = 1, [d,a] = a^{p^{e-1}}\rangle$, $p \geqslant 3$.

(21) $\langle a,b,c,d \mid a^{p^e} = b^p = c^p = d^p = 1, [b,a] = [c,a] = [d,b] = [d,c] = 1, [c,b] = [d,a] = a^{p^{e-1}}\rangle$, $p \geqslant 3$.

定理中的群, ν 为一个取定的模 p 平方非剩余, 未注明的群有 $p \geqslant 5$, $e \geqslant 2$.

证明　由文献 [206] 的定理 3 和定理 4 得到 $p \geqslant 5$ 时的群, 使用与文献 [206] 中相同的办法可得 $p = 3$ 时的群. 故从 $p \geqslant 5$ 的结果中, 令 $p = 3$, 挑出正则的情况即可.

若 e=1, 则 G 是一个 p^4 阶群且 $\exp(G)=p$. 这些群是 (2), (7) 和 (18). 若 $e\geqslant 2$, 则由文献 [206] 中的定理 3.4 可得 $p\geqslant 5$ 时的群. 若 $p=3$, 则 $d(G)\leqslant 4$. 若 $d(G)=2$, 则类似 [206] 中的定理 3.1 可知 G' 非循环. 再由定理 4.2.12 可知 G 非正则. 故不存在满足定理条件的群. 若 $d(G)=3$ 或 4, 类似 [206] 中的定理 3.2, 定理 3.3 找到 $p=3$ 的群. 再使用定理 4.2.12 检查文献 [206] 中的定理 3.2, 定理 3.3 的群表, 即得群 (7)—(11) 和 (18)—(21). 经检验, 得到的群都满足定理条件且互不同构. □

9.1.2 非正则 $\mathcal{C}_3$ 群的分类

设 G 是非正则的 p^n 阶 $\mathcal{C}_3$ 群. 我们将证明 $p=3$. $\mathcal{C}_3$ 群的分类依赖于定理 4.1.4, 故分 $|G|\geqslant 3^7$ 和 $|G|<3^7$ 两种情况讨论.

引理 9.1.4 设 G 是 p^n 阶 $\mathcal{C}_3$ 群. 若 $p\geqslant 5$, 则 G 正则.

证明 由 $\exp(G)=p^{n-3}$ 可知, 存在 $a\in G$ 使得 $o(a)=p^{n-3}$. 由 $\langle a^p\rangle\leqslant \mho_1(G)$ 及 $p\geqslant 5$ 知, $|G/\mho_1(G)|\leqslant p^4<p^p$. 再由 [74] 中第III章的, 定理 10.2 得 G 正则. □

引理 9.1.5 设 G 是 p^n 阶非正则的 $\mathcal{C}_3$ 群且 $p>2$. 则

(1) $p=3$;

(2) G' 不循环;

(3) $c(G)\geqslant 3$;

(4) G 中存在二元生成子群 H 具有 H' 不循环.

证明 (1) 由引理 9.1.4 可得. (2) 和 (3) 由 [74] 中第III章的, 定理 10.2 可得. (4) 由定理 4.2.12 可得. □

引理 9.1.6 若 G 是 3^n 阶非正则 $\mathcal{C}_3$ 群, $n\geqslant 7$. 则

(1) G' 只可能为 $\mathrm{C}_3\times\mathrm{C}_3$、$\mathrm{C}_3\times\mathrm{C}_3\times\mathrm{C}_3$ 或者 $\mathrm{C}_9\times\mathrm{C}_3$;

(2) $\exp(G_3)=3$;

(3) G 是 9 交换的;

(4) 若 $a\in G$, 则 $a^9\in Z(G)$.

证明 (1) 由定理 4.1.4(3) 可知 $|G'|\leqslant 3^3$. 若 G' 不交换, 则 G' 是 3^3 阶非交换群. 由于 3^3 阶非交换群的中心为 p 阶, 则 $Z(G')$ 循环, 由 [194] 中的定理 2.2.15 得 G' 循环. 与 G' 不交换矛盾. 故 G' 交换. 又 G 非正则, 故 G' 不循环. 于是 G' 可能为 $\mathrm{C}_3\times\mathrm{C}_3$, $\mathrm{C}_3\times\mathrm{C}_3\times\mathrm{C}_3$ 或者 $\mathrm{C}_9\times\mathrm{C}_3$.

(2) 考虑商群 $G/\Omega_1(G')$. 则 $|(G/\Omega_1(G'))'|=|G'/\Omega_1(G')|\leqslant 3$. 于是 $|(G/\Omega_1(G'))_3|=1$. 即 $G_3\leqslant\Omega_1(G')$. 故 $\exp(G_3)=3$.

(3) 和 (4) 由亚交换群的换位子计算公式, 即命题 1.1.9 和命题 1.1.10 容易得到. □

检验定理 4.1.10 中的群, 不难得到下列引理.

引理 9.1.7　设 H_i 为定理 4.1.10 所设. 则

(1) H_i' 有以下类型.

$$H_1' = H_2' = 1; \quad H_6' = H_7' = H_8' = \langle c\rangle \times \langle a^{p^{n-1}}\rangle \cong \mathrm{C}_p \times \mathrm{C}_p;$$

$$H_3' = H_4' = H_9' = \langle a^{p^{n-1}}\rangle \cong \mathrm{C}_p; \quad H_5' = \langle c\rangle \cong \mathrm{C}_p; \quad H_{11}' = \langle b^p\rangle \cong \mathrm{C}_p;$$

$$H_{10}' = \langle a^{p^{n-2}}\rangle \cong \mathrm{C}_{p^2}; \quad H_{12}' = \langle a^{p^{n-2}}b^p\rangle \cong \mathrm{C}_{p^2}.$$

(2) $Z(H_i)$ 有以下类型.

$$Z(H_1) = H_1, \quad Z(H_2) = H_2; \quad Z(H_4) = \langle a\rangle \cong \mathrm{C}_{p^n};$$

$$Z(H_3) = Z(H_5) = \langle a^p\rangle \times \langle c\rangle \cong \mathrm{C}_{p^{n-1}} \times \mathrm{C}_p;$$

$$Z(H_9) = Z(H_{11}) = \langle a^p\rangle \times \langle b^p\rangle \cong \mathrm{C}_{p^{n-1}} \times \mathrm{C}_p;$$

$$Z(H_6) = Z(H_7) = Z(H_8) = \langle a^p\rangle \cong \mathrm{C}_{p^{n-1}};$$

$$Z(H_{10}) = Z(H_{12}) = \langle a^{p^2}\rangle \cong \mathrm{C}_{p^{n-2}}.$$

(3) $c(H_i)$ 有以下类型.

$$c(H_1) = c(H_2) = 1; \quad c(H_3) = c(H_4) = c(H_5) = c(H_9) = c(H_{11}) = 2;$$

$$c(H_6) = c(H_7) = c(H_8) = c(H_{10}) = c(H_{12}) = 3.$$

(4) $\Omega_i(H_j)$ 有以下类型.

$$\Omega_i(H_1) = \Omega_i(H_3) = \Omega_i(H_4) = \langle a^{p^{n-i}}, b, c\rangle;$$

$$\Omega_i(H_2) = \Omega_i(H_9) = \Omega_i(H_{10}) = \Omega_i(H_{11}) = \Omega_i(H_{12}) = \langle a^{p^{n-i}}, b^{p^{2-i}}\rangle;$$

$$\Omega_i(H_5) = \Omega_i(H_6) = \Omega_i(H_7) = \Omega_i(H_8) = \langle a^{p^{n-i}}, b, c\rangle.$$

(5) $\mho_i(H_j)$ 有以下类型.

$$\mho_i(H_j) = \langle a^{p^i}, b^{p^i}, c^{p^i}\rangle, \quad j = 1, 3, 4, 5, 6, 7, 8;$$

$$\mho_i(H_j) = \langle a^{p^i}, b^{p^i}\rangle, \quad j = 2, 9, 10, 11, 12.$$

1. 阶 $\geqslant 3^7$ 的中心不循环的非正则 $\mathcal{C}_3$ 群的分类

下面的引理 9.1.8—引理 9.1.10 虽然简单, 但是下面要多次用到.

引理 9.1.8　设 G 是有限 p 群, $N \leqslant Z(G)$, $|N| = p$, $G/N = \langle \bar{x}_1, \bar{x}_2, \cdots, \bar{x}_s\rangle$, $M = \langle x_1, x_2, \cdots, x_s\rangle$. 则 $G = M$ 或 $G = M \times N$. 进一步地, $G = M$ 当且仅当 $d(G) = d(G/N)$; $G = M \times N$ 当且仅当 $d(G) = d(G/N) + 1$.

引理 9.1.9　设 G 是有限 p 群, $N \leqslant Z(G)$, $|N| = p$, $G/N \cong H$. 则 $H' \cong G'$ 或者 $H' \cong G'/N$.

引理 9.1.10　设 G 是 p^n 阶的中心不循环的 $\mathcal{C}_3$ 群, $p > 2$. 则存在 p 阶子群 $N \leqslant Z(G)$ 使得 $G/N \cong H_i$, 其中 H_i 为定理 4.1.10 中的群, $1 \leqslant i \leqslant 12$.

证明 由 $\exp(G)=p^{n-3}$ 可知, 存在 $b\in G$ 满足 $o(b)=p^{n-3}$. 由 G 的中心不循环易知, 存在 $N\leqslant \Omega_1(Z(G))$, $|N|=p$ 且 $N\cap\langle b\rangle=1$. 于是 $\langle b\rangle N/N\cong\langle b\rangle/N\cap\langle b\rangle\cong\langle b\rangle$ 为 G/N 的 p^{n-3} 阶的循环子群, 即 $\exp(G/N)=p^{n-2}$. 由 $p>2$ 可知, G/N 必同构于定理 4.1.10 中的某个群 H_i. □

定理 9.1.11 设 G 是 3^{n+3} 阶的非正则的中心不循环的群, $n\geqslant 4$ 且 $G'\cong \mathrm{C}_3\times\mathrm{C}_3$, 则 G 为 $\mathcal{C}_3$ 群当且仅当 G 为下列互不同构的群之一.

(1) $\langle a,b,c,x\mid a^{3^n}=1,b^3=1,[a,b]=c,c^3=1,[a,c]=a^{3^{n-1}},[b,c]=1,x^3=1,[x,a]=[x,b]=1\rangle$;

(2) $\langle a,b,c,x\mid a^{3^n}=1,b^3=1,[a,b]=c,c^3=1,[b,c]=a^{3^{n-1}},[a,c]=1,x^3=1,[x,a]=[x,b]=1\rangle$;

(3) $\langle a,b,c,x\mid a^{3^n}=1,b^3=1,[a,b]=c,c^3=1,[b,c]=a^{2\times 3^{n-1}},[a,c]=1,x^3=1,[x,a]=[x,b]=1\rangle$;

(4) $\langle a,b,c\mid a^{3^n}=1,b^{3^2}=1,[a,b]=c,c^3=1,[c,b]=1,[c,a]=b^3\rangle$;

(5) $\langle a,b,c\mid a^{3^n}=1,b^{3^2}=1,[a,b]=c,c^3=1,[c,b]=1,[c,a]=b^{2\times 3}\rangle$;

(6) $\langle a,b,c\mid a^{3^n}=1,b^{3^2}=1,[a,b]=c,c^3=1,[c,b]=b^3,[c,a]=1\rangle$;

(7) $\langle a,b,c,d\mid a^{3^n}=1,b^3=1,[a,b]=c,c^3=1,[c,b]=d,[c,a]=1,d^3=1,[d,a]=[d,b]=1\rangle$;

(8) $\langle a,b,c,d\mid a^{3^n}=1,b^3=1,[a,b]=c,c^3=1,[c,a]=d,[c,b]=1,d^3=1,[d,a]=[d,b]=1\rangle$;

(9) $\langle a,b,c\mid a^{3^n}=1,b^{3^2}=1,[a,b]=c,c^3=1,[a,c]=a^{3^{n-1}},[b,c]=1\rangle$;

(10) $\langle a,b,c\mid a^{3^n}=1,b^{3^2}=1,[a,b]=c,c^3=1,[a,c]=1,[b,c]=a^{3^{n-1}}\rangle$;

(11) $\langle a,b,c\mid a^{3^n}=1,b^{3^2}=1,[a,b]=c,c^3=1,[a,c]=1,[b,c]=a^{2\times 3^{n-1}}\rangle$.

证明 由引理 9.1.10 知, G 中存在 3 阶子群 $N\leqslant Z(G)$ 使得 $G/N\cong H_i$, 其中 H_i 为定理 4.1.10 中的群, $1\leqslant i\leqslant 12$. 为方便, 设 $N=\langle x\rangle$. 再由引理 9.1.8, 有 $G=M$ 或者 $G=M\times N$, 其中 M 为引理 9.1.8 所设.

情形 1 $G=M\times N$.

由假设 G 非正则且 $G/N\cong M\cong H_i$ 可知, H_i 不正则. 经检验可知, H_i 中非正则的群只有 H_6,H_7,H_8. 故 G 同构于下列群之一: $H_6\times C_3$; $H_7\times\mathrm{C}_3$ 或 $H_8\times\mathrm{C}_3$. 即定理中的群 (1), (2), (3).

情形 2 $G=M$.

子情形 2.1 $G/N\cong H_1$, H_2, H_{10} 或 H_{12}.

若 $G/N\cong H_1$ 或者 $G/N\cong H_2$. 由引理 9.1.7 得到, ${H_1}'=1,{H_2}'=1$. 再由引理 9.1.9, 得到 $|G'|=1$ 或者 $|G'|=3$, 与定理假设 $|G'|=3^2$ 矛盾. 若 $G/N\cong H_{10}$ 或 H_{12}, 则由引理 9.1.7 得 ${H_{10}}'\cong{H_{12}}'\cong\mathrm{C}_9$. 这也与定理假设矛盾.

子情形 2.2 $G/N\cong H_3$ 或 H_4.

若 $G/N \cong H_3$, 由定理 4.1.10 可设

$$G/N = \langle \bar{a}, \bar{b}, \bar{c} \mid \bar{a}^{3^n} = 1, \bar{b}^3 = 1, \bar{c}^3 = 1, [\bar{a}, \bar{b}] = \bar{a}^{3^{n-1}}, [\bar{a}, \bar{c}] = [\bar{b}, \bar{c}] = 1 \rangle.$$

则 $G = M = \langle a, b, c \rangle$. 由引理 9.1.7 得到 $(G/N)' = \langle \bar{a}^{3^{n-1}} \rangle$. 由此可知 $G' \leqslant \langle a^{3^{n-1}}, N \rangle$. 由定理 9.1.6(4) 可知, $\langle a^{3^{n-1}} \rangle \leqslant Z(G)$. 所以 $G' \leqslant Z(G)$,$c(G) = 2$, 与引理 9.1.5(3) 相矛盾. 若 $G/N \cong H_4$, 类似可得矛盾.

子情形 2.3　$G/N \cong H_5, H_9$ 或 H_{11}.

易知 $H_5 \cong \mathrm{M}_3(n,1,1), H_9 \cong \mathrm{M}_3(n,2), H_{11} \cong \mathrm{M}_3(2,n)$. 由定理假设知, $N \leqslant Z(G)$ 及 $|N| = p$. 于是 G 是内交换 p 群的 p 次中心扩张. 这样的群已被 [93] 分类. 又由 $G' \cong \mathrm{C}_3^2$ 及 G 是 $\mathcal{C}_3$ 群, 由文献 [93] 挑出满足条件的群即得到以下五个互不同构的群:

$$\langle a, b \mid a^{3^n} = 1, b^{3^2} = 1, [a, b] = c, c^3 = 1, [c, b] = 1, [c, a] = b^3 \rangle;$$
$$\langle a, b \mid a^{3^n} = 1, b^{3^2} = 1, [a, b] = c, c^3 = 1, [c, b] = 1, [c, a] = b^{2\times 3} \rangle;$$
$$\langle a, b \mid a^{3^n} = 1, b^{3^2} = 1, [a, b] = c, c^3 = 1, [c, b] = b^3, [c, a] = 1 \rangle;$$
$$\langle a, b \mid a^{3^n} = 1, b^3 = 1, [a, b] = c, c^3 = 1, [c, b] = d, [c, a] = 1, d^3 = 1, [d, a] = [d, b] = 1 \rangle;$$
$$\langle a, b \mid a^{3^n} = 1, b^3 = 1, [a, b] = c, c^3 = 1, [c, a] = d, [c, b] = 1, d^3 = 1, [d, a] = [d, b] = 1 \rangle.$$

即定理中的群 (4)—(8).

子情形 2.4　$G/N \cong H_6$, H_7 或 H_8.

若 $G/N \cong H_6$, 由定理 4.1.10 可设

$$G/N = \langle \bar{a}, \bar{b} \mid \bar{a}^{3^n} = 1, \bar{b}^3 = 1, [\bar{a}, \bar{b}] = \bar{c}, \bar{c}^3 = 1, [\bar{a}, \bar{c}] = \bar{a}^{3^{n-1}}, [\bar{b}, \bar{c}] = 1 \rangle.$$

则

$$\begin{aligned} G = M = & \langle a, b \mid a^{3^n} = x^i, b^3 = x^j, [a, b] = cx^k, c^3 = x^l, [a, c] = a^{3^{n-1}} x^m, \\ & [b, c] = x^h, x^3 = 1, [x, a] = [x, b] = [x, c] = 1 \rangle, \end{aligned}$$

其中 i, j, k, l, m, h 取值为 0,1 或 2 且不全为 0.

由 G 是 $\mathcal{C}_3$ 群可知, $a^{3^n} = 1$. 又由 $G' \cong \mathrm{C}_3 \times \mathrm{C}_3$ 可知, $[b, c] = 1, c^3 = 1$. 令 $c_1 = cx^k$. 则

$$\begin{aligned} G = & \langle a, b \mid a^{3^n} = 1, b^3 = x^j, [a, b] = c_1, c_1^3 = 1, [a, c_1] = a^{3^{n-1}} x^m, \\ & [b, c_1] = 1, x^3 = 1, [x, a] = [x, b] = 1 \rangle. \end{aligned}$$

若 $b^3 = 1$, 则 $m \neq 0$. 此为定理中的群 (8). 若 $b^3 \neq 1$, 则 $j \neq 0$. 因此 $jk \equiv 1 (\bmod\ 3)$ 有解, 设为 j. 令 $x_1 = x^j$. 则

$$\begin{aligned} G = & \langle a, b \mid a^{3^n} = 1, b^3 = x_1, [a, b] = c_1, c_1^3 = 1, [a, c_1] = a^{3^{n-1}} x_1^{mj^{-1}}, \\ & [b, c_1] = 1, x_1^3 = 1, [x_1, a] = [x_1, b] = 1 \rangle. \end{aligned}$$

显然, $mj = 0, 1$ 或 2. 若 $mj = 0$, 得到群 (9). 若 $mj = 1$, 用 $a^{3^{n-2}}b$ 替换 b 得到群 (5). 若 $mj = 2$, 用 $a^{-3^{n-2}}b$ 替换 b 得到群 (4).

若 $G/N \cong H_7$ 或 H_8, 类似得到群 (6), (7) 和 (10), (11).

下证群 (1)—(11) 互不同构.

注意到, 对于群 (1)—(3), $\Phi(G) = \langle a^3, c\rangle$. 从而 $d(G) = 3$. 对于群 (4)—(11), $d(G) = 2$. 因此只需证群 (1)—(3) 互不同构以及群 (4)—(11) 互不同构即可.

由于 H_6, H_7, H_8 互不同构, 故 $H_6\times \mathrm{C}_3, H_7\times \mathrm{C}_3, H_8\times \mathrm{C}_3$ 互不同构, 即群 (1)—(3) 互不同构. 下证群 (4)—(11) 互不同构.

由引理 9.1.6(3) 可知, G 是 9 交换的. 由此我们可得下列事实:

群 (4), (5), (9) 的 $\Omega_2(G) = \langle a^{3^{n-2}}, b, c\rangle \cong \mathrm{C}_{3^2} \times \mathrm{C}_{3^2} \times \mathrm{C}_3$;

群 (8) 的 $\Omega_2(G) = \langle a^{3^{n-2}}, b, c, d\rangle \cong \mathrm{C}_{3^2} \times \mathrm{C}_3 \times \mathrm{C}_3 \times \mathrm{C}_3$;

群 (6) 的 $\Omega_2(G) = \langle a^{3^{n-2}}, b, c\rangle \cong \mathrm{C}_{3^2} \times \mathrm{M}_3(2, 1)$;

群 (7) 的 $\Omega_2(G) = \langle a^{3^{n-2}}, b, c, d\rangle \cong \mathrm{C}_{3^2} \times \mathrm{M}_3(1, 1, 1)$;

群 (10), (11) 的 $\Omega_2(G) = \langle a^{3^{n-2}}, b, c\rangle \cong \mathrm{C}_{3^2} *_{\mathrm{C}_3} \mathrm{M}_3(2, 1, 1)$.

由 $\Omega_2(G)$ 是否交换即得: 群 (4), (5), (8), (9) 与 (6), (7), (10), (11) 不同构.

再证群 (4), (5), (8), (9) 互不同构.

由 $\Omega_2(G)$ 的类型可知, 群 (4), (5), (9) 与群 (8) 不同构.

另一方面，由于群 (4), (5) 中有极大子群 $\langle a, c\rangle$ 同构于 $\mathrm{M}_3(n, 1, 1)$, 而 (9) 的极大子群都不同构于 $\mathrm{M}_3(n, 1, 1)$, 因此可知群 (9) 与群 (4),(5) 不同构. 由文献 [93] 可得群 (4) 与群 (5) 不同构. 于是群 (4), (5), (9) 互不同构.

最后证群 (6), (7), (10), (11) 互不同构. 注意到

$$\Omega_1(\mathrm{C}_{3^2} \times \mathrm{M}_3(1, 1, 1)) \cong \mathrm{C}_3^4,$$

$$\Omega_1(\mathrm{C}_{3^2} \times \mathrm{M}_3(2, 1)) \cong \mathrm{C}_3^3,$$

$$\Omega_1(\mathrm{C}_{3^2} *_{\mathrm{C}_3} \mathrm{M}_3(2, 1, 1)) \cong \mathrm{C}_3^3.$$

由此可知 $\mathrm{C}_{3^2} \times \mathrm{M}_3(1, 1, 1)$ 与 $\mathrm{C}_{3^2} *_{\mathrm{C}_3} \mathrm{M}_3(2, 1, 1)$ 和 $\mathrm{C}_{3^2} \times \mathrm{M}_3(2, 1)$ 不同构, 进而得到群 (7) 与群 (6),(10),(11) 不同构.

又注意到 $\mathrm{C}_{3^2} *_{\mathrm{C}_3} \mathrm{M}_3(2, 1, 1)$ 有极大子群同构于 $\mathrm{M}_3(2, 1, 1)$, 而 $\mathrm{C}_{3^2} \times \mathrm{M}_3(2, 1)$ 的极大子群都不同构于 $\mathrm{M}_3(2, 1, 1)$. 由此可知 $\mathrm{C}_{3^2} *_{\mathrm{C}_3} \mathrm{M}_3(2, 1, 1)$ 与 $\mathrm{C}_{3^2} \times \mathrm{M}_3(2, 1)$ 不同构, 进而得到群 (6) 与群 (10) 和 (11) 不同构.

再证群 (10) 和 (11) 不同构. 若否, 假设存在从 (10) 到 (11) 的同构映射 σ. 由 $o(b) = 9$ 和引理 9.1.6 可设

$$\sigma : a \to a^{i_1}b^{j_1}c^{k_1}, \quad b \to a^{i_2 3^{n-2}}b^{j_2}c^{k_2}.$$

因为 $o(a)=3^n$, 故 $3\nmid i_1$. 因为

$$c^\sigma=[a^\sigma,b^\sigma]=[a^{i_1}b^{j_1}c^{k_1},a^{i_2 3^{n-2}}b^{j_2}c^{k_2}]\equiv[a,b]^{i_1j_2}(\mathrm{mod}\ G_3),$$

故 $c^\sigma\equiv c^{i_1j_2}(\mathrm{mod}\ G_3)$. 则

$$[b^\sigma,c^\sigma]=[b^{j_2}c^{k_2},c^{i_1j_2}]=[b,c]^{i_1j_2^2}=a^{2i_1j_2^2 3^{n-1}}=(a^\sigma)^{3^{n-1}}=a^{i_1 3^{n-1}},2j_2^2\equiv 1(\mathrm{mod}\ 3).$$

矛盾.

综上所述, 我们可知群 (1)—(11) 互不同构. 反之, 可以验证定理中的群都满足假设条件. □

与定理 9.1.11 的证法类似可得如下定理.

定理 9.1.12　设 G 是 3^{n+3} 阶的非正则的中心不循环的群, $n\geqslant 4$ 且 $|G'|=3^3$. 则 G 为 $\mathcal{C}_3$ 群当且仅当 G 为下列互不同构的群之一.

(1) $\langle a,b,c,x\mid a^{3^n}=1,b^3=1,[a,b]=c,c^3=1,[a,c]=a^{3^{n-1}},[b,c]=x,x^3=1,[x,a]=[x,b]=1\rangle$;

(2) $\langle a,b,c\mid a^{3^n}=1,b^{3^2}=1,[a,b]=c,c^3=1,[a,c]=a^{3^{n-1}},[b,c]=b^3\rangle$;

(3) $\langle a,b,c\mid a^{3^n}=1,b^{3^2}=1,[a,b]=c,c^3=1,[a,c]=a^{3^{n-1}},[b,c]=b^6\rangle$;

(4) $\langle a,b,c,x\mid a^{3^n}=1,b^3=1,[a,b]=c,c^3=1,[a,c]=x,[b,c]=a^{3^{n-1}},x^3=1,[x,a]=[x,b]=1\rangle$;

(5) $\langle a,b,c\mid a^{3^n}=1,b^{3^2}=1,[a,b]=c,c^3=1,[a,c]=b^3,[b,c]=a^{3^{n-1}}\rangle$;

(6) $\langle a,b,c\mid a^{3^n}=1,b^{3^2}=1,[a,b]=c,c^3=1,[a,c]=b^6,[b,c]=a^{3^{n-1}}\rangle$;

(7) $\langle a,b,c,x\mid a^{3^n}=1,b^3=1,[a,b]=c,c^3=1,[a,c]=x,[b,c]=a^{2\times 3^{n-1}},x^3=1,[x,a]=[x,b]=1\rangle$;

(8) $\langle a,b,c\mid a^{3^n}=1,b^{3^2}=1,[a,b]=c,c^3=1,[a,c]=b^3,[b,c]=a^{2\times 3^{n-1}}\rangle$;

(9) $\langle a,b,c\mid a^{3^n}=1,b^{3^2}=1,[a,b]=c,c^3=1,[a,c]=b^6,[b,c]=a^{2\times 3^{n-1}}\rangle$.

2. 阶 $\geqslant 3^7$ 的中心循环的非正则 $\mathcal{C}_3$ 群的分类

引理 9.1.13　设 G 是 p^n 阶的 $\mathcal{C}_3$ 群. 则存在 G 的极大子群 M 使得 M 是 $\mathcal{C}_2$ 群.

证明　由 G 是 p^n 阶 $\mathcal{C}_3$ 群可知, 存在 $a\in G$, $o(a)=p^{n-3}$. 此时 G 有一个次正规群列为: $\langle a\rangle<N<M<G$. 显然 M 为 $\mathcal{C}_2$ 群. □

若不专门注明时, 下面定理中的参数取值总是 0, 1 或 2.

定理 9.1.14　设 G 是 3^{n+3} 阶的非正则的中心循环的群, $n\geqslant 4$ 且 $G'\cong \mathrm{C}_3\times\mathrm{C}_3$. 则 G 为 $\mathcal{C}_3$ 群当且仅当 G 为下列互不同构的群之一.

(1) $\langle a,b,c,x\mid a^{3^n}=1,b^3=1,c^3=1,x^3=1,[a,b]=[a,c]=[b,c]=[a,x]=1,[b,x]=a^{3^{n-1}},[c,x]=b\rangle$;

(2) $\langle a,b,c,x \mid a^{3^n}=1,b^3=1,c^3=1,[a,b]=a^{3^{n-1}},x^3=1,[a,x]=b,[c,x]=a^{3^{n-1}},[a,c]=[b,c]=[b,x]=1\rangle$;

(3) $\langle a,b,c,x \mid a^{3^n}=1,b^3=1,c^3=1,[a,b]=a^{3^{n-1}},x^3=1,[a,x]=bc,[c,x]=a^{3^{n-1}},[a,c]=[b,c]=[b,x]=1\rangle$;

(4) $\langle a,b,c,x \mid a^{3^n}=1,b^3=1,c^3=1,[a,b]=a^{3^{n-1}},x^3=1,[a,x]=bc^2,[c,x]=a^{3^{n-1}},[a,c]=[b,c]=[b,x]=1\rangle$;

(5) $\langle a,b,c,x \mid a^{3^n}=1,b^3=1,c^3=1,[a,b]=a^{3^{n-1}},x^3=1,[a,x]=1,[b,x]=c,[c,x]=a^{3^{n-1}},[a,c]=[b,c]=1\rangle$.

证明 由引理 9.1.13 可知, G 中存在极大子群 M, 使得 $M\cong H_i$, 其中 H_i 为定理 4.1.10 中的群, $1\leqslant i\leqslant 12$. 任取 $x\in G\setminus M$, 则 $G=\langle M,x\rangle$.

由 $G'\cong \mathrm{C}_3\times\mathrm{C}_3$ 及命题 1.1.9 可知: $\forall g_1,g_2\in G$,

$$[g_1^3,g_2]=[g_1,g_2]^3[g_1,g_2,g_1]^3[g_1,g_2,g_1,g_1]=1.$$

因此 $g_1^3\in Z(G)$, 即 $\mho_1(G)\leqslant Z(G)$. 则 $\langle x^3\rangle\leqslant Z(G)$. 设 $a\in M$, $o(a)=3^n$. 则 $\langle a^3\rangle\leqslant Z(G)$. 由于 $o(a)\geqslant o(x)$ 且 $Z(G)$ 循环, 因此 $\langle x^3\rangle\leqslant\langle a^3\rangle$. 设 $x^9=a^{9m}$. 令 $x_1=xa^{-m}\in G\setminus M$. 则 $x_1^9=(xa^{-m})^9=x^9a^{-9m}=1$. 此时 $G=\langle M,x_1\rangle$. 为简便, 用 x 代替 x_1 得到 $G=\langle M,x\rangle$, 其中 $x^3=1$. 由 $G'\cong\mathrm{C}_3\times\mathrm{C}_3$ 及引理 9.1.5(3) 可知 $c(G)=3$.

情形 1 $M\cong H_2,H_5,H_9,H_{10},H_{11}$ 或 H_{12}.

若 $M\cong H_2,H_9$ 或 H_{11}, 由定理 9.1.7 可知 $\mho_1(H_2)$, $\mho_1(H_9)$, $\mho_1(H_{11})$ 非循环. 但是 $\mho_1(G)\leqslant Z(G)$, 矛盾. 若 $M\cong H_5$, 由定理 4.1.10 可设

$$M=\langle a,b \mid a^{3^n}=1,b^3=1,[a,b]=c,c^3=1,[a,c]=[b,c]=1\rangle.$$

因为 $\langle c\rangle=M'$ char $M\trianglelefteq G$, 故 $\langle c\rangle\trianglelefteq G$. 又 $|\langle c\rangle|=3$, 故 $|\langle c\rangle|\leqslant Z(G)$. 由 9.1.6(3) 可知 $a^9\in Z(G)$. 则 $Z(G)$ 非循环, 矛盾. 若 $M\cong H_{10}$ 或 H_{12}, 由引理 9.1.7 可知 $H_{10}'\cong H_{12}'\cong\mathrm{C}_9$. 同 $G'\cong\mathrm{C}_3\times\mathrm{C}_3$ 矛盾. 这意味着情形 1 不可能发生.

情形 2 $M\cong H_1$.

由定理 4.1.10 可设

$$M=\langle a,b,c \mid a^{3^n}=1,b^3=1,c^3=1,[a,b]=[a,c]=[b,c]=1\rangle.$$

显然, $\langle a^3\rangle\leqslant Z(G)$. 因为 $Z(G)$ 循环, 所以 $[b,x]\neq 1,[c,x]\neq 1$ 且 $G'=\langle[b,x]\rangle\times\langle[c,x]\rangle\cong\mathrm{C}_3\times\mathrm{C}_3$. 因此存在整数 m,n 满足 $[ab^mc^n,x]=[a,x][b,x]^m[c,x]^n=1$. 设 $a_1=ab^mc^n$. 则 $[a_1,x]=1$. 因为 $G'\leqslant M$ 和 $G'\cong\mathrm{C}_3\times\mathrm{C}_3$, 故可设 $[b,x]=a_1^{i3^{n-1}}b^jc^k$.

子情形 2.1 $k=0$.

由 $[b,x,x,x]=1$ 可知 $j=0$. 即 $[b,x]=a_1^{i3^{n-1}}$, 其中 $i\neq 0$. 设 $[c,x]=a_1^{r3^{n-1}}b^sc^t$. 由 $[c,x,x,x]=1$ 可知 $t=0$. 因为 $G'\cong \mathrm{C}_3\times\mathrm{C}_3$, 所以 $s\neq 0$. 设 $b_1=a_1^{r3^{n-1}}b^s$. 则 $[c,x]=b_1$. 设 $a_2=a_1^{is}$. 易得 $[b_1,x]=a_2^{3^{n-1}}$. 则

$$G=\langle a_2,b_1,c,x \mid a_2^{3^n}=1,b_1^3=1,c^3=1,x^3=1,[a_2,b_1]=[a_2,c]$$
$$=[b_1,c]=[a_2,x]=1,[b_1,x]=a_2^{3^{n-1}},[c,x]=b_1\rangle.$$

此为群 (1).

子情形 2.2 $k\neq 0$.

设 $c_1=a_1^{i3^{n-1}}b^jc^k$. 则 $[b,x]=c_1$. 设 $[c_1,x]=a_1^{r3^{n-1}}b^sc_1^t$. 则由 $[c_1,x,x]\in G_3$ 可知 $[c_1,x,x]\in Z(G)$. 即

$$[c_1,x,x]=[b^sc_1^t,x]=[b,x]^s[c_1,x]^t=c_1^sa_1^{rt3^{n-1}}b^{st}c_1^{t^2}\in Z(G).$$

因为 $Z(G)$ 循环, 故 $b^{st}c_1^{t^2}c_1^s\in\langle a^{3^{n-1}}\rangle$. 则 $st\equiv 0(\mathrm{mod}\ 3)$, $s+t^2\equiv 0(\mathrm{mod}\ 3)$. 经计算得 $s=0$, $t=0$. 所以 $[c_1,x]=a_1^{r3^{n-1}}$, $r\neq 0$. 因此存在 m 满足 $[c_1^m,x]=a_1^{3^{n-1}}$. 设 $b_1=c_1^m$, $c_2=b$. 则 $[b_1,x]={a_1}^{3^{n-1}}$, $[c_2,x]=b_1^m$. 化入子情况 2.1.

情形 3 $M\cong H_3$.

由定理 4.1.10 可设

$$M=\langle a,b,c \mid a^{3^n}=1,b^3=1,c^3=1,[a,b]=a^{3^{n-1}},[a,c]=[b,c]=1\rangle.$$

因为 $\langle a^3\rangle\times\langle c\rangle=Z(M)\trianglelefteq G$ 和 $[c,x]^3=(cc^x)^3=1$, 故可设 $[c,x]=a^{i3^{n-1}}c^j$. 由 $[c,x,x,x]=1$ 得 $j=0$. 因此 $[c,x]=a^{i3^{n-1}}$. 因为 $Z(G)$ 循环, 故 $i\neq 0$. 设

$$[a,x]=a^{r3^{n-1}}b^sc^t,\quad [b,x]=a^{u3^{n-1}}b^vc^w.$$

由 $[b,x,x,x]=1$ 得 $v=0$. 因此

$$G=\langle a,b,c,x \mid a^{3^n}=1,b^3=1,c^3=1,[a,b]=a^{3^{n-1}},[a,c]=[b,c]=1,$$
$$x^3=1,[c,x]=a^{i3^{n-1}},[a,x]=a^{r3^{n-1}}b^sc^t,[b,x]=a^{u3^{n-1}}c^w\rangle.$$

因为 $i\neq 0$, 故存在 m_1 满足 $u+im_1\equiv 0(\mathrm{mod}\ 3)$. 设 $b_1=bc^{m_1}$ 满足 $[b_1,x]=c^w$. 因为 $i\neq 0$, 故存在 m_2 满足 $r+im_2\equiv 0(\mathrm{mod}\ 3)$. 再设 $a_1=ac^{m_2}$ 满足 $[a_1,x]=b_1^sc^{t_1}$. 显然 t_1 可能不等于 t. 则

$$G=\langle a_1,b_1,c,x \mid a_1^{3^n}=1,b_1^3=1,c^3=1,[a_1,b_1]=a_1^{3^{n-1}},[a_1,c]=[b_1,c]=1,$$
$$x^3=1,[c,x]=a_1^{i3^{n-1}},[a_1,x]=b_1^sc^{t_1},[b_1,x]=c^w\rangle.$$

若 $w=0$, 讨论 s, t_1, i 的所有可能取值, 得到群 (2), (3) 和 (4).

若 $w\neq 0$, 则 $G'=\langle a^{3^{n-1}}\rangle\times\langle c\rangle$. 因为 $w\neq 0$, 故存在 m 满足 $t+wm\equiv 0(\mathrm{mod}\ 3)$. 设 $a_2=a_1b_1^m$ 满足 $[a_2,x]=1$. 则

$$G=\langle a_2,b_1,c,x \mid a_2^{3^n}=1, b_1^3=1, c^3=1, [a_2,b_1]=a_2^{3^{n-1}}, [a_2,c]=[b_1,c]=1,\\ x^3=1, [c,x]=a_2^{i3^{n-1}}, [a_2,x]=1, [b_1,x]=c^w\rangle.$$

其中 $w, i\neq 0$.

若 $i=2$, 替换 x^2 为 x, 则化入情况 $i=1$. 因此

$$G=\langle a_2,b_1,c,x \mid a_2^{3^n}=1, b_1^3=1, c^3=1, [a_2,b_1]=a_2^{3^{n-1}}, [a_2,c]=[b_1,c]=1,\\ x^3=1, [c,x]=a_2^{3^{n-1}}, [a_2,x]=1, [b_1,x]=c^{2w}\rangle.$$

其中 $w\neq 0$. 若 $2w\equiv 2(\mathrm{mod}\ 3)$, 设 $x_1=x^2, a_3=a_2^2$, 则化入情况 $2w\equiv 1(\mathrm{mod}\ 3)$. 得到群 (5).

情形 4 $M\cong H_4$.

由定理 4.1.10 可设

$$M=\langle a,b,c \mid a^{3^n}=1, b^3=1, c^3=1, [b,c]=a^{3^{n-1}}, [a,b]=[a,c]=1\rangle.$$

因为 $\langle a\rangle=Z(M)\trianglelefteq G$, 故可设 $[a,x]=a^{i3^{n-1}}$. 进一步, 设

$$[b,x]=a^{r3^{n-1}}b^sc^t,\quad [c,x]=a^{u3^{n-1}}b^vc^w.$$

由 b,c 的对称性, 不失一般性, 设 $t\neq 0$. 若否, 则

$$[b,x]=a^{r3^{n-1}}b^s,\quad [c,x]=a^{u3^{n-1}}c^w.$$

因为 $[b,x,x,x]=1$, 所以 $s=0$. 由 $[c,x,x,x]=1$ 可知 $w=0$. 同 $G'\cong \mathrm{C}_3\times\mathrm{C}_3$ 矛盾.

设 $c_1^t=a^{r3^{n-1}}b^sc^t$. 则 $[b,x]=c_1^t$, $t\neq 0$. 因而 $[c_1,x]\in G_3\leqslant Z(G)$. 由 $[c,x,x]=1$ 可得 $v=0$, $w=0$. 因此

$$G=\langle a,b,c_1,x \mid a^{3^n}=1, b^3=1, c_1^3=1, [b,c_1]=a^{3^{n-1}}, x^3=1,\\ [a,x]=a^{i3^{n-1}}, [b,x]=c_1^t, [c_1,x]=a^{u3^{n-1}}, [a,c_1]=[b,a]=1\rangle.$$

其中 $t\neq 0$. 若 $[c_1,x]=1$, 则 $\langle a,x,c_1\rangle$ 同构于 H_2 或 H_3. 化入情形 1 或情形 3. 若 $[c_1,x]\neq 1$, 设 $x_1=xb^u$, 则 $[c_1,x_1]=1$. 因此极大子群 $\langle a,x_1,c_1\rangle$ 同构于 H_2 或 H_3, 也化入情形 1 或情形 3.

情形 5　$M \cong H_6$.

由定理 4.1.10 可设

$$M = \langle a, b \mid a^{3^n} = 1, b^3 = 1, [a, b] = c, c^3 = 1, [a, c] = a^{3^{n-1}}, [b, c] = 1\rangle.$$

因为 $M' = \langle a^{3^{n-1}}\rangle \times \langle c\rangle \trianglelefteq G$, 不妨设 $[c, x] = a^{i3^{n-1}}c^j$. 又 $[c, x, x, x] = 1$, 故 $j = 0$. 因为 $G' = \langle a^{3^{n-1}}\rangle \times \langle c\rangle$, 不妨设 $[b, x] = a^{r3^{n-1}}c^s$, $[a, x] = a^{u3^{n-1}}c^v$ 及 m 是满足 $m + u \equiv 0(\bmod 3)$ 的整数. 设 $x_1 = xc^m$. 则 $[a, x_1] = c^v$. 再设 l 是满足 $l + v \equiv 0(\bmod 3)$ 的整数且 $x_2 = x_1b^l$. 则 $[a, x_2] = 1$. 经计算有 $x_2^3 \in \langle a^{i3^{n-1}}\rangle$. 设 $x_2^3 = a^{m3^{n-1}}$ 和 $x_3 = x_2a^{-m3^{n-2}}$. 则 $x_3^3 = 1$.

若 $[c, x_3] = 1$, 则 $\langle a, c, x_3\rangle \cong H_3$. 因此化入情形 3. 若 $[c, x_3] \neq 1$, 则

$$\begin{aligned}G = \langle a, b, c, x_3 \mid\ & a^{3^n} = 1, b^3 = 1, [a, b] = c, c^3 = 1, [a, c] = a^{3^{n-1}},\\ & [b, c] = 1, x_3^3 = 1, [a, x_3] = 1, [b, x_3] = a^{r3^{n-1}}c^s, [c, x_3] = a^{i3^{n-1}}\rangle.\end{aligned}$$

其中 $i \neq 0$. 设 $a_1 = a^ix_3$. 则 $[a_1, c] = 1$. 因为 $\langle a_1, c, x_3\rangle$ 是 G 的极大子群且同构于 H_4, 此时化入情形 4.

情形 6　$M \cong H_7$ 或 H_8.

若 $M \cong H_7$, 由定理 4.1.10 可设

$$M = \langle a, b \mid a^{3^n} = 1, b^3 = 1, [a, b] = c, c^3 = 1, [b, c] = a^{3^{n-1}}, [a, c] = 1\rangle.$$

因为 $M' = \langle a^{3^{n-1}}\rangle \times \langle c\rangle \trianglelefteq G$, 不妨设 $[c, x] = a^{i3^{n-1}}c^j$. 由 $[c, x, x, x] = 1$ 得 $j = 0$. 因为 $G' = \langle a^{3^{n-1}}\rangle \times \langle c\rangle$, 可设 $[b, x] = a^{r3^{n-1}}c^s$, $[a, x] = a^{u3^{n-1}}c^v$. 再设 m 是满足 $m + v \equiv 0(\bmod 3)$ 的整数且 $x_1 = xb^m$. 则 $[a, x_1] = a^{u3^{n-1}}$. 因为

$$[a^{x_1}, b^{x_1}] = [a, bc^s] = [a, c^s][a, b] = c = c^{x_1} = ca^{i3^{n-1}},$$

故 $i = 0$, 即 $[c, x_1] = 1$. 因此 $\langle a, c, x_1\rangle \cong H_3$ 或交换. 化入情形 1, 情形 2 或情形 3.

若 $M \cong H_8$, 与 $M \cong H_7$ 论证类似, 化入情形 1, 情形 2 或情形 3.

定理 9.1.14 中的群互不同构且满足定理条件. 细节省略.　□

对于 $G' \cong \mathrm{C}_3 \times \mathrm{C}_3 \times \mathrm{C}_3$ 或 $\mathrm{C}_9 \times \mathrm{C}_3$ 的情形, 与定理 9.1.14 的论证方法类似可得下述结论. 希望了解更多证明细节的读者可参看文献 [214].

定理 9.1.15　设 G 是 3^{n+3} 阶的非正则的中心循环的群, $n \geqslant 4$ 且 $G' \cong \mathrm{C}_3 \times \mathrm{C}_3 \times \mathrm{C}_3$, 则 G 为 $\mathcal{C}_3$ 群当且仅当 G 为下列互不同构的群之一.

(1) $\langle a, b, c, x | a^{3^n} = 1, b^3 = 1, [a, b] = c, c^3 = 1, [a, c] = a^{3^{n-1}}, [b, c] = 1, x^3 = 1, [a, x] = b, [b, x] = 1, [c, x] = 1\rangle$;

(2) $\langle a, b, c, x | a^{3^n} = 1, b^3 = 1, [a, b] = c, c^3 = 1, [a, c] = a^{3^{n-1}}, [b, c] = 1, x^3 = 1, [a, x] = b, [b, x] = a^{3^{n-1}}, [c, x] = 1\rangle$;

(3) $\langle a,b,c,x|a^{3^n}=1,b^3=1,[a,b]=c,c^3=1,[a,c]=a^{3^{n-1}},[b,c]=1,x^3=1,[a,x]=b,[b,x]=a^{2\times 3^{n-1}},[c,x]=1\rangle$.

定理 9.1.16 设 G 是 3^{n+3} 阶的非正则的中心循环的群, $n\geqslant 4$ 且 $G'\cong \mathrm{C}_9\times\mathrm{C}_3$. 则 G 为 $\mathcal{C}_3$ 群当且仅当 G 为下列互不同构的群之一.

(1) $\langle a,b,c,x\mid a^{3^n}=1,x^3=1,[a,x]=a^{3^{n-2}}b^2,b^3=1,[a,b]=a^{3^{n-1}},[b,x]=c,c^3=1,[c,x]=a^{3^{n-1}},[a,c]=[b,c]=1\rangle$;

(2) $\langle a,b,c,x\mid a^{3^n}=1,x^3=1,[a,x]=a^{3^{n-2}}c^2,c^3=1,[c,x]=b,b^3=1,[b,x]=a^{3^{n-1}},[a,b]=[a,c]=[b,c]=1\rangle$;

(3) $\langle a,b,x\mid a^{3^n}=1,b^3=1,[a,b]=x^3,x^9=1,[a,x]=a^{3^{n-2}},[b,x]=1\rangle$;

(4) $\langle a,b,x\mid a^{3^n}=1,b^3=1,[a,b]=x^3,x^9=1,[a,x]=a^{3^{n-2}},[b,x]=a^{3^{n-1}}\rangle$;

(5) $\langle a,b,x\mid a^{3^n}=1,b^3=1,[a,b]=x^3,x^9=1,[a,x]=a^{3^{n-2}},[b,x]=a^{2\times 3^{n-1}}\rangle$;

(6) $\langle a,b,x\mid a^{3^n}=1,b^3=1,[a,b]=x^3,x^9=1,[a,x]=a^{3^{n-2}}b,[b,x]=1\rangle$;

(7) $\langle a,b,x\mid a^{3^n}=1,b^3=1,[a,b]=x^3,x^9=1,[a,x]=a^{3^{n-2}}b,[b,x]=a^{3^{n-1}}\rangle$;

(8) $\langle a,b,x\mid a^{3^n}=1,b^3=1,[a,b]=x^3,x^9=1,[a,x]=a^{3^{n-2}}b,[b,x]=a^{2\times 3^{n-1}}\rangle$;

(9) $\langle a,b,x\mid a^{3^n}=1,b^3=1,[a,b]=x^3,x^9=1,[a,x]=a^{3^{n-2}}b^2,[b,x]=1\rangle$;

(10) $\langle a,b,x\mid a^{3^n}=1,b^3=1,[a,b]=x^3,x^9=1,[a,x]=a^{3^{n-2}}b^2,[b,x]=a^{3^{n-1}}\rangle$;

(11) $\langle a,b,x\mid a^{3^n}=1,b^3=1,[a,b]=x^3,x^9=1,[a,x]=a^{3^{n-2}}b^2,[b,x]=a^{2\times 3^{n-1}}\rangle$.

3. 阶 $<3^7$ 的非正则 $\mathcal{C}_3$ 群的分类

因为阶小于 3^7 的 3 群都列在小群库中, 利用 Magma[40, 47] 即得下述结果.

定理 9.1.17 不存在 3^4 阶的非正则 $\mathcal{C}_3$ 群.

定理 9.1.18 G 是 3^5 阶的非正则 $\mathcal{C}_3$ 群当且仅当 G 为小群库中编号如下的群之一:

$3,4,5,6,7,8,9,13,14,15,17,18,25,26,27,28,29,30,51,52,53,54,55,56,$
$57,58,59,60.$

定理 9.1.19 G 是 3^6 阶的非正则 $\mathcal{C}_3$ 群当且仅当 G 为小群库中编号如下的群之一:

$4,5,6,7,8,13,14,15,16,17,18,19,20,21,27,28,29,67,70,71,$
$74,75,77,80,82,83,86,90,95,96,97,98,99,100,$
$101,253,254,261,262,263,264,284,285,388,389,390.$

对于 $p=2$, $\mathcal{C}_3$ 群的分类仍是有待解决的一个问题.

注 9.1.20 由 $\mathcal{C}_3$ 群的定义可知, 这类群的交换性应该相对较好. 而由以上 $\mathcal{C}_3$ 群的分类结果看出, 正则的 $\mathcal{C}_3$ 群比非正则的 $\mathcal{C}_3$ 群多. 事实上, 非正则的 $\mathcal{C}_3$ 群只能是 3 群. 从这个角度来说, $\mathcal{C}_3$ 群确是交换性较好的一类群.

9.2　$\mathcal{C}_t$ 群的刻画

设 G 是有限 p 群. $I_k(G)$ 表示 G 的所有 p^k 阶子群的交. 显然, $I_k(G)$ 是 G 的特征子群. 张勤海等在文献 [212] 讨论了 $I_k(G)$ 与 $\exp(G)$ 之间的关系, 给出了 $\mathcal{C}_t$ 群的一个简单刻画.

引理 9.2.1　设 G 是 p^n 阶群, p 是奇素数, α 是使得 $n \geqslant 2\alpha+1$ 的整数. 若 $\exp(G) = p^{n-\alpha}$, 则存在 $H \lessdot G$ 使得 $\exp(H) = p^{n-\alpha-1}$.

证明　由定理 4.1.4(1) 可知, G 有 $\alpha+1$ 元素 $b, b_1, b_2, \cdots, b_\alpha$ 使得对每个 $g \in G$, g 均可唯一地表示为下列形式

$$g = b_\alpha^{\lambda_\alpha} b_{\alpha-1}^{\lambda_{\alpha-1}} \cdots b_1^{\lambda_1} b^\lambda,$$

其中

$$o(b) = p^{n-\alpha}, \quad o(b_i) \leqslant p^i, \quad 1 \leqslant \lambda_i \leqslant p, \quad i = 1, \cdots, \alpha, \quad 1 \leqslant \lambda \leqslant p^{n-\alpha}.$$

令 $N = \langle b^p, b_1, b_2, \cdots, b_\alpha \rangle$. 下证 N 就是满足定理要求的群.

由上面所述, $b_\alpha^{\lambda_\alpha} b_{\alpha-1}^{\lambda_{\alpha-1}} \cdots b_1^{\lambda_1} (b^p)^\lambda$ 是两两不同的, 其中

$$1 \leqslant \lambda \leqslant p^{n-\alpha-1}, \quad 1 \leqslant \lambda_i \leqslant p, \quad i = 1, \cdots, \alpha.$$

明显地, 这 p^{n-1} 个元素属于 N. 故 $|N| \geqslant p^{n-1}$. 另一方面, 因为 $o(b_i) \leqslant p^\alpha \leqslant p^{n-\alpha-1}$, 其中 $i = 1, \cdots, \alpha$. 由定理 4.1.4(2) 可知, G 是 p^α 交换的. 于是 G 是 $p^{n-\alpha-1}$ 交换的. 又 $o(b^p) = p^{n-\alpha-1}$, 故对于 $x \in N$ 有 $x^{p^{n-\alpha-1}} = 1$. 即 $\exp(N) = p^{n-\alpha-1}$. 于是 $N \neq G$. 结论得证. □

定理 9.2.2　设 G 是 p^n 阶群, p 是奇素数, k, α 是整数使得 $2(\alpha+1) \leqslant k \leqslant n$. 则 $\exp(\mathrm{I}_k(G)) \geqslant p^{k-\alpha}$ 当且仅当 $\exp(G) \geqslant p^{n-\alpha}$.

证明　$\Longleftarrow$: 因为 $\exp(G) \geqslant p^{n-\alpha}$, 故存在 $A \leqslant G$ 使得 $A \cong \mathrm{C}_{p^{n-\alpha}}$. 令 B 是 G 的一个 p^k 阶子群. 则

$$|B \cap A| = \frac{|B||A|}{|BA|} \geqslant \frac{|B||A|}{|G|} = \frac{p^k p^{n-\alpha}}{p^n} = p^{k-\alpha}.$$

因为 A 循环, $\exp(\mathrm{I}_k(G)) \geqslant p^{k-\alpha}$.

$\Longrightarrow$: 对 n 作归纳. 若 $n = k$, 结论显然成立. 设 $n > k$ 且 M 是 G 的极大子群. 则 $\mathrm{I}_k(G) \leqslant \mathrm{I}_k(M)$. 于是 $\exp(\mathrm{I}_k(M)) \geqslant p^{k-\alpha}$. 由归纳假设, $\exp(M) \geqslant p^{m-\alpha}$, 其中 $m = n-1$. 于是 $\exp(G) \geqslant p^{m-\alpha}$. 若 $\exp(G) = p^{m-\alpha}$, 由引理 9.2.1 可知, 存在 $M \lessdot G$ 使得 $\exp(M) = p^{m-\alpha-1}$, 矛盾. 从而 $\exp(G) > p^{m-\alpha}$. □

定理 9.2.2 的一个直接结果就是下面的推论.

推论 9.2.3 设 G 是 p^n 阶群, p 是奇素数, k, α 是整数使得 $2(\alpha+1)\leqslant k\leqslant n$. 则 $\exp(\mathrm{I}_k(G))=p^{k-\alpha}$ 当且仅当 $\exp(G)=p^{n-\alpha}$.

定理 9.2.4 设 G 是 p^n 阶群, p 是奇素数, k, α 是整数使得 $2(\alpha+1)\leqslant k\leqslant n-\alpha$. 则 $\mathrm{I}_k(G)\cong \mathrm{C}_{p^{k-\alpha}}$ 当且仅当 $\exp(G)=p^{n-\alpha}$, 即 G 是 $\mathcal{C}_\alpha$ 群.

证明 $\Longrightarrow$: 由推论 9.2.3 即得.

$\Longleftarrow$: 因为 $\exp(G)=p^{n-\alpha}$, 由推论 9.2.3 可得 $\exp(I_k(G))=p^{k-\alpha}$. 又 $k\leqslant n-\alpha$, 故存在 $H\leqslant G$ 使得 $H\cong \mathrm{C}_{p^k}$. 从而 $I_k(G)$ 循环. 于是 $I_k(G)\cong \mathrm{C}_{p^{k-\alpha}}$. □

一个自然的问题是: 对于 $p=2$, 定理 9.2.4 是否仍然成立? 使用 Magma 检查小群库中的群, 没有反例出现. 这导致下列的猜想.

猜想 设 G 是 2^n 阶群, k 和 α 是使得 $2(\alpha+1)\leqslant k\leqslant n-\alpha$ 的整数. 则 $\mathrm{I}_k(G)\cong \mathrm{C}_{2^{k-\alpha}}$ 当且仅当 $\exp(G)=2^{n-\alpha}$.

从子群计数的角度, 对 $\mathcal{C}_t$ 群的刻画也有若干结果. 陈彦恒等在文献 [53] 分类了各阶子群个数不超过 p^2 的有限 p 群. 曲海鹏等在文献 [131] 分类了各阶子群个数不超过 p^3 的有限 p 群. 有趣的是, 当 $p>2$ 且 $n\geqslant 3$ 时, 陈彦恒等分类的群恰是 $\mathcal{C}_1$ 群. 当 $p>2$ 且 $n\geqslant 5$ 时, 曲海鹏等分类的群恰是 $\mathcal{C}_2$ 群. 换句话说, 设 G 是 p^n 阶群, $p>2$, $1\leqslant k\leqslant n-1$, 则:

若 $n\geqslant 3$, 则 $s_k(G)\leqslant p^2$ 当且仅当 G 是 $\mathcal{C}_1$ 群;

若 $n\geqslant 5$, 则 $s_k(G)\leqslant p^3$ 当且仅当 G 是 $\mathcal{C}_2$ 群.

一个自然的问题是: 若 $n\geqslant 7$, 是否仍然有 $s_k(G)\leqslant p^4$ 当且仅当 G 是 $\mathcal{C}_3$ 群?

更一般的问题是: 当 n, p 较大时, 是否仍然有 $s_k(G)\leqslant p^t$ 当且仅当 G 是 $\mathcal{C}_t$ 群?

一个自然的问题是: 在什么条件下, 充分性成立?

9.3 $\mathcal{A}_2$ 群的分类

本节给出的 $\mathcal{A}_2$ 群的分类结果取自 [208]. 但证明不同于 [208], 这里给出的证明更简洁, 是由安立坚给出的. 我们使用 $\alpha_1(G)$ 表示 p 群 G 的 $\mathcal{A}_1$ 群的个数.

定理 9.3.1 有限 p 群 G 是 $\mathcal{A}_2$ 群当且仅当 G 是下列互不同构的群之一.

(I) $d(G)=2$ 且 G 有交换极大子群. 此时, $\alpha_1(G)=p$.

(1) $\langle a,b\mid a^8=b^{2^m}=1,[a,b]=a^{-2}\rangle$, $m\geqslant 1$;

(2) $\langle a,b\mid a^8=b^{2^m}=1,[a,b]=a^{2}\rangle$, $m\geqslant 1$;

(3) $\langle a,b\mid a^8=1,b^{2^m}=a^4,[a,b]=a^{-2}\rangle$, $m\geqslant 1$;

(4) $\langle a_1,b;a_2,a_3\mid a_1^p=a_2^p=a_3^p=b^{p^m}=1,[a_1,b]=a_2,[a_2,b]=a_3,[a_3,b]=1,[a_i,a_j]=1\rangle$, $p\geqslant 3$ 且 $1\leqslant i,j\leqslant 3$, 当 $m=1$ 时, $p\geqslant 5$;

(5) $\langle a_1, b; a_2 \mid a_1^p = a_2^p = b^{p^{m+1}} = 1, [a_1, b] = a_2, [a_2, b] = b^{p^m}, [a_1, a_2] = 1\rangle$, $p \geqslant 3$;

(6) $\langle a_1, b; a_2 \mid a_1^{p^2} = a_2^p = b^{p^m} = 1, [a_1, b] = a_2, [a_2, b] = a_1^{\nu p}, [a_1, a_2] = 1\rangle, p \geqslant 3$ 且 $\nu = 1$ 或者是一个固定的模 p 的平方非剩余;

(7) $\langle a_1, b; a_2 \mid a_1^9 = a_2^3 = 1, b^3 = a_1^3, [a_1, b] = a_2, [a_2, b] = a_1^{-3}, [a_2, a_1] = 1\rangle$.

(II) $d(G) = 3$, $|G'| = p$ 且 G 有交换极大子群. 此时, $\alpha_1(G) = p^2$.

(8) $\langle a, b, x \mid a^4 = x^2 = 1, b^2 = a^2 = [a, b], [x, a] = [x, b] = 1\rangle \cong \mathrm{Q}_8 \times \mathrm{C}_2$;

(9) $\langle a, b, x \mid a^{p^{n+1}} = b^{p^m} = x^p = 1, [a, b] = a^{p^n}, [x, a] = [x, b] = 1\rangle \cong \mathrm{M}_p(n + 1, m) \times \mathrm{C}_p$;

(10) $\langle a, b, x; c \mid a^{p^n} = b^{p^m} = c^p = x^p = 1, [a, b] = c, [c, a] = [c, b] = [x, a] = [x, b] = 1\rangle \cong \mathrm{M}_p(n, m, 1) \times \mathrm{C}_p$, $n \geqslant m$, 当 $p = 2$ 时, $n \geqslant 2$;

(11) $\langle a, b, x \mid a^4 = 1, b^2 = x^2 = a^2 = [a, b], [x, a] = [x, b] = 1\rangle \cong \mathrm{Q}_8 * \mathrm{C}_4$;

(12) $\langle a, b, x \mid a^{p^n} = b^{p^m} = x^{p^2} = 1, [a, b] = x^p, [x, a] = [x, b] = 1\rangle \cong \mathrm{M}_p(n, m, 1) * \mathrm{C}_{p^2}$, $n \geqslant m$, 当 $p = 2$ 时, $n \geqslant 2$.

(III) $d(G) = 3$, $|G'| = p^2$ 且 G 有交换极大子群. 此时, $\alpha_1(G) = p^2 + p$.

(13) $\langle a, b, c \mid a^4 = b^4 = 1, c^2 = a^2b^2, [a, b] = b^2, [c, a] = a^2, [c, b] = 1\rangle$;

(14) $\langle a, b, d \mid a^{p^m} = b^{p^2} = d^p = 1, [a, b] = a^{p^{m-1}}, [d, a] = b^p, [d, b] = 1\rangle$, 若 $p = 2$ 时, $m \geqslant 3$;

(15) $\langle a, b, d \mid a^{p^m} = b^{p^2} = d^{p^2} = 1, [a, b] = d^p, [d, a] = b^{-\nu p}, [d, b] = 1\rangle$, $p > 2$, ν 是一个固定的模 p 平方非剩余;

(16) $\langle a, b, d \mid a^{p^m} = b^{p^2} = d^{p^2} = 1, [a, b] = d^p, [d, a] = b^{jp}d^p, [d, b] = 1\rangle$, 若 p 是奇数, 则 $4j = 1 - \rho^{2r+1}$ 具有 $1 \leqslant r \leqslant \dfrac{p-1}{2}$, ρ 是模 p 本原根的最小正整数; 若 $p = 2$, 则 $j = 1$.

(IV) $d(G) = 2$ 且 G 无交换极大子群, 此时, $\alpha_1(G) = 1 + p$.

(17) $\langle a, b \mid a^{p^{r+2}} = 1, b^{p^{r+s+t}} = a^{p^{r+s}}, [a, b] = a^{p^r}\rangle$, $t \geqslant 0$, $0 \leqslant s \leqslant 2$ 且 $r + s \geqslant 2$, 若 $p = 2$, 则 $r \geqslant 2$, 若 $p \geqslant 3$, 则 $r \geqslant 1$;

(18) $\langle a, b; c \mid a^{p^2} = b^{p^2} = c^p = 1, [a, b] = c, [c, a] = b^{\nu p}, [c, b] = a^p\rangle$, $p \geqslant 5$, ν 是一个固定的模 p 的平方非剩余;

(19) $\langle a, b; c \mid a^{p^2} = b^{p^2} = c^p = 1, [a, b] = c, [c, a] = a^{-p}b^{-lp}, [c, b] = a^{-p}\rangle$, $p \geqslant 5$, $4l = \rho^{2r+1} - 1$, $r = 1, 2, \cdots, \dfrac{1}{2}(p-1)$, ρ 是模 p 本原根的最小正整数;

(20) $\langle a, b; c \mid a^9 = b^9 = c^3 = 1, [a, b] = c, [c, a] = b^{-3}, [c, b] = a^3, [a^3, b] = 1\rangle$;

(21) $\langle a, b; c \mid a^9 = b^9 = c^3 = 1, [a, b] = c, [c, a] = b^{-3}, [c, b] = a^{-3}\rangle$.

(V) $d(G) = 3$ 且 G 无交换极大子群. 此时, $\alpha_1(G) = 1 + p + p^2$.

(22) $\langle a, b, d \mid a^4 = b^4 = d^4 = 1, [a, b] = d^2, [d, a] = b^2d^2, [d, b] = a^2b^2, [a^2, b] = [b^2, a] = 1\rangle$.

证明 设 G 为 $\mathcal{A}_2$ 群. 因为 G 有极大子群为 $\mathcal{A}_1$ 群, 所以 $d(G) \leqslant 3$. 我们大体可以按照 G 有无交换极大子群以及 $d(G) = 2$ 或 3 分成四种情况.

情形 1 $d(G) = 2$ 且 G 有交换极大子群.

有交换极大子群且非交换子群均二元生成的有限 p 群已经被分类. 定理 8.4.7 和定理 8.4.8 分别给出了 $p = 2$ 和 $p > 2$ 的分类结果. 这个结果显然包含了本情形中的 $\mathcal{A}_2$ 群. 所以我们需要做的只是挑选的工作. 事实上, 由定理 8.3.3 易知, 这些群是 $\mathcal{A}_2$ 群的充要条件是 $c(G) = 3$. 这种情形下, 可得定理中的 (1)—(7) 型群.

情形 2 $d(G) = 3$ 且 G 有交换极大子群.

设 K 是 G 的非交换的极大子群. 则 K 只能为 $\mathcal{A}_1$ 群. 由定理 1.7.7 可知 $|K'| = p$, $\delta(K) = 2$ 以及 $Z(K) = \Phi(K)$. 由 $\Phi(K) \leqslant \Phi(G)$ 和 $\delta(G) = 3$, 有 $\Phi(K) = \Phi(G)$. 设 A 是 G 的交换极大子群. 则 $Z(K) = \Phi(K) \leqslant A$. 因为 $G = AK$, 所以 $\Phi(G) = Z(K) \leqslant Z(G)$. 由定理 1.7.6 可得

$$|G'| = \frac{p|K'||Z(K)|}{|Z(G)|} = \frac{p^2|Z(K)|}{|Z(G)|}.$$

因此 $|G'| \leqslant p^2$. 三元生成导群 p 阶的 $\mathcal{A}_2$ 群即定理 3.1.6 中 $k = 2$ 时所对应的群. 它们是定理中的 (8)—(12) 型群. 而 $|G'| = p^2$ 满足 $\Phi(G) \leqslant Z(G)$ 的群也在 7.1.3 小节中被分类了. 根据表 7.4 的结果, 我们可以得到定理中的 (13)—(16) 型群.

情形 3 $d(G) = 2$ 且 G 无交换极大子群.

若 G 是亚循环群, 由其分类可挑出定理中的 (17) 型群. 若 G 非亚循环群, 则由定理 8.5.4 可得定理中的 (18)—(21) 型群.

情形 4 $d(G) = 3$ 且 G 无交换极大子群.

由定理 8.6.2 可得, $p = 2$ 和 $\Phi(G) = Z(G)$. 由 $c(G) = 2$ 和 $d(G) = 3$ 可得, $\exp(G') = 2$. 由于 G/G' 的极大子群都是二元生成的, 从而 G/G' 的型不变量是 $(2, 2, 2)$. 因此 $G' = \Phi(G)$ 且 $|G/G'| = 2^3$. 这样的群即是定理 7.1.33 中的群. 用定理 7.1.34 可挑出定理中的 (22) 型群. □

由定理9.3.1易得 $\mathcal{A}_2$ 群的下列性质.

推论 9.3.2 设 G 是 p^n 阶的 $\mathcal{A}_2$ 群. 则

(1) $d(G) \leqslant 3$ 且 $c(G) \leqslant 3$;

(2) 若 $d(G) = 3$, 则 $c(G) = 2$ 且 $G' \leqslant \mathrm{C}_p^3$, 进一步地, 若 $G' = \mathrm{C}_p^3$, 则 $|G| = 2^6$, $G' = \Omega_1(G) = Z(G) \cong \mathrm{C}_2^3$ 且 G 没有交换极大子群;

(3) 若 $d(G) = 3$ 且 $|G'| = p$, 则 $|G : Z(G)| = p^2$ 且 G/G' 的型不变量为 (p^u, p^v, p), $u + v = n - 2$;

(4) 若 $d(G)=3$ 且 $|G'|=p^2$, 则 $c(G)=2$, $\Phi(G)=\mho_1(G)=Z(G)$, G 有唯一的交换极大子群 A 具有 $\exp(A)>p$, G/G' 的型不变量为 (p^{n-4},p,p), A/G' 的型不变量为 (p^{n-5},p,p);

(5) 若 $d(G)=2$ 且 G 非亚循环, 则 $p>2$ 且 $\exp(G')=p$;

(6) 若 $p=2$, 则 G 亚循环当且仅当 $d(G)=2$;

(7) 若 $|G'|=p$, 则 $\alpha_1(G)=p^2$;

(8) 若 $d(G)=2$ 且 $|G'|=p^3$, 则 $\alpha_1(G)=1+p$;

(9) 若 $d(G)=2$ 且 $G'\cong \mathrm{C}_p^2$, 则 $\alpha_1(G)=p$.

注意到, $\mathcal{A}_2$ 群是真子群交换或内交换的 p 群. 作为 $\mathcal{A}_2$ 群的对偶, 张勤海等在文献 [209] 分类了真商群交换或内交换的 p 群.

也注意到, 定理 9.3.1 中的群 (22) 是 2^6 阶的 Suzuki 2 群. 因而是最小的 Suzuki 2 群. 张勤海在文献 [207] 给出了最小 Suzuki 2 群的一个刻画.

9.4　$\mathcal{A}_3$ 群的分类

张勤海等在文献 [215] 给出的 $\mathcal{A}_3$ 群的分类是一篇近百页的论文, 该文不仅给出 $\mathcal{A}_3$ 群的完全同构分类 (222 个互不同构的类型), 而且给出了与 $\mathcal{A}_3$ 群相关的其他信息. 例如, $\mathcal{A}_3$ 群的极大子群中 $\mathcal{A}_0$ 子群 (交换子群)、$\mathcal{A}_1$ 子群、$\mathcal{A}_2$ 子群个数的信息. $\mathcal{A}_3$ 群的 Frattini 子群、导群、中心以及 $\mathcal{A}_3$ 群的阶、极小生成元个数等信息.

由于该文证明过程冗长, 鉴于篇幅所限, 这里只列出分类结果, 证明过程略去, 仅给出证明梗概. 现简述如下.

$\mathcal{A}_3$ 群分类的基础是 $\mathcal{A}_1$ 群和 $\mathcal{A}_2$ 群的分类, 即本书中的定理 1.7.10 和定理 9.3.1. 分类依赖的主要结果是两类有限 p 群的分类, 即徐明曜等 [193] 给出的非交换真子群均二元生成的有限 p 群的分类以及安立坚等在系列论文 [3],[6],[137],[139],[140] 给出的有一个内交换极大子群的有限 p 群的分类. 借助于此分类, $\mathcal{A}_3$ 群分类的证明得以简化. 分类的基本思想是考虑 $\mathcal{A}_3$ 群 G 是否有内交换的极大子群. 若 G 有内交换的极大子群, 则可从安立坚等给出的分类结果中找出 $\mathcal{A}_3$ 群即可. 这使得分类的工作量大大减少. 分类的主要工作集中在处理 G 无内交换的极大子群的情况. 在此情形下, 若 G 有交换极大子群, 则 G 具有相对好的性质, 例如, $|G|=p|Z(G)||G'|$. 也较容易处理. 若 G 无交换极大子群, 相对来说, 没有更好的性质和结果可供使用, 处理起来更复杂和困难. 分类的基本方法是中心扩张和循环扩张以及生成元替换和换位子计算的技巧.

在本节中, $\alpha_1(G)$ 表示有限 p 群 G 的 $\mathcal{A}_1$ 子群的个数, μ_i 表示有限 p 群 G 的极大子群中 $\mathcal{A}_i$ 子群的个数, 其中 $\mathcal{A}_0$ 表示 G 的交换子群. 特别地, (μ_0,μ_1,μ_2) 分别表示 $\mathcal{A}_3$ 群的极大子群中 $\mathcal{A}_0$ 子群、$\mathcal{A}_1$ 子群、$\mathcal{A}_2$ 子群的个数.

为使读者对 $\mathcal{A}_3$ 群分类有更直观的理解, 该分类框架如图 9.1 所示.

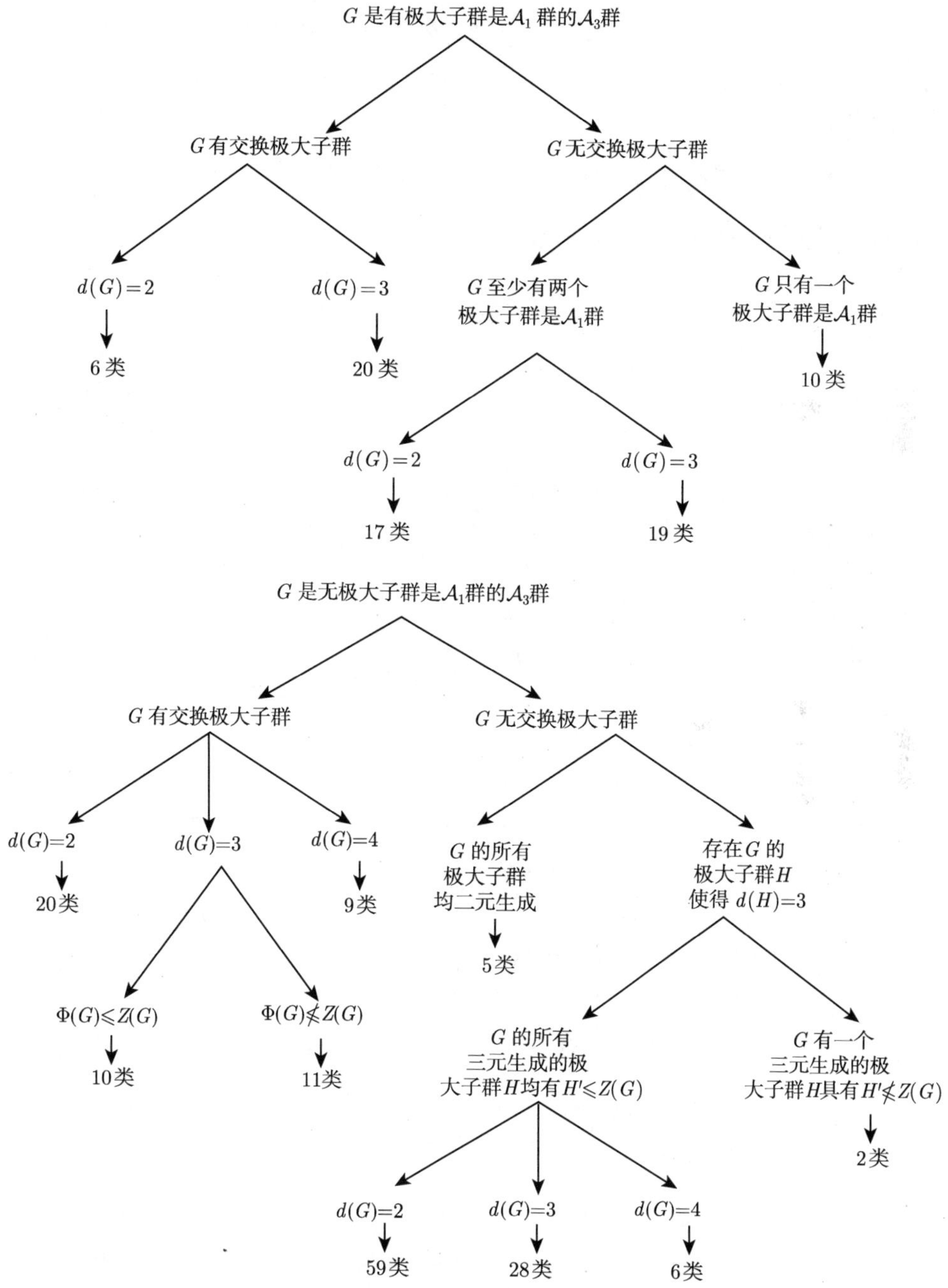

图 9.1

9.4.1　有内交换极大子群的 $\mathcal{A}_3$ 群

本节列出有内交换极大子群的 $\mathcal{A}_3$ 群的分类结果. 这样的 $\mathcal{A}_3$ 群有 72 个互不同构的类型. 为方便起见, 在本节的定理 9.4.1—定理 9.4.5 中总假设 G 是有内交换极大子群的 $\mathcal{A}_3$ 群.

1. 有交换极大子群的 $\mathcal{A}_3$ 群

定理 9.4.1 和定理 9.4.2 总假设 G 是有内交换极大子群且有交换极大子群的 $\mathcal{A}_3$ 群.

定理 9.4.1　$d(G)=2$ 当且仅当 G 是下列互不同构的群之一.

(Ai) $c(G)=3$ 且 $G'\cong \mathrm{C}_4$.

(A1) $\langle a,b;c \mid a^4=b^2=c^4=1,[a,b]=c,[c,a]=[c,b]=c^2\rangle$. 此时 $|G|=2^5$, $\Phi(G)=\langle a^2,c\rangle\cong \mathrm{C}_4\times\mathrm{C}_2$, $G'=\langle c\rangle$, $Z(G)=\langle a^2,c^2\rangle\cong \mathrm{C}_2^2$.

(A2) $\langle a,b;c \mid a^4=b^4=1,c^2=a^2,[a,b]=c,[c,a]=[c,b]=c^2\rangle$. 此时 $|G|=2^5$, $\Phi(G)=\langle b^2,c\rangle\cong \mathrm{C}_4\times\mathrm{C}_2$, $G'=\langle c\rangle$, $Z(G)=\langle b^2,c^2\rangle\cong \mathrm{C}_2^2$.

(A3) $\langle a,b;c \mid a^8=b^2=1,c^2=a^4,[a,b]=c,[c,a]=[c,b]=c^2\rangle$. 此时 $|G|=2^5$, $\Phi(G)=\langle a^2,c\rangle\cong \mathrm{C}_4\times\mathrm{C}_2$, $G'=\langle c\rangle$, $Z(G)=\langle a^2\rangle\cong \mathrm{C}_4$.

(Aii) $c(G)=3$ 且 $G'\cong \mathrm{C}_p^2$, 其中 $p>2$.

(A4) $\langle a,b;c \mid a^{p^3}=b^p=c^p=1,[a,b]=c,[c,a]=1,[c,b]=a^{\nu p^2}\rangle$, 其中 $\nu=1$ 或者是一个固定的模 p 的平方非剩余. 此时 $|G|=p^5$, $\Phi(G)=\langle a^p,c\rangle\cong \mathrm{C}_{p^2}\times\mathrm{C}_p$, $G'=\langle a^{p^2},c\rangle$, $Z(G)=\langle a^p\rangle\cong \mathrm{C}_{p^2}$.

(A5) $\langle a,b;c \mid a^{p^2}=b^{p^2}=c^p=1,[a,b]=c,[c,a]=1,[c,b]=b^p\rangle$. 此时 $|G|=p^5$, $\Phi(G)=\langle a^p,b^p,c\rangle\cong \mathrm{C}_p^3$, $G'=\langle b^p,c\rangle$, $Z(G)=\langle a^p,b^p\rangle\cong \mathrm{C}_p^2$.

(A6) $\langle a,b;c,d \mid a^{p^2}=b^p=c^p=d^p=1,[a,b]=c,[c,a]=1,[c,b]=d,[d,a]=[d,b]=1\rangle$. 此时 $|G|=p^5$, $\Phi(G)=\langle a^p,c,d\rangle\cong \mathrm{C}_p^3$, $G'=\langle c,d\rangle$, $Z(G)=\langle a^p,d\rangle\cong \mathrm{C}_p^2$.

进一步地, $(\mu_0,\mu_1,\mu_2)=(1,p-1,1)$ 且 $\alpha_1(G)=p^2+p-1$.

定理 9.4.2　$d(G)=3$ 当且仅当 G 是下列互不同构的群之一.

(Bi) $c(G)=2$ 且 $G'\cong \mathrm{C}_p$.

(B1) $\langle a,b,c \mid a^4=c^4=1,\ b^2=a^2=[a,b],\ [c,a]=[c,b]=1\rangle\cong \mathrm{Q}_8\times\mathrm{C}_4$; 此时 $|G|=2^5$, $\Phi(G)=\langle a^2,c^2\rangle\cong \mathrm{C}_2\times\mathrm{C}_2$, $G'=\langle a^2\rangle$, $Z(G)=\langle a^2,c\rangle\cong \mathrm{C}_4\times\mathrm{C}_2$.

(B2) $\langle a,b,c \mid a^{p^{n+1}}=b^{p^m}=c^{p^2}=1,\ [a,b]=a^{p^n},\ [c,a]=[c,b]=1\rangle\cong \mathrm{M}_p(n+1,m)\times\mathrm{C}_{p^2}$, 其中 $\min\{n,m\}=1$; 此时 $|G|=p^{m+n+3}$, $G'=\langle a^{p^n}\rangle$. 若 $m>1$, 则 $\Phi(G)=\langle a^p,b^p,c^p\rangle\cong \mathrm{C}_{p^n}\times\mathrm{C}_{p^{m-1}}\times\mathrm{C}_p$, $Z(G)=\langle a^p,b^p,c\rangle\cong \mathrm{C}_{p^n}\times\mathrm{C}_{p^{m-1}}\times\mathrm{C}_{p^2}$. 若 $m=1$, 则 $\Phi(G)\cong \mathrm{C}_{p^n}\times\mathrm{C}_p$, $Z(G)\cong \mathrm{C}_{p^n}\times\mathrm{C}_{p^2}$.

(B3) $\langle a,b,c;d \mid a^{p^n}=b^p=c^{p^2}=d^p=1,\ [a,b]=d,\ [d,a]=[d,b]=[c,a]=[c,b]=1\rangle\cong \mathrm{M}_p(n,1,1)\times \mathrm{C}_{p^2}$, 其中当 $p=2$ 时, $n\geqslant 2$. 此时 $|G|=p^{n+4}$, $G'=\langle d\rangle$. 若 $n>1$, 则 $\Phi(G)=\langle a^p,c^p,d\rangle\cong \mathrm{C}_{p^{n-1}}\times\mathrm{C}_p\times\mathrm{C}_p$, $Z(G)=\langle a^p,c,d\rangle\cong\mathrm{C}_{p^{n-1}}\times\mathrm{C}_{p^2}\times\mathrm{C}_p$. 若 $n=1$, 则 $\Phi(G)\cong\mathrm{C}_p\times\mathrm{C}_p$, $Z(G)\cong\mathrm{C}_{p^2}\times\mathrm{C}_p$.

(B4) $\langle a,b,c \mid a^4=1,\ b^2=c^4=a^2=[a,b],\ [c,a]=[c,b]=1\rangle\cong \mathrm{Q}_8*\mathrm{C}_8$; 此时 $|G|=2^5$, $\Phi(G)=\langle c^2\rangle\cong\mathrm{C}_4$, $G'=\langle c^4\rangle$, $Z(G)=\langle c\rangle\cong\mathrm{C}_8$.

(B5) $\langle a,b,c \mid a^{p^n}=b^p=c^{p^3}=1,\ [a,b]=c^{p^2},\ [c,a]=[c,b]=1\rangle\cong\mathrm{M}_p(n,1,1)*\mathrm{C}_{p^3}$, 其中当 $p=2$ 时, $n\geqslant 2$. 此时 $|G|=p^{n+4}$, $G'=\langle c^{p^2}\rangle$. 若 $n>1$, $\Phi(G)=\langle a^p,c^p\rangle\cong\mathrm{C}_{p^{n-1}}\times\mathrm{C}_{p^2}$, $Z(G)=\langle a^p,c\rangle\cong\mathrm{C}_{p^{n-1}}\times\mathrm{C}_{p^3}$. 若 $n=1$, 则 $\Phi(G)\cong\mathrm{C}_{p^2}$, $Z(G)\cong\mathrm{C}_{p^3}$.

(Bii) $c(G)=2$ 且 $G'\cong\mathrm{C}_p^2$.

(B6) $\langle a,b,c \mid a^p=b^{p^2}=c^{p^2}=1,[b,c]=1,[c,a]=c^p,[a,b]=b^{-p}\rangle$, 其中 $p>2$, $|G|=p^5$, $\Phi(G)=G'=Z(G)=\langle b^p,c^p\rangle\cong\mathrm{C}_p^2$.

(B7) $\langle a,b,c \mid a^{p^l}=b^{p^2}=c^{p^2}=1,[b,c]=1,[c,a]=b^pc^p,[a,b]=b^{-p}\rangle$, 其中 $p>2$, 此时 $|G|=p^{l+4}$, $G'=\langle b^p,c^p\rangle$. 若 $l>1$, 则 $\Phi(G)=Z(G)=\langle a^p,b^p,c^p\rangle\cong\mathrm{C}_{p^{l-1}}\times\mathrm{C}_p\times\mathrm{C}_p$. 则 $l=1$, 则 $\Phi(G)=Z(G)\cong\mathrm{C}_p\times\mathrm{C}_p$.

(B8) $\langle a,b,c \mid a^{p^l}=b^{p^2}=c^{p^2}=1,[b,c]=1,[c,a]=b^pc^{tp},[a,b]=b^{-tp}c^{\nu p}\rangle$, 其中 $p>2$, $\nu=1$ 或者是一个固定的模 p 的平方非剩余, $-\nu\in(\mathrm{F}_p^*)^2$, $t\in\left\{0,1,\cdots,\dfrac{p-1}{2}\right\}$ 使得 $t^2\neq-\nu$; 此时 $|G|=p^{l+4}$, $G'=\langle b^p,c^p\rangle$. 若 $l>1$, 则 $\Phi(G)=Z(G)=\langle a^p,b^p,c^p\rangle\cong\mathrm{C}_{p^{l-1}}\times\mathrm{C}_p\times\mathrm{C}_p$. 若 $l=1$, 则 $\Phi(G)=Z(G)\cong\mathrm{C}_p\times\mathrm{C}_p$.

(B9) $\langle a,b,c \mid a^p=b^{p^3}=c^{p^3}=1,[b,c]=1,[c,a]=b^{p^2}c^{tp^2},[a,b]=b^{-tp^2}c^{\nu p^2}\rangle$, 其中 $p>2$, $\nu=1$ 或者是一个固定的模 p 的平方非剩余, $-\nu\notin(\mathrm{F}_p^*)^2$, $t\in\left\{0,1,\cdots,\dfrac{p-1}{2}\right\}$; 此时 $|G|=p^7$, $G'=\langle b^{p^2},c^{p^2}\rangle$. $\Phi(G)=Z(G)=\langle b^p,c^p\rangle\cong\mathrm{C}_{p^2}\times\mathrm{C}_{p^2}$.

(B10) $\langle a,b,c \mid a^{2^l}=b^4=c^4=1,[b,c]=1,[c,a]=b^2,[a,b]=c^2\rangle$; 此时 $|G|=2^{l+4}$, $G'=\langle b^2,c^2\rangle$. 若 $l>1$, 则 $\Phi(G)=Z(G)=\langle a^2,b^2,c^2\rangle\cong\mathrm{C}_{2^{l-1}}\times\mathrm{C}_2\times\mathrm{C}_2$. 若 $l=1$, 则 $\Phi(G)=Z(G)\cong\mathrm{C}_2\times\mathrm{C}_2$.

(B11) $\langle a,b,c \mid a^2=b^8=c^8=1,[b,c]=1,[c,a]=b^4,[a,b]=b^4c^4\rangle$; 此时 $|G|=2^7$, $\Phi(G)=Z(G)=\langle b^2,c^2\rangle\cong\mathrm{C}_4\times\mathrm{C}_4$, $G'=\langle b^4,c^4\rangle$.

(B12) $\langle a,b,c \mid a^{p^l}=b^{p^3}=c^{p^2}=1,[b,c]=1,[a,b]=c^{\nu p},[c,a]=b^{p^2}\rangle$, 其中 $\nu=1$ 或者是一个固定的模 p 的平方非剩余. 此时 $|G|=p^{l+5}$, $G'=\langle b^{p^2},c^p\rangle$. 若 $l>1$, 则 $\Phi(G)=Z(G)=\langle a^p,b^p,c^p\rangle\cong\mathrm{C}_{p^{l-1}}\times\mathrm{C}_{p^2}\times\mathrm{C}_p$. 若 $l=1$, 则 $\Phi(G)=Z(G)\cong\mathrm{C}_{p^2}\times\mathrm{C}_p$.

(B13) $\langle a,b,c \mid a^{p^{l+1}}=b^{p^m}=c^{p^2}=1,[b,c]=1,[c,a]=c^p,[a,b]=a^{p^l}\rangle$, 其

中 $m \leqslant 2$; 此时 $|G| = p^{l+m+3}$, $G' = \langle a^{p^l}, c^p\rangle$. 若 $m = 2$, 则 $\Phi(G) = Z(G) = \langle a^p, b^p, c^p\rangle \cong \mathrm{C}_{p^l} \times \mathrm{C}_p^2$. 若 $m = 1$, 则 $\Phi(G) = Z(G) \cong \mathrm{C}_{p^l} \times \mathrm{C}_p$.

(B14) $\langle a, b, c \mid a^{p^{l+1}} = b^{p^{m+1}} = c^{p^n} = 1, [b, c] = 1, [c, a] = b^{p^m}, [a, b] = a^{p^l}\rangle$, 其中 $l = m = n = 1, p = 2$, 或 $\max\{m, n\} = 2$ 且 $\min\{l, m, n\} = 1$. 此时 $|G| = p^{l+m+n+2}$, $G' = \langle a^{p^l}, b^{p^m}\rangle$. 若 $n > 1$, 则 $\Phi(G) = Z(G) = \langle a^p, b^p, c^p\rangle \cong \mathrm{C}_{p^l} \times \mathrm{C}_{p^m} \times \mathrm{C}_{p^{n-1}}$. 若 $n = 1$, 则 $\Phi(G) = Z(G) \cong \mathrm{C}_{p^l} \times \mathrm{C}_{p^m}$.

(B15) $\langle a, b, c \mid a^4 = b^4 = c^4 = 1, [b, c] = 1, [c, a] = a^2c^2, [a, b] = c^2\rangle$; 此时 $|G| = 2^6$, $\Phi(G) = Z(G) = \langle a^2, b^2, c^2\rangle \cong \mathrm{C}_2^3$, $G' = \langle a^2, c^2\rangle$.

(B16) $\langle a, b, c \mid a^4 = b^4 = c^4 = 1, [b, c] = 1, [c, a] = a^2 = c^2, [a, b] = b^2\rangle$; 此时 $|G| = 2^5$, $\Phi(G) = Z(G) = G' = \langle a^2, b^2\rangle \cong \mathrm{C}_2^2$.

(B17) $\langle a, b, c; x \mid a^{p^l} = b^p = c^{p^2} = x^p = 1, [a, b] = x, [a, c] = c^p, [b, c] = [x, a] = [x, b] = [x, c] = 1\rangle$, 其中当 $p = 2$ 时, $l \geqslant 2$. 此时 $|G| = p^{l+4}$, $G' = \langle c^p, x\rangle$. 若 $l > 1$, 则 $\Phi(G) = Z(G) = \langle a^p, c^p, x\rangle \cong \mathrm{C}_{p^{l-1}} \times \mathrm{C}_p \times \mathrm{C}_p$. 若 $l = 1$, 则 $\Phi(G) = Z(G) \cong \mathrm{C}_p \times \mathrm{C}_p$.

(B18) $\langle a, b, c; x \mid a^{p^l} = b^{p^m} = c^{p^2} = x^p = 1, [a, b] = c^p, [a, c] = x, [b, c] = [x, a] = [x, b] = [x, c] = 1\rangle$, 其中当 $p = 2$ 时, $l \geqslant 2$. $m \leqslant 2, \min\{l, m\} = 1$. 此时 $|G| = p^{l+m+3}$, $G' = \langle c^p, x\rangle$. 若 $m = 1$, 则 $\Phi(G) = Z(G) = \langle a^p, b^p, c^p, x\rangle \cong \mathrm{C}_{p^{l-1}} \times \mathrm{C}_p \times \mathrm{C}_p$. 若 $l = 1$, 则 $\Phi(G) = Z(G) \cong \mathrm{C}_{p^{m-1}} \times \mathrm{C}_p \times \mathrm{C}_p$.

(B19) $\langle a, b, c; x \mid a^{p^{l+1}} = b^{p^m} = c^p = x^p = 1, [a, b] = a^{p^l}, [a, c] = x, [b, c] = [x, a] = [x, b] = [x, c] = 1\rangle$, 其中 $m \leqslant 2$. 此时 $|G| = p^{l+m+3}$, $G' = \langle a^{p^l}, x\rangle$. 若 $m > 1$, 则 $\Phi(G) = Z(G) = \langle a^p, b^p, x\rangle \cong \mathrm{C}_{p^l} \times \mathrm{C}_{p^{m-1}} \times \mathrm{C}_p$. 若 $m = 1$, 则 $\Phi(G) = Z(G) \cong \mathrm{C}_{p^l} \times \mathrm{C}_p$.

(B20) $\langle a, b, c; x \mid a^4 = b^2 = c^4 = x^2 = 1, [a, b] = x, [a, c] = a^2 = c^2, [b, c] = [x, a] = [x, b] = [x, c] = 1\rangle$; 进一步地, $|G| = 2^5$, $\Phi(G) = Z(G) = G' = \langle a^2, x\rangle \cong \mathrm{C}_2^2$.

2. 无交换极大子群的 $\mathcal{A}_3$ 群

定理 9.4.3—定理 9.4.5 总假设 G 是有内交换极大子群且无交换极大子群的 $\mathcal{A}_3$ 群.

定理 9.4.3　G 至少有两个内交换极大子群且 $d(G) = 2$ 当且仅当 G 是下列互不同构的群之一.

(Ci) $c(G) = 3$ 且 $G' \cong \mathrm{C}_2^2$. 此时, $(\mu_0, \mu_1, \mu_2) = (0, 2, 1)$, $\alpha_1(G) = 6$.

(C1) $\langle a, b; c, d \mid a^4 = b^2 = c^2 = d^2 = 1, [a, b] = c, [c, a] = d, [c, b] = [d, a] = [d, b] = 1\rangle$; 此时 $|G| = 2^5$, $G' = \langle c, d\rangle$, $\Phi(G) = \langle a^2, c, d\rangle \cong \mathrm{C}_2^3$, $Z(G) = \langle d\rangle \cong \mathrm{C}_2$.

(C2) $\langle a, b; c \mid a^8 = b^2 = c^2 = 1, [a, b] = c, [c, a] = a^4, [c, b] = 1\rangle$; 此时 $|G| = 2^5$, $G' = \langle c, a^4\rangle$, $\Phi(G) = \langle a^2, c\rangle \cong \mathrm{C}_4 \times \mathrm{C}_2$, $Z(G) = \langle a^4\rangle \cong \mathrm{C}_2$.

(C3) $\langle a,b;c \mid a^8=c^2=1, b^2=a^4, [a,b]=c, [c,a]=[a^2,b]=b^2, [c,b]=1\rangle$; 此时 $|G|=2^5$, $G'=\langle c,a^4\rangle$, $\Phi(G)=\langle a^2,c\rangle\cong \mathrm{C}_4\times\mathrm{C}_2$, $Z(G)=\langle a^4\rangle\cong\mathrm{C}_2$.

(C4) $\langle a,b;c \mid a^{2^{n+1}}=b^2=c^2=1, [a,b]=c, [c,a]=a^{2^n}, [c,b]=1\rangle$, 其中 $n\geqslant 3$. 此时 $|G|=2^{n+3}$, $G'=\langle c,a^{2^n}\rangle$, $\Phi(G)=\langle a^2,c\rangle\cong\mathrm{C}_{2^n}\times\mathrm{C}_2$, $Z(G)=\langle a^4\rangle\cong\mathrm{C}_{2^{n-1}}$.

(C5) $\langle a,b;c \mid a^{2^n}=b^4=c^2=1, [a,b]=c, [c,a]=b^2, [c,b]=1\rangle$, 其中 $n\geqslant 3$. 此时 $|G|=2^{n+3}$, $G'=\langle c,b^2\rangle$, $\Phi(G)=\langle a^2,b^2,c\rangle\cong\mathrm{C}_{2^{n-1}}\times\mathrm{C}_2\times\mathrm{C}_2$, $Z(G)=\langle a^4,b^2\rangle\cong\mathrm{C}_{2^{n-2}}\times\mathrm{C}_2$.

(C6) $\langle a,b;c,d \mid a^{2^n}=b^2=c^2=d^2=1, [a,b]=c, [c,a]=d, [c,b]=[d,a]=[d,b]=1\rangle$, 其中 $n\geqslant 3$. 此时 $|G|=2^{n+3}$, $G'=\langle c,d\rangle$, $\Phi(G)=\langle a^2,c,d\rangle\cong\mathrm{C}_{2^{n-1}}\times\mathrm{C}_2\times\mathrm{C}_2$, $Z(G)=\langle a^4,d\rangle\cong\mathrm{C}_{2^{n-2}}\times\mathrm{C}_2$.

(Cii) $\Phi(G')\leqslant G_3\cong\mathrm{C}_p^2$.

(C7) $\langle a,b;c,d,e \mid a^3=b^3=c^3=d^3=e^3=1, [a,b]=c, [c,a]=d, [c,b]=e, [d,a]=[d,b]=[e,a]=[e,b]=1\rangle$, 其中 $|G|=3^5$, $\Phi(G)=G'=\langle c,d,e\rangle$, $Z(G)=\langle d,e\rangle\cong\mathrm{C}_3^2$.

(C8) $\langle a,b;c,d \mid a^9=c^3=d^3=1, b^3=a^3, [a,b]=c, [c,a]=d, [c,b]=a^3, [d,a]=[d,b]=1\rangle$. 其中此时 $|G|=3^5$, $\Phi(G)=G'=\langle a^3,c,d\rangle$, $Z(G)=\langle a^3,d\rangle\cong\mathrm{C}_3^2$.

(C9) $\langle a,b;c,d \mid a^9=b^3=c^3=d^3=1, [a,b]=c, [c,a]=d, [c,b]=a^{-3}, [d,a]=[d,b]=1\rangle$. 此时 $|G|=3^5$, $\Phi(G)=G'=\langle a^3,c,d\rangle$, $Z(G)=\langle a^3,d\rangle\cong\mathrm{C}_3^2$.

(C10) $\langle a,b;c \mid a^9=b^9=c^3=1, [a,b]=c, [c,a]=a^3, [c,b]=b^3\rangle$; 其中 $|G|=3^5$, $\Phi(G)=G'=\langle a^3,b^3,c\rangle$, $Z(G)=\langle a^3,b^3\rangle\cong\mathrm{C}_3^2$.

(C11) $\langle a,b;c \mid a^{p^2}=b^{p^2}=c^p=1, [a,b]=c, [c,a]=a^pb^{\nu p}, [c,b]=b^p\rangle$, 其中 $p>3$, $\nu=1$ 或者是一个固定的模 p 的平方非剩余. 此时 $|G|=p^5$, $\Phi(G)=G'=\langle a^p,b^p,c\rangle$, $Z(G)=\langle a^p,b^p\rangle\cong\mathrm{C}_p^2$.

(C12) $\langle a,b;c \mid a^{p^2}=b^{p^2}=c^p=1, [a,b]=c, [c,a]=b^{\nu p}, [c,b]=a^{-p}, [a^p,b]=1\rangle$, 其中 $p>3$, $\nu=1$ 或者是一个固定的模 p 的平方非剩余使得 $-\nu\in(\mathrm{F}_p^*)^2$. 此时 $|G|=p^5$, $\Phi(G)=G'=\langle a^p,b^p,c\rangle$, $Z(G)=\langle a^p,b^p\rangle\cong\mathrm{C}_p^2$.

(C13) $\langle a,b;c \mid a^{p^2}=b^{p^2}=c^p=1,\ [a,b]=c,\ [c,a]^{1+r}=a^pb^p,\ [c,b]^{1+r}=a^{-rp}b^p,\ [a^p,b]=1\rangle$, 其中 $p>3$, $r\neq 0,-1$, $-r\in(\mathrm{F}_p^*)^2$; 此时 $|G|=p^5$, $\Phi(G)=G'=\langle a^p,b^p,c\rangle$, $Z(G)=\langle a^p,b^p\rangle\cong\mathrm{C}_p^2$.

(C14) $\langle a,b;c,d \mid a^{p^2}=b^p=c^p=d^p=1, [a,b]=c, [c,a]=a^p, [c,b]=d, [d,a]=[d,b]=1\rangle$, 其中 $p>3$; 此时 $|G|=p^5$, $\Phi(G)=G'=\langle a^p,c,d\rangle$, $Z(G)=\langle a^p,d\rangle\cong\mathrm{C}_p^2$.

(C15) $\langle a,b;c,d \mid a^p=b^{p^2}=c^p=d^p=1, [a,b]=c, [c,a]=b^{\nu p}, [c,b]=d, [d,a]=[d,b]=1\rangle$, 其中 $p>3$, $\nu=1$ 或者是一个固定的模 p 的平方非剩余. 此时 $|G|=p^5$, $\Phi(G)=G'=\langle b^p,c,d\rangle$, $Z(G)=\langle b^p,d\rangle\cong\mathrm{C}_p^2$.

(C16) $\langle a,b;c \mid a^8=c^4=1, b^2=a^4, [a,b]=c, [c,a]=a^4, [c,b]=c^2\rangle$; 此时 $|G|=2^6$, $G'=\langle c,a^4\rangle$, $\Phi(G)=\langle a^2,c\rangle\cong \mathrm{C}_4^2$, $Z(G)=\langle a^4,c^2\rangle\cong \mathrm{C}_2^2$.

(C17) $\langle a,b;c \mid a^{p^3}=b^{p^2}=c^p=1, [a,b]=c, [c,a]=b^{\nu_1 p}, [c,b]=a^{-\nu_2 p^2}, [a,b^p]=1\rangle$, 其中 $p\geqslant 3$, $\nu_1,\nu_2=1$ 或者是一个固定的模 p 的平方非剩余. 此时 $|G|=p^6$, $G'=\langle c,a^{p^2},b^p\rangle$, $\Phi(G)=\langle a^p,b^p,c\rangle\cong \mathrm{C}_{p^2}\times\mathrm{C}_p\times\mathrm{C}_p$, $Z(G)=\langle a^p,b^p\rangle\cong \mathrm{C}_{p^2}\times\mathrm{C}_p$.

定理 9.4.4 G 至少有两个内交换极大子群且 $d(G)=3$ 当且仅当 G 是下列互不同构的群之一.

(Di) G/G' 的型不变量是 (p^2,p,p).

(D1) $\langle a,b,c \mid a^{p^3}=b^{p^2}=c^{p^2}=1, [b,c]=a^{p^2}, [c,a]=c^{-p}, [a,b]=b^pc^{\nu p}\rangle$, 其中 $p>2$, $\nu=1$ 或者是一个固定的模 p 的平方非剩余. 此时 $|G|=p^7$, $G'=\langle a^{p^2},b^p,c^p\rangle\cong \mathrm{C}_p^3$, $\Phi(G)=Z(G)=\langle a^p,b^p,c^p\rangle\cong \mathrm{C}_{p^2}\times\mathrm{C}_p\times\mathrm{C}_p$.

(D2) $\langle a,b,c \mid a^{p^3}=b^{p^2}=c^{p^2}=1, [b,c]=a^{p^2}, [c,a]=b^p, [a,b]=c^{\nu p}\rangle$, 其中 $p>2$, $\nu=1$ 或者是一个固定的模 p 的平方非剩余. 此时 $|G|=p^7$, $G'=\langle a^{p^2},b^p,c^p\rangle\cong \mathrm{C}_p^3$, $\Phi(G)=Z(G)=\langle a^p,b^p,c^p\rangle\cong \mathrm{C}_{p^2}\times\mathrm{C}_p\times\mathrm{C}_p$.

(D3) $\langle a,b,c \mid a^{p^3}=b^{p^2}=c^{p^2}=1, [b,c]=a^{p^2}, [c,a]^{1+r}=b^{rp}c^{-p}, [a,b]^{1+r}=b^pc^p\rangle$, 其中 $p>2$, $r=1,2,\cdots,p-2$. 此时 $|G|=p^7$, $G'=\langle a^{p^2},b^p,c^p\rangle\cong \mathrm{C}_p^3$, $\Phi(G)=Z(G)=\langle a^p,b^p,c^p\rangle\cong \mathrm{C}_{p^2}\times\mathrm{C}_p\times\mathrm{C}_p$.

(D4) $\langle a,b,c \mid a^8=b^4=c^4=1, [b,c]=a^4, [c,a]=b^2, [a,b]=c^2\rangle$. 此时 $|G|=2^7$, $G'=\langle a^4,b^2,c^2\rangle\cong \mathrm{C}_2^3$, $\Phi(G)=Z(G)=\langle a^2,b^2,c^2\rangle\cong \mathrm{C}_4\times\mathrm{C}_2\times\mathrm{C}_2$.

(D5) $\langle a,b,c \mid a^8=b^4=c^4=1, [b,c]=a^4, [c,a]=b^2, [a,b]=b^2c^2\rangle$. 此时 $|G|=2^7$, $G'=\langle a^4,b^2,c^2\rangle\cong \mathrm{C}_2^3$, $\Phi(G)=Z(G)=\langle a^2,b^2,c^2\rangle\cong \mathrm{C}_4\times\mathrm{C}_2\times\mathrm{C}_2$.

(Dii) G/G' 的型不变量是 (p^2,p^2,p).

(D6) $\langle a,b,c \mid a^{p^3}=b^{p^3}=c^{p^2}=1, [b,c]=a^{p^2}, [c,a]=b^{\nu p^2}, [a,b]=c^p\rangle$, 其中 $p>2$, $\nu=1$ 或者是一个固定的模 p 的平方非剩余使得 $-\nu\notin(\mathrm{F}_p^*)^2$. 此时 $|G|=p^8$, $G'=\langle a^{p^2},b^{p^2},c^p\rangle\cong \mathrm{C}_p^3$, $\Phi(G)=Z(G)=\langle a^p,b^p,c^p\rangle\cong \mathrm{C}_{p^2}\times\mathrm{C}_{p^2}\times\mathrm{C}_p$.

(D7) $\langle a,b,c \mid a^{p^3}=b^{p^3}=c^{p^2}=1, [b,c]^{1+r}=a^{rp^2}b^{p^2}, [c,a]^{1+r}=a^{-p^2}b^{p^2}, [a,b]=c^p\rangle$, 其中 $p>2$, $r=1,2,\cdots,p-2$ 使得 $-r\notin(\mathrm{F}_p^*)^2$. 此时 $|G|=p^8$, $G'=\langle a^{p^2},b^{p^2},c^p\rangle\cong \mathrm{C}_p^3$, $\Phi(G)=Z(G)=\langle a^p,b^p,c^p\rangle\cong \mathrm{C}_{p^2}\times\mathrm{C}_{p^2}\times\mathrm{C}_p$.

(D8) $\langle a,b,c \mid a^8=b^8=c^4=1, [b,c]=a^4b^4, [c,a]=b^4, [a,b]=c^2\rangle$. 此时 $|G|=2^8$, $G'=\langle a^4,b^4,c^2\rangle\cong \mathrm{C}_2^3$, $\Phi(G)=Z(G)=\langle a^2,b^2,c^2\rangle\cong \mathrm{C}_4\times\mathrm{C}_4\times\mathrm{C}_2$.

(Diii) G/G' 的型不变量是 (p,p,p), 其中 $p>2$.

(D9) $\langle a,b,c \mid a^{p^2}=b^{p^2}=c^{p^2}=1, [b,c]=a^p, [c,a]=b^p, [a,b]=c^p\rangle$. 此时 $|G|=p^6$, $\Phi(G)=Z(G)=G'=\langle a^p,b^p,c^p\rangle\cong \mathrm{C}_p^3$.

(D10) $\langle a,b,c \mid a^{p^2}=b^{p^2}=c^{p^2}=1, [b,c]=a^p, [c,a]=c^{-p}, [a,b]=b^p\rangle$. 此时 $|G|=p^6$, $\Phi(G)=Z(G)=G'=\langle a^p,b^p,c^p\rangle\cong \mathrm{C}_p^3$.

(D11) $\langle a,b,c \mid a^{p^2}=b^{p^2}=c^{p^2}=1,[b,c]=a^p,[c,a]=c^{-p},[a,b]=b^pc^{\nu p}\rangle$, 其中 $\nu=1$ 或者是一个固定的模 p 的平方非剩余. 此时 $|G|=p^6$, $\Phi(G)=Z(G)=G'=\langle a^p,b^p,c^p\rangle\cong \mathrm{C}_p^3$.

(D12) $\langle a,b,c \mid a^{p^2}=b^{p^2}=c^{p^2}=1,[b,c]=a^p,[c,a]^{1+r}=b^{rp}c^{-p},[a,b]^{1+r}=b^pc^p\rangle$, 其中 $r=1,2,\cdots,p-2$. 此时 $|G|=p^6$, $\Phi(G)=Z(G)=G'=\langle a^p,b^p,c^p\rangle\cong \mathrm{C}_p^3$.

(D13) $\langle a,b,c \mid a^{p^2}=b^{p^2}=c^{p^2}=1,[b,c]=a^{-p}b^pc^p,[c,a]=a^{-p}b^p,[a,b]=a^p\rangle$. 此时 $|G|=p^6$, $\Phi(G)=Z(G)=G'=\langle a^p,b^p,c^p\rangle\cong \mathrm{C}_p^3$.

(D14) $\langle a,b,c;d \mid a^{p^2}=b^{p^2}=c^p=d^p=1,[b,c]=a^p,[c,a]=b^{\nu p},[a,b]=d,[d,a]=[d,b]=[d,c]=1\rangle$, 其中 $p>2$, $\nu=1$ 或者是一个固定的模 p 的平方非剩余使得 $-\nu\notin(\mathrm{F}_p^*)^2$. 此时 $|G|=p^6$, $\Phi(G)=Z(G)=G'=\langle a^p,b^p,d\rangle\cong \mathrm{C}_p^3$.

(D15) $\langle a,b,c;d \mid a^{p^2}=b^{p^2}=c^p=d^p=1,[b,c]=a^p,[c,a]=d,[a,b]=b^p,[d,a]=[d,b]=[d,c]=1\rangle$, 其中 $p>2$. 此时 $|G|=p^6$, $\Phi(G)=Z(G)=G'=\langle a^p,b^p,d\rangle\cong \mathrm{C}_p^3$.

(D16) $\langle a,b,c;d \mid a^p=b^{p^2}=c^{p^2}=d^p=1,[b,c]=d,[c,a]^{1+r}=b^{rp}c^{-p},[a,b]^{1+r}=b^pc^p,[d,a]=[d,b]=[d,c]=1\rangle$, 其中 $p>2$, $r=1,2,\cdots,p-2$ 使得 $-r\notin(\mathrm{F}_p^*)^2$. 此时 $|G|=p^6$, $\Phi(G)=Z(G)=G'=\langle b^p,c^p,d\rangle\cong \mathrm{C}_p^3$.

(Div) G/G' 的型不变量是 $(2,2,2)$.

(D17) $\langle a,b,c;d \mid a^4=b^2=c^4=d^2=1,[b,c]=d,[c,a]=a^2,[a,b]=c^2,[d,a]=[d,b]=[d,c]=1\rangle$. 此时 $\Phi(G)=Z(G)=G'=\langle a^2,c^2,d\rangle\cong \mathrm{C}_2^3$.

(D18) $\langle a,b,c;d \mid a^4=b^4=c^4=d^2=1,[b,c]=d,[c,a]=a^2,[a,b]=b^2=c^2,[d,a]=[d,b]=[d,c]=1\rangle$. 此时 $\Phi(G)=Z(G)=G'=\langle a^2,b^2,d\rangle\cong \mathrm{C}_2^3$.

(D19) $\langle a,b,c;d \mid a^4=b^4=c^4=d^2=1,[b,c]=d,[c,a]=a^2b^2,[a,b]=a^2=c^2,[d,a]=[d,b]=[d,c]=1\rangle$. 此时 $\Phi(G)=Z(G)=G'=\langle a^2,b^2,d\rangle\cong \mathrm{C}_2^3$.

定理 9.4.5 *G有唯一的内交换极大子群当且仅当G是下列互不同构的群之一.*

(Ei) $p>2$. 此时 $p=3$, $(\mu_0,\mu_1,\mu_2)=(0,1,3)$, 除了(E2)之外, 均有 $\alpha_1(G)=10$, 而 $\alpha_1((\mathrm{E2}))=28$.

(E1) $\langle s_1,s;s_2 \mid {s_1}^9={s_2}^9=1,s^3=s_2^{3\delta},[s_1,s]=s_2,[s_2,s]={s_2}^{-3}{s_1}^{-3},[s_2,s_1]=s_2^3\rangle$, 其中 $\delta=0,1,2$. 此时 $|G|=3^5$, $c(G)=4$, $\Phi(G)=G'=\langle s_1^3,s_2\rangle\cong \mathrm{C}_3\times\mathrm{C}_9$, $Z(G)=\langle s_2^3\rangle\cong\mathrm{C}_3$.

(E2) $\langle a,b;c \mid a^{3^2}=b^{3^2}=c^3=1,[b,a]=c,[c,a]=a^3,[c,b]=b^{-3}\rangle$. 此时 $|G|=3^5$, $c(G)=3$, $\Phi(G)=G'=\langle a^3,b^3,c\rangle\cong[s_2,s_1]_3^3$, $Z(G)=\langle a^3,b^3\rangle\cong\mathrm{C}_3^2$.

(E3) $\langle s_1,\beta;s_2,x \mid {s_1}^9={s_2}^9=x^3=1,\ \beta^3=x,\ [s_1,\beta]=s_2,\ [s_2,\beta]={s_2}^{-3}{s_1}^{-3}$, $[s_1,s_2]=x,\ [x,s_1]=[x,\beta]=1\rangle$. 此时 $|G|=3^6$, $c(G)=4$, $\Phi(G)=G'=\langle s_1^3,s_2,x\rangle\cong \mathrm{C}_9\times\mathrm{C}_3\times\mathrm{C}_3$, $Z(G)=\langle s_2^3,x\rangle\cong\mathrm{C}_3^2$.

(E4) $\langle s_1,\beta;s_2,x \mid {s_1}^9={s_2}^9=x^3=1,\beta^3={s_2}^3x,[s_1,\beta]=s_2,[s_2,\beta]={s_2}^{-3}{s_1}^{-3}$, $[s_1,s_2]=x,[x,s_1]=[x,\beta]=1\rangle$. 此时 $|G|=3^6$, $c(G)=4$, $\Phi(G)=G'=\langle s_1^3,s_2,x\rangle\cong$

$C_9 \times C_3 \times C_3$, $Z(G) = \langle s_2^3, x\rangle \cong C_3^2$.

(E5) $\langle \alpha, \beta; s_1, s_2, x \mid {s_1}^9 = {s_2}^3 = x^3 = 1, \beta^3 = x^2, \alpha^3 = {s_2}^{-1}, [\alpha, \beta] = s_1, [s_1, \alpha] = x, [s_1, \beta] = s_2, [s_2, \beta] = {s_1}^{-3}, [s_1, s_2] = [x, \alpha] = [x, \beta] = 1\rangle$. 此时 $|G| = 3^6$, $c(G) = 4$, $\Phi(G) = G' = \langle s_1, s_2, x\rangle \cong C_9 \times C_3 \times C_3$, $Z(G) = \langle s_1^3, x\rangle \cong C_3^2$.

(E6) $\langle \alpha, \beta; s_1, s_2, x \mid {s_1}^9 = {s_2}^3 = x^3 = 1, \beta^3 = x, \alpha^3 = {s_2}^{-1}x, [\alpha, \beta] = s_1, [s_1, \alpha] = x, [s_1, \beta] = s_2, [s_2, \beta] = {s_1}^{-3}, [s_1, s_2] = [x, \alpha] = [x, \beta] = 1\rangle$. 此时 $|G| = 3^6$, $c(G) = 4$, $\Phi(G) = G' = \langle s_1, s_2, x\rangle \cong C_9 \times C_3 \times C_3$, $Z(G) = \langle s_1^3, x\rangle \cong C_3^2$.

(Eii) $p = 2$.

(E7) $\langle a, b \mid a^{16} = 1, b^{2^{s+t+2}} = a^{2^{s+t'+2}}, [a, b] = a^2\rangle$, 其中 s, t, t' 是非负整数满足 $1 \leqslant s + t' \leqslant 2$, $tt' = 0$, 若 $t' \neq 0$, 则 $s + t' = 2$. 此时 $|G| = 2^{s+t+6}$, $c(G) = 4$, $\Phi(G) = \langle a^2, b^2\rangle \cong C_8 \times C_{2^{t-t'+3}}$, $G' = \langle a^2\rangle \cong C_8$, $Z(G) = \langle a^8, b^4\rangle \cong C_2 \times C_{2^{t-t'+2}}$, $(\mu_0, \mu_1, \mu_2) = (0, 1, 2)$, $\alpha_1(G) = 5$.

(E8) $\langle a, b, c \mid a^2 = b^8 = 1, c^2 = b^{4t}, [a, b] = b^4, [a, c] = 1, [c, b] = b^2\rangle$, 其中 $t = 0, 1$. 此时 $|G| = 2^5$, $c(G) = 3$, $\Phi(G) = G' = \langle b^2\rangle \cong C_4$, $Z(G) = \langle b^4\rangle \cong C_2$, $(\mu_0, \mu_1, \mu_2) = (0, 1, 6)$, $\alpha_1(G) = 9$.

(E9) $\langle a, b, c; d \mid a^4 = b^4 = c^2 = d^2 = 1, [a, b] = b^2, [c, a] = a^2b^2, [c, b] = d, [d, a] = [d, b] = [d, c] = 1\rangle$. 此时 $|G| = 2^6$, $c(G) = 2$, $\Phi(G) = Z(G) = G' = \langle a^2, b^2, d\rangle \cong C_2^3$, $(\mu_0, \mu_1, \mu_2) = (0, 1, 6)$, $\alpha_1(G) = 25$.

(E10) $\langle a, b, c; d \mid a^4 = b^4 = c^2 = d^2 = 1, [a, b] = a^2, [c, a] = a^2b^2, [c, b] = d, [d, a] = [d, b] = [d, c] = 1\rangle$. 此时 $|G| = 2^6$, $c(G) = 2$, $\Phi(G) = Z(G) = G' = \langle a^2, b^2, d\rangle \cong C_2^3$, $(\mu_0, \mu_1, \mu_2) = (0, 1, 6)$, $\alpha_1(G) = 25$.

9.4.2　无内交换极大子群的 $\mathcal{A}_3$ 群

本节列出无内交换的极大子群的 $\mathcal{A}_3$ 群的分类结果. 这样的 $\mathcal{A}_3$ 群有 150 个互不同构的类型. 定理 9.4.6—定理 9.4.10 给出无内交换的极大子群但有交换极大子群的 $\mathcal{A}_3$ 群. 定理 9.4.11—定理 9.4.15 给出无内交换的极大子群且无交换极大子群的 $\mathcal{A}_3$ 群.

1. G 有交换极大子群

本节的定理 9.4.6—定理 9.4.10 总假设 G 是无内交换的极大子群但有交换极大子群的 $\mathcal{A}_3$ 群.

定理 9.4.6　$d(G) = 2$ 且 $c(G) = 4$ 当且仅当 G 同构于下列互不同构的群之一.

(F1) $\langle a, b \mid a^{16} = b^{2^m} = 1, [a, b] = a^{-2}\rangle$. 此时 $|G| = 2^{m+4}$, $G' = \langle a^2\rangle \cong C_8$, 若 $m > 1$, 则 $\Phi(G) = \langle a^2, b^2\rangle \cong C_8 \times C_{2^{m-1}}$, $Z(G) = \langle a^8, b^2\rangle \cong C_2 \times C_{2^{m-1}}$; 若 $m = 1$, 则 $\Phi(G) \cong C_8$, $Z(G) \cong C_2$.

(F2) $\langle a,b \mid a^{16}=b^{2^m}=1,[a,b]=a^6\rangle$. 此时 $|G|=2^{m+4}$, $G'=\langle a^2\rangle\cong \mathrm{C}_8$, 若 $m>1$, 则 $\Phi(G)=\langle a^2,b^2\rangle\cong \mathrm{C}_8\times \mathrm{C}_{2^{m-1}}$, $Z(G)=\langle a^8,b^2\rangle\cong \mathrm{C}_2\times \mathrm{C}_{2^{m-1}}$; 若 $m=1$, 则 $\Phi(G)\cong \mathrm{C}_8$, $Z(G)\cong \mathrm{C}_2$.

(F3) $\langle a,b \mid a^{16}=1,b^{2^m}=a^8,[a,b]=a^{-2}\rangle$. 此时 $|G|=2^{m+4}$, $G'=\langle a^2\rangle\cong \mathrm{C}_8$, 若 $m=1$, 则 $\Phi(G)=\langle a^2,b^2\rangle\cong \mathrm{C}_8$; 若 $m=2$, 则 $\Phi(G)\cong \mathrm{C}_8\times \mathrm{C}_2$, 若 $m>2$, 则 $\Phi(G)\cong \mathrm{C}_{2^m}\times \mathrm{C}_{2^2}$. $Z(G)=\langle b^2\rangle\cong \mathrm{C}_{2^m}$.

(F4) $\langle a_1,b;a_2 \mid a_1^9=a_2^9=b^{3^m}=1,[a_1,b]=a_2,[a_2,b]=a_1^{-3}a_2^{3t},[a_1,a_2]=1\rangle$, 其中 $t=1,2$. 此时 $|G|=3^{m+4}$, $G'=\langle a_2,a_1^3\rangle\cong \mathrm{C}_3\times \mathrm{C}_9$, 若 $m>1$, 则 $\Phi(G)=\langle a_2,a_1^3,b^3\rangle\cong \mathrm{C}_3\times \mathrm{C}_9\times \mathrm{C}_{3^{m-1}}$, $Z(G)=\langle a_2^3,b^3\rangle\cong \mathrm{C}_3\times \mathrm{C}_{3^{m-1}}$; 若 $m=1$, 则 $\Phi(G)\cong \mathrm{C}_3\times \mathrm{C}_9$, $Z(G)\cong \mathrm{C}_3$.

(F5) $\langle a_1,b;a_2 \mid a_1^9=a_2^9=1,b^{3^m}=a_2^{-3},[a_1,b]=a_2,[a_2,b]=a_1^{-3}a_2^{-3},[a_1,a_2]=1\rangle$; 此时 $|G|=3^{m+4}$, $G'=\langle a_2,a_1^3\rangle\cong \mathrm{C}_9\times \mathrm{C}_3$, $Z(G)=\langle b^3\rangle\cong \mathrm{C}_{3^m}$. 若 $m=1$, 则 $\Phi(G)=\langle a_2,a_1^3,b^3\rangle\cong \mathrm{C}_9\times \mathrm{C}_3$, 若 $m>1$, 则 $\Phi(G)\cong \mathrm{C}_{3^m}\times \mathrm{C}_3\times \mathrm{C}_3$.

(F6) $\langle a_1,b;a_2,a_3,a_4 \mid a_i^p=b^{p^m}=1,[a_j,b]=a_{j+1},[a_4,b]=1,[a_i,a_j]=1\rangle$, 其中 $p\geqslant 5$, $1\leqslant i\leqslant 4$, $1\leqslant j\leqslant 3$. 此时 $|G|=p^{m+4}$, $G'=\langle a_2,a_3,a_4\rangle\cong \mathrm{C}_p^3$, 若 $m>1$, 则 $\Phi(G)=\langle a_2,a_3,a_4,b^p\rangle\cong \mathrm{C}_p^3\times \mathrm{C}_{p^{m-1}}$, $Z(G)=\langle a_4,b^p\rangle\cong \mathrm{C}_p\times \mathrm{C}_{p^{m-1}}$; 若 $m=1$, 则 $\Phi(G)\cong \mathrm{C}_p^3$, $Z(G)\cong \mathrm{C}_p$.

(F7) $\langle a_1,b;a_2,a_3 \mid a_i^p=b^{p^{m+1}}=1,[a_j,b]=a_{j+1},[a_3,b]=b^{p^m},[a_i,a_j]=1\rangle$, 其中 $p\geqslant 5$, $1\leqslant i\leqslant 3$, $1\leqslant j\leqslant 2$. 此时 $|G|=p^{m+4}$, $G'=\langle a_2,a_3,b^{p^m}\rangle\cong \mathrm{C}_p^3$, $\Phi(G)=\langle a_2,a_3,b^p\rangle\cong \mathrm{C}_p^2\times \mathrm{C}_{p^m}$, $Z(G)=\langle b^p\rangle\cong \mathrm{C}_{p^m}$.

(F8) $\langle a_1,b;a_2,a_3 \mid a_1^{p^2}=a_i^p=b^{p^m}=1,[a_j,b]=a_{j+1},[a_3,b]=a_1^{tp},[a_i,a_j]=1\rangle$, 其中 $2\leqslant i\leqslant 3$, $1\leqslant j\leqslant 2$, $t=t_1,t_2,\cdots,t_{(3,p-1)}$, $p\geqslant 5$, $t_1,t_2,\cdots,t_{(3,p-1)}$ 是 F_p^* 的子群 $(\mathrm{F}_p^*)^3$ 的陪集代表元. 此时 $|G|=p^{m+4}$, $G'=\langle a_2,a_3,a_1^p\rangle\cong \mathrm{C}_p^3$, 若 $m>1$, 则 $\Phi(G)=\langle a_2,a_3,a_1^p,b^p\rangle\cong \mathrm{C}_p^3\times \mathrm{C}_{p^{m-1}}$, $Z(G)=\langle a_1^p,b^p\rangle\cong \mathrm{C}_p\times \mathrm{C}_{p^{m-1}}$; 若 $m=1$, 则 $\Phi(G)\cong \mathrm{C}_p^3$, $Z(G)\cong \mathrm{C}_p$.

进一步地, $(\mu_0,\mu_1,\mu_2)=(1,0,p)$ 且 $\alpha_1(G)=p^2$.

定理 9.4.7 $d(G)=2$ 且 $c(G)=3$ 当且仅当 G 同构于下列互不同构的群之一.

(Gi) $G'\cong \mathrm{C}_{p^2}$.

(G1) $\langle a,b;c \mid a^8=1,c^2=a^4=b^4,[a,b]=c,[c,a]=1,[c,b]=c^2\rangle$. 此时 $|G|=2^6$, $\Phi(G)=\langle a^2,b^2,c\rangle\cong \mathrm{C}_2\times \mathrm{C}_2\times \mathrm{C}_4$, $G'=\langle c\rangle$, $Z(G)=\langle ca^2,b^2\rangle\cong \mathrm{C}_2\times \mathrm{C}_4$.

(G2) $\langle a,b;c \mid a^8=b^4=1,c^2=a^4,[a,b]=c,[c,a]=1,[c,b]=c^2\rangle$. 此时 $|G|=2^6$, $\Phi(G)=\langle a^2,b^2,c\rangle\cong \mathrm{C}_2\times \mathrm{C}_2\times \mathrm{C}_4$, $G'=\langle c\rangle$, $Z(G)=\langle ca^2,b^2\rangle\cong \mathrm{C}_2^2$.

(G3) $\langle a,b;c \mid a^8=b^4=1,c^2=a^4,[a,b]=c,[c,a]=c^2,[c,b]=1\rangle$. 此时 $|G|=2^6$, $\Phi(G)=\langle a^2,b^2,c\rangle\cong \mathrm{C}_4\times \mathrm{C}_2^2$, $G'=\langle c\rangle$, $Z(G)=\langle a^2,cb^2\rangle\cong \mathrm{C}_4\times \mathrm{C}_2$.

(G4) $\langle a,b;c \mid a^{2^{n+1}}=b^4=1,c^2=a^{2^n},[a,b]=c,[c,a]=c^2,[c,b]=1\rangle$, 其中

$n>2$. 此时 $|G|=2^{n+4}$, $\Phi(G)=\langle a^2,b^2,c\rangle\cong \mathrm{C}_{2^n}\times \mathrm{C}_2^2$, $G'=\langle c\rangle$, $Z(G)=\langle a^2,cb^2\rangle\cong \mathrm{C}_{2^n}\times \mathrm{C}_2$.

(G5) $\langle a,b;c\mid a^{2^n}=b^8=1,c^2=b^4,[a,b]=c,[c,a]=c^2,[c,b]=1\rangle$, 其中 $n>2$. 此时 $|G|=2^{n+4}$, $\Phi(G)=\langle a^2,b^2,c\rangle\cong \mathrm{C}_{2^{n-1}}\times \mathrm{C}_2\times \mathrm{C}_4$, $G'=\langle c\rangle$, $Z(G)=\langle a^2,cb^2\rangle\cong \mathrm{C}_{2^{n-1}}\times \mathrm{C}_2$.

(G6) $\langle a,b;c\mid a^{2^n}=b^4=c^4=1,[a,b]=c,[c,a]=c^2,[c,b]=1\rangle$, 其中 $n>2$. 此时 $|G|=2^{n+4}$, $\Phi(G)=\langle a^2,b^2,c\rangle\cong \mathrm{C}_{2^{n-1}}\times \mathrm{C}_2\times \mathrm{C}_4$, $G'=\langle c\rangle$, $Z(G)=\langle a^2,cb^2\rangle\cong \mathrm{C}_{2^{n-1}}\times \mathrm{C}_4$.

(Gii) $G'\cong \mathrm{C}_p^2$.

(G7) $\langle a,b;c\mid a^{p^3}=b^{p^2}=c^p=1,[a,b]=c,[c,a]=1,[c,b]=a^{\nu p^2}\rangle$, 其中 $p>2$, $\nu=1$ 或者是一个固定的模 p 的平方非剩余. 此时 $|G|=p^6$, $\Phi(G)=\langle a^p,b^p,c\rangle\cong \mathrm{C}_{p^2}\times \mathrm{C}_p^2$, $G'=\langle a^{p^2},c\rangle$, $Z(G)=\langle a^p,b^p\rangle\cong \mathrm{C}_{p^2}\times \mathrm{C}_p$.

(G8) $\langle a,b;c,d\mid a^{p^2}=b^{p^2}=c^p=d^p=1,[a,b]=c,[c,a]=d,[c,b]=1,[d,a]=[d,b]=1\rangle$, 其中 $p>2$; 此时 $|G|=p^6$, $\Phi(G)=\langle a^p,b^p,c,d\rangle\cong \mathrm{C}_p^4$, $G'=\langle c,d\rangle$, $Z(G)=\langle a^p,b^p,d\rangle\cong \mathrm{C}_p^3$.

(G9) $\langle a,b;c\mid a^{p^3}=b^{p^2}=c^p=1,[a,b]=c,[c,a]=a^{p^2},[c,b]=1\rangle$, 其中 $p>2$. 此时 $|G|=p^6$, $\Phi(G)=\langle a^p,b^p,c\rangle\cong \mathrm{C}_{p^2}\times \mathrm{C}_p^2$, $G'=\langle a^{p^2},c\rangle$, $Z(G)=\langle a^p,b^p\rangle\cong \mathrm{C}_{p^2}\times \mathrm{C}_p$.

(G10) $\langle a,b;c\mid a^{p^{n+1}}=b^{p^2}=c^p=1,[a,b]=c,[c,a]=a^{p^n},[c,b]=1\rangle$, 其中 $p>2$ 且 $n>2$. 此时 $|G|=p^{n+4}$, $\Phi(G)=\langle a^p,b^p,c\rangle\cong \mathrm{C}_{p^n}\times \mathrm{C}_p^2$, $G'=\langle a^{p^n},c\rangle$, $Z(G)=\langle a^p,b^p\rangle\cong \mathrm{C}_{p^n}\times \mathrm{C}_p$.

(G11) $\langle a,b;c\mid a^{p^n}=b^{p^3}=c^p=1,[a,b]=c,[c,a]=b^{\nu p^2},[c,b]=1\rangle$, 其中 $p>2$, $n>2$, $\nu=1$ 或者是一个固定的模 p 的平方非剩余. 此时 $|G|=p^{n+4}$, $\Phi(G)=\langle a^p,b^p,c\rangle\cong \mathrm{C}_{p^{n-1}}\times \mathrm{C}_{p^2}\times \mathrm{C}_p$, $G'=\langle b^{p^2},c\rangle$, $Z(G)=\langle a^p,b^p\rangle\cong \mathrm{C}_{p^{n-1}}\times \mathrm{C}_{p^2}$.

(G12) $\langle a,b;c,d\mid a^{p^n}=b^{p^2}=c^p=d^p=1,[a,b]=c,[c,a]=d,[c,b]=1,[d,a]=[d,b]=1\rangle$, 其中 $p>2$ 且 $n>2$. 此时 $|G|=p^{n+4}$, $\Phi(G)=\langle a^p,b^p,c,d\rangle\cong \mathrm{C}_{p^{n-1}}\times \mathrm{C}_p^3$, $G'=\langle c,d\rangle$, $Z(G)=\langle a^p,b^p,d\rangle\cong \mathrm{C}_{p^{n-1}}\times \mathrm{C}_p^2$.

进一步地, $(\mu_0,\mu_1,\mu_2)=(1,0,p)$, $\alpha_1(G)=p^3$.

定理 9.4.8　$d(G)=3$ 且 $\Phi(G)\leqslant Z(G)$ 当且仅当 G 同构于下列互不同构的群之一.

(Hi) $\Phi(G)<Z(G)$, $G'\cong \mathrm{C}_p$ 且 $c(G)=2$. 此种情形下, $(\mu_0,\mu_1,\mu_2)=(1+p,0,p^2)$, $\alpha_1(G)=p^4$.

(H1) $\langle a,b,c\mid a^{p^{n+1}}=b^{p^m}=c^{p^2}=1,\ [a,b]=a^{p^n},\ [c,a]=[c,b]=1\rangle\cong \mathrm{M}_p(n+1,m)\times \mathrm{C}_{p^2}$, 其中 $\min\{n,m\}\geqslant 2$. 此时 $|G|=p^{n+m+3}$, $\Phi(G)=\langle a^p,b^p,c^p\rangle\cong \mathrm{C}_{p^n}\times \mathrm{C}_{p^{m-1}}\times \mathrm{C}_p$, $G'=\langle a^{p^n}\rangle$, $Z(G)=\langle a^p,b^p,c\rangle\cong \mathrm{C}_{p^n}\times \mathrm{C}_{p^{m-1}}\times \mathrm{C}_{p^2}$.

(H2) $\langle a,b,c;d\mid a^{p^n}=b^{p^m}=c^{p^2}=d^p=1,\ [a,b]=d,\ [c,a]=[c,b]=1\rangle\cong$

$\mathrm{M}_p(n,m,1)\times \mathrm{C}_{p^2}$, 其中 $n\geqslant m\geqslant 2$. 此时 $|G|=p^{n+m+3}$, $\Phi(G)=\langle a^p,b^p,c^p,d\rangle\cong \mathrm{C}_{p^{n-1}}\times \mathrm{C}_{p^{m-1}}\times \mathrm{C}_p\times \mathrm{C}_p$, $G'=\langle d\rangle$, $Z(G)=\langle a^p,b^p,c,d\rangle\cong \mathrm{C}_{p^{n-1}}\times \mathrm{C}_{p^{m-1}}\times \mathrm{C}_{p^2}\times \mathrm{C}_p$.

(H3) $\langle a,b,c\mid a^{p^n}=b^{p^m}=c^{p^3}=1,\ [a,b]=c^{p^2},\ [c,a]=[c,b]=1\rangle\cong \mathrm{M}_p(n,m,1)*C_{p^3}$, 其中 $n\geqslant m\geqslant 2$. 此时 $|G|=p^{n+m+3}$, $\Phi(G)=\langle a^p,b^p,c^p\rangle\cong \mathrm{C}_{p^{n-1}}\times \mathrm{C}_{p^{m-1}}\times \mathrm{C}_{p^2}$, $G'=\langle c^{p^2}\rangle$, $Z(G)=\langle a^p,b^p,c\rangle\cong \mathrm{C}_{p^{n-1}}\times \mathrm{C}_{p^{m-1}}\times \mathrm{C}_{p^3}$.

(Hii) $\Phi(G)=Z(G)$, $G'\cong \mathrm{C}_p^2$ 且 $c(G)=2$. 此种情形下, $(\mu_0,\mu_1,\mu_2)=(1,0,p+p^2)$, $\alpha_1(G)=p^4+p^3$.

(H4) $\langle a,b,c\mid a^{p^l}=b^{p^2}=c^{p^2}=1,[b,c]=1,[c,a]=c^p,[a,b]=b^{-p}\rangle$, 其中 $p>2$, $l\geqslant 2$; 此时 $|G|=p^{l+4}$, $\Phi(G)=Z(G)=\langle a^p,b^p,c^p\rangle\cong \mathrm{C}_{p^{l-1}}\times \mathrm{C}_p^2$, $G'=\langle b^p,c^p\rangle$.

(H5) $\langle a,b,c\mid a^{p^l}=b^{p^3}=c^{p^3}=1,[b,c]=1,[c,a]=b^{p^2}c^{tp^2},[a,b]=b^{-tp^2}c^{\nu p^2}\rangle$, 其中 $p>2, l\geqslant 2, \nu=1$ 或者是一个固定的模 p 的平方非剩余使得 $-\nu\notin(\mathrm{F}_p^*)^2$ 且 $t\in\left\{0,1,\cdots,\dfrac{p-1}{2}\right\}$. 此时 $|G|=p^{l+6}$, $\Phi(G)=Z(G)=\langle a^p,b^p,c^p\rangle\cong \mathrm{C}_{p^{l-1}}\times \mathrm{C}_{p^2}\times \mathrm{C}_{p^2}$, $G'=\langle b^{p^2},c^{p^2}\rangle$.

(H6) $\langle a,b,c\mid a^{2^l}=b^4=c^4=1,[b,c]=1,[c,a]=c^2,[a,b]=b^2\rangle$. 此时 $|G|=2^{l+4}$, $G'=\langle b^2,c^2\rangle$, 若 $l>1$, 则 $\Phi(G)=Z(G)=\langle a^2,b^2,c^2\rangle\cong \mathrm{C}_{2^{l-1}}\times \mathrm{C}_2\times \mathrm{C}_2$, 若 $l=1$, 则 $\Phi(G)=Z(G)\cong \mathrm{C}_2\times \mathrm{C}_2$.

(H7) $\langle a,b,c\mid a^{2^l}=b^8=c^8=1,[b,c]=1,[c,a]=b^4,[a,b]=b^4c^4\rangle$, 其中 $l\geqslant 2$. 此时 $|G|=2^{l+6}$, $\Phi(G)=Z(G)=\langle a^2,b^2,c^2\rangle\cong \mathrm{C}_{2^{l-1}}\times \mathrm{C}_4\times \mathrm{C}_4$, $G'=\langle b^4,c^4\rangle$.

(H8) $\langle a,b,c\mid a^{p^{l+1}}=b^{p^3}=c^{p^2}=1,[b,c]=1,[c,a]=b^{p^2},[a,b]=a^{p^l}\rangle$, 其中 $l\geqslant 2$. 此时 $|G|=p^{l+6}$, $\Phi(G)=Z(G)=\langle a^p,b^p,c^p\rangle\cong \mathrm{C}_{p^l}\times \mathrm{C}_{p^2}\times \mathrm{C}_p$, $G'=\langle a^{p^l},b^{p^2}\rangle$.

(H9) $\langle a,b,c;x\mid a^{p^l}=b^{p^2}=c^{p^2}=x^p=1,[a,b]=c^p,[a,c]=x,[b,c]=[x,a]=[x,b]=[x,c]=1\rangle$, 其中 $l\geqslant 2$. 此时 $|G|=p^{l+5}$, $\Phi(G)=Z(G)=\langle a^p,b^p,c^p,x\rangle\cong \mathrm{C}_{p^{l-1}}\times \mathrm{C}_p^3$, $G'=\langle c^p,x\rangle$.

(H10) $\langle a,b,c;x,y\mid a^{p^l}=b^p=c^p=x^p=y^p=1,[a,b]=x,[a,c]=y,[b,c]=[x,a]=[x,b]=[x,c]=[y,a]=[y,b]=[y,c]=1\rangle$, 其中当 $p=2$ 时, $l\geqslant 2$. 此时 $|G|=p^{l+4}$, $\Phi(G)=Z(G)=\langle a^p,x,y\rangle\cong \mathrm{C}_{p^{l-1}}\times \mathrm{C}_p^2$, $G'=\langle x,y\rangle$.

定理 9.4.9 $d(G)=3$ 且 $\Phi(G)\nleqslant Z(G)$ 当且仅当 G 同构于下列互不同构的群之一.

(Ii) $|G'|=p^2$ 且 $c(G)=3$. 此种情形下, $Z(G)\nleqslant \Phi(G)$, $(\mu_0,\mu_1,\mu_2)=(1,0,p^2+p)$, $\alpha_1(G)=p^3$.

(I1) $\langle a,b,x\mid a^8=b^{2^m}=x^2=1,[a,b]=a^{-2},[x,a]=[x,b]=1\rangle=\langle a,b\rangle\times\langle x\rangle$. 此时 $|G|=2^{m+4}$, $G'=\langle a^2\rangle\cong \mathrm{C}_4$, 若 $m>1$, 则 $\Phi(G)=\langle a^2,b^2\rangle\cong \mathrm{C}_{2^{m-1}}\times \mathrm{C}_4$, $Z(G)=\langle a^4,b^2,x\rangle\cong \mathrm{C}_{2^{m-1}}\times \mathrm{C}_2^2$. 若 $m=1$, 则 $\Phi(G)\cong \mathrm{C}_4$, $Z(G)\cong \mathrm{C}_2^2$.

(I2) $\langle a,b,x\mid a^8=b^{2^m}=1,x^2=a^4,[a,b]=a^{-2},[x,a]=[x,b]=1\rangle=\langle a,b\rangle*\langle x\rangle$.

此时 $|G| = 2^{m+4}$, $G' = \langle a^2 \rangle \cong \mathrm{C}_4$, 若 $m > 1$, 则 $\Phi(G) = \langle a^2, b^2 \rangle \cong \mathrm{C}_{2^{m-1}} \times \mathrm{C}_4$, $Z(G) = \langle b^2, x \rangle \cong \mathrm{C}_{2^{m-1}} \times \mathrm{C}_4$. 若 $m = 1$, 则 $\Phi(G) \cong \mathrm{C}_4$, $Z(G) \cong \mathrm{C}_4$.

(I3) $\langle a, b, x \mid a^8 = b^{2^m} = x^2 = 1, [a, b] = a^2, [x, a] = [x, b] = 1 \rangle = \langle a, b \rangle \times \langle x \rangle$. 此时 $|G| = 2^{m+4}$, $G' = \langle a^2 \rangle \cong \mathrm{C}_4$, 若 $m > 1$, 则 $\Phi(G) = \langle a^2, b^2 \rangle \cong \mathrm{C}_{2^{m-1}} \times \mathrm{C}_4$, $Z(G) = \langle a^4, b^2, x \rangle \cong \mathrm{C}_{2^{m-1}} \times \mathrm{C}_2^2$, 若 $m = 1$, 则 $\Phi(G) \cong \mathrm{C}_4$, $Z(G) \cong \mathrm{C}_2^2$.

(I4) $\langle a, b, x \mid a^8 = x^2 = 1, b^{2^m} = a^4, [a, b] = a^{-2}, [x, a] = [x, b] = 1 \rangle = \langle a, b \rangle \times \langle x \rangle$. 此时 $|G| = 2^{m+4}$, $G' = \langle a^2 \rangle \cong \mathrm{C}_4$, $Z(G) = \langle b^2, x \rangle \cong \mathrm{C}_{2^m} \times \mathrm{C}_2$. 若 $m = 1$, 则 $\Phi(G) = \langle a^2, b^2 \rangle \cong \mathrm{C}_4$. 若 $m > 1$, 则 $\Phi(G) = \langle a^2, b^2 \rangle \cong \mathrm{C}_{2^m} \times \mathrm{C}_2$.

(I5) $\langle a_1, b, x; a_2, a_3 \mid a_1^p = a_2^p = a_3^p = b^{p^m} = x^p = 1, [a_1, b] = a_2, [a_2, b] = a_3, [a_3, b] = 1, [a_2, a_1] = [a_3, a_1] = [a_3, a_2] = [x, a_1] = [x, b] = 1 \rangle = \langle a_1, b \rangle \times \langle x \rangle$, 其中当 $m = 1$ 且 $p > 2$ 时, $p > 3$. 此时 $|G| = p^{m+4}$, $G' = \langle a_2, a_3 \rangle \cong \mathrm{C}_p^2$, 若 $m > 1$, 则 $\Phi(G) = \langle a_2, a_3, b^p \rangle \cong \mathrm{C}_{p^{m-1}} \times \mathrm{C}_p^2$, $Z(G) = \langle a_3, b^p, x \rangle \cong \mathrm{C}_{p^{m-1}} \times \mathrm{C}_p^2$. 若 $m = 1$, 则 $\Phi(G) \cong \mathrm{C}_p^2$, $Z(G) \cong \mathrm{C}_p^2$.

(I6) $\langle a_1, x, b; a_2 \mid a_1^p = a_2^p = b^{p^m} = x^{p^2} = 1, [a_1, b] = a_2, [a_2, b] = x^p, [a_2, a_1] = [x, a_1] = [x, b] = 1 \rangle = \langle a_1, b \rangle * \langle x \rangle$, 其中 $p > 2$. 此时 $|G| = p^{m+4}$, $G' = \langle a_2, x^p \rangle \cong \mathrm{C}_p^2$, 若 $m > 1$, 则 $\Phi(G) = \langle a_2, b^p, x^p \rangle \cong \mathrm{C}_{p^{m-1}} \times \mathrm{C}_p^2$, $Z(G) = \langle x, b^p \rangle \cong \mathrm{C}_{p^{m-1}} \times \mathrm{C}_{p^2}$. 若 $m = 1$, 则 $\Phi(G) \cong \mathrm{C}_p^2$, $Z(G) \cong \mathrm{C}_{p^2}$.

(I7) $\langle a_1, x, b; a_2 \mid a_1^p = a_2^p = b^{p^{m+1}} = x^p = 1, [a_1, b] = a_2, [a_2, b] = b^{p^m}, [a_2, a_1] = [x, a_1] = [x, b] = 1 \rangle = \langle a_1, b \rangle \times \langle x \rangle$, 其中 $p > 2$. 此时 $|G| = p^{m+4}$, $\Phi(G) = \langle a_2, b^p \rangle \cong \mathrm{C}_{p^m} \times \mathrm{C}_p$, $G' = \langle a_2, b^{p^m} \rangle \cong \mathrm{C}_p^2$, $Z(G) = \langle x, b^p \rangle \cong \mathrm{C}_{p^m} \times \mathrm{C}_p$.

(I8) $\langle a_1, x, b; a_2 \mid a_1^{p^2} = a_2^p = b^{p^m} = x^p = 1, [a_1, b] = a_2, [a_2, b] = a_1^{\nu p}, [a_2, a_1] = [x, a_1] = [x, b] = 1 \rangle = \langle a_1, b \rangle \times \langle x \rangle$, 其中 $p > 2, \nu = 1$ 或者是一个固定的模 p 的平方非剩余. 此时 $|G| = p^{m+4}$, $G' = \langle a_2, a_1^p \rangle \cong \mathrm{C}_p^2$, 若 $m > 1$, 则 $\Phi(G) = \langle a_2, a_1^p, b^p \rangle \cong \mathrm{C}_{p^{m-1}} \times \mathrm{C}_p^2$, $Z(G) = \langle a_1^p, b^p, x \rangle \cong \mathrm{C}_{p^{m-1}} \times \mathrm{C}_p^2$. 若 $m = 1$, 则 $\Phi(G) \cong \mathrm{C}_p^2$, $Z(G) \cong \mathrm{C}_p^2$.

(I9) $\langle a_1, x, b; a_2 \mid a_1^9 = a_2^3 = x^3 = 1, b^3 = a_1^3, [a_1, b] = a_2, [a_2, b] = a_1^{-3}, [x, a_1] = [x, b] = 1 \rangle = \langle a_1, b \rangle \times \langle x \rangle$. 此时 $|G| = 3^5$, $\Phi(G) = G' = \langle a_2, a_1^3 \rangle \cong \mathrm{C}_3^2$, $Z(G) = \langle a_1^3, x \rangle \cong \mathrm{C}_3^2$.

(Iii) $|G'| = p^3$ 且 $c(G) = 3$. 此种情形下, $Z(G) < \Phi(G)$, $(\mu_0, \mu_1, \mu_2) = (1, 0, p^2 + p)$, $\alpha_1(G) = p^3 + p^2$.

(I10) $\langle a, b, c \mid a^8 = b^{2^{m+1}} = 1, c^2 = a^4 b^{2^m}, [a, b] - a^2, [c, a] - 1, [c, b] = b^{2^m} \rangle$; 此时 $|G| = 2^{m+5}$, $\Phi(G) = \langle a^2, b^2 \rangle \cong C_{2^m} \times C_4$, $G' = \langle a^2, b^{2^m} \rangle \cong \mathrm{C}_4 \times \mathrm{C}_2$, $Z(G) = \langle a^4, b^2 \rangle \cong \mathrm{C}_{2^m} \times \mathrm{C}_2$.

(I11) $\langle a, b, c; d \mid a^{p^{n+1}} = b^p = c^{p^2} = d^p = 1, [a, b] = d, [c, a] = a^{p^n}, [d, a] = c^p, [c, b] = [d, b] = [d, c] = 1 \rangle$, 其中 $p > 2$. 此时 $|G| = p^{n+5}$, $\Phi(G) = \langle a^p, c^p, d \rangle \cong \mathrm{C}_{p^n} \times \mathrm{C}_p^2$, $G' = \langle a^{p^n}, c^p, d \rangle \cong \mathrm{C}_p^3$, $Z(G) = \langle c^p, a^p \rangle \cong \mathrm{C}_{p^n} \times \mathrm{C}_p$.

定理 9.4.10 $d(G)=4$ 当且仅当 G 同构于下列互不同构的群之一.

(Ji) $G'\cong \mathrm{C}_p$ 且 $c(G)=2$. 此种情形下, $(\mu_0,\mu_1,\mu_2)=(1+p,0,p^2+p^3)$, $\alpha_1(G)=p^4$.

(J1) $\langle a,b,x,y \mid a^4=x^2=y^2=1, b^2=a^2=[a,b],[x,a]=[x,b]=[y,a]=[y,b]=[x,y]=1\rangle\cong \mathrm{Q}_8\times\mathrm{C}_2\times\mathrm{C}_2$. 此时 $|G|=2^5$, $\Phi(G)=G'=\langle a^2\rangle$, $Z(G)=\langle a^2,x,y\rangle\cong\mathrm{C}_2^3$.

(J2) $\langle a,b,x,y \mid a^{p^{n+1}}=b^{p^m}=x^p=y^p=1,[a,b]=a^{p^n},[x,a]=[x,b]=[y,a]=[y,b]=[x,y]=1\rangle\cong \mathrm{M}_p(n+1,m)\times\mathrm{C}_p\times\mathrm{C}_p$. 此时 $|G|=p^{n+m+3}$, $G'=\langle a^{p^n}\rangle$, 若 $m>1$, 则 $\Phi(G)=\langle a^p,b^p\rangle\cong\mathrm{C}_{p^n}\times\mathrm{C}_{p^{m-1}}$, $Z(G)=\langle a^p,b^p,x,y\rangle\cong\mathrm{C}_{p^n}\times\mathrm{C}_{p^{m-1}}\times\mathrm{C}_p^2$. 若 $m=1$, 则 $\Phi(G)\cong\mathrm{C}_{p^n}$, $Z(G)\cong\mathrm{C}_{p^n}\times\mathrm{C}_p^2$.

(J3) $\langle a,b,x,y;c \mid a^{p^n}=b^{p^m}=c^p=x^p=y^p=1,[a,b]=c,[c,a]=[c,b]=[x,a]=[x,b]=[y,a]=[y,b]=[x,y]=1\rangle\cong\mathrm{M}_p(n,m,1)\times\mathrm{C}_p\times\mathrm{C}_p$, 其中 $n\geqslant m$, 若 $p=2$, 则 $n\geqslant 2$. 此时 $|G|=p^{n+m+3}$, $G'=\langle c\rangle$, 若 $m>1$, 则 $\Phi(G)=\langle a^p,b^p,c\rangle\cong\mathrm{C}_{p^{n-1}}\times\mathrm{C}_{p^{m-1}}\times\mathrm{C}_p$, $Z(G)=\langle a^p,b^p,c,x,y\rangle\cong\mathrm{C}_{p^{n-1}}\times\mathrm{C}_{p^{m-1}}\times\mathrm{C}_p^3$. 若 $m=1$ 且 $n>1$, 则 $\Phi(G)\cong\mathrm{C}_{p^{n-1}}\times\mathrm{C}_p$, $Z(G)\cong\mathrm{C}_{p^{n-1}}\times\mathrm{C}_p^3$. 若 $m=n=1$, 则 $\Phi(G)\cong\mathrm{C}_p$, $Z(G)\cong\mathrm{C}_p^3$.

(J4) $\langle a,b,x,y \mid a^4=y^2=1,b^2=x^2=a^2=[a,b],[x,a]=[x,b]=[y,a]=[y,b]=[x,y]=1\rangle\cong\mathrm{Q}_8*\mathrm{C}_4\times\mathrm{C}_2$. 此时 $|G|=2^5$, $\Phi(G)=G'=\langle a^2\rangle$, $Z(G)=\langle x,y\rangle\cong\mathrm{C}_4\times\mathrm{C}_2$.

(J5) $\langle a,b,x,y \mid a^{p^n}=b^{p^m}=x^{p^2}=y^p=1,[a,b]=x^p,[x,a]=[x,b]=[y,a]=[y,b]=[x,y]=1\rangle\cong\mathrm{M}_p(n,m,1)*\mathrm{C}_{p^2}\times\mathrm{C}_p$, 其中当 $p=2$ 且 $n\geqslant m$ 时, $n\geqslant 2$. 此时 $|G|=p^{n+m+3}$, $G'=\langle x^p\rangle$. 若 $m>1$, 则 $\Phi(G)=\langle a^p,b^p,x^p\rangle\cong\mathrm{C}_{p^{n-1}}\times\mathrm{C}_{p^{m-1}}\times\mathrm{C}_p$, $Z(G)=\langle a^p,b^p,x,y\rangle\cong\mathrm{C}_{p^{n-1}}\times\mathrm{C}_{p^{m-1}}\times\mathrm{C}_p\times\mathrm{C}_{p^2}$. 若 $m=1$ 且 $n>1$, 则 $\Phi(G)\cong\mathrm{C}_{p^{n-1}}\times\mathrm{C}_p$, $Z(G)\cong\mathrm{C}_{p^{n-1}}\times\mathrm{C}_p\times\mathrm{C}_{p^2}$. 若 $m=n=1$, 则 $\Phi(G)\cong\mathrm{C}_p$, $Z(G)\cong\mathrm{C}_p\times\mathrm{C}_{p^2}$.

(Jii) $G'\cong\mathrm{C}_p^2$ 且 $c(G)=2$. 此种情形下, $(\mu_0,\mu_1,\mu_2)=(1,0,p+p^2+p^3)$, $\alpha_1(G)=p^4+p^3$.

(J6) $K\times\mathrm{C}_2$, 其中 $K=\langle a,b,c \mid a^4=b^4=1,c^2=a^2b^2,[a,b]=b^2,[c,a]=a^2,[c,b]=1\rangle$. 此时 $|G|=2^6$, $\Phi(G)=G'=\langle a^2,b^2\rangle\cong\mathrm{C}_2^2$, $Z(G)\cong\mathrm{C}_2^3$.

(J7) $K\times\mathrm{C}_p$, $K=\langle a,b,d \mid a^{p^m}=b^{p^2}=d^p=1,[a,b]=a^{p^{m-1}},[d,a]=b^p,[d,b]=1\rangle$, 其中当 $p=2$ 且 $m>1$ 时, $m\geqslant 3$. 此时 $|G|=p^{m+4}$, $\Phi(G)=\langle a^p,b^p\rangle\cong\mathrm{C}_{p^{m-1}}\times\mathrm{C}_p$, $G'=\langle a^{p^{m-1}},b^p\rangle$, $Z(G)\cong\mathrm{C}_{p^{m-1}}\times\mathrm{C}_p^2$.

(J8) $K\times\mathrm{C}_p$, $K=\langle a,b,d \mid a^{p^m}=b^{p^2}=d^{p^2}=1,[a,b]=d^p,[d,a]=b^{-\nu p},[d,b]=1\rangle$, 其中 $p>2$, ν 是一个固定的模 p 的平方非剩余. 此时 $|G|=p^{m+5}$, $G'=\langle b^p,d^p\rangle$, 若 $m>1$, 则 $\Phi(G)=\langle a^p,b^p,d^p\rangle\cong\mathrm{C}_{p^{m-1}}\times\mathrm{C}_p^2$, $Z(G)\cong\mathrm{C}_{p^{m-1}}\times\mathrm{C}_p^3$. 若 $m=1$, 则 $\Phi(G)\cong\mathrm{C}_p^2$, $Z(G)\cong\mathrm{C}_p^3$.

(J9) $K\times\mathrm{C}_p$, $K=\langle a,b,d \mid a^{p^m}=b^{p^2}=d^{p^2}=1,[a,b]=d^p,[d,a]=b^{jp}d^p,[d,b]=$

$1\rangle$, 其中当 $p>2$ 时, $4j=1-\rho^{2r+1}$ 满足 $1\leqslant r\leqslant\dfrac{p-1}{2}$ 且 ρ 是模 p 本原根的最小正整数; 若 $p=2$, 则 $j=1$. 此时 $|G|=p^{m+5}$, $G'=\langle b^p,d^p\rangle$, 若 $m>1$, 则 $\Phi(G)=\langle a^p,b^p,d^p\rangle\cong \mathrm{C}_{p^{m-1}}\times \mathrm{C}_p^2$, $Z(G)\cong \mathrm{C}_{p^{m-1}}\times \mathrm{C}_p^3$. 若 $m=1$, 则 $\Phi(G)\cong \mathrm{C}_p^2$, $Z(G)\cong \mathrm{C}_p^3$.

2. G 无交换极大子群

本节的定理 9.4.11—定理 9.4.15 总假设 G 是无内交换极大子群且无交换极大子群的 $\mathcal{A}_3$ 群.

定理 9.4.11 设 G 的所有极大子群是 $\mathcal{A}_2$ 群且它的每个极大子群均为二元生成的, 则 G 是 $\mathcal{A}_3$ 群当且仅当 G 同构于下列互不同构的群之一:

(Ki) G 亚循环. 此种情形下, $(\mu_0,\mu_1,\mu_2)=(0,0,1+p)$, $\alpha_1(G)=1+p+p^2$.

(K1) $\langle a,b\mid a^{p^{r+3}}=1,b^{p^{r+s+t}}=a^{p^{r+s}},[a,b]=a^{p^r}\rangle$, 其中 $p>2$, r,s,t 是非负整数且 $r\geqslant 1$, $r+s\geqslant 3$. 此时 $|G|=p^{2r+s+t+3}$, $G'=\langle a^{p^r}\rangle\cong \mathrm{C}_{p^3}$, 若 $s\geqslant 3$, 则 $\Phi(G)=\langle a^p,b^p\rangle\cong \mathrm{M}_p(r+2,r+s+t-1)$, $Z(G)=\langle a^{p^3},b^{p^3}\rangle\cong \mathrm{C}_{p^r}\times \mathrm{C}_{p^{r+t+s-3}}$, 若 $s<3$, 则 $\Phi(G)=\langle a^p,b^p\rangle\cong \mathrm{M}_p(r+t+2,r+s-1)$, $Z(G)=\langle a^{p^3},b^{p^3}\rangle\cong \mathrm{C}_{p^{r+s-3}}\times \mathrm{C}_{p^{r+t}}$. 若 $r=1$, 则 $c(G)=4$. 若 $r=2$, 则 $c(G)=3$. 若 $r>2$, 则 $c(G)=2$.

(K2) $\langle a,b\mid a^{2^{r+3}}=1,b^{2^{r+s+t}}=a^{2^{r+s}},[a,b]=a^{2^r}\rangle$, 其中 r,s,t 是非负整数且 $r\geqslant 2$, $r+s\geqslant 3$. 此时 $|G|=2^{2r+s+t+3}$, $G'=\langle a^{2^r}\rangle\cong \mathrm{C}_{2^3}$, 若 $s\geqslant 3$, 则 $\Phi(G)=\langle a^2,b^2\rangle\cong \mathrm{M}_2(r+2,r+s+t-1)$, $Z(G)=\langle a^8,b^8\rangle\cong \mathrm{C}_{2^r}\times \mathrm{C}_{2^{r+t+s-3}}$, 若 $s<3$, 则 $\Phi(G)=\langle a^2,b^2\rangle\cong \mathrm{M}_2(r+t+2,r+s-1)$, $Z(G)=\langle a^{2^3},b^{2^3}\rangle\cong \mathrm{C}_{2^{r+s-3}}\times \mathrm{C}_{2^{r+t}}$. 若 $r=2$, 则 $c(G)=3$. 若 $r>2$, 则 $c(G)=2$.

(Kii) G 非亚循环. 此种情形下, $p>2$, $|G|=p^6$, $(\mu_0,\mu_1,\mu_2)=(0,0,1+p)$, $\alpha_1(G)=p+p^2$.

(K3) $\langle a,b;c\mid a^{p^2}=b^{p^2}=c^{p^2}=1,\ [a,b]=c,\ [c,b]=a^pc^{mp},\ [c,a]=b^{\nu p}c^{np},\ [a,b^p]=[a^p,b]=c^p,[c,a^p]=[c,b^p]=[c^p,a]=[c^p,b]=1\rangle$, 其中 $p\geqslant 5$, ν 是一个固定的模 p 的平方非剩余, m,n 是满足 $(m-1)^2-\nu^{-1}(n+\nu)^2\equiv r(\mathrm{mod}\ p)$ 的最小正整数, $r=0,1,\cdots,p-1$. 此时 $c(G)=4$, $\Phi(G)=G'=\langle a^p,b^p,c\rangle\cong \mathrm{C}_p\times \mathrm{C}_p\times \mathrm{C}_{p^2}$, $Z(G)=\langle c^p\rangle\cong \mathrm{C}_p$.

(K4) $\langle a,b;c,d\mid a^9=b^9=c^3=d^3=1,[a,b]=c,[c,b]=a^3,[c,a]=b^{-3},[a^3,b]=[a,b^3]=d,[d,a]=[d,b]=1\rangle$. 此时 $c(G)=4$, $\Phi(G)=G'=\langle a^3,b^3,c,d\rangle\cong \mathrm{C}_3^4$, $Z(G)=\langle d\rangle\cong \mathrm{C}_3$.

(K5) $\langle a,b;c,d\mid a^9=b^9=c^3=d^3=1,[a,b]=c,[c,b]=a^3d,[c,a]=b^{-3}d,[a^3,b]=[a,b^3]=d,[d,a]=[d,b]=1\rangle$. 此时 $c(G)=4$, $\Phi(G)=G'=\langle a^3,b^3,c,d\rangle\cong \mathrm{C}_3^4$, $Z(G)=\langle d\rangle\cong \mathrm{C}_3$.

定理 9.4.12 设 G 是 p^n 阶的 $\mathcal{A}_3$ 群. 若 G 有一个三元生成的极大子群 M

使得 $M' \not\leqslant Z(G)$, 则 $p \geqslant 5$, $n = 6$, G 的所有极大子群是 $\mathcal{A}_2$ 群当且仅当 G 是下列互不同构的群之一.

(L1) $\langle x, m; a \mid x^{p^2} = m^{p^2} = a^{p^2} = 1, [x, m] = a, [a, x] = x^p, [a, m] = m^{-p}\rangle$; 其中 $c(G) = 4$, $\Phi(G) = G' = \langle a, x^p, m^p\rangle \cong \mathrm{C}_p^2 \times \mathrm{C}_{p^2}$, $Z(G) = \langle a^p\rangle \cong \mathrm{C}_p$.

(L2) $\langle x, m; a \mid x^{p^2} = m^{p^2} = a^{p^2} = 1, [x, m] = a, [a, x] = x^p a^p, [a, m] = m^{-p} a^{vp}\rangle$, 其中 $v \in \mathrm{F}_p$. 此时 $c(G) = 4$, $\Phi(G) = G' = \langle a, x^p, m^p\rangle \cong \mathrm{C}_p^2 \times \mathrm{C}_{p^2}$, $Z(G) = \langle a^p\rangle \cong \mathrm{C}_p$.

进一步地, $(\mu_0, \mu_1, \mu_2) = (0, 0, 1+p)$, $\alpha_1(G) = 3p^2 + p$.

定理 9.4.13 设 G 是 $\mathcal{A}_3$ 群, 它的所有极大子群是 $\mathcal{A}_2$ 群且存在一个三元生成的极大子群, 且对 G 的每个三元生成的极大子群 M 均有 $M' \leqslant Z(G)$. 则 $d(G) = 2$ 当且仅当 G 同构于下列互不同构的群之一.

(Mi) $G' \cong \mathrm{C}_{p^2}$. 此种情形下, $(\mu_0, \mu_1, \mu_2) = (0, 0, 1+p)$, $\alpha_1(G) = p^3 + p^2$.

(M1) $\langle a, b; c \mid a^8 = 1, c^2 = a^4 = b^4, [a, b] = c, [c, a] = 1, [c, b] = 1\rangle$. 此时 $|G| = 2^6$, $c(G) = 2$, $\Phi(G) = \langle a^2, b^2, c\rangle \cong \mathrm{C}_4 \times \mathrm{C}_2^2$, $G' = \langle c\rangle$, $Z(G) = \langle c\rangle \cong \mathrm{C}_4$.

(M2) $\langle a, b; c \mid a^8 = b^4 = 1, c^2 = a^4, [a, b] = c, [c, a] = 1, [c, b] = 1\rangle$. 此时 $|G| = 2^6$, $c(G) = 2$, $\Phi(G) = \langle a^2, b^2, c\rangle \cong \mathrm{C}_4 \times \mathrm{C}_2^2$, $G' = Z(G) = \langle c\rangle \cong \mathrm{C}_4$.

(M3) $\langle a, b; c \mid a^{p^3} = b^{p^2} = 1, c^p = a^{p^2}, [a, b] = c, [c, a] = 1, [c, b] = c^{tp}\rangle$, 其中 $p > 2$, $t \in \mathrm{F}_p^*$. 此时 $|G| = p^6$, $c(G) = 3$, $\Phi(G) = \langle a^p, b^p, c\rangle \cong \mathrm{C}_{p^2} \times \mathrm{C}_p^2$, $G' = \langle c\rangle$, $Z(G) = \langle c^p\rangle \cong \mathrm{C}_p$.

(M4) $\langle a, b; c \mid a^{p^3} = b^{p^2} = 1, c^p = a^{p^2}, [a, b] = c, [c, a] = c^p, [c, b] = 1\rangle$, 其中 $p > 2$. 此时 $|G| = p^6$, $c(G) = 3$, $\Phi(G) = \langle a^p, b^p, c\rangle \cong \mathrm{C}_{p^2} \times \mathrm{C}_p^2$, $G' = \langle c\rangle$, $Z(G) = \langle a^{p^2}\rangle \cong \mathrm{C}_p$.

(M5) $\langle a, b; c \mid a^{p^{n+1}} = b^{p^n} = 1, c^p = a^{p^n}, [a, b] = c, [c, a] = 1, [c, b] = 1\rangle$, 其中当 $p = 2$ 且 $n \geqslant 2$ 时, $n \geqslant 3$. 此时 $|G| = p^{2n+2}$, $c(G) = 2$, $\Phi(G) = \langle a^p, b^p, c\rangle \cong \mathrm{C}_{p^n} \times \mathrm{C}_{p^{n-1}} \times \mathrm{C}_p$, $G' = \langle c\rangle$, 若 $n > 2$, 则 $Z(G) = \langle a^{p^2}, b^{p^2}, c\rangle \cong \mathrm{C}_{p^{n-1}} \times \mathrm{C}_{p^{n-2}} \times \mathrm{C}_p$. 若 $n = 2$, 则 $Z(G) = \langle a^{p^2}, b^{p^2}, c\rangle \cong \mathrm{C}_p^2$.

(M6) $\langle a, b; c \mid a^{p^2} = b^{p^2} = c^{p^2} = 1, [a, b] = c, [c, a] = c^p, [c, b] = 1\rangle$, 其中 $p > 2$. 此时 $|G| = p^6$, $c(G) = 3$, $\Phi(G) = \langle a^p, b^p, c\rangle \cong \mathrm{C}_{p^2} \times \mathrm{C}_p^2$, $G' = \langle c\rangle$, $Z(G) = \langle c^p\rangle \cong \mathrm{C}_p$.

(M7) $\langle a, b; c \mid a^{p^n} = b^{p^n} = c^{p^2} = 1, [a, b] = c, [c, a] = 1, [c, b] = 1\rangle$, 其中当 $p = 2$ 且 $n \geqslant 2$ 时, $n \geqslant 3$. 此时 $|G| = p^{2n+2}$, $c(G) = 2$, $\Phi(G) = \langle a^p, b^p, c\rangle \cong \mathrm{C}_{p^{n-1}}^2 \times \mathrm{C}_{p^2}$, $G' = \langle c\rangle$, 若 $n > 2$, 则 $Z(G) = \langle a^{p^2}, b^{p^2}, c\rangle \cong \mathrm{C}_{p^{n-2}}^2 \times \mathrm{C}_{p^2}$. 若 $n = 2$, 则 $Z(G) \cong \mathrm{C}_{p^2}$.

(M8) $\langle a, b; c \mid a^{p^{n+1}} = b^{p^2} = 1, c^p = a^{p^n}, [a, b] = c, [c, a] = c^p, [c, b] = 1\rangle$, 其中 $p > 2$, $n > 2$. 此时 $|G| = p^{n+4}$, $c(G) = 3$, $\Phi(G) = \langle a^p, b^p, c\rangle \cong \mathrm{C}_{p^n} \times \mathrm{C}_p^2$, $G' = \langle c\rangle$, $Z(G) = \langle a^{p^2}\rangle \cong \mathrm{C}_{p^{n-1}}$.

(M9) $\langle a, b; c \mid a^{p^n} = b^{p^3} = 1, c^p = b^{p^2}, [a, b] = c, [c, a] = c^{tp}, [c, b] = 1\rangle$, 其中 $p > 2$, $n > 2$, $t \in \mathrm{F}_p^*$. 此时 $|G| = p^{n+4}$, $c(G) = 3$, $\Phi(G) = \langle a^p, b^p, c\rangle \cong \mathrm{C}_{p^{n-1}} \times \mathrm{C}_{p^2} \times \mathrm{C}_p$, $G' = \langle c\rangle$, $Z(G) = \langle a^{p^2}, b^{p^2}\rangle \cong \mathrm{C}_{p^{n-2}} \times \mathrm{C}_p$.

(M10) $\langle a,b;c \mid a^{p^n}=b^{p^2}=c^{p^2}=1,[a,b]=c,[c,a]=c^p,[c,b]=1\rangle$, 其中 $p>2$, $n>2$. 此时 $|G|=p^{n+4}$, $c(G)=3$, $\Phi(G)=\langle a^p,b^p,c\rangle\cong \mathrm{C}_{p^{n-1}}\times\mathrm{C}_{p^2}\times\mathrm{C}_p$, $G'=\langle c\rangle$, $Z(G)=\langle a^{p^2},c^p\rangle\cong\mathrm{C}_{p^{n-2}}\times\mathrm{C}_p$.

(M11) $\langle a,b;c \mid a^{p^{n+1}}=b^{p^m}=1,c^p=a^{p^n},[a,b]=c,[c,a]=1,[c,b]=1\rangle$, 其中 $n>m\geqslant 2$. 此时 $|G|=p^{n+m+2}$, $c(G)=2$, $\Phi(G)=\langle a^p,b^p,c\rangle\cong\mathrm{C}_{p^n}\times\mathrm{C}_{p^{m-1}}\times\mathrm{C}_p$, $G'=\langle c\rangle$, 若 $m>2$, 则 $Z(G)=\langle a^{p^2},b^{p^2},c\rangle\cong\mathrm{C}_{p^{n-1}}\times\mathrm{C}_{p^{m-2}}\times\mathrm{C}_p$. 若 $m=2$, 则 $Z(G)=\langle a^{p^2},b^{p^2},c\rangle\cong\mathrm{C}_{p^{n-1}}\times\mathrm{C}_p$.

(M12) $\langle a,b;c \mid a^{p^n}=b^{p^{m+1}}=1,c^p=b^{p^m},[a,b]=c,[c,a]=1,[c,b]=1\rangle$, 其中 $n>m\geqslant 2$. 此时 $|G|=p^{n+m+2}$, $c(G)=2$, $\Phi(G)=\langle a^p,b^p,c\rangle\cong\mathrm{C}_{p^{n-1}}\times\mathrm{C}_{p^m}\times\mathrm{C}_p$, $G'=\langle c\rangle$, $Z(G)=\langle a^{p^2},b^{p^2},c\rangle\cong\mathrm{C}_{p^{n-2}}\times\mathrm{C}_{p^{m-1}}\times\mathrm{C}_p$.

(M13) $\langle a,b;c \mid a^{p^n}=b^{p^m}=c^{p^2}=1,[a,b]=c,[c,a]=1,[c,b]=1\rangle$, 其中 $n>m\geqslant 2$. 此时 $|G|=p^{n+m+2}$, $c(G)=2$, $\Phi(G)=\langle a^p,b^p,c\rangle\cong\mathrm{C}_{p^{n-1}}\times\mathrm{C}_{p^{m-1}}\times\mathrm{C}_{p^2}$, $G'=\langle c\rangle$, 若 $m>2$, 则 $Z(G)=\langle a^{p^2},b^{p^2},c\rangle\cong\mathrm{C}_{p^{n-2}}\times\mathrm{C}_{p^{m-2}}\times\mathrm{C}_{p^2}$. 若 $m=2$, 则 $Z(G)\cong\mathrm{C}_{p^{n-2}}\times\mathrm{C}_{p^2}$.

(Mii) $c(G)=3$ 且 $G'\cong\mathrm{C}_p^2$. 此种情形下, $(\mu_0,\mu_1,\mu_2)=(0,0,1+p)$, $\alpha_1(G)=p^3+p^2$.

(M14) $\langle a,b;c \mid a^8=b^4=c^2=1,[a,b]=c,[c,a]=1,[c,b]=a^4\rangle$. 此时 $|G|=2^6$, $\Phi(G)=\langle a^2,b^2,c\rangle\cong\mathrm{C}_4\times\mathrm{C}_2^2$, $G'=\langle a^4,c\rangle$, $Z(G)=\langle a^2\rangle\cong\mathrm{C}_4$.

(M15) $\langle a,b;c,d \mid a^4=b^4=c^2=d^2=1,[a,b]=c,[c,a]=d,[c,b]=1,[d,a]=[d,b]=1\rangle$. 此时 $|G|=2^6$, $\Phi(G)=\langle a^2,b^2,c,d\rangle\cong\mathrm{C}_2^4$, $G'=\langle c,d\rangle$, $Z(G)=\langle b^2,d\rangle\cong\mathrm{C}_2^2$.

(M16) $\langle a,b;c \mid a^8=b^4=c^2=1,[a,b]=c,[c,a]=a^4,[c,b]=1\rangle$. 此时 $|G|=2^6$, $\Phi(G)=\langle a^2,b^2,c\rangle\cong\mathrm{C}_4\times\mathrm{C}_2^2$, $G'=\langle a^4,c\rangle$, $Z(G)=\langle a^4,b^2\rangle\cong\mathrm{C}_2^2$.

(M17) $\langle a,b;c \mid a^{2^{n+1}}=b^4=c^2=1,[a,b]=c,[c,a]=a^{2^n},[c,b]=1\rangle$, 其中 $n>2$. 此时 $|G|=2^{n+4}$, $\Phi(G)=\langle a^2,b^2,c\rangle\cong\mathrm{C}_{2^n}\times\mathrm{C}_2^2$, $G'=\langle a^{2^n},c\rangle$, $Z(G)=\langle a^4,b^2\rangle\cong\mathrm{C}_{2^{n-1}}\times\mathrm{C}_2$.

(M18) $\langle a,b;c \mid a^{2^n}=b^8=c^2=1,[a,b]=c,[c,a]=b^4,[c,b]=1\rangle$, 其中 $n>2$. 此时 $|G|=2^{n+4}$, $\Phi(G)=\langle a^2,b^2,c\rangle\cong\mathrm{C}_{2^{n-1}}\times\mathrm{C}_4\times\mathrm{C}_2$, $G'=\langle b^4,c\rangle$, $Z(G)=\langle a^4,b^2\rangle\cong\mathrm{C}_{2^{n-2}}\times\mathrm{C}_4$.

(M19) $\langle a,b;c,d \mid a^{2^n}=b^4=c^2=d^2=1,[a,b]=c,[c,a]=d,[c,b]=1,[d,a]=[d,b]=1\rangle$, 其中 $n>2$. 此时 $|G|=2^{n+4}$, $\Phi(G)=\langle a^2,b^2,c,d\rangle\cong\mathrm{C}_{2^{n-1}}\times\mathrm{C}_2^3$, $G'=\langle c,d\rangle$, $Z(G)=\langle a^4,b^2,d\rangle\cong\mathrm{C}_{2^{n-2}}\times\mathrm{C}_2^2$.

(Miii) $G_3\cong\mathrm{C}_p$ 且 $\Phi(G')G_3\cong\mathrm{C}_p^2$. 此种情形下, $(\mu_0,\mu_1,\mu_2)=(0,0,1+p)$, $\alpha_1(G)=p^3+2p^2$.

(M20) $\langle a,b;c \mid a^8=b^8=1,c^2=b^4,[a,b]=c,[c,a]=a^4,[c,b]=1\rangle$. 此时 $|G|=2^7$, $\Phi(G)=\langle a^2,b^2,c\rangle\cong \mathrm{C}_4^2\times \mathrm{C}_2$, $G'=\langle a^4,c\rangle$, $Z(G)=\langle a^4,c^2\rangle\cong \mathrm{C}_2^2$.

(M21) $\langle a,b;c \mid a^8=b^8=1,c^2=b^4,[a,b]=c,[c,a]=1,[c,b]=a^4\rangle$. 此时 $|G|=2^7$, $\Phi(G)=\langle a^2,b^2,c\rangle\cong \mathrm{C}_4^2\times \mathrm{C}_2$, $G'=\langle a^4,c\rangle$, $Z(G)=\langle a^4,c^2\rangle\cong \mathrm{C}_2^2$.

(M22) $\langle a,b;c \mid a^{p^3}=b^{p^3}=1,c^p=a^{p^2}b^{sp^2},[a,b]=c,[c,a]=1,[b,c]=b^{p^2}\rangle$, 其中 $p>2$, $s\in \mathrm{F}_p$, $1+4s\notin \mathrm{F}_p^2$. 此时 $|G|=p^7$, $\Phi(G)=\langle a^p,b^p,c\rangle\cong \mathrm{C}_{p^2}\times \mathrm{C}_{p^2}\times \mathrm{C}_p$, $G'=\langle b^{p^2},c\rangle$, $Z(G)=\langle a^{p^2},b^{p^2}\rangle\cong \mathrm{C}_p^2$.

(M23) $\langle a,b;c \mid a^{p^3}=b^{p^2}=c^{p^2}=1,[a,b]=c,[c,a]=1,[c,b]=c^{tp}a^{-tp^2}\rangle$, 其中 $p>2$, $t\in \mathrm{F}_p^*$, $t^2-4t\notin (\mathrm{F}_p^*)^2$. 此时 $|G|=p^7$, $\Phi(G)=\langle a^p,b^p,c\rangle\cong \mathrm{C}_{p^2}\times \mathrm{C}_{p^2}\times \mathrm{C}_p$, $G'=\langle a^{p^2},c\rangle$, $Z(G)=\langle a^{p^2},c^p\rangle\cong \mathrm{C}_p^2$.

(M24) $\langle a,b;c \mid a^{p^3}=b^{p^3}=1,[a,b]=c,c^p=b^{p^2},[c,a]=1,[b,c]=a^{\nu p^2}\rangle$, 其中 $p>2$, $\nu=1$ 或是一个固定的模 p 的平方非剩余, $-\nu\notin \mathrm{F}_p^2$. 此时 $|G|=p^7$, $\Phi(G)=\langle a^p,b^p,c\rangle\cong \mathrm{C}_{p^2}\times \mathrm{C}_{p^2}\times \mathrm{C}_p$, $G'=\langle a^{p^2},c\rangle$, $Z(G)=\langle a^{p^2},b^{p^2}\rangle\cong \mathrm{C}_p^2$.

(M25) $\langle a,b;c \mid a^{p^3}=b^{p^2}=c^{p^2}=1,[a,b]=c,[c,a]=1,[b,c]=a^{\nu p^2}\rangle$, 其中 $p>2$, $\nu=1$ 或是一个固定的模 p 的平方非剩余, $-\nu\notin \mathrm{F}_p^2$. 此时 $|G|=p^7$, $\Phi(G)=\langle a^p,b^p,c\rangle\cong \mathrm{C}_{p^2}\times \mathrm{C}_{p^2}\times \mathrm{C}_p$, $G'=\langle a^{p^2},c\rangle$, $Z(G)=\langle a^{p^2},c^p\rangle\cong \mathrm{C}_p^2$.

(M26) $\langle a,b;c \mid a^{p^2}=b^{p^3}=c^{p^2}=1,[a,b]=c,[c,a]=1,[c,b]=c^pb^{-p^2},[b^{p^2},a]=1\rangle$, 其中 $p>2$. 此时 $|G|=p^7$, $\Phi(G)=\langle a^p,b^p,c\rangle\cong \mathrm{C}_{p^2}\times \mathrm{C}_{p^2}\times \mathrm{C}_p$, $G'=\langle b^{p^2},c\rangle$, $Z(G)=\langle c^p,b^{p^2}\rangle\cong \mathrm{C}_p^2$.

(M27) $\langle a,b;c \mid a^{p^2}=b^{p^3}=c^{p^2}=1,[a,b]=c,[c,a]=1,[b,c]=b^{p^2}\rangle$, 其中 $p>2$. 此时 $|G|=p^7$, $\Phi(G)=\langle a^p,b^p,c\rangle\cong \mathrm{C}_{p^2}\times \mathrm{C}_{p^2}\times \mathrm{C}_p$, $G'=\langle b^{p^2},c\rangle$, $Z(G)=\langle c^p,b^{p^2}\rangle\cong \mathrm{C}_p^2$.

(M28) $\langle a,b;c \mid a^{p^{n+1}}=b^{p^3}=1,[a,b]=c,c^p=a^{p^n},[a,c]=b^{\nu p^2},[b,c]=1\rangle$, 其中 $n>2$, $\nu=1$ 是一个固定的模 p 的平方非剩余. 此时 $|G|=p^{n+5}$, $\Phi(G)=\langle a^p,b^p,c\rangle\cong \mathrm{C}_{p^n}\times \mathrm{C}_{p^2}\times \mathrm{C}_p$, $G'=\langle b^{p^2},c\rangle$, $Z(G)=\langle a^{p^2},b^{p^2}\rangle\cong \mathrm{C}_{p^{n-1}}\times \mathrm{C}_p$.

(M29) $\langle a,b;c \mid a^{p^{n+1}}=b^{p^3}=1,[a,b]=c,c^p=a^{p^n}b^{s\eta p^2},[a,c]=b^{\eta p^2},[b,c]=1\rangle$, 其中 $p>2$, $n>2$, $s=1,2,\cdots,\dfrac{p-1}{2}$, η 是一个固定的模 p 的平方非剩余. 此时 $|G|=p^{n+5}$, $\Phi(G)=\langle a^p,b^p,c\rangle\cong \mathrm{C}_{p^n}\times \mathrm{C}_{p^2}\times \mathrm{C}_p$, $G'=\langle b^{p^2},c\rangle$, $Z(G)=\langle a^{p^2},b^{p^2}\rangle\cong \mathrm{C}_{p^{n-1}}\times \mathrm{C}_p$.

(M30) $\langle a,b;c \mid a^{p^{n+1}}=b^{p^2}=c^{p^2}=1,[a,b]=c,[c,b]=1,[c,a]=c^pa^{-p^n},[a^{p^n},b]=1\rangle$, 其中 $p>2$, $n>2$. 此时 $|G|=p^{n+5}$, $\Phi(G)=\langle a^p,b^p,c\rangle\cong \mathrm{C}_{p^n}\times \mathrm{C}_{p^2}\times \mathrm{C}_p$, $G'=\langle a^{p^n},c\rangle$, $Z(G)=\langle a^{p^2},c^p\rangle\cong \mathrm{C}_{p^{n-1}}\times \mathrm{C}_p$.

(M31) $\langle a,b;c \mid a^{p^{n+1}}=b^{p^3}=1,[a,b]=c,c^p=b^{p^2},[b,c]=1,[a,c]=a^{p^n}\rangle$, 其中 $n>2$. 此时 $|G|=p^{n+5}$, $\Phi(G)=\langle a^p,b^p,c\rangle\cong \mathrm{C}_{p^n}\times \mathrm{C}_{p^2}\times \mathrm{C}_p$, $G'=\langle a^{p^n},c\rangle$,

$Z(G) = \langle a^{p^2}, c^p \rangle \cong \mathrm{C}_{p^{n-1}} \times \mathrm{C}_p$.

(M32) $\langle a, b; c \mid a^{p^{n+1}} = b^{p^2} = c^{p^2} = 1, [a,b] = c, [b,c] = 1, [a,c] = a^{p^n} \rangle$, 其中 $n > 2$. 此时 $|G| = p^{n+5}$, $\Phi(G) = \langle a^p, b^p, c \rangle \cong \mathrm{C}_{p^n} \times \mathrm{C}_{p^2} \times \mathrm{C}_p$, $G' = \langle a^{p^n}, c \rangle$, $Z(G) = \langle a^{p^2}, c^p \rangle \cong \mathrm{C}_{p^{n-1}} \times \mathrm{C}_p$.

(M33) $\langle a, b; c \mid a^{p^n} = b^{p^3} = c^{p^2} = 1, [a,b] = c, [c,b] = 1, [c,a] = c^{tp} b^{-tp^2}, [b^{p^2}, a] = 1 \rangle$, 其中 $p > 2$, $n > 2$, $t^2 + 4t \notin \mathrm{F}_p^2$. 此时 $|G| = p^{n+5}$, $\Phi(G) = \langle a^p, b^p, c \rangle \cong \mathrm{C}_{p^{n-1}} \times \mathrm{C}_{p^2} \times \mathrm{C}_{p^2}$, $G' = \langle b^{p^2}, c \rangle$, $Z(G) = \langle a^{p^2}, b^{p^2}, c^p \rangle \cong \mathrm{C}_{p^{n-2}} \times \mathrm{C}_p \times \mathrm{C}_p$.

(M34) $\langle a, b; c \mid a^{p^n} = b^{p^3} = c^{p^2} = 1, [a,b] = c, [c,b] = 1, [a,c] = b^{\eta p^2} \rangle$, 其中 $p > 2$, $n > 2$, η 是一个固定的模 p 的平方非剩余. 此时 $|G| = p^{n+5}$, $\Phi(G) = \langle a^p, b^p, c \rangle \cong \mathrm{C}_{p^{n-1}} \times \mathrm{C}_{p^2} \times \mathrm{C}_{p^2}$, $G' = \langle b^{p^2}, c \rangle$, $Z(G) = \langle a^{p^2}, b^{p^2}, c^p \rangle \cong \mathrm{C}_{p^{n-2}} \times \mathrm{C}_p \times \mathrm{C}_p$.

(Miv) $\Phi(G') \leqslant G_3 \cong \mathrm{C}_p^2$. 此种情形下, $(\mu_0, \mu_1, \mu_2) = (0, 0, 1+p)$, $\alpha_1(G) = p^3 + p^2$ 除了(M37)—(M39)之外.

(M35) $\langle a, b; c \mid a^8 = b^8 = c^2 = 1, [a,b] = c, [c,a] = a^4 b^4, [c,b] = a^4, [a^4, b] = 1 \rangle$. 此时 $|G| = 2^7$, $\Phi(G) = \langle a^2, b^2, c \rangle \cong \mathrm{C}_4^2 \times \mathrm{C}_2$, $G' = \langle a^4, b^4, c \rangle \cong \mathrm{C}_2^3$, $Z(G) = \langle a^4, b^4 \rangle \cong \mathrm{C}_2^2$, $\alpha_1(G) = 18$.

(M36) $\langle a, b; c \mid a^8 = c^4 = 1, [a,b] = c, [c,a] = c^2, [c,b] = a^4 = b^4 \rangle$, 其中 $|G| = 2^7$, $\Phi(G) = \langle a^2, b^2, c \rangle \cong \mathrm{C}_4 \times \mathrm{C}_4 \times \mathrm{C}_2$, $G' = \langle a^4, c \rangle \cong \mathrm{C}_4 \times \mathrm{C}_2$, $Z(G) = \langle a^4, c^2 \rangle \cong \mathrm{C}_2^2$, $\alpha_1(G) = 18$.

(M37) $\langle a, b; c \mid a^{p^2} = b^{p^2} = c^p = 1, [a,b] = c, [c,a] = a^p, [c,b] = b^p \rangle$, 其中 $p > 3$. 此时 $|G| = p^5$, $\Phi(G) = G' = \langle a^p, b^p, c \rangle \cong \mathrm{C}_p^3$, $Z(G) = \langle a^p, b^p \rangle \cong \mathrm{C}_p^2$.

(M38) $\langle a, b; c \mid a^{p^3} = b^{p^3} = c^p = 1, [a,b] = c, [c,a] = b^{\nu p^2}, [c,b] = a^{-p^2}, [a^{p^2}, b] = 1 \rangle$, 其中 $p > 2, \nu = 1$ 或是一个固定的模 p 的平方非剩余使得 $-\nu \notin \mathrm{F}_p^2$. 此时 $|G| = p^7$, $\Phi(G) = \langle a^p, b^p, c \rangle \cong \mathrm{C}_{p^2} \times \mathrm{C}_{p^2} \times \mathrm{C}_p$, $G' = \langle a^{p^2}, b^{p^2}, c \rangle$, $Z(G) = \langle a^p, b^p \rangle \cong \mathrm{C}_{p^2} \times \mathrm{C}_{p^2}$.

(M39) $\langle a, b; c \mid a^{p^3} = b^{p^3} = c^p = 1, [a,b] = c, [c,a]^{1+r} = a^{p^2} b^{p^2}, [c,b]^{1+r} = a^{-rp^2} b^{p^2}, [a^{p^2}, b] = 1 \rangle$, 其中 $p > 3$, $-r \notin (\mathrm{F}_p)^2$. 此时 $|G| = p^7$, $\Phi(G) = \langle a^p, b^p, c \rangle \cong \mathrm{C}_{p^2} \times \mathrm{C}_{p^2} \times \mathrm{C}_p$, $G' = \langle a^{p^2}, b^{p^2}, c \rangle$, $Z(G) = \langle a^p, b^p \rangle \cong \mathrm{C}_{p^2} \times \mathrm{C}_{p^2}$.

(M40) $\langle a, b; c, d, e \mid a^p = b^p = c^p = d^p = e^p = 1, [a,b] = c, [c,a] = d, [c,b] = e, [d,a] = [d,b] = [e,a] = [e,b] = 1 \rangle$, 其中 $p > 3$. 此时 $|G| = p^5$, $\Phi(G) = G' = \langle c, d, e \rangle \cong \mathrm{C}_p^3$, $Z(G) = \langle d, e \rangle \cong \mathrm{C}_p^2$.

(M41) $\langle a, b; c \mid a^{p^3} = b^{p^3} = 1, [a,b] = c, [c,a] = c^p = b^{sp^2}, [c,b] = a^{-\nu p^2} b^{t\nu p^2} \rangle$, 其中 $p > 2$, $\nu = 1$ 或是一个固定的模 p 的平方非剩余, $s \in \mathrm{F}_p^*$, $t = 0, 1, \cdots, \dfrac{p-1}{2}$ 使得 $(t\nu)^2 - 4\nu(s+1) \notin \mathrm{F}_p^2$. 此时 $|G| = p^7$, $\Phi(G) = \langle a^p, b^p, c \rangle \cong \mathrm{C}_{p^2} \times \mathrm{C}_{p^2} \times \mathrm{C}_p$, $G' = \langle a^{p^2}, c \rangle \cong \mathrm{C}_{p^2} \times \mathrm{C}_p$, $Z(G) = \langle a^{p^2}, b^{p^2} \rangle \cong \mathrm{C}_p^2$.

(M42) $\langle a, b; c \mid a^{p^3} = b^{p^3} = 1, [a,b] = c, [c,a] = c^p = b^{-p^2}, [b,c] = a^{\nu p^2} \rangle$, 其中

$p>2, \nu=1$ 或是一个固定的模 p 的平方非剩余. 此时 $|G|=p^7$, $\Phi(G)=\langle a^p, b^p, c\rangle \cong \mathrm{C}_{p^2}\times \mathrm{C}_{p^2}\times \mathrm{C}_p$, $G'=\langle a^{p^2}, c\rangle \cong \mathrm{C}_{p^2}\times \mathrm{C}_p$, $Z(G)=\langle a^{p^2}, b^{p^2}\rangle \cong \mathrm{C}_p^2$.

(M43) $\langle a,b;c \mid a^{p^3}=b^{p^2}=c^{p^2}=1, [a,b]=c, [c,a]=c^p, [c,b]=a^{-\nu p^2}c^{t\nu p}\rangle$, 其中 $p>2$, $\nu=1$ 或是一个固定的模 p 的平方非剩余, $t=0,1,\cdots,\dfrac{p-1}{2}$ 使得 $(t\nu)^2-4\nu \notin \mathrm{F}_p^2$. 此时 $|G|=p^7$, $\Phi(G)=\langle a^p,b^p,c\rangle \cong \mathrm{C}_{p^2}\times \mathrm{C}_{p^2}\times \mathrm{C}_p$, $G'=\langle a^{p^2},c\rangle \cong \mathrm{C}_{p^2}\times \mathrm{C}_p$, $Z(G)=\langle a^{p^2},c^p\rangle \cong \mathrm{C}_p^2$.

(M44) $\langle a,b;c,d \mid a^{p^2}=b^{p^2}=c^p=d^p=1, [a,b]=c, [c,a]=b^{\nu p}, [c,b]=d, [d,a]=[d,b]=1\rangle$, 其中 $p>2$, $\nu=1$ 或是一个固定的模 p 的平方非剩余. 此时 $|G|=p^6$, $\Phi(G)=\langle a^p,b^p,c,d\rangle \cong \mathrm{C}_p^4$, $G'=\langle b^p,c,d\rangle \cong \mathrm{C}_p^3$, $Z(G)=\langle a^p,b^p,d\rangle \cong \mathrm{C}_p^3$.

(Mv) $c(G)=4$, G 有唯一的三元生成的极大子群 M, 且 G/M' 是引理9.3.1中的群 (4). 此种情形下, $p\geqslant 5$, $|M'|=p$, $(\mu_0,\mu_1,\mu_2)=(0,0,1+p)$, $\alpha_1(G)=2p^2$.

(M45) $\langle b,a_1;a_2,a_3 \mid b^{p^2}=a_1^p=a_2^p=a_3^p=1, [a_1,b]=a_2, [a_2,b]=a_3, [a_2,a_1]=b^p, [a_3,b]=b^p, [a_3,a_1]=1\rangle$. 此时 $|G|=p^5$, $\Phi(G)=G'=\langle a_2,a_3,b^p\rangle \cong \mathrm{C}_p^3$, $Z(G)=\langle b^p\rangle \cong \mathrm{C}_p$.

(M46) $\langle b,a_1;a_2,a_3 \mid b^{p^2}=a_1^p=a_2^p=a_3^p=1, [a_1,b]=a_2, [a_2,b]=a_3, [a_2,a_1]=b^{\eta p}, [a_3,b]=b^p, [a_3,a_1]=1\rangle$, 其中 η 是一个固定的模 p 的平方非剩余. 此时 $|G|=p^5$, $\Phi(G)=G'=\langle a_2,a_3,b^p\rangle \cong \mathrm{C}_p^3$, $Z(G)=\langle b^p\rangle \cong \mathrm{C}_p$.

(M47) $\langle b,a_1;a_2,a_3 \mid b^{p^2}=a_1^p=a_2^p=a_3^p=1, [a_1,b]=a_2, [a_2,b]=a_3, [a_2,a_1]=b^p, [a_3,b]=b^{\eta p}, [a_3,a_1]=1\rangle$, 其中 $p\equiv 1 (\mathrm{mod}\ 4)$, η 是一个固定的模 p 的平方非剩余. 此时 $|G|=p^5$, $\Phi(G)=G'=\langle a_2,a_3,b^p\rangle \cong \mathrm{C}_p^3$, $Z(G)=\langle b^p\rangle \cong \mathrm{C}_p$.

(M48) $\langle b,a_1;a_2,a_3 \mid b^{p^2}=a_1^p=a_2^p=a_3^p=1, [a_1,b]=a_2, [a_2,b]=a_3, [a_2,a_1]=b^{\eta p}, [a_3,b]=b^{\eta p}, [a_3,a_1]=1\rangle$, 其中 $p\equiv 1 (\mathrm{mod}\ 4)$, η 是一个固定的模 p 平方非剩余. 此时 $|G|=p^5$, $\Phi(G)=G'=\langle a_2,a_3,b^p\rangle \cong \mathrm{C}_p^3$, $Z(G)=\langle b^p\rangle \cong \mathrm{C}_p$.

(M49) $\langle b,a_1;a_2,a_3 \mid b^p=a_1^{p^2}=a_2^p=a_3^p=1, [a_1,b]=a_2, [a_2,b]=a_3, [a_2,a_1]=a_1^p, [a_3,b]=a_1^{\nu p}, [a_3,a_1]=1\rangle$, 其中 $\nu=1, \eta_1$ 或 η_2, $\{1,\eta_1,\eta_2\}$ 是 $(\mathrm{F}_p^*)^3$ 在 F_p^* 里的陪集代表元. 此时 $|G|=p^5$, $\Phi(G)=G'=\langle a_2,a_3,a_1^p\rangle \cong \mathrm{C}_p^3$, $Z(G)=\langle a_1^p\rangle \cong \mathrm{C}_p$.

(M50) $\langle b,a_1;a_2,a_3,a_4 \mid b^p=a_1^p=a_2^p=a_3^p=a_4^p=1, [a_1,b]=a_2, [a_2,b]=a_3, [a_2,a_1]=a_4, [a_3,b]=a_4, [a_3,a_1]=[a_4,a_1]=[a_4,b]=1\rangle$. 此时 $|G|=p^5$, $\Phi(G)=G'=\langle a_2,a_3,a_4\rangle \cong \mathrm{C}_p^3$, $Z(G)=\langle a_4\rangle \cong \mathrm{C}_p$.

(Mvi) $c(G)=4$, G 有唯一的三元生成的极大子群 M 具有 $|M'|=9$ 且 G/M' 是引理9.3.1的群 (6). 此种情形下, $(\mu_0,\mu_1,\mu_2)=(0,0,1+p)$, $\alpha_1(G)=2p^2+p$.

(M51) $\langle b,a_1;a_2 \mid b^{27}=a_1^9=a_2^9=1, [a_1,b]=a_2, [a_2,a_1]=b^{-9}, [a_2,b]=a_1^3a_2^{3s}\rangle$, 其中 $s=0,2$. 此时 $|G|=3^7$, $\Phi(G)=\langle a_2,a_1^3,b^3\rangle \cong \mathrm{C}_3\times \mathrm{C}_9\times \mathrm{C}_9$, $G'=\langle a_2,a_1^3,b^9\rangle \cong \mathrm{C}_3^2\times \mathrm{C}_9$, $Z(G)=\langle a_2^3,b^9\rangle \cong \mathrm{C}_3^2$.

(M52) $\langle b,a_1;a_2 \mid b^{27}=a_1^9=a_2^9=1, [a_1,b]=a_2, [a_2,a_1]=b^9a_2^3, [a_2,b]=a_1^3\rangle$.

此时 $|G|=3^7$, $\Phi(G)=\langle a_2,a_1^3,b^3\rangle\cong \mathrm{C}_3\times\mathrm{C}_9\times\mathrm{C}_9$, $G'=\langle a_2,a_1^3,b^9\rangle\cong\mathrm{C}_3^2\times\mathrm{C}_9$, $Z(G)=\langle a_2^3,b^9\rangle\cong\mathrm{C}_3^2$.

(Mvii) $c(G)=4$, G 有唯一的三元生成的极大子群 M 使得 $|M'|=p^2$, $p\geqslant 5$ 且 G/M' 是引理9.3.1的群 (6). 此种情形下, $(\mu_0,\mu_1,\mu_2)=(0,0,1+p)$, $\alpha_1(G)=2p^2+p$.

(M53) $\langle b,a_1;a_2\mid b^{p^3}=a_1^{p^2}=a_2^{p^2}=1,[a_1,b]=a_2,[a_2,a_1]=b^{\nu_1p^2},[a_2,b]=a_1^{\nu_2p}a_2^{sp}\rangle$, 其中 $\nu_1,\nu_2=1$ 或是一个固定的模 p 的平方非剩余使得 $-\nu_1$ 不是一个平方, $s=2^{-1}\nu_2,2^{-1}\nu_2+1,\cdots,2^{-1}\nu_2+\dfrac{p-1}{2}$. 此时 $|G|=p^7$, $\Phi(G)=\langle a_2,a_1^p,b^p\rangle\cong\mathrm{C}_{p^2}\times\mathrm{C}_{p^2}\times\mathrm{C}_p$, $G'=\langle a_2,a_1^p,b^{p^2}\rangle\cong\mathrm{C}_p^2\times\mathrm{C}_{p^2}$, $Z(G)=\langle a_2^p,b^{p^2}\rangle\cong\mathrm{C}_p^2$.

(M54) $\langle b,a_1;a_2\mid b^{p^3}=a_1^{p^2}=a_2^{p^2}=1,[a_1,b]=a_2,[a_2,a_1]=b^{\nu_1p^2}a_2^{rp},[a_2,b]=a_1^{\nu_2p}\rangle$, 其中 $\nu_1,\nu_2=1$ 是一个固定的模 p 的平方非剩余, $r=1,2,\cdots,\dfrac{p-1}{2}$ 使得 $r^2-4\nu_1$ 不是一个平方. 此时 $|G|=p^7$, $\Phi(G)=\langle a_2,a_1^p,b^p\rangle\cong\mathrm{C}_{p^2}\times\mathrm{C}_{p^2}\times\mathrm{C}_p$, $G'=\langle a_2,a_1^p,b^{p^2}\rangle\cong\mathrm{C}_p^2\times\mathrm{C}_{p^2}$, $Z(G)=\langle a_2^p,b^{p^2}\rangle\cong\mathrm{C}_p^2$.

(Mviii) $c(G)=4$, G 有唯一的三元生成的极大子群 M 使得 $|M'|=p$, $p\geqslant 3$ 且 G/M' 是引理9.3.1的群 (6). 此种情形下, $(\mu_0,\mu_1,\mu_2)=(0,0,1+p)$, $\alpha_1(G)=2p^2$.

(M55) $\langle b,a_1;a_2\mid a_1^{p^2}=a_2^{p^2}=1,b^{p^2}=a_2^{tp},[a_1,b]=a_2,[a_2,a_1]=a_2^p,[a_2,b]=a_1^{\nu p}\rangle$, 其中 $t\in\mathrm{F}_p$, $\nu=1$ 或是一个固定的模 p 的平方非剩余. 此时 $|G|=p^6$, $\Phi(G)=\langle a_2,a_1^p,b^p\rangle\cong\mathrm{C}_{p^2}\times\mathrm{C}_p^2$, $G'=\langle a_2,a_1^p\rangle\cong\mathrm{C}_{p^2}\times\mathrm{C}_p$, $Z(G)=\langle a_2^p,b^{p^2}\rangle\cong\mathrm{C}_p$ 除了 $p=3$ 且 $\nu=-1$, 在 $p=3$ 且 $\nu=-1$, 若 $t\equiv 0(\mathrm{mod}\ p)$, 则 $Z(G)=\langle a_2^p,b^p\rangle\cong\mathrm{C}_p^2$, 若 $t\not\equiv 0(\mathrm{mod}\ p)$, 则 $Z(G)=\langle a_2^p,b^p\rangle\cong\mathrm{C}_{p^2}$.

(M56) $\langle b,a_1;a_2\mid a_1^{p^2}=a_2^{p^2}=b^{p^m}=1,[a_1,b]=a_2,[a_2,a_1]=1,[a_2,b]=a_1^{\nu p}a_2^{sp}\rangle$, 其中 $m\geqslant 2$, 当 $p=3$ 时, $\nu=1$, 当 $p\geqslant 5$ 时, $\nu=1$ 或是一个固定的模 p 的平方非剩余, $s=\nu,\nu+1,\cdots,\nu+\dfrac{p-1}{2}$. 此时 $|G|=p^{m+4}$, $\Phi(G)=\langle a_2,a_1^p,b^p\rangle\cong\mathrm{C}_p\times\mathrm{C}_{p^{m-1}}\times\mathrm{C}_{p^2}$, $G'=\langle a_2,a_1^p\rangle\cong\mathrm{C}_p\times\mathrm{C}_{p^2}$, 若 $m>2$, 则 $Z(G)=\langle a_2^p,b^{p^2}\rangle\cong\mathrm{C}_p\times\mathrm{C}_{p^{m-2}}$, 若 $m=2$, 则 $Z(G)=\langle a_2^p,b^{p^2}\rangle\cong\mathrm{C}_p$.

(M57) $\langle b,a_1;a_2\mid a_1^{p^2}=a_2^{p^2}=1,b^{p^m}=a_2^p,[a_1,b]=a_2,[a_2,a_1]=1,[a_2,b]=a_1^{\nu p}\rangle$, 其中 $m\geqslant 2$, 当 $p=3$ 时, $\nu=1$, 当 $p\geqslant 5$ 时, $\nu=1$ 或是一个固定的模 p 的平方非剩余. 此时 $|G|=p^{m+4}$, $\Phi(G)=\langle a_2,a_1^p,b^p\rangle\cong\mathrm{C}_{p^m}\times\mathrm{C}_p^2$, $G'=\langle a_2,a_1^p\rangle\cong\mathrm{C}_p\times\mathrm{C}_{p^2}$, $Z(G)=\langle b^{p^2}\rangle\cong\mathrm{C}_{p^{m-1}}$.

(Mix) $c(G)=4$, G 有唯一的三元生成的极大子群 M 使得 $|M'|=3$, $G/M'\in\mathcal{A}_3$. 此种情形下, $(\mu_0,\mu_1,\mu_2)=(0,0,1+p)$, $\alpha_1(G)=2p^2$.

(M58) $\langle b,a_1;a_2\mid a_1^9=a_2^9=b^{27}=1,[a_1,b]=a_2,[a_2,a_1]=b^{9s},[a_2,b]=a_1^{-3}a_2^{3t}\rangle$, 其中 $s,t=1,2$. 此时 $|G|=3^7$, $\Phi(G)=\langle a_2,a_1^3,b^3\rangle\cong\mathrm{C}_3\times\mathrm{C}_9\times\mathrm{C}_9$, $G'=\langle a_2,a_1^3,b^9\rangle\cong\mathrm{C}_9\times\mathrm{C}_3\times\mathrm{C}_3$, $Z(G)=\langle a_2^3,b^3\rangle\cong\mathrm{C}_3\times\mathrm{C}_9$.

(Mx) $c(G)=4$, G 有唯一的三元生成的极大子群 M 使得 $|M'|=p$, $p\geqslant 5$ 且 $G/M'\in\mathcal{A}_3$. 此种情形下, $(\mu_0,\mu_1,\mu_2)=(0,0,1+p)$, $\alpha_1(G)=2p^2$.

(M59) $\langle b,a_1;a_2,a_3\mid b^{p^2}=a_1^{p^2}=a_2^p=a_3^p=1,[a_1,b]=a_2,[a_2,a_1]=b^{\nu p},[a_2,b]=a_3,[a_3,b]=a_1^{tp},[a_3,a_1]=1\rangle$, 其中 $p\geqslant 5$, $\nu=1$ 或是一个固定的模 p 的平方非剩余, $t=t_1,t_2,\cdots,t_{(3,p-1)}$, 其中 $t_1,t_2,\cdots,t_{(3,p-1)}$ 是 $(\mathrm{F}_p^*)^3$ 在 F_p^* 里的陪集代表元. 此时 $|G|=p^6$, $\Phi(G)=G'=\langle a_2,a_3,a_1^p,b^p\rangle\cong \mathrm{C}_p^4$, $Z(G)=\langle a_1^p,b^p\rangle\cong\mathrm{C}_p^2$.

定理 9.4.14 设 G 是 $\mathcal{A}_3$ 群, 它的所有极大子群是 $\mathcal{A}_2$ 群且存在三元生成的极大子群, 且对每个三元生成的极大子群 M 均有 $M'\leqslant Z(G)$. 则 $d(G)=3$ 当且仅当 G 是下列互不同构的群之一.

(Ni) $\Phi(G)\leqslant Z(G)$. 此种情形下, $(\mu_0,\mu_1,\mu_2)=(0,0,1+p+p^2)$, $\alpha_1(G)=p^4+p^3+p^2$.

(N1) $\langle a,b,c\mid a^{p^3}=b^{p^2}=c^{p^2}=1,[b,c]=a^{p^2},[c,a]=c^{-p},[a,b]=b^p\rangle$, 其中 p 是奇素数. 此时 $|G|=p^7$, $G'=\langle a^{p^2},b^p,c^p\rangle\cong\mathrm{C}_p^3$, $\Phi(G)=Z(G)=\langle a^p,b^p,c^p\rangle\cong\mathrm{C}_{p^2}\times\mathrm{C}_p\times\mathrm{C}_p$.

(N2) $\langle a,b,c;d\mid a^{p^2}=b^{p^2}=c^{p^2}=d^p=1,[b,c]=d,[c,a]=b^p,[a,b]=c^{\nu p},[d,a]=[d,b]=[d,c]=1\rangle$, 其中 p 是奇素数, $\nu=1$ 或是一个固定的模 p 的平方非剩余使得 $-\nu\notin(\mathrm{F}_p^*)^2$. 此时 $|G|=p^7$, $\Phi(G)=Z(G)=\langle a^p,b^p,c^p,d\rangle\cong\mathrm{C}_p^4$, $G'=\langle b^p,c^p,d\rangle\cong\mathrm{C}_p^3$.

(N3) $\langle a,b,c;d\mid a^{p^2}=b^{p^2}=c^{p^2}=d^p=1,[b,c]=d,[c,a]^{1+r}=b^{rp}c^{-p},[a,b]^{1+r}=b^pc^p,[d,a]=[d,b]=[d,c]=1\rangle$, 其中 p 是奇素数, $-r\in\mathrm{F}_p$ 不是平方. 此时 $|G|=p^7$, $\Phi(G)=Z(G)=\langle a^p,b^p,c^p,d\rangle\cong\mathrm{C}_p^4$, $G'=\langle b^p,c^p,d\rangle\cong\mathrm{C}_p^3$.

(N4) $\langle a,b,c\mid a^8=b^4=c^4=1,[b,c]=a^4,[c,a]=c^2,[a,b]=b^2\rangle$. 此时 $|G|=2^7$, $G'=\langle a^4,b^2,c^2\rangle\cong\mathrm{C}_2^3$, $\Phi(G)=Z(G)=\langle a^2,b^2,c^2\rangle\cong\mathrm{C}_4\times\mathrm{C}_2\times\mathrm{C}_2$.

(N5) $\langle a,b,c;d\mid a^4=b^4=c^4=d^2=1,[b,c]=d,[c,a]=b^2,[a,b]=b^2c^2,[d,a]=[d,b]=[d,c]=1\rangle$. 此时 $|G|=2^7$, $\Phi(G)=Z(G)=\langle a^2,b^2,c^2,d\rangle\cong\mathrm{C}_2^4$, $G'=\langle b^2,c^2,d\rangle\cong\mathrm{C}_2^3$.

(Nii) $\Phi(G)\nleqslant Z(G)$, $Z(G)\nleqslant\Phi(G)$. 此种情形下, $(\mu_0,\mu_1,\mu_2)=(0,0,1+p+p^2)$, $\alpha_1(G)=p^3+p^2$.

(N6) $\langle a,b,x\mid a^{p^{r+2}}=x^p=1,b^{p^{r+s+t}}=a^{p^{r+s}},[a,b]=a^{p^r},[x,a]=[x,b]=1\rangle=\langle a,b\rangle\times\langle x\rangle$, 其中当 $p=2$ 时, $r\geqslant 2$, 当 $p\geqslant 3$ 时, $r\geqslant 1$. $t\geqslant 0$, $0\leqslant s\leqslant 2$, $r+s\geqslant 2$. 此时 $|G|=p^{2r+s+t+3}$, $\Phi(G)=\langle a^p,b^p\rangle\cong\mathrm{C}_{p^{r+t+1}}\times\mathrm{C}_{p^{r+s-1}}$, $G'=\langle a^{p^r}\rangle\cong\mathrm{C}_{p^2}$, $Z(G)=\langle a^{p^2},b^{p^2},x\rangle\cong\mathrm{C}_{p^{r+t}}\times\mathrm{C}_{p^{r+s-2}}\times\mathrm{C}_p$.

(N7) $\langle a,b,x\mid a^{p^3}=b^{p^{t+3}}=1,x^p=a^{p^2},[a,b]=a^p,[x,a]=[x,b]=1\rangle$, 其中 $p\geqslant 3$, $t\geqslant 0$. 此时 $|G|=p^{t+7}$, $\Phi(G)=\langle a^p,b^p\rangle\cong\mathrm{C}_{p^{t+2}}\times\mathrm{C}_{p^2}$, $G'=\langle a^p\rangle\cong\mathrm{C}_{p^2}$, $Z(G)=\langle a^{p^2},b^{p^2},x\rangle\cong\mathrm{C}_{p^{t+1}}\times\mathrm{C}_p^2$.

(N8) $\langle a,b,x\mid a^{p^3}=1,b^{p^2}=x^p=a^{p^2},[a,b]=a^p,[x,a]=[x,b]=1\rangle$, 其中 $p\geqslant 3$. 此时 $|G|=p^6$, $\Phi(G)=\langle a^p,b^p\rangle\cong\mathrm{C}_{p^2}\times\mathrm{C}_p$, $G'=\langle a^p\rangle\cong\mathrm{C}_{p^2}$, $Z(G)=\langle x\rangle\cong\mathrm{C}_{p^2}$.

(N9) $\langle a,b,x;c \mid a^{p^2}=b^{p^2}=c^p=x^p=1,[a,b]=c,[c,a]=b^{\nu p},[c,b]=a^p,[x,a]=[x,b]=1\rangle=\langle a,b\rangle\times\langle x\rangle$, 其中 $p\geqslant 5$, ν 是一个固定的模 p 的平方非剩余. 此时 $|G|=p^6$, $\Phi(G)=G'=\langle a^p,b^p,c\rangle\cong \mathrm{C}_p^3$, $Z(G)=\langle a^p,b^p,x\rangle\cong \mathrm{C}_p^3$.

(N10) $\langle a,b,x;c \mid a^{p^2}=b^{p^2}=c^p=x^p=1,[a,b]=c,[c,a]=a^{-p}b^{-lp},[c,b]=a^{-p},[x,a]=[x,b]=1\rangle=\langle a,b\rangle\times\langle x\rangle$, 其中 $p\geqslant 5, 4l=\rho^{2r+1}-1, r=1,2,\cdots,\dfrac{1}{2}(p-1)$, ρ 是模 p 本原根的最小正整数. 此时 $|G|=p^6$, $\Phi(G)=G'=\langle a^p,b^p,c\rangle\cong \mathrm{C}_p^3$, $Z(G)=\langle a^p,b^p,x\rangle\cong \mathrm{C}_p^3$.

(N11) $\langle a,b,x;c \mid a^9=b^9=c^3=x^3=1,[a,b]=c,[c,a]=b^{-3},[c,b]=a^3,[a^3,b]=[x,a]=[x,b]=1\rangle=\langle a,b\rangle\times\langle x\rangle$. 此时 $|G|=3^6$, $\Phi(G)=G'=\langle a^3,b^3,c\rangle\cong \mathrm{C}_3^3$, $Z(G)=\langle a^3,b^3,x\rangle\cong \mathrm{C}_3^3$.

(N12) $\langle a,b,x;c \mid a^9=b^9=c^3=x^3=1,[a,b]=c,[c,a]=b^{-3},[c,b]=a^{-3},[x,a]=[x,b]=1\rangle=\langle a,b\rangle\times\langle x\rangle$. 此时 $|G|=3^6$, $\Phi(G)=G'=\langle a^3,b^3,c\rangle\cong \mathrm{C}_3^3$, $Z(G)=\langle a^3,b^3,x\rangle\cong \mathrm{C}_3^3$.

(Niii) $Z(G)<\Phi(G)$ 且 G 至少有两个三元生成的极大子群. 此种情形下, 仅对于群 (N24) 有 $c(G)=2$, 对其他的群均有 $c(G)=3$. 另外, 除了群(N14), (N18)和(N22)—(N24)之外, $(\mu_0,\mu_1,\mu_2)=(0,0,1+p+p^2)$ 且 $\alpha_1(G)=p^3+p^2$.

(N13) $\langle a,b,x \mid a^8=b^4=x^2=1,[a,b]=a^{-2},[x,a]=a^4,[x,b]=1\rangle$. 此时 $|G|=2^6$, $\Phi(G)=\langle a^2,b^2\rangle\cong \mathrm{C}_4\times \mathrm{C}_2$, $G'=\langle a^2\rangle\cong \mathrm{C}_4$, $Z(G)=\langle a^4,b^2\rangle\cong \mathrm{C}_2^2$, $(\mu_0,\mu_1,\mu_2)=(0,0,7)$, $\alpha_1(G)=12$.

(N14) $\langle a,b,x \mid a^8=b^8=x^2=1,[a,b]=a^{-2},[x,a]=b^4,[x,b]=a^4\rangle$. 此时 $|G|=2^7$, $\Phi(G)=\langle a^2,b^2\rangle\cong \mathrm{C}_4\times \mathrm{C}_4$, $G'=\langle a^2,b^4\rangle\cong \mathrm{C}_4\times\mathrm{C}_2$, $Z(G)=\langle a^4,b^2\rangle\cong \mathrm{C}_4\times\mathrm{C}_2$, $\alpha_1(G)=14$.

(N15) $\langle a,b,x \mid a^8=b^8=x^2=1,[a,b]=a^{-2},[x,a]=a^4b^4,[x,b]=1\rangle$. 此时 $|G|=2^7$, $\Phi(G)=\langle a^2,b^2\rangle\cong \mathrm{C}_4\times \mathrm{C}_4$, $G'=\langle a^2,b^4\rangle\cong \mathrm{C}_4\times \mathrm{C}_2$, $Z(G)=\langle a^4,b^2\rangle\cong \mathrm{C}_4\times \mathrm{C}_2$, $\alpha_1(G)=14$.

(N16) $\langle a,b,x \mid a^8=x^2=1,b^4=a^4,[a,b]=a^{-2},[x,a]=a^4,[x,b]=1\rangle$. 此时 $|G|=2^6$, $\Phi(G)=\langle a^2,b^2\rangle\cong \mathrm{C}_4\times \mathrm{C}_2$, $G'=\langle a^2\rangle\cong \mathrm{C}_4$, $Z(G)=\langle b^2\rangle\cong \mathrm{C}_4$.

(N17) $\langle a_1,b,x;a_2,a_3 \mid a_1^p=a_2^p=a_3^p=b^p=x^p=1,[a_1,b]=a_2,[a_2,b]=[x,a_1]=a_3,[a_3,b]=1,[x,b]=[a_i,a_j]=1\rangle$, 其中 $p>3$, $1\leqslant i,j\leqslant 3$. 此时 $|G|=p^5$, $\Phi(G)=G'=\langle a_2,a_3\rangle\cong \mathrm{C}_p^2$, $Z(G)=\langle a_3\rangle\cong \mathrm{C}_p$.

(N18) $\langle a_1,b,x;a_2 \mid a_1^p=a_2^p=b^p=x^{p^2}=1,[a_1,b]=a_2,[a_2,b]=[x,a_1]=x^p,[a_2,a_1]=[a_2,x]=[x,b]=1\rangle$, 其中 $p>2$. 此时 $|G|=p^5$, $\Phi(G)=G'=\langle a_2,x^p\rangle\cong \mathrm{C}_p^2$, $Z(G)=\langle x^p\rangle\cong \mathrm{C}_p$.

(N19) $\langle a_1,b,x;a_2 \mid a_1^p=a_2^p=b^{p^2}=x^{p^2}=1,[a_1,b]=a_2,[a_2,b]=x^p,[x,a_1]=b^p,[a_2,a_1]=[a_2,x]=[x,b]=1\rangle$, 其中 $p>2$. 此时 $|G|=p^6$, $\Phi(G)=G'=$

$\langle a_2, x^p, b^p\rangle \cong \mathrm{C}_p^3$, $Z(G)=\langle b^p, x^p\rangle \cong \mathrm{C}_p\times \mathrm{C}_p$, $\alpha_1(G)=p^2+2p^2-p$.

(N20) $\langle a_1, b, x; a_2 \mid a_1^p = a_2^p = b^{p^2} = x^p = 1, [a_1, b] = a_2, [a_2, b] = [x, a_1] = b^p, [a_2, a_1] = [a_2, x] = [x, b] = 1\rangle$, 其中 $p>2$. 此时 $|G|=p^5$, $\Phi(G)=G'=\langle a_2, b^p\rangle \cong \mathrm{C}_p^2$, $Z(G)=\langle b^p\rangle \cong \mathrm{C}_p$.

(N21) $\langle a_1, b, x; a_2 \mid a_1^{p^2} = a_2^p = b^p = x^p = 1, [a_1, b] = a_2, [a_2, b] = a_1^{\nu p}, [x, a_1] = a_1^p, [a_2, a_1] = [a_2, x] = [x, b] = 1\rangle$, 其中 $p>2$, $\nu=1$ 或是一个固定的模 p 的平方非剩余. 此时 $|G|=p^5$, $\Phi(G)=G'=\langle a_2, a_1^p\rangle \cong \mathrm{C}_p^2$, $Z(G)=\langle a_1^p\rangle \cong \mathrm{C}_p$.

(N22) $\langle a_1, b, x; a_2 \mid a_1^9 = a_2^3 = x^3 = 1, b^3 = a_1^3, [a_1, b] = a_2, [a_2, b] = a_1^{-3}, [x, a_1] = a_1^3, [a_2, a_1] = [a_2, x] = [x, b] = 1\rangle$. 此时 $|G|=3^5$, $\Phi(G)=G'=\langle a_2, a_1^3\rangle \cong \mathrm{C}_3^2$, $Z(G)=\langle a_1^3\rangle \cong \mathrm{C}_3$.

(N23) $\langle a, b, x \mid a^{p^3} = b^{p^3} = x^p = 1, [a, b] = a^p, [x, b] = a^{p^2}, [x, a] = b^{\nu p^2} a^{k p^2}\rangle$, 其中 $p>2$, $\nu=1$ 或是一个固定的模 p 的平方非剩余, $0\leqslant k\leqslant \dfrac{p-1}{2}$ 使得 $k^2+4\nu$ 不是平方. 此时 $|G|=p^7$, $\Phi(G)=\langle a^p, b^p\rangle \cong \mathrm{C}_{p^2}\times \mathrm{C}_{p^2}$, $G'=\langle a^p, b^{p^2}\rangle \cong \mathrm{C}_{p^2}\times \mathrm{C}_p$, $Z(G)=\langle a^{p^2}, b^{p^2}\rangle \cong \mathrm{C}_p^2$, $(\mu_0, \mu_1, \mu_2)=(0,0,1+p+p^2)$, $\alpha_1(G)=p^3+2p^2$.

(N24) $\langle a, b, x \mid a^{p^3} = b^{p^3} = x^p = 1, [a, b] = a^p, [x, b] = 1, [x, a] = b^{p^2}\rangle$, 其中 $p>2$. 此时 $|G|=p^7$, $\Phi(G)=\langle a^p, b^p\rangle \cong \mathrm{C}_{p^2}\times \mathrm{C}_{p^2}$, $G'=\langle a^p, b^{p^2}\rangle \cong \mathrm{C}_{p^2}\times \mathrm{C}_p$, $Z(G)=\langle a^{p^2}, b^{p^2}\rangle \cong \mathrm{C}_p^2$, $(\mu_0, \mu_1, \mu_2)=(0,0,1+p+p^2)$, $\alpha_1(G)=p^3+2p^2$.

(N25) $\langle a, b, x \mid a^{p^3} = b^{p^{t+3}} = x^p = 1, [a, b] = a^p, [x, b] = a^{p^2} b^{p^{t+2}}, [x, a] = 1\rangle$, 其中 $p>2, t\geqslant 1$. 此时 $|G|=p^{t+7}$, $\Phi(G)=\langle a^p, b^p\rangle \cong \mathrm{C}_{p^2}\times \mathrm{C}_{p^{t+2}}$, $G'=\langle a^p, b^{p^{t+2}}\rangle \cong \mathrm{C}_{p^2}\times \mathrm{C}_p$, $Z(G)=\langle a^{p^2}, b^{p^2}\rangle \cong \mathrm{C}_p\times \mathrm{C}_{p^{t+1}}$, $(\mu_0, \mu_1, \mu_2)=(0,0,1+p+p^2)$, $\alpha_1(G)=p^3+2p^2$.

(N26) $\langle a, b, x \mid a^{p^{t+4}} = b^{p^3} = x^p = 1, [a, b] = a^{p^{t+2}}, [x, a] = b^{p^2}, [x, b] = 1\rangle$, 其中 $t\geqslant 0$. 此时 $|G|=p^{t+8}$, $\Phi(G)=\langle a^p, b^p\rangle \cong \mathrm{C}_{p^2}\times \mathrm{C}_{p^{t+3}}$, $G'=\langle a^{p^{t+2}}, b^{p^2}\rangle \cong \mathrm{C}_{p^2}\times \mathrm{C}_p$, $Z(G)=\langle a^{p^2}, b^{p^2}\rangle \cong \mathrm{C}_p\times \mathrm{C}_{p^{t+2}}$, $(\mu_0, \mu_1, \mu_2)=(0,0,1+p+p^2)$, $\alpha_1(G)=p^3+2p^2$.

(Niv) $Z(G)<\Phi(G)$ 且 G 有唯一的三元生成的极大子群. 此种情形下, $c(G)=3$, $(\mu_0, \mu_1, \mu_2)=(0,0,1+p+p^2)$, $\alpha_1(G)=2p^2$.

(N27) $\langle a, b, d \mid a^{p^{m+1}} = b^{p^2} = d^p = 1, [a, b] = a^{p^{m-1}}, [d, a] = b^p, [d, b] = 1\rangle$, 其中 $p>2$, $m\geqslant 2$. 此时 $|G|=p^{m+4}$, $\Phi(G)=\langle a^p, b^p\rangle \cong \mathrm{C}_{p^m}\times \mathrm{C}_p$, $G'=\langle a^{p^{m-1}}, b^p\rangle \cong \mathrm{C}_{p^2}\times \mathrm{C}_p$, $Z(G)=\langle a^{p^2}\rangle \cong \mathrm{C}_{p^{m-1}}$.

(N28) $\langle a, b, d \mid a^{p^3} = b^{p^2} = d^p = 1, [a, b] = a^p, [d, a] = b^p, [d, b] = a^{\nu p^2}\rangle$, 其中 $p>2$, $\nu=1$ 或是一个固定的模 p 的平方非剩余. 此时 $|G|=p^6$, $\Phi(G)=G'=\langle a^p, b^p\rangle \cong \mathrm{C}_p\times \mathrm{C}_{p^2}$, $Z(G)=\langle a^{p^2}\rangle \cong \mathrm{C}_p$.

定理 9.4.15 设 G 是无交换极大子群的 $\mathcal{A}_3$ 群. 则 $d(G)=4$ 当且仅当 G 是下列互不同构的群之一:

(Oi) $G'\cong \mathrm{C}_p$ 且 $c(G)=2$. 此种情形下, $\Phi(G)=Z(G)=G'$, $(\mu_0, \mu_1, \mu_2)=$

$(0,0,1+p+p^2+p^3)$, $\alpha_1(G)=p^2+p^4$.

(O1) $\mathrm{D}_8 * \mathrm{Q}_8$.

(O2) $\mathrm{Q}_8 * \mathrm{Q}_8$.

(O3) $\mathrm{M}_p(1,1,1) * \mathrm{M}_p(2,1)$, 其中 $p>2$.

(O4) $\mathrm{M}_p(1,1,1) * \mathrm{M}_p(1,1,1)$, 其中 $p>2$.

(Oii) $G' \cong \mathrm{C}_p^2$ 且 $c(G)=2$.

(O5) $\langle a,b,c,d \mid a^4=b^4=1, c^2=a^2, d^2=b^2, [a,b]=1, [a,c]=b^2, [b,c]=a^2, [a,d]=a^2, [b,d]=a^2b^2, [c,d]=1\rangle$. 此时 $|G|=2^6$, $\Phi(G)=Z(G)=G'=\langle a^2,b^2\rangle \cong \mathrm{C}_2^2$, G 的任意两个非交换元生成 $\mathrm{M}_2(2,2)$. $(\mu_0,\mu_1,\mu_2)=(0,0,15)$, $\alpha_1(G)=30$.

(Oiii) $G' \cong \mathrm{C}_p^3$ 且 $c(G)=2$.

(O6) $G=K\times\langle a_4\rangle$, $K=\langle a_1,a_2,a_3 \mid a_1^4=a_2^4=a_3^4=1, [a_1,a_2]=a_3^2, [a_1,a_3]=a_2^2a_3^2, [a_2,a_3]=a_1^2a_2^2, [a_1^2,a_2]=[a_2^2,a_1]=1\rangle$, $\langle a_4\rangle \cong \mathrm{C}_2$. 此时 $|G|=2^7$, $\Phi(G)=G'=\langle a_1^2,a_2^2,a_3^2\rangle$, $Z(G)=\langle a_1^2,a_2^2,a_3^2,a_4\rangle \cong \mathrm{C}_2^4$, $(\mu_0,\mu_1,\mu_2)=(0,0,15)$, $\alpha_1(G)=30$.

9.5　$\mathcal{A}_3$ 群分类的某些应用

利用 $\mathcal{A}_3$ 群的分类, 某些新的结论被发现和证明. 有些结论需利用 $\mathcal{A}_3$ 群分类的结论证明. 有些则是通过观察 $\mathcal{A}_3$ 群的分类得到结论, 然后给出不依赖于 $\mathcal{A}_3$ 群分类的证明. 本节列举若干.

首先由表 9.2 即得下列的定理.

定理 9.5.1　设 G 是$\mathcal{A}_3$群. 则 $p^2 \leqslant \alpha_1(G) \leqslant p^4+p^3+p^2+p$ 且下列结论成立.

(1) 若 $\alpha_1(G)=p^2$, 则 $d(G)=2$, $c(G)=4$ 且 G 有交换极大子群, 而 G 的非交换子群均二元生成;

(2) 若 $\alpha_1(G)=p^4+p^3+p^2+p$, 则 $p=2$, $c(G)=2$, $d(G)=4$ 且 $G=K\times \mathrm{C}_2$, K 是最小的Suzuki 2 群;

(3) 若 $p>2$, 则 $\alpha_1(G)\leqslant p^4+p^3+p^2$;

(4) 若 $d(G)=2$, 则 $\alpha_1(G)\leqslant p^3+2p^2+p$;

(5) 若 $d(G)=2$ 且 $\alpha_1(G)\leqslant p^3+2p^2+p$, 则 $p=2$ 且 G 是定理 9.4.13中的群(M35);

(6) 若 $d(G)\geqslant 3$, 则 $\alpha_1(G)\geqslant 2p^2-1$.

定理 9.5.1 的直接结果是下面的定理.

定理 9.5.2　设 G 是有限非交换 p 群. 则

(1) 若 $\alpha_1(G)<p^2$, 则 $G\in\mathcal{A}_t$, 其中 $t=1$ 或 2;

(2) 若 $\alpha_1(G)>p^4+p^3+p^2+p$, 则 $G\in\mathcal{A}_t$, 其中 $t\geqslant 4$.

定理 9.5.3　设 G 是有限 p 群. 则 G 的非交换子群都二元生成当且仅当 G 的 $\mathcal{A}_2$ 子群都二元生成.

表 9.1 $\mathcal{A}_3$ 群中指数为 p 的 $\mathcal{A}_0$、$\mathcal{A}_1$、$\mathcal{A}_2$ 子群的个数

(μ_0, μ_1, μ_2)	对应的 $\mathcal{A}_3$ 群
$(1,\ p-1,\ 1)$	(A1)–(A6)
$(p+1,\ p^2-1,\ 1)$	(B1); (B2) 其中 $m=n=1$; (B3) 其中 $n=1$; (B4); (B5) 其中 $n=1$
$(p+1,\ p^2-p,\ p)$	(B2) 其中 $m>1=n$ 或 $n>1=m$; (B3) 其中 $n>1$; (B5) 其中 $n>1$
$(1,\ p^2-1,\ p+1)$	(B6); (B9); (B11); (B13) 其中 $p=2$ 且 $m=l=1$ (B17) 其中 $l=1$; (B19) 其中 $p=2$ 且 $m=l=1$
$(1,\ p^2,\ p)$	(B7) 其中 $l>1$; (B10); (B12) 其中 $l>1$; (B13) 其中 $m=1$ 且 $l>1$; (B14) 其中 $n\neq m$;(B16); (B18) 其中 $m=1$; (B19) 其中 $p>2$ 且 $m=1$ (B19) 其中 $p=2$ 且 $l>1=m$;
$(1,\ p^2+p-1,\ 1)$	(B7) 其中 $l=1$; (B12) 其中 $l=1$; (B13) 其中 $p>2$ 且 $m=l=1$ (B14) 其中 $n=m=1$ 且 $p=2$; (B20)
$(1,\ p^2+p-2,\ 2)$	(B8) 其中 $l=1$
$(1,\ p^2-p,\ 2p)$	(B8) 其中 $l>1$; (B13) 其中 $m=2$; (B14) 其中 $n=m=2$; (B15); (B17) 其中 $l>1$; (B18) 其中 $m=2$; (B19) 其中 $m=2$
$(0,\ p,\ 1)$	(C1)—(C6), (C8),(C9), (C11), (C15)—(C17)
$(0,\ p-1,\ 2)$	(C7), (C10), (C12)—(C14)
$(0,\ p^2,\ p+1)$	(D1),(D4), (D6)—(D10), (D12)—(D14), (D16)
$(0,\ p^2+p,\ 1)$	(D2) 其中 $-\nu\notin(\mathrm{F}_p^*)^2$;(D3) 其中 $-r\notin(\mathrm{F}_p^*)^2$; (D5); (D11) 其中 $-\nu\notin(\mathrm{F}_p^*)^2$;
$(0,\ p^2-p,\ 2p+1)$	(D2) 其中 $-\nu\in(\mathrm{F}_p^*)^2$; (D3) 其中 $-\nu\in(\mathrm{F}_p^*)^2$; (D11) 其中 $-\nu\in(\mathrm{F}_p^*)^2$; (D15)
$(0,\ p^2-1,\ p+2)$	(D17),(D18)
$(0,\ p^2+1,\ p)$	(D19)
$(0,\ 1,\ p)$	(E1)—(E7)
$(0,\ 1,\ p^2+p)$	(E8)—(E10)
$(1,\ 0,\ p)$	(F1)—(F8); (G1)—(G12)
$(p+1,\ 0,\ p^2)$	(H1)—(H3)
$(1,\ 0,\ p^2+p)$	(H4)—(H10), (I1)—(I11)
$(p+1,\ 0,\ p^3+p^2)$	(J1)—(J5)
$(1,\ 0,\ p^3+p^2+p)$	(J6)—(J9)
$(0,\ 0,\ p+1)$	(K1)—(K5); (L1),(L2); (M1)—(M59)
$(0,\ 0,\ p^2+p+1)$	(N1)—(N28)
$(0,\ 0,\ p^3+p^2+p+1)$	(O1)—(O6)

表 9.2　$\mathcal{A}_3$ 群中 $\mathcal{A}_1$ 子群的个数

$\alpha_1(G)$	对应的 $\mathcal{A}_3$ 群 G
p^2	(F1)—(F8)
p^2+1	(E1), (E3)—(E7)
p^2+p-1	(A1)—(A6)
p^2+p	(C1)—(C6), (C8)—(C9), (C11), (C15), (C17), (K3)—(K5)
p^2+p+1	(K1)—(K2)
p^2+2p	(C16)
$2p^2-1$	(B1), (B2) 其中 $n=m=1$, (B3) 其中 $n=1$, (B4), (B5) 其中 $n=1$
$2p^2$	(M45)—(M50), (M55)—(M59), (N27),(N28)
$2p^2+p-1$	(B7) 其中 $l=1$, (B12) 其中 $l=1$, (B13) 其中 $p>2$ 且 $l=m=1$
	(B14) 其中 $n=m=1$ 且 $p=2$, (B20), (C7), (C10), (C12)—(C14)
$2p^2+p$	(D2) 其中 $-\nu\notin(\mathrm{F}_p^*)^2$;(D3) 其中 $-r\notin(\mathrm{F}_p^*)^2$; (D5);
	(D11) 其中 $-\nu\notin(\mathrm{F}_p^*)^2$; (M51)—(M54)
$3p^2+1$	(D19)
$3p^2+p-2$	(B8) 其中 $l=1$
$3p^2+p$	(L1), (L2)
p^3	(G1)—(G12), (I1)—(I9)
p^3+1	(E2), (E8)
p^3+p^2-p	(B2) 其中 $m>1=n$ 或 $n>1=m$, (B3) 其中 $n\geqslant 2$, (B5) 其中 $n\geqslant 2$
p^3+p^2	(B7) 其中 $l\geqslant 2$, (B10), (B12) 其中 $l\geqslant 2$, (B13) 其中 $l\geqslant 2$ 且 $m=1$
	(B14) 其中 $m\neq n$, (B16), (B18) 其中 $m=1$, (B19) 其中 $m=1$ 且 $p>2$
	(B19) 其中 $p=2$, $m=1$ 且 $l>1$, (I10), (I11), (M1)—(M19)
	(M37)—(M40), (M47), (N6)—(N13), (N16)—(N18), (N20)—(N22)
p^3+p^2+p	(M36)
p^3+2p^2-p	(N14), (N15), (N19)
p^3+2p^2-1	(B6), (B9), (B11), (B13) 其中 $p=2$ 且 $l=m=1$;
	(B17) 其中 $l=1$, (B19) 其中 $p=2$ 且 $l=m=1$
p^3+2p^2	(D1),(D4), (D6)—(D10), (D12)—(D14), (D16),
	(M20)—(M34), (M41)—(M43), (N23)—(N26)
p^3+2p^2+p	(M35)
p^3+3p^2-1	(D17), (D18)
$2p^3+p^2-p$	(B8) 其中 $l\geqslant 2$, (B13) 其中 $m=2$, (B14) 其中 $m=n=2$
	(B15), (B17) 其中 $l\geqslant 2$, (B18) 其中 $m=2$, (B19) 其中 $m=2$
$2p^3+2p^2-p$	(D2)其中 $-\nu\in(\mathrm{F}_p^*)^2$; (D3)其中 $-\nu\in(\mathrm{F}_p^*)^2$; (D11) 其中 $-\nu\in(\mathrm{F}_p^*)^2$; (D15)
p^4	(H1)—(H3), (J1)—(J5)
p^4+p^2	(O1)—(O4)
p^4+p^3+1	(E9), (E10)
p^4+p^3	(H4)—(H10), (J6)—(J9)
$p^4+p^3+p^2$	(N1)—(N5), (O6)
$p^4+p^3+p^2+p$	(O5)

证明 $\Longrightarrow$: 显然.

$\Longleftarrow$: 不妨设 $G \in \mathcal{A}_t$, 其中 $t \geqslant 3$. 对 t 归纳. 若 $t=3$, 则 $G \in \mathcal{A}_3$. 于是 G 的非交换真子群只能是 $\mathcal{A}_1$ 群或 $\mathcal{A}_2$ 群. 而 $\mathcal{A}_1$ 群均是二元生成的, 由假设得 G 的非交换真子群均二元生成. 这样的群是被文献 [193] 分类, 由文献 [193] 的主要定理可知, G 也是二元生成的. 故当 $t=3$ 时结论成立. 假设对 $k<t$ 时结论成立. 设 H 是 G 的非交换真子群. 因为 $G \in \mathcal{A}_t$, 故 $H \in \mathcal{A}_k$, 从而 $k<t$. 由归纳假设知, $d(H)=2$. 于是 G 的非交换真子群都二元生成. 再由文献 [193] 的主要定理可知, G 也二元生成. □

Berkovich 和张勤海在文献 [36] 利用 $\mathcal{A}_2$ 子群给出亚循环 p 群的一个等价条件.

定理 9.5.4 *设 G 是有限 p 群. 则 G 亚循环当且仅当 G 的 $\mathcal{A}_2$ 子群均亚循环.*

由 $\mathcal{A}_2$ 群的定义可知, 它的非交换真子群只能是 $\mathcal{A}_1$ 群且是极大子群. 于是 $\mathcal{A}_2$ 群的任意两个 $\mathcal{A}_1$ 子群生成的群只能是 $\mathcal{A}_2$ 群自身. 一个自然的问题是: *任意两个 $\mathcal{A}_1$ 子群生成的群只能是 $\mathcal{A}_2$ 子群的有限 p 群是什么样呢?* 为方便, 这样的群称为 $\mathcal{P}_2$ 群. 检查 $\mathcal{A}_3$ 群的群表易知, 每个 $\mathcal{A}_3$ 群都可由其某两个 $\mathcal{A}_1$ 子群生成. 注意到 $\mathcal{P}_2$ 群的子群也是 $\mathcal{P}_2$ 群. 故 $\mathcal{P}_2$ 群没有 $\mathcal{A}_3$ 子群. 于是 $\mathcal{P}_2$ 群只能是 $\mathcal{A}_2$ 群. 由于 $\mathcal{A}_3$ 群有 222 个互不同构的类型, 对其逐个检验是一项繁杂的工作. 下面给出 $\mathcal{P}_2$ 群是 $\mathcal{A}_2$ 群的不依赖于查表的理论证明.

先证两个引理.

引理 9.5.5 *设 G 是有内交换极大子群的 $\mathcal{A}_3$ 群. 则 G 不是 $\mathcal{P}_2$ 群.*

证明 设 H 为 G 的一个内交换极大子群. 由定理 1.7.3 可知, G 可有其内交换子群生成. 故 G 中必存在 $\mathcal{A}_1$ 子群 K 使得 $K \nleq H$. 于是 $\langle H, K\rangle = G \in \mathcal{A}_3$. 故 G 不是 $\mathcal{P}_2$ 群. □

引理 9.5.6 *设 G 是无内交换极大子群的 $\mathcal{A}_3$ 群且满足性质 $\mathcal{P}_2$. 则对于 G 的任意 $\mathcal{A}_1$ 子群 H 都有 $H \geqslant \Phi(G)$.*

证明 只需要证 G/H 初等交换即可. 由 G 是无内交换极大子群的 $\mathcal{A}_3$ 群可得, H 为 G 的二极大子群. 于是 $|G/H| = p^2$. 若 $G/H \cong \mathrm{C}_{p^2}$, 由对应定理可得, G 中只存在一个包含 H 的极大子群 M. 取 G 的一个不含于 M 中的 $\mathcal{A}_1$ 子群 K. 于是 $\langle H, K\rangle$ 也为包含 H 的极大子群. 矛盾. 于是 G/H 初等交换. □

定理 9.5.7 *G 是 $\mathcal{P}_2$ 群当且仅当 G 是 $\mathcal{A}_2$ 群.*

证明 $\Longleftarrow$: 显然.

$\Longrightarrow$: 设 G 为极小阶反例. 则 G 是 $\mathcal{A}_n$ 群, 其中 $n \geqslant 3$. 于是 G 中存在 $\mathcal{A}_3$ 子群, 记为 H. 由于 $\mathcal{P}_2$ 群的子群是 $\mathcal{P}_2$ 群, 则 H 也为反例. 又由 G 的极小性得 $H=G$. 于是只需证 $\mathcal{A}_3$ 群不是 $\mathcal{P}_2$ 群即可.

若 G 是有内交换极大子群的 $\mathcal{A}_3$ 群, 由引理 9.5.5 可得 G 不是 $\mathcal{P}_2$ 群. 不妨设 G 是无内交换极大子群的 $\mathcal{A}_3$ 群. 下证 G 不是 $\mathcal{P}_2$ 群.

若 $d(G)=2$, 则对于 G 的任意 $\mathcal{A}_1$ 子群 H, 由 $|G/H|=|G/\Phi(G)|=p^2$ 及引理 9.5.6 可得 $\Phi(G)=H$. 这与定理 1.7.3 矛盾.

若 $d(G)=3$, 则对于 G 的任意 $\mathcal{A}_2$ 子群 M, 不难证明, $\Phi(M)$ 为 M 的所有 $\mathcal{A}_1$ 子群的交. 由此及引理 9.5.6 可得 $\Phi(M)\geqslant\Phi(G)$. 进而 $\Phi(M)=\Phi(G)$. 于是 $|M/\Phi(M)|=p^2$. 这说明 G 的的 $\mathcal{A}_2$ 子群 M 都为二元生成. 由定理 9.5.3 可得 $d(G)=2$, 矛盾于 $d(G)=3$.

若 $d(G)=4$, 不妨设 $G=\langle a,b,c,d\rangle$ 且 $[a,b]\neq 1$. 下证 G 总可由它的两个 $\mathcal{A}_1$ 子群生成, 从而 G 不是 $\mathcal{P}_2$ 群. 结论由此得证.

若 $[c,d]\neq 1$, 则 $G=\langle\langle a,b\rangle,\langle c,d\rangle\rangle$. 若 $[c,d]=1$ 且 $a,b\in C_G(\langle c,d\rangle)$, 令 $c_1=ca$ 且 $d_1=db$. 则 $[c_1,d_1]=[a,b]\neq 1$. 于是 $G=\langle\langle a,b\rangle,\langle ac,bd\rangle\rangle$. 若 $[c,d]=1$, 且 $a,b\notin C_G(\langle c,d\rangle)$, 不妨设 $[a,c]\neq 1$. 再令 $d_1=da$. 则 $[c,d_1]=[c,a]\neq 1$. 于是 $G=\langle\langle a,b\rangle,\langle ad,c\rangle\rangle$. 由此可知, G 总可由它的两个 $\mathcal{A}_1$ 子群生成. □

对于 $t>1$, 由 $\mathcal{A}_t$ 的定义可知, $\mathcal{A}_t$ 群至少含有一个 $\mathcal{A}_i$ 子群, $i\in\{1,2,\cdots,t-1\}$. 特别地, 若 G 是 $\mathcal{A}_t$ 群, 则 G 的指数为 p^{t-k} 的子群必是 $\mathcal{A}_0$-, $\mathcal{A}_1$-, $\cdots$, $\mathcal{A}_k$ 子群之一, $0\leqslant k\leqslant t$. 于是非交换 p 群的结构基本上依赖于它的 $\mathcal{A}_i$ 子群的结构. 自然地, 考虑 $\mathcal{A}_i$ 子群之间的相互关系来描述 $\mathcal{A}_t$ 群的结构. 张丽华等在文献 [204] 引进了下述概念: 称 $\mathcal{A}_t$ 群满足**链条件**, 若它的所有 $\mathcal{A}_i$ 子群都包含在某个 $\mathcal{A}_{i+1}$ 子群中, 其中 $i\in\{0,1,2,\cdots,t-1\}$. 他们在文献 [204] 利用链条件给出了 $\mathcal{A}_t$ 群是通常亚循环群的一个等价条件. 利用 $\mathcal{A}_3$ 群的分类, 该结果可被改进如下.

定理 9.5.8 设 G 是 $\mathcal{A}_t$ 群, 其中 $t\geqslant 3$. 则下列条件等价.

(1) G 满足链条件;

(2) G 的 $\mathcal{A}_2$ 子群都满足链条件;

(3) G 的指数为 p^{t-k} 的子群都为 G 的 $\mathcal{A}_k$ 子群, 其中 $0\leqslant k\leqslant t$;

(4) G 为通常亚循环 p 群.

证明 (1) $\Longleftrightarrow$ (3): 由 [204] 中的引理 3.1 可得.

(3) $\Longrightarrow$ (2): 显然.

(2) $\Longrightarrow$ (3): 设 $G\in\mathcal{A}_t$, 其中 $t\geqslant 3$. 注意到条件是子遗传的, 对 t 进行归纳. 当 $t=3$ 时, 则 G 中存在极大子群 $M\in\mathcal{A}_2$. 若 G 有极大子群 $M_1\in\mathcal{A}_0$ 或 $\mathcal{A}_1$, 则 $M\cap M_1$ 是 M 的交换极大子群. 然而, 由 (2) 可知, M 没有交换极大子群. 矛盾. 故 G 的极大子群都为 $\mathcal{A}_2$ 子群. 从而 G 满足链条件. 故结论对 $t=3$ 成立. 设 $t\geqslant 4$. 由归纳假设, 只需证 G 的极大子群均为 $\mathcal{A}_{t-1}$ 子群. 若否, 则 G 有极大子群 M 是 $\mathcal{A}_k$ 群, 其中 $k<t-1$. 另一方面, G 有极大子群 M_0 是 $\mathcal{A}_{t-1}$ 群. 由归纳假设, M_0 满足链条件. 注意到 $M\cap M_0\lessdot M$ 且 $M\cap M_0\lessdot M_0$. 因为 $M\in\mathcal{A}_k$, 故 $M\cap M_0\in\mathcal{A}_s$, 其中 $s\leqslant k-1$. 从而 $s<t-2$. 这说明 M_0 有极大子群是 $\mathcal{A}_s$ 群, 即 M_0 不满足链条件. 与 M_0 满足链条件矛盾.

(4) $\Longrightarrow$ (1): 由 [204] 中的引理 3.4 可得.

(1) $\Longrightarrow$ (4): 对 t 进行归纳.

当 $t=3$ 时, 由 (1) 可知, G 的极大子群只能是 $\mathcal{A}_2$ 子群. 由 $\mathcal{A}_3$ 群的分类可知, G 只能是定理 9.4.11 的 (K) 型群, 定理 9.4.12 的 (L) 型群, 定理 9.4.13 的 (M) 型群, 定理 9.4.14 的 (N) 型群或者定理 9.4.15 的 (O) 型群之一.

因为 (M) 型群都是二元生成的, 故其 Frattini 子群为其二极大子群. 由 $\mathcal{A}_3$ 群表易得 (M) 型群的 Frattini 子群都交换, 故不满足链条件. 从而 G 不是 (M) 型群.

由 $\mathcal{A}_3$ 群表易知, (L) 型群、(N) 型群和 (O) 型群都存在极大子群 M 使得 M 是三元生成的 $\mathcal{A}_2$ 群. 又 M 满足链条件, 从而 M 无交换极大子群. 由定理 9.3.1 可知, M 同构于定理 9.3.1 中的群 (22). 故 $|M|=2^6$. 于是 $|G|=2^7$. 因为 (L) 型群中 $p>5$, 故 G 不是 (L) 型群. 2^7 阶 (O) 型群为定理 9.4.15 中的群 (O6). 而群 (O6) 中有 $\mathcal{A}_2$ 子群同构于 $H\times \mathrm{C}_2$, 其中 $H\in\mathcal{A}_1$. 而 $H\times \mathrm{C}_2$ 有交换极大子群. 故群 (O6) 不满足链条件. 从而 G 不是 (O) 型群. 2^7 阶 (N) 型群只能是定理 9.4.14 中的群 (N4)—(N6), (N14) 和 (N15). 其中群 (N4) 和 (N5) 的中心为 2^4 阶, 故存在 2^5 阶的交换子群, 故群 (N4) 和 (N5) 不满足链条件. 当 G 为群 (N6) 时, $Z(G)\not\leqslant\Phi(G)$, 而 (N6) 的 $\Phi(G)$ 为 G 的三极大子群且交换, 故 $Z(G)\Phi(G)$ 为 G 的二极大子群且交换, 从而 G 不满足链条件. 群 (N14) 和 (N15) 都有 2^5 阶的交换子群 $\langle a^2,b^2,x\rangle$, 故它们也不满足链条件. 从而 G 不是 (N) 型群.

设 G 是定理 9.4.11 中的 (K) 型群. 则 $|G/\Phi(G)|=p^2$. 而群 (K3), (K4) 和 (K5) 中的 Frattini 子群都交换, 故它们不满足链条件. 从而 G 只能是群 (K1) 或 (K2). 由定理 9.4.11 可知, G 为阶 $\geqslant p^7$ 的通常亚循环 p 群. 故结论对 $t=3$ 成立.

假设 $k=t-1$ 时结论成立. 下证 $k=t\geqslant 4$ 时结论成立. 令 M 是 G 的极大子群, 则 M 是满足链条件的 $\mathcal{A}_{t-1}$ 群. 由归纳假设 G 为亚循环或内亚循环群. 由于 $t\geqslant 4$, 所以 $|G|\geqslant p^8$. 由内亚循环 p 群的分类 (定理 8.1.1) 可知, 内亚循环群的阶都 $\leqslant p^6$. 于是 G 亚循环. 再由 [204] 中的定理 1 的证明可得 G 为通常亚循环 p 群. □

参 考 文 献

[1] 安立坚, 成小院. 交换子群较小的一类有限 p 群. 数学研究, 2011, 44(1): 107–110.

[2] 安立坚, 刘一丁. 用子群计数刻画有限 p 群. 数学进展, 2011, 40(3): 285–292.

[3] An L J, Li L L, Qu H P, Zhang Q H. Finite p-groups with a minimal non-abelian subgroup of index p (II). Sci. China Math., 2014, 57(4): 737–753.

[4] An L J, Brennan J, Qu H P, Wilcox E. Chermak-Delgado lattice extension theorems. Comm. Algebra, 2015, 43(5): 2201–2213.

[5] An L J, Cui L. Quasi-antichain as a Chermak-Delgado lattice of a finite group. Adv. Math.(China), 2015, 44(5): 675–684.

[6] An L J, Hu R F, Zhang Q H. Finite p-groups with a minimal nonabelian subgroup of index p (IV). J. Algebra Appl., 2015, 14(2). 1550020(54pages).

[7] An L J, Yang L. The central extension of an elementary abelian p-group by a minimal non-abelian p-group. J. Math. Res. Appl., 2016, 36(4): 457–466.

[8] Baer R. Situation der Untergruppen und struktur der Gruppe. Sitz. Ber. Heidelberg Akad., 1933, 2: 12–17.

[9] 白述伟. 具有指数为 2^2 的循环子群的 2 群的完全分类. 黑龙江大学学报 (自然科学版), 1985, 2: 74–85, 69.

[10] 班桂宁, 俞曙霞. 一类 p 群的自同构群的阶. 数学学报, 1992, 35(4): 570–574.

[11] Ban G N, Li S Y, Zhang J S. The new series of LA-groups (I). Chinese Quart. J. Math., 1994, 9(2): 73–78.

[12] 班桂宁, 俞曙霞. Curran 第三猜想的一个反例. 数学进展, 1994, 23(3): 272–274.

[13] 班桂宁, 俞曙霞, 班桂林. Curran 两个猜想的证明. 数学研究与评论, 1995, 15(4): 546–548.

[14] 班桂宁, 班桂林. Curran 猜想的解答. 数学进展, 1996, 25(2): 159–162.

[15] 班桂宁, 俞曙霞. 一类不能作为自同构群的有限群. 数学学报, 1996, 39(6): 848–851.

[16] 班桂宁, 俞曙霞. 交换自同构群的一个重要结论. 中国科学 (A 辑), 1996, 26(12): 1071–1076. English translation: A result about abelian automorphism groups. Sci. China Math., 1997, 40(5): 494–500.

[17] Ban G N, Zhang J S, Yu S X. The lower bound for the orders of the automorphism groups. Proc. Roy. Irish Acad. Sect. A, 1996, 96(2): 159–167.

[18] 班桂宁. 不充当自同构群的有限群. 数学进展, 1997, 26(4): 350–356.

[19] Ban G N, Yu S X. Minimal abelian groups that are not automorphism groups. Arch. Math.(Basel), 1998, 70(6): 427–434.

[20] Ban G N, Pang S L. A note on the groups that are automorphism groups. Chinese Quart. J. Math., 1999, 14(4): 56–61.

[21] Bannuscher W. Eine Verallgemeinerung des Regularitätsbegriffes bei p-Gruppen I. Beiträge Algebra Geom., 1981, 11: 51–63. MR0680457(84g: 20034a).

[22] Bannuscher W. Eine Verallgemeinerung des Regularitätsbegriffes bei p-Gruppen II. Beiträge Algebra Geom., 1982, (12): 77–91. MR0656594(84g: 20034b).

[23] Bannuscher W. Über direkte Produkte von k-regulären p-Gruppen. Beiträge Algebra Geom., 1984, 18: 101–113. MR0755754(84k: 20057).

[24] Berkovich Y. p-groups of finite order. Sibirsk Mat. Z., 1968, 9: 1284–1306. (Russian) MR0241534(39 #2874).

[25] Berkovich Y. A generalization of theorems of P. Hall and N. Blackburn and their application to nonregular p-groups. Izv. Akad. Nauk SSSR Ser. Math., 1971, 5: 800–830. (Russian) Translated in Math. USSR Izv., 1971, 5: 815–844. MR0294495(45 #3565).

[26] Berkovich Y. The subgroup and normal structure of a finite p-group. Dokl. Akad. Nauk SSSR, 1971, 196: 255–258. (Russian) MR0274584(43 #347).

[27] Berkovich Y. On the number of subgroups of given order in a finite p-group of exponent p. Proc. Amer. Math. Soc., 1990, 109(4): 875–879.

[28] Berkovich Y. On the number of elements of given order in a finite p-group. Israel J. Math., 1991, 73(1): 107–112.

[29] Berkovich Y. On the number of solutions of the equation $x^{p^k} = a$ in a finite p-group. Proc. Amer. Math. Soc., 1992, 116(3): 585–590.

[30] Berkovich Y. Counting theorems for finite p-groups. Arch. Math.(Basel), 1992, 59(3): 215–222.

[31] Berkovich Y. On the number of subgroups of given structure in a finite p-group. Arch. Math.(Basel), 1994, 63(2): 111–118.

[32] Berkovich Y, Janko Z. Structure of finite p-groups with given subgroups. Contemp. Math., 2006, 402: 13–93.

[33] Berkovich Y. Groups of Prime Power Order Vol.1. Berlin: Walter de Gruyter, 2008.

[34] Berkovich Y, Janko Z. Groups of Prime Power Order Vol.2. Berlin: Walter de Gruyter, 2008.

[35] Berkovich Y, Janko Z. Groups of Prime Power Order Vol.3. Berlin: Walter de Gruyter, 2011.

[36] Berkovich Y, Zhang Q H. On $\mathcal{A}_1$- and $\mathcal{A}_2$-subgroups of finite p-groups. J. Algebra Appl., 2014, 13(2): 1350095(26 pages).

[37] Berkovich Y, Janko Z. Groups of Prime Power Order Vol.4. Berlin: Walter de Gruyter, 2016.

[38] Berkovich Y, Janko Z. Groups of Prime Power Order Vol.5. Berlin: Walter de Gruyter, 2016.

[39] Besche H U, Eick B, O'Brien E A. The groups of order at most 2000. Electron. Res. Announc. Amer. Math. Soc., 2001, 7: 1–4.

[40] Besche H U, Eick B, O'Brien E A. A millennium project: constructing small groups.

Internat. J. Algebra Comput., 2002, 12(5): 623–644.

[41] Blackburn N. On prime-power groups in which the derived group has two generators. Proc. Cambr. Phil. Soc., 1957, 53: 19–27.

[42] Blackburn N. On a special class of p-groups. Acta. Math., 1958, 100: 45–92.

[43] Blackburn N. Generalizations of certain elementary theorems on p-groups. Proc. London Math. Soc., 1961, 11(3): 1–22.

[44] Blackburn N. Note on a paper of Berkovich. J. Algebra, 1973, 24(2): 323–334.

[45] Blackburn N, Espuelas A. The power structure of metabelian p-groups. Proc. Amer. Math. Soc., 1984, 92(4): 478–484.

[46] Blackburn S R. Enumeration within isoclinism classes of groups of prime power order. J. London Math. Soc., 1994, 50(2): 293–304.

[47] Bosma W, Cannon J, Playoust C. The Magma algebra system I: The user language. J. Symbolic Comput., 1997, 24(3-4): 235–265.

[48] Božikov Z, Janko Z. Finite 2-groups with exactly one maximal subgroup which is neither abelian nor minimal nonabelian. Glas. Mat., Ser. III, 2010, 45(65): 63–83.

[49] Brisley W, Macdonald I D. Two classes of metabelian p-groups. Math. Z., 1969, 112(1): 5–12.

[50] Burnside W. Theory of Groups of Finite Order. Cambridge: Cambridge University Press, 1897; 2nd ed, 1911.

[51] Caturjan T A, Šokuev V N. Certain relations between group-theoretic invariants of finite p-groups. II. Algebra and Number Theory, 1977, 2: 139–146.

[52] 陈贵云. 自同构群阶为 $p_1p_2\cdots p_n$ 或 pq^2 的有限群. 西南师范大学学报 (自然科学版), 1990, 15(1): 21–28.

[53] 陈彦恒, 曹洪平. 各阶非平凡子群的个数为 $p+1$ 的 p 群的完全分类. 西南大学学报 (自然科学版), 2007, 29(2): 11–14.

[54] 陈重穆. 内外 Σ 群与极小非 Σ 群. 重庆: 西南师范大学出版社, 1988.

[55] Davies I J. Enumeration of certain subgroups of abelian p-groups. Proc. Edinburgh Math. Soc., 1962, 13(2): 1–4.

[56] Dedekind R. Über Gruppen, deren sämmtliche Theiler Normaltheiler sind. Math. Ann., 1897, 48(4): 548–561.

[57] Dixon J D, du Sautoy M P F Du, Mann A, Segal D. Analytic Pro-p-groups. London Math. Soc. Lecture Note Ser. 157. Cambridge: Cambridge University Press, 1991.

[58] Djubjuk P E. On the number of subgroups of an Abelian p-group. Izvestiya Akad. Nauk SSSR. Ser. Math., 1948, 12: 351–378. (Russian), MR0026049 (10,98d).

[59] Djubjuk P E. On the number of subgroups of certain categories of finite p-groups. Mat. Sbornik N.S., 1952, 30(72): 575–580. (Russian) MR0049180 (14,131d).

[60] Djubjuk P E. The number of subgroups of finite abelian groups. Dokl. Akad. Nauk SSSR, 1961, 137: 506–508. translated as Soviet Math. Dokl., 1961, 2: 298–300. (Rus-

sian) MR0124395 (23 #A1707).
[61] Draganyuk S V. On the structure of finite primary groups all 2-maximal subgroups of which are abelian.(Russian) Complex analysis, Algebra and topology, Akad. Nauk Ukrain. SSR, Inst. Mat., Kiev, 1990, 42–51. MR1133211 (92j:20015).
[62] 樊恽. 用子群计数刻画初等交换 p 群. 数学的实践与认识, 1988, 18(1): 63–65.
[63] Fernández-Alcober G A. The exact lower bound for the degree of commutativity of a p-group of maximal class. J. Algebra, 1995, 174(2): 523–530.
[64] Fernández-Alcober G A. Omega subgroups of powerful p-groups. Israel J. Math., 2007, 162: 75–79.
[65] Gorenstein D. Finite Groups. New York: Chelsea Publishing Company., 1980.
[66] Jr Hall M. The Theory of Groups. New York: The Macmillan Company., 1959.
[67] Hall P. A contribution to the theory of groups of prime-power order. Proc. London Math. Soc., 1933, 36: 29–95.
[68] Hall P. On a theorem of Frobenius. Proc. London Math. Soc., 1936, S2-40(1): 468–501.
[69] Hall P. The classification of prime-power groups. J. Reine Angew. Math., 1940, 182: 130–141.
[70] Héthelyi L, Lévai L. On elements of order p in powerful p-groups. J. Algebra, 2003, 270(1): 1–6.
[71] Hua L K, Tuan H F. Some “Anzahl” theorems for groups of prime-power orders. J. Chinese Math. Soc., 1940, 2: 313–319.
[72] Hua L K, Tuan H F. Determination of the groups of odd-prime-power p^n which contain a cyclic subgroup of index p^2. Sci. Rep. Nat. Tsing-Hua Univ. Ser. A, 1940, 4: 145–154.
[73] Hua L K. Some “Anzahl” theorems for groups of prime power orders. Sci. Rep. Nat. Tsing Hua Univ., 1947, 4: 313–327.
[74] Huppert B. Endliche Gruppen I. Berlin: Springer-Verlag, 1967.
[75] Janko Z. Finite nonabelian 2-groups in which any two noncommuting elements generate a group of maximal class. Glas. Mat. Ser. III, 2006, 41(61): 271–274.
[76] Janko Z. Finite p-groups G with $p > 2$ and $d(G) = 2$ having exactly one maximal subgroup which is neither abelian nor minimal nonabelian. Glas. Mat. Ser. III, 2010, 45(65): 441–452.
[77] Janko Z. Finite p-groups G with $p > 2$ and $d(G) > 2$ having exactly one maximal subgroup which is neither abelian nor minimal nonabelian. Glas. Mat. Ser. III, 2011, 46(66): 103–120.
[78] Ji Y H, Du S F, Zhang L L. A classification of regular p-groups with invariants $(e, 2, 1)$. Southeast Asian Bull. Math., 2001, 25(2): 245–256.
[79] Kazarin L S. Certain classes of finite groups. Dokl. Akad. Nauk SSSR, 1971, 197: 773–776.(Russian)
[80] Kemhadze Š S. On the definition of regular p-groups. Uspehi Mat. Nauk(N.S), 1952,

6(52): 193–196.

[81] Kinosita Y. On an enumeration of certain subgroups of a p-group. J. Osaka Inst. Sci. Tech. Part I., 1949, 1: 13–20. MR0033284 (11,415c).

[82] Konvisser M, Jonah D. Counting abelian subgroups of p-groups, a projective approach. J. Algebra, 1975, 34: 309–330.

[83] Kulakoff A. Über die Anzahl der eigentlichen Untergruppen und der Elemente von gegebener Ordnung in p-Gruppen. Math. Ann., 1931, 104(1): 778–793. MR1512698.

[84] Laffey T J. A lemma on p-groups and some consequences. Proc. Cambridge Philos. Soc., 1974, 75: 133–137.

[85] Laffey T J. Centralizers of elementary abelian subgroups in finite p-groups. J. Algebra, 1978, 51(1): 88–96.

[86] Lam T Y. On the number of solutions of $x^{p^k} = a$ in a p-group. Illinois J. Math., 1988, 32(3): 575–583.

[87] Lan Y H, H M, Ban G N, Shao M W. The order of the automorphism groups of all groups of order p^5. Chin Quart. J. Math., 2012, 27(4): 495–503.

[88] Leedham-Green C R, McKay S. On p-groups of maximal class. I. Quart. J. Math., Oxford Ser. (2), 1976, 27(107): 297–311.

[89] Leedham-Green C R, McKay S. On p-groups of maximal class. II. Quart. J. Math., Oxford Ser. (2), 1978, 29(114): 175–186.

[90] Leedham-Green C R, McKay S. On p-groups of maximal class. III. Quart. J. Math. Oxford Ser. (2), 1978, 29(115): 281–299.

[91] Leedham-Green C R, McKay S. On the classification of p-groups of maximal class. Quart. J. Math. Oxford Ser. (2), 1984, 35(139): 293–304.

[92] Leedham-Green C R, Mckay S. The Structure of Groups of Prime Power Order. Oxford: Oxford University Press, 2002.

[93] 李立莉, 曲海鹏, 陈贵云. 内交换 p 群的中心扩张 (I). 数学学报, 2010, 53(4): 675–684.

[94] Li L L, Qu H P. The number of conjugacy classes of nonnormal subgroups of finite p-groups. J. Algebra, 2016, 466: 44–62.

[95] Li S R. Automorphism groups of some finite groups. Sci. China Ser. A, 1994, 37(3): 295–303.

[96] 廖军, 刘合国. 无限亚局部循环群及其自同构群. 中国科学 A 辑, 2011, 41(7): 613–628.

[97] 廖军, 杨艳, 刘合国. 带有限制性条件 Abel 群的自同态环和自同构群. 数学年刊, 2011, 32A(6): 665–678.

[98] 刘合国, 张继平. 一类 p' 自由的 p 自同构. 中国科学 A 辑, 2006，36(10): 1173–1185.

[99] 刘合国, 张继平. 一类 p' 自由的 p 自同构 (II). 中国科学 A 辑, 2007, 37(9): 1029–1046.

[100] 刘合国, 张继平. 有限秩的幂零 p 群的 p 自同构. 数学学报, 2007, 50(1): 11–16.

[101] 刘合国, 张继平. 有限秩的幂零群的自同构 (I). 中国科学 A 辑, 2008, 38(6): 641–665.

[102] 刘合国, 马玉杰. 有限秩 Abel p 群的 p 自同构的注记. 数学学报, 2009, 52(5): 833–840.

[103] 刘合国, 张继平, 廖军. 无限亚循环群的自同构群. 数学学报, 2009, 52(6): 1047–1054.

[104] Liu H G, Wang Y L. The automorphism group of a generalized extraspecial p-group. Sci. China Math., 2010, 53(2): 315–334.

[105] 刘合国, 张继平. 有限秩的幂零群的自同构 (II). 中国科学, 2010, 40(7): 621–640.

[106] 刘声烈. 换位群为巡回群且属于中核的 p 群. 数学学报, 1952, 2(1): 50–64.

[107] Lubotzky A, Mann A. Powerful groups I. Finite groups. J. Algebra, 1987, 105(2): 484–505.

[108] Mann A. Regular p-groups I. Israel J. Math., 1971, 10: 471–477.

[109] Mann A. Regular p-groups II. Israel J. Math., 1973, 14: 294–303.

[110] Mann A. The power structure of p-groups I. J. Algebra, 1976, 42(1): 121–135.

[111] Mann A. Regular p-groups and groups of maximal class. J. Algebra, 1976, 42(1): 136–141.

[112] Mann A. Regular p-groups III. J. Algebra, 1981, 70(1): 89–101.

[113] Mann A. The power structure of p-groups Ⅱ. J. Algebra, 2007, 318(2): 953–956.

[114] Mazur M. On powers in powerful p-groups. J. Group Theory, 2007, 10: 431–433.

[115] Mckelven A M. Groups of order 2^m that contain cyclic subgroups of order 2^{m-3}. Amer. Math. Monthly, 1906, 13(6/7): 121–136.

[116] Miech R J. Metabelian p-groups of maximal class. Trans. Amer. Math. Soc., 1970, 152: 331–373.

[117] Miech R J. Some p-groups of maximal class. Trans. Amer. Math. Soc., 1974, 189: 1–47.

[118] Miech R J. Counting commutators. Trans. Amer. Math. Soc., 1974, 189: 49–62.

[119] Miech R J. On p-groups with a cyclic commutator subgroup. J. Aust. Math. Soc., 1975, 20(2): 178–198.

[120] Miech R J. The metabelian p-groups of maximal class. Trans. Amer. Math. Soc., 1978, 236: 93–119.

[121] Miech R J. The metabelian p-groups of maximal class. Ⅱ. Trans. Amer. Math. Soc., 1982, 272(2): 465–474.

[122] Miller G A. On the groups of Order p^m which contain operators of order p^{m-2}. Trans. Amer. Math. Soc., 1902, 3(4): 383–387.

[123] Miller G A, Moreno H C. Non-Abelian groups in which every subgroup is abelian. Trans. Amer. Math. Soc., 1903, 4(4): 398–404.

[124] Miller G A. An Extension of Sylow's Theorem. Proc. London Math. Soc., 1905, S2-2(1): 142–143.

[125] Miller G A. The groups of order p^m which contain exactly p cyclic subgroups of order p^α. Trans. Amer. Math. Soc., 1906, 7(2): 228–232.

[126] Murai M. On the number of p-subgroups of a finite group. J. Math. Kyoto Univ., 2002, 42(1): 161–174.

[127] Neikirk L I. Groups of order p^m which contain cyclic subgroups of order p^{m-3}. Trans. Amer. Math. Soc., 1905, 6(3): 316–325.

[128] Newman M F, Xu M Y. Metacyclic groups of prime-power order. 1987.

[129] Newman M F, Xu M Y. Metacyclic groups of prime-power order. (Research announcement) Adv. Math.(China), 1988, 17: 106–107.

[130] Ninomiya Y. Finite p-groups with cyclic subgroups of index p^2. Math. J. Okayama Univ., 1994, 36: 1–21.

[131] Qu H P, Sun Y, Zhang Q H. Finite p-groups in which the number of subgroups of possible order are less than or equal p^3. Chin. Ann. Math., 2010, 31B(4): 497–506.

[132] Qu H P. An elementary proof of a theorem of Blackburn's. Front. Math. China, 2010, 5(1): 117–122.

[133] 曲海鹏, 张小红. 内交换 p 群的中心扩张 (II). 数学学报, 2010, 53(5): 933–944.

[134] 曲海鹏, 胡瑞芳. 内交换 p 群的中心扩张 (III). 数学学报, 2010, 53(6): 1051–1064.

[135] 曲海鹏, 郑丽峰. 内交换 p 群的中心扩张 (IV). 数学学报, 2011, 54(5): 739–752.

[136] 曲海鹏. Magma 入门导引. 全国计算群论讲习班讲义. 山西师范大学学报 (自然科学版), 2011.

[137] Qu H P, Yang S S, Xu M Y, An L J. Finite p-groups with a minimal non-abelian subgroup of index p (I). J. Algebra, 2012, 358: 178–188.

[138] Qu H P. Finite non-elementary abelian p-groups whose number of subgroups is maximal. Israel J. Math., 2013, 195(2): 773–781.

[139] Qu H P, Zhao L P, Gao J, An L J. Finite p-groups with a minimal non-abelian subgroup of index p (V). J. Algebra Appl., 2014, 13(7): 1450032(35 pages).

[140] Qu H P, Xu M Y, An L J. Finite p-groups with a minimal non-abelian subgroup of index p (III). Sci. China Math., 2015, 58(4): 763–780.

[141] Rédei L. Das "schiefe produkt" in der Gruppentheorie mit Anwendung auf die endlichen nichtkommutativen Gruppen mit lauter kommutativen echten Untergruppen und die Ordnungszahlen, zu denen nur kommutative Gruppen gehören. Comment. Math. Helv., 1947, 20: 225–264. MR0021933(9 #131a).

[142] Sanders P J. The coexponent of a regular p-group. Comm. Algebra, 2000, 28(3): 1309–1333.

[143] Šeriev V A. A description of the class of finite p-groups whose 2-maximal subgroups are all abelian II. Proc. Sem. Algebraic Systems, Krasnoyarsk, 1970, 2: 54–76. Akad. Nauk SSSR Sibirsk. Otdel. Inst. Fiz., Krasnoyarsk. (Russian)MR0409645 (53 #13397).

[144] Shalev A. The structure of finite p-groups: effective proof of the coclass conjectures. Invent. Math., 1994, 115(2): 315–345.

[145] Shokuev V N. Computation of inversions on the lattice of subgroups of a finite p-group. Rings and modules. Limit theorems of probability theory, 1988, 2: 92–97, 214. Leningrad. Univ., Leningrad. (Russian)MR0974136 (89m:20019).

[146] Shokuev V N. Foundations of enumeration theory for finite nilpotent groups. Zap. Nauchn. Sem. S. Peterburg. Otdel. Mat. Inst. Steklov. (POMI) 211; Voprosy Teor. Predstav. Algebr i Grupp., 1994, 3: 174–183, 212. (Russian) Translation in J. Math. Sci. (New York), 1997, 83(5): 673–679. MR1333885 (96g:20025).

[147] Šokuev V N. The problem of the number of subgroups in finite p-groups. Kabardino-Balkarsk. Gos. Univ. Učen. Zap. Ser. Fiz.-Mat., 1963, 19: 299–300. (Russian), MR0183779 (32 #1256).

[148] Šokuev V N. Generalizations of Hall's enumeration principle. Ural. Gos. Univ. Mat. Zap., 1967. 6: 124–143. (Russian) MR0219622 (36 #2701).

[149] Šokuev V N. A formula for the number of subgroups of a given order in a finite p-group. Mat. Zametki, 1972, 12: 561–568. (Russian) MR0322051 (48 #415).

[150] Šokuev V N. The number of subgroups of a finite p-group. Ural. Gos. Univ. Mat. Zap., 1973, 8(3): 133–138, 143. (Russian) MR0323894 (48 #2247).

[151] Šokuev V N. The enumeration of subgroups in finite p-groups. Mat. Zametki, 1973, 13: 107–112. (Russian) MR0316555 (47 #5102).

[152] Šokuev V N. Certain relations between group-theoretic invariants of finite p-groups. Mat. Zametki, 1975, 17(4): 571–578. (Russian) MR0399256 (53 #3107).

[153] Song Q W. Finite two-generator p-groups with cyclic derived group. Comm. Algebra, 2013, 41(4): 1499-1513.

[154] 唐守文. 北京大学研究生毕业论文之一, 数学系, 1981.

[155] Tuan H F. An Anzahl theorem of Kulakoff's type for p-groups. Sci. Rep. Nat. Tsing Hua Univ. Ser. A, 1948, 5: 182–189.

[156] Tuan H F. A theorem about p-groups with abelian subgroups of index p. Acad. Sinica Science Record, 1950, 3: 17–23.

[157] 段学复. 天才勤奋成大家——悼华罗庚同志. 群言, 1985, (7): 23–24, 37.

[158] 段学复. 段学复文集. 北京: 北京大学出版社, 1999.

[159] Tuan H F, Hua L K. On group of odd-prime-power orders whose principal subgroups are cyclic//段学复. 段学复文集. 北京: 北京大学出版社, 1999: 8–27.

[160] Vera-López A, Arregi J M, Vera-López F J. Some bounds for the degree of commutativity of a p-group of maximal class. II. Comm. Algebra, 1995, 23(7): 2765–2795.

[161] Vera-López A, Arregi J M, Vera-López F J. Some bounds for the degree of commutativity of a p-group of maximal class. III. Math. Proc. Cambridge Philos. Soc., 1997, 122(2): 251–260.

[162] Vera-López A, Arregi J M, García-Sánchez M A, Vera-López F J, Esteban-Romero R. The exact bounds for the degree of commutativity of a p-group of maximal class. I. J. Algebra, 2002, 256(2): 375–401.

[163] Vera-López A, Arregi J M, García-Sánchez M A, Vera-López F J, Esteban-Romero R. The exact bounds for the degree of commutativity of a p-group of maximal class.

Ⅱ. J. Algebra, 2004, 273(2):, 806–853. MR2037724 (2005b:20038).

[164] Vera-López A, Fernández-Alcober G A. On p-groups of maximal class. Ⅱ. J. Algebra, 1991, 143(1): 179–207.

[165] Vera-López A, Fernández-Alcober G A. On p-groups of maximal class. Ⅲ. Math. Proc. Cambridge Philos. Soc., 1991, 109(3): 489–507.

[166] Vera-López A, Fernández-Alcober G A. Centralizers of small order in p-groups of maximal class. Comm. Algebra, 1992, 20(4): 1051–1059.

[167] Vera-López A, Fernández-Alcober G A. The conjugacy vector of a p-group of maximal class. Israel J. Math., 1994, 86(1-3): 233–252.

[168] Vera-López A, Fernández-Alcober G A. Some bounds for the degree of commutativity of a p-group of maximal class. Bull. Austral. Math. Soc., 1995, 51(3): 353–367.

[169] Vera-López A, Larrea B. On p-groups of maximal class. J. Algebra, 1991, 137(1): 77–116.

[170] 王杰. 漫谈 Magma. 全国计算群论讲习班讲义, 山西 · 临汾. 2011.

[171] 王汝楫. 有限 p 群的幂结构. 数学学报, 1986, 29(6): 847–852.

[172] 王勇, 班桂宁. 若干家族 p 群的自同构群的阶. 数学进展, 2006, 35(2): 217–222.

[173] 王玉雷, 刘合国. 关于广义超特殊 p 群的自同构群. 中国科学, 2011, 41(2): 125–134.

[174] 王玉雷, 刘合国. 广义超特殊 p 群的自同构群 (Ⅱ). 数学学报, 2011, 54(4): 651–658.

[175] 王玉雷, 刘合国. 广义超特殊 p 群的自同构群 (Ⅲ). 数学年刊, 2011, 32A(3): 307–318.

[176] Wei B Y, Qu H P, Luo Y F. Finite p-groups with few non-major k-maximal subgroups. Chin. Ann. Math.

[177] Wilson L. On the power structure of powerful p-groups. J. Group Theory, 2002, 5(2): 129–144.

[178] Wilson L. The power-commutator structure of certain finite p-groups. J. Group Theory, 2004, 7(1): 75–80.

[179] 徐明曜. 关于有限正则 p 群. 北京大学本科毕业论文, 1964.

[180] 徐明曜, 杨燕昌. 有限 p 群的半 p 交换性和正则性. 数学学报, 1976, 19(4): 281–285.

[181] 徐明曜. 有限 p 群的幂结构和换位子结构. 北京大学研究生毕业论文, 1979.

[182] 徐明曜. 半 p 交换 p 群和它们的幂结构. 数学学报, 1980, 23(1): 78–87.

[183] 徐明曜. 一类半 p 交换 p 群. 科学通报, 1981, 26(8): 453–456. English translation: A class of semi-p-Abelian p-groups. Kexue Tongbao, 1982, 27(2): 142–146.

[184] 徐明曜. 奇阶亚循环 p 群的完全分类. 数学进展, 1983, 12(1): 72–73.

[185] 徐明曜. 关于有限 3 群的幂结构. 数学学报, 1984, 27(6): 721–729.

[186] Xu M Y. A theorem on metabelian p-groups and some consequences. Chin. Ann. Math. Ser.B, 1984, 5(1): 1–6.

[187] 徐明曜. 关于有限 p 群的若干问题. 数学进展, 1985, 14(3): 205–226.

[188] Xu M Y. A counterexaple to a question about semi-p-abelian p-groups. Research Report, Department of Mathematics, The University of Western Australia, 1986, 2.

[189] 徐明曜. 有限群导引 (上). 北京: 科学出版社, 1987; 2 版, 2007.

[190] Xu M Y. P. Hall's basis theorem for regular p-groups and its application to some classification problems. Comm. Algebra, 1991, 19(4): 1271–1280.

[191] 徐明曜, 黄建华, 李慧陵, 李世荣. 有限群导引 (下). 北京: 科学出版社, 1999.

[192] Xu M Y, Zhang Q H. A classification of metacyclic 2-groups. Algebra Colloq., 2006, 13(1): 25–34.

[193] Xu M Y, An L J, Zhang Q H. Finite p-groups all of whose non-abelian proper subgroups are generated by two elements. J. Algebra, 2008, 319(9): 3603–3620.

[194] 徐明曜, 曲海鹏. 有限 p 群. 北京: 北京大学出版社, 2010.

[195] 徐明曜. 有限群初步. 北京: 科学出版社, 2014.

[196] 徐行忠, 刘合国. 换位子群为 p 阶群的有限 p 群的自同构群. 中国科学, 2010, 40(11): 1055–1078.

[197] 徐行忠, 刘合国. 换位子群为 p 阶群的有限 p 群的自同构群 (Ⅱ). 中国科学, 2012, 42(1): 1–11.

[198] Yeh Y C. On prime power Abelian groups. Bull. Amer. Math. Soc., 1948, 54: 323–327.

[199] 俞曙霞. 若干非交换 p 群的自同构群的阶. 广西大学学报 (自然科学版), 1982, 1: 89–93.

[200] 俞曙霞. 有限交换 p 群的自同构群的阶的几点注记. 数学杂志, 1983, 3(2): 189–194.

[201] 俞曙霞, 班桂宁. 若干 LA 群及相关定理. 广西大学学报 (自然科学版), 1993, 18(1): 6–13.

[202] 俞曙霞, 班桂宁. LA 群的一个定理. 广西大学学报 (自然科学版), 1994, 19(1): 10–18.

[203] Yu S X, Ban G N, Zhang J S. Minimal p-groups with automorphism group of oder p^7. Algebra Colloq., 1996, 3(2): 97–106.

[204] Zhang L H, Qu H P. $\mathcal{A}_t$-groups satisfying a chain condition. J. Algebra Appl., 2014, 13(4): 1350137(5 pages).

[205] Zhang Q H, An L J, Xu M Y. Finite p-groups all of whose non-abelian proper subgroups are metacyclic. Arch. Math.(Basel), 2006, 87(1): 1–5.

[206] 张勤海, 宋蔷薇, 徐明曜. 某些正则 p 群的分类和应用. 中国科学 A 辑, 2006, 36(1): 5–30. English translation: Zhang Q H, Song Q W, Xu M Y. A classification of some regular p-groups and its applications. Sci. China Math., 2006, 49(3): 366–386.

[207] Zhang Q H, A characterization of the smallest Suzuki 2-group. Acta Math. Sinica, Engl. Ser., 2008, 24(12): 2011–2014.

[208] Zhang Q H, Sun X J, An L J, Xu M Y. Finite p-groups all of whose subgroups of index p^2 are Abelian. Algebra Colloq., 2008, 15(1): 167–180.

[209] Zhang Q H, Li L L, Xu M Y. Finite p-groups all of whose quotient groups are Abelian or inner-Abelian. Comm. Algebra, 2010, 38(8): 2797–2807.

[210] 张勤海, 曲海鹏. 关于华罗庚和段学复的一个猜想. 中国科学 A 辑, 2009, 39(3): 294–298. English translation: Zhang Q H, Qu H P. On Hua-Tuan's conjecture. Sci. China Math., 2009, 52(2): 389–393.

[211] Zhang Q H, Qu H P. On Hua-Tuan's conjecture II. Sci. China Math., 2011, 54(1): 65–74.

[212] Zhang Q H, Wei J J. The intersection of subgroup of finite p-groups. Arch. Math.(Bsel), 2011, 96(1): 9–17.

[213] Zhang Q H. A characterization of metacyclic p-groups by counting subgroups. Proc. International Conference on Algebra, 2010, 713–720; World Sci. Publ., Hackensack, NJ, 2012.

[214] Zhang Q H, Li P J. Finite p-groups with a cyclic subgroup of index p^3. J. Math. Res. Appl., 2012, 32(5): 505–529.

[215] Zhang Q H, Zhao L B, Li M M, Shen Y Q. Finite p-groups all of whose subgroups of index p^3 are abelian. Commun. Math. Stat., 2015, 3(1): 69–162.

[216] 周芳, 马玉杰, 刘合国. 半直积的稳定自同构群. 数学进展, 2010, 39(6): 673–678.

索　引

《现代数学基础丛书》已出版书目

(按出版时间排序)

1 数理逻辑基础(上册) 1981.1 胡世华 陆钟万 著
2 紧黎曼曲面引论 1981.3 伍鸿熙 吕以辇 陈志华 著
3 组合论(上册) 1981.10 柯 召 魏万迪 著
4 数理统计引论 1981.11 陈希孺 著
5 多元统计分析引论 1982.6 张尧庭 方开泰 著
6 概率论基础 1982.8 严士健 王隽骧 刘秀芳 著
7 数理逻辑基础(下册) 1982.8 胡世华 陆钟万 著
8 有限群构造(上册) 1982.11 张远达 著
9 有限群构造(下册) 1982.12 张远达 著
10 环与代数 1983.3 刘绍学 著
11 测度论基础 1983.9 朱成熹 著
12 分析概率论 1984.4 胡迪鹤 著
13 巴拿赫空间引论 1984.8 定光桂 著
14 微分方程定性理论 1985.5 张芷芬 丁同仁 黄文灶 董镇喜 著
15 傅里叶积分算子理论及其应用 1985.9 仇庆久等 编
16 辛几何引论 1986.3 J.柯歇尔 邹异明 著
17 概率论基础和随机过程 1986.6 王寿仁 著
18 算子代数 1986.6 李炳仁 著
19 线性偏微分算子引论(上册) 1986.8 齐民友 著
20 实用微分几何引论 1986.11 苏步青等 著
21 微分动力系统原理 1987.2 张筑生 著
22 线性代数群表示导论(上册) 1987.2 曹锡华等 著
23 模型论基础 1987.8 王世强 著
24 递归论 1987.11 莫绍揆 著
25 有限群导引(上册) 1987.12 徐明曜 著
26 组合论(下册) 1987.12 柯 召 魏万迪 著
27 拟共形映射及其在黎曼曲面论中的应用 1988.1 李 忠 著
28 代数体函数与常微分方程 1988.2 何育赞 著
29 同调代数 1988.2 周伯壎 著

30 近代调和分析方法及其应用 1988.6 韩永生 著
31 带有时滞的动力系统的稳定性 1989.10 秦元勋等 编著
32 代数拓扑与示性类 1989.11 马德森著 吴英青 段海鲍译
33 非线性发展方程 1989.12 李大潜 陈韵梅 著
34 反应扩散方程引论 1990.2 叶其孝等 著
35 仿微分算子引论 1990.2 陈恕行等 编
36 公理集合论导引 1991.1 张锦文 著
37 解析数论基础 1991.2 潘承洞等 著
38 拓扑群引论 1991.3 黎景辉 冯绪宁 著
39 二阶椭圆型方程与椭圆型方程组 1991.4 陈亚浙 吴兰成 著
40 黎曼曲面 1991.4 吕以辇 张学莲 著
41 线性偏微分算子引论(下册) 1992.1 齐民友 许超江 编著
42 复变函数逼近论 1992.3 沈燮昌 著
43 Banach 代数 1992.11 李炳仁 著
44 随机点过程及其应用 1992.12 邓永录等 著
45 丢番图逼近引论 1993.4 朱尧辰等 著
46 线性微分方程的非线性扰动 1994.2 徐登洲 马如云 著
47 广义哈密顿系统理论及其应用 1994.12 李继彬 赵晓华 刘正荣 著
48 线性整数规划的数学基础 1995.2 马仲蕃 著
49 单复变函数论中的几个论题 1995.8 庄圻泰 著
50 复解析动力系统 1995.10 吕以辇 著
51 组合矩阵论 1996.3 柳柏濂 著
52 Banach 空间中的非线性逼近理论 1997.5 徐士英 李 冲 杨文善 著
53 有限典型群子空间轨道生成的格 1997.6 万哲先 霍元极 著
54 实分析导论 1998.2 丁传松等 著
55 对称性分岔理论基础 1998.3 唐 云 著
56 Gel'fond-Baker 方法在丢番图方程中的应用 1998.10 乐茂华 著
57 半群的 S-系理论 1999.2 刘仲奎 著
58 有限群导引(下册) 1999.5 徐明曜等 著
59 随机模型的密度演化方法 1999.6 史定华 著
60 非线性偏微分复方程 1999.6 闻国椿 著
61 复合算子理论 1999.8 徐宪民 著
62 离散鞅及其应用 1999.9 史及民 编著
63 调和分析及其在偏微分方程中的应用 1999.10 苗长兴 著

64 惯性流形与近似惯性流形 2000.1 戴正德 郭柏灵 著
65 数学规划导论 2000.6 徐增堃 著
66 拓扑空间中的反例 2000.6 汪 林 杨富春 编著
67 拓扑空间论 2000.7 高国士 著
68 非经典数理逻辑与近似推理 2000.9 王国俊 著
69 序半群引论 2001.1 谢祥云 著
70 动力系统的定性与分支理论 2001.2 罗定军 张 祥 董梅芳 编著
71 随机分析学基础(第二版) 2001.3 黄志远 著
72 非线性动力系统分析引论 2001.9 盛昭瀚 马军海 著
73 高斯过程的样本轨道性质 2001.11 林正炎 陆传荣 张立新 著
74 数组合地图论 2001.11 刘彦佩 著
75 光滑映射的奇点理论 2002.1 李养成 著
76 动力系统的周期解与分支理论 2002.4 韩茂安 著
77 神经动力学模型方法和应用 2002.4 阮炯 顾凡及 蔡志杰 编著
78 同调论——代数拓扑之一 2002.7 沈信耀 著
79 金兹堡-朗道方程 2002.8 郭柏灵等 著
80 排队论基础 2002.10 孙荣恒 李建平 著
81 算子代数上线性映射引论 2002.12 侯晋川 崔建莲 著
82 微分方法中的变分方法 2003.2 陆文端 著
83 周期小波及其应用 2003.3 彭思龙 李登峰 谌秋辉 著
84 集值分析 2003.8 李 雷 吴从炘 著
85 数理逻辑引论与归结原理 2003.8 王国俊 著
86 强偏差定理与分析方法 2003.8 刘 文 著
87 椭圆与抛物型方程引论 2003.9 伍卓群 尹景学 王春朋 著
88 有限典型群子空间轨道生成的格(第二版) 2003.10 万哲先 霍元极 著
89 调和分析及其在偏微分方程中的应用(第二版) 2004.3 苗长兴 著
90 稳定性和单纯性理论 2004.6 史念东 著
91 发展方程数值计算方法 2004.6 黄明游 编著
92 传染病动力学的数学建模与研究 2004.8 马知恩 周义仓 王稳地 靳 祯 著
93 模李超代数 2004.9 张永正 刘文德 著
94 巴拿赫空间中算子广义逆理论及其应用 2005.1 王玉文 著
95 巴拿赫空间结构和算子理想 2005.3 钟怀杰 著
96 脉冲微分系统引论 2005.3 傅希林 闫宝强 刘衍胜 著
97 代数学中的 Frobenius 结构 2005.7 汪明义 著

98　生存数据统计分析　2005.12　王启华　著
99　数理逻辑引论与归结原理(第二版)　2006.3　王国俊　著
100　数据包络分析　2006.3　魏权龄　著
101　代数群引论　2006.9　黎景辉　陈志杰　赵春来　著
102　矩阵结合方案　2006.9　王仰贤　霍元极　麻常利　著
103　椭圆曲线公钥密码导引　2006.10　祝跃飞　张亚娟　著
104　椭圆与超椭圆曲线公钥密码的理论与实现　2006.12　王学理　裴定一　著
105　散乱数据拟合的模型方法和理论　2007.1　吴宗敏　著
106　非线性演化方程的稳定性与分歧　2007.4　马　天　汪守宏　著
107　正规族理论及其应用　2007.4　顾永兴　庞学诚　方明亮　著
108　组合网络理论　2007.5　徐俊明　著
109　矩阵的半张量积:理论与应用　2007.5　程代展　齐洪胜　著
110　鞅与 Banach 空间几何学　2007.5　刘培德　著
111　非线性常微分方程边值问题　2007.6　葛渭高　著
112　戴维-斯特瓦尔松方程　2007.5　戴正德　蒋慕蓉　李栋龙　著
113　广义哈密顿系统理论及其应用　2007.7　李继彬　赵晓华　刘正荣　著
114　Adams 谱序列和球面稳定同伦群　2007.7　林金坤　著
115　矩阵理论及其应用　2007.8　陈公宁　著
116　集值随机过程引论　2007.8　张文修　李寿梅　汪振鹏　高　勇　著
117　偏微分方程的调和分析方法　2008.1　苗长兴　张　波　著
118　拓扑动力系统概论　2008.1　叶向东　黄　文　邵　松　著
119　线性微分方程的非线性扰动(第二版)　2008.3　徐登洲　马如云　著
120　数组合地图论(第二版)　2008.3　刘彦佩　著
121　半群的 S-系理论(第二版)　2008.3　刘仲奎　乔虎生　著
122　巴拿赫空间引论(第二版)　2008.4　定光桂　著
123　拓扑空间论(第二版)　2008.4　高国士　著
124　非经典数理逻辑与近似推理(第二版)　2008.5　王国俊　著
125　非参数蒙特卡罗检验及其应用　2008.8　朱力行　许王莉　著
126　Camassa-Holm 方程　2008.8　郭柏灵　田立新　杨灵娥　殷朝阳　著
127　环与代数(第二版)　2009.1　刘绍学　郭晋云　朱　彬　韩　阳　著
128　泛函微分方程的相空间理论及应用　2009.4　王　克　范　猛　著
129　概率论基础(第二版)　2009.8　严士健　王隽骧　刘秀芳　著
130　自相似集的结构　2010.1　周作领　瞿成勤　朱智伟　著
131　现代统计研究基础　2010.3　王启华　史宁中　耿　直　主编

132 图的可嵌入性理论(第二版) 2010.3 刘彦佩 著
133 非线性波动方程的现代方法(第二版) 2010.4 苗长兴 著
134 算子代数与非交换 L_p 空间引论 2010.5 许全华 吐尔德别克 陈泽乾 著
135 非线性椭圆型方程 2010.7 王明新 著
136 流形拓扑学 2010.8 马 天 著
137 局部域上的调和分析与分形分析及其应用 2011.6 苏维宜 著
138 Zakharov 方程及其孤立波解 2011.6 郭柏灵 甘在会 张景军 著
139 反应扩散方程引论(第二版) 2011.9 叶其孝 李正元 王明新 吴雅萍 著
140 代数模型论引论 2011.10 史念东 著
141 拓扑动力系统——从拓扑方法到遍历理论方法 2011.12 周作领 尹建东 许绍元 著
142 Littlewood-Paley 理论及其在流体动力学方程中的应用 2012.3 苗长兴 吴家宏 章志飞 著
143 有约束条件的统计推断及其应用 2012.3 王金德 著
144 混沌、Mel'nikov 方法及新发展 2012.6 李继彬 陈凤娟 著
145 现代统计模型 2012.6 薛留根 著
146 金融数学引论 2012.7 严加安 著
147 零过多数据的统计分析及其应用 2013.1 解锋昌 韦博成 林金官 编著
148 分形分析引论 2013.6 胡家信 著
149 索伯列夫空间导论 2013.8 陈国旺 编著
150 广义估计方程估计方法 2013.8 周 勇 著
151 统计质量控制图理论与方法 2013.8 王兆军 邹长亮 李忠华 著
152 有限群初步 2014.1 徐明曜 著
153 拓扑群引论(第二版) 2014.3 黎景辉 冯绪宁 著
154 现代非参数统计 2015.1 薛留根 著
155 三角范畴与导出范畴 2015.5 章 璞 著
156 线性算子的谱分析(第二版) 2015.6 孙 炯 王 忠 王万义 编著
157 双周期弹性断裂理论 2015.6 李 星 路见可 著
158 电磁流体动力学方程与奇异摄动理论 2015.8 王 术 冯跃红 著
159 算法数论(第二版) 2015.9 裴定一 祝跃飞 编著
160 偏微分方程现代理论引论 2016.1 崔尚斌 著
161 有限集上的映射与动态过程——矩阵半张量积方法 2015.11 程代展 齐洪胜 贺风华 著
162 现代测量误差模型 2016.3 李高荣 张 君 冯三营 著
163 偏微分方程引论 2016. 3 韩丕功 刘朝霞 著
164 半导体偏微分方程引论 2016.4 张凯军 胡海丰 著

165　散乱数据拟合的模型、方法和理论(第二版)　2016.6　吴宗敏　著
166　交换代数与同调代数(第二版)　2016.12　李克正　著
167　Lipschitz 边界上的奇异积分与 Fourier 理论　2017.3　钱　涛　李澎涛　著
168　有限 p 群构造(上册)　2017.5 张勤海　安立坚　著